数据库技术丛书

Redis使用手册

Redis Reference Manual

黄健宏 著

机械工业出版社
China Machine Press

图书在版编目（CIP）数据

Redis 使用手册 / 黄健宏著 . —北京：机械工业出版社，2019.9（2023.1 重印）
（数据库技术丛书）

ISBN 978-7-111-63652-6

I. R… II. 黄… III. 数据库 – 手册 IV. TP311.138-62

中国版本图书馆 CIP 数据核字（2019）第 192747 号

Redis 使用手册

出版发行：机械工业出版社（北京市西城区百万庄大街 22 号 邮政编码：100037）

责任编辑：赵亮宇　　责任校对：李秋荣

印　刷：北京建宏印刷有限公司　　版　次：2023 年 1 月第 1 版第 2 次印刷

开　本：186mm×240mm 1/16　　印　张：34.75

书　号：ISBN 978-7-111-63652-6　　定　价：139.00 元

客服电话：（010）88361066 68326294

Preface 前　言

时光荏苒，距离我的第一本书《Redis设计与实现》出版已经过去了整整五年。在这五年间，Redis从一个不为人熟知、只有少量应用的崭新数据库，逐渐变成了内存数据库领域的事实标准。

五年前，当人们提到Redis的时候，语气通常都充满了怀疑："Redis我还是第一次听说，它好用吗？""Redis比起Memcached有什么优势？""用Redis存储数据安全吗，不会丢数据吧？"然而时至今日，经过大量的实践应用，Redis简洁高效、安全稳定的特性已经深入人心。无论是国内还是国外，从五百强公司到小型初创公司都在使用Redis，很多云服务提供商还以Redis为基础构建了相应的缓存服务、消息队列服务以及内存存储服务，当你使用这些服务时，实际上就是在使用Redis。

Redis除了变得越来越受欢迎之外，另一个变化就是更新速度越来越快，功能也变得越来越多、越来越强大，比如说，Redis的数据结构数量已经从过去的五种增加到了九种，RDB-AOF混合持久化模式的引入使得用户不必再陷入"鱼和熊掌不可兼得"的难题中，而集群功能和模块机制的引入则让Redis在性能和功能上拥有了近乎无限的扩展能力。

综上所述，可以说现在的Redis跟五年前比起来已经完全不一样了，而如何向读者讲述新版Redis方方面面的变化，则是每一本Redis书都必须回答的问题。本书以服务Redis初学者和使用者为目标，介绍了Redis日常使用中最常用到的部分，并以"命令描述+代码示例"的模式详细列举了各个Redis命令的用法和用例。我相信无论是刚开始学习Redis的读者，还是每天都要使用Redis的读者，在阅读本书的时候都会有所收获。

虽然在写作本书的过程中已经思虑再三并且几易其稿，但书中难免还是会有错误或者遗漏的地方。如果读者朋友在阅读的过程中发现任何错误，或有任何疑问、建议，都可以通过邮箱huangz1990@gmail.com或者huangz.me中列出的联系方式来联系我。由于技术研究和写作工作较为繁重，本人可能无法每封邮件都予以回复，但只要有来信我就一定会阅读，决不食言。

最后，感谢吴怡编辑在写作过程中给我的帮助和指导，感谢赵亮宇编辑为本书出版所做的努力，还要感谢我的家人和朋友，如果没有他们的关怀和支持，本书不可能顺利完成。

黄健宏

2019年8月于清远

Contents 目　录

第三部分 多机功能

第1章 引 言

欢迎来到本书的第1章。在这一章，我们首先会了解到一些关于Redis的基本信息，比如它提供了什么功能，它能做什么，它的优点是什么，有哪些公司使用它等等。

之后我们会快速地了解本书各个章节的具体编排，并完成一些学习Redis的前期准备工作，比如安装Redis服务器等。在一切准备就绪之后，我们就会开始学习如何执行Redis命令，以及如何通过配置选项对Redis服务器进行配置。

在本章的最后，我们还会看到获取本书示例代码的方法，并知悉本书使用的Redis版本以及本书配套的读者服务网站。

1.1 Redis 简介

Redis是一个主要由Salvatore Sanfilippo（Antirez）开发的开源内存数据结构存储器，经常用作数据库、缓存以及消息代理等。

Redis因其丰富的数据结构、极快的速度、齐全的功能而为人所知，它是目前内存数据库方面的事实标准，在互联网上有非常广泛的应用，微博、Twitter、GitHub、Stack Overflow、知乎等国内外公司都大量地使用了Redis。

Redis之所以广受开发者欢迎，跟它自身拥有强大的功能以及简洁的设计不无关系。

Redis最重要的特点有以下几种（参见图1-1）：

- **结构丰富**

  Redis为用户提供了字符串、散列、列表、集合、有序集合、HyperLogLog、位图、流、地理坐标等一系列丰富的数据结构，每种数据结构都适用于解决特定的问题。在有需要的时候，用户还可以通过事务、Lua脚本、模块等特性，扩展已有数据结构的功能，甚至从零实现自己专属的数据结构。通过这些数据结构和特性，Redis能够确保用户可以使用适合的工具去解决问题。

- **功能完备**

  在上述数据结构的基础上，Redis 提供了很多非常实用的附加功能，比如自动过期、流水线、事务、数据持久化等，这些功能能够帮助用户将 Redis 应用在更多不同的场景中，或者为用户带来便利。更重要的是，Redis 不仅可以单机使用，还可以多机使用：通过 Redis 自带的复制、Sentinel 和集群功能，用户可以将自己的数据库扩展至任意大小。无论你运营的是一个小型的个人网站，还是一个为上千万消费者服务的热门站点，都可以在 Redis 中找到你想要的功能，并将其部署到你的服务器中。

- **速度飞快**

  Redis 是一款内存数据库，它将所有数据存储在内存中。因为计算机访问内存的速度要远远高于访问硬盘的速度，所以与基于硬盘设计的传统数据库相比，Redis 在数据的存取速度方面具有天然的优势。但 Redis 并没有因此放弃在效率方面的追求，相反，Redis 的开发者在实现各项数据结构和特性的时候都经过了大量考量，在底层选用了很多非常高效的数据结构和算法，以此来确保每个操作都可以在尽可能短的时间内完成，并且尽可能地节省内存。

- **用户友好**

  “虽然 Redis 提供了很多很棒的数据结构和特性，但如果它们使用起来非常困难的话，那么这一切就没有意义。”如果你对此有所担心的话，那么现在可以打消你的顾虑了！ Redis API 遵循的是 UNIX“一次只做一件事，并把它做好”的设计哲学。Redis 的 API 虽然丰富，但它们大部分都非常简短，并且只需接受几个参数就可以完成用户指定的操作。更棒的是，Redis 在官方网站（redis.io）上为每个 API 以及相关特性都提供了详尽的文档，并且客户端本身也可以在线查询这些文档。当你遇到文档无法解决的问题时，还可以在 Redis 项目的 GitHub 页面（github.com/antirez/redis）、Google Group（groups.google.com/forum/#!forum/redis-db）甚至作者的 Twitter（twitter.com/antirez）上提问。

- **支持广泛**

  正如之前所说，Redis 已经在互联网公司得到广泛应用，许多开发者为不同的编程语言开发了相应的客户端（redis.io/clients），大多数编程语言的使用者都可以轻而易举地找到所需的客户端，然后直接开始使用 Redis。此外，包括亚马逊、谷歌、RedisLabs、阿里云和腾讯云在内的多个云服务提供商都提供了基于 Redis 或兼容 Redis 的服务，如果你不打算自己搭建 Redis 服务器，那么上述提供商可能是不错的选择。

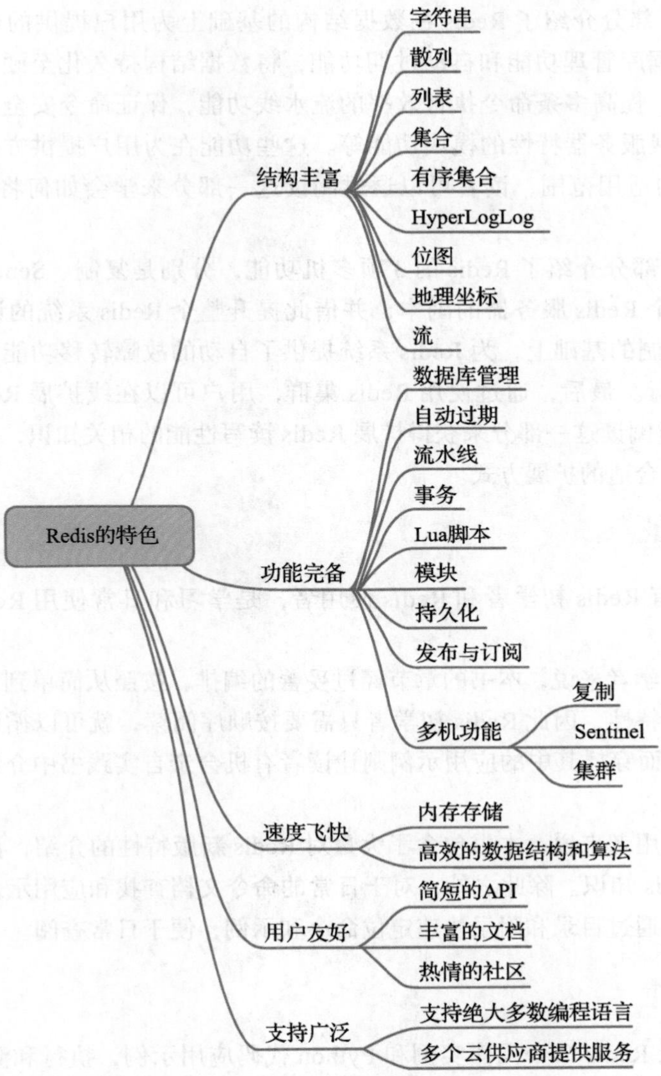

图 1-1 Redis 特色一览

1.2 内容编排

本书第 1 章为引言，接下来的第 2 ～ 20 章正文分成了“数据结构与应用”“附加功能”和“多机功能”三个部分。

在“数据结构与应用”部分，介绍了 Redis 核心的 9 种数据结构，列举了操作这些数据结构的众多命令及其详细信息，并在其中穿插介绍了多个使用 Redis 命令构建应用程序的示例。通过这些示例，读者可以进一步加深对命令的认识，并学会如何在实际中使用这些命令，达到学以致用的目的。

"附加功能"部分介绍了 Redis 在数据结构的基础上为用户提供的额外功能，包括管理数据结构的数据库管理功能和自动过期功能，将数据结构持久化至硬盘从而避免数据丢失的持久化功能，提高多条命令执行效率的流水线功能，保证命令安全性的事务和 Lua 脚本功能，以及扩展服务器特性的模块功能等。这些功能在为用户提供方便的同时，也进一步扩大了 Redis 的适用范围，读者可以通过阅读这一部分来学会如何将 Redis 应用在更多场景中。

"多机功能"部分介绍了 Redis 的 3 项多机功能，分别是复制、Sentinel 和集群。其中复制用于创建多个 Redis 服务器的副本，并借此提升整个 Redis 系统的读性能以及容灾能力。Sentinel 在复制的基础上，为 Redis 系统提供了自动的故障转移功能，从而使整个系统可以更健壮地运行。最后，通过使用 Redis 集群，用户可以在线扩展 Redis 系统的读写能力。读者可以通过阅读这一部分来获得扩展 Redis 读写性能的相关知识，并根据自己的情况为 Redis 系统选择合适的扩展方式。

1.3 目标读者

本书面向所有 Redis 初学者和 Redis 使用者，是学习和日常使用 Redis 必不可少的参考书。

对于 Redis 初学者来说，本书的章节经过妥善的编排，按照从简单到复杂的顺序详细罗列了 Redis 的各项特性，因此 Redis 初学者只需要按顺序阅读，就可以循序渐进地学习到具体的 Redis 知识，而穿插其中的应用示例则让读者有机会亲自实践书中介绍的命令，真正做到学以致用。

对于 Redis 使用者来说，本书包含了大量对 Redis 新版特性的介绍，读者可以通过本书了解到最新的 Redis 知识。除此之外，对于日常的命令文档查找和应用示例查找，本书也做了优化，读者可以通过目录和附录快速定位命令和示例，便于日常查阅。

1.4 预备工作

本书包含大量 Redis 命令操作实例和 Python 代码应用示例，执行和测试这些示例需要用到 Redis 服务器及其附带的 redis-cli 客户端、Python 编程环境和 redis-py 客户端，如果你尚未安装这些软件，那么请查阅附录 A 和附录 B 并按照指引进行安装。

在正确安装 Redis 服务器之后，可以通过执行以下命令启动 Redis 服务器：

```
$ redis-server
  28393:C 02 Jul 2019 23:49:25.952 # oO0OoO0OoO0Oo Redis is starting oO0OoO0OoO0Oo
  28393:C 02 Jul 2019 23:49:25.952 # Redis version=999.999.999, bits=64, commit=0cabe0cf, modified=1, pid=28393, just started
  28393:C 02 Jul 2019 23:49:25.952 # Warning: no config file specified, using the default config. In order to specify a config file use /Users/huangz/code/redis/src/redis-server /path/to/redis.conf
  28393:M 02 Jul 2019 23:49:25.953 * Increased maximum number of open files to
```

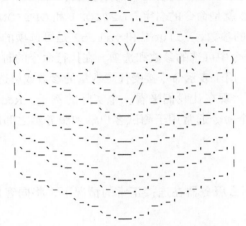

```
10032 (it was originally set to 256).
                _._
           _.-``__ ''-._
      _.-``    `.  `_.  ''-._           Redis 999.999.999 (0cabe0cf/1) 64 bit
  .-`` .-```.  ```\/    _.,_ ''-._
 (    '      ,       .-`  | `,    )     Running in standalone mode
 |`-._`-...-` __...-.``-._|'` _.-'|     Port: 6379
 |    `-._   `._    /     _.-'    |     PID: 28393
  `-._    `-._  `-./  _.-'    _.-'
 |`-._`-._    `-.__.-'    _.-'_.-'|
 |    `-._`-._        _.-'_.-'    |           http://redis.io
  `-._    `-._`-.__.-'_.-'    _.-'
 |`-._`-._    `-.__.-'    _.-'_.-'|
 |    `-._`-._        _.-'_.-'    |
  `-._    `-._`-.__.-'_.-'    _.-'
      `-._    `-.__.-'    _.-'
          `-._        _.-'
              `-.__.-'

28393:M 02 Jul 2019 23:49:25.954 # Server initialized
28393:M 02 Jul 2019 23:49:25.954 * Ready to accept connection
```

并通过以下命令启动 redis-cli 客户端：

```
$ redis-cli
127.0.0.1:6379>
```

以及通过以下命令启动 Python 解释器并载入 redis-py 库：

```
$ python3
Python 3.7.3 (default, Mar 27 2019, 09:23:15)
[Clang 10.0.1 (clang-1001.0.46.3)] on darwin
Type "help", "copyright", "credits" or "license" for more information.
>>> from redis import Redis
>>>
```

上述准备工作圆满完成之后，我们就可以开始学习 Redis 命令的基本知识了。

1.5 执行命令

Redis 服务器通过接收客户端发送的命令请求来执行指定的命令，并在命令执行完毕之后通过响应将命令的执行结果返回给客户端，如图 1-2 所示，结果中的内容称为命令回复。

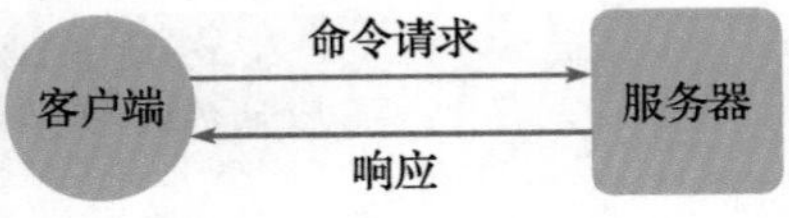

图 1-2 命令请求与响应

Redis 为每种数据结构和功能特性都提供了相应的命令，掌握如何使用这些命令是学习 Redis 的重中之重。幸运的是，大部分 Redis 命令都非常简单，只需要给出少量参数就可以完成非常强大的操作。

Redis 的所有命令都由一个命令名后跟任意多个参数以及可选项组成：

```
COMMAND [arg1 arg2 arg3 ...] [[OPTION1 value1] [OPTION2 value2] [...]]
```

在本书中，命令和可选项的名字通常以大写字母形式出现，命令参数和可选项的值则以小写字母形式出现。比如上例中的 COMMAND 就是命令的名字，OPTION1 和 OPTION2 是可选项的名字，arg1、arg2 和 arg3 是命令的参数，value1 和 value2 是可选项的值。

命令描述中的方括号“[]”仅用于包围命令中可选的参数和选项，在执行命令的时候并不需要给出这些方括号。命令描述中的“...”用于表示命令接受任意数量的参数或可选项。

关于 Redis 命令格式的描述已经足够多了，现在让我们来看一个实际的例子。Redis 的 PING 命令接受一条可选的消息作为参数，这个命令通常用于测试客户端和服务器之间的连接是否正常：

```
PING [message]
```

如果用户以无参数形式执行这个命令，那么服务器在连接正常的情况下，将向客户端返回 PONG 作为回复：

```
127.0.0.1:6379> PING
PONG
```

但是，如果用户给定了可选的消息，那么服务器将原封不动地向客户端返回该消息：

```
127.0.0.1:6379> PING "hello world"
"hello world"
```

另外，如果服务器与客户端的连接不正常，那么客户端将返回一个错误：

```
-- 客户端未能连接服务器，返回一个连接错误
127.0.0.1:6379> PING
Could not connect to Redis at 127.0.0.1:6379: Connection refused
```

我们为这个命令调用添加了一条注释，用于说明客户端遇到的问题。在本书中，redis-cli 客户端的命令执行示例都使用“--”作为注释前缀，这些注释仅用于对被执行的命令做进一步的说明，并不是被执行命令的一部分。图 1-3 中给出了在 redis-cli 中执行 Redis 命令的示意图。

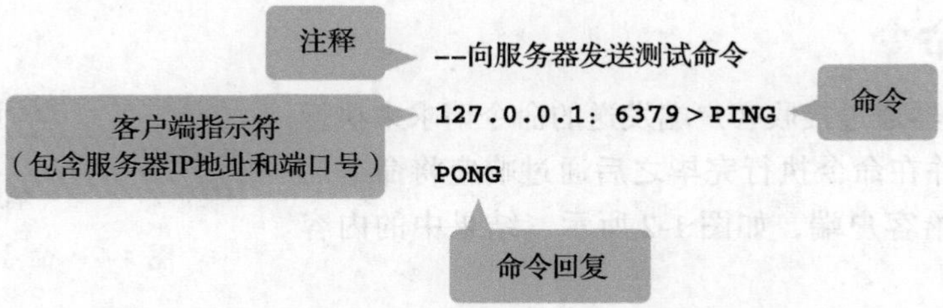

图 1-3 在 redis-cli 中执行 Redis 命令

1.6 配置服务器

在阅读本书的过程中，有时候我们还需要使用配置选项对 Redis 服务器进行配置，这可以通过两种方法来完成。

第一种方法是在启动 Redis 服务器的时候给定配置选项作为参数，格式为：

```
$ redis-server --OPTION1 [value1 value2 ...] --OPTION2 [value1 value2 ...]
[...]
```

例如，Redis 服务器默认使用 6379 作为端口号，但如果你想使用 10086 而不是 6379 作为端口号，那么可以在启动 Redis 服务器时通过设定 port 可选项来指定想要的端口号：

```
$ redis-server --port 10086
```

第二种方法是在启动 Redis 服务器的时候为其提供配置文件，并将想要修改的配置选项写在配置文件中：

```
$ redis-server /path/to/your/file
```

例如，为了将 Redis 服务器的端口号改为 12345，我们可以在当前文件夹中创建配置文件 myredis.conf，并在文件中包含以下内容：

```
port 12345
```

然后在启动 Redis 服务器时向其提供该配置文件：

```
$ redis-server myredis.conf
```

1.7 示例代码

正如前面提到的那样，本书提供了大量 Python 代码示例，这些示例的源码可以通过访问以下页面获取：github.com/huangz1990/RedisGuide-code。

本书在展示代码示例的同时，会在示例标题的旁边给出源代码的具体访问路径。比如对于代码清单 1-1 中展示的连接检查脚本 check_connection.py 来说，该文件就位于 /introduction 文件夹中：

代码清单 1-1 检查连接的脚本：/introduction/check_connection.py

```python
from redis import Redis

client = Redis()

# ping() 方法在连接正常时将返回 True
if client.ping() is True:
    print("connecting")
else:
    print("disconnected")
```

1.8 版本说明

本书基于 Redis 5.0 版本撰写，这是创作本书期间 Redis 的最新版本。

为了方便使用旧版 Redis 的读者，本书在介绍每个命令和特性的时候都指出了它们具体可用的版本，读者通过查阅这一信息就可以知道特定的命令和特性在自己的版本中是否可用。

得益于 Redis 极好的向后兼容性，即使读者将来使用的是 Redis 6.0、7.0 甚至更新的版本，本书中的绝大部分知识将仍是有效的。

1.9 读者服务网站

本书配套了读者服务网站 RedisGuide.com，其中列举了本书的介绍信息、购买链接、目录、试读章节、示例代码和勘误等内容，有兴趣的读者朋友可以浏览一下。

1.10 启程

一切准备就绪，是时候开始我们的 Redis 旅程了。在接下来的一章，我们将开始学习 Redis 最基本的数据结构——字符串。

01

第一部分

数据结构与应用

P A R T 1

CHAPTER 02

第2章 字 符 串

字符串（string）键是 Redis 最基本的键值对类型，这种类型的键值对会在数据库中把单独的一个键和单独的一个值关联起来，被关联的键和值既可以是普通的文字数据，也可以是图片、视频、音频、压缩文件等更为复杂的二进制数据。

图 2-1 展示了数据库视角下的 4 个字符串键，其中：

- 与键 "message" 相关联的值是 "hello world"。
- 与键 "number" 相关联的值是 "10086"。
- 与键 "homepage" 相关联的值是 "redis.io"。
- 与键 "redis-logo.jpg" 相关联的值是二进制数据 "\xff\xd8\xff\xe0\x00\x10JFIF\x00..."。

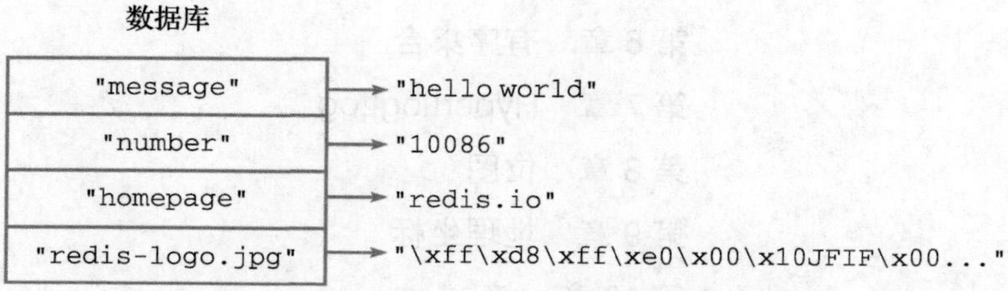

图 2-1 数据库中的字符串键示例

Redis 为字符串键提供了一系列操作命令，通过使用这些命令，用户可以：

- 为字符串键设置值。
- 获取字符串键的值。
- 在获取旧值的同时为字符串键设置新值。
- 同时为多个字符串键设置值，或者同时获取多个字符串键的值。

- 获取字符串值的长度。
- 获取字符串值指定索引范围内的内容，或者对字符串值指定索引范围内的内容进行修改。
- 将一些内容追加到字符串值的末尾。
- 对字符串键存储的整数值或者浮点数值执行加法操作或减法操作。

接下来将对以上提到的字符串键命令进行介绍，并演示如何使用这些命令去解决各种实际问题。

2.1 SET：为字符串键设置值

创建字符串键最常用的方法就是使用 SET 命令，这个命令可以为一个字符串键设置相应的值。在最基本的情况下，用户只需要向 SET 命令提供一个键和一个值就可以了：

```
SET key value
```

与之前提到过的一样，这里的键和值既可以是文字也可以是二进制数据。

SET 命令在成功创建字符串键之后将返回 OK 作为结果。比如通过执行以下命令，我们可以创建出一个字符串键，它的键为 "number"，值为 "10086"：

```
redis> SET number "10086"
OK
```

再比如，通过执行以下命令，我们可以创建出一个键为 "book"，值为 "The Design and Implementation of Redis" 的字符串键：

```
redis> SET book "The Design and Implementation
of Redis"
OK
```

图 2-2 和图 2-3 分别展示了数据库在以上两条 SET 命令执行之前以及执行之后的状态。

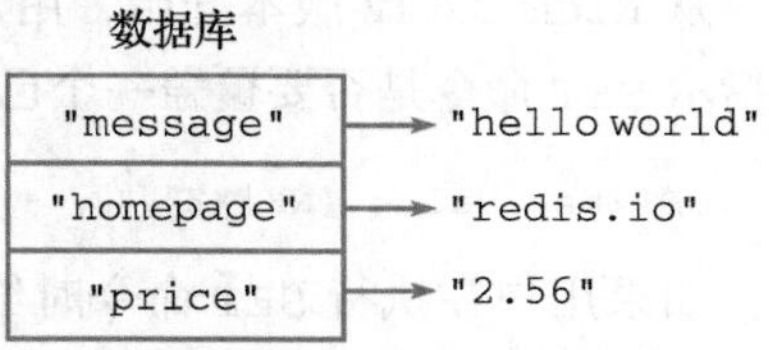

图 2-2　执行 SET 命令之前数据库的状态

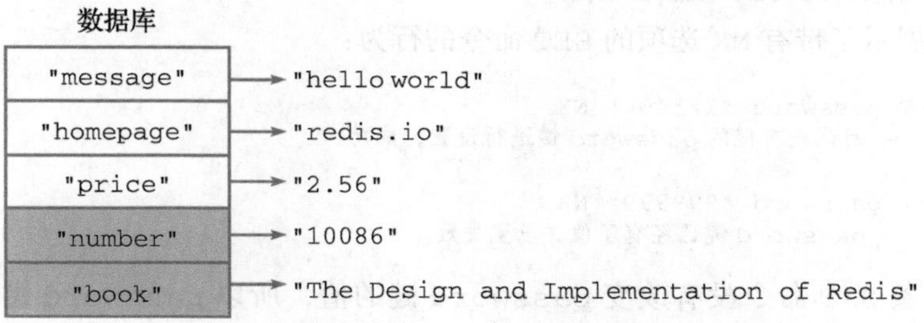

图 2-3　执行 SET 命令之后数据库的状态

> **数据库键的存放方式**
>
> 为了方便阅读，本书会将数据库中新出现的键放置到已有键的下方。比如在上面展

示的数据库图 2-3 中，我们就将新添加的 "number" 键和 "book" 键放置到了已有键的下方。

在实际中，Redis 数据库是以无序的方式存放数据库键的，一个新加入的键可能会出现在数据库的任何位置上，因此我们在使用 Redis 的过程中不应该对键在数据库中的摆放位置做任何假设，以免造成错误。

2.1.1 改变覆盖规则

在默认情况下，对一个已经设置了值的字符串键执行 SET 命令将导致键的旧值被新值覆盖。举个例子，如果我们连续执行以下两条 SET 命令，那么第一条 SET 命令设置的值将被第二条 SET 命令设置的值所覆盖：

```
redis> SET song_title "Get Wild"
OK

redis> SET song_title "Running to Horizon"
OK
```

在第二条 SET 命令执行完毕之后，song_title 键的值将从原来的 "Get Wild" 变为 "Running to Horizon"。

从 Redis 2.6.12 版本开始，用户可以通过向 SET 命令提供可选的 NX 选项或者 XX 选项来指示 SET 命令是否要覆盖一个已经存在的值：

```
SET key value [NX|XX]
```

如果用户在执行 SET 命令时给定了 NX 选项，那么 SET 命令只会在键没有值的情况下执行设置操作，并返回 OK 表示设置成功；如果键已经存在，那么 SET 命令将放弃执行设置操作，并返回空值 nil 表示设置失败。

以下代码展示了带有 NX 选项的 SET 命令的行为：

```
redis> SET password "123456" NX
OK       -- 对尚未有值的 password 键进行设置，成功

redis> SET password "999999" NX
(nil)    -- password 键已经有了值，设置失败
```

因为第二条 SET 命令没有改变 password 键的值，所以 password 键的值仍然是刚开始时设置的 "123456"。

如果用户在执行 SET 命令时给定了 XX 选项，那么 SET 命令只会在键已经有值的情况下执行设置操作，并返回 OK 表示设置成功；如果给定的键并没有值，那么 SET 命令将放弃执行设置操作，并返回空值表示设置失败。

举个例子，如果我们对一个没有值的键 mongodb-homepage 执行以下 SET 命令，那

么命令将因为 XX 选项的作用而放弃执行设置操作：

```
redis> SET mongodb-homepage "mongodb.com" XX
(nil)
```

相反，如果我们对一个已经有值的键执行带有 XX 选项的 SET 命令，那么命令将使用新值去覆盖已有的旧值：

```
redis> SET mysql-homepage "mysql.org"
OK     -- 为键 mysql-homepage 设置一个值

redis> SET mysql-homepage "mysql.com" XX
OK     -- 对键的值进行更新
```

在第二条 SET 命令执行之后，mysql-homepage 键的值将从原来的 "mysql.org" 更新为 "mysql.com"。

2.1.2 其他信息

复杂度：$O(1)$。

版本要求：不带任何可选项的 SET 命令从 Redis 1.0.0 版本开始可用；带有 NX、XX 等可选项的 SET 命令从 Redis 2.6.12 版本开始可用。

2.2 GET：获取字符串键的值

用户可以使用 GET 命令从数据库中获取指定字符串键的值：

```
GET key
```

GET 命令接受一个字符串键作为参数，然后返回与该键相关联的值。

比如对于图 2-4 所示的数据库来说，我们可以通过执行以下 GET 命令来取得各个字符串键相关联的值：

```
redis> GET message
"hello world"

redis> GET number
"10086"

redis> GET homepage
"redis.io"
```

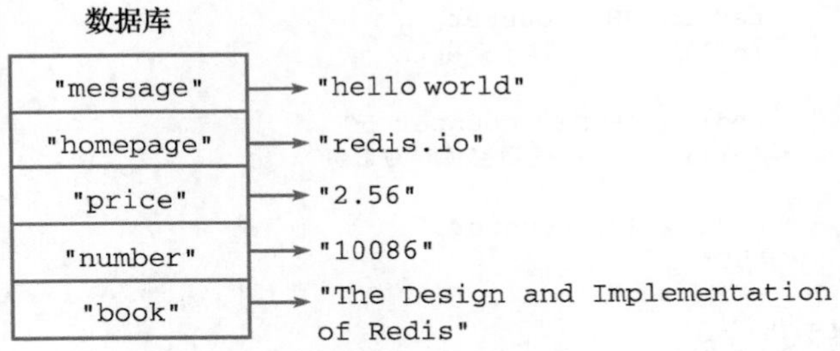

图 2-4 使用 GET 命令获取数据库键的值

另外，如果用户给定的字符串键在数据库中并没有与之相关联的值，那么 GET 命令将返回一个空值：

```
redis> GET date
(nil)
```

上面这个 GET 命令的执行结果表示数据库中并不存在 date 键，也没有与之相关联的值。

因为 Redis 的数据库要求所有键必须拥有与之相关联的值，所以如果一个键有值，那么我们就说这个键存在于数据库；相反，如果一个键没有值，那么我们就说这个键不存在于数据库。比如对于上面展示的几个键来说，date 键就不存在于数据库，而 message 键、number 键和 homepage 键则存在于数据库。

其他信息

复杂度：$O(1)$。

版本要求：GET 命令从 Redis 1.0.0 开始可用。

2.3 GETSET：获取旧值并设置新值

GETSET 命令就像 GET 命令和 SET 命令的组合版本，GETSET 首先获取字符串键目前已有的值，接着为键设置新值，最后把之前获取到的旧值返回给用户：

```
GETSET key new_value
```

以下代码展示了如何使用 GETSET 命令去获取 number 键的旧值并为它设置新值：

```
redis> GET number      -- number 键现在的值为 "10086"
"10086"

redis> GETSET number "12345"
"10086"                -- 返回旧值

redis> GET number      -- number 键的值已被更新为 "12345"
"12345"
```

如果被设置的键并不存在于数据库，那么 GETSET 命令将返回空值作为键的旧值：

```
redis> GET counter
(nil)    -- 键不存在

redis> GETSET counter 50
(nil)    -- 返回空值作为旧值

redis> GET counter
"50"
```

其他信息

复杂度：$O(1)$。

版本要求：GETSET 命令从 Redis 1.0.0 开始可用。

示例：缓存

对数据进行缓存是 Redis 最常见的用法之一，因为缓存操作是指把数据存储在内存而不是硬盘上，而访问内存远比访问硬盘的速度要快得多，所以用户可以通过把需要快速访问的数据存储在 Redis 中来提升应用程序的速度。

代码清单 2-1 展示了一个使用 Redis 实现的缓存程序代码，这个程序使用 SET 命令将需要缓存的数据存储到指定的字符串键中，并使用 GET 命令来从指定的字符串键中获取被缓存的数据。

代码清单 2-1　使用字符串键实现的缓存程序：/string/cache.py

```
class Cache:

    def __init__(self, client):
        self.client = client

    def set(self, key, value):
        """
        把需要被缓存的数据存储到键 key 里面，如果键 key 已经有值，那么使用新值去覆盖旧值
        """
        self.client.set(key, value)

    def get(self, key):
        """
        获取存储在键 key 里面的缓存数据，如果数据不存在，那么返回 None
        """
        return self.client.get(key)

    def update(self, key, new_value):
        """
        对键 key 存储的缓存数据进行更新，并返回键 key 在被更新之前存储的缓存数据。
        如果键 key 之前并没有存储数据，那么返回 None
        """
        return self.client.getset(key, new_value)
```

除了用于设置缓存的 set() 方法以及用于获取缓存的 get() 方法之外，缓存程序还提供了由 GETSET 命令实现的 update() 方法，这个方法可以让用户在对缓存进行设置的同时，获得之前被缓存的旧值。用户可以根据自己的需要决定是使用 set() 方法还是 update() 方法对缓存进行设置。

以下代码展示了如何使用这个程序来缓存一个 HTML 页面，并在需要时获取它：

```
>>> from redis import Redis
>>> from cache import Cache
>>> client = Redis(decode_responses=True)  # 使用文本编码方式打开客户端
>>> cache = Cache(client)
>>> cache.set("greeting-page", "<html><p>hello world</p></html>")
>>> cache.get("greeting-page")
'<html><p>hello world</p></html>'
>>> cache.update("greeting-page", "<html><p>good morning</p></html>")
'<html><p>hello world</p></html>'
>>> cache.get("greeting-page")
'<html><p>good morning</p></html>'
```

因为 Redis 的字符串键不仅可以存储文本数据，还可以存储二进制数据，所以这个缓存

程序不仅可以用来缓存网页等文本数据，还可以用来缓存图片和视频等二进制数据。比如，如果你正在运营一个图片网站，那么你同样可以使用这个缓存程序来缓存网站上的热门图片，从而提高用户访问这些热门图片的速度。

作为例子，以下代码展示了将 Redis 的 Logo 图片缓存到键 `redis-logo.jpg` 中的方法：

```
>>> from redis import Redis
>>> from cache import Cache
>>> client = Redis                                   # 使用二进制编码方式打开客户端
>>> cache = Cache(client)
>>> image = open("redis-logo.jpg", "rb")             # 以二进制只读方式打开图片文件
>>> data = image.read()                              # 读取文件内容
>>> image.close()                                    # 关闭文件
>>> cache.set("redis-logo.jpg", data)                # 将内存缓存到键 redis-logo.jpg 中
>>> cache.get("redis-logo.jpg")[:20]                 # 读取二进制数据的前 20 个字节
b'\xff\xd8\xff\xe0\x00\x10JFIF\x00\x01\x01\x01\x00H\x00H\x00\x00'
```

> **提示** 在测试以上两段代码的时候，请务必以正确的编码方式打开客户端（第一段代码采用文本方式，第二段代码采用二进制方式），否则测试代码将会出现编码错误。

示例：锁

锁是一种同步机制，用于保证一项资源在任何时候只能被一个进程使用，如果有其他进程想要使用相同的资源，那么就必须等待，直到正在使用资源的进程放弃使用权为止。

一个锁的实现通常会有获取（acquire）和释放（release）这两种操作：

- 获取操作用于取得资源的独占使用权。在任何时候，最多只能有一个进程取得锁，我们把成功取得锁的这个进程称为锁的持有者。在锁已经被持有的情况下，所有尝试再次获取锁的操作都会失败。
- 释放操作用于放弃资源的独占使用权，一般由锁的持有者调用。在锁被释放之后，其他进程就可以再次尝试获取这个锁了。

代码清单 2-2 展示了一个使用字符串键实现的锁程序，这个程序会根据给定的字符串键是否有值来判断锁是否已经被获取，而针对锁的获取操作和释放操作则是分别通过设置字符串键和删除字符串键来完成的。

代码清单 2-2 使用字符串键实现的锁程序：/string/lock.py

```
VALUE_OF_LOCK = "locking"

class Lock:

    def __init__(self, client, key):
        self.client = client
        self.key = key

    def acquire(self):
```

```
        """
        尝试获取锁。成功时返回 True，失败时返回 False
        """
        result = self.client.set(self.key, VALUE_OF_LOCK, nx=True)
        return result is True

    def release(self):
        """
        尝试释放锁。成功时返回 True，失败时返回 False
        """
        return self.client.delete(self.key) == 1
```

获取操作 acquire() 方法是通过执行带有 NX 选项的 SET 命令来实现的：

```
result = self.client.set(self.key, VALUE_OF_LOCK, nx=True)
```

NX 选项的值确保了代表锁的字符串键只会在没有值的情况下被设置：

- 如果给定的字符串键没有值，那么说明锁尚未被获取，SET 命令将执行设置操作，并将 result 变量的值设置为 True。
- 如果给定的字符串键已经有值了，那么说明锁已经被获取，SET 命令将放弃执行设置操作，并将 result 变量的值设置为 None。

acquire() 方法最后会通过检查 result 变量的值是否为 True 来判断自己是否成功取得了锁。

释放操作 release() 方法使用了之前没有介绍过的 DEL 命令，这个命令接受一个或多个数据库键作为参数，尝试删除这些键以及与之相关联的值，并返回被成功删除的键的数量作为结果：

```
DEL key [key ...]
```

因为 Redis 的 DEL 命令和 Python 的 del 关键字重名，所以在 redis-py 客户端中，执行 DEL 命令实际上是通过调用 delete() 方法来完成的：

```
self.client.delete(self.key) == 1
```

release() 方法通过检查 delete() 方法的返回值是否为 1 来判断删除操作是否执行成功：如果用户尝试对一个尚未被获取的锁执行 release() 方法，那么方法将返回 false，表示没有锁被释放。

在使用 DEL 命令删除代表锁的字符串键之后，字符串键将重新回到没有值的状态，这时用户就可以再次调用 acquire() 方法去获取锁了。

以下代码演示了这个锁的使用方法：

```
>>> from redis import Redis
>>> from lock import Lock
>>> client = Redis(decode_responses=True)
>>> lock = Lock(client, 'test-lock')
>>> lock.acquire()  # 成功获取锁
```

```
True
>>> lock.acquire()  # 锁已被获取，无法再次获取
False
>>> lock.release()  # 释放锁
True
>>> lock.acquire()  # 锁释放之后可以再次被获取
True
```

虽然代码清单 2-2 中展示的锁实现了基本的获取和释放功能，但它并不完美：

- 因为这个锁的释放操作无法验证进程的身份，所以无论执行释放操作的进程是否为锁的持有者，锁都会被释放。如果锁被持有者以外的其他进程释放，那么系统中可能会同时出现多个锁，导致锁的唯一性被破坏。
- 这个锁的获取操作不能设置最大加锁时间，因而无法让锁在超过给定的时限之后自动释放。因此，如果持有锁的进程因为故障或者编程错误而没有在退出之前主动释放锁，那么锁就会一直处于已被获取的状态，导致其他进程永远无法取得锁。

本书后续将继续改进这个锁的实现，使得它可以解决这两个问题。

2.4 MSET：一次为多个字符串键设置值

除了 SET 命令和 GETSET 命令之外，Redis 还提供了 MSET 命令用于对字符串键进行设置。与 SET 命令和 GETSET 命令只能设置单个字符串键不同，MSET 命令可以一次为多个字符串键设置值：

```
MSET key value [key value ...]
```

以下代码展示了如何使用一条 MSET 命令去设置 message、number 和 homepage 这 3 个键：

```
redis> MSET message "hello world" number "10086" homepage "redis.io"
OK

redis> GET message
"hello world"

redis> GET number
"10086"

redis> GET homepage
"redis.io"
```

与 SET 命令一样，MSET 命令也会在执行设置操作之后返回 OK 表示设置成功。此外，如果给定的字符串键已经有相关联的值，那么 MSET 命令也会直接使用新值去覆盖已有的旧值。

比如以下代码就展示了如何使用 MSET 命令去覆盖上一个 MSET 命令为 message 键和 number 键设置的值：

```
redis> MSET message "good morning!" number "12345"
OK
```

```
redis> GET message
"good morning!"

redis> GET number
"12345"
```

MSET 命令除了可以让用户更为方便地执行多个设置操作之外，还能有效地提高程序的效率：执行多条 SET 命令需要客户端和服务器之间进行多次网络通信，并因此耗费大量的时间；而使用一条 MSET 命令去代替多条 SET 命令只需要一次网络通信，从而有效地减少程序执行多个设置操作时的时间。

其他信息

复杂度：*O* (*N*)，其中 *N* 为用户给定的字符串键数量。

版本要求：MSET 命令从 Redis 1.0.1 开始可用。

2.5 MGET：一次获取多个字符串键的值

MGET 命令就是一个多键版本的 GET 命令，MGET 接受一个或多个字符串键作为参数，并返回这些字符串键的值：

```
MGET key [key ...]
```

MGET 命令返回一个列表作为结果，这个列表按照用户执行命令时给定键的顺序排列各个键的值。比如，列表的第一个元素就是第一个给定键的值，第二个元素是第二个给定键的值，以此类推。

作为例子，以下代码展示了如何使用一条 MGET 命令去获取 message、number 和 homepage 这 3 个键的值：

```
redis> MGET message number homepage
1) "hello world"      -- message 键的值
2) "10086"            -- number 键的值
3) "redis.io"         -- homepage 键的值
```

与 GET 命令一样，MGET 命令在碰到不存在的键时也会返回空值：

```
redis> MGET not-exists-key
1) (nil)
```

与 MSET 命令类似，MGET 命令也可以将执行多个获取操作所需的网络通信次数从原来的 *N* 次降低至只需一次，从而有效地提高程序的运行效率。

其他信息

复杂度：*O* (*N*)，其中 *N* 为用户给定的字符串键数量。

版本要求：MGET 命令从 Redis 1.0.0 开始可用。

2.6 MSETNX：只在键不存在的情况下，一次为多个字符串键设置值

MSETNX 命令与 MSET 命令一样，都可以对多个字符串键进行设置：

```
MSETNX key value [key value ...]
```

MSETNX 与 MSET 的主要区别在于，MSETNX 只会在所有给定键都不存在的情况下对键进行设置，而不会像 MSET 那样直接覆盖键已有的值：如果在给定键当中，即使有一个键已经有值了，那么 MSETNX 命令也会放弃对所有给定键的设置操作。MSETNX 命令在成功执行设置操作时返回 1，在放弃执行设置操作时则返回 0。

在以下代码中，因为键 k4 已经存在，所以 MSETNX 将放弃对键 k1、k2、k3 和 k4 进行设置操作：

```
redis> MGET k1 k2 k3 k4
1) (nil)                -- 键 k1、k2 和 k3 都不存在
2) (nil)
3) (nil)
4) "hello world"        -- 键 k4 已存在

redis> MSETNX k1 "one" k2 "two" k3 "three" k4 "four"
(integer) 0     -- 因为键 k4 已存在，所以 MSETNX 未能执行设置操作

redis> MGET k1 k2 k3 k4      -- 各个键的值没有变化
1) (nil)
2) (nil)
3) (nil)
4) "hello world"
```

如果只对不存在的键 k1、k2 和 k3 进行设置，那么 MSETNX 可以正常地完成设置操作：

```
redis> MSETNX k1 "one" k2 "two" k3 "three"
(integer) 1             -- 所有给定键都不存在，成功执行设置操作

redis> MGET k1 k2 k3 k4
1) "one"                -- 刚刚使用 MSETNX 设置的 3 个值
2) "two"
3) "three"
4) "hello world"        -- 之前已经存在的键 k4 的值没有改变
```

其他信息

复杂度：$O(N)$，其中 N 为用户给定的字符串键数量。

版本要求：MSETNX 命令从 Redis 1.0.1 开始可用。

示例：存储文章信息

在构建应用程序的时候，我们经常会需要批量地设置和获取多项信息。以博客程序为例：

- 当用户想要注册博客时，程序就需要把用户的名字、账号、密码、注册时间等多项

信息存储起来，并在用户登录的时候取出这些信息。

- 当用户想在博客中撰写一篇新文章的时候，程序就需要把文章的标题、内容、作者、发表时间等多项信息存储起来，并在用户阅读文章的时候取出这些信息。

通过使用 MSET 命令、MSETNX 命令以及 MGET 命令，我们可以实现上面提到的这些批量设置操作和批量获取操作。比如代码清单 2-3 就展示了一个文章存储程序，这个程序使用 MSET 命令和 MSETNX 命令将文章的标题、内容、作者、发表时间等多项信息存储到不同的字符串键中，并通过 MGET 命令从这些键里面获取文章的各项信息。

代码清单 2-3 文章存储程序：/string/article.py

```
from time import time  # time() 函数用于获取当前 UNIX 时间戳

class Article:

    def __init__(self, client, article_id):
        self.client = client
        self.id = str(article_id)
        self.title_key = "article::" + self.id + "::title"
        self.content_key = "article::" + self.id + "::content"
        self.author_key = "article::" + self.id + "::author"
        self.create_at_key = "article::" + self.id + "::create_at"

    def create(self, title, content, author):
        """
        创建一篇新的文章，创建成功时返回 True，因为文章已存在而导致创建失败时返回 False
        """
        article_data = {
            self.title_key: title,
            self.content_key: content,
            self.author_key: author,
            self.create_at_key: time()
        }
        return self.client.msetnx(article_data)

    def get(self):
        """
        返回 ID 对应的文章信息
        """
        result = self.client.mget(self.title_key,
                                  self.content_key,
                                  self.author_key,
                                  self.create_at_key)
        return {"id": self.id, "title": result[0], "content": result[1],
                "author": result[2], "create_at": result[3]}

    def update(self, title=None, content=None, author=None):
        """
        对文章的各项信息进行更新，更新成功时返回 True，失败时返回 False
        """
        article_data = {}
        if title is not None:
            article_data[self.title_key] = title
```

```
        if content is not None:
            article_data[self.content_key] = content
        if author is not None:
            article_data[self.author_key] = author
        return self.client.mset(article_data)
```

这个文章存储程序比较长，让我们来逐个分析它的各项功能。首先，Article 类的初始化方法 __init__() 接受一个 Redis 客户端和一个文章 ID 作为参数，并将文章 ID 从数字转换为字符串：

```
self.id = str(article_id)
```

接着程序会使用这个字符串格式的文章 ID，构建出用于存储文章各项信息的字符串键的键名：

```
self.title_key = "article::" + self.id + "::title"
self.content_key = "article::" + self.id + "::content"
self.author_key = "article::" + self.id + "::author"
self.create_at_key = "article::" + self.id + "::create_at"
```

在这些键当中，第一个键用于存储文章的标题，第二个键用于存储文章的内容，第三个键用于存储文章的作者，第四个键则用于存储文章的创建时间。

当用户想要根据给定的文章 ID 创建具体的文章时，就需要调用 create() 方法，并传入文章的标题、内容以及作者信息作为参数。create() 方法会把以上信息以及当前的 UNIX 时间戳放入一个 Python 字典里面：

```
article_data = {
    self.title_key: title,
    self.content_key: content,
    self.author_key: author,
    self.create_at_key: time()
}
```

article_data 字典的键存储了代表文章各项信息的字符串键的键名，而与这些键相关联的则是这些字符串键将要被设置的值。接下来，程序会调用 MSETNX 命令，对字典中给定的字符串键进行设置：

```
self.client.msetnx(article_data)
```

因为 create() 方法的设置操作是通过 MSETNX 命令来进行的，所以这一操作只会在所有给定字符串键都不存在的情况下进行：

- 如果给定的字符串键已经有值了，那么说明与给定 ID 相对应的文章已经存在。在这种情况下，MSETNX 命令将放弃执行设置操作，并且 create() 方法也会向调用者返回 False 表示文章创建失败。
- 如果给定的字符串键尚未有值，那么 create() 方法将根据用户给定的信息创建文章，并在成功之后返回 True。

在成功创建文章之后，用户就可以使用 get() 方法获取文章的各项信息。get() 方法会调用 MGET 命令，从各个字符串键中取出文章的标题、内容、作者等信息，并把这些信息存储到 result 列表中：

```
result = self.client.mget(self.title_key,
                          self.content_key,
                          self.author_key,
                          self.create_at_key)
```

为了让用户可以更方便地访问文章的各项信息，get() 方法会将存储在 result 列表中的文章信息放入一个字典里面，然后再返回给用户：

```
return {"id": self.id, "title": result[0], "content": result[1],
        "author": result[2], "create_at": result[3]}
```

这样做的好处有两点：

- 隐藏了 get() 方法由 MGET 命令实现这一底层细节。如果程序直接向用户返回 result 列表，那么用户就必须知道列表中的各个元素代表文章的哪一项信息，然后通过列表索引来访问文章的各项信息。这种做法非常不方便，而且也非常容易出错。
- 返回一个字典可以让用户以 dict[key] 这样的方式去访问文章的各个属性，比如使用 article["title"] 去访问文章的标题，使用 article["content"] 去访问文章的内容，诸如此类，这使得针对文章数据的各项操作可以更方便地进行。

另外要注意的一点是，虽然用户可以通过访问 Article 类的 id 属性来获得文章的 ID，但是为了方便起见，get() 方法在返回文章信息的时候也会将文章的 ID 包含在字典里面一并返回。

对文章信息进行更新的 update() 方法是整个程序最复杂的部分。首先，为了让用户可以自由选择需要更新的信息项，这个函数在定义时使用了 Python 的具名参数特性：

```
def update(self, title=None, content=None, author=None):
```

通过具名参数，用户可以根据自己想要更新的文章信息项来决定传入哪个参数，不需要更新的信息项则会被赋予默认值 None，例如：

- 如果用户只想更新文章的标题，那么只需要调用 update(title=new_title) 即可。
- 如果用户想同时更新文章的内容和作者，那么只需要调用 update(content=new_content, author=new_author) 即可。

在定义了具名参数之后，update() 方法会检查各个参数的值，并将那些不为 None 的参数以及与之相对应的字符串键键名放入 article_data 字典里面：

```
article_data = {}
if title is not None:
    article_data[self.title_key] = title
if content is not None:
```

```
        article_data[self.content_key] = content
    if author is not None:
        article_data[self.author_key] = author
```

article_data 字典中的键就是需要更新的字符串键的键名，而与之相关联的则是这些字符串键的新值。

一切准备就绪之后，update() 方法会根据 article_data 字典中设置好的键值对调用 MSET 命令对文章进行更新：

```
self.client.mset(article_data)
```

以下代码展示了这个文章存储程序的使用方法：

```
>>> from redis import Redis
>>> from article import Article
>>> client = Redis(decode_responses=True)
>>> article = Article(client, 10086)                    # 指定文章 ID
>>> article.create('message', 'hello world', 'peter')   # 创建文章
True
>>> article.get()                                       # 获取文章
{'id': '10086', 'title': 'message', 'content': 'hello world',
 'author': 'peter', 'create_at': '1551199163.4296808'}
>>> article.update(author="john")                       # 更新文章的作者
True
>>> article.get()                                       # 再次获取文章
{'id': '10086', 'title': 'message', 'content': 'hello world',
 'author': 'john', 'create_at': '1551199163.4296808'}
```

表 2-1 展示了上面这段代码创建出的键以及这些键的值。

表 2-1　文章数据存储示例

被存储的内容	数据库中的键	键的值
文章的标题	article::10086::title	'message'
文章的内容	article::10086::content	'hello world'
文章的作者	article::10086::author	'john'
文章的创建时间戳	article::10086::create_at	'1461145575.631885'

键的命名格式

Article 程序使用了多个字符串键去存储文章信息，并且每个字符串键的名字都是以 article::<id>::<attribute> 格式命名的，这是一种 Redis 使用惯例：

Redis 用户通常会为逻辑上相关联的键设置相同的前缀，并通过分隔符来区分键名的各个部分，以此来构建一种键的命名格式。

比如对于 article::10086::title、article::10086::author 这些键来说，article 前缀表明这些键都存储着与文章信息相关的数据，而分隔符“::”则区分

开了键名里面的前缀、ID 以及具体的属性。除了“::”符号之外，常用的键名分隔符还包括“.”符号，比如 article.10086.title；或者“->”符号，比如 article->10086->title；以及“|”符号，比如 article|10086|title 等。

分隔符的选择通常只取决于个人喜好，而键名的具体格式也可以根据需要进行构造，比如，如果不喜欢 article::<id>::<attribute> 格式，那么也可以考虑使用 article::<attribute>::<id> 格式，诸如此类。唯一需要注意的是，一个程序应该只使用一种键名分隔符，并且持续地使用同一种键名格式，以免造成混乱。

通过使用相同的格式去命名逻辑上相关联的键，我们可以让程序产生的数据结构变得更容易被理解，并且在需要的时候，还可以根据特定的键名格式在数据库里面以模式匹配的方式查找指定的键。

2.7 STRLEN：获取字符串值的字节长度

通过对字符串键执行 STRLEN 命令，用户可以取得字符串键存储的值的字节长度：

```
STRLEN key
```

以下代码展示了如何使用 STRLEN 去获取不同字符串值的字节长度：

```
redis> GET number
"10086"

redis> STRLEN number     -- number 键的值长 5 字节
(integer) 5

redis> GET message
"hello world"

redis> STRLEN message    -- message 键的值长 11 字节
(integer) 11

redis> GET book
"The Design and Implementation of Redis"

redis> STRLEN book       -- book 键的值长 38 字节
(integer) 38
```

对于不存在的键，STRLEN 命令将返回 0：

```
redis> STRLEN not-exists-key
(integer) 0
```

其他信息

复杂度：$O(1)$。

版本要求：STRLEN 命令从 Redis 2.2.0 开始可用。

2.8 字符串值的索引

因为每个字符串都是由一系列连续的字节组成的，所以字符串中的每个字节实际上都拥有与之相对应的索引。Redis 为字符串键提供了一系列索引操作命令，这些命令允许用户通过正数索引或者负数索引，对字符串值的某个字节或者某个部分进行处理，其中：

- 字符串值的正数索引以 0 为开始，从字符串的开头向结尾不断递增。
- 字符串值的负数索引以 -1 为开始，从字符串的结尾向开头不断递减。

图 2-5 展示了值为 "hello world" 的字符串，及其各个字节相对应的正数索引和负数索引。

正数索引	0	1	2	3	4	5	6	7	8	9	10
负数索引	-11	-10	-9	-8	-7	-6	-5	-4	-3	-2	-1
	'h'	'e'	'l'	'l'	'o'	' '	'w'	'o'	'r'	'l'	'd'

图 2-5 字符串的索引示例

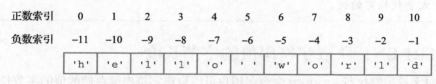

接下来将对 GETRANGE 和 SETRANGE 这两个字符串键的索引操作命令进行介绍。

2.9 GETRANGE：获取字符串值指定索引范围上的内容

通过使用 GETRANGE 命令，用户可以获取字符串值从 start 索引开始，直到 end 索引为止的所有内容：

```
GETRANGE key start end
```

GETRANGE 命令接受的是闭区间索引范围，也就是说，位于 start 索引和 end 索引上的值也会被包含在命令返回的内容当中。

举个例子，以下代码展示了如何使用 GETRANGE 命令去获取 message 键的值的不同部分：

```
redis> GETRANGE message 0 4      -- 获取字符串值索引 0 至索引 4 上的内容
"hello"

redis> GETRANGE message 6 10     -- 获取字符串值索引 6 至索引 10 上的内容
"world"

redis> GETRANGE message 3 7      -- 获取字符串值的中间部分
"lo wo"

redis> GETRANGE message -11 -7   -- 使用负数索引获取指定内容
"hello"
```

图 2-6 展示了上面 4 个命令是如何根据索引去获取值的内容的。

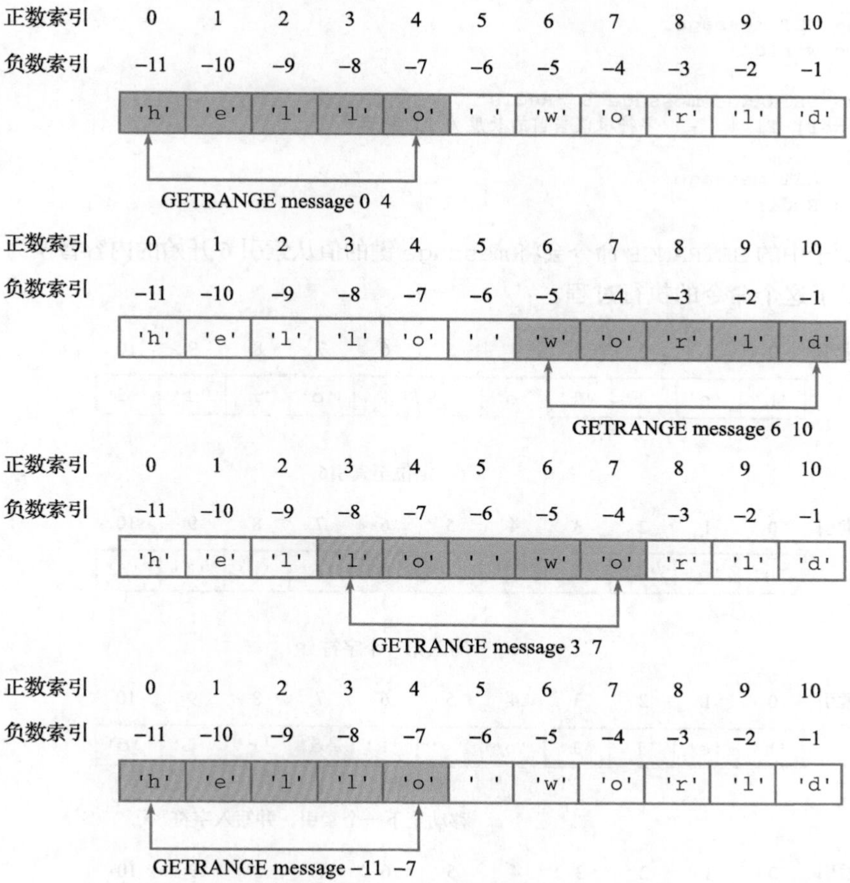

图 2-6 GETRANGE 命令执行示例

其他信息

复杂度：$O(N)$，其中 N 为被返回内容的长度。

版本要求：GETRANGE 命令从 Redis 2.4.0 开始可用。

2.10 SETRANGE：对字符串值的指定索引范围进行设置

通过使用 SETRANGE 命令，用户可以将字符串键的值从索引 index 开始的部分替换为指定的新内容，被替换内容的长度取决于新内容的长度：

```
SETRANGE key index substitute
```

SETRANGE 命令在执行完设置操作之后，会返回字符串值当前的长度作为结果。

例如，我们可以通过执行以下命令，将 message 键的值从原来的 "hello world" 修改为 "hello Redis"：

```
redis> GET message
"hello world"

redis> SETRANGE message 6 "Redis"
(integer) 11      -- 字符串值当前的长度为 11 字节

redis> GET message
"hello Redis"
```

这个例子中的 SETRANGE 命令会将 message 键的值从索引 6 开始的内容替换为 "Redis"，图 2-7 展示了这个命令的执行过程。

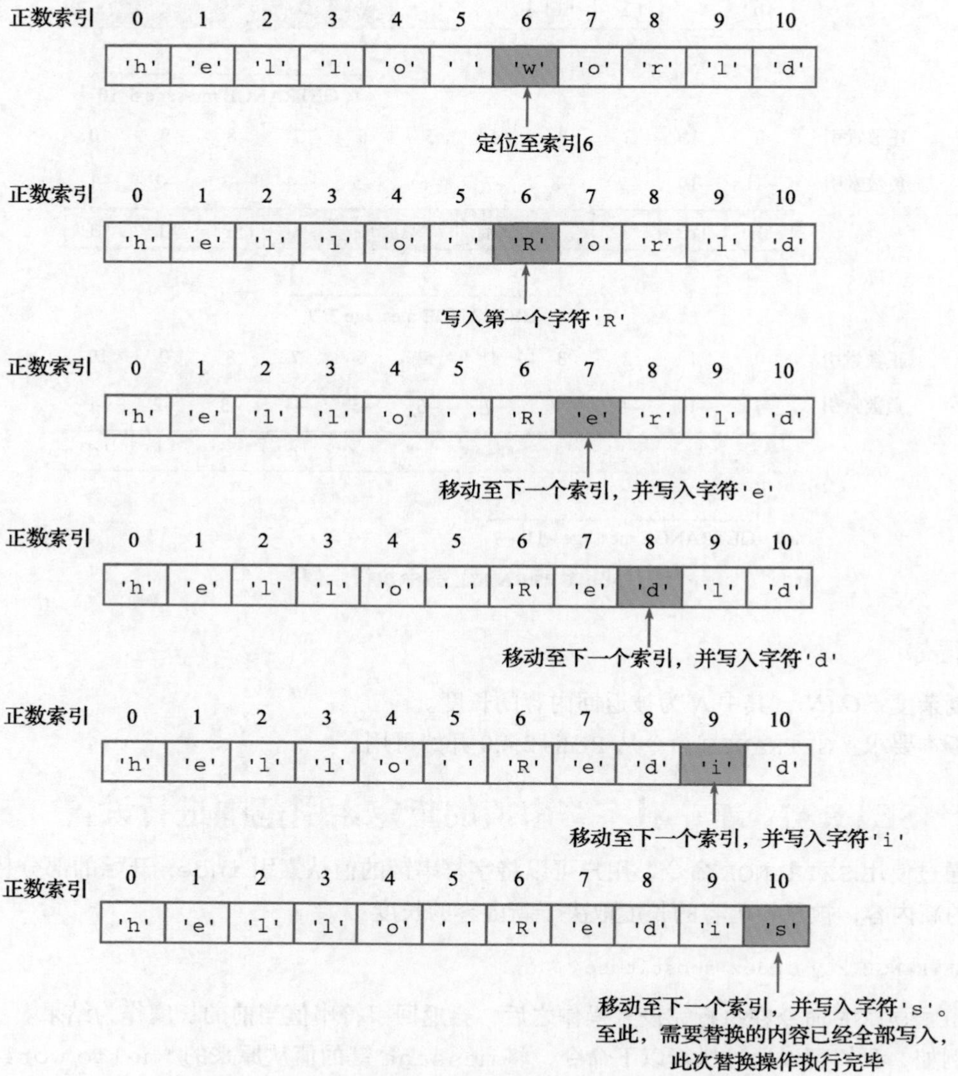

图 2-7 **SETRANGE** 命令修改 **message** 键的过程

2.10.1 自动扩展被修改的字符串

当用户给定的新内容比被替换的内容更长时，SETRANGE 命令就会自动扩展被修改的字符串值，从而确保新内容可以顺利写入。

例如，以下代码就展示了如何通过 SETRANGE 命令，将 message 键的值从原来的 11 字节长修改为 41 字节长：

```
redis> GET message
"hello Redis"

redis> SETRANGE message 5 ", this is a message send from peter."
(integer) 41

redis> GET message
"hello, this is a message send from peter."
```

图 2-8 展示了这个 SETRANGE 命令扩展字符串并进行写入的过程。

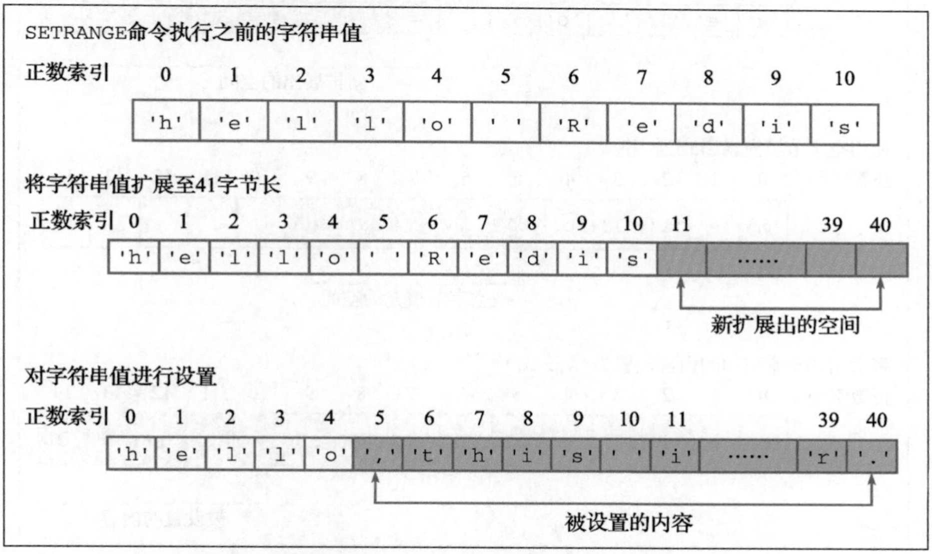

图 2-8 SETRANGE 命令的执行过程示例

2.10.2 在值里面填充空字节

SETRANGE 命令除了会根据用户给定的新内容自动扩展字符串值之外，还会根据用户给定的 index 索引扩展字符串。

当用户给定的 index 索引超出字符串值的长度时，字符串值末尾直到索引 index-1 之间的部分将使用空字节进行填充，换句话说，这些字节的所有二进制位都会被设置为 0。

举个例子，对于字符串键 greeting 来说：

```
redis> GET greeting
```

```
"hello"
```

当我们执行以下命令时，SETRANGE 命令会先将字符串值扩展为 15 个字节长，然后将 "hello" 末尾直到索引 9 之间的所有字节都填充为空字节，最后再将索引 10 到索引 14 的内容设置为 "world"。图 2-9 展示了这个扩展、填充、最后设置的过程。

```
redis> SETRANGE greeting 10 "world"
(integer) 15
```

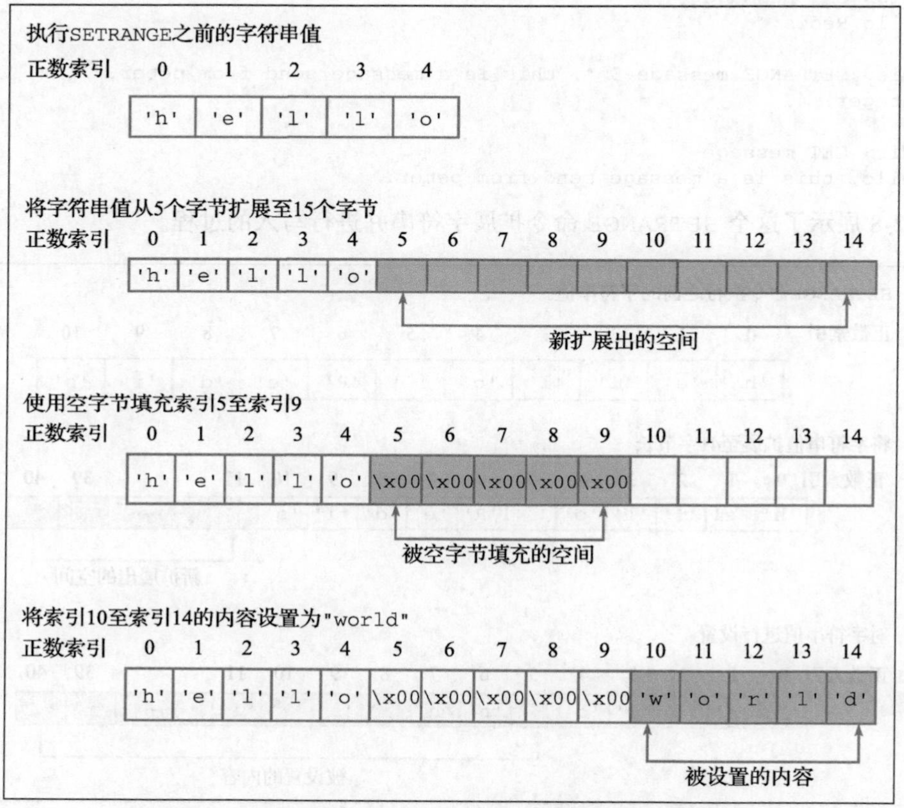

图 2-9 **SETRANGE greeting 10 "world"** 的执行过程

通过执行 GET 命令，我们可以取得 greeting 键在执行 SETRANGE 命令之后的值：

```
redis> GET greeting
"hello\x00\x00\x00\x00\x00world"
```

可以看到，greeting 键的值现在包含了多个 \x00 符号，每个 \x00 符号代表一个空字节。

2.10.3 其他信息

复杂度：$O(N)$，其中 N 为被修改内容的长度。

版本要求：SETRANGE 命令从 Redis 2.2.0 开始可用。

示例：给文章存储程序加上文章长度计数功能和文章预览功能

在前面的内容中，我们使用MSET、MGET等命令构建了一个存储文章信息的程序，在学习了STRLEN命令和GETRANGE命令之后，我们可以给这个文章存储程序加上两个新功能，其中一个是文章长度计数功能，另一个则是文章预览功能。

- 文章长度计数功能用于显示文章内容的长度，读者可以通过这个长度值来了解一篇文章大概有多长，从而决定是否继续阅读。
- 文章预览功能则用于显示文章开头的一部分内容，这些内容可以帮助读者快速地了解文章大意，并吸引读者进一步阅读整篇文章。

代码清单2-4展示了这两个功能的具体实现代码，其中文章长度计数功能是通过对文章内容执行STRLEN命令来实现的，文章预览功能是通过对文章内容执行GETRANGE命令来实现的。

代码清单2-4 带有长度计数功能和预览功能的文章存储程序：/string/article.py

```
from time import time  # time() 函数用于获取当前 UNIX 时间戳

class Article:

    # 省略之前展示过的 __init__()、create()、update() 等方法

    def get_content_len(self):
        """
        返回文章内容的字节长度
        """
        return self.client.strlen(self.content_key)

    def get_content_preview(self, preview_len):
        """
        返回指定长度的文章预览内容
        """
        start_index = 0
        end_index = preview_len-1
        return self.client.getrange(self.content_key, start_index, end_index)
```

get_content_len()方法的实现非常简单直接，没有什么需要说明的。与此相比，get_content_preview()方法显得更复杂一些，让我们进行一些分析。

首先，get_content_preview()方法会接受一个preview_len参数，用于记录调用者指定的预览长度。接着程序会根据这个预览长度计算出预览内容的起始索引和结束索引：

```
start_index = 0
end_index = preview_len-1
```

因为预览功能要做的就是返回文章内容的前preview_len个字节，所以上面这两条赋值语句要做的就是计算并记录文章前preview_len个字节所在的索引范围，其中

start_index 的值总是 0，而 end_index 的值则为 preview_len - 1。举个例子，假如用户输入的预览长度为 150，那么 start_index 将被赋值为 0，而 end_index 将被赋值为 149。

最后，程序会调用 GETRANGE 命令，根据上面计算出的两个索引，从存储着文章内容的字符串键里面取出指定的预览内容：

```
self.client.getrange(self.content_key, start_index, end_index)
```

以下代码展示了如何使用文章长度计数功能以及文章预览功能：

```
>>> from redis import Redis
>>> from article import Article
>>> client = Redis(decode_responses=True)
>>> article = Article(client, 12345)
>>> title = "Improving map data on GitHub"
>>> content = "You've been able to view and diff geospatial data on GitHub for a while, but now, in addition to being able to collaborate on the GeoJSON files you upload to GitHub, you can now more easily contribute to the underlying, shared basemap, that provides your data with context."
>>> author = "benbalter"
>>> article.create(title, content, author)  # 将一篇比较长的文章存储起来
True
>>> article.get_content_len()               # 文章总长 273 字节
273
>>> article.get_content_preview(100)        # 获取文章前 100 字节的内容
"You've been able to view and diff geospatial data on GitHub for a while, but now, in addition to bei"
```

2.11 APPEND：追加新内容到值的末尾

通过调用 APPEND 命令，用户可以将给定的内容追加到字符串键已有值的末尾：

```
APPEND key suffix
```

APPEND 命令在执行追加操作之后，会返回字符串值当前的长度作为命令的返回值。

举个例子，对于以下这个名为 description 的键来说：

```
redis> GET description
"Redis"
```

我们可以通过执行以下命令，将字符串 " is a database" 追加到 description 键已有值的末尾：

```
redis> APPEND description " is a database"
(integer) 19     -- 追加操作执行完毕之后，值的长度
```

以下是 description 键在执行完追加操作之后的值：

```
redis> GET description
"Redis is a database"
```

在此之后，我们可以继续执行以下 APPEND 命令，将字符串 " with many different

data structure." 追加到 description 键已有值的末尾：

```
redis> APPEND description " with many different data structure."
(integer) 55
```

现在，description 键的值又变成了以下形式：

```
redis> GET description
"Redis is a database with many different data structure."
```

图 2-10 展示了 description 键的值是如何随着 APPEND 命令的执行而变化的。

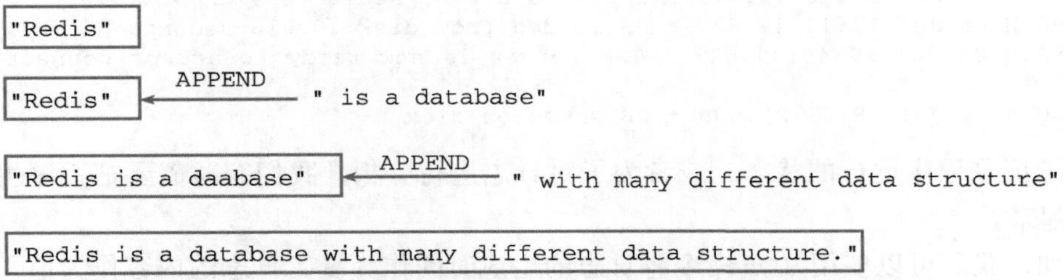

图 2-10 **description 键的值随着 APPEND 命令的执行而变化**

2.11.1 处理不存在的键

如果用户给定的键并不存在，那么 APPEND 命令会先将键的值初始化为空字符串 ""，然后再执行追加操作，最终效果与使用 SET 命令为键设置值的情况类似：

```
redis> GET append_msg  -- 键不存在
(nil)

redis> APPEND append_msg "hello"  -- 效果相当于执行 SET append_msg "hello"
(integer) 5

redis> GET append_msg
"hello"
```

当键有了值之后，APPEND 又会像平时一样，将用户给定的值追加到已有值的末尾：

```
redis> APPEND append_msg ", how are you?"
(integer) 19

redis> GET append_msg
"hello, how are you?"
```

图 2-11 展示了 APPEND 命令是如何根据键是否存在来判断应该执行哪种操作的。

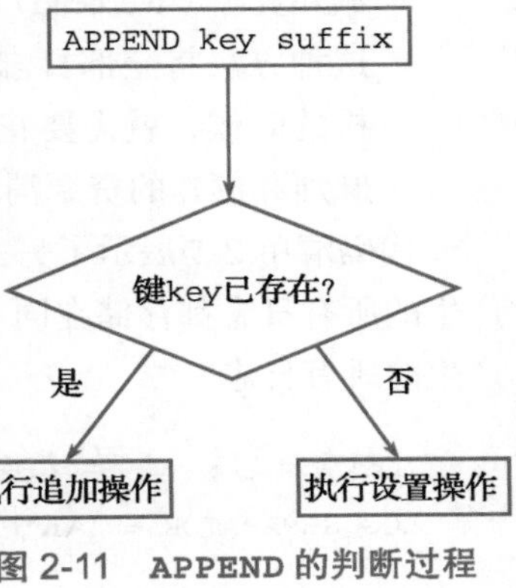

图 2-11 **APPEND 的判断过程**

2.11.2 其他信息

复杂度：$O(N)$，其中 N 为新追加内容的长度。

版本要求：APPEND 命令从 Redis 2.0.0 开始可用。

示例：存储日志

很多程序在运行的时候都会生成一些日志，这些日志记录了程序的运行状态以及执行过的重要操作。

例如，以下展示的就是 Redis 服务器运行时输出的一些日志，这些日志记录了 Redis 开始运行的时间，载入数据库所耗费的时长，接收客户端连接所使用的端口号，以及进行数据持久化操作的时间点等信息：

```
6066:M 06 Jul 17:40:49.611 # Server started, Redis version 3.1.999
6066:M 06 Jul 17:40:49.627 * DB loaded from disk: 0.016 seconds
6066:M 06 Jul 17:40:49.627 * The server is now ready to accept connections on port 6379
6066:M 06 Jul 18:29:20.009 * DB saved on disk
```

为了记录程序运行的状态，或者为了对日志进行分析，我们有时需要把程序生成的日志存储起来。

例如，我们可以使用 SET 命令将日志的生成时间作为键，日志的内容作为值，把上面展示的日志存储到多个字符串键里面：

```
redis> SET "06 Jul 17:40:49.611" "# Server started, Redis version 3.1.999"
OK

redis> SET "06 Jul 17:40:49.627" "* DB loaded from disk: 0.016 seconds"
OK

redis> SET "06 Jul 17:40:49.627" "* The server is now ready to accept connections on port 6379"
OK

redis> SET "06 Jul 18:29:20.009" "* DB saved on disk"
OK
```

遗憾的是，这种日志存储方式并不理想，主要问题有两个：

- 使用这种方法需要在数据库中创建很多键。因为 Redis 每创建一个键就需要消耗一定的额外资源（overhead）来对键进行维护，所以键的数量越多，消耗的额外资源就会越多。
- 这种方法将全部日志分散地存储在不同的键里面，当程序想要对特定的日志进行分析的时候，就需要花费额外的时间和资源去查找指定的日志，这给分析操作带来了麻烦和额外的资源消耗。

代码清单 2-5 展示了另一种更为方便和高效的日志存储方式，这个程序会把同一天之内产生的所有日志都存储在同一个字符串键里面，从而使用户可以非常高效地取得指定日期内产生的所有日志。

代码清单 2-5 使用字符串键实现高效的日志存储程序：/string/log.py

```
LOG_SEPARATOR = "\n"
```

```
class Log:

    def __init__(self, client, key):
        self.client = client
        self.key = key

    def add(self, new_log):
        """
        将给定的日志存储起来
        """
        new_log += LOG_SEPARATOR
        self.client.append(self.key, new_log)

    def get_all(self):
        """
        以列表形式返回所有日志
        """
        all_logs = self.client.get(self.key)
        if all_logs is not None:
            log_list = all_logs.split(LOG_SEPARATOR)
            log_list.remove("")
            return log_list
        else:
            return []
```

日志存储程序的 add() 方法负责将新日志存储起来。这个方法首先会将分隔符追加到新日志的末尾：

```
new_log += LOG_SEPARATOR
```

然后调用 APPEND 命令，将新日志追加到已有日志的末尾：

```
self.client.append(self.key, new_log)
```

举个例子，如果用户输入的日志是：

```
"this is log1"
```

那么 add() 方法首先会把分隔符 "\n" 追加到这行日志的末尾，使之变成：

```
"this is log1\n"
```

然后调用以下命令，将新日志追到已有日志的末尾：

```
APPEND key "this is log1\n"
```

负责获取所有日志的 get_all() 方法比较复杂，因为它不仅需要从字符串键里面取出包含了所有日志的字符串值，还需要从这个字符串值里面分割出每一条日志。首先，这个方法使用 GET 命令从字符串键里面取出包含了所有日志的字符串值：

```
all_logs = self.client.get(self.key)
```

接着，程序会检查 all_logs 这个值是否为空。如果为空则表示没有日志被存储，程序直接返回空列表“[]”作为 get_all() 方法的执行结果；如果值不为空，那么程序将调用 Python 的 split() 方法对字符串值进行分割，并将分割结果存储到 log_list 列表里面：

```
log_list = all_logs.split(LOG_SEPARATOR)
```

因为 split() 方法会在结果中包含一个空字符串，而我们并不需要这个空字符串，所以程序还会调用 remove() 方法，将空字符串从分割结果中移除，使得 log_list 列表中只保留被分割的日志：

```
log_list.remove("")
```

在此之后，程序只需要将包含了多条日志的 log_list 列表返回给调用者就可以了：

```
return log_list
```

举个例子，假设我们使用 add() 方法，在一个字符串键里面存储了 "this is log1"、"this is log2"、"this is log3" 这 3 条日志，那么 get_all() 方法在使用 GET 命令获取字符串键的值时，将得到以下结果：

```
"this is log1\nthis is log2\nthis is log3"
```

在使用 split(LOG_SEPARATOR) 方法对这个结果进行分割之后，程序将得到一个包含 4 个元素的列表，其中列表最后的元素为空字符串：

```
["this is log1", "this is log2", "this is log3", ""]
```

在调用 remove("") 方法移除列表中的空字符串之后，列表里面就只会包含被存储的日志：

```
["this is log1", "this is log2", "this is log3"]
```

这时 get_all() 方法只需要把这个列表返回给调用者就可以了。

以下代码展示了这个日志存储程序的使用方法：

```
>>> from redis import Redis
>>> from log import Log
>>> client = Redis(decode_responses=True)
>>> # 按日期归类日志
>>> log = Log(client, "06 Jul")
>>> # 存储日志
>>> log.add("17:40:49.611 # Server started, Redis version 3.1.999")
>>> log.add("17:40:49.627 * DB loaded from disk: 0.016 seconds")
>>> log.add("17:40:49.627 * The server is now ready to accept connections on
port 6379")
>>> log.add("18:29:20.009 * DB saved on disk")
>>> # 以列表形式返回所有日志
>>> log.get_all()
['17:40:49.611 # Server started, Redis version 3.1.999', '17:40:49.627 *
DB loaded from disk: 0.016 seconds', '17:40:49.627 * The server is now ready to
```

```
accept connections on port 6379', '18:29:20.009 * DB saved on disk']
    >>> # 单独打印每条日志
    >>> for i in log.get_all():
    ...     print(i)
    ...
    17:40:49.611 # Server started, Redis version 3.1.999
    17:40:49.627 * DB loaded from disk: 0.016 seconds
    17:40:49.627 * The server is now ready to accept connections on port 6379
    18:29:20.009 * DB saved on disk
```

2.12 使用字符串键存储数字值

每当用户将一个值存储到字符串键里面的时候，Redis 都会对这个值进行检测，如果这个值能够被解释为以下两种类型的其中一种，那么 Redis 就会把这个值当作数字来处理：

- 第一种类型是能够使用 C 语言的 `long long int` 类型存储的整数，在大多数系统中，这种类型存储的都是 64 位长度的有符号整数，取值范围介于 `-9223372036854775808` 和 `9223372036854775807` 之间。
- 第二种类型是能够使用 C 语言的 `long double` 类型存储的浮点数，在大多数系统中，这种类型存储的都是 128 位长度的有符号浮点数，取值范围介于 `3.36210314311209350626e-4932` 和 `1.18973149535723176502e+4932L` 之间。

表 2-2 中列举了一些不同类型的值，并说明了 Redis 对它们的解释方式。

表 2-2 一些能够被 Redis 解释为数字的例子

值	Redis 解释这个值的方式
10086	解释为整数
+894	解释为整数
-123	解释为整数
3.14	解释为浮点数
+2.56	解释为浮点数
-5.12	解释为浮点数
12345678901234567890	这个值虽然是整数，但是因为它的大小超出了 `long long int` 类型能够容纳的范围，所以只能被解释为字符串
3.14e5	因为 Redis 不能解释使用科学记数法表示的浮点数，所以这个值只能被解释为字符串
"one"	解释为字符串
"123abc"	解释为字符串

为了能够更方便地处理那些使用字符串键存储的数字值，Redis 提供了一系列加法操作命令以及减法操作命令，用户可以通过这些命令直接对字符串键存储的数字值执行加法操作或减法操作，接下来，将对这些命令进行介绍。

2.13 INCRBY、DECRBY：对整数值执行加法操作和减法操作

当字符串键存储的值能够被 Redis 解释为整数时，用户就可以通过 `INCRBY` 命令和

DECRBY 命令对被存储的整数值执行加法或减法操作。

INCRBY 命令用于为整数值加上指定的整数增量，并返回键在执行加法操作之后的值：

```
INCRBY key increment
```

以下代码展示了如何使用 INCRBY 命令去增加一个字符串键的值：

```
redis> SET number 100
OK

redis> GET number
"100"

redis> INCRBY number 300      -- 将键的值加上300
(integer) 400

redis> INCRBY number 256      -- 将键的值加上256
(integer) 656

redis> INCRBY number 1000     -- 将键的值加上1000
(integer) 1656

redis> GET number
"1656"
```

与 INCRBY 命令的作用正好相反，DECRBY 命令用于为整数值减去指定的整数减量，并返回键在执行减法操作之后的值：

```
DECRBY key increment
```

以下代码展示了如何使用 DECRBY 命令去减少一个字符串键的值：

```
redis> SET number 10086
OK

redis> GET number
"10086"

redis> DECRBY number 300      -- 将键的值减去300
(integer) 9786

redis> DECRBY number 786      -- 将键的值减去786
(integer) 9000

redis> DECRBY number 5500     -- 将键的值减去5500
(integer) 3500

redis> GET number
"3500"
```

2.13.1 类型限制

当字符串键的值不能被 Redis 解释为整数时，对键执行 INCRBY 命令或是 DECRBY 命令将返回一个错误：

```
redis> SET pi 3.14
OK

redis> INCRBY pi 100                -- 不能对浮点数值执行
(error) ERR value is not an integer or out of range

redis> SET message "hello world"
OK

redis> INCRBY message               -- 不能对字符串值执行
(error) ERR wrong number of arguments for 'incrby' command

redis> SET big-number 123456789123456789123456789
OK

redis> INCRBY big-number 100        -- 不能对超过 64 位长度的整数执行
(error) ERR value is not an integer or out of range
```

另外需要注意的一点是，INCRBY 和 DECRBY 的增量和减量也必须能够被 Redis 解释为整数，使用其他类型的值作为增量或减量将返回一个错误：

```
redis> INCRBY number 3.14                 -- 不能使用浮点数作为增量
(error) ERR value is not an integer or out of range

redis> INCRBY number "hello world"        -- 不能使用字符串值作为增量
(error) ERR value is not an integer or out of range
```

2.13.2 处理不存在的键

当 INCRBY 命令或 DECRBY 命令遇到不存在的键时，命令会先将键的值初始化为 0，然后再执行相应的加法操作或减法操作。

以下代码展示了 INCRBY 命令是如何处理不存在的键 x 的：

```
redis> GET x                -- 键 x 不存在
(nil)

redis> INCRBY x 123         -- 先将键 x 的值初始化为 0，然后再执行加上 123 的操作
(integer) 123

redis> GET x
"123"
```

以下代码展示了 DECRBY 命令是如何处理不存在的键 y 的：

```
redis> GET y                -- 键 y 不存在
(nil)

redis> DECRBY y 256         -- 先将键 y 的值初始化为 0，再执行减去 256 的操作
(integer) -256

redis> GET y
"-256"
```

2.13.3 其他信息

复杂度：*O*(1)。

版本要求：INCRBY 命令和 DECRBY 命令从 Redis 1.0.0 开始可用。

2.14 INCR、DECR：对整数值执行加 1 操作和减 1 操作

因为对整数值执行加 1 操作或减 1 操作的场景经常会出现，所以为了能够更方便地执行这两个操作，Redis 分别提供了用于执行加 1 操作的 INCR 命令以及用于执行减 1 操作的 DECR 命令。

INCR 命令的作用就是将字符串键存储的整数值加上 1，效果相当于执行 INCRBY key 1：

```
INCR key
```

DECR 命令的作用就是将字符串键存储的整数值减去 1，效果相当于执行 DECRBY key 1：

```
DECR key
```

以下代码展示了 INCR 命令和 DECR 命令的作用：

```
redis> SET counter 100
OK

redis> INCR counter      -- 对整数值执行加 1 操作
(integer) 101

redis> INCR counter
(integer) 102

redis> INCR counter
(integer) 103

redis> DECR counter      -- 对整数值执行减 1 操作
(integer) 102

redis> DECR counter
(integer) 101

redis> DECR counter
(integer) 100
```

除了增量和减量被固定为 1 之外，INCR 命令和 DECR 命令的其他方面与 INCRBY 命令以及 DECRBY 命令完全相同。

其他信息

复杂度：*O*(1)。

版本要求：INCR 命令和 DECR 命令从 Redis 1.0.0 开始可用。

2.15 INCRBYFLOAT：对数字值执行浮点数加法操作

除了用于执行整数加法操作的 INCR 命令以及 INCRBY 命令之外，Redis 还提供了用于执行浮点数加法操作的 INCRBYFLOAT 命令：

```
INCRBYFLOAT key increment
```

INCRBYFLOAT 命令可以把一个浮点数增量加到字符串键存储的数字值上面，并返回键在执行加法操作之后的数字值作为命令的返回值。

以下代码展示了如何使用 INCRBYFLOAT 命令去增加一个浮点数的值：

```
redis> SET decimal 3.14                -- 一个存储着浮点数值的键
OK

redis> GET decimal
"3.14"

redis> INCRBYFLOAT decimal 2.55        -- 将键 decimal 的值加上 2.55
"5.69"

redis> GET decimal
"5.69"
```

2.15.1 处理不存在的键

INCRBYFLOAT 命令在遇到不存在的键时，会先将键的值初始化为 0，然后再执行相应的加法操作。

在以下代码中，INCRBYFLOAT 命令就是先把 x-point 键的值初始化为 0，然后再执行加法操作的：

```
redis> GET x-point     -- 不存在的键
(nil)

redis> INCRBYFLOAT x-point 12.7829
"12.7829"

redis> GET x-point
"12.7829"
```

2.15.2 使用 INCRBYFLOAT 执行浮点数减法操作

Redis 为 INCR 命令提供了相应的减法版本 DECR 命令，也为 INCRBY 命令提供了相应的减法版本 DECRBY 命令，但是并没有为 INCRBYFLOAT 命令提供相应的减法版本，因此用户只能通过给 INCRBYFLOAT 命令传入负数增量来执行浮点数减法操作。

以下代码展示了如何使用 INCRBYFLOAT 命令执行浮点数减法计算：

```
redis> SET pi 3.14
OK
```

```
redis> GET pi
"3.14"

redis> INCRBYFLOAT pi -1.1      -- 值减去1.1
"2.04"

redis> INCRBYFLOAT pi -0.7      -- 值减去0.7
"1.34"

redis> INCRBYFLOAT pi -1.3      -- 值减去1.3
"0.04"
```

2.15.3 INCRBYFLOAT 与整数值

INCRBYFLOAT 命令对于类型限制的要求比 INCRBY 命令和 INCR 命令要宽松得多：

- INCRBYFLOAT 命令既可用于浮点数值，也可以用于整数值。
- INCRBYFLOAT 命令的增量既可以是浮点数，也可以是整数。
- 当 INCRBYFLOAT 命令的执行结果可以表示为整数时，命令的执行结果将以整数形式存储。

以下代码展示了如何使用 INCRBYFLOAT 去处理一个存储着整数值的键：

```
redis> SET pi 1                  -- 创建一个整数值
OK

redis> GET pi
"1"

redis> INCRBYFLOAT pi 2.14
"3.14"
```

以下代码展示了如何使用整数值作为 INCRBYFLOAT 命令的增量：

```
redis> SET pi 3.14
OK

redis> GET pi
"3.14"

redis> INCRBYFLOAT pi 20       -- 增量为整数值
"23.14"
```

以下代码展示了 INCRBYFLOAT 命令是如何把计算结果存储为整数的：

```
redis> SET pi 3.14
OK

redis> GET pi
"3.14"

redis> INCRBYFLOAT pi 0.86     -- 计算结果被存储为整数
"4"
```

2.15.4 小数位长度限制

虽然 Redis 并不限制字符串键存储的浮点数的小数位长度，但是在使用 INCRBYFLOAT 命令处理浮点数的时候，命令最多只会保留计算结果小数点后的 17 位数字，超过这个范围的小数将被截断：

```
redis> GET i
"0.01234567890123456789"      -- 这个数字的小数部分有 20 位长

redis> INCRBYFLOAT i 0
"0.01234567890123457"         -- 执行加法操作之后，小数部分只保留了 17 位
```

2.15.5 其他信息

复杂度：$O(1)$。

版本要求：INCRBYFLOAT 命令从 Redis 2.6.0 开始可用。

示例：ID 生成器

在构建应用程序的时候，我们经常会用到各式各样的 ID（identifier，标识符）。比如，存储用户信息的程序在每次出现一个新用户的时候就需要创建一个新的用户 ID，而博客程序在作者每次发表一篇新文章的时候也需要创建一个新的文章 ID。

ID 通常会以数字形式出现，并且通过递增的方式来创建出新的 ID。比如，如果当前最新的 ID 值为 10086，那么下一个 ID 就应该是 10087，再下一个 ID 则是 10088，以此类推。

代码清单 2-6 展示了一个使用字符串键实现的 ID 生成器，这个生成器通过执行 INCR 命令来产生新的 ID，并且可以通过执行 SET 命令来保留指定数字之前的 ID，从而避免用户为了得到某个指定的 ID 而生成大量无效 ID。

代码清单 2-6 使用字符串键实现的 ID 生成器：**/string/id_generator.py**

```
class IdGenerator:

    def __init__(self, client, key):
        self.client = client
        self.key = key

    def produce(self):
        """
        生成并返回下一个 ID。
        """
        return self.client.incr(self.key)

    def reserve(self, n):
        """
        保留前 n 个 ID，使得之后执行的 produce() 方法产生的 ID 都大于 n。为了避免 produce()
        方法产生重复 ID，这个方法只能在 produce() 方法和 reserve() 方法都没有执行过的情况下使
        用。这个方法在 ID 被成功保留时返回 True，在 produce() 方法或 reserve() 方法已经执行
        过而导致保留失败时返回 False
        """
```

```
        result = self.client.set(self.key, n, nx=True)
        return result is True
```

在这个 ID 生成器程序中，produce() 方法要做的就是调用 INCR 命令，对字符串键存储的整数值执行加 1 操作，并将执行加法操作之后得到的新值用作 ID。

用于保留指定 ID 的 reserve() 方法是通过执行 SET 命令为键设置值来实现的：当用户把一个字符串键的值设置为 N 之后，对这个键执行 INCR 命令总是会返回比 N 更大的值，因此在效果上相当于把所有小于等于 N 的 ID 都保留下来了。

需要注意的是，这种保留 ID 的方法只能在字符串键还没有值的情况下使用，如果用户已经使用过 produce() 方法来生成 ID，或者已经执行过 reserve() 方法来保留 ID，那么再使用 SET 命令去设置 ID 值可能会导致 produce() 方法产生出一些已经用过的 ID，并因此引发 ID 冲突。

为此，reserve() 方法在设置字符串键时使用了带有 NX 选项的 SET 命令，从而确保了对键的设置操作只会在键不存在的情况下执行：

```
self.client.set(self.key, n, nx=True)
```

以下代码展示了这个 ID 生成器的使用方法：

```
>>> from redis import Redis
>>> from id_generator import IdGenerator
>>> client = Redis(decode_responses=True)
>>> id_generator = IdGenerator(client, "user::id")
>>> id_generator.reserve(1000000)  # 保留前 100 万个 ID
True
>>> id_generator.produce()         # 生成 ID，这些 ID 的值都大于 100 万
1000001
>>> id_generator.produce()
1000002
>>> id_generator.produce()
1000003
>>> id_generator.reserve(1000)     # 键已经有值，无法再次执行 reserve() 方法
False
```

示例：计数器

除了 ID 生成器之外，计数器也是构建应用程序时必不可少的组件之一，如对于网站的访客数量、用户执行某个操作的次数、某首歌或者某个视频的播放量、论坛帖子的回复数量等，记录这些信息都需要用到计数器。实际上，计数器在互联网中几乎无处不在，因此如何简单、高效地实现计数器一直都是构建应用程序时经常会遇到的一个问题。

代码清单 2-7 展示了一个计数器实现，这个程序把计数器的值存储在一个字符串键里面，并通过 INCRBY 命令和 DECRBY 命令对计数器的值执行加法操作和减法操作，在需要时，用户还可以通过调用 GETSET 方法来清零计数器并取得清零之前的旧值。

代码清单 2-7 使用字符串键实现的计数器：/string/counter.py

```
class Counter:
```

```python
    def __init__(self, client, key):
        self.client = client
        self.key = key

    def increase(self, n=1):
        """
        将计数器的值加上n，然后返回计数器当前的值。
        如果用户没有显式地指定n，那么将计数器的值加上1
        """
        return self.client.incr(self.key, n)

    def decrease(self, n=1):
        """
        将计数器的值减去n，然后返回计数器当前的值。
        如果用户没有显式地指定n，那么将计数器的值减去1
        """
        return self.client.decr(self.key, n)

    def get(self):
        """
        返回计数器当前的值
        """
        # 尝试获取计数器当前的值
        value = self.client.get(self.key)
        # 如果计数器并不存在，那么返回 0 作为计数器的默认值
        if value is None:
            return 0
        else:
            # 因为 redis-py 的 get() 方法返回的是字符串值，所以这里需要使用 int() 函数将字
            # 符串格式的数字转换为真正的数字类型，比如将 "10" 转换为 10
            return int(value)

    def reset(self):
        """
        清零计数器，并返回计数器在被清零之前的值
        """
        old_value = self.client.getset(self.key, 0)
        # 如果计数器之前并不存在，那么返回 0 作为它的旧值
        if old_value is None:
            return 0
        else:
            # 与 redis-py 的 get() 方法一样，getset() 方法返回的也是字符串值，所以程序在
            # 将计数器的旧值返回给调用者之前，需要先将它转换成真正的数字
            return int(old_value)
```

在这个程序中，increase() 方法和 decrease() 方法在定义时都使用了 Python 的参数默认值特性：

```python
def increase(self, n=1):
def decrease(self, n=1):
```

以上定义表明，如果用户直接以无参数的方式调用 increase() 或者 decrease()，那么参数 n 的值将会被设置为 1。

在设置了参数 n 之后，increase() 方法和 decrease() 方法会分别调用 INCRBY 命令和 DECRBY 命令，根据参数 n 的值，对给定的键执行加法或减法操作：

```
# increase() 方法
return self.client.incr(self.key, n)

# decrease() 方法
return self.client.decr(self.key, n)
```

注意，increase() 方法在内部调用的是 incr() 方法而不是 incrby() 方法，并且 decrease() 方法在内部调用的也是 decr() 方法而不是 decrby() 方法，这是因为在 redis-py 客户端中，INCR 命令和 INCRBY 命令都是由 incr() 方法负责执行的：

- 如果用户在调用 incr() 方法时没有给定增量，那么 incr() 方法就默认用户指定的增量为 1，并执行 INCR 命令。
- 如果用户在调用 incr() 方法时给定了增量，那么 incr() 方法就会执行 INCRBY 命令，并根据给定的增量执行加法操作。

decr() 方法的情况也与此类似，只是被调用的命令变成了 DECR 命令和 DECRBY 命令。

以下代码展示了这个计数器的使用方法：

```
>>> from redis import Redis
>>> from counter import Counter
>>> client = Redis(decode_responses=True)
>>> counter = Counter(client, "counter::page_view")
>>> counter.increase()    # 将计数器的值加上 1
1
>>> counter.increase()    # 将计数器的值加上 1
2
>>> counter.increase(10)  # 将计数器的值加上 10
12
>>> counter.decrease()    # 将计数器的值减去 1
11
>>> counter.decrease(5)   # 将计数器的值减去 5
6
>>> counter.reset()       # 重置计数器，并返回旧值
6
>>> counter.get()         # 返回计数器当前的值
0
```

示例：限速器

为了保障系统的安全性和性能，并保证系统的重要资源不被滥用，应用程序常常会对用户的某些行为进行限制，比如：

- 为了防止网站内容被网络爬虫抓取，网站管理者通常会限制每个 IP 地址在固定时间段内能够访问的页面数量，比如 1min 之内最多只能访问 30 个页面，超过这一限制的用户将被要求进行身份验证，确认本人并非网络爬虫，或者等到限制解除之后再进行访问。
- 为了防止用户的账号遭到暴力破解，网上银行通常会对访客的密码试错次数进行限制，如果一个访客在尝试登录某个账号的过程中，连续好几次输入了错误的密码，

那么这个账号将被冻结，只能等到第二天再尝试登录，有的银行还会向账号持有者的手机发送通知来汇报这一情况。

实现这些限制机制的其中一种方法是使用限速器，它可以限制用户在指定时间段之内能够执行某项操作的次数。

代码清单 2-8 展示了一个使用字符串键实现的限速器，这个限速器程序会把操作的最大可执行次数存储在一个字符串键里面，然后在用户每次尝试执行被限制的操作之前，使用 DECR 命令将操作的可执行次数减 1，最后通过检查可执行次数的值来判断是否执行该操作。

代码清单 2-8 倒计时式的限速器：/string/limiter.py

```
class Limiter:

    def __init__(self, client, key):
        self.client = client
        self.key = key

    def set_max_execute_times(self, max_execute_times):
        """
        设置操作的最大可执行次数
        """
        self.client.set(self.key, max_execute_times)

    def still_valid_to_execute(self):
        """
        检查是否可以继续执行被限制的操作，是则返回 True，否则返回 False
        """
        num = self.client.decr(self.key)
        return (num >= 0)

    def remaining_execute_times(self):
        """
        返回操作的剩余可执行次数
        """
        num = int(self.client.get(self.key))
        if num < 0:
            return 0
        else:
            return num
```

这个限速器的关键在于 set_max_execute_times() 方法和 still_valid_to_execute() 方法：前者用于将最大可执行次数存储在一个字符串键里面，后者则会在每次被调用时对可执行次数执行减 1 操作，并检查目前剩余的可执行次数是否已经变为负数，如果为负数，则表示可执行次数已经耗尽，不为负数则表示操作可以继续执行。

以下代码展示了这个限制器的使用方法：

```
>>> from redis import Redis
>>> from limiter import Limiter
>>> client = Redis(decode_responses=True)
>>> limiter = Limiter(client, 'wrong_password_limiter') # 密码错误限制器
>>> limiter.set_max_execute_times(3)                    # 最多只能输入 3 次错误密码
```

```
>>> limiter.still_valid_to_execute()  # 前 3 次操作能够顺利执行
True
>>> limiter.still_valid_to_execute()
True
>>> limiter.still_valid_to_execute()
True
>>> limiter.still_valid_to_execute()  # 从第 4 次开始，操作将被拒绝执行
False
>>> limiter.still_valid_to_execute()
False
```

以下伪代码则展示了如何使用这个限速器去限制密码的错误次数：

```
# 试错次数未超过限制
while limiter.still_valid_to_execute():
    # 获取访客输入的账号和密码
    account, password = get_user_input_account_and_password()
    # 验证账号和密码是否匹配
    if password_match(account, password):
        ui_print("密码验证成功")
    else:
        ui_print("密码验证失败，请重新输入")
# 试错次数已超过限制
else:
    # 锁定账号
    lock_account(account)
    ui_print("连续尝试登录失败，账号已被锁定，请明天再来尝试登录。")
```

2.16 重点回顾

- Redis 的字符串键可以把单独的一个键和单独的一个值在数据库中关联起来，并且这个键和值既可以存储文字数据，又可以存储二进制数据。
- SET 命令在默认情况下会直接覆盖字符串键已有的值，如果我们只想在键不存在的情况下为它设置值，那么可以使用带有 NX 选项的 SET 命令；相反，如果我们只想在键已经存在的情况下为它设置新值，那么可以使用带有 XX 选项的 SET 命令。
- 使用 MSET、MSETNX 以及 MGET 命令可以有效地减少程序的网络通信次数，从而提升程序的执行效率。
- Redis 用户可以通过制定命名格式来提升 Redis 数据的可读性并避免键名冲突。
- 字符串值的正数索引以 0 为开始，从字符串的开头向结尾不断递增；字符串值的负数索引以 -1 为开始，从字符串的结尾向开头不断递减。
- GETRANGE key start end 命令接受的是闭区间索引范围，位于 start 索引和 end 索引上的值也会被包含在命令返回的内容当中。
- SETRANGE 命令在需要时会自动对字符串值进行扩展，并使用空字节填充新扩展空间中没有内容的部分。
- APPEND 命令在键不存在时执行设置操作，在键存在时执行追加操作。
- Redis 会把能够被表示为 long long int 类型的整数以及能够被表示为 long double 类型的浮点数当作数字来处理。

第3章 散 列

在第 2 章中，我们介绍过如何使用多个字符串键去存储相关联的一组数据。比如在字符串键实现的文章存储程序中，程序会为每篇文章创建 4 个字符串键，并把文章的标题、内容、作者和创建时间分别存储到这 4 个字符串键里面，图 3-1 就展示了一个使用字符串键存储文章数据的例子。

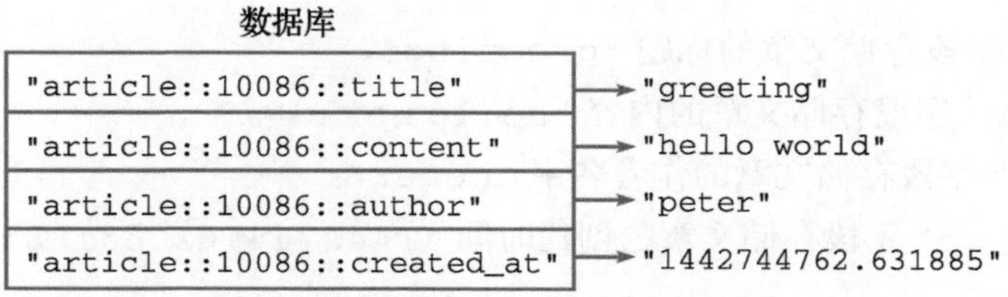

图 3-1　使用多个字符串键存储文章

使用多个字符串键存储相关联数据虽然在技术上是可行的，但是在实际应用中并不是最有效的方法，这种存储方法至少存在以下 3 个问题：

- 首先，程序每存储一组相关联的数据，就必须在数据库中同时创建多个字符串键，这样的数据越多，数据库包含的键数量也会越多。数量庞大的键会对数据库某些操作的执行速度产生影响，维护这些键也会产生大量的资源消耗。
- 其次，为了在数据库中标识出相关联的字符串键，程序需要为它们加上相同的前缀。但键名实际上也是一种数据，存储键名也需要耗费内存空间，因此重复出现的键名前缀实际上导致很多内存空间被白白浪费了。此外，带前缀的键名降低了键名的可读性，让人无法一眼看清键的真正用途，比如键名 `article::10086::author` 就远不如键名 `author` 简洁，键名 `article::10086::title` 也不如键名 `title` 简洁。

- 最后，虽然程序在逻辑上会把带有相同前缀的字符串键看作相关联的一组数据，但是在 Redis 看来，它们只不过是存储在同一个数据库中的不同字符串键而已，因此当程序需要处理一组相关联的数据时，就必须对所有有关的字符串键都执行相同的操作。比如，如果程序想要删除 ID 为 10086 的文章，那么它就必须把 article::10086::title、article::10086::content 等 4 个字符串键都删掉才行，这给文章的删除操作带来了额外的麻烦，并且还可能会因为漏删或者错删了某个键而出现错误。

为了解决以上问题，我们需要一种能够真正地把相关联的数据打包起来存储的数据结构，而这种数据结构就是本章要介绍的散列（hash）键。

3.1 散列简介

Redis 的散列键会将一个键和一个散列在数据库里关联起来，用户可以在散列中为任意多个字段（field）设置值。与字符串键一样，散列的字段和值既可以是文本数据，也可以是二进制数据。

通过使用散列键，用户可以把相关联的多项数据存储到同一个散列里面，以便对这些数据进行管理，或者针对它们执行批量操作。比如图 3-2 就展示了一个使用散列存储文章数据的例子，在这个例子中，散列的键为 article::10086，而这个键对应的散列则包含了 4 个字段，其中：

- "title" 字段存储文章的标题 "greeting"。
- "content" 字段存储文章的内容 "hello world"。
- "author" 字段存储文章的作者名字 "peter"。
- "create_at" 字段存储文章的创建时间 "1442744762.631885"。

图 3-2 使用散列存储文章数据

与之前使用字符串键存储文章数据的做法相比，使用散列存储文章数据只需要在数据库里面创建一个键，并且因为散列的字段名不需要添加任何前缀，所以它们可以直接反映字段值存储的是什么数据。

Redis 为散列键提供了一系列操作命令，通过使用这些命令，用户可以：

- 为散列的字段设置值，或者只在字段不存在的情况下为它设置值。
- 从散列里面获取给定字段的值。

- 对存储着数字值的字段执行加法操作或者减法操作。
- 检查给定字段是否存在于散列当中。
- 从散列中删除指定字段。
- 查看散列包含的字段数量。
- 一次为散列的多个字段设置值，或者一次从散列中获取多个字段的值。
- 获取散列包含的所有字段、所有值或者所有字段和值。

本章接下来将对以上提到的散列操作进行介绍，说明如何使用这些操作去构建各种有用的应用程序，并在最后详细地说明散列键与字符串键之间的区别。

3.2　HSET：为字段设置值

用户可以通过执行 HSET 命令为散列中的指定字段设置值：

```
HSET hash field value
```

根据给定的字段是否已经存在于散列中，HSET 命令的行为也会有所不同：

- 如果给定字段并不存在于散列当中，那么这次设置就是一次创建操作，命令将在散列里面关联起给定的字段和值，然后返回 1。
- 如果给定的字段原本已经存在于散列里面，那么这次设置就是一次更新操作，命令将使用用户给定的新值去覆盖字段原有的旧值，然后返回 0。

举个例子，通过执行以下 HSET 命令，我们可以创建出一个包含了 4 个字段的散列，这 4 个字段分别存储了文章的标题、内容、作者以及创建日期：

```
redis> HSET article::10086 title "greeting"
(integer) 1

redis> HSET article::10086 content "hello world"
(integer) 1

redis> HSET article::10086 author "peter"
(integer) 1

redis> HSET article::10086 created_at "1442744762.631885"
(integer) 1
```

图 3-3 展示了以上 HSET 命令对散列 article::10086 进行设置的整个过程。

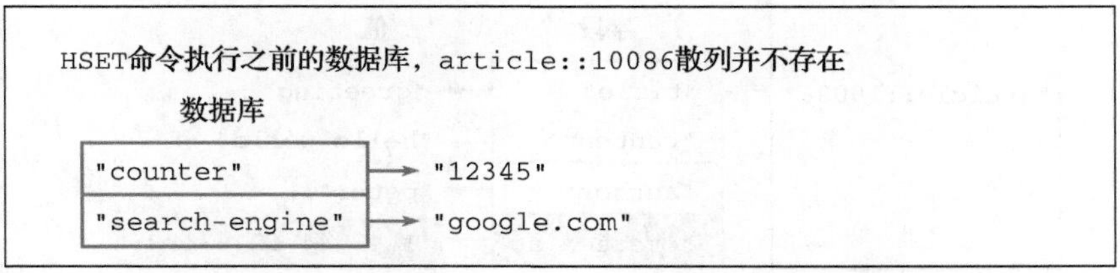

图 3-3　HSET 命令对 article::10086 进行设置的整个过程

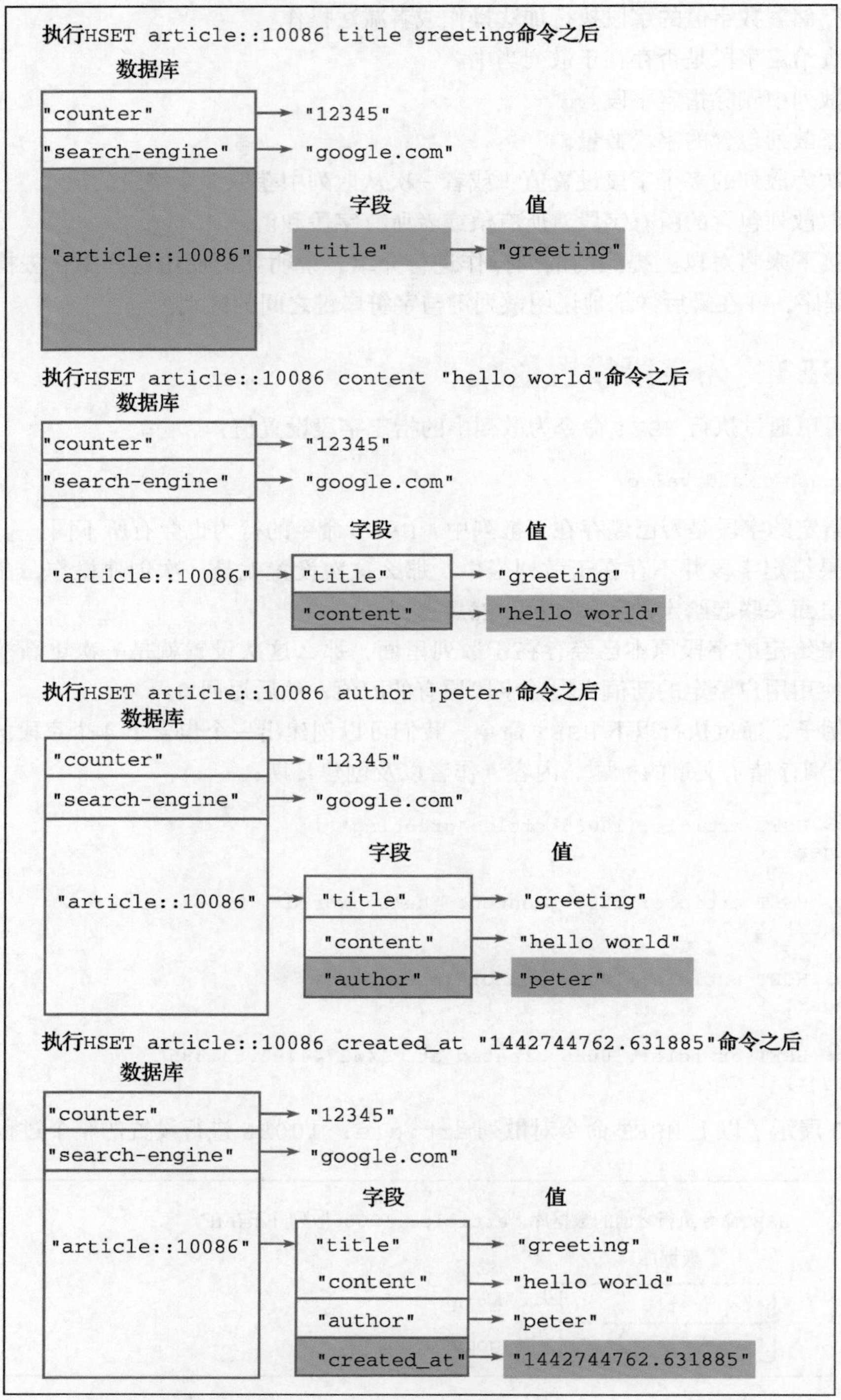

执行HSET article::10086 title greeting命令之后
数据库
"counter"
"12345"
"search-engine"
"google.com"
"article::10086"
字段
值
"title"
"greeting"
执行HSET article::10086 content "hello world"命令之后
数据库
"counter"
"12345"
"search-engine"
"google.com"
"article::10086"
字段
值
"title"
"greeting"
"content"
"hello world"
执行HSET article::10086 author "peter"命令之后
数据库
"counter"
"12345"
"search-engine"
"google.com"
"article::10086"
字段
值
"title"
"greeting"
"content"
"hello world"
"author"
"peter"
执行HSET article::10086 created_at "1442744762.631885"命令之后
数据库
"counter"
"12345"
"search-engine"
"google.com"
"article::10086"
字段
值
"title"
"greeting"
"content"
"hello world"
"author"
"peter"
"created_at"
"1442744762.631885"

图 3-3 （续）

提示 散列包含的字段就像数据库包含的键一样，在实际中都是以无序方式进行排列的，不过本书为了展示方便，一般都会把新字段添加到散列的末尾，排在所有已有字段的后面。

3.2.1 使用新值覆盖旧值

正如之前所说，如果用户在调用 HSET 命令时给定的字段已经存在于散列当中，那么 HSET 命令将使用用户给定的新值去覆盖字段已有的旧值，并返回 0 表示这是一次更新操作。

比如，以下代码就展示了如何使用 HSET 命令去更新 article::10086 散列的 title 字段以及 content 字段：

```
redis> HSET article::10086 title "Redis Tutorial"
(integer) 0

redis> HSET article::10086 content "Redis is a data structure store, ..."
(integer) 0
```

图 3-4 展示了被更新之后的 article::10086 散列。

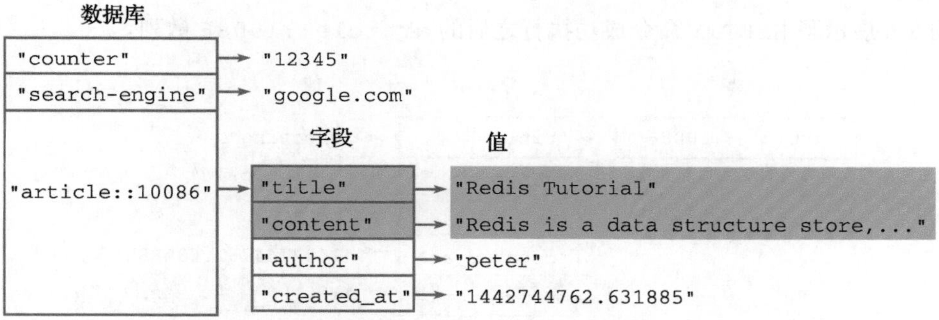

图 3-4 被更新之后的 article::10086 散列

3.2.2 其他信息

复杂度：$O(1)$。

版本要求：HSET 命令从 Redis 2.0.0 版本开始可用。

3.3 HSETNX：只在字段不存在的情况下为它设置值

HSETNX 命令的作用和 HSET 命令的作用非常相似，它们之间的区别在于，HSETNX 命令只会在指定字段不存在的情况下执行设置操作：

```
HSETNX hash field value
```

HSETNX 命令在字段不存在并且成功为它设置值时返回 1，在字段已经存在并导致设置操作未能成功执行时返回 0。

举个例子，对于图 3-5 所示的 article::10086 散列来说，执行以下 HSETNX 命令将不会对散列产生任何影响，因为 HSETNX 命令想要设置的 title 字段已经存在：

```
redis> HSETNX article::10086 title "Redis Performance Test"
(integer) 0      -- 设置失败
```

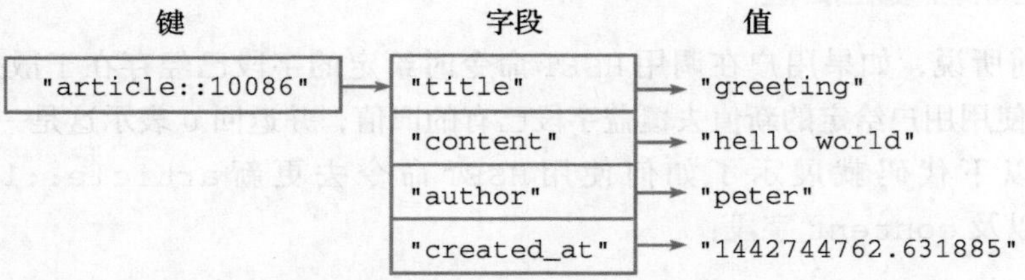

图 3-5 **HSETNX 命令执行之前的 article::10086 散列**

相反，如果我们使用 HSETNX 命令去对尚未存在的 view_count 字段进行设置，那么这个命令将会顺利执行，并将 view_count 字段的值设置为 100：

```
redis> HSETNX article::10086 view_count 100
(integer) 1      -- 设置成功
```

图 3-6 展示了 HSETNX 命令成功执行之后的 article::10086 散列。

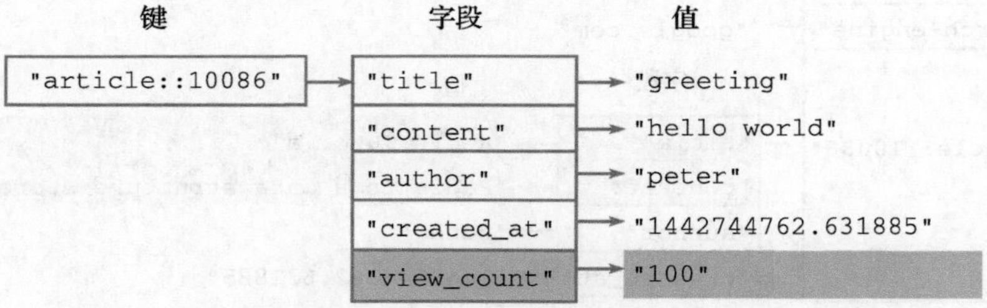

图 3-6 **HSETNX 命令执行之后的 article::10086 散列**

其他信息

复杂度：$O(1)$。

版本要求：HSETNX 命令从 Redis 2.0.0 版本开始可用。

3.4 HGET：获取字段的值

HGET 命令可以根据用户给定的字段，从散列中获取该字段的值：

```
HGET hash field
```

例如，对于图 3-7 所示的两个散列键来说，执行以下命令可以从 article::10086 散列中获取 author 字段的值：

```
redis> HGET article::10086 author
"peter"
```

而执行以下命令则可以从 article::10086 散列中获取 created_at 字段的值：

```
redis> HGET article::10086 created_at
"1442744762.631885"
```

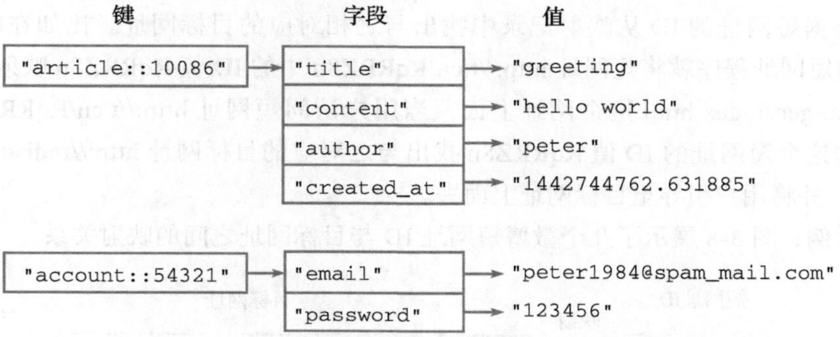

图 3-7 两个散列

再例如，如果我们想要从 account::54321 散列中获取 email 字段的值，那么可以执行以下命令：

```
redis> HGET account::54321 email
"peter1984@spam_mail.com"
```

3.4.1 处理不存在的字段或者不存在的散列

如果用户给定的字段并不存在于散列当中，那么 HGET 命令将返回一个空值。

举个例子，在以下代码中，我们尝试从 account::54321 散列里面获取 location 字段的值，但由于 location 字段并不存在于 account::54321 散列当中，所以 HGET 命令将返回一个空值：

```
redis> HGET account::54321 location
(nil)
```

尝试从一个不存在的散列里面获取一个不存在的字段值，得到的结果也是一样的：

```
redis> HGET not-exists-hash not-exists-field
(nil)
```

3.4.2 其他信息

复杂度：$O(1)$。

版本要求：HGET 命令从 Redis 2.0.0 版本开始可用。

示例：实现短网址生成程序

为了给用户提供更多发言空间，并记录用户在网站上的链接点击行为，大部分社交网站都会将用户输入的网址转换为相应的短网址。比如，如果我们在新浪微博中发言时输入网址 http://redisdoc.com/geo/index.html，那么微博将把这个网址转换为相应的短网址 http://t.cn/RqRRZ8n，当用户访问这个短网址时，微博在后台就会对这次点击进行一些数据统计，然后再引导用户的浏览器跳转到 http://redisdoc.com/geo/index.html 上面。

创建短网址本质上就是要创建出短网址 ID 与目标网址之间的映射，并在用户访问短网址时，根据短网址的 ID 从映射记录中找出与之相对应的目标网址。比如在前面的例子中，微博的短网址程序就将短网址 http://t.cn/RqRRZ8n 中的 ID 值 RqRRZ8n 映射到了 http://redisdoc.com/geo/index.html 这个网址上面，当用户访问短网址 http://t.cn/RqRRZ8n 时，程序就会根据这个短网址的 ID 值 RqRRZ8n 找出与之对应的目标网址 http://redisdoc.com/geo/index.html，并将用户引导至目标网址上面去。

作为示例，图 3-8 展示了几个微博短网址 ID 与目标网址之间的映射关系。

图 3-8 微博短网址 ID 与目标网址映射关系示例

因为 Redis 的散列非常适合用来存储短网址 ID 与目标网址之间的映射，所以我们可以基于 Redis 的散列实现一个短网址程序，代码清单 3-1 展示了一个这样的例子。

代码清单 3-1 使用散列实现的短网址程序：/hash/shorty_url.py

```
from base36 import base10_to_base36

ID_COUNTER = "ShortyUrl::id_counter"
URL_HASH = "ShortyUrl::url_hash"

class ShortyUrl:

    def __init__(self, client):
        self.client = client

    def shorten(self, target_url):
        """
        为目标网址创建并存储相应的短网址 ID
        """
        # 为目标网址创建新的数字 ID
        new_id = self.client.incr(ID_COUNTER)
        # 通过将十进制数字转换为三十六进制数字来创建短网址 ID，
        # 比如，十进制数字 10086 将被转换为三十六进制数字 7S6
        short_id = base10_to_base36(new_id)
        # 把短网址 ID 用作字段，目标网址用作值，将它们之间的映射关系存储到散列里面
        self.client.hset(URL_HASH, short_id, target_url)
        return short_id
```

```
    def restore(self, short_id):
        """
        根据给定的短网址 ID，返回与之对应的目标网址
        """
        return self.client.hget(URL_HASH, short_id)
```

ShortyUrl 类的 shorten() 方法负责为输入的网址生成短网址 ID，它的工作包括以下 4 个步骤：

1）为每个给定的网址创建一个十进制数字 ID。

2）将十进制数字 ID 转换为三十六进制，并将这个三十六进制数字用作给定网址的短网址 ID，这种方法在数字 ID 长度较大时可以有效地缩短数字 ID 的长度。代码清单 3-2 展示了将数字从十进制转换成三十六进制的 base10_to_base36 函数的具体实现。

3）将短网址 ID 和目标网址之间的映射关系存储到散列中。

4）向调用者返回刚刚生成的短网址 ID。

代码清单 3-2　将十进制数字转换成三十六进制数字的程序：/hash/base36.py

```
def base10_to_base36(number):
    alphabets = "0123456789ABCDEFGHIJKLMNOPQRSTUVWXYZ"
    result = ""

    while number != 0 :
        number, i = divmod(number, 36)
        result = (alphabets[i] + result)
    return result or alphabets[0]
```

restore() 方法要做的事情和 shorten() 方法正好相反，它会从存储着映射关系的散列里面取出与给定短网址 ID 相对应的目标网址，然后将其返回给调用者。

以下代码简单地展示了使用 ShortyUrl 程序创建短网址 ID 的方法，以及根据短网址 ID 获取目标网址的方法：

```
>>> from redis import Redis
>>> from shorty_url import ShortyUrl
>>> client = Redis(decode_responses=True)
>>> shorty_url = ShortyUrl(client)
>>> shorty_url.shorten("RedisGuide.com")        # 创建短网址 ID
'1'
>>> shorty_url.shorten("RedisBook.com")
'2'
>>> shorty_url.shorten("RedisDoc.com")
'3'
>>> shorty_url.restore("1")                     # 根据短网址 ID 查找目标网址
'RedisGuide.com'
>>> shorty_url.restore("2")
'RedisBook.com'
```

图 3-9 展示了上面这段代码在数据库中创建的散列结构。

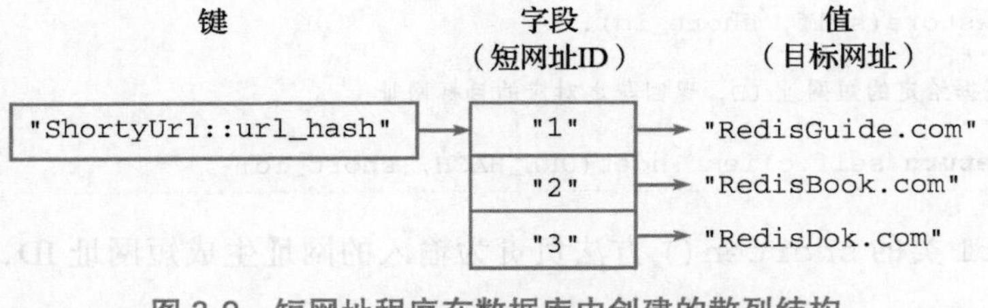

图 3-9 短网址程序在数据库中创建的散列结构

3.5 HINCRBY：对字段存储的整数值执行加法或减法操作

与字符串键的 INCRBY 命令一样，如果散列的字段里面存储着能够被 Redis 解释为整数的数字，那么用户就可以使用 HINCRBY 命令为该字段的值加上指定的整数增量：

```
HINCRBY hash field increment
```

HINCRBY 命令在成功执行加法操作之后将返回字段当前的值作为命令的结果。

比如，对于图 3-10 所示的 article::10086 散列，我们可以通过执行以下命令为 view_count 字段的值加上 1：

```
redis> HINCRBY article::10086 view_count 1
(integer) 101
```

也可以通过执行以下命令，为 view_count 字段的值加上 30：

```
redis> HINCRBY article::10086 view_count 30
(integer) 131
```

图 3-10 存储着文章数据的散列

3.5.1 执行减法操作

因为 Redis 只为散列提供了用于执行加法操作的 HINCRBY 命令，但是没有为散列提供相应的用于执行减法操作的命令，所以如果用户需要对字段存储的整数值执行减法操作，就需要将一个负数增量传给 HINCRBY 命令，从而达到对值执行减法计算的目的。

以下代码展示了如何使用 HINCRBY 命令去对 view_count 字段存储的整数值执行减法计算：

```
redis> HGET article::10086 view_count          -- 文章现在的浏览次数为 131 次
```

```
"131"

redis> HINCRBY article::10086 view_count -10      -- 将文章的浏览次数减少 10 次
"121"

redis> HINCRBY article::10086 view_count -21      -- 将文章的浏览次数减少 21 次
"100"

redis> HGET article::10086 view_count             -- 文章现在的浏览次数只有 100 次
"100"
```

3.5.2 处理异常情况

只能对存储着整数值的字段执行 HINCRBY 命令，并且用户给定的增量也必须为整数，尝试对非整数值字段执行 HINCRBY 命令，或者向 HINCRBY 命令提供非整数增量，都会导致 HINCRBY 命令拒绝执行并报告错误。

以下是一些导致 HINCRBY 命令报错的例子：

```
redis> HINCRBY article::10086 view_count "fifty"     -- 增量必须能够被解释为整数
(error) ERR value is not an integer or out of range

redis> HINCRBY article::10086 view_count 3.14        -- 增量不能是浮点数
(error) ERR value is not an integer or out of range

redis> HINCRBY article::10086 content 100            -- 尝试向存储字符串值的字段执行
                                                        HINCRBY
(error) ERR hash value is not an integer
```

3.5.3 其他信息

复杂度：$O(1)$。

版本要求：HINCRBY 命令从 Redis 2.0.0 版本开始可用。

3.6 HINCRBYFLOAT：对字段存储的数字值执行浮点数加法或减法操作

HINCRBYFLOAT 命令的作用和 HINCRBY 命令的作用类似，它们之间的主要区别在于 HINCRBYFLOAT 命令不仅可以使用整数作为增量，还可以使用浮点数作为增量：

```
HINCRBYFLOAT hash field increment
```

HINCRBYFLOAT 命令在成功执行加法操作之后，将返回给定字段的当前值作为结果。

举个例子，通过执行以下 HINCRBYFLOAT 命令，我们可以将 geo::peter 散列 longitude 字段的值从原来的 100.0099647 修改为 113.2099647：

```
redis> HGET geo::peter longitude
"100.0099647"

redis> HINCRBYFLOAT geo::peter longitude 13.2  -- 将字段的值加上13.2
```

```
"113.2099647"
```

3.6.1 增量和字段值的类型限制

正如之前所说，HINCRBYFLOAT 命令不仅可以使用浮点数作为增量，还可以使用整数作为增量：

```
redis> HGET number float
"3.14"

redis> HINCRBYFLOAT number float 10086   -- 整数增量
"10089.13999999999999968"
```

此外，不仅存储浮点数的字段可以执行 HINCRBYFLOAT 命令，存储整数的字段也一样可以执行 HINCRBYFLOAT 命令：

```
redis> HGET number int                          -- 存储整数的字段
"100"

redis> HINCRBYFLOAT number int 2.56
"102.56"
```

最后，如果加法计算的结果能够被表示为整数，那么 HINCRBYFLOAT 命令将使用整数作为计算结果：

```
redis> HGET number sum
"1.5"

redis> HINCRBYFLOAT number sum 3.5
"5"  -- 结果表示为整数 5
```

3.6.2 执行减法操作

与 HINCRBY 命令一样，Redis 也没有为 HINCRBYFLOAT 命令提供对应的减法操作命令，因此如果我们想要对字段存储的数字值执行浮点数减法操作，那么只能通过向 HINCRBYFLOAT 命令传入负值浮点数来实现：

```
redis> HGET geo::peter longitude
"113.2099647"

redis> HINCRBYFLOAT geo::peter longitude -50   -- 将字段的值减去 50
"63.2099647"
```

3.6.3 其他信息

复杂度：$O(1)$。

版本要求：HINCRBYFLOAT 命令从 Redis 2.0.0 版本开始可用。

示例：使用散列键重新实现计数器

第 2 章曾经展示过如何使用 INCRBY 命令和 DECRBY 命令去构建一个计数器程序，在学习了 HINCRBY 命令之后，我们同样可以通过类似的原理来构建一个使用散列实现的计数器程序，就像代码清单 3-3 展示的那样。

代码清单 3-3 使用散列实现的计数器：/hash/counter.py

```
class Counter:

    def __init__(self, client, hash_key, counter_name):
        self.client = client
        self.hash_key = hash_key
        self.counter_name = counter_name

    def increase(self, n=1):
        """
        将计数器的值加上n，然后返回计数器当前的值
        如果用户没有显式地指定n，那么将计数器的值加1
        """
        return self.client.hincrby(self.hash_key, self.counter_name, n)

    def decrease(self, n=1):
        """
        将计数器的值减去n，然后返回计数器当前的值
        如果用户没有显式地指定n，那么将计数器的值减1
        """

        return self.client.hincrby(self.hash_key, self.counter_name, -n)

    def get(self):
        """
        返回计数器的当前值
        """
        value = self.client.hget(self.hash_key, self.counter_name)
        # 如果计数器并不存在，那么返回0作为默认值
        if value is None:
            return 0
        else:
            return int(value)

    def reset(self):
        """
        将计数器的值重置为0
        """
        self.client.hset(self.hash_key, self.counter_name, 0)
```

这个计数器实现充分地发挥了散列的优势：

- 它允许用户将多个相关联的计数器存储到同一个散列键中实行集中管理，而不必像字符串计数器那样，为每个计数器单独设置一个字符串键。
- 与此同时，通过对散列中的不同字段执行 HINCRBY 命令，程序可以对指定的计数器执行加法操作和减法操作，而不会影响到存储在同一散列中的其他计数器。

作为例子，以下代码展示了如何将 3 个页面的浏览次数计数器存储到同一个散列中：

```
>>> from redis import Redis
```

```
>>> from counter import Counter
>>> client = Redis(decode_responses=True)
>>> # 创建一个计数器，用于记录页面 /user/peter 被访问的次数
>>> user_peter_counter = Counter(client, "page_view_counters", "/user/peter")
>>> user_peter_counter.increase()
1L
>>> user_peter_counter.increase()
2L
>>> # 创建一个计数器，用于记录页面 /product/256 被访问的次数
>>> product_256_counter = Counter(client, "page_view_counters", "/product/256")
>>> product_256_counter.increase(100)
100L
>>> # 创建一个计数器，用于记录页面 /product/512 被访问的次数
>>> product_512_counter = Counter(client, "page_view_counters", "/product/512")
>>> product_512_counter.increase(300)
300L
```

因为 user_peter_counter、product_256_counter 和 product_512_counter 这 3 个计数器都是用来记录页面浏览次数的，所以这些计数器都被放到了 page_view_counters 这个散列中。与此类似，如果我们要创建一些用途完全不一样的计数器，那么只需要把新的计数器放到其他散列里面就可以了。

比如，以下代码就展示了如何将文件 dragon_rises.mp3 和文件 redisbook.pdf 的下载次数计数器放到 download_counters 散列中：

```
>>> dragon_rises_counter = Counter(client, "download_counters", "dragon_rise.mp3")
>>> dragon_rises_counter.increase(10086)
10086L
>>> redisbook_counter = Counter(client, "download_counters", "redisbook.pdf")
>>> redisbook_counter.increase(65535)
65535L
```

图 3-11 展示了 page_view_counters 和 download_counters 这两个散列以及它们包含的各个计数器。

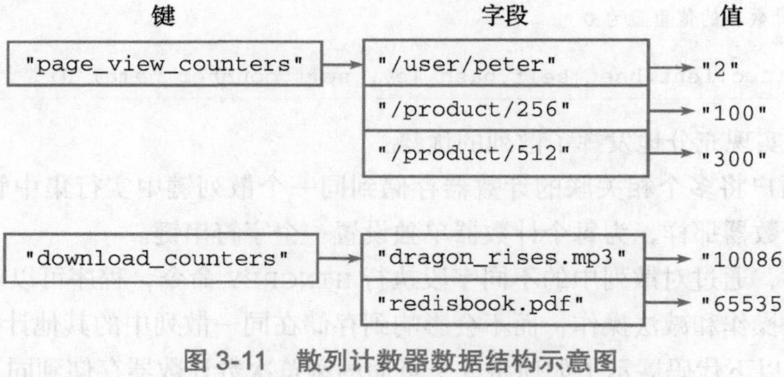

图 3-11 散列计数器数据结构示意图

通过使用不同的散列存储不同类型的计数器，程序能够让代码生成的数据结构变得更容易

理解，并且在针对某种类型的计数器执行批量操作时也会变得更加方便。比如，当我们不再需要下载计数器的时候，只要把 download_counters 散列删除就可以移除所有下载计数器了。

3.7 HSTRLEN：获取字段值的字节长度

用户可以使用 HSTRLEN 命令获取给定字段值的字节长度：

```
HSTRLEN hash field
```

比如对于图 3-12 所示的 article::10086 散列来说，我们可以通过执行以下 HSTRLEN 命令取得 title、content、author 等字段值的字节长度：

```
redis> HSTRLEN article::10086 title
(integer) 8     -- title 字段的值 "greeting" 长 8 个字节

redis> HSTRLEN article::10086 content
(integer) 11    -- content 字段的值 "hello world" 长 11 个字节

redis> HSTRLEN article::10086 author
(integer) 5     -- author 字段的值 "peter" 长 6 个字节
```

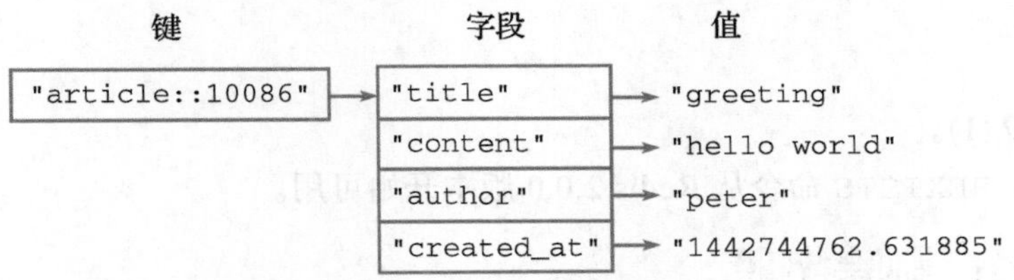

图 3-12 使用散列存储文章数据

如果给定的字段或散列并不存在，那么 HSTRLEN 命令将返回 0 作为结果：

```
redis> HSTRLEN article::10086 last_updated_at  -- 字段不存在
(integer) 0

redis> HSTRLEN not-exists-hash not-exists-key  -- 散列不存在
(integer) 0
```

其他信息

复杂度：*O* (1)。

版本要求：HSTRLEN 命令从 Redis 3.2.0 版本开始可用。

3.8 HEXISTS：检查字段是否存在

HEXISTS 命令可用于检查用户给定的字段是否存在于散列当中：

```
HEXISTS hash field
```

如果散列包含了给定的字段，那么命令返回 1，否则命令返回 0。

例如，以下代码就展示了如何使用 HEXISTS 命令检查 article::10086 散列是否包含某些字段：

```
redis> HEXISTS article::10086 author
(integer) 1      -- 包含该字段

redis> HEXISTS article::10086 content
(integer) 1

redis> HEXISTS article::10086 last_updated_at
(integer) 0      -- 不包含该字段
```

从 HEXISTS 命令的执行结果可以看出，article::10086 散列包含了 author 字段和 content 字段，但却没有包含 last_updated_at 字段。

如果用户给定的散列并不存在，那么 HEXISTS 命令对于这个散列所有字段的检查结果都是不存在：

```
redis> HEXISTS not-exists-hash not-exists-field
(integer) 0

redis> HEXISTS not-exists-hash another-not-exists-field
(integer) 0
```

其他信息

复杂度：$O(1)$。

版本要求：HEXISTS 命令从 Redis 2.0.0 版本开始可用。

3.9 HDEL：删除字段

HDEL 命令用于删除散列中的指定字段及其相关联的值：

```
HDEL hash field
```

当给定字段存在于散列当中并且被成功删除时，命令返回 1；如果给定字段并不存在于散列当中，或者给定的散列并不存在，那么命令将返回 0 表示删除失败。

举个例子，对于图 3-13 所示的 article::10086 散列，我们可以使用以下命令删除散列的 author 字段和 created_at 字段，以及与这些字段相关联的值：

```
redis> HDEL article::10086 author
(integer) 1

redis> HDEL article::10086 created_at
(integer) 1
```

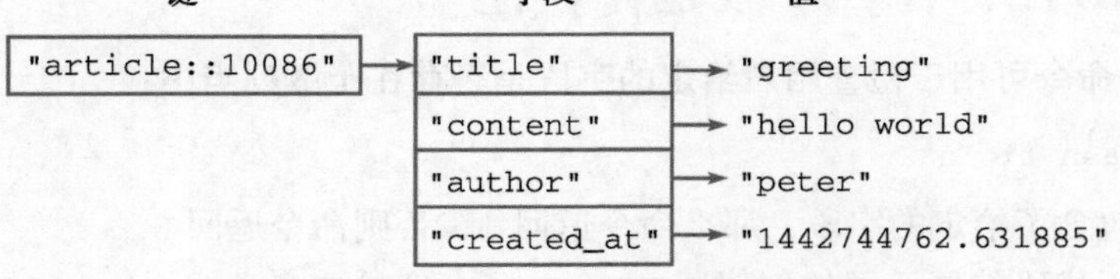

图 3-13 article::10086 散列

图 3-14 展示了删除了两个字段后的 article::10086 散列。

图 3-14　删除了两个字段之后的 article::10086 散列

其他信息

复杂度：$O(1)$。

版本要求：HDEL 命令从 Redis 2.0.0 版本开始可用。

3.10　HLEN：获取散列包含的字段数量

用户可以通过使用 HLEN 命令获取给定散列包含的字段数量：

```
HLEN hash
```

例如，对于图 3-15 中展示的 article::10086 散列和 account::54321 散列来说，我们可以通过执行以下命令来获取 article::10086 散列包含的字段数量：

```
redis> HLEN article::10086
(integer) 4      -- 这个散列包含 4 个字段
```

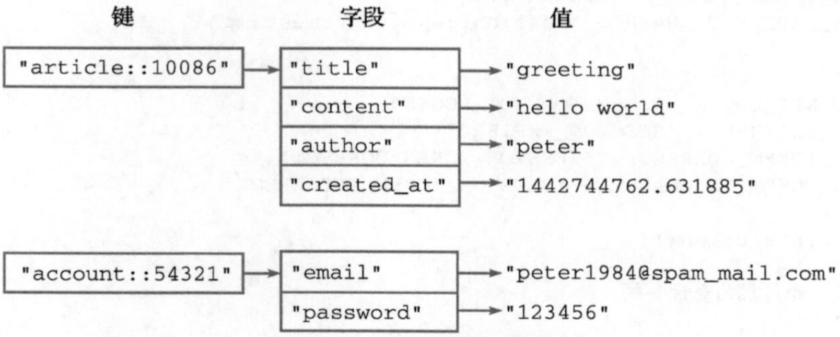

图 3-15　两个散列键

或者，通过执行以下命令来获取 account::54321 散列包含的字段数量：

```
redis> HLEN account::54321
(integer) 2      -- 这个散列包含 2 个字段
```

如果用户给定的散列并不存在，那么 HLEN 命令将返回 0 作为结果：

```
redis> HLEN not-exists-hash
(integer) 0
```

其他信息

复杂度：$O(1)$。

版本要求：HLEN 命令从 Redis 2.0.0 版本开始可用。

示例：实现用户登录会话

为了方便用户，网站一般都会为已登录的用户生成一个加密令牌，然后把这个令牌分别存储在服务器端和客户端，之后每当用户再次访问该网站的时候，网站就可以通过验证客户端提交的令牌来确认用户的身份，从而使得用户不必重复地执行登录操作。

另外，为了防止用户因为长时间不输入密码而遗忘密码，以及为了保证令牌的安全性，网站一般都会为令牌设置一个过期期限（比如一个月），当期限到达之后，用户的会话就会过时，而网站则会要求用户重新登录。

上面描述的这种使用令牌来避免重复登录的机制一般称为登录会话（login session），通过使用 Redis 的散列，我们可以构建出代码清单 3-4 所示的登录会话程序。

代码清单 3-4 使用散列实现的登录会话程序：/hash/login_session.py

```
import random
from time import time # 获取浮点数格式的 UNIX 时间戳
from hashlib import sha256

# 会话的默认过期时间
DEFAULT_TIMEOUT = 3600*24*30 # 一个月

# 存储会话令牌以及会话过期时间戳的散列
SESSION_TOKEN_HASH = "session::token"
SESSION_EXPIRE_TS_HASH = "session::expire_timestamp"

# 会话状态
SESSION_NOT_LOGIN = "SESSION_NOT_LOGIN"
SESSION_EXPIRED = "SESSION_EXPIRED"
SESSION_TOKEN_CORRECT = "SESSION_TOKEN_CORRECT"
SESSION_TOKEN_INCORRECT = "SESSION_TOKEN_INCORRECT"

def generate_token():
    """
    生成一个随机的会话令牌
    """
    random_string = str(random.getrandbits(256)).encode('utf-8')
    return sha256(random_string).hexdigest()

class LoginSession:

    def __init__(self, client, user_id):
        self.client = client
        self.user_id = user_id

    def create(self, timeout=DEFAULT_TIMEOUT):
        """
        创建新的登录会话并返回会话令牌，可选的 timeout 参数用于指定会话的过期时间（以秒为单位）
        """
        # 生成会话令牌
        user_token = generate_token()
```

```
        # 计算会话到期时间戳
        expire_timestamp = time()+timeout
        # 以用户 ID 为字段，将令牌和到期时间戳分别存储到两个散列里面
        self.client.hset(SESSION_TOKEN_HASH, self.user_id, user_token)
        self.client.hset(SESSION_EXPIRE_TS_HASH, self.user_id, expire_timestamp)
        # 将会话令牌返回给用户
        return user_token

    def validate(self, input_token):
        """
        根据给定的令牌验证用户身份。
        这个方法有 4 个可能的返回值，分别对应 4 种不同情况：
        • SESSION_NOT_LOGIN —— 用户尚未登录
        • SESSION_EXPIRED —— 会话已过期
        • SESSION_TOKEN_CORRECT —— 用户已登录，并且给定令牌与用户令牌相匹配
        • SESSION_TOKEN_INCORRECT —— 用户已登录，但给定令牌与用户令牌不匹配
        """
        # 尝试从两个散列里面取出用户的会话令牌以及会话的过期时间戳
        user_token = self.client.hget(SESSION_TOKEN_HASH, self.user_id)
        expire_timestamp = self.client.hget(SESSION_EXPIRE_TS_HASH, self.user_id)

        # 如果会话令牌或者过期时间戳不存在，那么说明用户尚未登录
        if (user_token is None) or (expire_timestamp is None):
            return SESSION_NOT_LOGIN

        # 将当前时间戳与会话的过期时间戳进行对比，检查会话是否已过期，因为 HGET 命令返回的过期时间
        # 戳是字符串格式的，所以在进行对比之前要先将它转换成原来的浮点数格式
        if time() > float(expire_timestamp):
            return SESSION_EXPIRED

        # 用户令牌存在并且未过期，那么检查它与给定令牌是否一致
        if input_token == user_token:
            return SESSION_TOKEN_CORRECT
        else:
            return SESSION_TOKEN_INCORRECT

    def destroy(self):
        """
        销毁会话
        """
        # 从两个散列里面分别删除用户的会话令牌以及会话的过期时间戳
        self.client.hdel(SESSION_TOKEN_HASH, self.user_id)
        self.client.hdel(SESSION_EXPIRE_TS_HASH, self.user_id)
```

LoginSession 的 create() 方法首先会计算出随机的会话令牌以及会话的过期时间戳，然后使用用户 ID 作为字段，将令牌和过期时间戳分别存储到两个散列里面。

在此之后，每当客户端向服务器发送请求并提交令牌的时候，程序就会使用 validate() 方法验证被提交令牌的正确性：validate() 方法会根据用户的 ID，从两个散列里面分别取出用户的会话令牌以及会话的过期时间戳，然后通过一系列检查判断令牌是否正确以及会话是否过期。

最后，destroy() 方法可以在用户手动退出（logout）时调用，它可以删除用户的会话令牌以及会话的过期时间戳，让用户重新回到未登录状态。

在拥有 LoginSession 程序之后，我们可以通过执行以下代码为用户 peter 创建相应的会话令牌：

```
>>> from redis import Redis
>>> from login_session import LoginSession
>>>
>>> client = Redis(decode_responses=True)
>>> session = LoginSession(client, "peter")
>>>
>>> token = session.create()
>>> token
'3b000071e59fcdcaa46b900bb5c484f653de67055fde622f34c255a65bd9a561'
```

通过以下代码验证给定令牌的正确性：

```
>>> session.validate("wrong_token")
'SESSION_TOKEN_INCORRECT'
>>>
>>> session.validate(token)
'SESSION_TOKEN_CORRECT'
```

在使用完会话之后，执行以下代码销毁会话：

```
>>> session.destroy()
>>>
>>> session.validate(token)
'SESSION_NOT_LOGIN'
```

图 3-16 展示了使用 LoginSession 程序在数据库中创建多个会话的示意图。

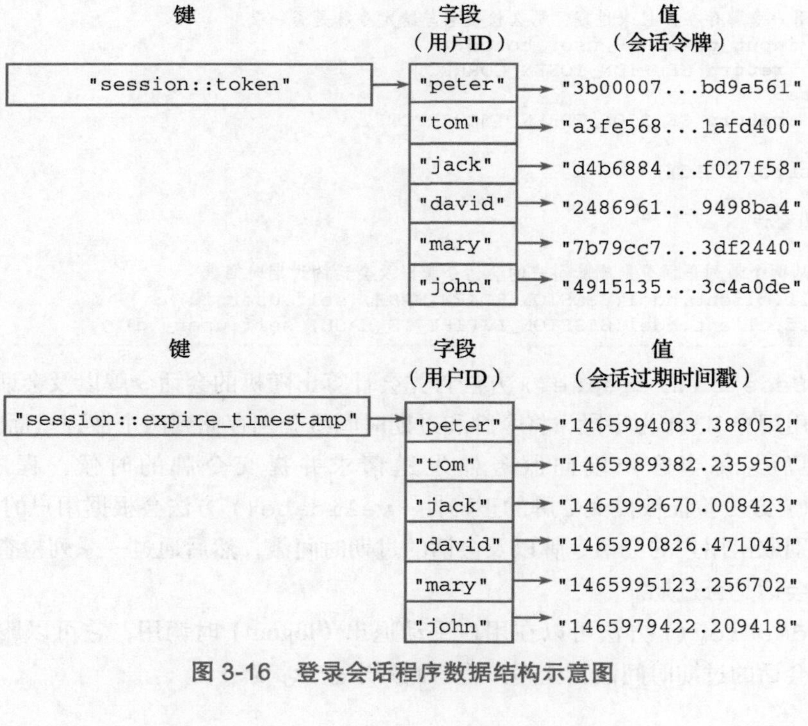

图 3-16 登录会话程序数据结构示意图

3.11 HMSET：一次为多个字段设置值

用户可以使用 HMSET 命令一次为散列中的多个字段设置值：

```
HMSET hash field value [field value ...]
```

HMSET 命令在设置成功时返回 OK。

比如，为了构建图 3-17 所示的散列，我们可能会执行以下 4 个 HSET 命令：

```
redis> HSET article::10086 title "greeting"
(integer) 1

redis> HSET article::10086 content "hello world"
(integer) 1

redis> HSET article::10086 author "peter"
(integer) 1

redis> HSET article::10086 created_at "1442744762.631885"
(integer) 1
```

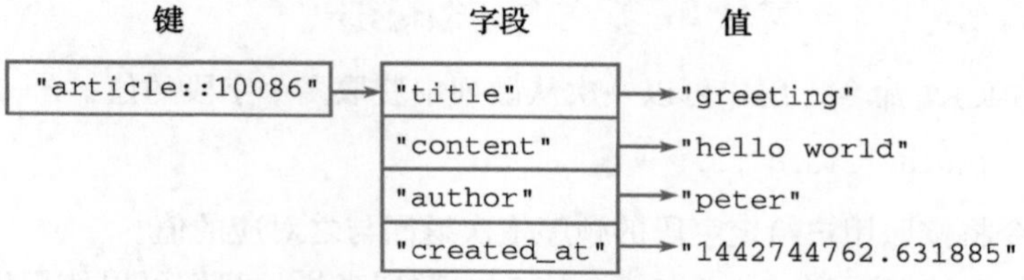

图 3-17　存储文章数据的散列

但是接下来的这一条 HMSET 命令可以更方便地完成相同的工作：

```
    redis> HMSET article::10086 title "greeting" content "hello world" author
"peter" created_at "1442744762.631885"
    OK
```

此外，因为客户端在执行这条 HMSET 命令时只需要与 Redis 服务器进行一次通信，而上面的 4 条 HSET 命令则需要客户端与 Redis 服务器进行 4 次通信，所以前者的执行速度要比后者快得多。

3.11.1 使用新值覆盖旧值

如果用户给定的字段已经存在于散列当中，那么 HMSET 命令将使用用户给定的新值去覆盖字段已有的旧值。

比如对于 title 和 content 这两个已经存在于 article::10086 散列的字段来说：

```
redis> HGET article::10086 title
"greeting"

redis> HGET article::10086 content
"hello world"
```

如果我们执行以下命令：

```
redis> HMSET article::10086 title "Redis Tutorial" content "Redis is a data
structure store, ..."
OK
```

那么 title 字段和 content 字段已有的旧值将被新值覆盖：

```
redis> HGET article::10086 title
"Redis Tutorial"

redis> HGET article::10086 content
"Redis is a data structure store, ..."
```

3.11.2 其他信息

复杂度：$O(N)$，其中 N 为被设置的字段数量。

版本要求：HMSET 命令从 Redis 2.0.0 版本开始可用。

3.12 HMGET：一次获取多个字段的值

通过使用 HMGET 命令，用户可以一次从散列中获取多个字段的值：

```
HMGET hash field [field ...]
```

HMGET 命令将按照用户给定字段的顺序依次返回与之对应的值。

比如对于图 3-18 所示的 article::10086 散列来说，我们可以使用以下命令来获取它的 author 字段和 created_at 字段的值：

```
redis> HMGET article::10086 author created_at
1) "peter"                -- author 字段的值
2) "1442744762.631885"    -- created_at 字段的值
```

或者使用以下命令来获取它的 title 字段和 content 字段的值：

```
redis> HMGET article::10086 title content
1) "greeting"        -- title 字段的值
2) "hello world"     -- content 字段的值
```

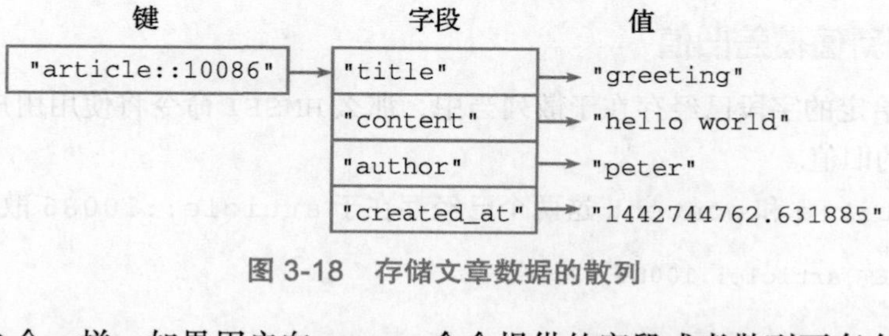

图 3-18 存储文章数据的散列

与 HGET 命令一样，如果用户向 HMGET 命令提供的字段或者散列不存在，那么 HMGET 命令将返回空值作为结果：

```
redis> HMGET article::10086 title content last_updated_at
1) "greeting"
2) "hello world"
3) (nil)      -- last_updated_at 字段不存在于 article::10086 散列

redis> HMGET not-exists-hash field1 field2 field3   -- 散列不存在
1) (nil)
2) (nil)
3) (nil)
```

其他信息

复杂度：$O(N)$，其中 N 为用户给定的字段数量。

版本要求：HMGET 命令从 Redis 2.0.0 版本开始可用。

3.13 HKEYS、HVALS、HGETALL：获取所有字段、所有值、所有字段和值

Redis 为散列提供了 HKEYS、HVALS 和 HGETALL 这 3 个命令，可以分别用于获取散列包含的所有字段、所有值以及所有字段和值：

```
HKEYS hash

HVALS hash

HGETALL hash
```

举个例子，对于图 3-19 所示的 article::10086 散列来说，我们可以使用 HKEYS 命令去获取它包含的所有字段：

```
redis> HKEYS article::10086
1) "title"
2) "content"
3) "author"
4) "created_at"
```

也可以使用 HVALS 命令去获取它包含的所有值：

```
redis> HVALS article::10086
1) "greeting"
2) "hello world"
3) "peter"
4) "1442744762.631885"
```

还可以使用 HGETALL 命令去获取它包含的所有字段和值：

```
redis> HGETALL article::10086
1) "title"        -- 字段
2) "greeting"     -- 字段的值
3) "content"
4) "hello world"
5) "author"
```

```
6) "peter"
7) "created_at"
8) "1442744762.631885"
```

图 3-19 存储文章数据的散列

在 HGETALL 命令返回的结果列表当中，每两个连续的元素就代表了散列中的一对字段和值，其中奇数位置上的元素为字段，偶数位置上的元素则为字段的值。

如果用户给定的散列并不存在，那么 HKEYS、HVALS 和 HGETALL 都将返回一个空列表：

```
redis> HKEYS not-exists-hash
(empty list or set)

redis> HVALS not-exists-hash
(empty list or set)

redis> HGETALL not-exists-hash
(empty list or set)
```

3.13.1 字段在散列中的排列顺序

Redis 散列包含的字段在底层是以无序方式存储的，根据字段插入的顺序不同，包含相同字段的散列在执行 HKEYS 命令、HVALS 命令和 HGETALL 命令时可能会得到不同的结果，因此用户在使用这 3 个命令的时候，不应该对它们返回的元素的排列顺序做任何假设。如果需要，用户可以对这些命令返回的元素进行排序，使它们从无序变为有序。

举个例子，如果我们以不同的设置顺序创建两个完全相同的散列 hash1 和 hash2：

```
redis> HMSET hash1 field1 value1 field2 value2 field3 value3
OK

redis> HMSET hash2 field3 value3 field2 value2 field1 value1
OK
```

那么 HKEYS 命令将以不同的顺序返回这两个散列的字段：

```
redis> HKEYS hash1
1) "field1"
2) "field2"
3) "field3"

redis> HKEYS hash2
1) "field3"
```

```
2) "field2"
3) "field1"
```

而 HVALS 命令则会以不同的顺序返回这两个散列的字段值:

```
redis> HVALS hash1
1) "value1"
2) "value2"
3) "value3"

redis> HVALS hash2
1) "value3"
2) "value2"
3) "value1"
```

HGETALL 命令则会以不同的顺序返回这两个散列的字段和值:

```
redis> HGETALL hash1
1) "field1"
2) "value1"
3) "field2"
4) "value2"
5) "field3"
6) "value3"

redis> HGETALL hash2
1) "field3"
2) "value3"
3) "field2"
4) "value2"
5) "field1"
6) "value1"
```

3.13.2 其他信息

复杂度：HKEYS 命令、HVALS 命令和 HGETALL 命令的复杂度都为 $O(N)$，其中 N 为散列包含的字段数量。

版本要求：HKEYS 命令、HVALS 命令和 HGETALL 命令都从 Redis 2.0.0 版本开始可用。

示例：存储图数据

在构建地图应用、设计电路图、进行任务调度、分析网络流量等多种任务中，都需要对图（graph）数据结构实施建模，并存储相关的图数据。对于不少数据库来说，想要高效、直观地存储图数据并不是一件容易的事情，但是 Redis 却能够以多种不同的方式表示图数据结构，其中一种方式就是使用散列。

例如，假设我们想要存储图 3-20 所示的带权重有向图，那么可以创建一个图 3-21 所示的散列键，这个散列键会以 start_vertex->end_vertex 的形式将各个顶点之间的边存储到散列的字段中，并将字段的值设置成边的权重。通过这种方法，我们可以将图的相关数据全部存储到散列中，代码清单 3-5 展示了使用这种方法实现的图数据存储程序。

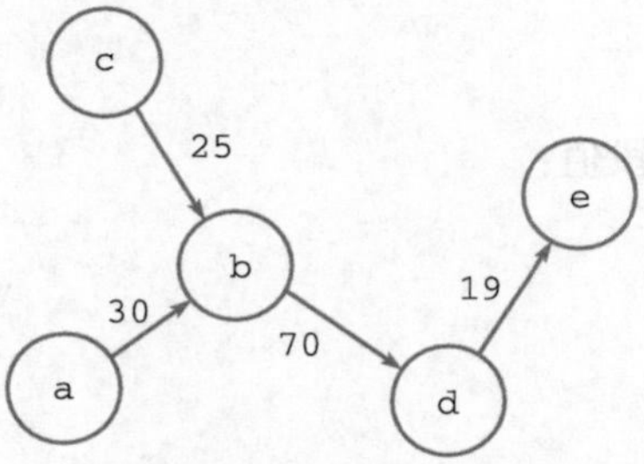

图 3-20 简单的带权重有向图

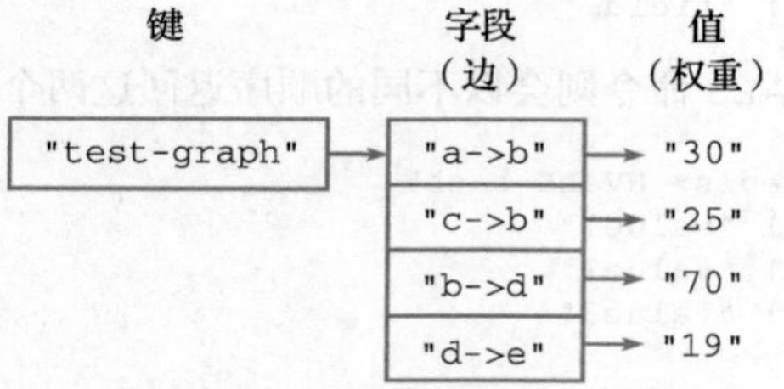

图 3-21 图对应的散列键

代码清单 3-5 使用散列实现的图数据存储程序：/hash/graph.py

```
def make_edge_name_from_vertexs(start, end):
    """
    使用边的起点和终点组建边的名字。
    例子：对于 start 为 "a"、end 为 "b" 的输入，这个函数将返回 "a->b"
    """
    return str(start) + "->" + str(end)

def decompose_vertexs_from_edge_name(name):
    """
    从边的名字中分解出边的起点和终点。例子：对于输入 "a->b"，这个函数将返回结果 ["a", "b"]
    """
    return name.split("->")


class Graph:

    def __init__(self, client, key):
        self.client = client
        self.key = key
    def add_edge(self, start, end, weight):
        """
        添加一条从顶点 start 连接至顶点 end 的边，并将边的权重设置为 weight
        """
        edge = make_edge_name_from_vertexs(start, end)
        self.client.hset(self.key, edge, weight)

    def remove_edge(self, start, end):
        """
        移除从顶点 start 连接至顶点 end 的一条边。
        这个方法在成功删除边时返回 True，因为边不存在而导致删除失败时返回 False
        """
        edge = make_edge_name_from_vertexs(start, end)
        return self.client.hdel(self.key, edge)

    def get_edge_weight(self, start, end):
        """
        获取从顶点 start 连接至顶点 end 的边的权重，如果给定的边不存在，那么返回 None
        """
        edge = make_edge_name_from_vertexs(start, end)
        return self.client.hget(self.key, edge)
```

```
def has_edge(self, start, end):
    """
    检查顶点 start 和顶点 end 之间是否有边，有则返回 True，否则返回 False
    """
    edge = make_edge_name_from_vertexs(start, end)
    return self.client.hexists(self.key, edge)

def add_multi_edges(self, *tuples):
    """
    一次向图中添加多条边。这个方法接受任意多个格式为 (start, end, weight) 的三元组作为参数
    """
    # redis-py 客户端的 hmset() 方法接受一个字典作为参数，格式为 {field1: value1,
    # field2: value2, ...}。为了一次对图中的多条边进行设置，我们要将待设置的各条边以及它们
    # 的权重存储在以下字典中
    nodes_and_weights = {}

    # 遍历输入的每个三元组，从中取出边的起点、终点和权重
    for start, end, weight in tuples:
        # 根据边的起点和终点，创建出边的名字
        edge = make_edge_name_from_vertexs(start, end)
        # 使用边的名字作为字段，边的权重作为值，把边及其权重存储到字典中
        nodes_and_weights[edge] = weight

    # 根据字典中存储的字段和值，对散列进行设置
    self.client.hmset(self.key, nodes_and_weights)

def get_multi_edge_weights(self, *tuples):
    """
    一次获取多条边的权重。这个方法接受任意多个格式为 (start, end) 的二元组作为参数，然后返回
    一个列表作为结果，列表中依次存储着每条输入边的权重
    """
    # hmget() 方法接受一个格式为 [field1, field2, ...] 的列表作为参数。为了一次获取图中多
    # 条边的权重，我们需要把所有想要获取权重的边的名字依次放入以下列表中
    edge_list = []

    # 遍历输入的每个二元组，从中获取边的起点和终点
    for start, end in tuples:
        # 根据边的起点和终点，创建出边的名字
        edge = make_edge_name_from_vertexs(start, end)
        # 把边的名字放入列表中
        edge_list.append(edge)

    # 根据列表中存储的每条边的名字，从散列中获取它们的权重
    return self.client.hmget(self.key, edge_list)

def get_all_edges(self):
    """
    以集合形式返回整个图包含的所有边，集合包含的每个元素都是一个 (start, end) 格式的二元组
    """
    # hkeys() 方法将返回一个列表，列表中包含多条边的名字。例如 ["a->b", "b->c", "c->d"]
    edges = self.client.hkeys(self.key)

    # 创建一个集合，用于存储二元组格式的边
    result = set()
    # 遍历每条边的名字
    for edge in edges:
```

```
            # 根据边的名字，分解出边的起点和终点
            start, end = decompose_vertexs_from_edge_name(edge)
            # 使用起点和终点组成一个二元组，然后把它放入结果集合中
            result.add((start, end))

        return result

    def get_all_edges_with_weight(self):
        """
        以集合形式返回整个图包含的所有边，以及这些边的权重。集合包含的每个元素都是一个 (start,
        end, weight) 格式的三元组
        """
        # hgetall() 方法将返回一个包含边和权重的字典作为结果，格式为 {edge1: weight1, edge2:
        # weight2, ...}
        edges_and_weights = self.client.hgetall(self.key)

        # 创建一个集合，用于存储三元组格式的边和权重
        result = set()
        # 遍历字典中的每个元素，获取边以及它的权重
        for edge, weight in edges_and_weights.items():
            # 根据边的名字，分解出边的起点和终点
            start, end = decompose_vertexs_from_edge_name(edge)
            # 使用起点、终点和权重构建一个三元组，然后把它添加到结果集合中
            result.add((start, end, weight))
        return result
```

这个图数据存储程序的核心概念就是把边（edge）的起点和终点组合成一个字段名，并把边的权重（weight）用作字段的值，然后使用 HSET 命令或者 HMSET 命令把它们存储到散列中。比如，如果用户输入的边起点为 "a"，终点为 "b"，权重为 "30"，那么程序将执行命令 HSET hash "a->b" 30，把 "a" 至 "b" 的这条边及其权重 30 存储到散列中。

在此之后，程序就可以使用 HDEL 命令删除图的某条边，使用 HGET 命令或者 HMGET 命令获取边的权重，使用 HEXISTS 命令检查边是否存在，使用 HKEYS 命令和 HGETALL 命令获取图的所有边以及权重。

例如，我们可以通过执行以下代码，构建出前面展示过的带权重有向图 3-20：

```
>>> from redis import Redis
>>> from graph import Graph
>>>
>>> client = Redis(decode_responses=True)
>>> graph = Graph(client, "test-graph")
>>>
>>> graph.add_edge("a", "b", 30)  # 添加边
>>> graph.add_edge("c", "b", 25)
>>> graph.add_multi_edges(("b", "d", 70), ("d", "e", 19))  # 添加多条边
```

然后通过执行程序提供的方法获取边的权重，或者检查给定的边是否存在：

```
>>> graph.get_edge_weight("a", "b")  # 获取边 a->b 的权重
'30'
>>> graph.has_edge("a", "b")         # 边 a->b 存在
True
>>> graph.has_edge("b", "a")         # 边 b->a 不存在
```

```
False
```

最后，我们还可以获取图的所有边以及它们的权重：

```
>>> graph.get_all_edges()  # 获取所有边
{('b', 'd'), ('d', 'e'), ('a', 'b'), ('c', 'b')}
>>>
>>> graph.get_all_edges_with_weight()  # 获取所有边以及它们的权重
{('c', 'b', '25'), ('a', 'b', '30'), ('d', 'e', '19'), ('b', 'd', '70')}
```

这里展示的图数据存储程序提供了针对边和权重的功能，因为它能够非常方便地向图中添加边和移除边，并且可以快速地检查某条边是否存在，所以适合用来存储节点较多但边较少的稀疏图（sparse graph）。在后续的章节中，我们还会继续看到更多使用 Redis 存储图数据的例子。

示例：使用散列键重新实现文章存储程序

之前我们用散列重写了第 2 章介绍过的计数器程序，但是除了计数器程序之外，还有另一个程序也非常适合使用散列来重写，那就是文章数据存储程序：比起用多个字符串键来存储文章的各项数据，更好的做法是把每篇文章的所有数据都存储到同一个散列中，代码清单 3-6 展示了这一想法的具体实现。

代码清单 3-6 使用散列实现的文章数据存储程序：/hash/article.py

```python
from time import time

class Article:

    def __init__(self, client, article_id):
        self.client = client
        self.article_id = str(article_id)
        self.article_hash = "article::" + self.article_id

    def is_exists(self):
        """
        检查给定 ID 对应的文章是否存在
        """
        # 如果文章散列里面已经设置了标题，那么我们认为这篇文章存在
        return self.client.hexists(self.article_hash, "title")

    def create(self, title, content, author):
        """
        创建一篇新文章，创建成功时返回 True，因为文章已经存在而导致创建失败时返回 False
        """
        # 文章已存在，放弃执行创建操作
        if self.is_exists():
            return False

        # 把所有文章数据都放到字典中
        article_data = {
            "title": title,
            "content": content,
```

```
            "author": author,
            "create_at": time()
        }
        # redis-py 的 hmset() 方法接受一个字典作为参数，
        # 并根据字典内的键和值对散列的字段和值进行设置
        return self.client.hmset(self.article_hash, article_data)

    def get(self):
        """
        返回文章的各项信息
        """
        # hgetall() 方法会返回一个包含标题、内容、作者和创建日期的字典
        article_data = self.client.hgetall(self.article_hash)
        # 把文章 ID 也放到字典里面，以便用户操作
        article_data["id"] = self.article_id
        return article_data

    def update(self, title=None, content=None, author=None):
        """
        对文章的各项信息进行更新，更新成功时返回 True，失败时返回 False
        """
        # 如果文章并不存在，则放弃执行更新操作
        if not self.is_exists():
            return False

        article_data = {}
        if title is not None:
            article_data["title"] = title
        if content is not None:
            article_data["content"] = content
        if author is not None:
            article_data["author"] = author
        return self.client.hmset(self.article_hash, article_data)
```

新的文章存储程序除了会用到散列之外，还有两点需要注意：

- 虽然 Redis 为字符串提供了 MSET 命令和 MSETNX 命令，但是并没有为散列提供 HMSET 命令对应的 HMSETNX 命令，所以这个程序在创建一篇新文章之前，需要先通过 is_exists() 方法检查文章是否存在，然后再考虑是否使用 HMSET 命令进行设置。
- 在使用字符串键存储文章数据的时候，为了避免数据库中出现键名冲突，程序必须为每篇文章的每个属性都设置一个独一无二的键，比如使用 article::10086::title 键存储 ID 为 10086 的文章的标题，使用 article::12345::title 键存储 ID 为 12345 的文章的标题，诸如此类。相反，因为新的文章存储程序可以直接将一篇文章的所有相关信息都存储到同一个散列中，所以它可以直接在散列里面使用 title 作为标题的字段，而不必担心出现命名冲突。

以下代码简单地展示了这个文章存储程序的使用方法：

```
>>> from redis import Redis
>>> from article import Article
>>>
```

```
>>> client = Redis(decode_responses=True)
>>> article = Article(client, 10086)
>>>
>>> # 创建文章
>>> article.create("greeting", "hello world", "peter")
>>>
>>> # 获取文章内容
>>> article.get()
{'content': 'hello world', 'id': '10086', 'created_at': '1442744762.631885',
'title': 'greeting', 'author': 'peter'}
>>>
>>> # 检查文章是否存在
>>> article.is_exists()
True
>>> # 更新文章内容
>>> article.update(content="good morning!")
>>> article.get()
{'content': 'good morning!', 'id': '10086', 'created_at':
'1442744762.631885', 'title': 'greeting', 'author': 'peter'}
```

图 3-22 展示了这段代码创建的散列键。

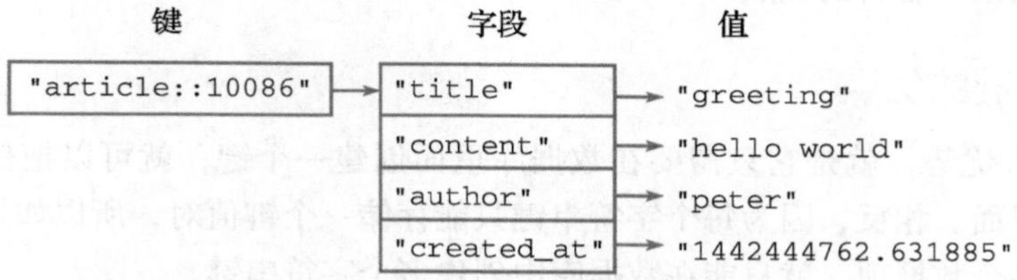

图 3-22 存储在散列中的文章数据

3.14 散列与字符串

至此，本章中陆续介绍了 HSET、HSETNX、HGET、HINCRBY 和 HINCRBYFLOAT 等多个散列命令，如果你对第 2 章介绍过的字符串命令还有印象，应该记得字符串也有类似的 SET、SETNX、GET、INCRBY 和 INCRBYFLOAT 命令。这种相似并不是巧合，正如表 3-1 所示，散列的确拥有很多与字符串命令功能相似的命令。

表 3-1 字符串命令与类似的散列命令

字符串	散列
SET——为一个字符串键设置值	HSET——为散列的给定字段设置值
SETNX——仅在字符串键不存在的情况下为它设置值	HSETNX——仅在散列不包含指定字段的情况下设置值
GET——获取字符串键的值	HGET——从散列中获取给定字段的值
STRLEN——获取字符串值的字节长度	HSTRLEN——获取给定字段值的字节长度
INCRBY——对字符串键存储的数字值执行整数加法操作	HINCRBY——对字段存储的数字值执行整数加法操作
INCRBYFLOAT——对字符串键存储的数字值执行浮点数加法操作	HINCRBYFLOAT——对字段存储的数字值执行浮点数加法操作

（续）

字符串	散列
MSET——一次为多个字符串键设置值	HMSET——一次为散列的多个字段设置值
MGET——一次获取多个字符串键的值	HMGET——一次获取散列中多个字段的值
EXISTS——检查给定的键是否存在于数据库当中，这个命令可以用于包括字符串键在内的所有数据库键，第 11 章中将对这个命令进行详细介绍	HEXISTS——检查给定字段是否存在于散列当中
DEL——从数据库中删除指定的键，这个命令可以用于包括字符串键在内的所有数据库键，第 11 章中将对这个命令进行详细介绍	HDEL——从散列中删除给定字段以及它的值

对于表中列出的字符串命令和散列命令来说，它们之间的最大区别就是前者处理的是字符串键，而后者处理的则是散列键，除此之外，这些命令要做的事情几乎都是相同的。

Redis 选择同时提供字符串键和散列键这两种数据结构，是因为它们虽然在操作上非常相似，但是各自却又拥有不同的优点，这使得它们在某些场合无法被对方替代，下面将分别介绍这两种数据结构各自的优点。

3.14.1 散列键的优点

散列的最大优势，就是它只需要在数据库里面创建一个键，就可以把任意多的字段和值存储到散列里面。相反，因为每个字符串键只能存储一个键值对，所以如果用户要使用字符串键去存储多个数据项，就只能在数据库中创建多个字符串键。

图 3-23 展示了使用字符串键和散列键存储相同数量的数据项时，数据库中创建的字符串键和散列键。

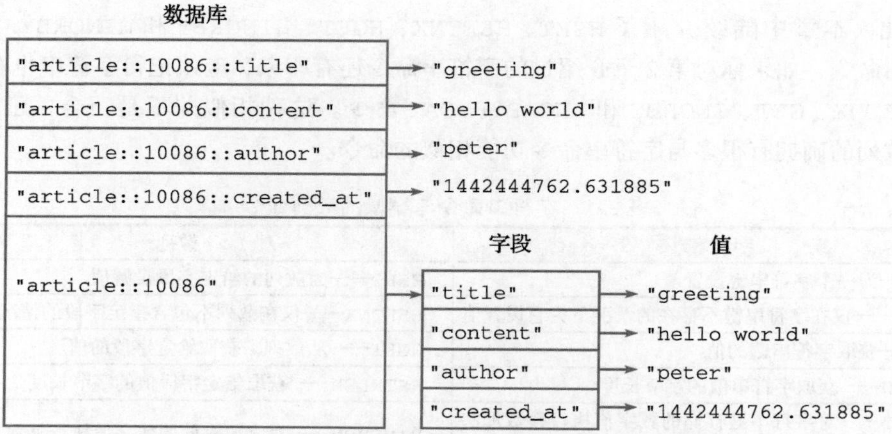

图 3-23 使用字符串键和散列键存储相同数量的数据项

从图 3-23 中可以看到，为了存储 4 个数据项，程序需要用到 4 个字符串键或者一个散列键。按此计算，如果我们需要存储 100 万篇文章，那么在使用散列键的情况下，程序只需要在数据库里面创建 100 万个散列键就可以了；但是如果使用字符串键，那么程序就需要在数据库里面创建 400 万个字符串键。

数据库键数量增多带来的问题主要和资源有关：

- 为了对数据库以及数据库键的使用情况进行统计，Redis 会为每个数据库键存储一些额外的信息，并因此带来一些额外的内存消耗。对于单个数据库键来说，这些额外的内存消耗几乎可以忽略不计，但是当数据库键的数量达到上百万、上千万甚至更多的时候，这些额外的内存消耗就会变得比较可观。
- 当散列包含的字段数量比较少的时候，Redis 就会使用特殊的内存优化结构去存储散列中的字段和值。与字符串键相比，这种内存优化结构存储相同数据所需要的内存要少得多。使用内存优化结构的散列越多，内存优化结构的效果也就越明显。在一定条件下，对于相同的数据，使用散列键进行存储比使用字符串键存储要节约一半以上的内存，有时候甚至会更多。
- 除了需要耗费更多内存之外，更多的数据库键也需要占用更多的 CPU。每当 Redis 需要对数据库中的键进行处理时，数据库包含的键越多，进行处理所需的 CPU 资源就会越多，处理所耗费的时间也会越长，典型的情况包括：
  - 统计数据库和数据库键的使用情况。
  - 对数据库执行持久化操作，或者根据持久化文件还原数据库。
  - 通过模式匹配在数据库中查找某个键，或者执行类似的查找操作。

  这些操作的执行时间都会受到数据库键数量的影响。

最后，除了资源方面的优势之外，散列键还可以有效地组织起相关的多项数据，让程序产生更容易理解的数据，使得针对数据的批量操作变得更方便。比如在上面展示的图 3-23 中，使用散列键存储文章数据就比使用字符串键存储文章数据更为清晰、易懂。

3.14.2 字符串键的优点

虽然使用散列键可以有效地节约资源并更好地组织数据，但是字符串键也有自己的优点：

- 虽然散列键命令和字符串键命令在部分功能上有重合的地方，但是字符串键命令提供的操作比散列键命令更为丰富。比如，字符串能够使用 SETRANGE 命令和 GETRANGE 命令设置或者读取字符串值的其中一部分，或者使用 APPEND 命令将新内容追加到字符串值的末尾，而散列键并不支持这些操作。
- 第 12 章中将对 Redis 的键过期功能进行介绍，这一功能可以在指定时间到达时，自动删除指定的键。因为键过期功能针对的是整个键，用户无法为散列中的不同字段设置不同的过期时间，所以当一个散列键过期的时候，它包含的所有字段和值都将被删除。与此相反，如果用户使用字符串键存储信息项，就不会遇到这样的问题——用户可以为每个字符串键分别设置不同的过期时间，让它们根据实际的需要自动被删除。

3.14.3 字符串键和散列键的选择

表 3-2 从资源占用、支持的操作以及过期时间 3 个方面对比了字符串键和散列键的优缺点。

表 3-2 对比字符串键和散列键

比较的范畴	结果
资源占用	字符串键在数量较多的情况下，将占用大量的内存和 CPU 时间。与此相反，将多个数据项存储到同一个散列中可以有效地减少内存和 CPU 消耗
支持的操作	散列键支持的所有命令，几乎都有相应的字符串键版本，但字符串键支持的 SETRANGE、GETRANGE 等操作散列键并不具备
过期时间	字符串键可以为每个键单独设置过期时间，独立删除某个数据项，而散列一旦到期，它包含的所有字段和值都会被删除

既然字符串键和散列键各有优点，那么我们在构建应用程序的时候，什么时候应该使用字符串键，什么时候又该使用散列键呢？对于这个问题，以下总结了一些选择的条件和方法：

- 如果程序需要为每个数据项单独设置过期时间，那么使用字符串键。
- 如果程序需要对数据项执行诸如 SETRANGE、GETRANGE 或者 APPEND 等操作，那么优先考虑使用字符串键。当然，用户也可以选择把数据存储在散列中，然后将类似 SETRANGE、GETRANGE 这样的操作交给客户端执行。
- 如果程序需要存储的数据项比较多，并且你希望尽可能地减少存储数据所需的内存，就应该优先考虑使用散列键。
- 如果多个数据项在逻辑上属于同一组或者同一类，那么应该优先考虑使用散列键。

3.15 重点回顾

- 散列键会将一个键和一个散列在数据库中关联起来，用户可以在散列中为任意多个字段设置值。与字符串键一样，散列的字段和值既可以是文本数据，也可以是二进制数据。
- 用户可以通过散列键把相关联的多项数据存储到同一个散列中，以便对其进行管理，或者针对它们执行批量操作。
- 因为 Redis 并没有为散列提供相应的减法操作命令，所以如果用户想对字段存储的数字值执行减法操作，就需要将负数增量传递给 HINCRBY 命令或 HINCRBYFLOAT 命令。
- Redis 散列包含的字段在底层是以无序方式存储的，根据字段插入的顺序不同，包含相同字段的散列在执行 HKEYS、HVALS 和 HGETALL 等命令时可能会得到不同的结果，因此用户在使用这 3 个命令时，不应该对命令返回元素的排列顺序作任何假设。
- 字符串键和散列键虽然在操作方式上非常相似，但是因为它们都拥有各自独有的优点和缺点，所以在一些情况下，这两种数据结构是没有办法完全代替对方的。因此用户在构建应用程序的时候，应该根据实际需要来选择相应的数据结构。

第4章 列 表

Redis 的列表（list）是一种线性的有序结构，可以按照元素被推入列表中的顺序来存储元素，这些元素既可以是文字数据，又可以是二进制数据，并且列表中的元素可以重复出现。

作为例子，图 4-1 展示了一个包含多个字符串的列表，这个列表按照从左到右的方式，依次存储了 "one"、"two"、"three"、"four" 这 4 个元素。

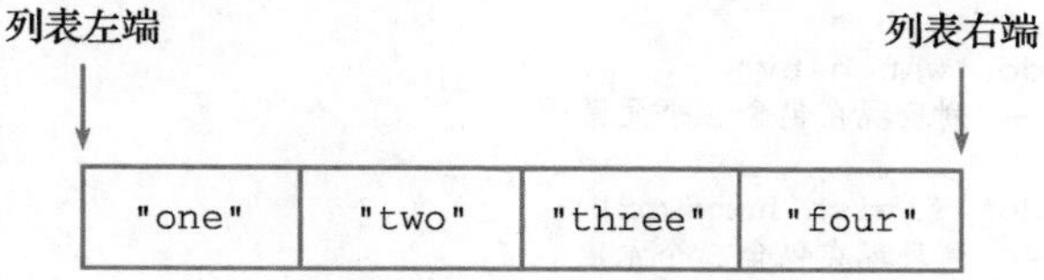

图 4-1　横向表示的列表

> 提示　为了展示方便，本书给出的列表图片一般都会像图 4-1 这样只展示列表本身而忽略列表的键名，但是在需要的时候，也会如图 4-2 所示，将列表及其键名一并给出。
>
> 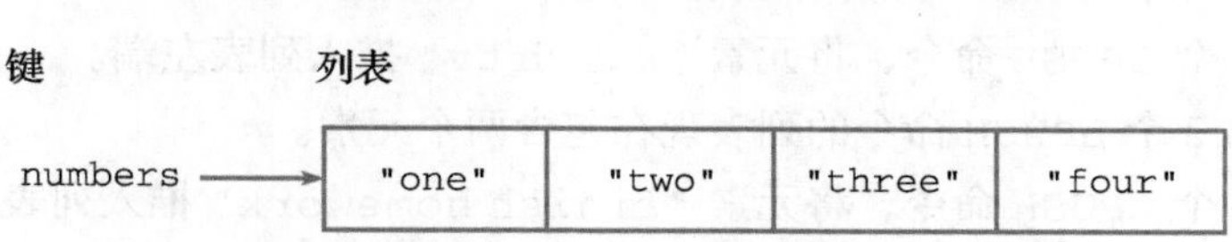
>
>
> 图 4-2　完整的列表键视图

Redis 为列表提供了丰富的操作命令，通过这些命令，用户可以：

- 将新元素推入列表的左端或者右端。
- 移除位于列表最左端或者最右端的元素。
- 移除列表最右端的元素，然后把被移除的元素推入另一个列表的左端。

- 获取列表包含的元素数量。
- 获取列表在指定索引上的单个元素，或者获取列表在指定索引范围内的多个元素。
- 为列表的指定索引设置新元素，或者把新元素添加到某个指定元素的前面或者后面。
- 对列表进行修剪，只保留指定索引范围内的元素。
- 从列表中移除指定元素。
- 执行能够阻塞客户端的推入和移除操作。

本章接下来将对以上提到的各个列表操作命令进行介绍，并说明如何使用这些命令去构建各种实用的程序。

4.1 LPUSH：将元素推入列表左端

用户可以通过 LPUSH 命令，将一个或多个元素推入给定列表的左端：

```
LPUSH list item [item item ...]
```

在推入操作执行完毕之后，LPUSH 命令会返回列表当前包含的元素数量作为返回值。

例如，以下代码就展示了如何通过 LPUSH 命令将 "buy some milk"、"watch tv"、"finish homework" 等元素依次推入 todo 列表的左端：

```
redis> LPUSH todo "buy some milk"
(integer) 1      -- 列表现在包含 1 个元素

redis> LPUSH todo "watch tv"
(integer) 2      -- 列表现在包含 2 个元素

redis> LPUSH todo "finish homework"
(integer) 3      -- 列表现在包含 3 个元素
```

图 4-3 展示了以上 3 个 LPUSH 命令的执行过程：

1）在执行操作之前，todo 列表为空，即不存在于数据库中。

2）执行第 1 个 LPUSH 命令，将元素 "buy some milk" 推入列表左端。

3）执行完第 1 个 LPUSH 命令的列表现在包含一个元素。

4）执行第 2 个 LPUSH 命令，将元素 "watch tv" 推入列表左端。

5）执行完第 2 个 LPUSH 命令的列表现在包含两个元素。

6）执行第 3 个 LPUSH 命令，将元素 "finish homework" 推入列表左端。

7）执行完第 3 个 LPUSH 命令的 todo 列表现在包含 3 个元素。

4.1.1 一次推入多个元素

LPUSH 命令允许用户一次将多个元素推入列表左端：如果用户在执行 LPUSH 命令时给定了多个元素，那么 LPUSH 命令将按照元素给定的顺序，从左到右依次将所有给定元素推入列表左端。

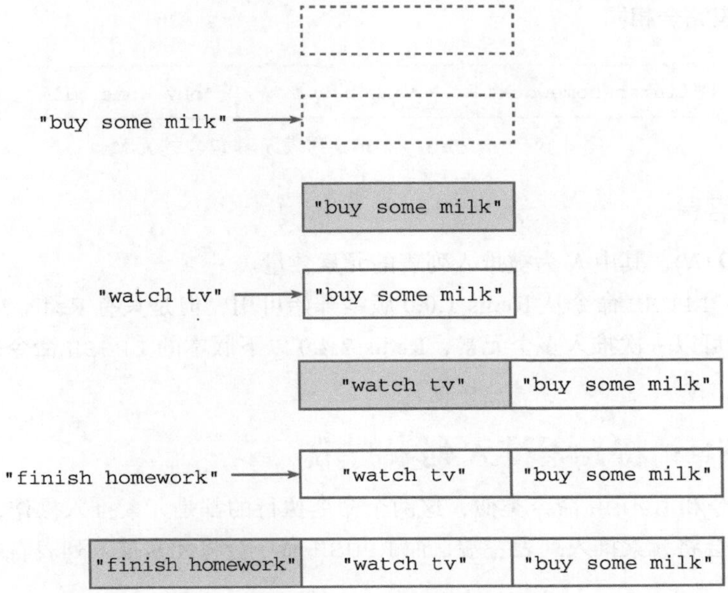

图 4-3 LPUSH 命令执行过程

举个例子，如果用户执行以下命令：

```
redis> LPUSH another-todo "buy some milk" "watch tv" "finish homework"
(integer) 3
```

那么 LPUSH 命令将按照图 4-4 所示的顺序，将 3 个给定元素依次推入 another-todo 列表的左端。

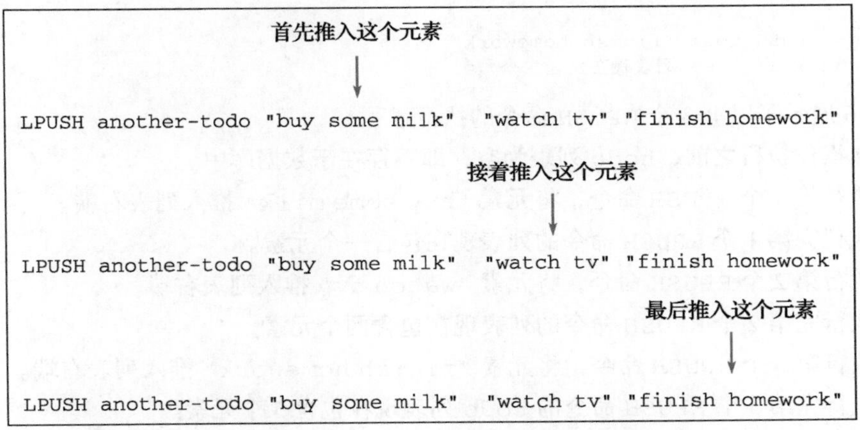

图 4-4 一次推入多个元素

最终，这条 LPUSH 命令将产生图 4-5 所示的列表，这个列表与前面使用 3 条 LPUSH 命令构建出的列表完全相同。

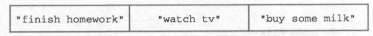

"finish homework"	"watch tv"	"buy some milk"

图 4-5 another-todo 列表及其包含的元素

4.1.2 其他信息

复杂度：$O(N)$，其中 N 为被推入列表的元素数量。

版本要求：LPUSH 命令从 Redis 1.0.0 版本开始可用，但是只有 Redis 2.4.0 或以上版本的 LPUSH 命令可以一次推入多个元素，Redis 2.4.0 以下版本的 LPUSH 命令每次只能推入一个元素。

4.2 RPUSH：将元素推入列表右端

RPUSH 命令和 LPUSH 命令类似，这两个命令执行的都是元素推入操作，唯一区别就在于 LPUSH 命令会将元素推入列表左端，而 RPUSH 命令会将元素推入列表右端：

```
RPUSH list item [item item ...]
```

在推入操作执行完毕之后，RPUSH 命令会返回列表当前包含的元素数量作为返回值。

举个例子，以下代码展示了如何通过 RPUSH 命令将 "buy some milk"、"watch tv"、"finish homework" 等元素依次推入 todo 列表的右端：

```
redis> RPUSH todo "buy some milk"
(integer) 1     -- 列表现在包含 1 个元素

redis> RPUSH todo "watch tv"
(integer) 2     -- 列表现在包含 2 个元素

redis> RPUSH todo "finish homework"
(integer) 3     -- 列表现在包含 3 个元素
```

图 4-6 展示了以上 3 个 RPUSH 命令的执行过程：

1）在操作执行之前，todo 列表为空，即不存在于数据库中。

2）执行第 1 个 RPUSH 命令，将元素 "buy some milk" 推入列表右端。

3）执行完第 1 个 RPUSH 命令的列表现在包含一个元素。

4）执行第 2 个 RPUSH 命令，将元素 "watch tv" 推入列表右端。

5）执行完第 2 个 RPUSH 命令的列表现在包含两个元素。

6）执行第 3 个 RPUSH 命令，将元素 "finish homework" 推入列表右端。

7）执行完第 3 个 RPUSH 命令的 todo 列表现在包含 3 个元素。

4.2.1 一次推入多个元素

与 LPUSH 命令一样，RPUSH 命令也允许用户一次推入多个元素：如果用户在执行

RPUSH 命令时给定了多个元素，那么 RPUSH 命令将按照元素给定的顺序，从左到右依次将所有给定元素推入列表右端。

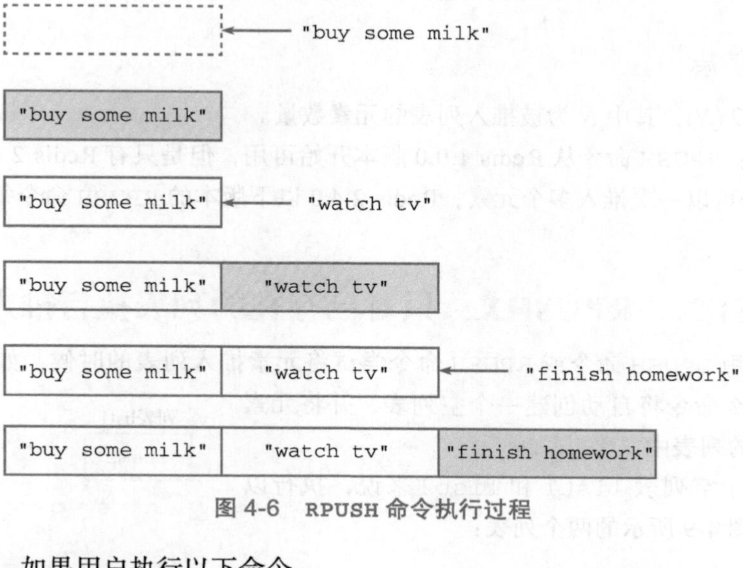

图 4-6　RPUSH 命令执行过程

举个例子，如果用户执行以下命令：

```
redis> RPUSH another-todo "buy some milk" "watch tv" "finish homework"
(integer) 3
```

那么 RPUSH 命令将按照图 4-7 展示的顺序，将 3 个给定元素依次推入 another-todo 列表的右端。

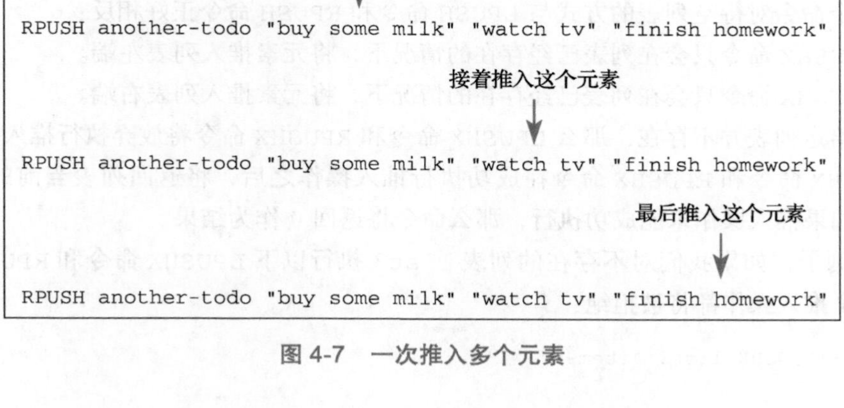

图 4-7　一次推入多个元素

最终，这条 RPUSH 命令将产生图 4-8 所示的列表，这个列表与前面使用 3 条 RPUSH 命令构建出的列表完全相同。

"buy some milk"	"watch tv"	"finish homework"

图 4-8 another-todo 列表及其包含的元素

4.2.2 其他信息

复杂度：$O(N)$，其中 N 为被推入列表的元素数量。

版本要求：RPUSH 命令从 Redis 1.0.0 版本开始可用，但是只有 Redis 2.4.0 或以上版本的 RPUSH 命令可以一次推入多个元素，Redis 2.4.0 以下版本的 RPUSH 命令每次只能推入一个元素。

4.3 LPUSHX、RPUSHX：只对已存在的列表执行推入操作

当用户调用 LPUSH 命令或 RPUSH 命令尝试将元素推入列表的时候，如果给定的列表并不存在，那么命令将自动创建一个空列表，并将元素推入刚刚创建的列表中。

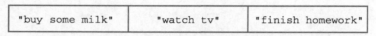

图 4-9 两个只包含单个元素的列表

例如，对于空列表 list1 和 list2 来说，执行以下命令将创建图 4-9 所示的两个列表：

```
redis> LPUSH list1 "item1"
(integer) 1

redis> RPUSH list2 "item1"
(integer) 1
```

除了 LPUSH 命令和 RPUSH 命令之外，Redis 还提供了 LPUSHX 命令和 RPUSHX 命令：

```
LPUSHX list item

RPUSHX list item
```

这两个命令对待空列表的方式与 LPUSH 命令和 RPUSH 命令正好相反：

- LPUSHX 命令只会在列表已经存在的情况下，将元素推入列表左端。
- RPUSHX 命令只会在列表已经存在的情况下，将元素推入列表右端。

如果给定列表并不存在，那么 LPUSHX 命令和 RPUSHX 命令将放弃执行推入操作。

LPUSHX 命令和 RPUSHX 命令在成功执行推入操作之后，将返回列表当前的长度作为返回值，如果推入操作未能成功执行，那么命令将返回 0 作为结果。

举个例子，如果我们对不存在的列表 list3 执行以下 LPUSHX 命令和 RPUSHX 命令，那么这两个推入操作都将被拒绝：

```
redis> LPUSHX list3 "item-x"
```

```
(integer) 0      -- 没有推入任何元素

redis> RPUSHX list3 "item-y"
(integer) 0      -- 没有推入任何元素
```

如果我们先使用 LPUSH 命令将一个元素推入 list3 列表中，使得 list3 变成非空列表，那么 LPUSHX 命令和 RPUSHX 命令就可以成功地执行推入操作：

```
redis> LPUSH list3 "item1"
(integer) 1      -- 推入一个元素，使得列表变为非空

redis> LPUSHX list3 "item-x"
(integer) 2      -- 执行推入操作之后，列表包含 2 个元素

redis> RPUSHX list3 "item-y"
(integer) 3      -- 执行推入操作之后，列表包含 3 个元素
```

图 4-10 展示了列表 list3 的整个变化过程：

1）在最初的 LPUSHX 命令和 RPUSHX 命令执行之后，list3 仍然是一个空列表。

2）执行 LPUSH 命令，将元素 "item1" 推入列表中，使之变为非空。

3）执行 LPUSHX 命令，将元素 "item-x" 推入列表，使得列表包含 2 个元素。

4）执行 RPUSHX 命令，将元素 "item-y" 推入列表，使得列表包含 3 个元素。

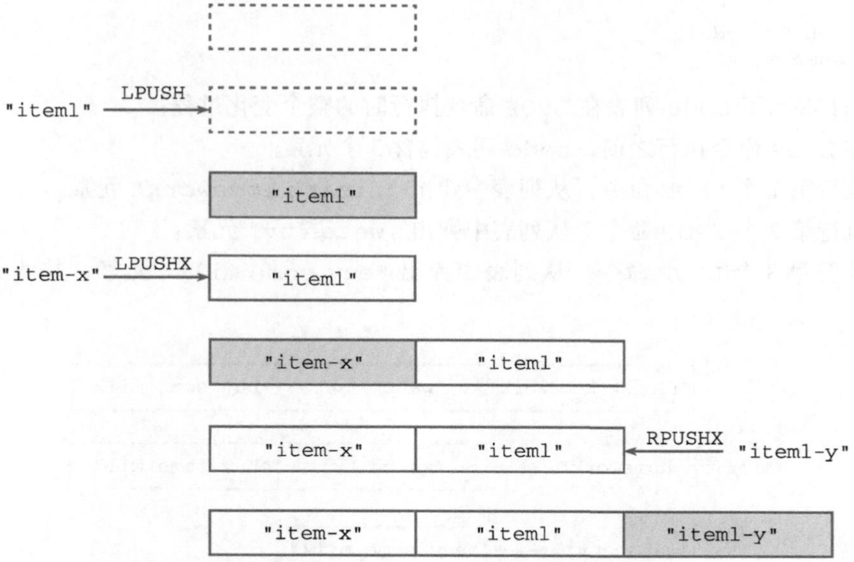

图 4-10 LPUSHX 命令和 RPUSHX 命令的执行过程

4.3.1 每次只能推入单个元素

与 LPUSH 命令和 RPUSH 命令不一样，LPUSHX 命令和 RPUSHX 命令每次只能推入一个元素，尝试向 LPUSHX 命令或 RPUSHX 命令给定多个元素将引发错误：

```
redis> LPUSHX list "item1" "item2" "item3"
(error) ERR wrong number of arguments for 'lpushx' command

redis> RPUSHX list "item1" "item2" "item3"
(error) ERR wrong number of arguments for 'rpushx' command
```

4.3.2 其他信息

复杂度：$O(1)$。

版本要求：LPUSHX 命令和 RPUSHX 命令从 Redis 2.2.0 版本开始可用。

4.4 LPOP：弹出列表最左端的元素

用户可以通过 LPOP 命令移除位于列表最左端的元素，并将被移除的元素返回给用户：

```
LPOP list
```

例如，以下代码就展示了如何使用 LPOP 命令弹出 todo 列表的最左端元素：

```
redis> LPOP todo
"finish homework"

redis> LPOP todo
"watch tv"

redis> LPOP todo
"buy some milk"
```

图 4-11 展示了 todo 列表在 LPOP 命令执行时的整个变化过程：

1）在 LPOP 命令执行之前，todo 列表包含 3 个元素。

2）执行第 1 个 LPOP 命令，从列表中弹出 "finish homework" 元素。

3）执行第 2 个 LPOP 命令，从列表中弹出 "watch tv" 元素。

4）执行第 3 个 LPOP 命令，从列表中弹出 "buy some milk" 元素，并使 todo 列表变为空。

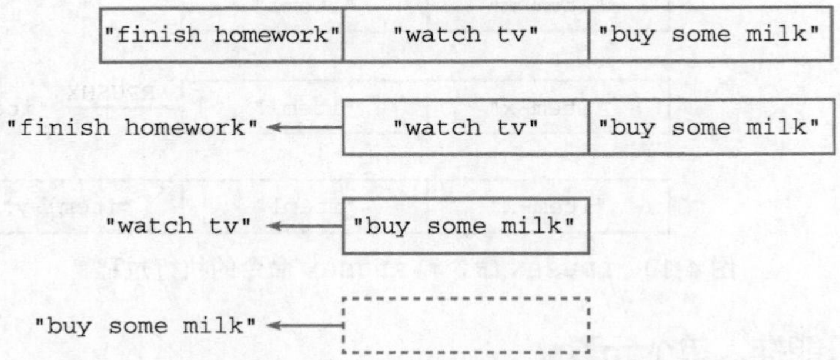

图 4-11 LPOP 命令的执行过程

如果用户给定的列表并不存在，那么 LPOP 命令将返回一个空值，表示列表为空，没有元素可供弹出：

```
redis> LPOP empty-list
(nil)
```

其他信息

复杂度：$O(1)$。

版本要求：LPOP 命令从 Redis 1.0.0 版本开始可用。

4.5 RPOP：弹出列表最右端的元素

用户可以通过 RPOP 命令移除位于列表最右端的元素，并将被移除的元素返回给用户：

```
RPOP list
```

例如，以下代码就展示了如何使用 RPOP 命令弹出 todo 列表最右端的元素：

```
redis> RPOP todo
"finish homework"

redis> RPOP todo
"watch tv"

redis> RPOP todo
"buy some milk"
```

图 4-12 展示了 todo 列表在 RPOP 命令执行时的整个变化过程：

1）在 RPOP 命令执行之前，todo 列表包含 3 个元素。

2）执行第 1 个 RPOP 命令，从列表中弹出 "finish homework" 元素。

3）执行第 2 个 RPOP 命令，从列表中弹出 "watch tv" 元素。

4）执行第 3 个 RPOP 命令，从列表中弹出 "buy some milk" 元素，并使得 todo 列表变为空。

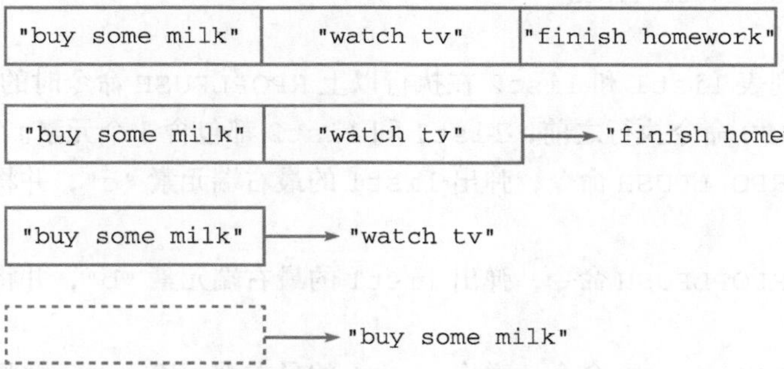

图 4-12 RPOP 命令的执行过程

与 LPOP 命令一样，如果用户给定的列表并不存在，那么 RPOP 命令将返回一个空值，表示列表为空，没有元素可供弹出：

```
redis> RPOP empty-list
(nil)
```

其他信息

复杂度：$O(1)$。

版本要求：RPOP 命令从 Redis 1.0.0 版本开始可用。

4.6 RPOPLPUSH：将右端弹出的元素推入左端

RPOPLPUSH 命令的行为和它的名字一样，首先使用 RPOP 命令将源列表最右端的元素弹出，然后使用 LPUSH 命令将被弹出的元素推入目标列表左端，使之成为目标列表的最左端元素：

```
RPOPLPUSH source target
```

RPOPLPUSH 命令会返回被弹出的元素作为结果。

作为例子，以下代码展示了如何使用 RPOPLPUSH 命令，将列表 list1 的最右端元素弹出，然后将其推入列表 list2 的左端：

```
redis> RPUSH list1 "a" "b" "c"      -- 创建两个示例列表 list1 和 list2
(integer) 3

redis> RPUSH list2 "d" "e" "f"
(integer) 3

redis> RPOPLPUSH list1 list2
"c"

redis> RPOPLPUSH list1 list2
"b"

redis> RPOPLPUSH list1 list2
"a"
```

图 4-13 展示了列表 list1 和 list2 在执行以上 RPOPLPUSH 命令时的变化过程：

1）在 RPOPLPUSH 命令执行之前，list1 和 list2 都包含 3 个元素。

2）执行第 1 个 RPOPLPUSH 命令，弹出 list1 的最右端元素 "c"，并将其推入 list2 的左端。

3）执行第 2 个 RPOPLPUSH 命令，弹出 list1 的最右端元素 "b"，并将其推入 list2 的左端。

4）执行第 3 个 RPOPLPUSH 命令，弹出 list1 的最右端元素 "a"，并将其推入 list2 的左端。

5）在以上 3 个 RPOPLPUSH 命令执行完毕之后，list1 将变为空列表，而 list2 则会包含6个元素。

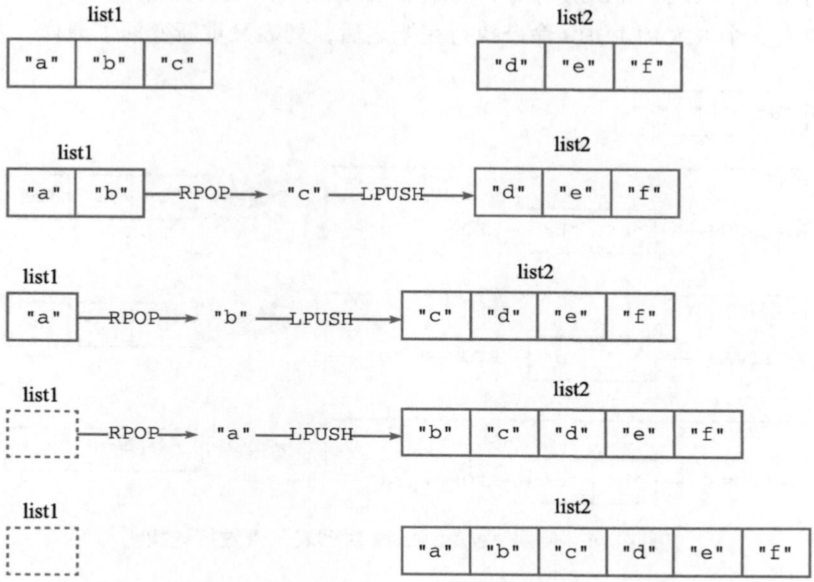

图 4-13 **RPOPLPUSH** 命令的执行过程

4.6.1 源列表和目标列表相同

RPOPLPUSH 命令允许用户将源列表和目标列表设置为同一个列表，在这种情况下，RPOPLPUSH 命令的效果相当于将列表最右端的元素变成列表最左端的元素。

例如，以下代码展示了如何通过 RPOPLPUSH 命令将 rotate-list 列表的最右端元素变成列表的最左端元素：

```
redis> RPUSH rotate-list "a" "b" "c"     -- 创建一个示例列表
(integer) 3

redis> RPOPLPUSH rotate-list rotate-list
"c"

redis> RPOPLPUSH rotate-list rotate-list
"b"

redis> RPOPLPUSH rotate-list rotate-list
"a"
```

图 4-14 展示了以上 3 个 RPOPLPUSH 命令在执行时，rotate-list 列表的整个变化过程：

1）在 RPOPLPUSH 命令执行之前，列表包含 "a"、"b"、"c"3 个元素。

2）执行第 1 个 RPOPLPUSH 命令，将最右端元素 "c" 变为最左端元素。

3）执行第 2 个 RPOPLPUSH 命令，将最右端元素 "b" 变为最左端元素。

4）执行第 3 个 RPOPLPUSH 命令，将最右端元素 "a" 变为最左端元素。

5）在以上 3 个 RPOPLPUSH 命令执行完毕之后，列表又重新变回了原样。

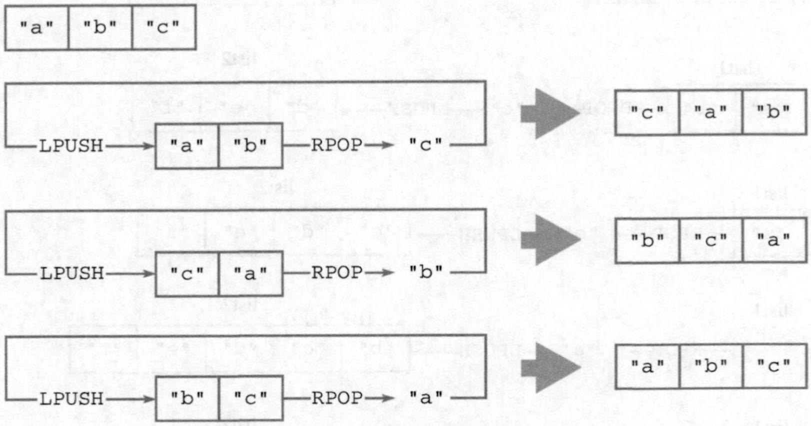

图 4-14 使用 RPOPLPUSH 对列表元素进行轮换

正如上面展示的例子所示，通过对同一个列表重复执行 RPOPLPUSH 命令，我们可以创建出一个对元素进行轮换的列表，并且当我们对一个包含了 N 个元素的列表重复执行 N 次 RPOPLPUSH 命令之后，列表元素的排列顺序将变回原来的样子。

4.6.2 处理空列表

如果用户传给 RPOPLPUSH 命令的源列表并不存在，那么 RPOPLPUSH 命令将放弃执行弹出和推入操作，只返回一个空值表示命令执行失败：

```
redis> RPOPLPUSH list-x list-y
(nil)
```

如果源列表非空，但是目标列表为空，那么 RPOPLPUSH 命令将正常执行弹出操作和推入操作：

```
redis> RPUSH list-x "a" "b" "c"    -- 将list-x变为非空列表
(integer) 3

redis> RPOPLPUSH list-x list-y
"c"
```

图 4-15 展示了这条 RPOPLPUSH 命令执行之前和执行之后，list-x 和 list-y 的变化：

1）在执行 RPOPLPUSH 命令之前，list-x 包含 3 个元素，而 list-y 为空。

2）执行 RPOPLPUSH 命令，将 list-x 的最右端元素 "c" 弹出，并将其推入 list-y 的左端。

3）在 RPOPLPUSH 命令执行完毕之后，list-x 将包含 2 个元素，而 list-y 则包含 1 个元素。

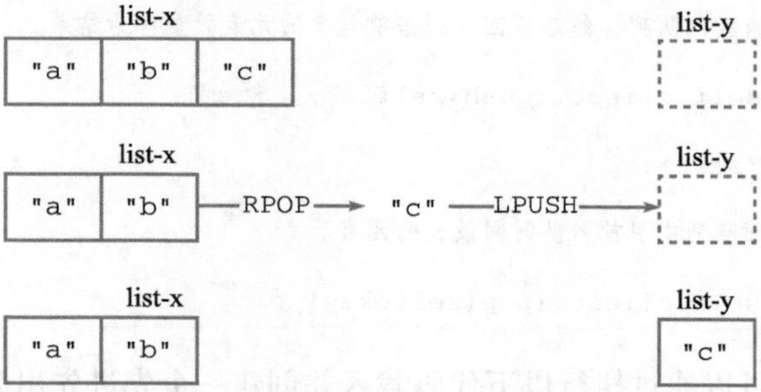

图 4-15 RPOPLPUSH 命令处理目标列表为空的例子

4.6.3 其他信息

复杂度：$O(1)$。

版本要求：RPOPLPUSH 命令从 Redis 1.2.0 版本开始可用。

示例：先进先出队列

先进先出队列（first in first out queue）是一种非常常见的数据结构，一般都会包含入队（enqueue）和出队（dequeue）这两个操作，其中入队操作会将一个元素放入队列中，而出队操作则会从队列中移除最先入队的元素。

先进先出队列的应用非常广泛，各式各样的应用程序中都有使用。举个例子，很多电商网站都会在节日时推出一些秒杀活动，这些活动会放出数量有限的商品供用户抢购，秒杀系统的一个特点就是在短时间内会有大量用户同时进行相同的购买操作，如果使用事务或者锁去实现秒杀程序，那么就会因为锁和事务的重试特性而导致性能低下，并且由于重试行为的存在，成功购买商品的用户可能并不是最早执行购买操作的用户，因此这种秒杀系统实际上是不公平的。

解决上述问题的方法之一就是把用户的购买操作都放入先进先出队列里面，然后以队列方式处理用户的购买操作，这样程序就可以在不使用锁或者事务的情况下实现秒杀系统，并且得益于先进先出队列的特性，这种秒杀系统可以按照用户执行购买操作的顺序来判断哪些用户可以成功执行购买操作，因此它是公平的。

代码清单 4-1 展示了一个使用 Redis 列表实现先进先出队列的方法。

代码清单 4-1 使用列表实现的先进先出队列：/list/fifo_queue.py

```
class FIFOqueue:

    def __init__(self, client, key):
        self.client = client
```

```
        self.key = key

    def enqueue(self, item):
        """
        将给定元素放入队列，然后返回队列当前包含的元素数量作为结果
        """
        return self.client.rpush(self.key, item)

    def dequeue(self):
        """
        移除并返回队列中目前入队时间最长的元素
        """
        return self.client.lpop(self.key)
```

作为例子，我们可以通过执行以下代码载入并创建一个先进先出队列：

```
>>> from redis import Redis
>>> from fifo_queue import FIFOqueue
>>> client = Redis(decode_responses=True)
>>> q = FIFOqueue(client, "buy-request")
```

然后通过执行以下代码，将 3 个用户的购买请求依次放入队列里面：

```
>>> q.enqueue("peter-buy-milk")
1
>>> q.enqueue("john-buy-rice")
2
>>> q.enqueue("david-buy-keyboard")
3
```

最后，按照先进先出顺序，依次从队列中弹出相应的购买请求：

```
>>> q.dequeue()
'peter-buy-milk'
>>> q.dequeue()
'john-buy-rice'
>>> q.dequeue()
'david-buy-keyboard'
```

可以看到，队列弹出元素的顺序与元素入队时的顺序是完全相同的，最先是 "peter-buy-milk" 元素，接着是 "john-buy-rice" 元素，最后是 "david-buy-keyboard" 元素。

4.7 LLEN：获取列表的长度

用户可以通过执行 LLEN 命令来获取列表的长度，即列表包含的元素数量：

```
LLEN list
```

比如对于图 4-16 所示的几个列表来说，对它们执行 LLEN 命令将获得以下结果：

```
redis> LLEN todo
(integer) 3
```

```
redis> LLEN alphabets
(integer) 8

redis> LLEN msg-queue
(integer) 4
```

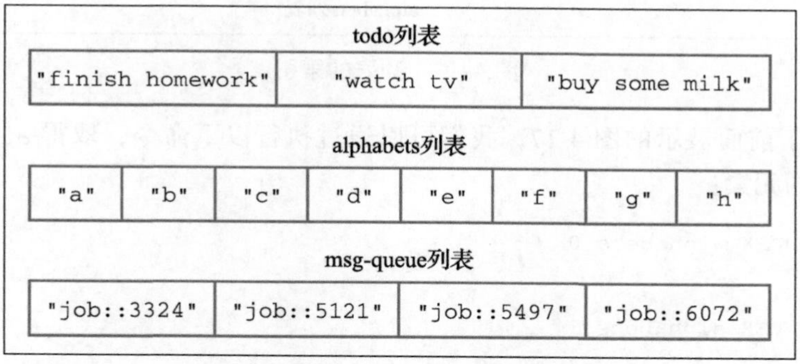

图 4-16 几个不同长度的列表

对于不存在的列表，LLEN 命令将返回 0 作为结果：

```
redis> LLEN not-exists-list
(integer) 0
```

其他信息

复杂度：$O(1)$。

版本要求：LLEN 命令从 Redis 1.0.0 版本开始可用。

4.8 LINDEX：获取指定索引上的元素

Redis 列表包含的每个元素都有与之对应的正数索引和负数索引：

- 正数索引从列表的左端开始计算，依次向右端递增：最左端元素的索引为 0，左端排行第二的元素索引为 1，左端排行第三的元素索引为 2，以此类推。最大的正数索引为列表长度减 1，即 $N-1$。
- 负数索引从列表的右端开始计算，依次向左端递减：最右端元素的索引为 -1，右端排行第二的元素索引为 -2，右端排行第三的元素索引为 -3，以此类推。最大的负数索引为列表长度的负数，即 $-N$。

作为例子，图 4-17 展示了一个包含多个元素的列表，并给出了列表元素对应的正数索引和负数索引。

为了让用户可以方便地取得索引对应的元素，Redis 提供了 LINDEX 命令：

```
LINDEX list index
```

这个命令接受一个列表和一个索引作为参数，然后返回列表在给定索引上的元素；其中给定索引既可以是正数，也可以是负数。

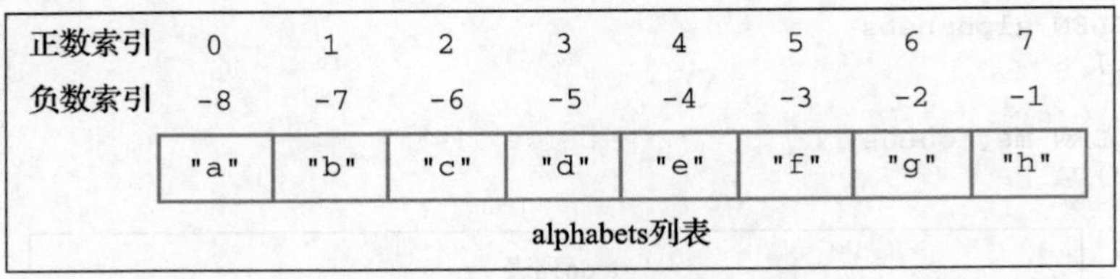

图 4-17 列表的索引

比如，对于前面展示的图 4-17，我们可以通过执行以下命令，取得 alphabets 列表在指定索引上的元素：

```
redis> LINDEX alphabets 0
"a"

redis> LINDEX alphabets 3
"d"

redis> LINDEX alphabets 6
"g"

redis> LINDEX alphabets -3
"f"

redis> LINDEX alphabets -7
"b"
```

4.8.1 处理超出范围的索引

对于一个长度为 N 的非空列表来说：

- 它的正数索引必然大于等于 0，并且小于等于 $N-1$。
- 它的负数索引必然小于等于 -1，并且大于等于 $-N$。

如果用户给定的索引超出了这一范围，那么 LINDEX 命令将返回空值，以此来表示给定索引上并不存在任何元素：

```
redis> LINDEX alphabets 100
(nil)

redis> LINDEX alphabets -100
(nil)
```

4.8.2 其他信息

复杂度：$O(N)$，其中 N 为给定列表的长度。

版本要求：LINDEX 命令从 Redis 1.0.0 版本开始可用。

4.9 LRANGE：获取指定索引范围上的元素

用户除了可以使用 LINDEX 命令获取给定索引上的单个元素之外，还可以使用 LRANGE

命令获取给定索引范围上的多个元素：

```
LRANGE list start end
```

LRANGE 命令接受一个列表、一个开始索引和一个结束索引作为参数，然后依次返回列表从开始索引到结束索引范围内的所有元素，其中开始索引和结束索引对应的元素也会被包含在命令返回的元素当中。

作为例子，以下代码展示了如何使用 LRANGE 命令去获取 alphabets 列表在不同索引范围内的元素：

```
redis> LRANGE alphabets 0 3   -- 获取列表索引 0 至索引 3 上的所有元素
1) "a"     -- 位于索引 0 上的元素
2) "b"     -- 位于索引 1 上的元素
3) "c"     -- 位于索引 2 上的元素
4) "d"     -- 位于索引 3 上的元素

redis> LRANGE alphabets 2 6
1) "c"
2) "d"
3) "e"
4) "f"
5) "g"

redis> LRANGE alphabets -5 -1
1) "d"
2) "e"
3) "f"
4) "g"
5) "h"

redis> LRANGE alphabets -7 -4
1) "b"
2) "c"
3) "d"
4) "e"
```

图 4-18 展示了这些 LRANGE 命令是如何根据给定的索引范围去获取列表元素的。

4.9.1 获取列表包含的所有元素

一个快捷地获取列表包含的所有元素的方法，就是使用 0 作为起始索引、-1 作为结束索引去调用 LRANGE 命令，这种方法非常适合于查看长度较短的列表：

```
redis> LRANGE alphabets 0 -1
1) "a"
2) "b"
3) "c"
4) "d"
5) "e"
6) "f"
7) "g"
8) "h"
```

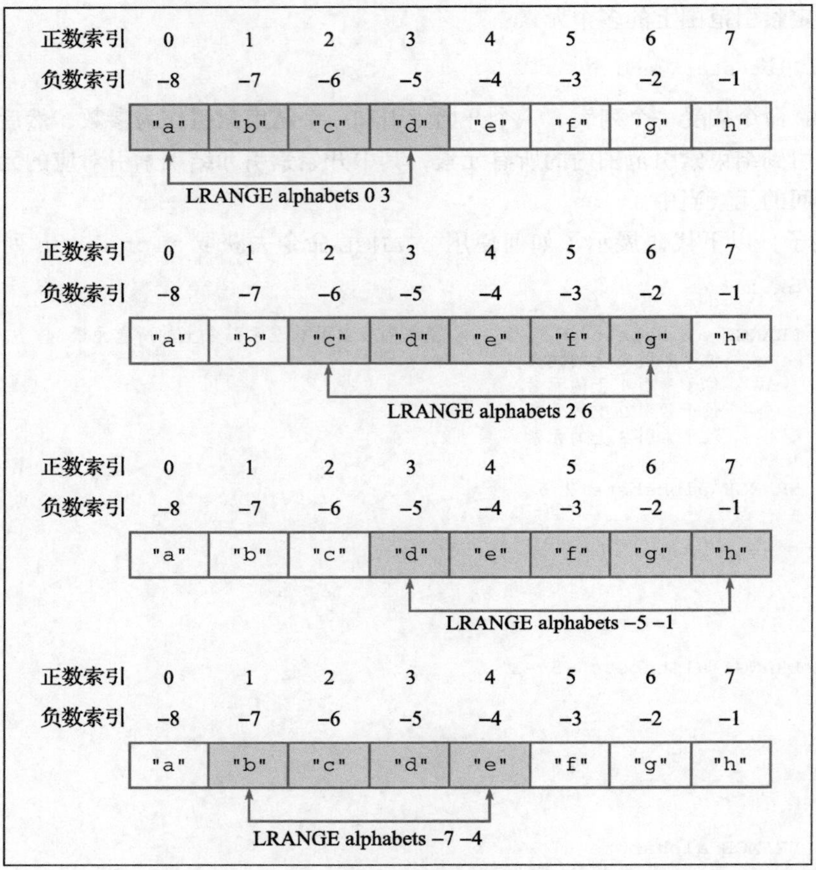

图 4-18 LRANGE 命令获取索引范围内元素的过程

4.9.2 处理超出范围的索引

与 LINDEX 一样，LRANGE 命令也需要处理超出范围的索引：

- 如果用户给定的起始索引和结束索引都超出了范围，那么 LRANGE 命令将返回空列表作为结果。
- 如果用户给定的其中一个索引超出了范围，那么 LRANGE 命令将对超出范围的索引进行修正，然后再执行实际的范围获取操作；其中超出范围的起始索引会被修正为 0，而超出范围的结束索引则会被修正为 -1。

以下代码展示了 LRANGE 命令在遇到两个超出范围的索引时，返回空列表的例子：

```
redis> LRANGE alphabets 50 100
(empty list or set)

redis> LRANGE alphabets -100 -50
(empty list or set)
```

以下代码展示了 LRANGE 命令在遇到只有一个超出范围的索引时，对索引进行修正并返回元素的例子：

```
redis> LRANGE alphabets -100 5
1) "a"  -- 位于索引 0 上的元素
2) "b"
3) "c"
4) "d"
5) "e"
6) "f"  -- 位于索引 5 上的元素

redis> LRANGE alphabets 5 100
1) "f"  -- 位于索引 5 上的元素
2) "g"
3) "h"  -- 位于索引 -1 上的元素
```

在执行 LRANGE alphabets -100 5 调用时，LRANGE 命令会把超出范围的起始索引 -100 修正为 0，然后执行 LRANGE alphabets 0 5 调用；而在执行 LRANGE alphabets 5 100 调用时，LRANGE 命令会把超出范围的结束索引 100 修正为 -1，然后执行 LRANGE alphabets 5 -1 调用。

4.9.3　其他信息

复杂度：$O(N)$，其中 N 为给定列表的长度。

版本要求：LRANGE 命令从 Redis 1.0.0 开始可用。

示例：分页

对于互联网上每一个具有一定规模的网站来说，分页程序都是必不可少的：新闻站点、博客、论坛、搜索引擎等，都会使用分页程序将数量众多的信息分割为多个页面，使得用户可以以页为单位浏览网站提供的信息，并以此来控制网站每次取出的信息数量。图 4-19 就展示了一个使用分页程序对用户发表的论坛主题进行分割的例子。

图 4-19　论坛中的分页示例

代码清单 4-2 展示了一个使用列表实现分页程序的方法，这个程序可以将给定的元素有序地放入一个列表中，然后使用 LRANGE 命令从列表中取出指定数量的元素，从而实现分页这一概念。

代码清单 4-2 使用列表实现的分页程序：/list/paging.py

```
class Paging:

    def __init__(self, client, key):
        self.client = client
        self.key = key

    def add(self, item):
        """
        将给定元素添加到分页列表中
        """
        self.client.lpush(self.key, item)

    def get_page(self, page_number, item_per_page):
        """
        从指定页数中取出指定数量的元素
        """
        # 根据给定的 page_number（页数）和 item_per_page（每页包含的元素数量），计算出指定
        # 分页元素在列表中所处的索引范围。例子：如果 page_number = 1，item_per_page =
        # 10，那么程序计算得出的起始索引就是 0，而结束索引则是 9
        start_index = (page_number - 1) * item_per_page
        end_index = page_number * item_per_page - 1
        # 根据索引范围从列表中获取分页元素
        return self.client.lrange(self.key, start_index, end_index)

    def size(self):
        """
        返回列表目前包含的分页元素数量
        """
        return self.client.llen(self.key)
```

作为例子，我们可以通过执行以下代码，载入并创建出一个针对用户帖子的分页对象：

```
>>> from redis import Redis
>>> from paging import Paging
>>> client = Redis(decode_responses=True)
>>> topics = Paging(client, "user-topics")
```

并使用数字 1 ～ 19 作为用户帖子的 ID，将它们添加到分页列表中：

```
>>> for i in range(1, 20):
...   topics.add(i)
...
```

然后我们就可以使用分页程序，对这些帖子进行分页了：

```
>>> topics.get_page(1, 5)    # 以每页 5 个帖子的方式，取出第 1 页的帖子
['19', '18', '17', '16', '15']
>>> topics.get_page(2, 5)    # 以每页 5 个帖子的方式，取出第 2 页的帖子
['14', '13', '12', '11', '10']
```

```
>>> topics.get_page(1, 10)  # 以每页 10 个帖子的方式，取出第 1 页的帖子
['19', '18', '17', '16', '15', '14', '13', '12', '11', '10']
```

最后，我们可以通过执行以下代码，取得分页列表目前包含的元素数量：

```
>>> topics.size()
19
```

4.10 LSET：为指定索引设置新元素

用户可以通过 LSET 命令，为列表的指定索引设置新元素：

```
LSET list index new_element
```

LSET 命令在设置成功时将返回 OK。

例如，对于以下这个 todo 列表来说：

```
redis> LRANGE todo 0 -1
1) "buy some milk"
2) "watch tv"
3) "finish homework"
```

我们可以通过执行以下 LSET 命令，将 todo 列表索引 1 上的元素设置为 "have lunch"：

```
redis> LSET todo 1 "have lunch"
OK

redis> LRANGE todo 0 -1
1) "buy some milk"
2) "have lunch"  -- 新元素
3) "finish homework"
```

图 4-20 展示了这个 LSET 命令的执行过程。

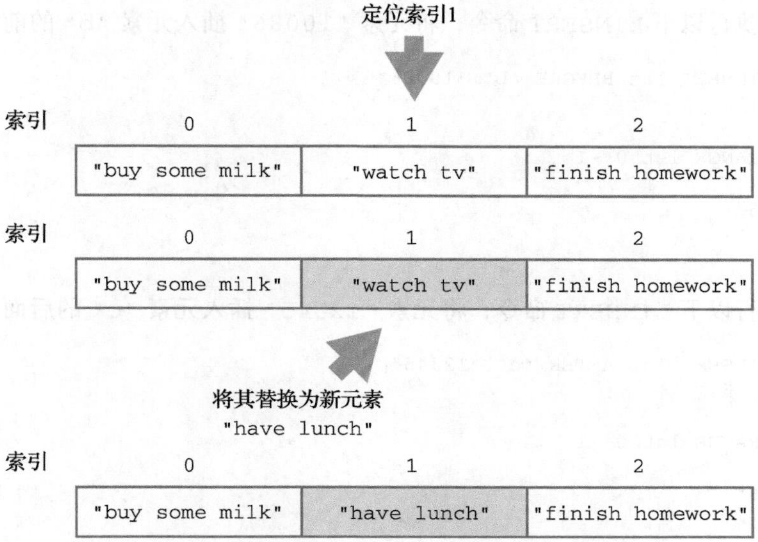

图 4-20 LSET 命令的执行过程

4.10.1 处理超出范围的索引

因为 LSET 命令只能对列表中已存在的索引进行设置，所以如果用户给定的索引超出了列表的有效索引范围，那么 LSET 命令将返回一个错误：

```
redis> LSET todo 100 "go to sleep"
(error) ERR index out of range
```

4.10.2 其他信息

复杂度：$O(N)$，其中 N 为给定列表的长度。

版本要求：LSET 命令从 Redis 1.0.0 版本开始可用。

4.11 LINSERT：将元素插入列表

通过使用 LINSERT 命令，用户可以将一个新元素插入列表某个指定元素的前面或者后面：

```
LINSERT list BEFORE|AFTER target_element new_element
```

LINSERT 命令第二个参数的值可以是 BEFORE 或者 AFTER，它们分别用于指示命令将新元素插入目标元素的前面或者后面。命令在完成插入操作之后会返回列表当前的长度。

例如，对于 lst 列表：

```
redis> LRANGE lst 0 -1
1) "a"
2) "b"
3) "c"
```

我们可以通过执行以下 LINSERT 命令，将元素 "10086" 插入元素 "b" 的前面：

```
redis> LINSERT lst BEFORE "b" "10086"
(integer) 4

redis> LRANGE lst 0 -1
1) "a"
2) "10086"
3) "b"
4) "c"
```

还可以通过执行以下 LINSERT 命令，将元素 "12345" 插入元素 "c" 的后面：

```
redis> LINSERT lst AFTER "c" "12345"
(integer) 5

redis> LRANGE lst 0 -1
1) "a"
2) "10086"
3) "b"
4) "c"
5) "12345"
```

图 4-21 展示了上述两个 LINSERT 命令的执行过程。

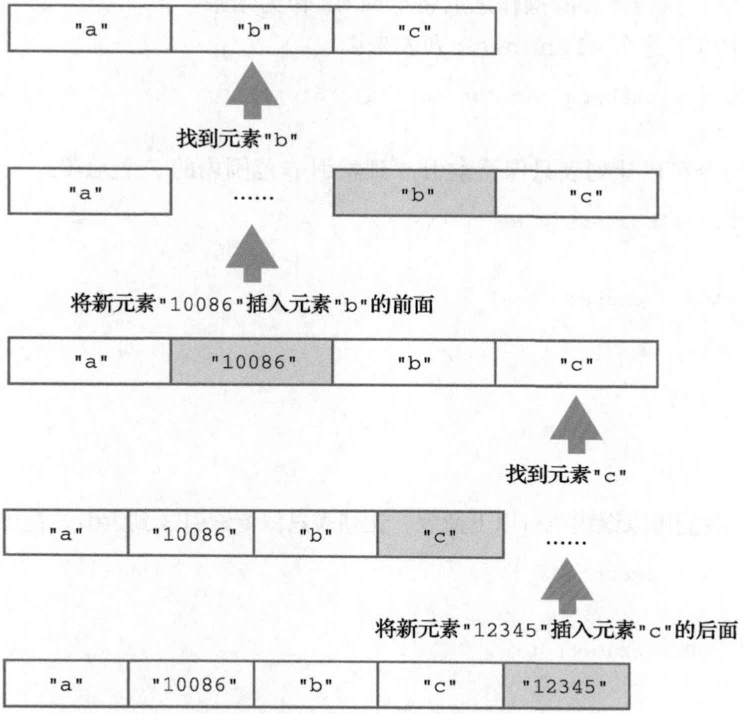

图 4-21　LINSERT 命令的执行过程

4.11.1　处理不存在的元素

为了执行插入操作，LINSERT 命令要求用户给定的目标元素必须已经存在于列表当中。相反，如果用户给定的目标元素并不存在，那么 LINSERT 命令将返回 -1 表示插入失败：

```
redis> LINSERT lst BEFORE "not-exists-element" "new element"
(integer) -1
```

在插入操作执行失败的情况下，列表包含的元素将不会发生任何变化。

4.11.2　其他信息

复杂度：$O(N)$，其中 N 为给定列表的长度。

版本要求：LINSERT 命令从 Redis 2.2.0 版本开始可用。

4.12　LTRIM：修剪列表

LTRIM 命令接受一个列表和一个索引范围作为参数，并移除列表中位于给定索引范围之外的所有元素，只保留给定范围之内的元素：

```
LTRIM list start end
```

LTRIM 命令在执行完移除操作之后将返回 OK 作为结果。

例如，对于以下这个 alphabets 列表来说：

```
redis> RPUSH alphabets "a" "b" "c" "d" "e" "f" "g" "h" "i" "j" "k"
(integer) 11
```

执行以下命令可以让列表只保留索引 0 到索引 6 范围内的 7 个元素：

```
redis> LTRIM alphabets 0 6
OK

redis> LRANGE alphabets 0 -1
1) "a"
2) "b"
3) "c"
4) "d"
5) "e"
6) "f"
7) "g"
```

在此之后，我们可以继续执行以下命令，让列表只保留索引 3 到索引 5 范围内的 3 个元素：

```
redis> LTRIM alphabets 3 5
OK

redis> LRANGE alphabets 0 -1
1) "d"
2) "e"
3) "f"
```

图 4-22 展示了以上两个 LTRIM 命令对 alphabets 列表进行修剪的整个过程。

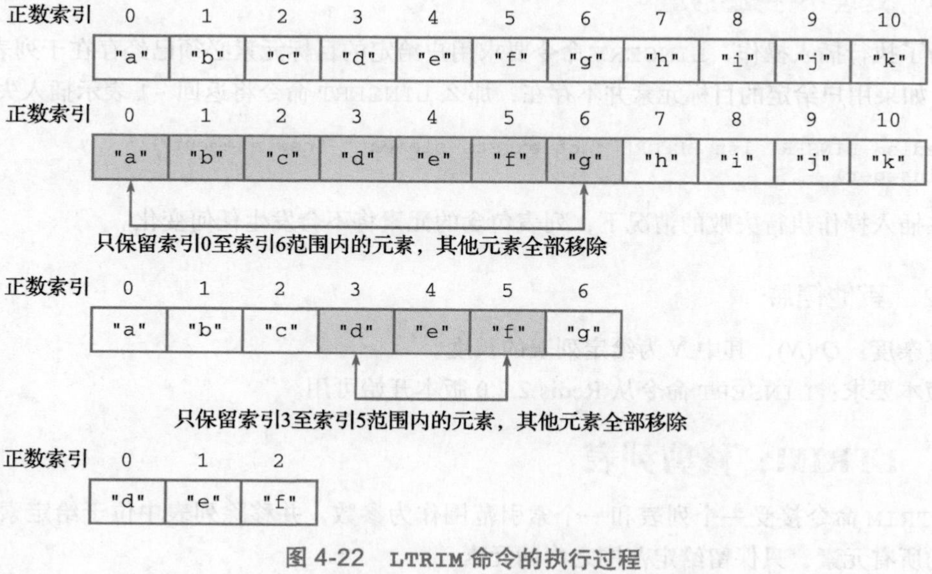

图 4-22 LTRIM 命令的执行过程

4.12.1 处理负数索引

与 LRANGE 命令一样，LTRIM 命令不仅可以处理正数索引，还可以处理负数索引。

以下代码展示了如何通过给定负数索引，让 LTRIM 命令只保留列表的最后 5 个元素：

```
redis> RPUSH numbers 0 1 2 3 4 5 6 7 8 9
(integer) 10

redis> LTRIM numbers -5 -1
OK

redis> LRANGE numbers 0 -1
1) "5"
2) "6"
3) "7"
4) "8"
5) "9"
```

4.12.2 其他信息

复杂度：$O(N)$，其中 N 为给定列表的长度。

版本要求：LTRIM 命令从 Redis 1.0.0 版本开始可用。

4.13 LREM：从列表中移除指定元素

用户可以通过 LREM 命令移除列表中的指定元素：

```
LREM list count element
```

count 参数的值决定了 LREM 命令移除元素的方式：

- 如果 count 参数的值等于 0，那么 LREM 命令将移除列表中包含的所有指定元素。
- 如果 count 参数的值大于 0，那么 LREM 命令将从列表的左端开始向右进行检查，并移除最先发现的 count 个指定元素。
- 如果 count 参数的值小于 0，那么 LREM 命令将从列表的右端开始向左进行检查，并移除最先发现的 abs(count) 个指定元素（abs(count) 即 count 的绝对值）。

LREM 命令在执行完毕之后将返回被移除的元素数量作为命令的返回值。

举个例子，对于以下 3 个包含相同元素的列表来说：

```
redis> RPUSH sample1 "a" "b" "b" "a" "c" "c" "a"
(integer) 7

redis> RPUSH sample2 "a" "b" "b" "a" "c" "c" "a"
(integer) 7

redis> RPUSH sample3 "a" "b" "b" "a" "c" "c" "a"
(integer) 7
```

执行以下命令将移除 sample1 列表包含的所有 "a" 元素：

```
redis> LREM sample1 0 "a"
(integer) 3   -- 移除了 3 个 "a" 元素

redis> LRANGE sample1 0 -1
1) "b"   -- 列表里面已经不再包含 "a" 元素
2) "b"
3) "c"
4) "c"
```

而执行以下命令将移除 sample2 列表最靠近列表左端的 2 个 "a" 元素：

```
redis> LREM sample2 2 "a"
(integer) 2   -- 移除了 2 个 "a" 元素

redis> LRANGE sample2 0 -1
1) "b"
2) "b"
3) "c"
4) "c"
5) "a"
```

因为上面的 LREM 命令只要求移除最先发现的 2 个 "a" 元素，所以位于列表最右端的 "a" 元素并没有被移除，图 4-23 展示了这个 LREM 命令的执行过程。

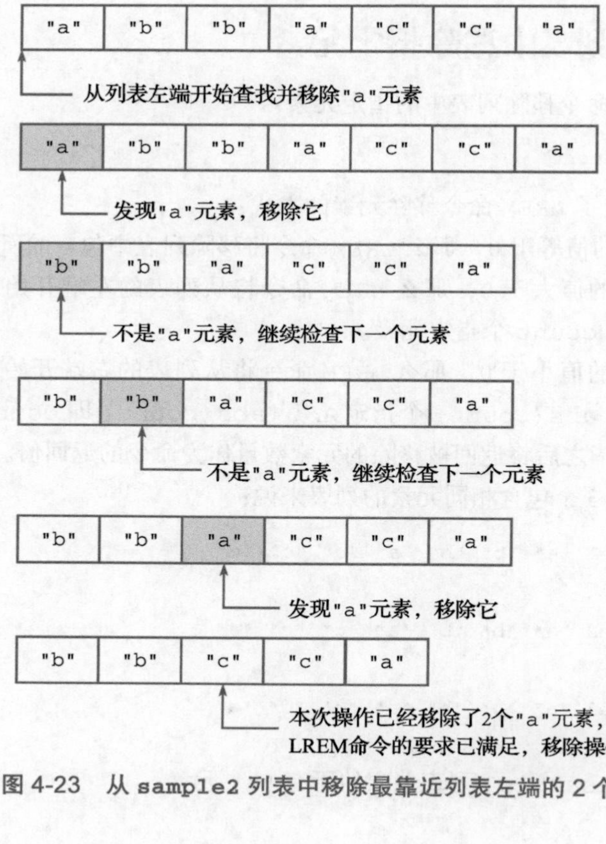

图 4-23 从 sample2 列表中移除最靠近列表左端的 2 个 "a" 元素

最后，执行以下命令将移除 sample3 列表最靠近列表右端的 2 个 "a" 元素：

```
redis> LREM sample3 -2 "a"
(integer) 2  -- 移除了 2 个 "a" 元素

redis> LRANGE sample3 0 -1
1) "a"
2) "b"
3) "b"
4) "c"
5) "c"
```

因为上面的 LREM 调用只要求移除最先发现的 2 个 "a" 元素，所以位于列表最左端的 "a" 元素并没有被移除，图 4-24 展示了这个 LREM 调用的执行过程。

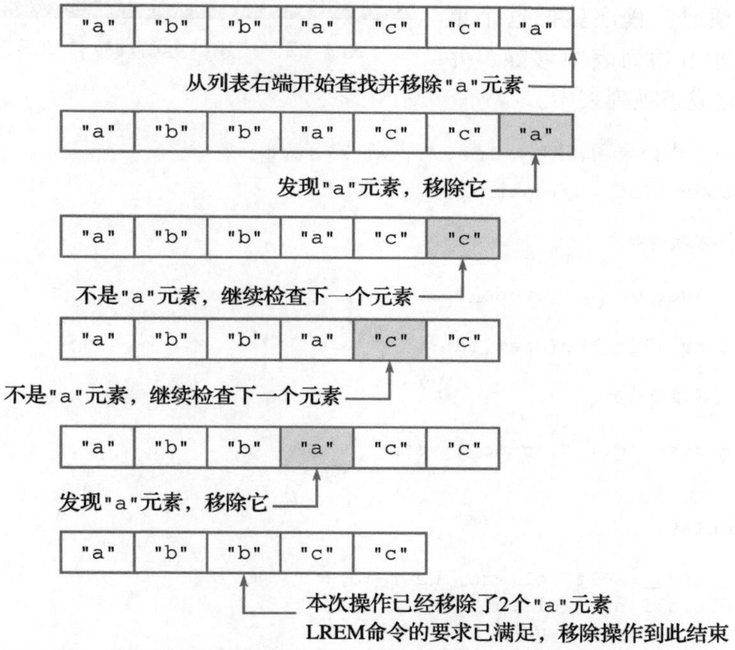

图 4-24 从 sample3 列表中移除最靠近列表右端的 2 个 "a" 元素

其他信息

复杂度：$O(N)$，其中 N 为给定列表的长度。

版本要求：LREM 命令从 Redis 1.0.0 版本开始可用。

示例：待办事项列表

现在很多人都会使用待办事项软件（也就是通常说的 TODO 软件）来管理日常工作，这些软件通常会提供一些列表，用户可以将要做的事情记录在待办事项列表中，并将已经完成的事项放入已完成事项列表中。图 4-25 就展示了一个使用待办事项软件记录日常生活事项的例子。

代码清单 4-3 展示了一个使用列表实现的待办事项程序，这个程序的核心概念是使用两个列表来分别记录待办事项和已完成事项：

- 当用户添加一个新的待办事项时，程序就把这个事项放入待办事项列表中。
- 当用户完成待办事项列表中的某个事项时，程序就把这个事项从待办事项列表中移除，并放入已完成事项列表中。

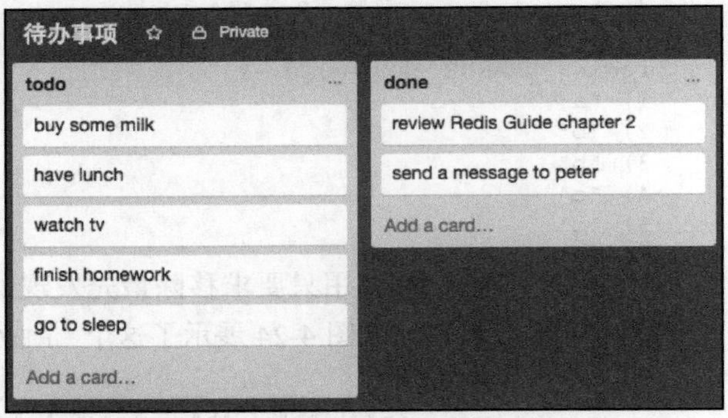

图 4-25 使用待办事项软件记录日常生活事项

代码清单 4-3 代码事项程序：/list/todo_list.py

```
def make_todo_list_key(user_id):
    """
    存储待办事项的列表
    """
    return user_id + "::todo_list"

def make_done_list_key(user_id):
    """
    存储已完成事项的列表
    """
    return user_id + "::done_list"


class TodoList:

    def __init__(self, client, user_id):
        self.client = client
        self.user_id = user_id
        self.todo_list = make_todo_list_key(self.user_id)
        self.done_list = make_done_list_key(self.user_id)

    def add(self, event):
        """
        将指定事项添加到待办事项列表中
        """
        self.client.lpush(self.todo_list, event)

    def remove(self, event):
        """
        从待办事项列表中移除指定的事项
        """
        self.client.lrem(self.todo_list, 0, event)
```

```
    def done(self, event):
        """
        将待办事项列表中的指定事项移动到已完成事项列表，以此来表示该事项已完成
        """
        # 从待办事项列表中移除指定事项
        self.remove(event)
        # 并将它添加到已完成事项列表中
        self.client.lpush(self.done_list, event)

    def show_todo_list(self):
        """
        列出所有待办事项
        """
        return self.client.lrange(self.todo_list, 0, -1)

    def show_done_list(self):
        """
        列出所有已完成事项
        """
        return self.client.lrange(self.done_list, 0, -1)
```

done() 方法是 TodoList 程序的核心，它首先会使用 LREM 命令从代办事项列表中移除指定的事项，然后再将该事项添加到已完成事项列表中，使得该事项可以在代办事项列表中消失，转而出现在已完成列表中。

作为例子，我们可以通过执行以下代码，创建出一个 TODO 列表对象：

```
>>> from redis import Redis
>>> from todo_list import TodoList
>>> client = Redis(decode_responses=True)
>>> todo = TodoList(client, "peter's todo")
```

然后通过执行以下代码，向 TODO 列表中加入待完成事项：

```
>>> todo.add("go to sleep")
>>> todo.add("finish homework")
>>> todo.add("watch tv")
>>> todo.add("have lunch")
>>> todo.add("buy some milk")
>>> todo.show_todo_list()
['buy some milk', 'have lunch', 'watch tv', 'finish homework', 'go to sleep']
```

当完成某件事情之后，我们可以把它从待办事项列表移动到已完成事项列表：

```
>>> todo.done("buy some milk")
>>> todo.show_todo_list()
['have lunch', 'watch tv', 'finish homework', 'go to sleep']
>>> todo.show_done_list()
['buy some milk']
```

最后，如果我们不再需要去做某件事情，那么可以把它从待办事项列表中移除：

```
>>> todo.remove("watch tv")
>>> todo.show_todo_list()
['have lunch', 'finish homework', 'go to sleep']
```

4.14 BLPOP：阻塞式左端弹出操作

BLPOP 命令是带有阻塞功能的左端弹出操作，它接受任意多个列表以及一个秒级精度的超时时限作为参数：

```
BLPOP list [list ...] timeout
```

BLPOP 命令会按照从左到右的顺序依次检查用户给定的列表，并对最先遇到的非空列表执行左端元素弹出操作。如果 BLPOP 命令在检查了用户给定的所有列表之后都没有发现可以执行弹出操作的非空列表，那么它将阻塞执行该命令的客户端并开始等待，直到某个给定列表变为非空，又或者等待时间超出给定时限为止。

当 BLPOP 命令成功对某个非空列表执行了弹出操作之后，它将向用户返回一个包含两个元素的数组：数组的第一个元素记录了执行弹出操作的列表，即被弹出元素的来源列表，而数组的第二个元素则是被弹出元素本身。

比如在以下这个 BLPOP 命令执行示例中，被弹出的元素 "a" 就来源于列表 alphabets：

```
redis> BLPOP alphabets 5  -- 尝试弹出 alphabets 列表的最左端元素，最多阻塞 5s
1) "alphabets"            -- 被弹出元素的来源列表
2) "a"                    -- 被弹出元素
```

如果用户使用的是 redis-cli 客户端，并且在执行 BLPOP 命令的过程中曾经被阻塞过，那么客户端还会将被阻塞的时长也打印出来：

```
redis> BLPOP message-queue 5
1) "message-queue"
2) "hello world!"
(1.60s)    -- 客户端执行这个命令时被阻塞了 1.6s
```

注意，这里展示的阻塞时长只是 redis-cli 客户端为了方便用户而添加的额外信息，BLPOP 命令返回的结果本身并不包含这一信息。

4.14.1 解除阻塞状态

正如前面所说，当 BLPOP 命令发现用户给定的所有列表都为空时，就会让执行命令的客户端进入阻塞状态。如果在客户端被阻塞的过程中，有另一个客户端向导致阻塞的列表推入了新的元素，那么该列表就会变为非空，而被阻塞的客户端也会随着 BLPOP 命令成功弹出列表元素而重新回到非阻塞状态。

作为例子，表 4-1 展示了一个客户端从被阻塞到解除阻塞的整个过程。

表 4-1 客户端 A 从被阻塞到解除阻塞的整个过程

时间	客户端 A	客户端 B
T1	执行 BLPOP lst 10，因为 lst 为空而导致客户端被阻塞	
T2		执行 RPUSH lst "hello" 命令，将 "hello" 元素推入列表 lst 中

（续）

时间	客户端 A	客户端 B
T3	服务器检测到导致这个客户端阻塞的 lst 列表已经非空，于是从列表中弹出 "hello" 元素并将其返回给客户端	
T4	接收到 "hello" 元素的客户端重新回到非阻塞状态	

如果在同一时间，有多个客户端因为同一个列表而被阻塞，那么当导致阻塞的列表变为非空时，服务器将按照“先阻塞先服务”的规则，依次为被阻塞的各个客户端弹出列表元素。

比如表 4-2 就展示了一个服务器按照先阻塞先服务规则处理被阻塞客户端的例子，在这个例子中，A、B、C 这 3 个客户端先后执行了 BLPOP lst 10 命令，并且都因为 lst 列表为空而被阻塞，如果在这些客户端被阻塞期间，客户端 D 执行了 RPUSH lst "hello" "world" "again" 命令，那么服务器首先会处理客户端 A 的 BLPOP 命令，并将被弹出的 "hello" 元素返回给它；接着处理客户端 B 的 BLPOP 命令，并将被弹出的 "world" 元素返回给它；最后处理客户端 C 的 BLPOP 命令，并将被弹出的 "again" 元素返回给它。

表 4-2　先阻塞先服务器处理示例

时间	客户端 A	客户端 B	客户端 C	客户端 D
T1	执行 BLPOP lst 10			
T2		执行 BLPOP lst 10		
T3			执行 BLPOP lst 10	
T4				执行 RPUSH lst "hello" "world" "again"
T5	从 lst 列表弹出 "hello" 元素并解除阻塞状态			
T6		从 lst 列表弹出 "world" 元素并解除阻塞状态		
T7			从 lst 列表弹出 "again" 元素并解除阻塞状态	

最后，如果被推入列表的元素数量少于被阻塞的客户端数量，那么先被阻塞的客户端将会先解除阻塞，而未能解除阻塞的客户端则需要继续等待下次推入操作。

比如，如果有 5 个客户端因为列表为空而被阻塞，但是推入列表的元素只有 3 个，那么最先被阻塞的 3 个客户端将会解除阻塞状态，而剩下的 2 个客户端则会继续阻塞。

4.14.2　处理空列表

如果用户向 BLPOP 命令传入的所有列表都是空列表，并且这些列表在给定的时限之内一直没有变成非空列表，那么 BLPOP 命令将在给定时限到达之后向客户端返回一个空值，表示没有任何元素被弹出：

```
redis> BLPOP empty-list 5
(nil)
(5.04s)
```

4.14.3 列表名的作用

BLPOP 命令之所以会返回被弹出元素的来源列表，是为了让用户在传入多个列表的情况下，知道被弹出的元素来源于哪个列表。

比如在以下这个示例中，通过 BLPOP 命令的回复，我们可以知道被弹出的元素来自于列表 queue2，而不是 queue1 或者 queue3：

```
redis> BLPOP queue1 queue2 queue3 5
1) "queue2"
2) "hello world!"
```

4.14.4 阻塞效果的范围

BLPOP 命令的阻塞效果只对执行这个命令的客户端有效，其他客户端以及 Redis 服务器本身并不会因为这个命令而被阻塞。

4.14.5 其他信息

复杂度：$O(N)$，其中 N 为用户给定的列表数量。

版本要求：BLPOP 命令从 Redis 2.0.0 版本开始可用。

4.15 BRPOP：阻塞式右端弹出操作

BRPOP 命令是带有阻塞功能的右端弹出操作，除了弹出的方向不同之外，其他方面都和 BLPOP 命令一样：

```
BRPOP list [list ...] timeout
```

作为例子，以下代码展示了如何使用 BRPOP 命令去尝试弹出给定列表的最右端元素：

```
redis> BRPOP queue1 queue2 queue3 10
1) "queue2"     -- 被弹出元素的来源列表
2) "bye bye"    -- 被弹出元素
```

其他信息

复杂度：$O(N)$，其中 N 为用户给定的列表数量。

版本要求：BRPOP 命令从 Redis 2.0.0 版本开始可用。

4.16 BRPOPLPUSH：阻塞式弹出并推入操作

BRPOPLPUSH 命令是 RPOPLPUSH 命令的阻塞版本，BRPOPLPUSH 命令接受一个源列表、一个目标列表以及一个秒级精度的超时时限作为参数：

```
BRPOPLPUSH source target timeout
```

根据源列表是否为空，BRPOPLPUSH 命令会产生以下两种行为：

- 如果源列表非空，那么 BRPOPLPUSH 命令的行为就和 RPOPLPUSH 命令的行为一样，BRPOPLPUSH 命令会弹出位于源列表最右端的元素，并将该元素推入目标列表的左端，最后向客户端返回被推入的元素。
- 如果源列表为空，那么 BRPOPLPUSH 命令将阻塞执行该命令的客户端，然后在给定的时限内等待可弹出的元素出现，或者等待时间超过给定时限为止。

举个例子，假设现在有 list3、list4 两个列表：

```
client-1> LRANGE list3 0 -1
1) "hello"

client-1> LRANGE list4 0 -1
1) "a"
2) "b"
3) "c"
```

如果我们以这两个列表作为输入执行 BRPOPLPUSH 命令，由于源列表 list3 非空，所以 BRPOPLPUSH 命令将不阻塞直接执行，就像 RPOPLPUSH 命令一样：

```
client-1> BRPOPLPUSH list3 list4 10
"hello"

client-1> LRANGE list3 0 -1
(empty list or set)

client-1> LRANGE list4 0 -1
1) "hello"
2) "a"
3) "b"
4) "c"
```

现在，由于 list3 为空，如果我们再次执行相同的 BRPOPLPUSH 命令，那么客户端 client-1 将被阻塞，直到我们从另一个客户端 client-2 向 list3 推入新元素为止：

```
client-1> BRPOPLPUSH list3 list4 10
"world"
(1.42s)  -- 被阻塞了 1.42s
client-1> LRANGE list3 0 -1
(empty list or set)

client-1> LRANGE list4 0 -1
1) "world"
2) "hello"
3) "a"
4) "b"
5) "c"
```

```
client-2> RPUSH list3 "world"
(integer) 1
```

表 4-3 展示了客户端从被阻塞到解除阻塞的整个过程。

表 4-3 阻塞 BRPOPLPUSH 命令的执行过程

时间	客户端 client-1	客户端 client-2
T1	尝试执行 BRPOPLPUSH list3 list4 10 并被阻塞	
T2		执行 RPUSH list3 "world"，向列表 list3 推入新元素
T3	服务器执行 BRPOPLPUSH 命令，并将元素 "world" 返回给客户端	

4.16.1 处理源列表为空的情况

如果源列表在用户给定的时限内一直没有元素可供弹出，那么 BRPOPLPUSH 命令将向客户端返回一个空值，以此来表示此次操作没有弹出和推入任何元素：

```
redis> BRPOPLPUSH empty-list another-list 5
(nil)
(5.05s)  -- 客户端被阻塞了 5.05s
```

与 BLPOP 命令和 BRPOP 命令一样，redis-cli 客户端也会显示 BRPOPLPUSH 命令的阻塞时长。

4.16.2 其他信息

复杂度：$O(1)$。

版本要求：BRPOPLPUSH 命令从 Redis 2.2.0 版本开始可用。

示例：带有阻塞功能的消息队列

在构建应用程序的时候，有时会遇到一些非常耗时的操作，比如发送邮件，将一条新微博同步给上百万个用户，对硬盘进行大量读写，执行庞大的计算等。因为这些操作非常耗时，所以如果我们直接在响应用户请求的过程中执行它们，那么用户就需要等待非常长时间。

例如，为了验证用户身份的有效性，有些网站在注册新用户的时候，会向用户给定的邮件地址发送一封激活邮件，用户只有在点击了验证邮件里面的激活链接之后，新注册的账号才能够正常使用。

下面这段伪代码展示了一个带有邮件验证功能的账号注册函数，这个函数不仅会为用户输入的用户名和密码创建新账号，还会向用户给定的邮件地址发送一封激活邮件：

```
def register(username, password, email):
    # 创建新账号
    create_new_account(username, password)
```

```
# 发送激活邮件
send_validate_email(email)
# 向用户返回注册结果
ui_print("账号注册成功，请访问你的邮箱并激活账号。")
```

因为邮件发送操作需要进行复杂的网络信息交换，所以它并不是一个快速的操作，如果我们直接在 send_validate_email() 函数中执行邮件发送操作，那么用户可能就需要等待较长一段时间才能看到 ui_print() 函数打印出的反馈信息。

为了解决这个问题，在执行 send_validate_email() 函数的时候，我们可以不立即执行邮件发送操作，而是将邮件发送任务放入一个队列中，然后由后台的线程负责实际执行。这样，程序只需要执行一个入队操作，就可以直接向用户反馈注册结果了，这比实际地发送邮件之后再向用户反馈结果要快得多。

代码清单 4-4 展示了一个使用 Redis 实现的消息队列，它使用 RPUSH 命令将消息推入队列，并使用 BLPOP 命令从队列中取出待处理的消息。

代码清单 4-4 使用列表实现的消息队列：/list/message_queue.py

```python
class MessageQueue:

    def __init__(self, client, queue_name):
        self.client = client
        self.queue_name = queue_name

    def add_message(self, message):
        """
        将一条消息放入队列中
        """
        self.client.rpush(self.queue_name, message)

    def get_message(self, timeout=0):
        """
        从队列中获取一条消息，如果暂时没有消息可用，那么就在 timeout 参数指定的时限内阻塞并
        等待可用消息出现。
        timeout 参数的默认值为 0，表示一直等待直到消息出现为止
        """
        # blpop 的结果可以是 None，也可以是一个包含两个元素的元组，元组的第一个元素是弹出元
        # 素的来源队列，而第二个元素则是被弹出的元素
        result = self.client.blpop(self.queue_name, timeout)
        if result is not None:
            source_queue, poped_item = result
            return poped_item

    def len(self):
        """
        返回队列目前包含的消息数量
        """
        return self.client.llen(self.queue_name)
```

为了使用这个消息队列，我们通常需要用到两个客户端：

- 一个客户端作为消息的发送者（sender），负责将待处理的消息推入队列中。
- 而另一个客户端作为消息的接收者（receiver）和消费者（consumer），负责从队列中取出消息，并根据消息内容进行相应的处理工作。

下面的这段代码展示了一个简单的消息接收者，在没有消息的时候，这个程序将阻塞在mq.get_message()调用上面；当有消息（邮件地址）出现时，程序就会打印出该消息并发送邮件：

```
>>> from redis import Redis
>>> from message_queue import MessageQueue
>>> client = Redis(decode_responses=True)
>>> mq = MessageQueue(client, 'validate user email queue')
>>> while True:
...     email_address = mq.get_message()  # 阻塞直到消息出现
...     send_email(email_address)         # 打印出邮件地址并发送邮件
...
peter@exampl.com
jack@spam.com
tom@blahblah.com
```

以下代码展示了消息发送者是如何将消息推入队列中的：

```
>>> from redis import Redis
>>> from message_queue import MessageQueue
>>> client = Redis(decode_responses=True)
>>> mq = MessageQueue(client, 'validate user email queue')
>>> mq.add_message("peter@exampl.com")
>>> mq.add_message("jack@spam.com")
>>> mq.add_message("tom@blahblah.com")
```

1. 阻塞弹出操作的应用

下面展示的消息队列之所以使用BLPOP命令而不是LPOP命令来实现出队操作，是因为阻塞弹出操作可以让消息接收者在队列为空的时候自动阻塞，而不必手动进行休眠，从而使得消息处理程序的编写变得更为简单直接，并且还可以有效地节约系统资源。

作为对比，以下代码展示了在使用LPOP命令实现出队操作的情况下，如何实现类似上面展示的消息处理程序：

```
while True:
    # 尝试获取消息，如果没有消息，那么返回None
    email_address = mq.get_message()
    if email_address is not None:
        # 有消息，发送邮件
        send_email(email_address)
    else:
        # 没有消息可用，休眠100ms之后再试
        sleep(0.1)
```

因为缺少自动的阻塞操作，所以这个程序在没有取得消息的情况下，只能以100ms一次的间隔去尝试获取消息，如果队列为空的时间比较长，那么这个程序就会发送很多多余的

LPOP 命令，并因此浪费很多 CPU 资源和网络资源。

2. 使用消息队列实现实时提醒

消息队列除了可以在应用程序的内部使用，还可以用于实现面向用户的实时提醒系统。

比如，如果我们在构建一个社交网站，那么可以使用 JavaScript 脚本，让客户端以异步的方式调用 MessageQueue 类的 get_message() 方法，然后程序就可以在用户被关注的时候、收到了新回复的时候或者收到新私信的时候，通过调用 add_message() 方法来向用户发送提醒信息。

4.17 重点回顾

- Redis 的列表是一种线性的有序结构，可以按照元素推入列表中的顺序来存储元素，并且列表中的元素可以重复出现。
- 用户可以使用 LPUSH、RPUSH、RPOP、LPOP 等多个命令，从列表的两端推入或者弹出元素，也可以通过 LINSERT 命令将新元素插入列表已有元素的前面或后面。
- 用户可以使用 LREM 命令从列表中移除指定的元素，或者直接使用 LTRIM 命令对列表进行修剪。
- 当用户传给 LRANGE 命令的索引范围超出了列表的有效索引范围时，LRANGE 命令将对传入的索引范围进行修正，并根据修正后的索引范围来获取列表元素。
- BLPOP、BRPOP 和 BRPOPLPUSH 是阻塞版本的弹出和推入命令，如果用户给定的所有列表都为空，那么执行命令的客户端将被阻塞，直到给定的阻塞时限到达或者某个给定列表非空为止。

CHAPTER 05

第5章 集合

Redis 的集合（set）键允许用户将任意多个各不相同的元素存储到集合中，这些元素既可以是文本数据，也可以是二进制数据。虽然第 4 章中介绍的列表键也允许我们存储多个元素，但集合与列表有以下两个明显的区别：

- 列表可以存储重复元素，而集合只会存储非重复元素，尝试将一个已存在的元素添加到集合将被忽略。
- 列表以有序方式存储元素，而集合则以无序方式存储元素。

这两个区别带来的差异主要跟命令的复杂度有关：

- 在执行像 LINSERT 和 LREM 这样的列表命令时，即使命令只针对单个列表元素，程序有时也不得不遍历整个列表以确定指定的元素是否存在，因此这些命令的复杂度都为 $O(N)$。
- 对于集合来说，因为所有针对单个元素的集合命令都不需要遍历整个集合，所以复杂度都为 $O(1)$。

因此当我们需要存储多个元素时，就可以考虑这些元素是否可以以无序的方式存储，并且是否不会出现重复，如果是，那么就可以使用集合来存储这些元素，从而有效地利用集合操作的效率优势。

作为例子，图 5-1 展示了一个名为 `databases` 的集合，这个集合里面包含了 `"Redis"`、`"MongoDB"`、`"MySQL"` 等 8 个元素。

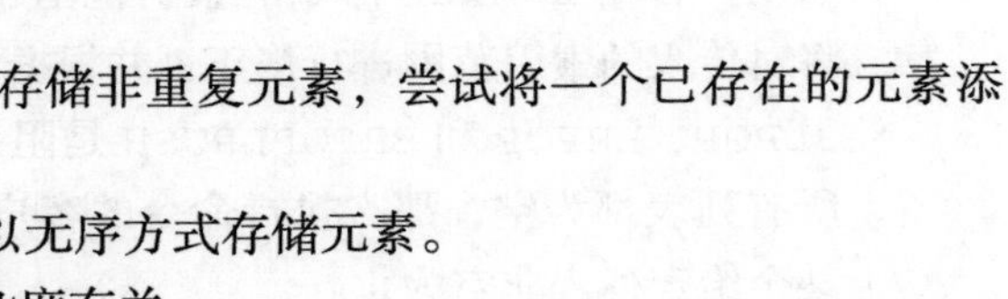

图 5-1 集合示例

Redis 为集合键提供了一系列操作命令，通过使用这些命令，用户可以：

- 将新元素添加到集合中，或者从集合中移除已有的元素。
- 将指定的元素从一个集合移动到另一个集合。
- 获取集合包含的所有元素。
- 获取集合包含的元素数量。
- 检查给定元素是否存在于集合中。
- 从集合中随机地获取指定数量的元素。
- 对多个集合执行交集、并集、差集计算。

本章接下来将对 Redis 集合键的各个命令进行介绍，并说明如何使用这些命令去解决各种实际存在的问题。

5.1 SADD：将元素添加到集合

通过使用 SADD 命令，用户可以将一个或多个元素添加到集合中：

```
SADD set element [element ...]
```

这个命令会返回成功添加的新元素数量作为返回值。

以下代码展示了如何使用 SADD 命令去构建一个 databases 集合：

```
redis> SADD databases "Redis"
(integer) 1      -- 集合新添加了 1 个元素

redis> SADD databases "MongoDB" "CouchDB"
(integer) 2     -- 集合新添加了 2 个元素

redis> SADD databases "MySQL" "PostgreSQL" "MS SQL" "Oracle"
(integer) 4     -- 集合新添加了 4 个元素
```

图 5-2 展示了以上 3 个 SADD 命令构建出 databases 集合的整个过程。

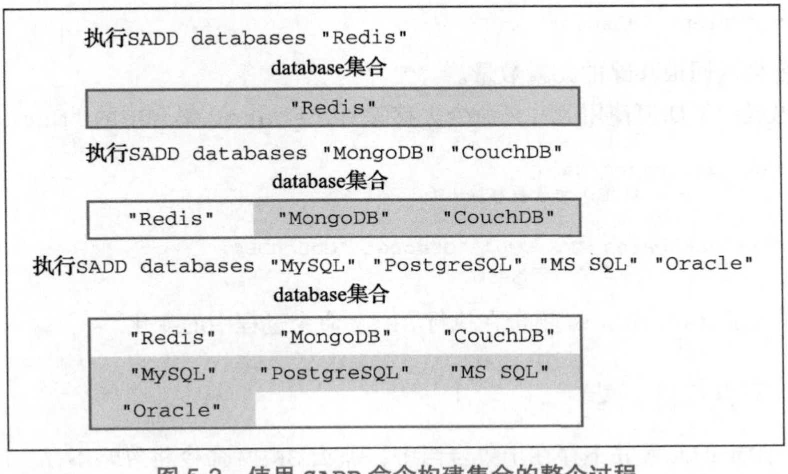

图 5-2　使用 SADD 命令构建集合的整个过程

5.1.1 忽略已存在元素

因为集合不存储相同的元素，所以用户在使用 SADD 命令向集合中添加元素的时候，SADD 命令会自动忽略已存在的元素，只将不存在于集合的新元素添加到集合中。

例如，我们分别尝试向 databases 集合添加元素 "Redis"、"MySQL" 以及 "PostgreSQL"，但是因为这些元素都已经存在于 databases 集合，所以 SADD 命令将忽略这些元素：

```
redis> SADD databases "Redis"
(integer) 0      -- 成功添加的新元素数量为 0，表示没有任何新元素被添加到集合当中

redis> SADD databases "MySQL" "PostgreSQL"
(integer) 0      -- 同样，这次也没有任何元素被添加到集合中
```

而在以下代码中，SADD 命令会将新元素 "Neo4j" 添加到集合中，并忽略 "Redis" 和 "MySQL" 这两个已存在的元素：

```
redis> SADD databases "Redis" "MySQL" "Neo4j"
(integer) 1
```

5.1.2 其他信息

复杂度：$O(N)$，其中 N 为用户给定的元素数量。

版本要求：SADD 命令从 Redis 1.0.0 版本开始可用，但是只有 Redis 2.4 或以上版本的 SADD 命令可以一次添加多个元素，Redis 2.4 以下版本的 SADD 命令每次只能添加一个元素。

5.2 SREM：从集合中移除元素

通过使用 SREM 命令，用户可以从集合中移除一个或多个已存在的元素：

```
SREM set element [element ...]
```

这个命令会返回被移除的元素数量。

以下代码展示了如何使用 SREM 命令去移除 databases 集合中的 "Neo4j" 等元素：

```
redis> SREM databases Neo4j
(integer) 1      -- 有 1 个元素被移除

redis> SREM databases "MS SQL" "Oracle" "CouchDB"
(integer) 3      -- 有 3 个元素被移除
```

图 5-3 展示了 databases 集合在执行 SREM 命令过程中的变化。

5.2.1 忽略不存在的元素

如果用户给定的元素并不存在于集合当中，那么 SREM 命令将忽略不存在的元素，只移除那些确实存在的元素。

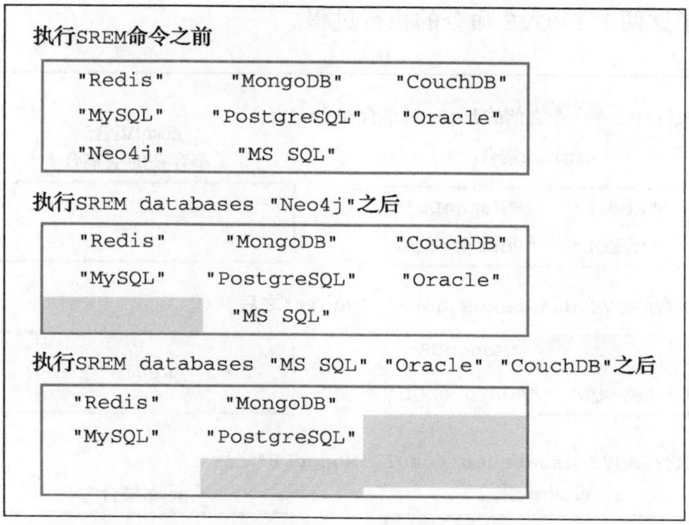

图 5-3　databases 集合的整个变化过程

在以下代码中，因为元素 "Memcached" 并不存在于 databases 集合，所以 SREM 命令没有从集合中移除任何元素：

```
redis> SREM databases "Memcached"
(integer) 0      -- 没有元素被移除
```

5.2.2 其他信息

复杂度：*O*(*N*)，其中 *N* 为用户给定的元素数量。

版本要求：SREM 命令从 Redis 1.0.0 版本开始可用，但是只有 Redis 2.4 或以上版本的 SREM 命令可以一次删除多个元素，Redis 2.4 以下版本的 SREM 命令每次只能删除一个元素。

5.3 SMOVE：将元素从一个集合移动到另一个集合

SMOVE 命令允许用户将指定的元素从源集合移动到目标集合：

```
SMOVE source target element
```

SMOVE 命令在移动操作成功执行时返回 1。如果指定的元素并不存在于源集合，那么 SMOVE 命令将返回 0，表示移动操作执行失败。

以下代码展示了如何通过 SMOVE 命令将存在于 databases 集合的 "Redis" 元素以及 "MongoDB" 元素移动到 nosql 集合中：

```
redis> SMOVE databases nosql "Redis"
(integer) 1      -- 移动成功

redis> SMOVE databases nosql "MongoDB"
(integer) 1      -- 移动成功
```

图 5-4 展示了这两个 SMOVE 命令的执行过程。

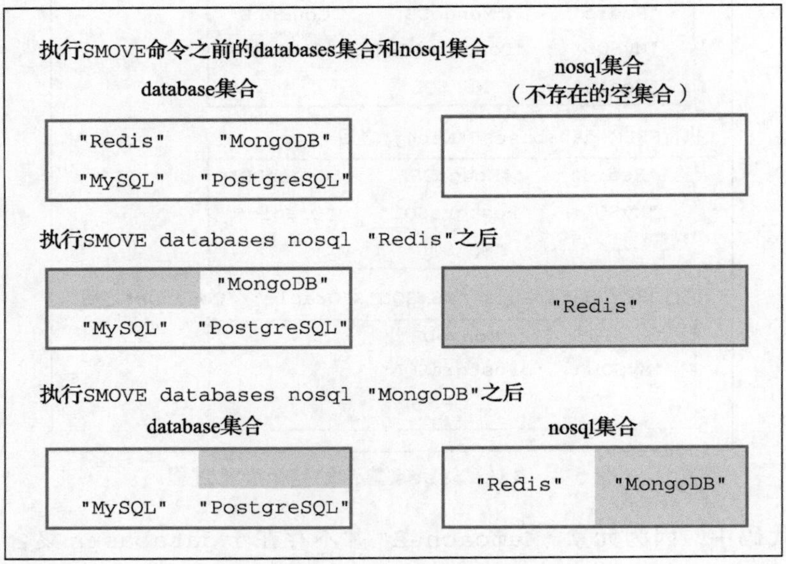

图 5-4 SMOVE 命令的执行过程

5.3.1 忽略不存在的元素

如果用户想要移动的元素并不存在于源集合，那么 SMOVE 将放弃执行移动操作，并返回 0 表示移动操作执行失败。

举个例子，对于图 5-5 所示的 fruits 集合和 favorite-fruits 集合来说，尝试把不存在于 fruits 集合的 "dragon fruit" 元素移动到 favorite-fruits 集合将会导致 SMOVE 命令执行失败：

```
redis> SMOVE fruits favorite-fruits "dragon fruit"
(integer) 0     -- 没有元素被移动
```

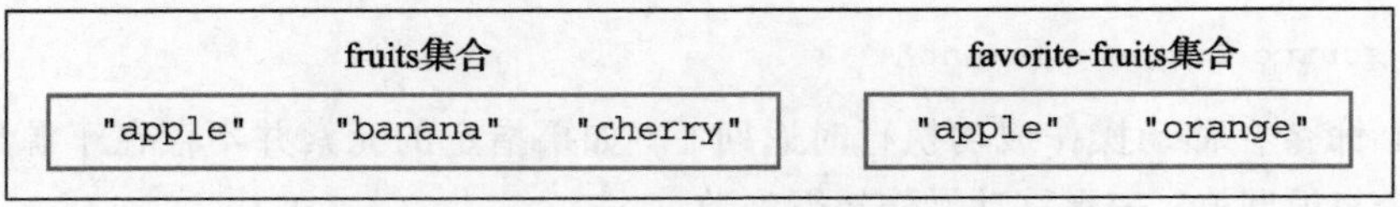

图 5-5 fruits 集合和 favorite-fruits 集合

5.3.2 覆盖已存在的元素

即使用户想要移动的元素已经存在于目标集合，SMOVE 命令仍然会将指定的元素从源集合移动到目标集合，并覆盖目标集合中的相同元素。从结果来看，这种移动不会改变目标集合包含的元素，只会导致被移动的元素从源集合中消失。

以图 5-5 中展示的 fruits 集合和 favorite-fruits 集合为例，如果我们执行以下代码：

```
redis> SMOVE fruits favorite-fruits "apple"
(integer) 1
```

那么，fruits 集合中的 "apple" 元素将被移动到 favorite-fruits 集合里面，覆盖掉 favorite-fruits 集合原有的 "apple" 元素。从结果来看，"apple" 元素将从 fruits 集合中消失，而 favorite-fruits 集合包含的元素则不会发生变化。图 5-6 展示了上面的 SMOVE 命令执行之后的 fruits 集合和 favorite-fruits 集合。

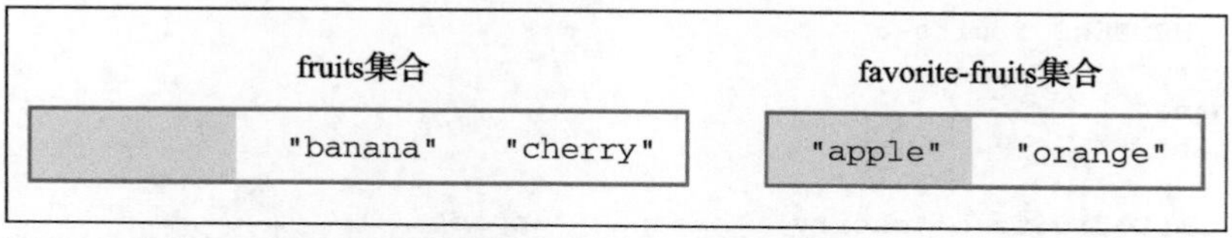

图 5-6 执行 SMOVE 命令之后的 fruits 集合和 favorite-fruits 集合

5.3.3 其他信息

复杂度：$O(1)$。

版本要求：SMOVE 命令从 Redis 1.0.0 版本开始可用。

5.4 SMEMBERS：获取集合包含的所有元素

通过使用 SMEMBERS 命令，用户可以取得集合包含的所有元素：

```
SMEMBERS set
```

以下代码展示了如何使用 SMEMBERS 命令去获取 fruits 集合、favorite-numbers 集合以及 databases 集合的所有元素：

```
redis> SMEMBERS fruits
1) "banana"
2) "cherry"
3) "apple"

redis> SMEMBERS favorite-numbers
1) "12345"
2) "999"
3) "3.14"
4) "1024"
5) "10086"

redis> SMEMBERS databases
1) "Redis"
2) "PostgreSQL"
3) "MongoDB"
4) "MySQL"
```

5.4.1 元素的无序排列

因为 Redis 集合以无序的方式存储元素，并且 SMEMBERS 命令在获取集合元素时也不会对元素进行任何排序动作，所以根据元素添加顺序的不同，2 个包含相同元素的集合在执行 SMEMBERS 命令时的结果也可能会有所不同。

例如，在以下代码中，我们就以相反的顺序向 fruits-a 和 fruits-b 这 2 个集合添加了相同的 3 个元素，但是这两个集合在执行 SMEMBERS 命令时的结果并不相同：

```
redis> SADD fruits-a "apple" "banana" "cherry"
(integer) 3

redis> SMEMBERS fruits-a
1) "cherry"
2) "banana"
3) "apple"

redis> SADD fruits-b "cherry" "banana" "apple"
(integer) 3

redis> SMEMBERS fruits-b
1) "cherry"
2) "apple"
3) "banana"
```

因此，我们在使用 SMEMBERS 命令以及集合的时候，不应该对集合元素的排列顺序做任何假设。如果有需要，我们可以在客户端对 SMEMBERS 命令返回的元素进行排序，或者直接使用 Redis 提供的有序结构（比如列表和有序集合）。

5.4.2 其他信息

复杂度：$O(N)$，其中 N 为集合包含的元素数量。

版本要求：SMEMBERS 命令从 Redis 1.0.0 版本开始可用。

5.5 SCARD：获取集合包含的元素数量

通过使用 SCARD 命令，用户可以获取给定集合的大小，即集合包含的元素数量：

```
SCARD set
```

以下代码展示了如何使用 SCARD 命令去获取 databases 集合、fruits 集合以及 favorite-numbers 集合的大小：

```
redis> SCARD databases
(integer) 4     -- 这个集合包含 4 个元素

redis> SCARD fruits
(integer) 3     -- 这个集合包含 3 个元素

redis> SCARD favorite-numbers
(integer) 5     -- 这个集合包含 5 个元素
```

其他信息

复杂度：$O(1)$。

版本要求：SCARD 命令从 Redis 1.0.0 版本开始可用。

5.6 SISMEMBER：检查给定元素是否存在于集合

通过使用 SISMEMBER 命令，用户可以检查给定的元素是否存在于集合当中：

```
SISMEMBER set element
```

SISMEMBER 命令返回 1 表示给定的元素存在于集合当中；返回 0 则表示给定元素不存在于集合当中。

举个例子，对于以下这个 databases 集合来说：

```
redis> SMEMBERS databases
1) "Redis"
2) "MySQL"
3) "MongoDB"
4) "PostgreSQL"
```

使用 SISMEMBER 命令去检测已经存在于集合中的 "Redis" 元素、"MongoDB" 元素以及 "MySQL" 元素都将得到肯定的回答：

```
redis> SISMEMBER databases "Redis"
(integer) 1

redis> SISMEMBER databases "MongoDB"
(integer) 1

redis> SISMEMBER databases "MySQL"
(integer) 1
```

而使用 SISMEMBER 命令去检测不存在于集合当中的 "Oracle" 元素、"Neo4j" 元素以及 "Memcached" 元素则会得到否定的回答：

```
redis> SISMEMBER databases "Oracle"
(integer) 0

redis> SISMEMBER databases "Neo4j"
(integer) 0

redis> SISMEMBER databases "Memcached"
(integer) 0
```

其他信息

复杂度：$O(1)$。

版本要求：SISMEMBER 命令从 Redis 1.0.0 版本开始可用。

示例：唯一计数器

在前面对字符串键以及散列键进行介绍的时候，曾经展示过如何使用这两种键去实现计数器程序。我们当时实现的计数器都非常简单：每当某个动作被执行时，程序就可以调用计数器的加法操作或者减法操作，对动作的执行次数进行记录。

以上这种简单的计数行为在大部分情况下都是有用的，但是在某些情况下，我们需要一种要求更为严格的计数器，这种计数器只会对特定的动作或者对象进行一次计数而不是多次计数。

举个例子，一个网站的受欢迎程度通常可以用浏览量和用户数量这两个指标进行描述：

- 浏览量记录的是网站页面被用户访问的总次数，网站的每个用户都可以重复地对同一个页面进行多次访问，而这些访问会被浏览量计数器一个不漏地记下来。
- 用户数量记录的是访问网站的 IP 地址数量，即使同一个 IP 地址多次访问相同的页面，用户数量计数器也只会对这个 IP 地址进行一次计数。

对于网站的浏览量，我们可以继续使用字符串键或者散列键实现的计数器进行计数，但如果我们想要记录网站的用户数量，就需要构建一个新的计数器，这个计数器对于每个特定的 IP 地址只会进行一次计数，我们把这种对每个对象只进行一次计数的计数器称为唯一计数器（unique counter）。

代码清单 5-1 展示了一个使用集合实现的唯一计数器，这个计数器通过把被计数的对象添加到集合来保证每个对象只会被计数一次，然后通过获取集合的大小来判断计数器目前总共对多少个对象进行了计数。

代码清单 5-1 使用集合实现唯一计数器：/set/unique_counter.py

```python
class UniqueCounter:

    def __init__(self, client, key):
        self.client = client
        self.key = key

    def count_in(self, item):
        """
        尝试将给定元素计入计数器当中：
        如果给定元素之前没有被计数过，那么方法返回 True 表示此次计数有效；
        如果给定元素之前已经被计数过，那么方法返回 False 表示此次计数无效
        """
        return self.client.sadd(self.key, item) == 1

    def get_result(self):
        """
        返回计数器的值
        """
        return self.client.scard(self.key)
```

以下代码展示了如何使用唯一计数器去计算网站的用户数量：

```
>>> from redis import Redis
>>> from unique_counter import UniqueCounter
>>> client = Redis(decode_responses=True)
>>> counter = UniqueCounter(client, 'ip counter')
>>> counter.count_in('8.8.8.8')  # 将一些 IP 地址添加到计数器当中
True
>>> counter.count_in('9.9.9.9')
True
>>> counter.count_in('10.10.10.10')
True
>>> counter.get_result()         # 获取计数结果
3
>>> counter.count_in('8.8.8.8')  # 添加一个已存在的 IP 地址
False
>>> counter.get_result()         # 计数结果没有发生变化
3
```

示例：打标签

为了对网站上的内容进行分类标识，很多网站都提供了打标签（tagging）功能。比如论坛可能会允许用户为帖子添加标签，这些标签既可以对帖子进行归类，又可以让其他用户快速地了解到帖子要讲述的内容。再比如，一个图书分类网站可能会允许用户为自己收藏的每一本书添加标签，使得用户可以快速地找到被添加了某个标签的所有图书，并且网站还可以根据用户的这些标签进行数据分析，从而帮助用户找到他们可能感兴趣的图书，除此之外，购物网站也可以为自己的商品加上标签，比如“新上架”“热销中”“原装进口”等，方便顾客了解每件商品的不同特点和属性。类似的例子还有很多。

代码清单 5-2 展示了一个使用集合实现的打标签程序，通过这个程序，我们可以为不同的对象添加任意多个标签：同一个对象的所有标签都会被放到同一个集合里面，集合里的每一个元素就是一个标签。

代码清单 5-2　使用集合实现的打标签程序：/set/tagging.py

```
def make_tag_key(item):
    return item + "::tags"

class Tagging:

    def __init__(self, client, item):
        self.client = client
        self.key = make_tag_key(item)

    def add(self, *tags):
        """
        为对象添加一个或多个标签
        """
        self.client.sadd(self.key, *tags)

    def remove(self, *tags):
        """
```

```
        移除对象的一个或多个标签
        """
        self.client.srem(self.key,*tags)

    def is_included(self, tag):
        """
        检查对象是否带有给定的标签，有则返回 True，没有则返回 False
        """
        return self.client.sismember(self.key, tag)

    def get_all_tags(self):
        """
        返回对象带有的所有标签
        """
        return self.client.smembers(self.key)

    def count(self):
        """
        返回对象带有的标签数量
        """
        return self.client.scard(self.key)
```

以下代码展示了如何使用这个打标签程序为《The C Programming Language》一书添加标签：

```
>>> from redis import Redis
>>> from tagging import Tagging
>>> client = Redis(decode_responses=True)
>>> book_tags = Tagging(client, "The C Programming Language")
>>> book_tags.add('c')                   # 添加标签
>>> book_tags.add('programming')
>>> book_tags.add('programming language')
>>> book_tags.get_all_tags()             # 查看所有标签
set(['c', 'programming', 'programming language'])
>>> book_tags.count()                    # 查看标签的数量
3
```

作为例子，图 5-7 展示了一些使用打标签程序创建出的集合数据结构。

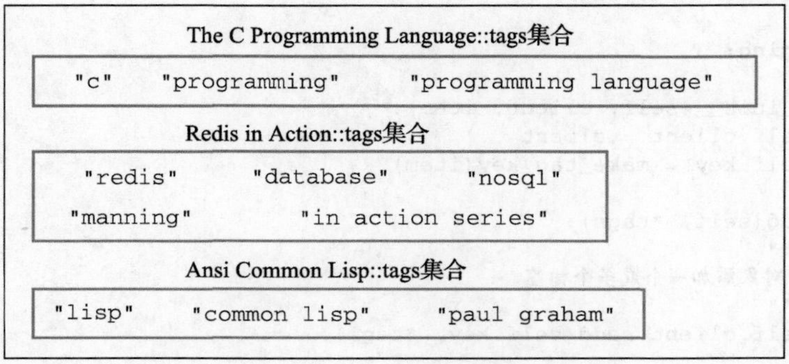

图 5-7　使用打标签程序创建出的集合

示例：点赞

为了让用户表达自己对某一项内容的喜欢和赞赏之情，很多网站都提供了点赞（like）功能，通过这一功能，用户可以给自己喜欢的内容点赞，也可以查看给相同内容点赞的其他用户，还可以查看给相同内容点赞的用户数量，诸如此类。

除了点赞之外，很多网站还有诸如“+1”“顶”“喜欢”等功能，这些功能的名字虽然各有不同，但它们在本质上和点赞功能是一样的。

代码清单 5-3 展示了一个使用集合实现的点赞程序，这个程序使用集合来存储对内容进行了点赞的用户，从而确保每个用户只能对同一内容点赞一次，并通过使用不同的集合命令来实现查看点赞数量、查看所有点赞用户以及取消点赞等功能。

代码清单 5-3 使用集合实现的点赞程序：/set/like.py

```
class Like:

    def __init__(self, client, key):
        self.client = client
        self.key = key

    def cast(self, user):
        """
        用户尝试进行点赞。如果此次点赞执行成功，那么返回 True;
        如果用户之前已经点过赞，那么返回 False 表示此次点赞无效
        """
        return self.client.sadd(self.key, user) == 1

    def undo(self, user):
        """
        取消用户的点赞
        """
        self.client.srem(self.key, user)

    def is_liked(self, user):
        """
        检查用户是否已经点过赞
        点过则返回 True，否则返回 False
        """
        return self.client.sismember(self.key, user)

    def get_all_liked_users(self):
        """
        返回所有已经点过赞的用户
        """
        return self.client.smembers(self.key)

    def count(self):
        """
        返回已点赞用户的人数
        """
        return self.client.scard(self.key)
```

以下代码展示了如何使用点赞程序去记录一篇帖子的点赞信息：

```
>>> from redis import Redis
>>> from like import Like
>>> client = Redis(decode_responses=True)
>>> like_topic = Like(client, 'topic::10086::like')
>>> like_topic.cast('peter')                 # 用户对帖子进行点赞
True
>>> like_topic.cast('john')
True
>>> like_topic.cast('mary')
True
>>> like_topic.get_all_liked_users()         # 获取所有为帖子点过赞的用户
set(['john', 'peter', 'mary'])
>>> like_topic.count()                       # 获取为帖子点过赞的用户数量
3
>>> like_topic.is_liked('peter')             # peter 为帖子点过赞了
True
>>> like_topic.is_liked('dan')               # dan 还没有为帖子点过赞
False
```

示例：投票

问答网站、文章推荐网站、论坛这类注重内容质量的网站上通常都会提供投票功能，用户可以通过投票来支持一项内容或者反对一项内容：

- 一项内容获得的支持票数越多，就会被网站安排到越明显的位置，使得网站的用户可以更快速地浏览到高质量的内容。
- 与此相反，一项内容获得的反对票数越多，它就会被网站安排到越不明显的位置，甚至被当作广告或者无用内容隐藏起来，使得用户可以忽略这些低质量的内容。

根据网站性质的不同，不同的网站可能会为投票功能设置不同的名称，比如有些网站可能会把“支持”和“反对”叫作“推荐”和“不推荐”，而有些网站可能会使用“喜欢”和“不喜欢”来表示“支持”和“反对”，诸如此类，但这些网站的投票功能在本质上都是一样的。

作为示例，图 5-8 展示了 StackOverflow 问答网站的一个截图，这个网站允许用户对问题及其答案进行投票，从而帮助用户发现高质量的问题和答案。

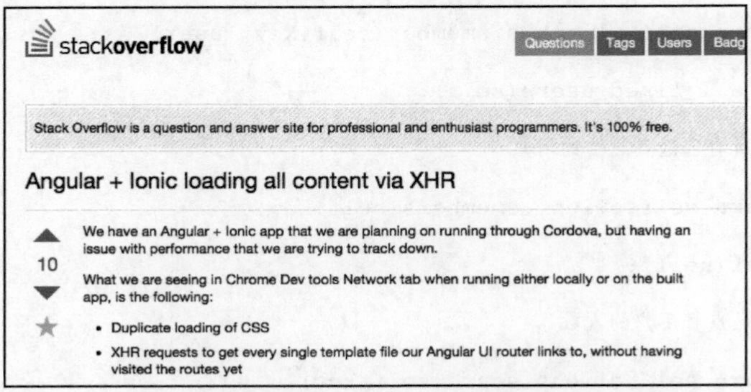

图 5-8 StackOverflow 网站的投票示例，图中所示的问题获得了 10 个推荐

代码清单 5-4 展示了一个使用集合实现的投票程序：对于每一项需要投票的内容，这个程序都会使用两个集合来分别存储投支持票的用户以及投反对票的用户，然后通过对这两个集合执行命令来实现投票、取消投票、统计投票数量、获取已投票用户名单等功能。

代码清单 5-4 使用集合实现的投票程序，用户可以选择支持或者反对一项内容：/set/vote.py

```python
def vote_up_key(vote_target):
    return vote_target + "::vote_up"

def vote_down_key(vote_target):
    return vote_target + "::vote_down"

class Vote:

    def __init__(self, client, vote_target):
        self.client = client
        self.vote_up_set = vote_up_key(vote_target)
        self.vote_down_set = vote_down_key(vote_target)

    def is_voted(self, user):
        """
        检查用户是否已经投过票（可以是赞成票也可以是反对票），投过则返回 True，否则返回 False
        """
        return self.client.sismember(self.vote_up_set, user) or \
               self.client.sismember(self.vote_down_set, user)

    def vote_up(self, user):
        """
        让用户投赞成票，并在投票成功时返回 True;
        如果用户已经投过票，那么返回 False 表示此次投票无效
        """
        if self.is_voted(user):
            return False
        self.client.sadd(self.vote_up_set, user)
        return True

    def vote_down(self, user):
        """
        让用户投反对票，并在投票成功时返回 True;
        如果用户已经投过票，那么返回 False 表示此次投票无效
        """
        if self.is_voted(user):
            return False
        self.client.sadd(self.vote_down_set, user)
        return True

    def undo(self, user):
        """
        取消用户的投票
        """
        self.client.srem(self.vote_up_set, user)
        self.client.srem(self.vote_down_set, user)

    def vote_up_count(self):
        """
```

```
        返回投支持票的用户数量
        """
        return self.client.scard(self.vote_up_set)

    def get_all_vote_up_users(self):
        """
        返回所有投支持票的用户
        """
        return self.client.smembers(self.vote_up_set)

    def vote_down_count(self):
        """
        返回投反对票的用户数量
        """
        return self.client.scard(self.vote_down_set)

    def get_all_vote_down_users(self):
        """
        返回所有投反对票的用户
        """
        return self.client.smembers(self.vote_down_set)
```

以下代码展示了如何使用这个投票程序去记录一个问题的投票信息：

```
>>> from redis import Redis
>>> from vote import Vote
>>> client = Redis(decode_responses=True)
>>> question_vote = Vote(client, 'question::10086')  # 记录问题的投票信息
>>> question_vote.vote_up('peter')                    # 投支持票
True
>>> question_vote.vote_up('jack')
True
>>> question_vote.vote_up('tom')
True
>>> question_vote.vote_down('mary')                   # 投反对票
True
>>> question_vote.vote_up_count()                     # 统计支持票数量
3
>>> question_vote.vote_down_count()                   # 统计反对票数量
1
>>> question_vote.get_all_vote_up_users()             # 获取所有投支持票的用户
{'jack', 'peter', 'tom'}
>>> question_vote.get_all_vote_down_users()           # 获取所有投反对票的用户
{'mary'}
```

图 5-9 展示了这段代码创建出的两个集合，以及这两个集合包含的元素。

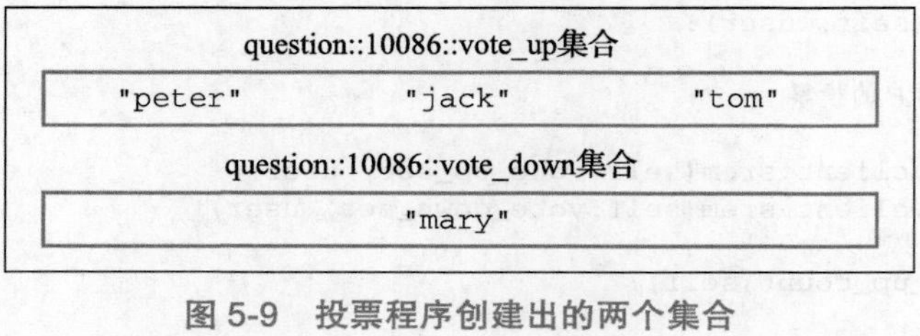

图 5-9 投票程序创建出的两个集合

示例：社交关系

微博、Twitter 以及类似的社交网站都允许用户通过加关注或者加好友的方式，构建一种社交关系。这些网站上的每个用户都可以关注其他用户，也可以被其他用户关注。通过正在关注名单（following list），用户可以查看自己正在关注的用户及其人数；通过关注者名单（follower list），用户可以查看有哪些人正在关注自己，以及有多少人正在关注自己。

代码清单 5-5 展示了一个使用集合来记录社交关系的方法：

- 程序为每个用户维护两个集合，一个集合存储用户的正在关注名单，而另一个集合则存储用户的关注者名单。
- 当一个用户（关注者）关注另一个用户（被关注者）的时候，程序会将被关注者添加到关注者的正在关注名单中，并将关注者添加到被关注者的关注者名单里面。
- 当关注者取消对被关注者的关注时，程序会将被关注者从关注者的正在关注名单中移除，并将关注者从被关注者的关注者名单中移除。

代码清单 5-5　使用集合实现社交关系：/set/relationship.py

```
def following_key(user):
    return user + "::following"

def follower_key(user):
    return user + "::follower"

class Relationship:

    def __init__(self, client, user):
        self.client = client
        self.user = user

    def follow(self, target):
        """
        关注目标用户
        """
        # 把 target 添加到当前用户的正在关注集合中
        user_following_set = following_key(self.user)
        self.client.sadd(user_following_set, target)
        # 把当前用户添加到 target 的关注者集合中
        target_follower_set = follower_key(target)
        self.client.sadd(target_follower_set, self.user)

    def unfollow(self, target):
        """
        取消对目标用户的关注
        """
        # 从当前用户的正在关注集合中移除 target
        user_following_set = following_key(self.user)
        self.client.srem(user_following_set, target)
        # 从 target 的关注者集合中移除当前用户
        target_follower_set = follower_key(target)
        self.client.srem(target_follower_set, self.user)
```

```
    def
    is_following(self, target):
        """
        检查当前用户是否正在关注目标用户，是则返回 True，否则返回 False
        """
        # 如果 target 存在于当前用户的正在关注集合中，那么说明当前用户正在关注 target
        user_following_set = following_key(self.user)
        return self.client.sismember(user_following_set, target)

    def get_all_following(self):
        """
        返回当前用户正在关注的所有人
        """
        user_following_set = following_key(self.user)
        return self.client.smembers(user_following_set)

    def get_all_follower(self):
        """
        返回当前用户的所有关注者
        """
        user_follower_set = follower_key(self.user)
        return self.client.smembers(user_follower_set)

    def count_following(self):
        """
        返回当前用户正在关注的人数
        """
        user_following_set = following_key(self.user)
        return self.client.scard(user_following_set)

    def count_follower(self):
        """
        返回当前用户的关注者人数
        """
        user_follower_set = follower_key(self.user)
        return self.client.scard(user_follower_set)
```

以下代码展示了社交关系程序的基本使用方法：

```
>>> from redis import Redis
>>> from relationship import Relationship
>>> client = Redis(decode_responses=True)
>>> peter = Relationship(client, 'peter')          # 这个对象记录的是 peter 的社交关系
>>> peter.follow('jack')                           # 关注一些人
>>> peter.follow('tom')
>>> peter.follow('mary')
>>> peter.get_all_following()                      # 获取目前正在关注的所有人
set(['mary', 'jack', 'tom'])
>>> peter.count_following()                        # 统计目前正在关注的人数
3
>>> jack = Relationship(client, 'jack')            # 这个对象记录的是 jack 的社交关系
>>> jack.get_all_follower()      # peter 前面关注了 jack，所以他是 jack 的关注者
set(['peter'])
>>> jack.count_follower()                          # jack 目前只有一个关注者
1
```

图 5-10 展示了以上代码创建的各个集合。

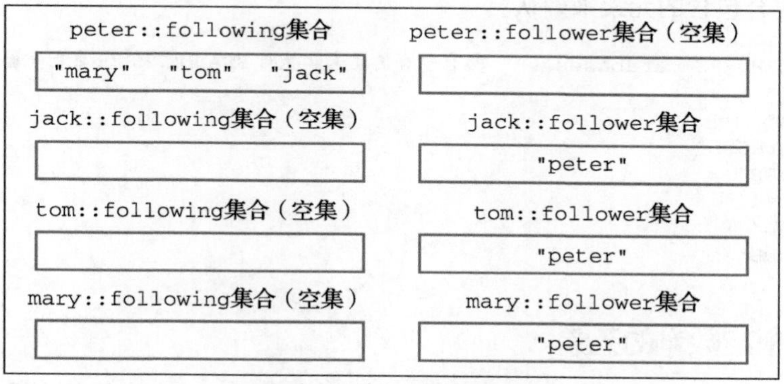

图 5-10 社交关系集合示例

5.7 SRANDMEMBER：随机获取集合中的元素

通过使用 SRANDMEMBER 命令，用户可以从集合中随机地获取指定数量的元素。

SRANDMEMBER 命令接受一个可选的 count 参数，用于指定用户想要获取的元素数量，如果用户没有给定这个参数，那么 SRANDMEMBER 命令默认只获取一个元素：

```
SRANDMEMBER set [count]
```

需要注意的一点是，被 SRANDMEMBER 命令返回的元素仍然会存在于集合当中，它们不会被移除。

举个例子，对于包含以下元素的 databases 集合来说：

```
redis> SMEMBERS databases
1) "Neo4j"
2) "Redis"
3) "PostgreSQL"
4) "CouchDB"
5) "Oracle"
6) "MS SQL"
7) "MongoDB"
8) "MySQL"
```

我们可以使用 SRANDMEMBER 命令随机地获取集合包含的元素：

```
redis> SRANDMEMBER databases
"MySQL"

redis> SRANDMEMBER databases
"PostgreSQL"

redis> SRANDMEMBER databases
"Neo4j"

redis> SRANDMEMBER databases
"CouchDB"
```

再次提醒，SRANDMEMBER 命令不会移除被返回的集合元素，这一点可以通过查看 databases 集合包含的元素来确认：

```
redis> SMEMBERS databases   -- 集合包含的元素和执行 SRANDMEMBER 之前完全一样
1) "Neo4j"
2) "Redis"
3) "PostgreSQL"
4) "CouchDB"
5) "Oracle"
6) "MS SQL"
7) "MongoDB"
8) "MySQL"
```

5.7.1 返回指定数量的元素

通过可选的 count 参数，用户可以指定 SRANDMEMBER 命令返回的元素数量，其中 count 参数的值既可以是正数也可以是负数。

如果 count 参数的值为正数，那么 SRANDMEMBER 命令将返回 count 个不重复的元素：

```
redis> SRANDMEMBER databases 2  -- 随机地返回 2 个不重复的元素
1) "MySQL"
2) "Oracle"
redis> SRANDMEMBER databases 3  -- 随机地返回 3 个不重复的元素
1) "PostgreSQL"
2) "Oracle"
3) "MS SQL"
```

当 count 参数的值大于集合包含的元素数量时，SRANDMEMBER 命令将返回集合包含的所有元素：

```
redis> SRANDMEMBER databases 10
1) "Neo4j"                -- 因为 databases 集合的元素数量少于 10 个
2) "Redis"                -- 所以命令会返回集合包含的全部 8 个元素
3) "PostgreSQL"
4) "CouchDB"
5) "Oracle"
6) "MongoDB"
7) "MS SQL"
8) "MySQL"
```

如果 count 参数的值为负数，那么 SRANDMEMBER 命令将随机返回 abs(count) 个元素（abs(count) 也即是 count 的绝对值），并且在这些元素当中允许出现重复的元素：

```
redis> SRANDMEMBER databases -3  -- 随机地返回 3 个可能会重复的元素
1) "Neo4j"
2) "CouchDB"
3) "MongoDB"

redis> SRANDMEMBER databases -5  -- 随机地返回 5 个可能会重复的元素
1) "Neo4j"
2) "MySQL"                       -- 出现了 2 个 "MySQL" 元素
3) "MySQL"
```

```
4) "CouchDB"
5) "Oracle"
```

因为 count 参数为负数的 SRANDMEMBER 命令允许返回重复元素，所以即使 abs(count) 的值大于集合包含的元素数量，SRANDMEMBER 命令也会按照要求返回 abs(count) 个元素：

```
redis> SRANDMEMBER databases -10  -- 随机地返回10个可能相同的元素
1) "Redis"
2) "MySQL"
3) "CouchDB"
4) "PostgreSQL"
5) "Neo4j"
6) "MS SQL"
7) "MS SQL"
8) "MySQL"
9) "Neo4j"
10) "Redis"
```

5.7.2 其他信息

复杂度：$O(N)$，其中 N 为被返回的元素数量。

版本要求：不带 count 参数的 SRANDMEMBER 命令从 Redis 1.0.0 版本开始可用；带有 count 参数的 SRANDMEMBER 命令从 Redis 2.6.0 版本开始可用。

5.8 SPOP：随机地从集合中移除指定数量的元素

通过使用 SPOP 命令，用户可以从集合中随机地移除指定数量的元素。SPOP 命令接受一个可选的 count 参数，用于指定需要被移除的元素数量。如果用户没有给定这个参数，那么 SPOP 命令默认只移除一个元素：

```
SPOP key [count]
```

SPOP 命令会返回被移除的元素作为命令的返回值。

举个例子，对于包含以下元素的 databases 集合来说：

```
redis> SMEMBERS databases
1) "MS SQL"
2) "MongoDB"
3) "Redis"
4) "Neo4j"
5) "PostgreSQL"
6) "MySQL"
7) "Oracle"
8) "CouchDB"
```

我们可以使用 SPOP 命令随机地移除 databases 集合中的元素：

```
redis> SPOP databases          -- 随机地移除1个元素
"CouchDB"                      -- 被移除的是"CouchDB"元素

redis> SPOP databases          -- 随机地移除1个元素
```

```
"Redis"                          -- 被移除的是 "Redis" 元素

redis> SPOP databases 3          -- 随机地移除 3 个元素
1) "Neo4j"                       -- 被移除的元素是 "Neo4j"、"PostgreSQL" 和 "MySQL"
2) "PostgreSQL"
3) "MySQL"
```

图 5-11 展示了 databases 集合在执行各个 SPOP 命令时的变化过程。

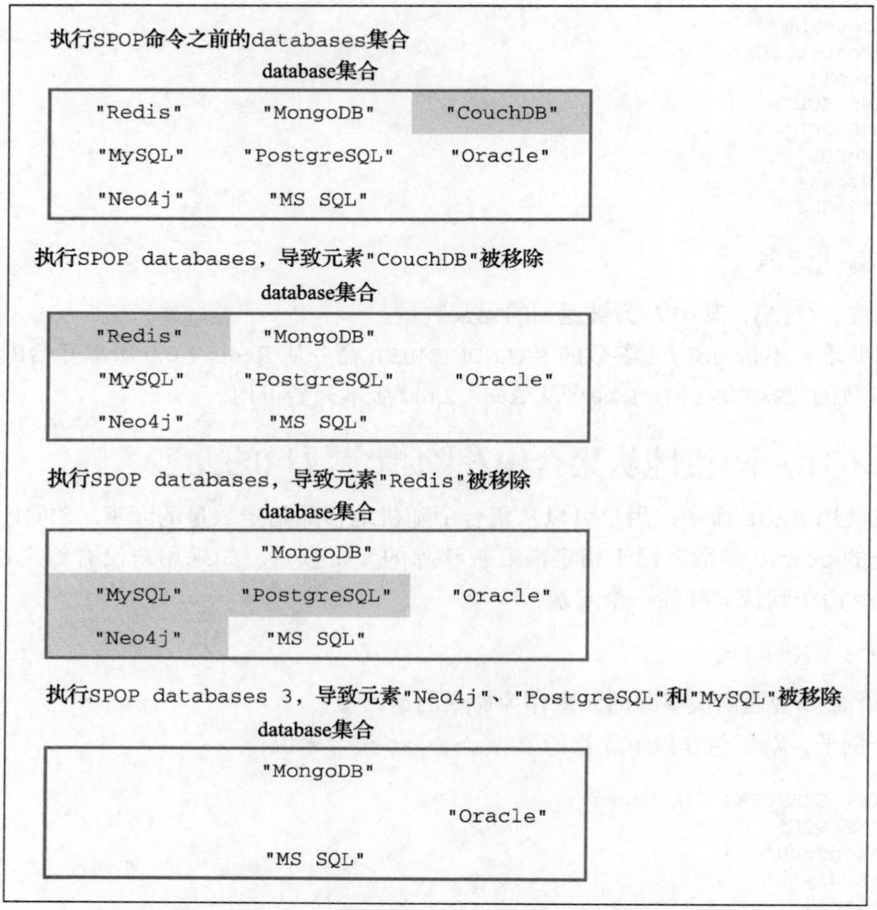

图 5-11 **databases 集合在执行 SPOP 命令时的变化过程**

5.8.1 SPOP 与 SRANDMEMBER 的区别

SPOP 命令和 SRANDMEMBER 命令的主要区别在于，SPOP 命令会移除被随机选中的元素，而 SRANDMEMBER 命令则不会移除被随机选中的元素。

通过查看 databases 集合目前包含的元素，我们可以证实之前被 SPOP 命令选中的元素已经不在集合当中了：

```
redis> SMEMBERS databases
1) "MS SQL"
2) "MongoDB"
3) "Oracle"
```

SPOP 命令与 SRANDMEMBER 命令的另一个不同点在于，SPOP 命令只接受正数 count 值，如果向 SPOP 命令提供负数 count 值将引发错误，因为负数 count 值对于 SPOP 命令是没有意义的：

```
redis> SPOP databases -3
(error) ERR index out of range
```

5.8.2　其他信息

复杂度：$O(N)$，其中 N 为被移除的元素数量。

版本要求：不带 count 参数的 SPOP 命令从 Redis 1.0.0 版本开始可用；带有 count 参数的 SPOP 命令从 Redis 3.2.0 版本开始可用。

示例：抽奖

为了推销商品并回馈消费者，商家经常会举办一些抽奖活动，每个符合条件的消费者都可以参加这种抽奖，而商家则需要从所有参加抽奖的消费者中选出指定数量的获奖者，并向他们赠送物品、金钱或者其他购物优惠。

代码清单 5-6 展示了一个使用集合实现的抽奖程序，这个程序会把所有参与抽奖活动的玩家都添加到一个集合中，然后通过 SRANDMEMBER 命令随机地选出获奖者。

代码清单 5-6　使用集合实现的抽奖程序：/set/lottery.py

```
class Lottery:

    def __init__(self, client, key):
        self.client = client
        self.key = key

    def add_player(self, user):
        """
        将用户添加到抽奖名单当中
        """
        self.client.sadd(self.key, user)

    def get_all_players(self):
        """
        返回参加抽奖活动的所有用户
        """
        return self.client.smembers(self.key)

    def player_count(self):
        """
        返回参加抽奖活动的用户人数
        """
        return self.client.scard(self.key)
```

```
    def draw(self, number):
        """
        抽取指定数量的获奖者
        """
        return self.client.srandmember(self.key, number)
```

考虑到保留完整的抽奖者名单可能会有用，所以这个抽奖程序使用了随机获取元素的 SRANDMEMBER 命令而不是随机移除元素的 SPOP 命令。在不需要保留完整的抽奖者名单的情况下，我们也可以使用 SPOP 命令去实现抽奖程序。

以下代码简单地展示了这个抽奖程序的使用方法：

```
>>> from redis import Redis
>>> from lottery import Lottery
>>> client = Redis(decode_responses=True)
>>> lottery = Lottery(client, 'birthday party lottery') # 这是一次生日派对抽奖活动
>>> lottery.add_player('peter')                          # 添加抽奖者
>>> lottery.add_player('jack')
>>> lottery.add_player('tom')
>>> lottery.add_player('mary')
>>> lottery.add_player('dan')
>>> lottery.player_count()                               # 查看抽奖者数量
5
>>> lottery.draw(1)                                      # 抽取一名获奖者
['dan']                                                  # dan 中奖了
```

5.9 SINTER、SINTERSTORE：对集合执行交集计算

SINTER 命令可以计算出用户给定的所有集合的交集，然后返回这个交集包含的所有元素：

```
SINTER set [set ...]
```

比如对于以下这两个集合来说：

```
redis> SMEMBERS s1
1) "a"
2) "b"
3) "c"
4) "d"

redis> SMEMBERS s2
1) "c"
2) "d"
3) "e"
4) "f"
```

我们可以通过执行以下命令计算出这两个集合的交集：

```
redis> SINTER s1 s2
1) "c"
2) "d"
```

从结果可以看出，s1 和 s2 的交集包含了 "c" 和 "d" 这两个元素。

5.9.1 SINTERSTORE 命令

除了 SINTER 命令之外，Redis 还提供了 SINTERSTORE 命令，这个命令可以把给定集合的交集计算结果存储到指定的键里面：

```
SINTERSTORE destination_key set [set ...]
```

如果给定的键已经存在，那么 SINTERSTORE 命令在执行存储操作之前会先删除已有的键。

SINTERSTORE 命令在执行完毕之后会返回被存储的交集元素数量作为返回值。

例如，通过执行以下命令，我们可以把 s1 和 s2 的交集计算结果存储到集合 s1-inter-s2 中：

```
redis> SINTERSTORE s1-inter-s2 s1 s2
(integer) 2   -- 交集包含两个元素

redis> SMEMBERS s1-inter-s2
1) "c"
2) "d"
```

5.9.2 其他信息

复杂度：SINTER 命令和 SINTERSTORE 命令的复杂度都是 $O(N*M)$，其中 N 为给定集合的数量，而 M 则是所有给定集合当中，包含元素最少的那个集合的大小。

版本要求：SINTER 命令和 SINTERSTORE 命令从 Redis 1.0.0 版本开始可用。

5.10 SUNION、SUNIONSTORE：对集合执行并集计算

SUNION 命令可以计算出用户给定的所有集合的并集，然后返回这个并集包含的所有元素：

```
SUNION set [set ...]
```

比如对于以下这两个集合来说：

```
redis> SMEMBERS s1
1) "a"
2) "b"
3) "c"
4) "d"

redis> SMEMBERS s2
1) "c"
2) "d"
3) "e"
4) "f"
```

我们可以通过执行以下命令，计算出这两个集合的并集：

```
redis> SUNION s1 s2
1) "a"
2) "b"
3) "c"
```

```
4) "d"
5) "e"
6) "f"
```

从结果可以看出，s1 和 s2 的并集共包含 6 个元素。

5.10.1 SUNIONSTORE 命令

与 SINTERSTORE 命令类似，Redis 也为 SUNION 提供了相应的 SUNIONSTORE 命令，这个命令可以把给定集合的并集计算结果存储到指定的键中，并在键已经存在的情况下自动覆盖已有的键：

```
SUNIONSTORE destination_key set [set ...]
```

SUNIONSTORE 命令在执行完毕之后，将返回并集元素的数量作为返回值。

例如，通过执行以下命令，我们可以把 s1 和 s2 的并集计算结果存储到集合 s1-union-s2 中：

```
redis> SUNIONSTORE s1-union-s2 s1 s2
(integer) 6   -- 并集共包含 6 个元素

redis> SMEMBERS s1-union-s2
1) "a"
2) "b"
3) "c"
4) "d"
5) "e"
6) "f"
```

5.10.2 其他信息

复杂度：SUNION 命令和 SUNIONSTORE 命令的复杂度都是 $O(N)$，其中 N 为所有给定集合包含的元素数量总和。

版本要求：SUNION 命令和 SUNIONSTORE 命令从 Redis 1.0.0 版本开始可用。

5.11 SDIFF、SDIFFSTORE：对集合执行差集计算

SDIFF 命令可以计算出给定集合之间的差集，并返回差集包含的所有元素：

```
SDIFF set [set ...]
```

SDIFF 命令会按照用户给定集合的顺序，从左到右依次地对给定的集合执行差集计算。

举个例子，对于以下这 3 个集合来说：

```
redis> SMEMBERS s1
1) "a"
2) "b"
3) "c"
4) "d"
```

```
redis> SMEMBERS s2
1) "c"
2) "d"
3) "e"
4) "f"

redis> SMEMBERS s3
1) "b"
2) "f"
3) "g"
```

如果我们执行以下命令：

```
redis> SDIFF s1 s2 s3
1) "a"
```

那么 SDIFF 命令首先会对集合 s1 和集合 s2 执行差集计算，得到一个包含元素 "a" 和 "b" 的临时集合，然后使用这个临时集合与集合 s3 执行差集计算。换句话说，这个 SDIFF 命令首先会计算出 s1-s2 的结果，然后再计算 (s1-s2)-s3 的结果。

5.11.1 SDIFFSTORE 命令

与 SINTERSTORE 命令和 SUNIONSTORE 命令一样，Redis 也为 SDIFF 命令提供了相应的 SDIFFSTORE 命令，这个命令可以把给定集合之间的差集计算结果存储到指定的键中，并在键已经存在的情况下自动覆盖已有的键：

```
SDIFFSTORE destination_key set [set ...]
```

SDIFFSTORE 命令会返回被存储的差集元素数量作为返回值。

作为例子，以下代码展示了如何将集合 s1、s2、s3 的差集计算结果存储到集合 diff-result 中：

```
redis> SDIFFSTORE diff-result s1 s2 s3
(integer) 1  -- 计算出的差集只包含一个元素

redis> SMEMBERS diff-result
1) "a"
```

5.11.2 其他信息

复杂度：SDIFF 命令和 SDIFFSTORE 命令的复杂度都是 $O(N)$，其中 N 为所有给定集合包含的元素数量总和。

版本要求：SDIFF 命令和 SDIFFSTORE 命令从 Redis 1.0.0 版本开始可用。

执行集合计算的注意事项

因为对集合执行交集、并集、差集等集合计算需要耗费大量的资源，所以用户应该尽量使用 SINTERSTORE 等命令来存储并重用计算结果，而不要每次都重复进行计算。

此外，当集合计算涉及的元素数量非常大时，Redis 服务器在进行计算时可能会被阻塞。这时，我们可以考虑使用 Redis 的复制功能，通过从服务器来执行集合计算任务，从而确保主服务器可以继续处理其他客户端发送的命令请求。

本书第 18 章中将对 Redis 的复制功能进行详细介绍。

示例：共同关注与推荐关注

在前面我们学习了如何使用集合存储社交网站的好友关系，但是除了基本的关注和被关注之外，社交网站通常还会提供一些额外的功能，帮助用户去发现一些自己可能会感兴趣的人。

例如，当我们在微博上访问某个用户的个人页面时，页面上就会展示出我们和这个用户都在关注的人，就像图 5-12 所示那样。

除了共同关注之外，一些社交网站还会通过算法和数据分析为用户推荐一些他可能感兴趣的人，例如图 5-13 就展示了 Twitter 是如何向用户推荐他可能会感兴趣的关注对象的。

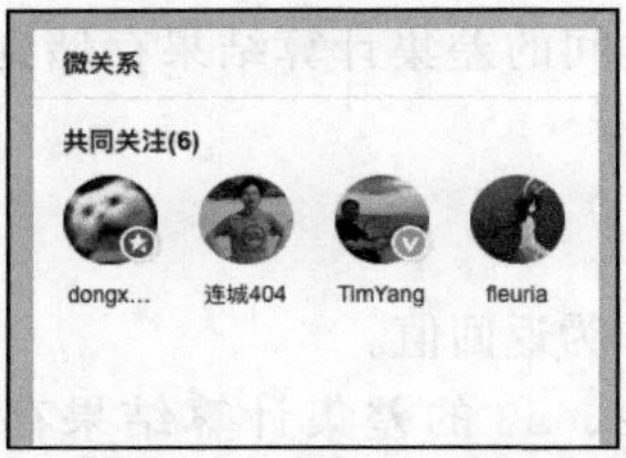

图 5-12 微博上的共同关注示例

图 5-13 Twitter 的推荐关注功能示例

接下来我们将分别学习如何使用集合实现以上展示的共同关注功能和推荐关注功能。

1. 共同关注

要实现共同关注功能，程序需要做的就是计算出两个用户的正在关注集合之间的交集，这一点可以通过前面介绍的 SINTER 命令和 SINTERSTORE 命令来完成，代码清单 5-7 展示了使用这一原理实现的共同关注程序。

代码清单 5-7 共同关注功能的实现：/set/common_following.py

```python
def following_key(user):
    return user + "::following"

class CommonFollowing:

    def __init__(self, client):
        self.client = client

    def calculate(self, user, target):
```

```
        """
        计算并返回当前用户和目标用户共同关注的人
        """
        user_following_set = following_key(user)
        target_following_set = following_key(target)
        return self.client.sinter(user_following_set, target_following_set)

    def calculate_and_store(self, user, target, store_key):
        """
        计算出当前用户和目标用户共同关注的人，并把结果存储到 store_key 指定的键中，最后返回共同
        关注的人数
        """
        user_following_set = following_key(user)
        target_following_set = following_key(target)
        return self.client.sinterstore(store_key, user_following_set, taget_
        following_set
```

以下代码展示了共同关注程序的具体用法：

```
>>> from redis import Redis
>>> from relationship import Relationship
>>> from common_following import CommonFollowing
>>> client = Redis(decode_responses=True)
>>> peter = Relationship(client, "peter")
>>> jack = Relationship(client, "jack")
>>> peter.follow("tom")                                    # peter 关注一些用户
>>> peter.follow("david")
>>> peter.follow("mary")
>>> jack.follow("tom")                                     # jack 关注一些用户
>>> jack.follow("david")
>>> jack.follow("lily")
>>> common_following = CommonFollowing(client)
>>> common_following.calculate("peter", "jack")  # 计算 peter 和 jack 共同关注的用户
set(['tom', 'david'])                                      # 他们都关注了 tom 和 david
```

2. 推荐关注

代码清单 5-8 展示了一个推荐关注程序的实现代码，这个程序会从用户的正在关注集合中随机选出指定数量的用户作为种子用户，然后对这些种子用户的正在关注集合执行并集计算，最后从这个并集中随机地选出一些用户作为推荐关注的对象。

代码清单 5-8　推荐关注功能的实现：/set/recommend_follow.py

```
def following_key(user):
    return user + "::following"

def recommend_follow_key(user):
    return user + "::recommend_follow"

class RecommendFollow:

    def __init__(self, client, user):
        self.client = client
        self.user = user

    def calculate(self, seed_size):
```

```
        """
        计算并存储用户的推荐关注数据
        """
        # 1) 从用户关注的人中随机选一些人作为种子用户
        user_following_set = following_key(self.user)
        following_targets = self.client.srandmember(user_following_set, seed_size)
        # 2) 收集种子用户的正在关注集合键名
        target_sets = set()
        for target in following_targets:
            target_sets.add(following_key(target))
        # 3) 对所有种子用户的正在关注集合执行并集计算，并存储结果
        return self.client.sunionstore(recommend_follow_key(self.user), *target_sets

    def fetch_result(self, number):
        """
        从已有的推荐关注数据中随机获取指定数量的推荐关注用户
        """
        return self.client.srandmember(recommend_follow_key(self.user), number)

    def delete_result(self):
        """
        删除已计算出的推荐关注数据
        """
        self.client.delete(recommend_follow_key(self.user))
```

以下代码展示了这个推荐关注程序的使用方法：

```
>>> from redis import Redis
>>> from recommend_follow import RecommendFollow
>>> client = Redis(decode_responses=True)
>>> recommend_follow = RecommendFollow(client, "peter")
>>> recommend_follow.calculate(3)          # 随机选择 3 个正在关注的人作为种子用户
30
>>> recommend_follow.fetch_result(10)      # 获取 10 个推荐关注对象
['D6', 'M0', 'S4', 'M1', 'S8', 'M3', 'S3', 'M7', 'M4', 'D7']
```

在执行这段代码之前，用户 peter 关注了 tom、david、jack、mary 和 sam 这 5 个用户，而这 5 个用户又分别关注了如图 5-14 所示的一些用户，从结果来看，推荐程序随机选中了 david、sam 和 mary 作为种子用户，然后又从这 3 个用户的正在关注集合的并集中随机选出了 10 个人作为 peter 的推荐关注对象。

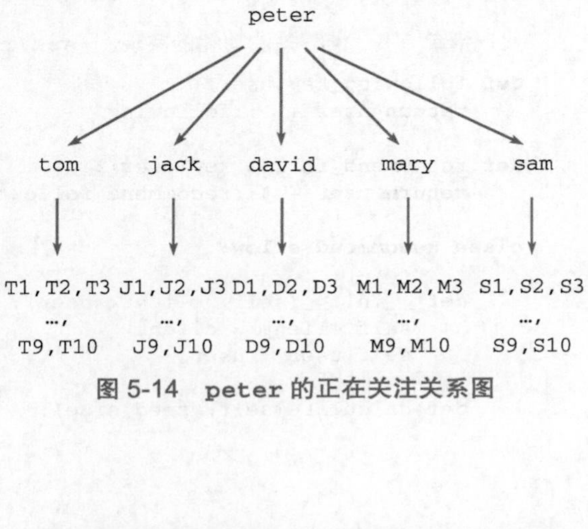

图 5-14 peter 的正在关注关系图

需要注意的是，这里使用的是非常简单的推荐算法，假设用户会对自己正在关注的人的关注对象感兴趣，但实际的情况可能并非如此。为了获得更为精准的推荐效果，实际的社交网站通常会使用更为复杂的推荐算法，有兴趣的读者可以自行查找这方面的资料。

示例：使用反向索引构建商品筛选器

在访问网店或者购物网站的时候，我们经常会看到类似图 5-15 中显示的商品筛选器，对于不同的筛选条件，这些筛选器会给出不同的选项，用户可以通过选择不同的选项来快速找到自己想要的商品。

图 5-15 笔记本电脑商品筛选器

比如对于图 5-15 展示的笔记本电脑筛选器来说，如果我们单击图中“品牌”一栏的 ThinkPad 图标，那么筛选器将只在页面中展示 ThinkPad 品牌的笔记本电脑。如果我们继续单击“尺寸”一栏中的“13.3 英寸[⊖]”选项，那么筛选器将只在页面中展示 ThinkPad 品牌 13.3 英寸的笔记本电脑，诸如此类。

实现商品筛选器的方法之一是使用反向索引，这种数据结构可以为每个物品添加多个关键字，然后根据关键字去反向获取相应的物品。举个例子，对于 "X1 Carbon" 这台笔记本电脑来说，我们可以为它添加 "ThinkPad"、"14inch"、"Windows" 等关键字，然后通过这些关键字来反向获取 "X1 Carbon" 这台笔记本电脑。

实现反向索引的关键是要在物品和关键字之间构建起双向的映射关系，比如对于刚刚提到的 "X1 Carbon" 笔记本电脑来说，反向索引程序需要构建出图 5-16 所示的两种映射关系：

- 第一种映射关系将 "X1 Carbon" 映射至它带有的各个关键字。

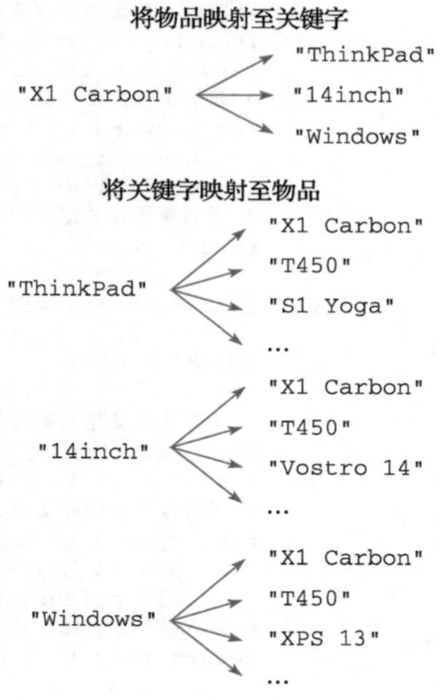

图 5-16 X1 Carbon 笔记本电脑及其关键字的映射关系

⊖ 1 英寸 ≈ 2.54 厘米。——编辑注

- 第二种映射关系将 "ThinkPad"、"14inch"、"Windows" 等多个关键字映射至 "X1 Carbon"。

代码清单 5-9 展示了一个使用集合实现的反向索引程序，对于用户给定的每一件物品，这个程序都会使用一个集合去存储物品带有的多个关键字，与此同时，对于这件物品的每一个关键字，程序都会使用一个集合去存储关键字与物品之间的映射。因为构建反向索引所需的这两种映射都是一对多映射，所以使用集合来存储这两种映射关系的做法是可行的。

代码清单 5-9 反向索引程序：/set/inverted_index.py

```
def make_item_key(item):
    return "InvertedIndex::" + item + "::keywords"

def make_keyword_key(keyword):
    return "InvertedIndex::" + keyword + "::items"

class InvertedIndex:

    def __init__(self, client):
        self.client = client

    def add_index(self, item, *keywords):
        """
        为物品添加关键字
        """
        # 将给定关键字添加到物品集合中
        item_key = make_item_key(item)
        result = self.client.sadd(item_key, *keywords)
        # 遍历每个关键字集合，把给定物品添加到这些集合当中
        for keyword in keywords:
            keyword_key = make_keyword_key(keyword)
            self.client.sadd(keyword_key, item)
        # 返回新添加关键字的数量作为结果
        return result

    def remove_index(self, item, *keywords):
        """
        移除物品的关键字
        """
        # 将给定关键字从物品集合中移除
        item_key = make_item_key(item)
        result = self.client.srem(item_key, *keywords)
        # 遍历每个关键字集合，把给定物品从这些集合中移除
        for keyword in keywords:
            keyword_key = make_keyword_key(keyword)
            self.client.srem(keyword_key, item)
        # 返回被移除关键字的数量作为结果
        return result

    def get_keywords(self, item):
        """
        获取物品的所有关键字
        """
        return self.client.smembers(make_item_key(item))
```

```
    def get_items(self, *keywords):
        """
        根据给定的关键字获取物品
        """
        # 根据给定的关键字计算出与之对应的集合键名
        keyword_key_list = map(make_keyword_key, keywords)
        # 然后对这些存储着各式物品的关键字集合执行并集计算，从而查找出带有给定关键字的物品
        return self.client.sinter(*keyword_key_list)
```

为了测试这个反向索引程序，我们在以下代码中把一些笔记本电脑产品的名称及其关键字添加到了反向索引中：

```
>>> from redis import Redis
>>> from inverted_index import InvertedIndex
>>> client = Redis(decode_responses=True)
>>> laptops = InvertedIndex(client)
>>> laptops.add_index("MacBook Pro", "Apple", "MacOS", "13inch")  # 建立索引
3
>>> laptops.add_index("MacBook Air", "Apple", "MacOS", "13inch")
3
>>> laptops.add_index("X1 Carbon", "ThinkPad", "Windows", "13inch")
3
>>> laptops.add_index("T450", "ThinkPad", "Windows", "14inch")
3
>>> laptops.add_index("XPS", "DELL", "Windows", "13inch")
3
```

在此之后，我们可以通过以下语句找出 "T450" 计算机带有的所有关键字：

```
>>> laptops.get_keywords("T450")
set(['Windows', '14inch', 'ThinkPad'])
```

也可以找出所有屏幕大小为 13 英寸的笔记本电脑：

```
>>> laptops.get_items("13inch")
set(['MacBook Pro', 'X1 Carbon', 'MacBook
Air', 'XPS'])
```

还可以找出所有屏幕大小为 13 英寸并且使用 Windows 系统的笔记本电脑：

```
>>> laptops.get_items("13inch", "Windows")
set(['XPS', 'X1 Carbon'])
```

或者找出所有屏幕大小为 13 英寸并且使用 Windows 系统的 ThinkPad 品牌笔记本电脑：

```
>>> laptops.get_items("13inch", "Windows",
"ThinkPad")
set(['X1 Carbon'])
```

图 5-17 展示了以上代码在数据库中为物品创建的各个集合，而图 5-18 则展示了以上

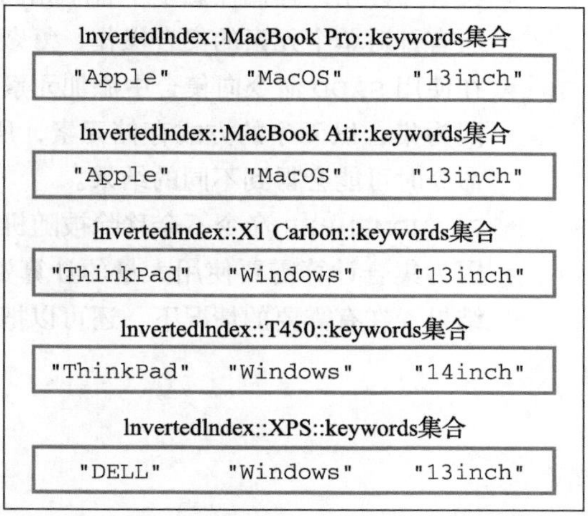

图 5-17 反向索引程序为物品创建的集合

代码在数据库中为关键字创建的各个集合。

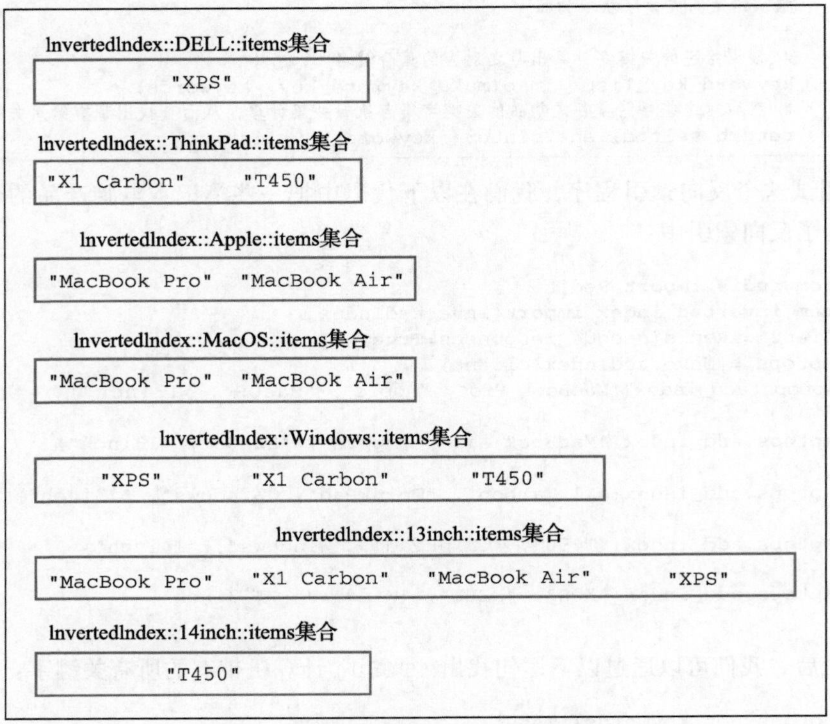

图 5-18 反向索引程序为关键字创建的集合

5.12 重点回顾

- 集合允许用户存储任意多个各不相同的元素。
- 所有针对单个元素的集合操作，复杂度都为 $O(1)$。
- 在使用 SADD 命令向集合中添加元素时，已存在于集合中的元素会自动被忽略。
- 因为集合以无序的方式存储元素，所以两个包含相同元素的集合在使用 SMEMBERS 命令时可能会得到不同的结果。
- SRANDMEMBER 命令不会移除被随机选中的元素，而 SPOP 命令的做法正相反。
- 因为集合计算需要使用大量的计算资源，所以我们应该尽量存储并重用集合计算的结果，在有需要的情况下，还可以把集合计算放到从服务器中进行。

第 6 章

有序集合

Redis 的有序集合（sorted set）同时具有“有序”和“集合”两种性质，这种数据结构中的每个元素都由一个成员和一个与成员相关联的分值组成，其中成员以字符串方式存储，而分值则以 64 位双精度浮点数格式存储。

作为例子，图 6-1 展示了一个记录薪水数据的有序集合，而图 6-2 则展示了一个记录水果价格的有序集合。

分值	3500	3800	4500	5000	5500
成员	"peter"	"bob"	"jack"	"tom"	"mary"

图 6-1　记录薪水数据的有序集合

分值	3.5	3.7	5	7.5	8.6
成员	"banana"	"water melon"	"cherry"	"dragon fruit"	"apple"

图 6-2　记录水果价格的有序集合

与集合一样，有序集合中的每个成员都是独一无二的，同一个有序集合中不会出现重复的成员。与此同时，有序集合的成员将按照它们各自的分值大小进行排序：比如，分值为 3.14 的成员将小于分值为 10.24 的成员，而分值为 999 的成员也会小于分值为 10086 的成员。有序集合的分值除了可以是数字之外，还可以是字符串 "+inf" 或者 "-inf"，这两个特殊值分别用于表示无穷大和无穷小。

需要注意的是，虽然同一个有序集合不能存储相同的成员，但不同成员的分值却可以是相同的。当两个或多个成员拥有相同的分值时，Redis 将按照这些成员在字典序中的大小对其进行排列：举个例子，如果成员 "apple" 和成员 "zero" 都拥有相同的分值 100，那么 Redis 将认为成员 "apple" 小于成员 "zero"，这是因为在字典序中，字母 "a" 开头

的单词要小于字母 "z" 开头的单词。

有序集合是 Redis 提供的所有数据结构中最为灵活的一种，它可以以多种不同的方式获取数据，比如根据成员获取分值、根据分值获取成员、根据成员的排名获取成员、根据指定的分值范围获取多个成员等。

本章接下来将对有序集合的各个命令进行介绍，并展示如何使用这些命令实现排行榜、时间线、商品推荐和自动补全等功能。

6.1 ZADD：添加或更新成员

通过使用 ZADD 命令，用户可以向有序集合添加一个或多个新成员：

```
ZADD sorted_set score member [score member ...]
```

在默认情况下，ZADD 命令将返回成功添加的新成员数量作为返回值。

举个例子，如果我们对不存在的键 salary 执行以下命令：

```
redis> ZADD salary 3500 "peter" 4000 "jack" 2000 "tom" 5500 "mary"
(integer) 4    -- 这个命令向有序集合新添加了 4 个成员
```

那么命令将创建出一个包含 4 个成员的有序集合，如图 6-3 所示。

分值	2000	3500	4000	5500
成员	"tom"	"peter"	"jack"	"mary"

图 6-3 通过执行 ZADD 命令创建出的有序集合

6.1.1 更新已有成员的分值

ZADD 命令除了可以向有序集合添加新成员之外，还可以对有序集合中已存在成员的分值进行更新：在默认情况下，如果用户在执行 ZADD 命令时，给定成员已经存在于有序集合中，并且给定的分值和成员现有的分值并不相同，那么 ZADD 命令将使用给定的新分值去覆盖现有的旧分值。

举个例子，对于图 6-3 所示的有序集合来说，如果我们执行以下命令：

```
redis> ZADD salary 5000 "tom"
(integer) 0    -- 因为这是一次更新操作，没有添加任何新成员，所以命令返回 0
```

那么 "tom" 成员的分值将从原来的 2000 变为 5000，更新后的有序集合如图 6-4 所示。

分值从原来的2000改成了5000

分值	3500	4000	5000	5500
成员	"peter"	"jack"	"tom"	"mary"

图 6-4 更新之后的有序集合

6.1.2 指定要执行的操作

从 Redis 3.0.2 版本开始，Redis 允许用户在执行 ZADD 命令时，通过使用可选的 XX 选项或者 NX 选项来显式地指示命令只执行更新操作或者只执行添加操作：

```
ZADD sorted_set [XX|NX] score member [score member ...]
```

这两个选项的功能如下：

- 在给定 XX 选项的情况下，ZADD 命令只会对给定成员当中已经存在于有序集合的成员进行更新，而那些不存在于有序集合的给定成员则会被忽略。换句话说，带有 XX 选项的 ZADD 命令只会对有序集合已有的成员进行更新，而不会向有序集合添加任何新成员。
- 在给定 NX 选项的情况下，ZADD 命令只会把给定成员当中不存在于有序集合的成员添加到有序集合里面，而那些已经存在于有序集合中的给定成员则会被忽略。换句话说，带有 NX 选项的 ZADD 命令只会向有序集合添加新成员，而不会对已有的成员进行任何更新。

举个例子，对于图 6-4 所示的有序集合来说，执行以下命令只会将已有成员 "jack" 的分值从原来的 4000 改为 4500，而命令中出现的新成员 "bob" 则不会被添加到有序集合中：

```
redis> ZADD salary XX 4500 "jack" 3800 "bob"
(integer) 0
```

图 6-5 展示了命令执行之后的 salary 有序集合，注意 "bob" 并没有被添加到有序集合当中。

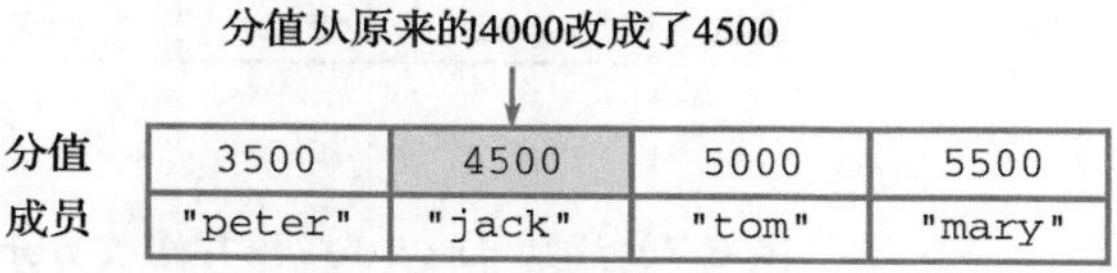

图 6-5 对成员 jack 的分值进行更新之后的有序集合

如果我们对图 6-5 所示的有序集合执行以下命令：

```
redis> ZADD salary NX 1800 "jack" 3800 "bob"
(integer) 1
```

那么 ZADD 命令将把新成员 "bob" 添加到有序集合里面，但并不会改变已有成员 "jack" 的分值，命令执行后的 salary 有序集合如图 6-6 所示。

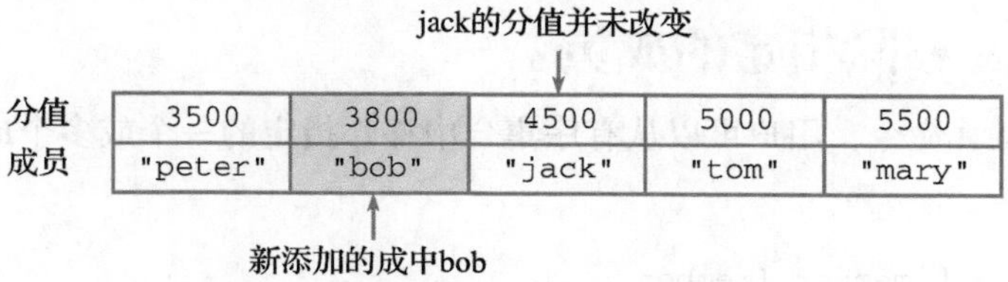

jack的分值并未改变
分值
成员
3500
3800
4500
5000
5500
"peter"
"bob"
"jack"
"tom"
"mary"
新添加的成中bob

图 6-6 添加 bob 成员之后的 salary 有序集合

6.1.3 返回被修改成员的数量

在默认情况下，ZADD 命令会返回新添加成员的数量作为返回值，但是从 Redis 3.0.2 版本开始，用户可以通过给定 CH 选项，让 ZADD 命令返回被修改（changed）成员的数量作为返回值：

```
ZADD sorted_set [CH] score member [score member ...]
```

“被修改成员”指的是新添加到有序集合的成员，以及分值被更新了的成员。

举个例子，对于图 6-6 所示的有序集合来说，执行以下命令将得到返回值 2，表示这个命令修改了两个成员：

```
redis> ZADD salary CH 3500 "peter" 4000 "bob" 9000 "david"
(integer) 2
```

被修改的成员分别为 "bob" 和 "david"，前者的分值从原来的 3800 改成了 4000，而后者则被添加到了有序集合中。与此相反，因为成员 "peter" 已经存在于有序集合当中，并且它的分值已经是 3500，所以命令没有对它做任何修改。图 6-7 展示了这条命令执行之后的 salary 有序集合。

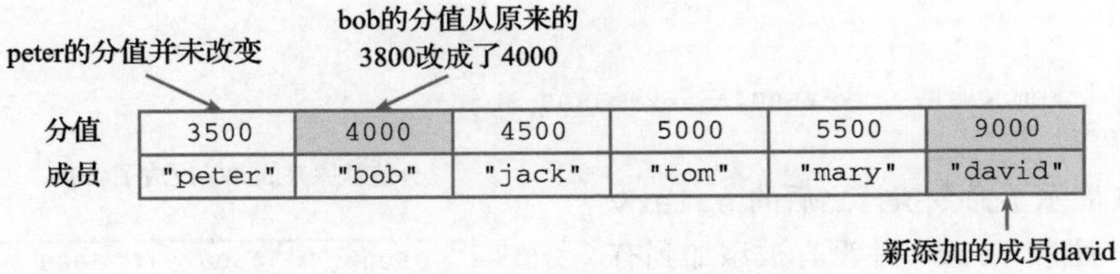

图 6-7 添加 david 成员并修改 bob 成员分值之后的 salary 有序集合

6.1.4 其他信息

复杂度：$O(M*\log(N))$，其中 M 为给定成员的数量，而 N 则为有序集合包含的成员数量。

版本要求：不带任何选项的 ZADD 命令从 Redis 1.2.0 版本开始可用，带有 NX、XX、CH 等选项的 ZADD 命令从 Redis 3.0.2 版本开始可用。Redis 2.4 版本以前的 ZADD 命令只允许用户给定一个成员，而 Redis 2.4 及以上版本的 ZADD 命令则允许用户给定一个或多个成员。

6.2 ZREM：移除指定的成员

通过使用 ZREM 命令，用户可以从有序集合中移除指定的一个或多个成员以及与这些成员相关联的分值：

```
ZREM sorted_set member [member ...]
```

ZREM 命令会返回被移除成员的数量作为返回值。

举个例子，通过执行以下命令，我们可以移除 salary 有序集合中的成员 "peter"：

```
redis> ZREM salary "peter"
(integer) 1      -- 移除了一个成员
```

执行以下命令将移除 salary 有序集合中的成员 "tom" 以及 "jack"：

```
redis> ZREM salary "tom" "jack"
(integer) 2      -- 移除了两个成员
```

图 6-8 展示了 Redis 在执行以上两个 ZREM 命令调用时，salary 有序集合的变化过程。

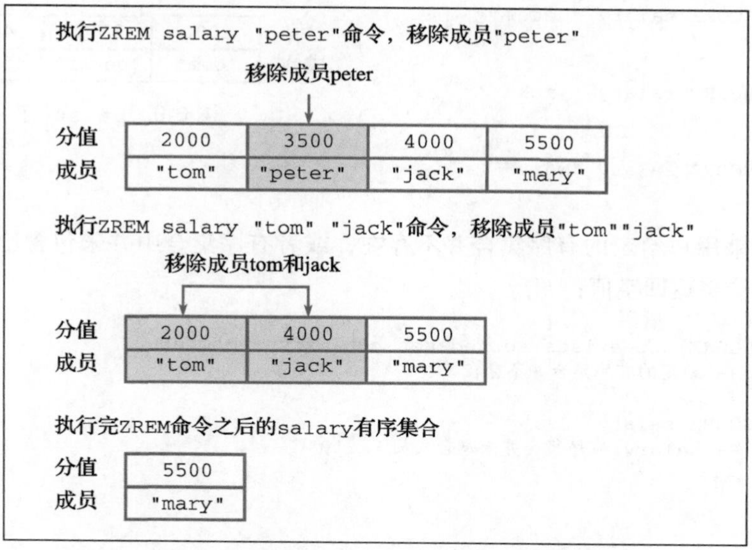

图 6-8 salary 有序集合在执行 ZREM 命令时的变化过程

6.2.1 忽略不存在的成员

如果用户给定的某个成员并不存在于有序集合中，那么 ZREM 将自动忽略该成员。

比如，执行以下命令并不会导致 salary 集合中的任何成员被移除，因为这里给定的成员 "john"、"harry" 和 "lily" 都不存在于 salary 有序集合：

```
redis> ZREM salary "john" "harry" "lily"
(integer) 0    -- 没有任何成员被移除
```

6.2.2 其他信息

复杂度：$O(M*\log(N))$，其中 M 为给定成员的数量，N 为有序集合包含的成员数量。

版本要求：ZREM 命令从 Redis 1.2.0 版本开始可用。Redis 2.4 版本以前的 ZREM 命令只允许用户给定一个成员，而 Redis 2.4 及以上版本的 ZREM 命令则允许用户给定一个或多个成员。

6.3 ZSCORE：获取成员的分值

通过使用 ZSCORE 命令，用户可以获取与给定成员相关联的分值：

```
ZSCORE sorted_set member
```

举个例子，对于图 6-9 所示的有序集合来说，执行以下命令可以分别获取成员 "peter"、

"jack" 以及 "mary" 的分值：

```
redis> ZSCORE salary "peter"
"3500"

redis> ZSCORE salary "jack"
"4000"

redis> ZSCORE salary "mary"
"5500"
```

分值	2000	3500	4000	5500
成员	"tom"	"peter"	"jack"	"mary"

图 6-9 salary 有序集合

相反，如果用户给定的有序集合并不存在，或者有序集合中并未包含给定的成员，那么 ZSCORE 命令将返回空值：

```
redis> ZSCORE not-exists-sorted-set not-exists-member
(nil)    -- 给定的有序集合并不存在

redis> ZSCORE salary "lily"
(nil)    -- salary 有序集合并未包含成员 "lily"
```

其他信息

复杂度：$O(1)$。

版本要求：ZSCORE 命令从 Redis 1.2.0 版本开始可用。

6.4 ZINCRBY：对成员的分值执行自增或自减操作

通过使用 ZINCRBY 命令，用户可以对有序集合中指定成员的分值执行自增操作，为其加上指定的增量：

```
ZINCRBY sorted_set increment member
```

ZINCRBY 命令在执行完自增操作之后，将返回给定成员当前的分值。

分值	2000	3500	4000	5500
成员	"tom"	"peter"	"jack"	"mary"

图 6-10 执行 ZINCRBY 命令之前的 salary 有序集合

举个例子，对于图 6-10 所示的有序集合来说，我们可以使用以下命令，对它的成员分值执行自增操作：

```
redis> ZINCRBY salary 1000 "tom"      -- 将成员 "tom" 的分值加上 1000
"3000"                                -- 成员 "tom" 现在的分值为 3000

redis> ZINCRBY salary 1500 "peter"    -- 将成员 "peter" 的分值加上 1500
"5000"                                -- 成员 "peter" 现在的分值为 5000

redis> ZINCRBY salary 3000 "jack"     -- 将成员 "jack" 的分值加上 3000
"7000"                                -- 成员 "jack" 现在的分值为 7000
```

图 6-11 展示了 salary 有序集合在执行以上几个 ZINCRBY 命令之后的样子。

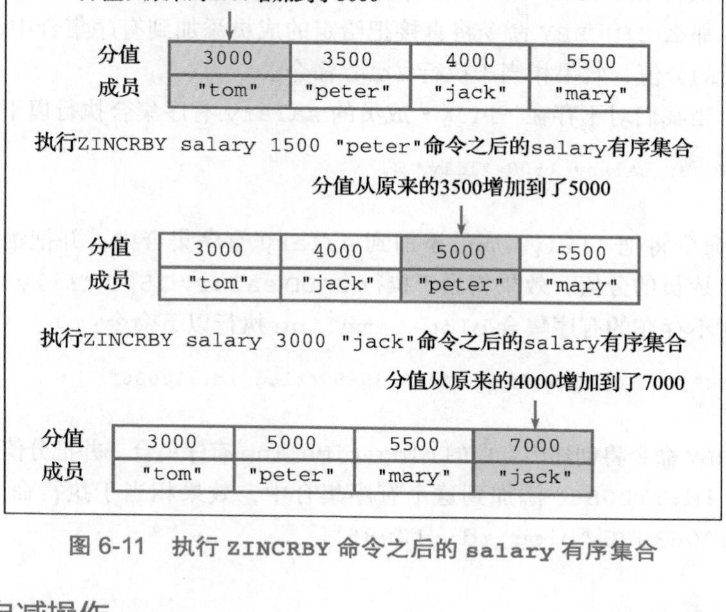

图 6-11　执行 ZINCRBY 命令之后的 salary 有序集合

6.4.1　执行自减操作

因为 Redis 只提供了对分值执行自增操作的 ZINCRBY 命令，但并没有提供相应的对分值执行自减操作的命令，所以如果我们需要减少一个成员的分值，那么可以将一个负数增量传递给 ZINCRBY 命令，从而达到对分值执行自减操作的目的。

比如，通过执行以下命令，我们可以将成员 "peter" 的分值从 5000 修改为 2000：

```
redis> ZINCRBY salary -3000 "peter"
"2000"
```

图 6-12 展示了在命令执行之前以及之后，salary 有序集合的变化过程。

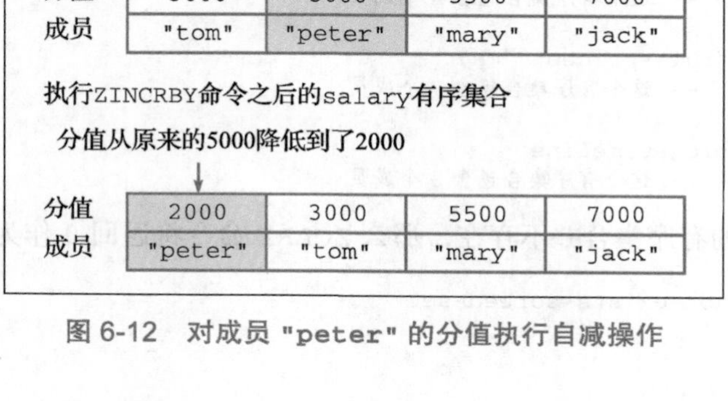

图 6-12　对成员 "peter" 的分值执行自减操作

6.4.2 处理不存在的键或者不存在的成员

如果用户在执行 ZINCRBY 命令时，给定成员并不存在于有序集合中，或者给定的有序集合并不存在，那么 ZINCRBY 命令将直接把给定的成员添加到有序集合中，并把给定的增量设置为该成员的分值，效果相当于执行 ZADD 命令。

举个例子，当我们对不存在 "lily" 成员的 salary 有序集合执行以下命令时：

```
redis> ZINCRBY salary 1500 "lily"
"1500"
```

ZINCRBY 命令将把 "lily" 成员添加到 salary 有序集合中，并把给定的增量 1500 设置为 "lily" 成员的分值，效果相当于执行 ZADD salary 1500 "lily"。

如果我们对不存在的有序集合 blog-timeline 执行以下命令：

```
redis> ZINCRBY blog-timeline 1447063985 "blog_id::10086"
"1447063985"
```

那么 ZINCRBY 命令将创建出空白的 blog-timeline 有序集合，并把分值为 1447063985 的成员 "blog_id::10086" 添加到这个有序集合中，效果相当于执行命令 ZADD blog-timeline 1447063985 "blog_id::10086"。

6.4.3 其他信息

复杂度：$O(\log(N))$，其中 N 为有序集合包含的成员数量。

版本要求：ZINCRBY 命令从 Redis 1.2.0 版本开始可用。

6.5 ZCARD：获取有序集合的大小

通过执行 ZCARD 命令可以取得有序集合的基数，即有序集合包含的成员数量：

```
ZCARD sorted_set
```

比如，以下代码展示了如何使用 ZCARD 命令去获取 salary、fruit-prices 和 blog-timeline 这 3 个有序集合包含的成员数量：

```
redis> ZCARD salary
(integer) 4     -- 这个有序集合包含 4 个成员

redis> ZCARD fruit-prices
(integer) 7     -- 这个有序集合包含 7 个成员

redis> ZCARD blog-timeline
(integer) 3     -- 这个有序集合包含 3 个成员
```

如果用户给定的有序集合并不存在，那么 ZCARD 命令将返回 0 作为结果：

```
redis> ZCARD not-exists-sorted-set
(integer) 0
```

其他信息

复杂度：$O(1)$。

版本要求：ZCARD 命令从 Redis 1.2.0 版本开始可用。

6.6 ZRANK、ZREVRANK：获取成员在有序集合中的排名

通过 ZRANK 命令和 ZREVRANK 命令，用户可以取得给定成员在有序集合中的排名：

```
ZRANK sorted_set member

ZREVRANK sorted_set member
```

其中 ZRANK 命令返回的是成员的升序排列排名，即成员在按照分值从小到大进行排列时的排名，而 ZREVRANK 命令返回的则是成员的降序排列排名，即成员在按照分值从大到小进行排列时的排名。

举个例子，对于图 6-13 所示的有序集合来说，我们可以通过执行以下命令来获取成员 "peter" 和 "tom" 在有序集合中的升序排列排名：

```
redis> ZRANK salary "peter"
(integer) 0

redis> ZRANK salary "tom"
(integer) 3
```

分值	3500	3800	4500	5000	5500
成员	"peter"	"bob"	"jack"	"tom"	"mary"

图 6-13 salary 有序集合

而执行以下命令则可以获取他们在有序集合中的降序排列排名：

```
redis> ZREVRANK salary "peter"
(integer) 4

redis> ZREVRANK salary "tom"
(integer) 1
```

图 6-14 展示了 salary 集合的各个成员在执行 ZRANK 命令和 ZREVRANK 命令时的结果。

ZRANK	0	1	1	3	4
ZREVRANK	4	3	2	1	0
分值	3500	3800	4500	5000	5500
成员	"peter"	"bob"	"jack"	"tom"	"mary"

图 6-14 salary 有序集合的各个成员以及它们在执行 ZRANK 命令和 ZREVRANK 命令时的结果

6.6.1 处理不存在的键或者不存在的成员

如果用户给定的有序集合并不存在，或者用户给定的成员并不存在于有序集合当中，那么 ZRANK 命令和 ZREVRANK 命令将返回一个空值。以下是两个 ZRANK 命令的例子：

```
redis> ZRANK salary "harry"
(nil)

redis> ZRANK not-exists-sorted-set not-exists-member
(nil)
```

6.6.2 其他信息

复杂度：$O(\log(N))$，其中 N 为有序集合包含的成员数量。
版本要求：ZRANK 命令和 ZREVRANK 命令从 Redis 2.0.0 版本开始可用。

6.7 ZRANGE、ZREVRANGE：获取指定索引范围内的成员

通过 ZRANGE 命令和 ZREVRANGE 命令，用户可以以升序排列或者降序排列方式，从有序集合中获取指定索引范围内的成员：

```
ZRANGE sorted_set start end

ZREVRANGE sorted_set start end
```

其中 ZRANGE 命令用于获取按照分值大小实施升序排列的成员，而 ZREVRANGE 命令则用于获取按照分值大小实施降序排列的成员。命令中的 start 索引和 end 索引指定的是闭区间索引范围，也就是说，位于这两个索引上的成员也会包含在命令返回的结果当中。

举个例子，如果我们想要获取 salary 有序集合在按照升序排列成员时，位于索引 0 至索引 3 范围内的成员，那么可以执行以下命令：

```
redis> ZRANGE salary 0 3
1) "peter"
2) "bob"
3) "jack"
4) "tom"
```

图 6-15 展示了这个 ZRANGE 命令的执行过程。

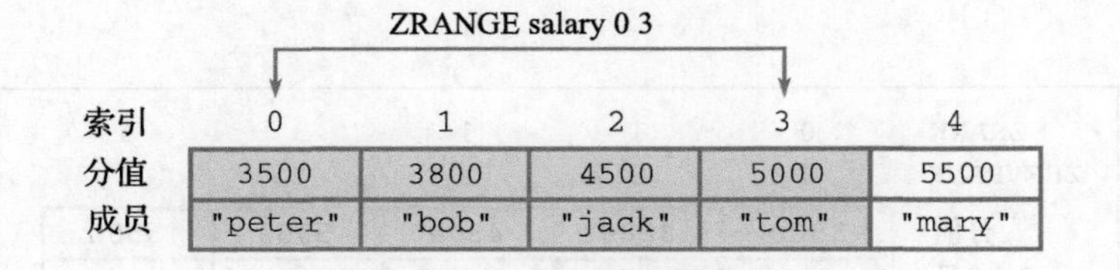

图 6-15 ZRANGE 命令执行示意图

如果我们想要获取 salary 有序集合在按照降序排列成员时，位于索引 2 至索引 4 范

围内的成员，那么可以执行以下命令：

```
redis> ZREVRANGE salary 2 4
1) "jack"
2) "bob"
3) "peter"
```

图 6-16 展示了这个 ZREVRANGE 命令的执行过程。

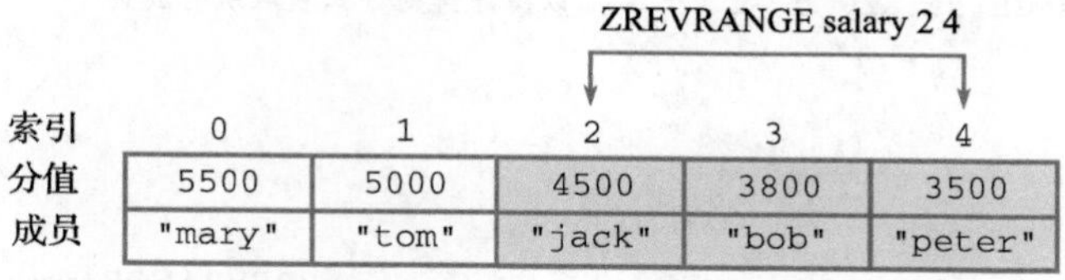

图 6-16 ZREVRANGE 命令的执行示意图

6.7.1 使用负数索引

与第 4 章中介绍过的 LRANGE 命令类似，ZRANGE 命令和 ZREVRANGE 命令除了可以接受正数索引之外，还可以接受负数索引。

比如，如果我们想要以升序排列的方式获取 salary 有序集合的最后 3 个成员，那么可以执行以下命令：

```
redis> ZRANGE salary -3 -1
1) "jack"
2) "tom"
3) "mary"
```

图 6-17 展示了这个 ZRANGE 命令的执行过程。

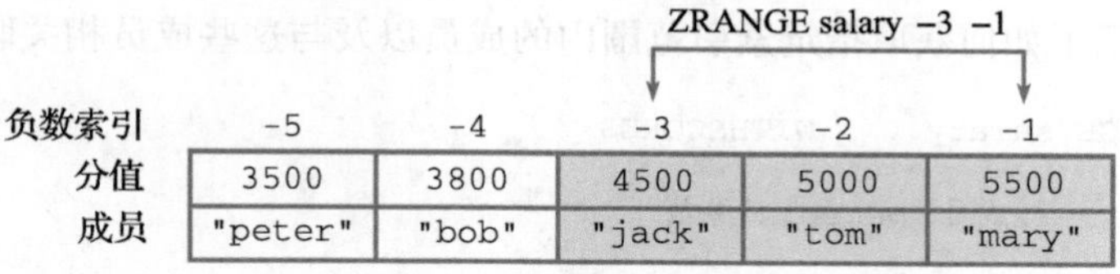

图 6-17 使用负数索引的 ZRANGE 命令的执行示意图

与此类似，如果我们想要以降序排列的方式获取 salary 有序集合的最后一个成员，那么可以执行以下命令：

```
redis> ZREVRANGE salary -1 -1
1) "peter"
```

图 6-18 展示了这个 ZREVRANGE 命令的执行过程。

最后，如果我们想要以升序排列或者降序排列的方式获取 salary 有序集合包含的所有成员，那么只需要将起始索引设置为 0，结束索引设置为 -1，然后调用 ZRANGE 命令或者 ZREVRANGE 命令即可：

```
redis> ZRANGE salary 0 -1        -- 以升序排列方式获取所有成员
1) "peter"
2) "bob"
3) "jack"
4) "tom"
5) "mary"

redis> ZREVRANGE salary 0 -1     -- 以降序排列方式获取所有成员
1) "mary"
2) "tom"
3) "jack"
4) "bob"
5) "peter"
```

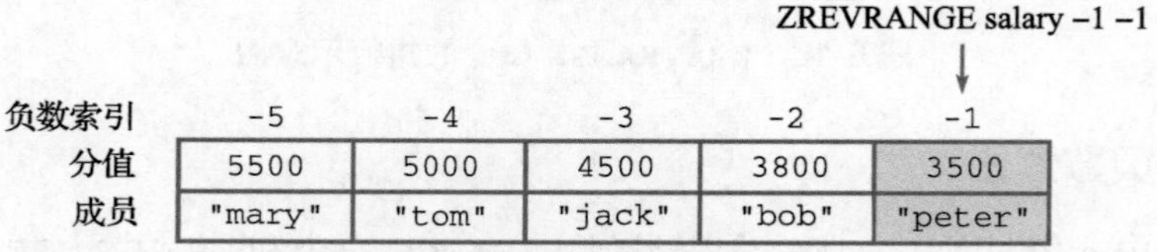

图 6-18 使用负数索引的 ZREVRANGE 命令的执行示意图

6.7.2 获取成员及其分值

在默认情况下，ZRANGE 命令和 ZREVRANGE 命令只会返回指定索引范围内的成员，如果用户想要在获取这些成员的同时也获取与之相关联的分值，那么可以在调用 ZRANGE 命令或者 ZREVRANGE 命令的时候，给定可选的 WITHSCORES 选项：

```
ZRANGE sorted_set start end [WITHSCORES]

ZREVRANGE sorted_set start end [WITHSCORES]
```

以下代码展示了如何获取指定索引范围内的成员以及与这些成员相关联的分值：

```
redis> ZRANGE salary 0 3 WITHSCORES
1) "peter"
2) "3500"     -- 成员 "peter" 的分值
3) "bob"
4) "3800"     -- 成员 "bob" 的分值
5) "jack"
6) "4500"     -- 成员 "jack" 的分值
7) "tom"
8) "5000"     -- 成员 "tom" 的分值

redis> ZREVRANGE salary 2 4 WITHSCORES
1) "jack"
2) "4500"     -- 成员 "jack" 的分值
3) "bob"
4) "3800"     -- 成员 "bob" 的分值
5) "peter"
6) "3500"     -- 成员 "peter" 的分值
```

6.7.3 处理不存在的有序集合

如果用户给定的有序集合并不存在，那么 ZRANGE 命令和 ZREVRANGE 命令将返回一个空列表：

```
redis> ZRANGE not-exists-sorted-set 0 10
(empty list or set)

redis> ZREVRANGE not-exists-sorted-set 0 10
(empty list or set)
```

6.7.4 其他信息

复杂度：$O(\log(N) + M)$，其中 N 为有序集合包含的成员数量，而 M 则为命令返回的成员数量。

版本要求：ZRANGE 命令和 ZREVRANGE 命令从 Redis 1.2.0 版本开始可用。

示例：排行榜

我们在网上常常会看到各式各样的排行榜，比如，在音乐网站上可能会看到试听排行榜、下载排行榜、华语歌曲排行榜和英语歌曲排行榜等，而在视频网站上可能会看到观看排行榜、购买排行榜、收藏排行榜等，甚至连项目托管网站 GitHub 都提供了各种不同的排行榜，以此来帮助用户找到近期最受人瞩目的新项目。

代码清单 6-1 展示了一个使用有序集合实现的排行榜程序：

- 这个程序使用 ZADD 命令向排行榜中添加被排序的元素及其分数，并使用 ZREVRANK 命令去获取元素在排行榜中的排名，以及使用 ZSCORE 命令去获取元素的分数。
- 当用户不再需要对某个元素进行排序的时候，可以调用由 ZREM 命令实现的 remove() 方法，从排行榜中移除该元素。
- 如果用户想要修改某个被排序元素的分数，那么只需要调用由 ZINCRBY 命令实现的 increase_score() 方法或者 decrease_score() 方法即可。
- 当用户想要获取排行榜前 N 位的元素及其分数时，只需要调用由 ZREVRANGE 命令实现的 top() 方法即可。

代码清单 6-1 使用有序集合实现的排行榜程序：/sorted_set/ranking_list.py

```
class RankingList:

    def __init__(self, client, key):
        self.client = client
        self.key = key

    def set_score(self, item, score):
        """
        为排行榜中的指定元素设置分数，不存在的元素会被添加到排行榜中
```

```
        """
        self.client.zadd(self.key, {item:score})

    def get_score(self, item):
        """
        获取排行榜中指定元素的分数
        """
        return self.client.zscore(self.key, item)

    def remove(self, item):
        """
        从排行榜中移除指定的元素
        """
        self.client.zrem(self.key, item)

    def increase_score(self, item, increment):
        """
        将给定元素的分数增加 increment 分
        """
        self.client.zincrby(self.key, increment, item)

    def decrease_score(self, item, decrement):
        """
        将给定元素的分数减少 decrement 分
        """
        # 因为 Redis 没有直接提供能够减少元素分值的命令
        # 所以这里通过传入一个负数减量来达到减少分值的目的
        self.client.zincrby(self.key, 0-decrement, item)

    def get_rank(self, item):
        """
        获取给定元素在排行榜中的排名
        """
        rank = self.client.zrevrank(self.key, item)
        # 因为 Redis 元素的排名是以 0 为开始的，
        # 而现实世界中的排名通常以 1 为开始，
        # 所以这里在返回排名之前会执行加 1 操作
        if rank is not None:
            return rank+1

    def top(self, n, with_score=False):
        """
        获取排行榜中得分最高的 n 个元素，
        如果可选的 with_score 参数的值为 True，那么将元素的分数（分值）也一并返回
        """
        return self.client.zrevrange(self.key, 0, n-1, withscores=with_score)
```

举个例子，我们可以通过执行以下代码，创建出一个记录歌曲下载次数的排行榜：

```
>>> from redis import Redis
>>> from ranking_list import RankingList
>>> client = Redis(decode_responses=True)
>>> ranking = RankingList(client, "music download ranking")
```

接着通过以下代码记录歌曲的名字及其下载次数：

```
>>> ranking.set_score("ninelie", 3500)
>>> ranking.set_score("StarRingChild", 2700)
>>> ranking.set_score("RE:I AM", 3300)
>>> ranking.set_score("Your voice", 2200)
>>> ranking.set_score("theDOGS", 1800)
```

然后通过以下代码获取指定歌曲的下载次数，并获知它在排行榜中的位置：

```
>>> ranking.get_score("ninelie")
3500.0
>>> ranking.get_rank("ninelie")
1
```

最后还可以通过以下代码获取排行榜前5位的歌曲：

```
>>> ranking.top(5)
['ninelie', 'RE:I AM', 'StarRingChild', 'Your voice', 'theDOGS']
>>>
>>> ranking.top(5, True)  # 在获取榜单的同时显示歌曲的下载次数
[('ninelie', 3500.0), ('RE:I AM', 3300.0), ('StarRingChild', 2700.0), ('Your voice', 2200.0), ('theDOGS', 1800.0)]
```

6.8 ZRANGEBYSCORE、ZREVRANGEBYSCORE：获取指定分值范围内的成员

通过使用 ZRANGEBYSCORE 命令或者 ZREVRANGEBYSCORE 命令，用户可以以升序排列或者降序排列的方式获取有序集合中分值介于指定范围内的成员：

```
ZRANGEBYSCORE sorted_set min max

ZREVRANGEBYSCORE sorted_set max min
```

命令的 min 参数和 max 参数分别用于指定用户想要获取的成员的最小分值和最大分值。

不过需要注意的是，ZRANGEBYSCORE 命令和 ZREVRANGEBYSCORE 命令接受 min 参数和 max 参数的顺序正好相反：ZRANGEBYSCORE 命令先接受 min 参数然后再接受 max 参数，而 ZREVRANGEBYSCORE 命令则是先接受 max 参数然后再接受 min 参数。

作为例子，以下代码展示了如何通过 ZRANGEBYSCORE 命令，以升序排列方式从 salary 有序集合中获取分值介于 3800 ～ 5000 的成员：

```
redis> ZRANGEBYSCORE salary 3800 5000
1) "bob"
2) "jack"
3) "tom"
```

图 6-19 展示了这个 ZRANGEBYSCORE 命令的执行过程。

与此类似，以下代码展示了如何通过 ZREVRANGEBYSCORE 命令，以降序排列方式从 salary 有序集合中获取分值介于 5000 ～ 3000 的成员：

```
redis> ZREVRANGEBYSCORE salary 5000 3000
1) "tom"
```

```
2) "jack"
3) "bob"
4) "peter"
```

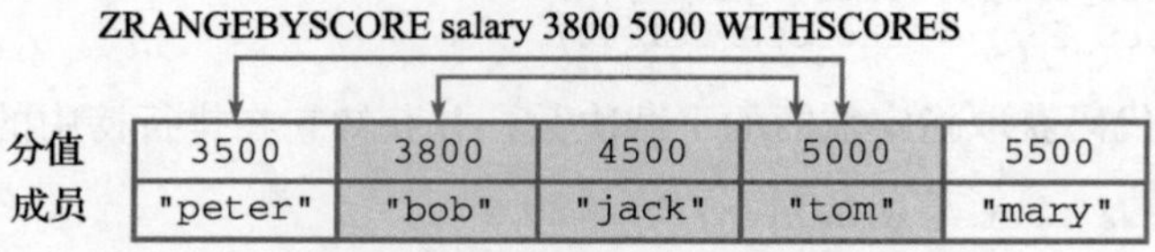

图 6-19 **ZRANGEBYSCORE** 命令的执行示意图

图 6-20 展示了这个 ZREVRANGEBYSCORE 命令的执行过程。

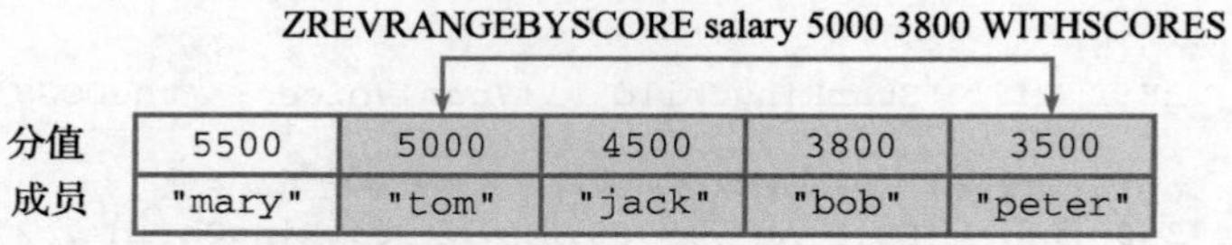

图 6-20 **ZREVRANGEBYSCORE** 命令的执行示意图

6.8.1 获取成员及其分值

与 ZRANGE 命令和 ZREVRANGE 命令类似，ZRANGEBYSCORE 命令和 ZREVRANGEBYSCORE 命令也可以通过在执行时给定可选的 WITHSCORES 选项来同时获取成员及其分值：

```
ZRANGEBYSCORE sorted_set min max [WITHSCORES]

ZREVRANGEBYSCORE sorted_set max min [WITHSCORES]
```

以下代码展示了两个使用 WITHSCORES 选项的例子：

```
redis> ZRANGEBYSCORE salary 3800 5000 WITHSCORES
1) "bob"
2) "3800"     -- 成员 "bob" 的分值
3) "jack"
4) "4500"     -- 成员 "jack" 的分值
5) "tom"
6) "5000"     -- 成员 "tom" 的分值

redis> ZREVRANGEBYSCORE salary 5000 3000 WITHSCORES
1) "tom"
2) "5000"     -- 成员 "tom" 的分值
3) "jack"
4) "4500"     -- 成员 "jack" 的分值
5) "bob"
6) "3800"     -- 成员 "bob" 的分值
7) "peter"
8) "3500"     -- 成员 "peter" 的分值
```

6.8.2 限制命令返回的成员数量

在默认情况下，ZRANGEBYSCORE 命令和 ZREVRANGEBYSCORE 命令会直接返回给定分值范围内的所有成员，但如果范围内的成员数量较多，或者我们只需要范围内的其中一部分成员，那么可以使用可选的 LIMIT 选项来限制命令返回的成员数量：

```
ZRANGEBYSCORE sorted_set min max [LIMIT offset count]

ZREVRANGEBYSCORE sorted_set max min [LIMIT offset count]
```

LIMIT 选项接受 offset 和 count 两个参数作为输入，其中 offset 参数用于指定命令在返回结果之前需要跳过的成员数量，而 count 参数则用于指示命令最多可以返回多少个成员。

举个例子，假设我们想要以升序排列方式获取 salary 有序集合中分值介于 3000 ～ 5000 的第一个成员，那么可以执行以下命令：

```
redis> ZRANGEBYSCORE salary 3000 5000 LIMIT 0 1
1) "peter"
```

在这个命令中，offset 参数的值为 0，表示命令不需要跳过任何成员；而 count 参数的值为 1，表示命令只需要返回一个成员即可。

如果我们想要以升序排列方式，获取 salary 有序集合中分值介于 3000 ～ 5000 的第二个和第三个成员，那么可以执行以下命令：

```
redis> ZRANGEBYSCORE salary 3000 5000 LIMIT 1 2
1) "bob"
2) "jack"
```

在这个命令中，offset 参数的值为 1，表示命令需要跳过指定分值范围内的第一个成员，count 参数的值为 2，表示命令需要在跳过第一个成员之后，获取接下来的两个成员，而这两个成员就是位于指定分值范围内的第二个和第三个成员。

6.8.3 使用开区间分值范围

在默认情况下，ZRANGEBYSCORE 命令和 ZREVRANGEBYSCORE 命令接受的分值范围都是闭区间分值范围，也就是说，分值等于用户给定最大分值或者最小分值的成员也会被包含在结果当中。

举个例子，如果我们执行命令：

```
redis> ZRANGEBYSCORE salary 3500 5000 WITHSCORES
1) "peter"
2) "3500"
3) "bob"
4) "3800"
5) "jack"
6) "4500"
7) "tom"
8) "5000"
```

那么分值等于 3500 或者 5000 的成员也会被包含在结果当中。

如果用户想要定义的是开区间而不是闭区间，那么可以在给定分值范围时，在分值参数的前面加上一个单括号“(”，这样，具有给定分值的成员就不会出现在命令返回的结果当中。

举个例子，以下命令只会返回分值大于3500且小于5000的成员，但并不会返回分值等于3500或者等于5000的成员：

```
redis> ZRANGEBYSCORE salary (3500 (5000 WITHSCORES
1) "bob"
2) "3800"
3) "jack"
4) "4500"
```

以下命令只会返回分值大于等于3500且小于5000的成员，但并不会返回分值等于5000的成员：

```
redis> ZRANGEBYSCORE salary 3500 (5000 WITHSCORES
1) "peter"
2) "3500"
3) "bob"
4) "3800"
5) "jack"
6) "4500"
```

以下命令只会返回分值大于3500且小于等于5000的成员，但并不会返回分值等于3500的成员：

```
redis> ZRANGEBYSCORE salary (3500 5000 WITHSCORES
1) "bob"
2) "3800"
3) "jack"
4) "4500"
5) "tom"
6) "5000"
```

6.8.4 使用无限值作为范围

ZRANGEBYSCORE 命令和 ZREVRANGEBYSCORE 命令的 min 参数和 max 参数除了可以是普通的分值或者带有 (符号的分值之外，还可以是特殊值 +inf 或者 -inf，前者用于表示无穷大，而后者则用于表示无穷小：当我们只想定义分值范围的上限或者下限，而不是同时定义分值范围的上限和下限时，+inf 和 -inf 就可以派上用场。

比如，如果我们想要获取 salary 有序集合中所有分值小于5000的成员，那么可以执行以下命令：

```
redis> ZRANGEBYSCORE salary -inf (5000 WITHSCORES
1) "peter"
2) "3500"
3) "bob"
4) "3800"
5) "jack"
6) "4500"
```

这个命令调用只定义了分值范围的上限，而没有定义分值范围的下限，因此命令将返回有序集合中所有分值低于给定上限的成员。

如果我们想要获取 salary 有序集合中所有分值大于 4000 的成员，那么可以执行以下命令：

```
redis> ZRANGEBYSCORE salary (4000 +inf WITHSCORES
1) "jack"
2) "4500"
3) "tom"
4) "5000"
5) "mary"
6) "5500"
```

与之前的例子正好相反，这次的命令调用只定义了分值范围的下限，但是没有定义分值范围的上线，因此命令将返回有序集合中所有分值高于给定下限的成员。

6.8.5 其他信息

复杂度：ZRANGEBYSCORE 命令和 ZREVRANGEBYSCORE 命令的复杂度都是 $O(\log(N)+M)$，其中 N 为有序集合包含的成员数量，而 M 则为命令返回的成员数量。

版本要求：ZRANGEBYSCORE 命令从 Redis 1.0.5 版本开始可用，ZREVRANGEBYSCORE 命令从 Redis 2.2.0 版本开始可用。

6.9 ZCOUNT：统计指定分值范围内的成员数量

通过使用 COUNT 命令，用户可以统计出有序集合中分值介于指定范围之内的成员数量：

```
ZCOUNT sorted_set min max
```

比如，我们可以通过执行以下命令，统计出 salary 有序集合中分值介于 3000 ～ 5000 之间的成员数量：

```
redis> ZCOUNT salary 3000 5000
(integer) 4      -- 有序集合里面有 4 个成员的分值介于 3000 ~ 5000 之间
```

图 6-21 展示了这个 ZCOUNT 命令统计出的 4 个成员。

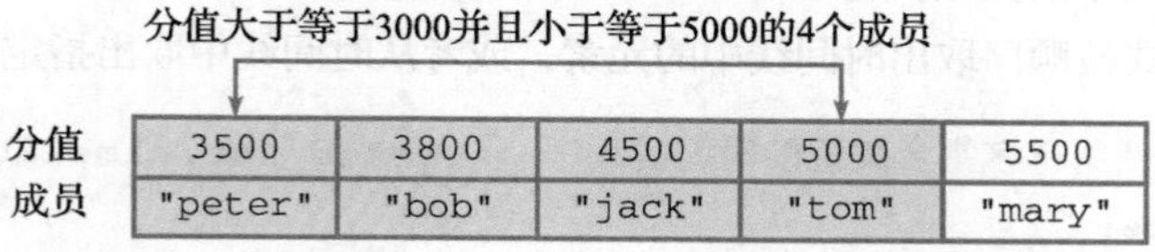

图 6-21 分值介于 3000 ～ 5000 之间的 4 个成员

6.9.1 分值范围的格式

ZCOUNT 命令接受的分值范围格式和 ZRANGEBYSCORE 命令接受的分值范围格式完全相同：用户可以在执行 ZCOUNT 命令时，使用 +inf 表示无穷大分值，使用 -inf 表示无穷小分值，或者使用单括号 (定义开区间分值范围。

举个例子，如果我们想要统计 salary 有序集合中分值小于 5000 的成员有多少个，那么只需要执行以下代码即可：

```
redis> ZCOUNT salary -inf (5000
(integer) 3
```

6.9.2 其他信息

复杂度：$O(\log(N))$，其中 N 为有序集合包含的成员数量。

版本要求：ZCOUNT 命令从 Redis 2.0.0 版本开始可用。

示例：时间线

在互联网上，有很多网站都会根据内容的发布时间来对内容进行排序，比如：

- 博客系统会按照文章发布时间的先后，把最近发布的文章放在前面，而发布时间较早的文章则放在后面，这样访客在浏览博客的时候，就可以先阅读最新的文章，然后再阅读较早的文章。
- 新闻网站会按照新闻的发布时间，把最近发生的新闻放在网站的前面，而早前发生的新闻则放在网站的后面，这样当用户访问该网站的时候，就可以第一时间查看到最新的新闻报道。
- 诸如微博和 Twitter 这样的微博客都会把用户最新发布的消息放在页面的前面，而稍早之前发布的消息则放在页面的后面，这样用户就可以通过向后滚动网页，查看最近一段时间自己关注的人都发表了哪些动态。

类似的情形还有很多。通过对这类行为进行抽象，我们可以创建出代码清单 6-2 所示的时间线程序：

- 这个程序会把被添加到时间线里面的元素用作成员，与元素相关联的时间戳用作分值，将元素和它的时间戳添加到有序集合中。
- 因为时间线中的每个元素都有一个与之相关联的时间戳，所以时间线中的元素将按照时间戳的大小进行排序。
- 通过对时间线中的元素执行 ZREVRANGE 命令或者 ZREVRANGEBYSCORE 命令，用户可以以分页的方式按顺序取出时间线中的元素，或者从时间线中取出指定时间区间内的元素。

代码清单 6-2 使用有序集合实现的时间线程序：/sorted_set/timeline.py

```
class Timeline:

    def __init__(self, client, key):
        self.client = client
        self.key = key

    def add(self, item, time):
        """
        将元素添加到时间线中
```

```
        """
        self.client.zadd(self.key, {item:time})

    def remove(self, item):
        """
        从时间线中移除指定元素
        """
        self.client.zrem(self.key, item)

    def count(self):
        """
        返回时间线包含的元素数量
        """
        return self.client.zcard(self.key)

    def pagging(self, number, count, with_time=False):
        """
        按照每页 count 个元素计算，取出时间线第 number 页上的所有元素，
        这些元素将根据时间戳逆序排列。
        如果可选参数 with_time 的值为 True，那么元素对应的时间戳也会一并被返回。
        注意：number 参数的起始值是 1 而不是 0
        """
        start_index = (number - 1)*count
        end_index = number*count-1
        return self.client.zrevrange(self.key, start_index, end_index, withscores=
        with_time)

    def fetch_by_time_range(self, min_time, max_time, number, count, with_time=False):
        """
        按照每页 count 个元素计算，获取指定时间段第 number 页上的所有元素，
        这些元素将根据时间戳逆序排列。
        如果可选参数 with_time 的值为 True，那么元素对应的时间戳也会一并被返回。
        注意：number 参数的起始值是 1 而不是 0
        """
        start_index = (number-1)*count
        return self.client.zrevrangebyscore(self.key, max_time, min_time, start_
                                            index, count, withscores=with_time)
```

作为例子，让我们来学习一下如何使用这个时间线程序来存储和管理一系列博客文章。首先，我们需要载入相关的函数库，并创建一个时间线对象：

```
>>> from redis import Redis
>>> from timeline import Timeline
>>> client = Redis(decode_responses=True)
>>> blogs = Timeline(client, "blog_timelie")
```

通过 blogs 对象，我们可以把表 6-1 所示的 10 篇博客文章全部添加到时间线中：

```
>>> blogs.add("Switching from macOS: The Basics", 1477965600)
>>> blogs.add("Recent Loki Updates", 1477929600)
>>> blogs.add("What's Web Team Up To?", 1477645200)
>>> blogs.add("We've Joined the Snap Format TOB!", 1475618400)
>>> blogs.add("Loki Release Follow Up", 1474549200)
>>> blogs.add("Our Gtk+ Stylesheet Has Moved", 1473642000)
```

```
>>> blogs.add("Loki 0.4 Stable Release!", 1473404400)
>>> blogs.add("The Store is Back!", 1472068800)
>>> blogs.add("New Open Source Page On Our Website", 1470664800)
>>> blogs.add("We're back from the Snappy Sprint!", 1469664000)
```

表 6-1 一些博客文章

编号	标题	发布时间	UNIX 时间戳
1	Switching from macOS: The Basics	2016 年 11 月 1 日 10 时 0 分 0 秒	1477965600
2	Recent Loki Updates	2016 年 11 月 1 日 0 时 0 分 0 秒	1477929600
3	What's Web Team Up To?	2016 年 10 月 28 日 17 时 0 分 0 秒	1477645200
4	We've Joined the Snap Format TOB!	2016 年 10 月 5 日 6 时 0 分 0 秒	1475618400
5	Loki Release Follow Up	2016 年 9 月 22 日 21 时 0 分 0 秒	1474549200
6	Our Gtk + Stylesheet Has Moved	2016 年 9 月 12 日 9 时 0 分 0 秒	1473642000
7	Loki 0.4 Stable Release!	2016 年 9 月 9 日 15 时 0 分 0 秒	1473404400
8	The Store is Back!	2016 年 8 月 25 日 4 时 0 分 0 秒	1472068800
9	New Open Source Page on Our Website	2016 年 8 月 8 日 22 时 0 分 0 秒	1470664800
10	We're back from the Snappy Sprint!	2016 年 7 月 28 日 8 时 0 分 0 秒	1469664000

在此之后，我们可以通过调用 count() 方法来获取时间线目前包含的文章数量：

```
>>> blogs.count()
10
```

也可以按照每页 5 篇文章的方式，按顺序获取位于时间线第 1 页的博客文章以及这些博客文章的发布时间：

```
>>> blogs.pagging(1, 5, with_time=True)
[('Switching from macOS: The Basics', 1477965600.0), ('Recent Loki Updates', 1477929600.0), ("What's Web Team Up To?", 1477645200.0), ("We've Joined the Snap Format TOB!", 1475618400.0), ('Loki Release Follow Up', 1474549200.0)]
```

或者以类似的方法，获取位于时间线第 2 页的博客文章：

```
>>> blogs.pagging(2, 5, with_time=True)
[('Our Gtk+ Stylesheet Has Moved', 1473642000.0), ('Loki 0.4 Stable Release!', 1473404400.0), ('The Store is Back!', 1472068800.0), ('New Open Source Page On Our Website', 1470664800.0), ("We're back from the Snappy Sprint!", 1469664000.0)]
```

除了按照时间顺序获取博客文章之外，我们还可以通过指定时间区间的方式获取指定时间段内发布的博客文章。比如，以 2016 年 9 月 1 日 0 时 0 分 0 秒的时间戳 1472659200 为起点，2016 年 9 月 30 日 23 时 59 分 59 秒的时间戳 1475251199 为终点，调用 fetch_by_time_range() 方法，就可以找出 9 月份发布的所有博客文章：

```
>>> blogs.fetch_by_time_range(1472659200, 1475251199, 1, 5, with_time=True)
[('Loki Release Follow Up', 1474549200.0), ('Our Gtk+ Stylesheet Has Moved', 1473642000.0), ('Loki 0.4 Stable Release!', 1473404400.0)]
```

同样，以 2016 年 11 月 1 日 0 时 0 分 0 秒的时间戳 1477929600 为起点，2016 年 11 月 30 日 23 时 59 分 59 秒的时间戳 1480521599 为终点，调用 fetch_by_time_range()

方法，就可以找出 11 月份发布的所有博客文章：

```
>>> blogs.fetch_by_time_range(1477929600, 1480521599, 1, 5, with_time=True)
[('Switching from macOS: The Basics', 1477965600.0), ('Recent Loki Updates', 1477
929600.0)]
```

6.10 ZREMRANGEBYRANK：移除指定排名范围内的成员

ZREMRANGEBYRANK 命令可以从升序排列的有序集合中移除位于指定排名范围内的成员，然后返回被移除成员的数量：

```
ZREMRANGEBYRANK sorted_set start end
```

与 Redis 的其他很多范围型命令一样，ZREMRANGEBYRANK 命令接受的也是一个闭区间范围，也就是说，排名为 start 和 end 的成员也将被移除。

作为例子，以下代码展示了如何移除 salary 有序集合中升序排名 0 ～ 3 位的 4 个成员：

```
redis> ZREMRANGEBYRANK salary 0 3
(integer) 4     -- 这个命令移除了 4 个成员
```

图 6-22 展示了 ZREMRANGEBYRANK 命令执行前后，salary 有序集合发生的变化。

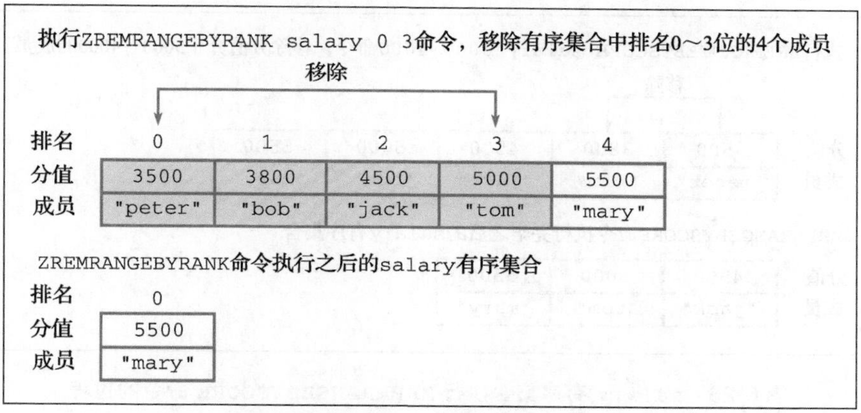

图 6-22 salary 有序集合的变化

6.10.1 使用负数排名

传给 ZREMRANGEBYRANK 命令的排名参数除了可以是正数之外还可以是负数。

举个例子，假如我们需要从 salary 有序集合中移除排名倒数前 3 位的成员，那么只需要执行以下命令即可：

```
ZREMRANGEBYRANK salary -3 -1
```

6.10.2 其他信息

复杂度：$O(\log(N) + M)$，其中 N 为有序集合包含的成员数量，M 为被移除的成员数量。

版本要求：ZREMRANGEBYRANK 命令从 Redis 2.0.0 版本开始可用。

6.11 ZREMRANGEBYSCORE：移除指定分值范围内的成员

ZREMRANGEBYSCORE 命令可以从有序集合中移除位于指定分值范围内的成员，并在移除操作执行完毕返回被移除成员的数量：

```
ZREMRANGEBYSCORE sorted_set min max
```

ZREMRANGEBYSCORE 命令接受的分值范围与 ZRANGEBYSCORE 命令和 ZCOUNT 命令接受的分值范围一样，都默认为闭区间分值范围，但用户可以使用 (符号定义闭区间，或者使用 +inf 和 -inf 表示正无限分值或者负无限分值。

作为例子，以下代码展示了如何使用 ZREMRANGEBYSCORE 命令移除 salary 有序集合中分值介于 3000 ～ 4000 的成员：

```
redis> ZREMRANGEBYSCORE salary 3000 4000
(integer) 2     -- 有 2 个成员被移除了
```

图 6-23 展示了 salary 有序集合在执行 ZREMRANGEBYSCORE 命令过程中的变化。

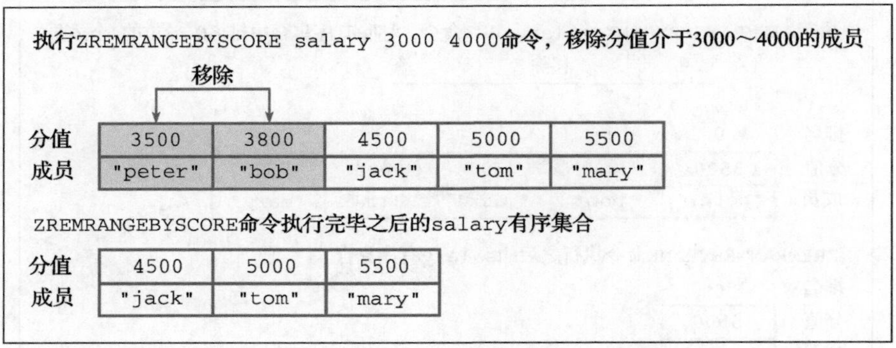

图 6-23 **salary 有序集合执行 ZREMRANGEBYSCORE 命令的过程**

其他信息

复杂度：$O(\log(N)+M)$，其中 N 为有序集合包含的成员数量，M 为被移除成员的数量。

版本要求：ZREMRANGEBYSCORE 命令从 Redis 1.2.0 版本开始可用。

6.12 ZUNIONSTORE、ZINTERSTORE：有序集合的并集运算和交集运算

与集合一样，Redis 也为有序集合提供了相应的并集运算命令 ZUNIONSTORE 和交集运算命令 ZINTERSTORE，这两个命令的基本格式如下：

```
ZUNIONSTORE destination numbers sorted_set [sorted_set ...]

ZINTERSTORE destination numbers sorted_set [sorted_set ...]
```

其中，命令的 numbers 参数用于指定参与计算的有序集合数量，之后的一个或多个 sorted_set 参数则用于指定参与计算的各个有序集合键，计算得出的结果则会存储到 destination 参数指定的键中。ZUNIONSTORE 命令和 ZINTERSTORE 命令都会返回计算结果包含的成员数量作为返回值。

举个例子，对于图 6-24 所示的两个有序集合 sorted_set1 和 sorted_set2 来说，我们可以通过执行以下命令计算出它们的并集，并将其存储到键 union-result-1 中：

```
redis> ZUNIONSTORE union-result-1 2 sorted_set1 sorted_set2
(integer) 5      -- 这个并集包含了 5 个成员
```

图 6-25 展示了 union-result-1 有序集合包含的各个成员，其中成员 c 的分值 3 是根据 sorted_set1 和 sorted_set2 这两个有序集合中的成员 c 的分值相加得出的。

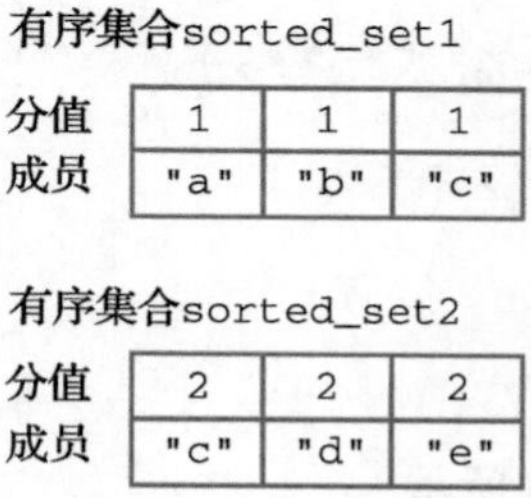

图 6-24 两个有序集合

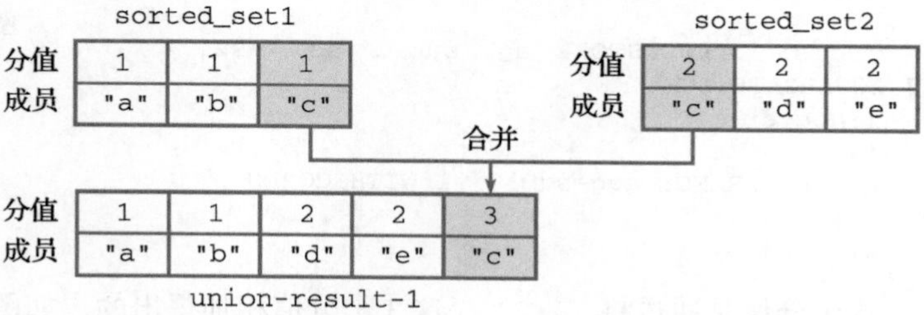

图 6-25 **union-result-1** 有序集合

除此之外，我们还可以通过执行以下命令计算出 sorted_set1 和 sorted_set2 的交集，并将这个交集存储到键 inter-result-1 中：

```
redis> ZINTERSTORE inter-result-1 2 sorted_set1 sorted_set2
(integer) 1      -- 这个交集只包含了一个成员
```

图 6-26 展示了 inter-result-1 有序集合包含的各个成员。与计算并集时的情况一样，在计算交集时，交集成员 c 的分值也是根据 sorted_set1 和 sorted_set2 这两个有序集合中成员 c 的分值相加得来的。

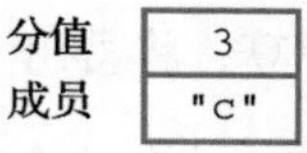

图 6-26 **inter-result-1** 有序集合

6.12.1 指定聚合函数

Redis 为 ZUNIONSTORE 命令和 ZINTERSTORE 命令提供了可选的 AGGREGATE 选项，通过这个选项，用户可以决定使用哪个聚合函数来计算结果有序集合成员的分值：

```
ZUNIONSTORE destination numbers sorted_set [sorted_set ...] [AGGREGATE SUM|MIN|MAX]

ZINTERSTORE destination numbers sorted_set [sorted_set ...] [AGGREGATE SUM|MIN|MAX]
```

AGGREGATE 选项的值可以是 SUM、MIN 或者 MAX 中的一个，表 6-2 展示了这 3 个聚合函数的不同作用。

表 6-2 各个聚合函数及其作用

聚合函数	作用
SUM	把给定有序集合中所有相同成员的分值都加起来，它们的和就是该成员在结果有序集合中的分值
MIN	从给定有序集合所有相同成员的分值中选出最小的分值，并把它用作该成员在结果有序集合中的分值
MAX	从给定有序集合所有相同成员的分值中选出最大的分值，并把它用作该成员在结果有序集合中的分值

举个例子，对于图 6-27 所示的 3 个有序集合 ss1、ss2 和 ss3 来说，使用 SUM 作为聚合函数进行交集计算，将得出一个分值为 8 的成员 a：

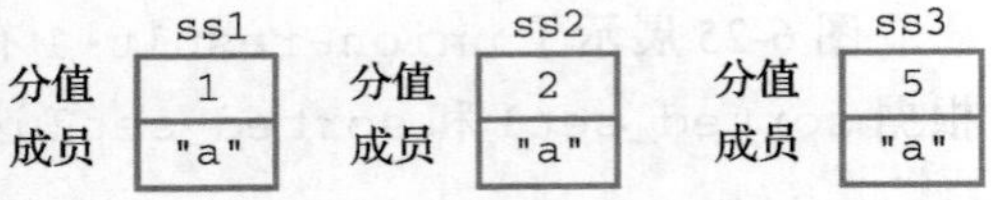

图 6-27 3 个有序集合

```
redis> ZINTERSTORE agg-sum 3 ss1 ss2
ss3 AGGREGATE SUM
(integer) 1

redis> ZRANGE agg-sum 0 -1 WITHSCORES
1) "a"
2) "8"
```

这个分值是通过将 1、2、5 这 3 个分值相加得出的，如图 6-28 所示。

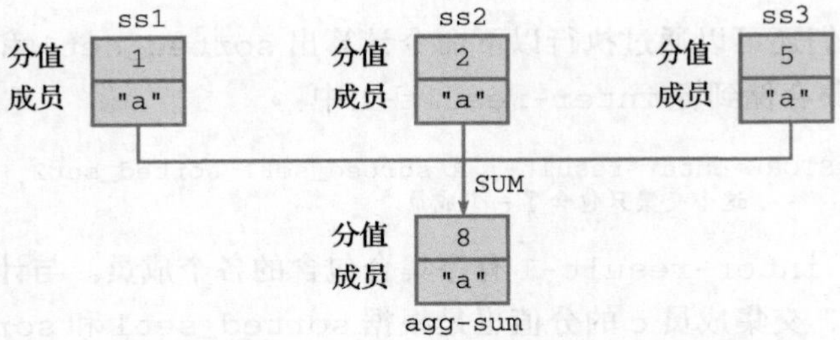

图 6-28 使用 SUM 聚合函数计算出的交集

使用 MIN 作为聚合函数进行交集计算，将得出一个分值为 1 的成员 a：

```
redis> ZINTERSTORE agg-min 3 ss1 ss2 ss3 AGGREGATE MIN
(integer) 1

redis> ZRANGE agg-min 0 -1 WITHSCORES
1) "a"
2) "1"
```

这个分值是通过从 1、2、5 这 3 个分值中选出最小值得出的，如图 6-29 所示。

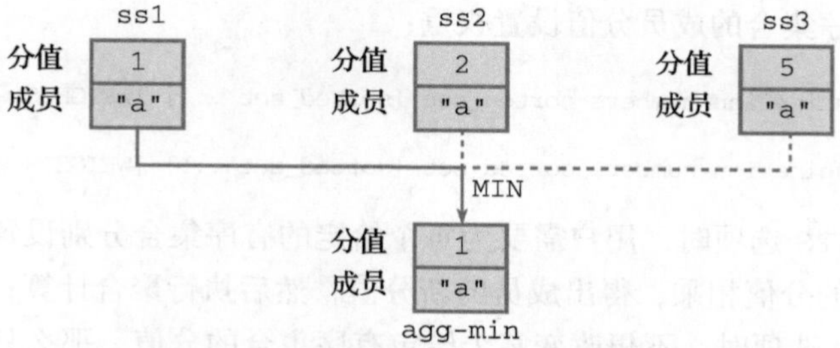

图 6-29 使用 MIN 聚合函数计算出的交集

最后，使用 MAX 作为聚合函数进行交集计算，将得出一个分值为 5 的成员 a：

```
redis> ZINTERSTORE agg-max 3 ss1 ss2 ss3 AGGREGATE MAX
(integer) 1

redis> ZRANGE agg-max 0 -1 WITHSCORES
1) "a"
2) "5"
```

这个分值是通过从 1、2、5 这 3 个分值中选出最大值得出的，如图 6-30 所示。

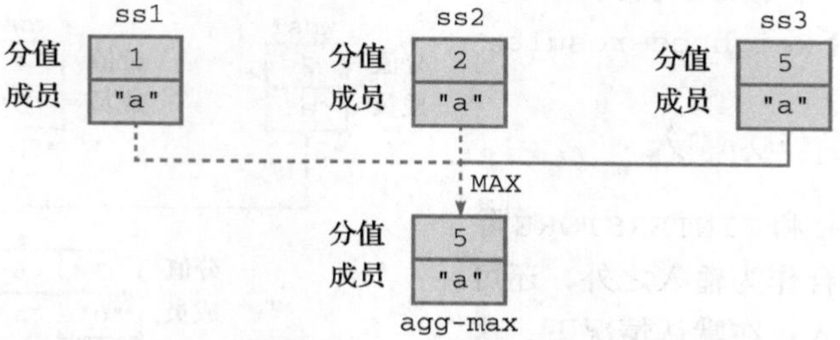

图 6-30 使用 MAX 聚合函数计算出的交集

在没有显式地使用 AGGREGATE 选项指定聚合函数的情况下，ZUNIONSTORE 和 ZINTERSTORE 默认使用 SUM 作为聚合函数。换句话说，以下这两条并集计算命令具有相同效果：

```
ZUNIONSTORE destination numbers sorted_set [sorted_set ...]

ZUNIONSTORE destination numbers sorted_set [sorted_set ...] AGGREGATE SUM
```

而以下这两条交集计算命令也具有相同效果：

```
ZINTERSTORE destination numbers sorted_set [sorted_set ...]

ZINTERSTORE destination numbers sorted_set [sorted_set ...] AGGREGATE SUM
```

6.12.2 设置权重

在默认情况下，ZUNIONSTORE 和 ZINTERSTORE 将直接使用给定有序集合的成员分值去计算结果有序集合的成员分值，但是在有需要的情况下，用户也可以通过可选的 WEIGHTS

参数为各个给定有序集合的成员分值设置权重：

```
ZUNIONSTORE destination numbers sorted_set [sorted_set ...] [WEIGHTS weight [weight ...]]

ZINTERSTORE destination numbers sorted_set [sorted_set ...] [WEIGHTS weight [weight ...]]
```

在使用 WEIGHTS 选项时，用户需要为每个给定的有序集合分别设置一个权重，命令会将这个权重与成员的分值相乘，得出成员的新分值，然后执行聚合计算；与此相反，如果用户在使用 WEIGHTS 选项时，不想改变某个给定有序集合的分值，那么只需要将那个有序集合的权重设置为 1 即可。

举个例子，如果我们对图 6-31 所示的 3 个有序集合执行以下命令：

```
ZUNIONSTORE weighted-result 3 wss1 wss2 wss3 WEIGHTS 3 5 1
```

那么 wss1 有序集合成员 "a" 的分值 2 将被乘以 3，变为 6；wss2 有序集合成员 "b" 的分值 4 则会被乘以 5，变为 20；wss3 有序集合成员的分值 3 则会保持不变；通过进行并集计算，命令最终将得出图 6-32 所示的结果有序集合 weighted-result。

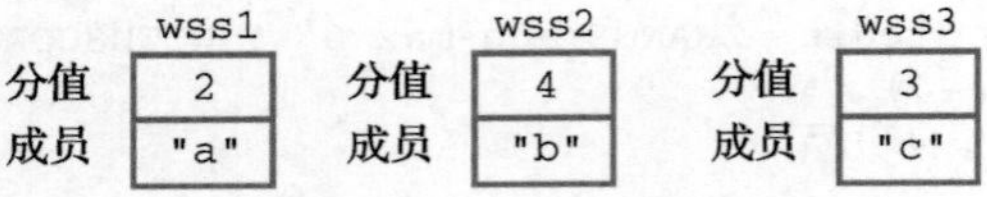

图 6-31 3 个有序集合

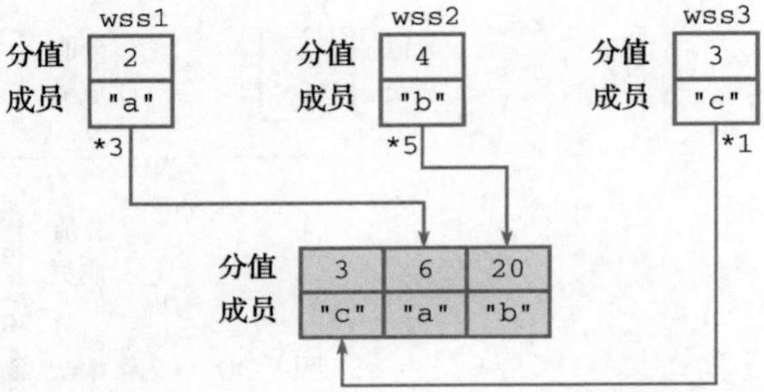

图 6-32 weighted-result 有序集合

6.12.3 使用集合作为输入

ZUNIONSTORE 和 ZINTERSTORE 除了可以使用有序集合作为输入之外，还可以使用集合作为输入：在默认情况下，这两个命令将把给定集合看作所有成员的分值都为 1 的有序集合来进行计算。如果有需要，用户也可以使用 WEIGHTS 选项来改变给定集合的分值，比如，如果你希望某个集合所有成员的分值都被看作 10 而不是 1，那么只需要在执行命令时把那个集合的权重设置为 10 即可。

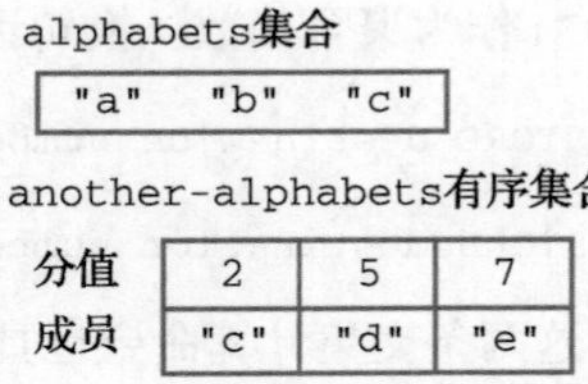

图 6-33 集合和有序集合

举个例子，对于图 6-33 所示的集合和有序集合来说，我们可以执行以下命令，对它们进行并集计算，并将计算结果存储到 mixed 有序集合中：

```
redis> ZUNIONSTORE mixed 2 alphabets another-alphabets
(integer) 5
```

图 6-34 展示了 mixed 有序集合示例。

6.12.4 其他信息

复杂度：ZUNIONSTORE 命令的复杂度为 $O(N*\log(N))$，其中 N 为所有给定有序集合的成员总数量。ZINTERSTORE 命令的复杂度为 $O(N*\log(N)*M)$，其中 N 为所有给定有序集合中，基数最小的那个有序集合的基数，而 M 则是给定有序集合的数量。

分值	1	1	3	5	7
成员	"a"	"b"	"c"	"d"	"e"

图 6-34 mixed 有序集合

版本要求：ZUNIONSTORE 命令和 ZINTERSTORE 命令从 Redis 2.0.0 版本开始可用。

示例：商品推荐

在浏览网上商城的时候，我们常常会看到类似"购买此商品的顾客也同时购买"这样的商品推荐功能，如图 6-35 所示。

图 6-35 网上商城的商品购买推荐示例

从抽象的角度来讲，这些推荐功能实际上都是通过记录用户的访问路径来实现的：如果用户在对一个目标执行了类似浏览或者购买这样的操作之后，也对另一个目标执行了相同的操作，那么程序就会对这次操作的访问路径进行记录和计数，然后程序就可以通过计数结果来知道用户在对指定目标执行了某个操作之后，还会对哪些目标执行相同的操作。

代码清单 6-3 展示了一个使用以上原理实现的路径统计程序：

- 每当用户从起点 origin 对终点 destination 进行一次访问，程序都会使用 ZINCRBY 命令对存储着起点 origin 访问记录的有序集合的 destination 成员执行一次分值加 1 操作。
- 在此之后，程序只需要对存储着 origin 访问记录的有序集合执行 ZREVRANGE 命令，就可以知道用户在访问了起点 origin 之后，最经常访问的目的地有哪些。

代码清单 6-3 使用有序集合实现的访问路径记录程序：/sorted_set/path.py

```
def make_record_key(origin):
    return "forward_to_record::{0}".format(origin)
```

```python
class Path:

    def __init__(self, client):
        self.client = client

    def forward_to(self, origin, destination):
        """
        记录一次从起点 origin 到目的地 destination 的访问
        """
        key = make_record_key(origin)
        self.client.zincrby(key, 1, destination)

    def pagging_record(self, origin, number, count, with_time=False):
        """
        按照每页 count 个目的地计算,
        从起点 origin 的访问记录中取出位于第 number 页的访问记录,
        其中所有访问记录均按照访问次数从多到少进行排列。
        如果可选的 with_time 参数的值为 True,那么将具体的访问次数也一并返回
        """
        key = make_record_key(origin)
        start_index = (number-1)*count
        end_index = number*count-1
        return self.client.zrevrange(key, start_index, end_index, withscores=
        with_time, score_cast_func=int) # score_cast_func=int 用于将成员的分值从浮
                                        # 点数转换为整数
```

以下代码展示了如何使用 Path 程序在一个图书网站上实现“看了这本书的顾客也看了以下这些书”的功能:

```python
>>> from redis import Redis
>>> from path import Path
>>> client = Redis(decode_responses=True)
>>> see_also = Path(client)
>>> see_also.forward_to("book1", "book2") # 从 book1 到 book2 的访问为 3 次
>>> see_also.forward_to("book1", "book2")
>>> see_also.forward_to("book1", "book2")
>>> see_also.forward_to("book1", "book3") # 从 book1 到 book3 的访问为 2 次
>>> see_also.forward_to("book1", "book3")
>>> see_also.forward_to("book1", "book4") # 从 book1 到 book4 和 book5 的访问各为 1 次
>>> see_also.forward_to("book1", "book5")
>>> see_also.forward_to("book1", "book6") # 从 book1 到 book6 的访问为 2 次
>>> see_also.forward_to("book1", "book6")
>>> see_also.pagging_record("book1", 1, 5) # 展示顾客在看了 book1 之后,最常看的其他书
['book2', 'book6', 'book3', 'book5', 'book4']
>>> see_also.pagging_record("book1", 1, 5, with_time=True)  # 将查看的次数也列出来
[('book2', 3), ('book6', 2), ('book3', 2), ('book5', 1), ('book4', 1)]
```

6.13 ZRANGEBYLEX、ZREVRANGEBYLEX:返回指定字典序范围内的成员

正如本章开头所说,对于拥有不同分值的有序集合成员来说,成员的大小将由分值决定,至于分值相同的成员,它们的大小则由该成员在字典序中的大小决定。

这种排列规则的一个特例是,当有序集合的所有成员都拥有相同的分值时,有序集合的

成员将不再根据分值进行排序，而是根据字典序进行排序。在这种情况下，本章前面介绍的根据分值对成员进行操作的命令，比如 ZRANGEBYSCORE、ZCOUNT 和 ZREMRANGEBYSCORE 等，都将不再适用。

为了让用户可以对字典序排列的有序集合执行类似 ZRANGEBYSCORE 这样的操作，Redis 提供了相应的 ZRANGEBYLEX、ZREVRANGEBYLEX、ZLEXCOUNT 和 ZREMRANGEBYLEX 命令，这些命令可以分别对字典序排列的有序集合执行升序排列的范围获取操作、降序排列的范围获取操作、统计位于字典序指定范围内的成员数量以及移除位于字典序指定范围内的成员，本章接下来将分别对这些命令进行介绍。

首先，让我们来学习一下 ZRANGEBYLEX 命令，这个命令可以从字典序排列的有序集合中获取位于字典序指定范围内的成员：

```
ZRANGEBYLEX sorted_set min max
```

命令的 min 参数和 max 参数用于指定用户想要获取的字典序范围，它们的值可以是以下 4 种值之一：

- 带有 [符号的值表示在结果中包含与给定值具有同等字典序大小的成员。
- 带有 (符号的值表示在结果中不包含与给定值具有同等字典序大小的成员。
- 加号 + 表示无穷大。
- 减号 - 表示无穷小。

举个例子，对于图 6-36 所示的 words 有序集合来说，如果我们想要通过 ZRANGEBYLEX 命令获取 words 有序集合包含的所有成员，那么只需要将 min 参数的值设置为 -，max 参数的值设置为 + 即可：

```
redis> ZRANGEBYLEX words - +
1) "address"
2) "after"
3) "apple"
4) "bamboo"
5) "banana"
6) "bear"
7) "book"
8) "candy"
9) "cat"
10) "client"
```

分值	0	0	0	0	0	0	0	0	0	0
成员	"address"	"after"	"apple"	"bamboo"	"banana"	"bear"	"book"	"candy"	"cat"	"client"

图 6-36 words 有序集合

如果我们想要获取 words 有序集合中所有以字母 "a" 开头的成员，那么只需要将 min 参数的值设置为 [a，max 参数的值设置为 (b 即可：

```
redis> ZRANGEBYLEX words [a (b
1) "address"
2) "after"
3) "apple"
```

如果我们想要获取 words 有序集合中所有字典序小于字母 "c" 的成员，那么只需要将 min 参数的值设置为 -，max 参数的值设置为 (c 即可：

```
redis> ZRANGEBYLEX words - (c
1) "address"
2) "after"
3) "apple"
4) "bamboo"
5) "banana"
6) "bear"
7) "book"
```

6.13.1 ZREVRANGEBYLEX

ZREVRANGEBYLEX 命令是逆序版的 ZRANGEBYLEX 命令，它会以逆字典序的方式返回指定范围内的成员：

```
ZREVRANGEBYLEX sorted_set max min
```

需要注意的是，与 ZRANGEBYLEX 命令先接受 min 参数后接受 max 参数的做法正好相反，ZREVRANGEBYLEX 命令是先接受 max 参数，然后再接受 min 参数的。除此之外，这两个命令的 min 参数和 max 参数能够接受的值是完全相同的。

作为例子，以下代码展示了如何以逆字典序的方式返回有序集合中所有以字母 "a" 和字母 "b" 开头的成员：

```
redis> ZREVRANGEBYLEX words (c [a
1) "book"
2) "bear"
3) "banana"
4) "bamboo"
5) "apple"
6) "after"
7) "address"
```

6.13.2 限制命令返回的成员数量

与有序集合的其他范围型获取命令一样，ZRANGEBYLEX 和 ZREVRANGEBYLEX 也可以通过可选的 LIMIT 选项来限制命令返回的成员数量：

```
ZRANGEBYLEX sorted_set min max [LIMIT offset count]

ZREVRANGEBYLEX sorted_set max min [LIMIT offset count]
```

作为例子，以下代码展示了如何以逆字典序的方式返回有序集合中第一个以字母 "b" 开头的成员：

```
redis> ZRANGEBYLEX words [b + LIMIT 0 1
1) "bamboo"
```

6.13.3 其他信息

复杂度：ZRANGEBYLEX 命令和 ZREVRANGEBYLEX 命令的复杂度都为 $O(\log(N)+M)$，其中 N 为有序集合包含的元素数量，而 M 则为命令返回的成员数量。

版本要求：ZRANGEBYLEX 命令和 ZREVRANGEBYLEX 命令从 Redis 2.8.9 版本开始可用。

6.14 ZLEXCOUNT：统计位于字典序指定范围内的成员数量

对于按照字典序排列的有序集合，用户可以使用 ZLEXCOUNT 命令统计有序集合中位于字典序指定范围内的成员数量：

```
ZLEXCOUNT sorted_set min max
```

ZLEXCOUNT 命令的 min 参数和 max 参数的格式与 ZRANGEBYLEX 命令接受的 min 参数和 max 参数的格式完全相同。

举个例子，通过执行以下命令，我们可以统计出 words 有序集合中以字母 "a" 开头的成员数量：

```
redis> ZLEXCOUNT words [a (b
(integer) 3      -- 这个有序集合中有 3 个以字母 a 开头的成员
```

或者使用以下命令，统计出有序集合中字典序大于等于字母 "b" 的成员数量：

```
redis> ZLEXCOUNT words [b +
(integer) 7      -- 这个有序集合中有 7 个成员的字典序大于等于字母 b
```

图 6-37 展示了被以上两个 ZLEXCOUNT 命令统计出的有序集合成员。

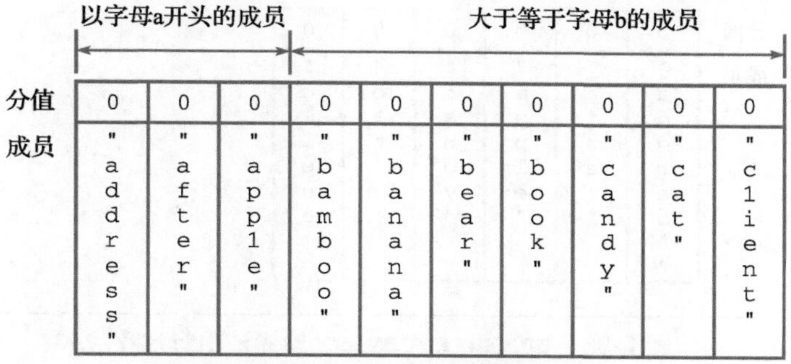

图 6-37 被统计的有序集合成员

其他信息

复杂度：$O(\log(N))$，其中 N 为有序集合包含的成员数量。

版本要求：ZLEXCOUNT 命令从 Redis 2.8.9 版本开始可用。

6.15 ZREMRANGEBYLEX：移除位于字典序指定范围内的成员

对于按照字典序排列的有序集合，用户可以使用 ZREMRANGEBYLEX 命令去移除有序集合中位于字典序指定范围内的成员：

```
ZREMRANGEBYLEX sorted_set min max
```

这个命令的 min 参数和 max 参数的格式与 ZRANGEBYLEX 命令以及 ZLEXCOUNT 命令接受的 min 参数和 max 参数的格式完全相同。ZREMRANGEBYLEX 命令在移除用户指定的成员之后，将返回被移除成员的数量作为命令的返回值。

作为例子，以下代码展示了如何移除 words 有序集合中所有以字母 "b" 开头的成员：

```
redis> ZREMRANGEBYLEX words [b (c
(integer) 4     -- 有 4 个成员被移除了
```

图 6-38 展示了 words 有序集合在 ZREMRANGEBYLEX 命令执行前后发生的变化。

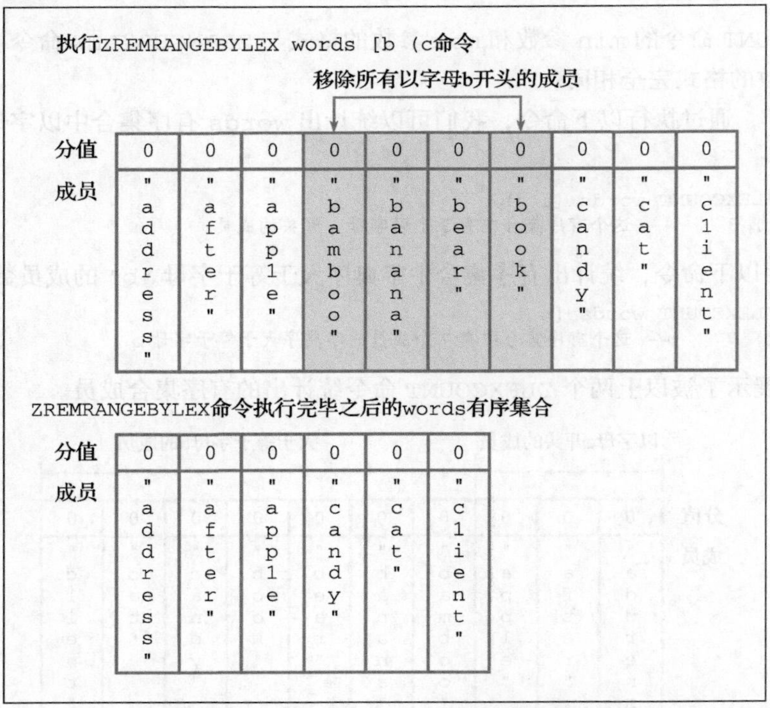

图 6-38 ZREMRANGEBYLEX 命令的执行过程

其他信息

复杂度：$O(\log(N)+M)$，其中 N 为有序集合包含的成员数量，M 为被移除成员的数量。

版本要求：ZREMRANGEBYLEX 命令从 Redis 2.8.9 版本开始可用。

示例：自动补全

包含大量信息的网站常常会在搜索或者查找功能上提供自动补全特性，这一特性可以帮助用户更快速地找到他们想要的信息。比如，当我们在搜索引擎中输入“黄”字的时候，搜索引擎的自动补全特性就会列出一些比较著名的以“黄”字开头的人或者物，以便用户可以更快速地找到相关信息，如图 6-39 所示。

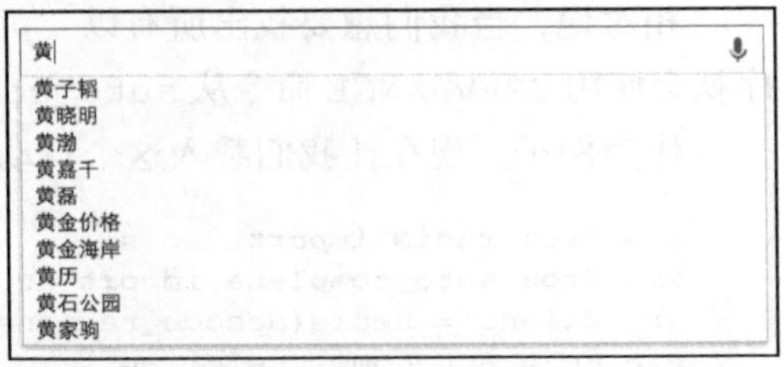

图 6-39　搜索引擎通过自动补全功能展示用户可能感兴趣的结果

代码清单 6-4 展示了一个使用有序集合实现的自动补全程序，这个程序可以提供类似图 6-39 所示的自动补全效果。

代码清单 6-4　使用有序集合实现的自动补全程序：/sorted_set/auto_complete.py

```
class AutoComplete:

    def __init__(self, client):
        self.client = client

    def feed(self, content, weight=1):
        """
        根据用户输入的内容构建自动补全结果，
        其中 content 参数为内容本身，可选的 weight 参数用于指定内容的权重值
        """
        for i in range(1, len(content)):
            key = "auto_complete::" + content[:i]
            self.client.zincrby(key, weight, content)

    def hint(self, prefix, count):
        """
        根据给定的前缀 prefix，获取 count 个自动补全结果
        """
        key = "auto_complete::" + prefix
        return self.client.zrevrange(key, 0, count-1)
```

这个自动补全程序的 feed() 方法接受给定的内容和权重值作为参数，并以此来构建自动补全结果。比如，如果我们调用 feed("黄晓朋", 5000)，那么程序将拼接出以下 3 个键：

```
auto_complete::黄
auto_complete::黄晓
auto_complete::黄晓朋
```

然后通过执行以下这 3 个命令，将自动补全结果“黄晓朋”及其权重 5000 添加到相应的有序集合里面：

```
ZINCRBY  auto_complete::黄  5000  "黄晓朋"
ZINCRBY  auto_complete::黄晓  5000  "黄晓朋"
ZINCRBY  auto_complete::黄晓朋  5000  "黄晓朋"
```

这样做的结果是，程序会把所有“黄”字开头的名字按权重大小有序地存储到 auto_complete::黄这个有序集合里面，而以“黄晓”开头的名字则会按照权重大小有序地存储在 auto_complete::黄晓这个有序集合里面，诸如此类。

相对地，当我们想要找出所有以“黄”字开头的名字时，只需要调用 hint() 方法，程序就会使用 ZREVRANGE 命令从 auto_complete::黄有序集合中取出相应的自动补全结果。

作为例子，现在让我们载入这个自动补全程序：

```
>>> from redis import Redis
>>> from auto_complete import AutoComplete
>>> client = Redis(decode_responses=True)
>>> ac = AutoComplete(client)
```

然后向程序输入一些名字以及这些名字的权重：

```
>>> ac.feed("黄健宏", 30)
>>> ac.feed("黄健强", 3000)
>>> ac.feed("黄晓朋", 5000)
>>> ac.feed("张三", 2500)
>>> ac.feed("李四", 1700)
```

在此之后，如果我们以“黄”字为前缀调用 hint() 方法，程序就会列出所有以“黄”字开头的名字：

```
>>> for name in ac.hint("黄", 10):
...   print(name)
...
黄晓朋
黄健强
黄健宏
```

接着，如果我们以“黄健”二字为前缀调用 hint() 方法，那么程序将列出两个以“黄健”二字为开头的名字：

```
>>> for name in ac.hint("黄健", 10):
...   print(name)
...
黄健强
黄健宏
```

再次提醒一下，因为 hint() 方法是按照权重的大小有序地返回结果的，所以权重较高的“黄健强”会排在前面，而权重较低的“黄健宏”则会排在后面。

6.16 ZPOPMAX、ZPOPMIN：弹出分值最高和最低的成员

ZPOPMAX 和 ZPOPMIN 是 Redis 5.0 版本新添加的两个命令，分别用于移除并返回有序集合中分值最大和最小的 N 个元素：

```
ZPOPMAX sorted_set [count]
ZPOPMIN sorted_set [count]
```

其中被移除元素的数量可以通过可选的 count 参数来指定。如果用户没有显式地给定 count 参数，那么命令默认只会移除一个元素。

举个例子，对于图 6-40 所示的有序集合来说，我们可以通过执行以下两个命令，分别移除有序集合中分值最大和最小的元素：

```
redis> ZPOPMAX salary
1) "mary"   -- 被移除元素的成员
2) "5500"   -- 被移除元素的分值

redis> ZPOPMIN salary
1) "peter"
2) "3500"
```

执行上述命令之后的 salary 有序集合如图 6-41 所示。

分值最小的元素（3500） 分值最大的元素（5500）

分值	3500	3800	4500	5000	5500
成员	"peter"	"bob"	"jack"	"tom"	"mary"

图 6-40 存储薪水数据的 salary 有序集合

分值	3800	4500	5000
成员	"bob"	"jack"	"tom"

图 6-41 弹出分值最大元素和分值最小元素之后的 salary 有序集合

其他信息

复杂度：$O(N)$，其中 N 为命令移除的元素数量。

版本要求：ZPOPMAX 命令和 ZPOPMIN 命令从 Redis 5.0.0 版本开始可用。

6.17 BZPOPMAX、BZPOPMIN：阻塞式最大 / 最小元素弹出操作

BZPOPMAX 命令和 BZPOPMIN 命令分别是 ZPOPMAX 命令以及 ZPOPMIN 命令的阻塞版本，这两个阻塞命令都接受任意多个有序集合和一个秒级精度的超时时限作为参数：

```
BZPOPMAX sorted_set [sorted_set ...] timeout

BZPOPMIN sorted_set [sorted_set ...] timeout
```

接收到参数的 BZPOPMAX 命令和 BZPOPMIN 命令会依次检查用户给定的有序集合，并从它遇到的第一个非空有序集合中弹出指定的元素。如果命令在检查了所有给定有序集合之后都没有发现可弹出的元素，那么它将阻塞执行命令的客户端，并在给定的时限之内等待可弹出的元素出现，直到等待时间超过给定时限为止。用户可以通过将超时时限设置为 0 来让命令一直阻塞，直到可弹出的元素出现为止。

BZPOPMAX 命令和 BZPOPMIN 命令在成功弹出元素时将返回一个包含 3 个项的列表，这 3 个项分别为被弹出元素所在的有序集合、被弹出元素的成员以及被弹出元素的分值。与此相反，如果这两个命令因为等待超时而未能弹出任何元素，那么它们将返回一个空值作为结果。

举个例子，对于以下 3 个有序集合来说：

```
redis> ZRANGE ss1 0 -1 WITHSCORES
(empty list or set)

redis> ZRANGE ss2 0 -1 WITHSCORES
1) "a"
2) "1"
3) "b"
4) "2"

redis> ZRANGE ss3 0 -1 WITHSCORES
1) "c"
2) "3"
```

如果我们对它们执行以下 BZPOPMAX 命令，那么命令将跳过空集 ss1，并弹出第一个非空有序集合 ss2 的最大元素：

```
redis> BZPOPMAX ss1 ss2 ss3 10
1) "ss2"  -- 被弹出元素所在的有序集合
2) "b"    -- 被弹出元素的成员
3) "2"    -- 被弹出元素的分值
```

与此类似，如果我们继续执行 BZPOPMAX 命令，那么命令将继续弹出第一个非空有序集合 ss2 的最大元素：

```
redis> BZPOPMAX ss1 ss2 ss3 10
1) "ss2"
2) "a"
3) "1"
```

现在，当 ss1 和 ss2 都变成空集之后，如果我们再次执行 BZPOPMAX 命令，那么命令将跳过空集 ss1 和 ss2，弹出第一个非空有序集合 ss3 的最大元素：

```
redis> BZPOPMAX ss1 ss2 ss3 10
1) "ss3"
2) "c"
3) "3"
```

最后，因为此时 3 个有序集合均已变成空集，所以如果我们再次执行 BZPOPMAX 命令，那么命令将在阻塞 10s 之后返回空值：

```
redis> BZPOPMAX ss1 ss2 ss3 10
(nil)
(10.05s)
```

除了 BZPOPMAX 命令弹出的是最大元素而 BZPOPMIN 命令弹出的是最小元素之外，这两个命令接受参数的方式以及返回值的方式完全相同。

其他信息

复杂度：$O(N)$，其中 N 为用户给定的有序集合数量。

版本要求：BZPOPMAX 命令和 BZPOPMIN 命令从 Redis 5.0.0 版本开始可用。

6.18 重点回顾

- 有序集合同时拥有“有序”和“集合”两种性质，集合性质保证有序集合只会包含各不相同的成员，而有序性质则保证了有序集合中的所有成员都会按照特定的顺序进行排列。
- 在一般情况下，有序集合成员的大小由分值决定，而分值相同的成员的大小则由成员在字典序中的大小决定。
- 成员的分值除了可以是数字之外，还可以是表示无穷大的 "+inf" 或者表示无穷小的 "-inf"。
- ZADD 命令从 Redis 3.0.2 版本开始，可以通过给定可选项来决定执行添加操作或是执行更新操作。
- 因为 Redis 只提供了对成员分值执行加法计算的 ZINCRBY 命令，而没有提供相应的减法计算命令，所以我们只能通过向 ZINCRBY 命令传入负数增量来对成员分值执行减法计算。
- ZINTERSTORE 命令和 ZUNIONSTORE 命令除了可以使用有序集合作为输入之外，还可以使用集合作为输入。在默认情况下，这两个命令会把集合的成员看作分值为 1 的有序集合成员来计算。
- 当有序集合的所有成员都拥有相同的分值时，用户可以通过 ZRANGEBYLEX、ZLEXCOUNT、ZREMRANGEBYLEX 等命令，按照字典序对有序集合中的成员进行操作。

CHAPTER 07

第7章 HyperLogLog

第 5 章曾介绍过使用 Redis 集合构建唯一计数器，并将这个计数器用于计算网站的唯一访客 IP。虽然使用 Redis 集合实现唯一计数器能够在功能上满足我们的要求，但是如果考虑得更长远一些，就会发现这个使用 Redis 集合实现的唯一计数器有一个明显的缺陷：随着被计数元素的不断增多，唯一计数器占用的内存也会越来越大；计数器越多，它们的体积越大，这一情况就会越严峻。

以计算唯一访客 IP 为例：

- 存储一个 IPv4 格式的 IP 地址最多需要 15 个字节（比如 `"127.234.122.101"`）。
- 根据网站的规模不同，每天出现的唯一 IP 可能会有数十万、数百万甚至数千万个。
- 为了记录网站在不同时期的访客，并进行相关的数据分析，网站可能需要持续地记录每天的唯一访客 IP 数量，短则几个月，长则数年。

综合以上条件，如果一个网站想要长时间记录访客的 IP，就必须创建多个唯一计数器。如果网站的访客比较多，那么它创建的每个唯一计数器都将包含大量元素，并因此占用相当一部分内存。

表 7-1 展示了不同规模的网站在不同时间段中，存储唯一访客 IP 所需的最大内存。可以看到，当网站的唯一访客数量达到 1000 万时，网站每个月就要花费 4.5GB 内存去存储唯一访客的 IP，对于记录唯一访客 IP 数量这个简单的功能来说，这样的内存开销实在让人难以接受，并且这还只是存储 IPv4 地址的开销，随着 IPv6 地址的逐渐普及，计数器将来可能需要存储 IPv6 地址，那时它的开销还会再翻上几倍！

表 7-1 不同规模的网站在使用集合记录访客唯一 IP 时所需的内存数量

每天的唯一访客 IP 数量	10 万	100 万	1000 万
记录一个月的访客 IP 数量所需的内存	45MB	0.45GB	4.5GB

（续）

每天的唯一访客 IP 数量	10 万	100 万	1000 万
记录六个月的访客 IP 数量所需的内存	270MB	2.7GB	27GB
记录一年的访客 IP 数量所需的内存	540MB	5.4GB	54GB

为了高效地解决计算唯一访客 IP 数量这类问题，研究人员开发了很多不同的方法，其中一个就是本章要介绍的 HyperLogLog 算法。

7.1 HyperLogLog 简介

HyperLogLog 是一个专门为了计算集合的基数而创建的概率算法，对于一个给定的集合，HyperLogLog 可以计算出这个集合的近似基数：近似基数并非集合的实际基数，它可能会比实际的基数小一点或者大一点，但是估算基数和实际基数之间的误差会处于一个合理的范围之内，因此那些不需要知道实际基数或者因为条件限制而无法计算出实际基数的程序就可以把这个近似基数当作集合的基数来使用。

HyperLogLog 的优点在于它计算近似基数所需的内存并不会因为集合的大小而改变，无论集合包含的元素有多少个，HyperLogLog 进行计算所需的内存总是固定的，并且是非常少的。具体到实现上，Redis 的每个 HyperLogLog 只需要使用 12KB 内存空间，就可以对接近：2^{64} 个元素进行计数，而算法的标准误差仅为 0.81%，因此它计算出的近似基数是相当可信的。

本章将对 Redis 中 HyperLogLog 的各个操作命令进行介绍，通过使用这些命令，用户可以：

- 对集合的元素进行计数。
- 获取集合当前的近似基数。
- 合并多个 HyperLogLog，合并后的 HyperLogLog 记录了所有被计数集合的并集的近似基数。

在介绍 HyperLogLog 命令的同时，本章还会说明如何通过这些命令去实现一个只需要固定内存的唯一计数器，以及一个能够检测出重复信息的检查器。

7.2 PFADD：对集合元素进行计数

用户可以通过执行 PFADD 命令，使用 HyperLogLog 对给定的一个或多个集合元素进行计数：

```
PFADD hyperloglog element [element ...]
```

根据给定的元素是否已经进行过计数，PFADD 命令可能返回 0，也可能返回 1：

- 如果给定的所有元素都已经进行过计数，那么 PFADD 命令将返回 0，表示 HyperLogLog 计算出的近似基数没有发生变化。

- 与此相反，如果给定的元素中出现了至少一个之前没有进行过计数的元素，导致 HyperLogLog 计算出的近似基数发生了变化，那么 PFADD 命令将返回 1。

举个例子，通过执行以下命令，我们可以使用 alphabets 这个 HyperLogLog 对 "a"、"b"、"c" 这 3 个元素进行计数：

```
redis> PFADD alphabets "a" "b" "c"
(integer) 1
```

因为这是 alphabets 第一次对元素 "a"、"b"、"c" 进行计数，所以 alphabets 计算的近似基数将发生变化，并使 PFADD 命令返回 1。

但是如果我们再次要求 alphabets 对元素 "a" 进行计数，那么这次 PFADD 命令将返回 0，这是因为已经计数过的元素 "a" 并不会对 alphabets 计算的近似基数产生影响：

```
redis> PFADD alphabets "a"
(integer) 0
```

其他信息

复杂度：$O(N)$，其中 N 为用户给定的元素数量。

版本要求：PFADD 命令从 Redis 2.8.9 版本开始可用。

7.3 PFCOUNT：返回集合的近似基数

在使用 PFADD 命令对元素进行计数之后，用户可以通过执行 PFCOUNT 命令来获取 HyperLogLog 为集合计算出的近似基数：

```
PFCOUNT hyperloglog [hyperloglog ...]
```

比如，通过执行以下命令，我们可以获取到 alphabets 这个 HyperLogLog 计算出的近似基数：

```
redis> PFCOUNT alphabets
(integer) 3
```

PFCOUNT 命令的返回值为 3，这表示 HyperLogLog 算法认为 alphabets 目前已经计数过 3 个不同的元素。

另外，当用户给定的 HyperLogLog 不存在时，PFCOUNT 命令将返回 0 作为结果：

```
redis> PFCOUNT not-exists-hyperloglog
(integer) 0
```

7.3.1 返回并集的近似基数

当用户向 PFCOUNT 传入多个 HyperLogLog 时，PFCOUNT 命令将对所有给定的 HyperLogLog 执行并集计算，然后返回并集 HyperLogLog 计算出的近似基数。

比如，我们可以创建两个 HyperLogLog，并分别使用这两个 HyperLogLog 去对两组字母进行计数：

```
redis> PFADD alphabets1 "a" "b" "c"
(integer) 1

redis> PFADD alphabets2 "c" "d" "e"
(integer) 1
```

然后使用以下 PFCOUNT 命令获取这两个 HyperLogLog 进行并集计算之后得出的近似基数：

```
redis> PFCOUNT alphabets1 alphabets2
(integer) 5
```

对多个 HyperLogLog 执行并集计算的效果与多个集合首先执行并集计算，然后再使用 HyperLogLog 去计算并集集合的近似基数的效果类似。比如，上面的 PFCOUNT 命令就类似于以下这两条命令：

```
redis> PFADD temp-hyperloglog "a" "b" "c" "c" "d" "e"
(integer) 1

redis> PFCOUNT temp-hyperloglog
(integer) 5
```

7.3.2 其他信息

复杂度：$O(N)$，其中 N 为用户给定的 HyperLogLog 数量。

版本要求：PFCOUNT 命令从 Redis 2.8.9 版本开始可用。

示例：优化唯一计数器

为了解决本章开头提到的唯一计数器的内存占用问题，我们可以使用 HyperLogLog 重新实现唯一计数器：无论被计数的元素有多少个，使用 HyperLogLog 实现的唯一计数器的内存开销总是固定的，并且因为每个 HyperLogLog 只占用 12KB 内存，所以即使程序使用多个 HyperLogLog，也不会带来明显的内存开销。

代码清单 7-1 展示了使用 HyperLogLog 重新实现的唯一计数器。

代码清单 7-1 使用 HyperLogLog 实现的唯一计数器：**/hyperloglog/unique_counter.py**

```
class UniqueCounter:

    def __init__(self, client, key):
        self.client = client
        self.key = key

    def count_in(self, item):
        """
        对给定元素进行计数
        """
```

```
            self.client.pfadd(self.key, item)

        def get_result(self):
            """
            返回计数器的值
            """
            return self.client.pfcount(self.key)
```

以下代码展示了这个唯一计数器的使用方法：

```
>>> from redis import Redis
>>> from unique_counter import UniqueCounter
>>> client = Redis(decode_responses=True)
>>> counter = UniqueCounter(client, 'unique-ip-counter')  # 创建一个唯一 IP 计数器
>>> counter.count_in('1.1.1.1')                           # 对 3 个 IP 进行计数
>>> counter.count_in('2.2.2.2')
>>> counter.count_in('3.3.3.3')
>>> counter.get_result()                                  # 获取计数结果
3
>>> counter.count_in('3.3.3.3')                           # 尝试输入一个已经计数过的 IP
>>> counter.get_result()                                  # 计数器的结果没有发生变化
3
```

通过使用 HyperLogLog 实现的唯一计数器去取代使用集合实现的唯一计数器，可以大幅降低存储唯一访客 IP 所需的内存数量，表 7-2 展示了这一点。

表 7-2 使用 HyperLogLog 实现的唯一计数器在记录唯一访客 IP 时所需的内存数量

每天的唯一访客 IP 数量	10 万	100 万	1000 万	1000 万（使用集合）
记录一个月的访客 IP 数量所需的内存	360KB	360KB	360KB	4.5GB
记录六个月的访客 IP 数量所需的内存	2.16MB	2.16MB	2.16MB	27GB
记录一年的访客 IP 数量所需的内存	4.32MB	4.32MB	4.32MB	54GB

与集合实现的唯一计数器相比，使用 HyperLogLog 实现的唯一计数器并不会因为被计数元素的增多而变大，因此它无论是对 10 万个、100 万个还是 1000 万个唯一 IP 进行计数，计数器消耗的内存数量都不会发生变化。与此同时，这个新计数器即使在每天唯一 IP 数量达到 1000 万个的情况下，记录一年的唯一 IP 数量也只需要 4.32MB 内存，这比同等情况下使用集合去实现唯一计数器所需的内存要少得多。

示例：检测重复信息

在构建应用程序的过程中，我们经常需要与广告等垃圾信息做斗争。因为垃圾信息的发送者通常会使用不同的账号、在不同的地方发送相同的垃圾信息，所以寻找垃圾信息的一种比较简单、有效的方法就是找出那些重复的信息：如果两个不同的用户发送了完全相同的信息，或者同一个用户重复地发送了多次完全相同的信息，那么这些信息很有可能就是垃圾信息。

判断两段信息是否相同并不是一件容易的事情，如果使用一般的字符串比对函数（比如

strcmp）来完成这一操作，那么每当有用户尝试执行信息发布操作时，程序就需要执行复杂度为 $O(N*M)$ 的比对操作，其中 N 为信息的长度，M 为系统目前已有的信息数量。

不难看出，随着系统存储的信息越来越多，这种比对操作将变得越来越慢，最终成为系统的瓶颈。

为了降低鉴别重复信息所需的复杂度，我们可以使用 HyperLogLog 来记录所有已发送的信息——每当用户发送一条信息时，程序就使用 PFADD 命令将这条信息添加到 HyperLogLog 中：

- 如果命令返回 1，那么这条信息就是未出现过的新信息。
- 如果命令返回 0，那么这条信息就是已经出现过的重复信息。

因为 HyperLogLog 使用的是概率算法，所以即使信息的长度非常长，HyperLogLog 判断信息是否重复所需的时间也非常短。另外，因为 HyperLogLog 并不会随着被计数信息的增多而变大，所以程序可以把所有需要检测的信息都记录到同一个 HyperLogLog 中，这使得实现重复信息检测程序所需的空间极大地减少。代码清单 7-2 展示了这个使用 HyperLogLog 实现的重复信息检测程序。

代码清单 7-2 使用 HyperLogLog 实现的重复信息检测程序：/hyperloglog/duplicate_checker.py

```
class DuplicateChecker:

    def __init__(self, client, key):
        self.client = client
        self.key = key

    def is_duplicated(self, content):
        """
        在信息重复时返回 True，未重复时返回 False
        """
        return self.client.pfadd(self.key, content) == 0

    def unique_count(self):
        """
        返回检查器已经检查过的非重复信息数量
        """
        return self.client.pfcount(self.key)
```

以下代码展示了如何使用 DuplicateChecker 程序检测并发现重复的信息：

```
>>> from redis import Redis
>>> from duplicate_checker import DuplicateChecker
>>> client = Redis(decode_responses=True)
>>> checker = DuplicateChecker(client, 'duplicate-message-checker')
>>> checker.is_duplicated("hello world!")     # 输入一些非重复信息
False
>>> checker.is_duplicated("good morning!")
False
>>> checker.is_duplicated("bye bye")
False
```

```
>>> checker.unique_count()                  # 查看目前非重复信息的数量
3
>>> checker.is_duplicated("hello world!")   # 发现重复信息
True
```

检测重复信息这个问题实际上就是算法中的“去重问题”，因此其他去重问题也可以使用 DuplicateChecker 程序中展示的方法来解决。

7.4 PFMERGE：计算多个 HyperLogLog 的并集

PFMERGE 命令可以对多个给定的 HyperLogLog 执行并集计算，然后把计算得出的并集 HyperLogLog 保存到指定的键中：

```
PFMERGE destination hyperloglog [hyperloglog ...]
```

如果指定的键已经存在，那么 PFMERGE 命令将覆盖已有的键。PFMERGE 命令在成功执行并集计算之后将返回 OK 作为结果。

HyperLogLog 并集计算的近似基数接近于所有给定 HyperLogLog 的被计数集合的并集基数。举个例子，假如有 h1、h2、h3 3 个 HyperLogLog，它们分别对集合 s1、s2、s3 进行计数，那么 h1、h2、h3 这 3 个 HyperLogLog 的并集所计算出的近似基数将接近于 s1、s2、s3 这 3 个集合的并集的基数。

以下代码展示了如何使用 PFMERGE 计算 numbers1、numbers2 和 numbers3 这 3 个 HyperLogLog 的并集，并将其存储到 union-numbers 键中：

```
redis> PFADD numbers1 128 256 512
(integer) 1

redis> PFADD numbers2 128 256 512
(integer) 1

redis> PFADD numbers3 128 512 1024
(integer) 1

redis> PFMERGE union-numbers numbers1 numbers2 numbers3
OK

redis> PFCOUNT union-numbers
(integer) 4
```

7.4.1 PFCOUNT 与 PFMERGE

PFCOUNT 命令在计算多个 HyperLogLog 的近似基数时会执行以下操作：

1）在内部调用 PFMERGE 命令，计算所有给定 HyperLogLog 的并集，并将这个并集存储到一个临时的 HyperLogLog 中。

2）对临时 HyperLogLog 执行 PFCOUNT 命令，得到它的近似基数（因为这是针对单个 HyperLogLog 的 PFCOUNT，所以这个操作不会引起循环调用）。

3）删除临时 HyperLogLog。

4）向用户返回之前得到的近似基数。

举个例子，当我们执行以下命令的时候：

```
redis> PFCOUNT numbers1 numbers2 numbers3
(integer) 4
```

PFCOUNT 将执行以下以下操作：

1）执行 PFMERGE <temp-hyperloglog> numbers1 numbers2 numbers3，把 3 个给定 HyperLogLog 的并集结果存储到临时 HyperLogLog 中。

2）执行 PFCOUNT <temp-hyperloglog>，取得并集 HyperLogLog 的近似基数 4。

3）执行 DEL <temp-hyperloglog>，删除临时 HyperLogLog。

4）向用户返回之前得到的近似基数 4。

基于上述原因，当程序需要对多个 HyperLogLog 调用 PFCOUNT 命令，并且这个调用可能会重复执行多次时，我们可以考虑把这一调用替换成相应的 PFMERGE 命令调用：通过把并集的计算结果存储到指定的 HyperLogLog 中而不是每次都重新计算并集，程序可以最大程度地减少不必要的并集计算。

7.4.2 其他信息

复杂度：$O(N)$，其中 N 为用户给定的 HyperLogLog 数量。

版本要求：PFMERGE 命令从 Redis 2.8.9 版本开始可用。

示例：实现每周 / 月度 / 年度计数器

本章前面介绍了如何使用 PFADD 命令和 PFCOUNT 命令实现 HyperLogLog 版本的唯一计数器，在学习了 PFMERGE 命令之后我们可以通过使用这个命令对多个 HyperLogLog 实现的唯一计数器执行并集计算，从而实现每周 / 月度 / 年度计数器：

- 通过对一周内每天的唯一访客 IP 计数器执行 PFMERGE 命令，我们可以计算出那一周的唯一访客 IP 数量。
- 通过对一个月内每天的唯一访客 IP 计数器执行 PFMERGE 命令，我们可以计算出那一个月的唯一访客 IP 数量。
- 年度甚至更长时间的唯一访客 IP 数量也可以按照类似的方法计算。

代码清单 7-3 展示了一个能够对多个唯一计数器执行并集计算，并将结果存储到指定键的程序。

代码清单 7-3 唯一计数器合并程序：/hyperloglog/unique_counter_merger.py

```
class UniqueCounterMerger:

    def __init__(self, client):
```

```
        self.client = client

    def merge(self, destination, *hyperloglogs):
        self.client.pfmerge(destination, *hyperloglogs)
```

UniqueCounterMerger 的定义非常简单，它使用类将 PFMERGE 命令封装了一下，以下代码展示了使用这个合并程序计算一周唯一访客 IP 数量的方法：

```
>>> from redis import Redis
>>> from unique_counter_merger import UniqueCounterMerger
>>> client = Redis(decode_responses=True)
>>> merger = UniqueCounterMerger(client)
>>> counters = [
...     'unique_ip_counter::8-10',  # 本周 7 天的计数器键名
...     'unique_ip_counter::8-11',
...     'unique_ip_counter::8-12',
...     'unique_ip_counter::8-13',
...     'unique_ip_counter::8-14',
...     'unique_ip_counter::8-15',
...     'unique_ip_counter::8-16'
... ]
>>> merger.merge('unique_ip_counter::No_33_week', *counters)  # 计算并存储本周的唯一访客 IP 数量
>>> client.pfcount('unique_ip_counter::No_33_week')  # 获取本周的唯一访客 IP 数量
47463
```

7.5 重点回顾

- HyperLogLog 是一个概率算法，它可以对大量元素进行计数，并计算出这些元素的近似基数。
- 无论被计数的元素有多少个，HyperLogLog 只使用固定大小的内存，其内存占用不会因为被计数元素增多而增多。
- 在有需要的情况下，用户可以使用 PFMERGE 命令代替针对多个 HyperLogLog 的 PFCOUNT 命令调用，从而避免重复执行相同的并集计算。
- HyperLogLog 不仅可以用于计数问题，还可以用于去重问题。

第8章 位 图

Redis 的位图（bitmap）是由多个二进制位组成的数组，数组中的每个二进制位都有与之对应的偏移量（也称索引），用户通过这些偏移量可以对位图中指定的一个或多个二进制位进行操作。

图 8-1 展示了一个包含 8 个二进制位的位图示例，这个位图存储的值为 1001 0100。

索引	0	1	2	3	4	5	6	7
位	1	0	0	1	0	1	0	0

图 8-1　位图示例

Redis 为位图提供了一系列操作命令，通过这些命令，用户可以：

- 为位图指定偏移量上的二进制位设置值，或者获取位图指定偏移量上的二进制位的值。
- 统计位图中有多少个二进制位被设置成了 1。
- 查找位图中第一个被设置为指定值的二进制位并返回它的偏移量。
- 对一个或多个位图执行逻辑并、逻辑或、逻辑异或以及逻辑非运算。
- 将指定类型的整数存储到位图中。

本章接下来将对以上提到的各个位图命令进行介绍，并展示如何使用位图去实现用户行为记录器、0-1 矩阵存储程序以及能够有效地节约内存的整数计数器。

8.1　SETBIT：设置二进制位的值

通过使用 SETBIT 命令，用户可以为位图指定偏移量上的二进制位设置值：

```
SETBIT bitmap offset value
```

SETBIT 命令在对二进制位进行设置之后，将返回二进制位被设置之前的旧值作为结果。

举个例子，如果我们想要将位图 bitmap001 的值设置成 1001 0100，那么可以执行以下 3 个命令：

```
redis> SETBIT bitmap001 0 1
(integer) 0      -- 二进制位原来的值为 0

redis> SETBIT bitmap001 3 1
(integer) 0

redis> SETBIT bitmap001 5 1
(integer) 0
```

图 8-2 展示了以上 3 个命令的执行过程。

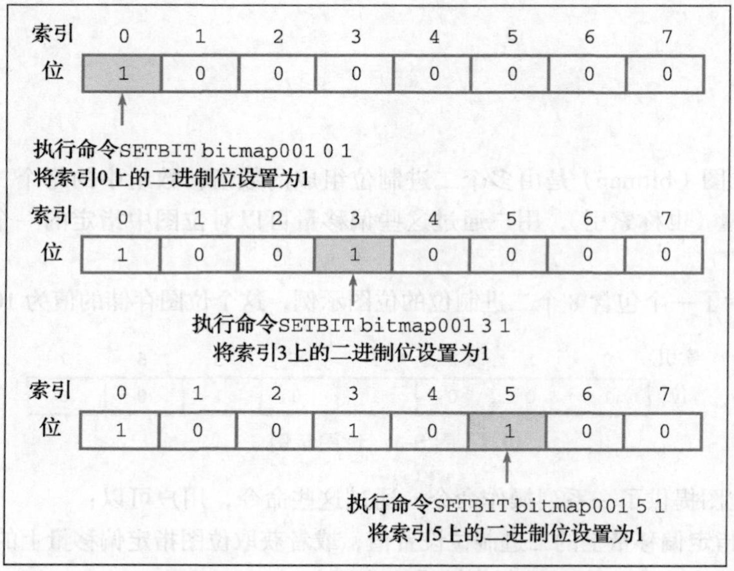

图 8-2 **SETBIT** 命令对位图的修改过程

8.1.1 位图的扩展

当用户执行 SETBIT 命令尝试对一个位图进行设置的时候，如果位图不存在，或者位图当前的大小无法满足用户想要执行的设置操作，那么 Redis 将对被设置的位图进行扩展，使得位图可以满足用户的设置请求。

因为 Redis 对位图的扩展操作是以字节为单位进行的，所以扩展之后的位图包含的二进制位数量可能会比用户要求的稍微多一些，并且在扩展位图的同时，Redis 还会将所有未被设置的二进制位的值初始化为 0。

比如，如果用户执行以下命令，对尚未存在的位图 bitmap002 在偏移量 10 之上的二进制位进行设置：

```
redis> SETBIT bitmap002 10 1
(integer) 0
```

那么 Redis 创建出的位图并不会只有 11 个二进制位，而是有两个字节共 16 个二进制位，如图 8-3 所示。

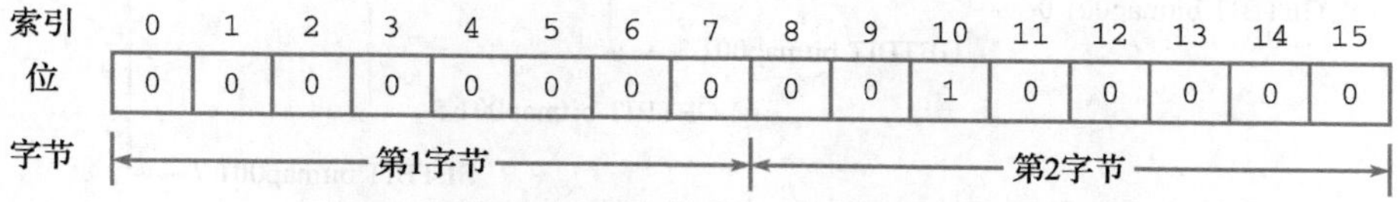

图 8-3 包含 16 个二进制位的位图 bitmap002

从这个图我们也可以看到，除了偏移量为 10 的二进制位之外，其他所有未被设置的二进制位都被初始化成了 0。

8.1.2 偏移量只能为正数

与一些 Redis 命令可以使用负数作为偏移量的做法不同，SETBIT 命令只能使用正数偏移量，尝试输入负数作为偏移量将引发一个错误：

```
redis> SETBIT bitmap001 -1 1
(error) ERR bit offset is not an integer or out of range
```

8.1.3 其他信息

复杂度：$O(1)$。

版本要求：SETBIT 命令从 Redis 2.2.0 版本开始可用。

8.2 GETBIT：获取二进制位的值

使用 GETBIT 命令，用户可以获取位图指定偏移量上的二进制位的值：

```
GETBIT bitmap offset
```

与 SETBIT 命令一样，GETBIT 命令也只能接受正数作为偏移量。

举个例子，对于值为 1001 0100 的位图 bitmap001 来说，可以通过执行以下命令，分别获取它在偏移量 0、偏移量 3、偏移量 5 以及偏移量 7 上的二进制位的值：

```
redis> GETBIT bitmap001 0
(integer) 1

redis> GETBIT bitmap001 3
(integer) 1

redis> GETBIT bitmap001 5
(integer) 1

redis> GETBIT bitmap001 7
(integer) 0
```

图 8-4 展示了这 4 个 GETBIT 命令对 bitmap001 进行取值的过程。

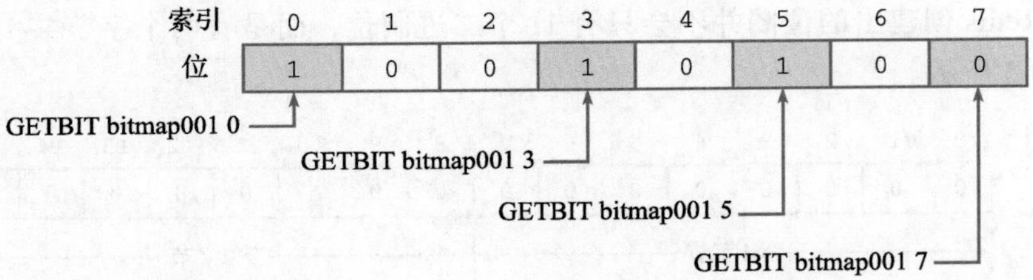

图 8-4 GETBIT 命令的执行过程

8.2.1 处理范围之外的偏移量

如果用户输入的偏移量超过了位图目前拥有的最大偏移量，那么 GETBIT 命令将返回 0 作为结果：

```
redis> GETBIT bitmap001 100      # bitmap001 只包含 8 个二进制位
(integer) 0                      # 100 不在它的有效偏移量范围之内
```

换句话说，GETBIT 命令会把位图中所有不存在的二进制位的值都看作 0。

8.2.2 其他信息

复杂度：$O(1)$。

版本要求：GETBIT 命令从 Redis 2.2.0 版本开始可用。

8.3 BITCOUNT：统计被设置的二进制位数量

用户可以通过执行 BITCOUNT 命令统计位图中值为 1 的二进制位数量：

```
BITCOUNT key
```

比如，对于值为 1001 0100 的位图 bitmap001，可以通过执行以下命令来统计它有多少个二进制位被设置成了 1：

```
redis> BITCOUNT bitmap001
(integer) 3      -- 这个位图有 3 个二进制位被设置成了 1
```

而对于值为 0000 0000 0010 0000 的位图 bitmap002，可以通过执行以下命令来统计它有多少个二进制位被设置成了 1：

```
redis> BITCOUNT bitmap002
(integer) 1      -- 这个位图只有 1 个二进制位被设置成了 1
```

8.3.1 只统计位图指定字节范围内的二进制位

在默认情况下，BITCOUNT 命令将对位图包含的所有字节中的二进制位进行统计，但在有需要的情况下，用户也可以通过可选的 start 参数和 end 参数，让 BITCOUNT 只对指定字节范围内的二进制位进行统计：

```
BITCOUNT bitmap [start end]
```

注意 start 参数和 end 参数与本章之前介绍的 SETBIT 命令和 GETBIT 命令的 offset 参数并不相同，这两个参数是用来指定字节偏移量而不是二进制位偏移量的。位图的字节偏移量与 Redis 其他数据结构的偏移量一样，都是从 0 开始的：位图第一个字节的偏移量为 0，第二个字节的偏移量为 1，第三个字节的偏移量为 2，以此类推。

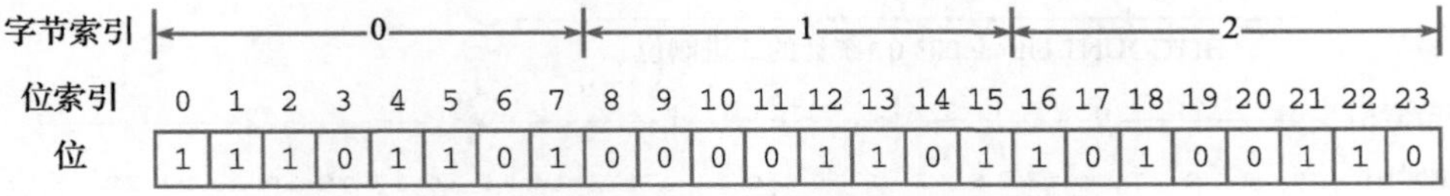

图 8-5 包含 24 个二进制位的位图 **bitmap003**

举个例子，对于图 8-5 所示的包含 3 个字节共 24 个二进制位的位图 bitmap003 来说，我们可以通过执行以下命令统计出它的第一个字节里面有多少个二进制位被设置成了 1：

```
redis> BITCOUNT bitmap003 0 0
(integer) 6
```

如果我们想要知道 bitmap003 的第一个字节和第二个字节中有多少个二进制位被设置成了 1，那么可以执行以下命令：

```
redis> BITCOUNT bitmap003 0 1
(integer) 9
```

如果我们想要知道 bitmap003 的第三个字节中有多少个二进制位被设置成了 1，那么可以执行以下命令：

```
redis> BITCOUNT bitmap003 2 2
(integer) 4
```

图 8-6 展示了以上 3 个 BITCOUNT 命令在执行期间都统计了哪些二进制位。

不要把 BITCOUNT 的字节偏移量当作二进制位偏移量

再次提醒，BITCOUNT 命令的 start 参数和 end 参数定义的是字节偏移量范围，而不是二进制位偏移量范围。

很多 Redis 用户在刚开始使用 BITCOUNT 命令的时候，都会误以为 BITCOUNT 接受的是二进制位偏移量范围，比如想要使用 BITCOUNT bitmap 0 2 去统计位图的前 3 个二进制位，但实际上统计的却是位图前 3 个字节包含的所有二进制位，诸如此类。

如果不认真地了解 BITCOUNT 命令的作用，就很容易出现上述的问题。

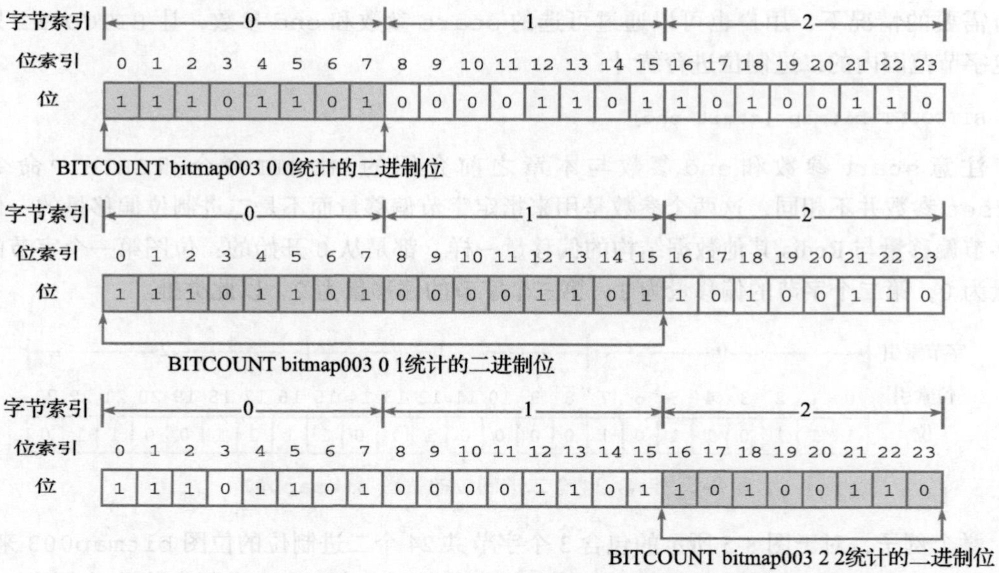

图 8-6 3 个 BITCOUNT 命令执行期间统计的二进制位

8.3.2 使用负数偏移量定义统计范围

BITCOUNT 命令的 start 参数和 end 参数的值除了可以是正数之外，还可以是负数。以下是一些使用负数偏移量对位图 bitmap003 的指定字节进行统计的例子：

```
redis> BITCOUNT bitmap003 -1 -1     -- 统计最后一个字节
(integer) 4

redis> BITCOUNT bitmap003 -2 -2     -- 统计倒数第二个字节
(integer) 3

redis> BITCOUNT bitmap003 -3 -3     -- 统计倒数第三个字节
(integer) 6
```

图 8-7 分别以正数和负数两种形式展示了位图 bitmap003 的字节索引。

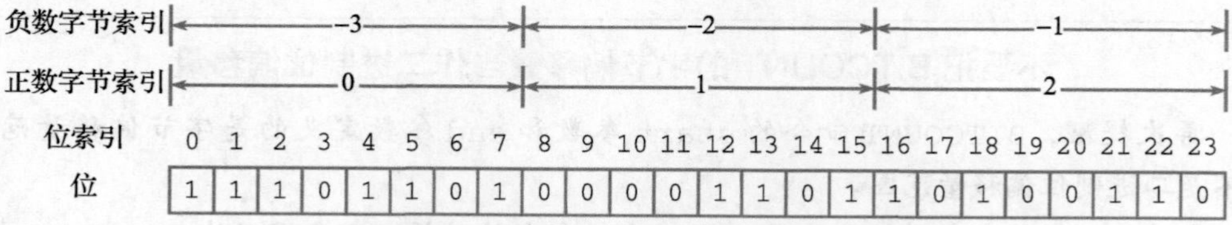

图 8-7 带有正数字节索引和负数字节索引的位图 bitmap003

8.3.3 其他信息

复杂度：$O(N)$，其中 N 为被统计字节的数量。

版本要求：BITCOUNT 命令从 Redis 2.6.0 版本开始可用。

示例：用户行为记录器

为了对用户的行为进行分析并借此改善服务质量，很多网站都会对用户在网站上的一举一动进行记录。比如记录哪些用户登录了网站，哪些用户发表了新的文章，哪些用户进行了消费，诸如此类。

为此，我们可以使用本书前面介绍过的集合或者 HyperLogLog 来记录所有执行了指定行为的用户，但这两种做法都有相应的缺陷：

- 如果使用集合来记录执行了指定行为的用户，那么集合的体积就会随着用户数量的增多而变大，从而消耗大量内存。
- 虽然使用 HyperLogLog 来记录用户行为这一做法可以节约大量内存，但由于 HyperLogLog 是一个概率算法，所以它只能给出执行了指定行为的人数的估算值，并且无法准确地判断一个用户是否执行了指定行为，这会给一些需要精确结果的分析算法带来麻烦。

为了尽可能地节约内存，并且精确地记录特定用户是否执行了指定的行为，我们可以使用以下方法：

- 对于每项行为，一个用户要么执行了该行为，要么没有执行该行为，只有两种可能，因此用户是否执行了指定行为这一信息可以通过一个二进制位来记录。
- 通过将用户 ID 与位图中的二进制位偏移量进行一对一映射，我们可以使用一个位图来记录所有执行了指定行为的用户：比如偏移量为 10086 的二进制位就负责记录 ID 为 10086 的用户信息，而偏移量为 12345 的二进制位则负责记录 ID 为 12345 的用户信息，以此类推。
- 每当用户执行指定行为时，我们就调用 SETBIT 命令，将用户在位图中对应的二进制位的值设置为 1。
- 通过调用 GETBIT 命令并判断用户对应的二进制位的值是否为 1，我们可以知道用户是否执行了指定的行为。
- 通过对位图执行 BITCOUNT 命令，我们可以知道有多少用户执行了指定行为。

代码清单 8-1 展示了使用这一原理实现的用户行为记录器程序。

代码清单 8-1　用户行为记录器：/bitmap/action_recorder.py

```python
def make_action_key(action):
    return "action_recorder::" + action

class ActionRecorder:

    def __init__(self, client, action):
        self.client = client
        self.bitmap = make_action_key(action)
```

```
    def perform_by(self, user_id):
        """
        记录执行了指定行为的用户
        """
        self.client.setbit(self.bitmap, user_id, 1)

    def is_performed_by(self, user_id):
        """
        检查给定用户是否执行了指定行为，执行则返回 True，未执行则返回 False
        """
        return self.client.getbit(self.bitmap, user_id) == 1

    def count_performed(self):
        """
        返回执行了指定行为的用户人数
        """
        return self.client.bitcount(self.bitmap)
```

这个使用位图实现的行为记录器同时具备了集合和 HyperLogLog 的优点，既可以像集合那样准确地判断特定用户是否执行了指定行为，又可以像 HyperLogLog 那样大量减少内存消耗：对于每项行为，使用这个程序去记录 100 万个用户的信息只需要耗费 125KB 内存，而记录 1000 万个用户的信息也只需要 1.25MB 内存。

作为例子，以下代码展示了如何使用这个程序去记录用户的登录行为：

```
>>> from redis import Redis
>>> from action_recorder import ActionRecorder
>>> client = Redis()
>>> login_action = ActionRecorder(client, "login")
>>> login_action.perform_by(10086)          # 对已登录用户进行记录
>>> login_action.perform_by(255255)
>>> login_action.perform_by(987654321)
>>> login_action.is_performed_by(10086) # ID 为 10086 的用户登录了
True
>>> login_action.is_performed_by(555)    # ID 为 555 的用户没有登录
False
>>> login_action.count_performed()       # 共有 3 个用户执行了登录操作
3
```

8.4 BITPOS：查找第一个指定的二进制位值

用户可以通过执行 BITPOS 命令，在位图中查找第一个被设置为指定值的二进制位，并返回这个二进制位的偏移量：

```
BITPOS bitmap value
```

比如，通过执行以下命令，我们可以知道位图 bitmap003 第一个被设置为 1 的二进制位所在的偏移量：

```
redis> BITPOS bitmap003 1
(integer) 0     -- 位图第一个被设置为 1 的二进制位的偏移量为 0
```

而执行以下命令则可以知道 bitmap003 第一个被设置为 0 的二进制位所在的偏移量：

```
redis> BITPOS bitmap003 0
(integer) 3      -- 位图第一个被设置为 0 的二进制位的偏移量为 3
```

图 8-8 展示了以上两个命令的执行图示。

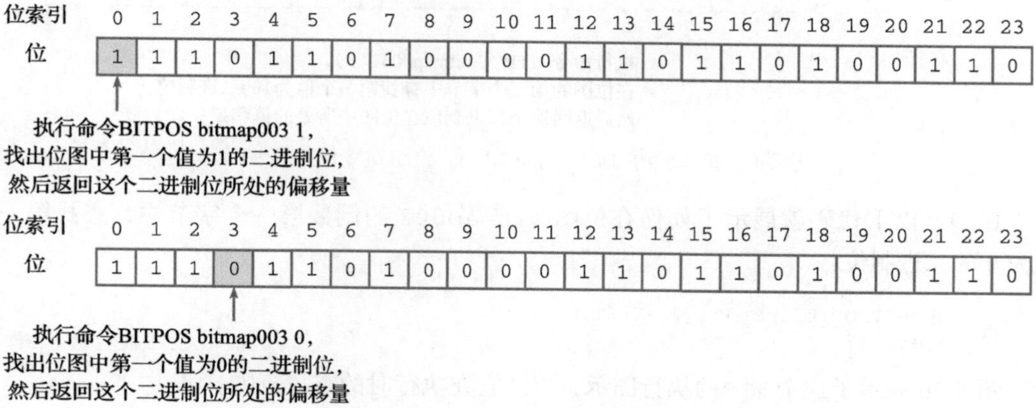

图 8-8 两个 BITPOS 命令的执行图示

8.4.1 只在指定的字节范围内进行查找

在默认情况下，BITPOS 命令的查找范围将覆盖位图包含的所有二进制位，但在有需要的情况下，用户也可以通过可选的 start 参数和 end 参数，让 BITPOS 命令只在指定字节范围内的二进制位中进行查找：

```
BITPOS bitmap value [start end]
```

举个例子，如果我们想要在位图 bitmap003 的第二个字节中找到第一个值为 1 的二进制位所处的偏移量，那么可以执行以下命令：

```
redis> BITPOS bitmap003 1 1 1
(integer) 12
```

注意，BITPOS 命令返回的偏移量为 12，这个偏移量是被找到的二进制位在整个位图中所处的偏移量，而不是它在第二个字节中所处的偏移量。换句话说，即使我们指定了 BITPOS 命令要查找的字节范围，BITPOS 命令在返回结果时也只会返回目标二进制位在整个位图中所处的绝对偏移量，而不是这个二进制位在指定字节范围内的相对偏移量。

图 8-9 展示了 BITPOS bitmap003 1 1 1 命令的执行图示，以及这个命令在执行时查找的范围。

8.4.2 使用负数偏移量定义查找范围

与 BITCOUNT 命令一样，BITPOS 命令的 start 参数和 end 参数也可以是负数。

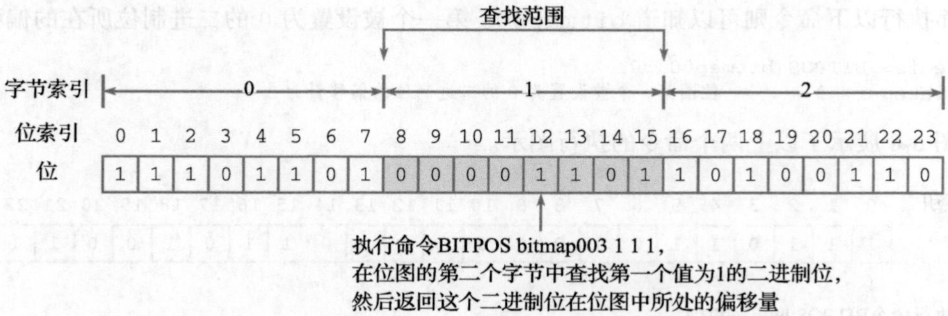

图 8-9 BITPOS bitmap003 1 1 1 命令的执行图示

比如，以下代码就展示了如何在位图 bitmap003 的倒数第一个字节中，查找第一个值为 0 的二进制位：

```
redis> BITPOS bitmap003 0 -1 -1
(integer) 17
```

图 8-10 展示了这个命令的执行图示，以及它在执行时的查找范围。

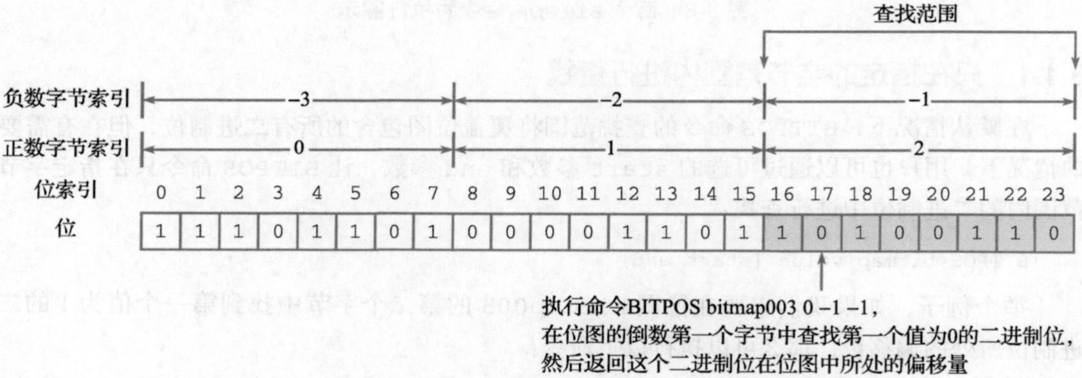

图 8-10 BITPOS bitmap003 0 -1 -1 的执行图示

8.4.3 边界情况处理

当用户尝试对一个不存在的位图或者一个所有位都被设置成了 0 的位图中查找值为 1 的二进制位时，BITPOS 命令将返回 -1 作为结果：

```
redis> BITPOS not-exists-bitmap 1        -- 在一个不存在的位图中查找
(integer) -1

redis> BITPOS all-0-bitmap 1             -- 在一个所有位都被设置成了 0 的位图中查找
(integer) -1
```

如果用户在一个所有位都被设置成 1 的位图中查找值为 0 的二进制位，那么 BITPOS 命令将返回位图最大偏移量加上 1 作为结果。

举个例子，如果我们在一个包含 8 个二进制位，并且所有二进制位都被设置成 1 的位图 bitmap-8bits-all-1 中查找值为 0 的二进制位，那么 BITPOS 命令将返回以下结果：

```
redis> BITPOS bitmap-8bits-all-1 0
(integer) 8
```

这个 BITPOS 命令之所以会返回 8，是因为它在对位图中偏移量从 0 到 7 的 8 个二进制位进行检查之后，都没有找到值为 0 的二进制位，于是它继续移动指针，尝试去检查偏移量为 8 的二进制位，但是由于偏移量 8 已经超出了位图的有效偏移量范围，而 Redis 又会把位图中不存在的二进制位的值看作 0，所以 BITPOS 命令最后就把偏移量 8 作为结果返回给用户。

8.4.4 其他信息

复杂度：$O(N)$，其中 N 为查找涉及的字节数量。

版本要求：BITPOS 命令从 Redis 2.8.7 版本开始可用。

8.5 BITOP：执行二进制位运算

用户可以通过 BITOP 命令，对一个或多个位图执行指定的二进制位运算，并将运算结果存储到指定的键中：

```
BITOP operation result_key bitmap [bitmap ...]
```

operation 参数的值可以是 AND、OR、XOR、NOT 中的任意一个，这 4 个值分别对应逻辑并、逻辑或、逻辑异或和逻辑非 4 种运算，其中 AND、OR、XOR 这 3 种运算允许用户使用任意数量的位图作为输入，而 NOT 运算只允许使用一个位图作为输入。BITOP 命令在将计算结果存储到指定键中之后，会返回被存储位图的字节长度。

举个例子，通过执行以下命令，我们可以对位图 bitmap001、bitmap002 和 bitmap003 执行逻辑并运算，并将结果存储到键 and_result 中：

```
redis> BITOP AND and_result bitmap001 bitmap002 bitmap003
(integer) 3      -- 运算结果 and_result 位图的长度为 3 字节
```

而执行以下命令则可以将 bitmap001、bitmap002 和 bitmap003 的逻辑或运算结果和逻辑异或运算结果分别存储到指定的键中：

```
redis> BITOP OR or_result bitmap001 bitmap002 bitmap003
(integer) 3

redis> BITOP XOR xor_result bitmap001 bitmap002 bitmap003
(integer) 3
```

最后，通过执行以下命令，我们可以计算出 bitmap001 的逻辑非结果，并将它存储到 not_result 键中：

```
redis> BITOP NOT not_result bitmap001
(integer) 1
```

8.5.1 处理不同长度的位图

当 BITOP 命令在对两个长度不同的位图执行运算时，会将长度较短的那个位图中不存在的二进制位的值看作 0。

比如，当用户使用 BITOP 命令对值为 1001 1100 0101 1101 的位图和值为 1010 0001 的位图执行逻辑并运算时，命令将把较短的后一个位图看作 0000 0000 1010 0001，然后再执行运算。

8.5.2 其他信息

复杂度：*O* (*N*)，其中 *N* 为计算涉及的字节总数量。

版本要求：BITOP 命令从 Redis 2.6.0 版本开始可用。

示例：0-1 矩阵

0-1 矩阵（又称逻辑矩阵或者二进制矩阵）是由 0 和 1 组成的矩阵，这种矩阵通常用于表示离散结构。图 8-11 展示了一个 0-1 矩阵的例子。

$$\begin{pmatrix} 1 & 1 & 1 & 1 \\ 0 & 1 & 0 & 1 \\ 0 & 0 & 1 & 0 \\ 0 & 0 & 0 & 1 \end{pmatrix}$$

图 8-11 一个 0-1 矩阵

Redis 的位图也可以用于存储 0-1 矩阵，只要我们把 0-1 矩阵中的各个元素与位图中的各个二进制位一对一地关联起来就可以了。图 8-12 就展示了如何将图 8-11 所示的 0-1 矩阵存储到一个包含 16 个二进制位的位图上面，这 16 个二进制位被划分成了 4 个部分，每个部分存储着矩阵中的一个行。

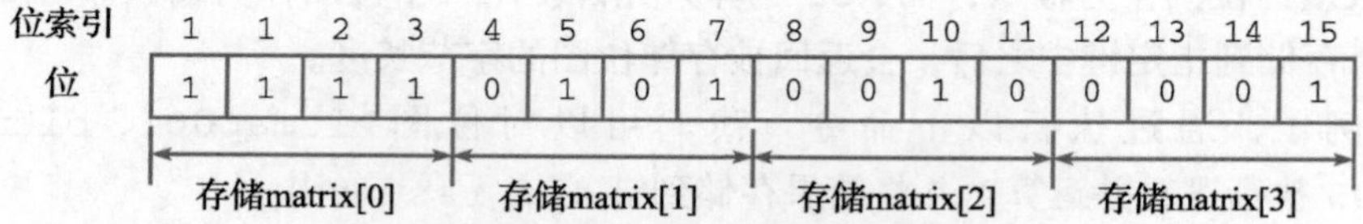

图 8-12 使用位图存储 0-1 矩阵

代码清单 8-2 展示了一个使用以上原理实现的 0-1 矩阵存储程序：

- 在初始化矩阵对象时，程序会要求用户输入矩阵的行数和列数，然后把这两个值分别存储到对象的 row_num 属性和 col_num 属性中。
- 当用户调用 set(row, col, value) 方法对矩阵第 row 行第 col 列的元素进行设置的时候，程序会根据公式 row*col_num+col 找出被设置元素在位图中对应的二进制位偏移量，然后执行 SETBIT 命令对该二进制位进行设置。
- 与此类似，当用户调用 get(row, col) 方法尝试获取矩阵在指定位置上的元素时，程序会使用相同的公式，找出指定元素在位图中对应的二进制位，然后返回它的值。

代码清单 8-2 0-1 矩阵存储程序：/bitmap/zero_one_matrix.py

```
def make_matrix_key(matrix_name):
```

```
    return "matrix::" + matrix_name

def calculate_index(row, col, row_num, col_num):
    if not (row < row_num):
        raise ValueError("row out of range")
    if not (col < col_num):
        raise ValueError("col out of range")
    return row*row_num+col

class ZeroOneMatrix:

    def __init__(self, client, name, row_num, col_num):
        self.client = client
        self.bitmap = make_matrix_key(name)
        self.row_num = row_num
        self.col_num = col_num

    def set(self, row, col, value):
        """
        对矩阵的指定位置进行设置
        """
        index = calculate_index(row, col, self.row_num, self.col_num)
        self.client.setbit(self.bitmap, index, value)

    def get(self, row, col):
        """
        获取矩阵在指定位置上的值
        """
        index = calculate_index(row, col, self.row_num, self.col_num)
        return self.client.getbit(self.bitmap, index)

    def show(self):
        """
        打印出整个矩阵
        """
        for row in range(self.row_num):
            elements = []
            for col in range(self.col_num):
                elements.append(self.get(row, col))
            print("matrix[{0}]: {1}".format(row, elements))
```

以下代码演示了这个矩阵程序的使用方法：

```
>>> from redis import Redis
>>> from zero_one_matrix import ZeroOneMatrix
>>> client = Redis()
>>> matrix = ZeroOneMatrix(client, "test-matrix", 4, 4)
>>> matrix.set(0, 0, 1)    # 设置矩阵元素
>>> matrix.set(0, 1, 1)
>>> matrix.set(0, 2, 1)
>>> matrix.set(0, 3, 1)
>>> matrix.set(1, 1, 1)
>>> matrix.set(1, 3, 1)
>>> matrix.set(2, 2, 1)
>>> matrix.set(3, 3, 1)
```

```
>>> matrix.get(0, 0)          # 获取矩阵元素
1
>>> matrix.get(1, 0)
0
>>> matrix.show()             # 打印整个矩阵
matrix[0]: [1, 1, 1, 1]
matrix[1]: [0, 1, 0, 1]
matrix[2]: [0, 0, 1, 0]
matrix[3]: [0, 0, 0, 1]
```

8.6 BITFIELD：在位图中存储整数值

BITFIELD 命令允许用户在位图中的任意区域（field）存储指定长度的整数值，并对这些整数值执行加法或减法操作。

BITFIELD 命令支持 SET、GET、INCRBY、OVERFLOW 这 4 个子命令，接下来将分别介绍这些子命令。

8.6.1 根据偏移量对区域进行设置

通过使用 BITFIELD 命令的 SET 子命令，用户可以在位图的指定偏移量 offset 上设置一个 type 类型的整数值 value：

```
BITFIELD bitmap SET type offset value
```

其中：

- offset 参数用于指定设置的起始偏移量。这个偏移量从 0 开始计算，偏移量为 0 表示设置从位图的第 1 个二进制位开始，偏移量为 1 则表示设置从位图的第 2 个二进制位开始，以此类推。如果被设置的值长度不止一位，那么设置将自动延伸至之后的二进制位。
- type 参数用于指定被设置值的类型，这个参数的值需要以 i 或者 u 为前缀，后跟被设置值的位长度，其中 i 表示被设置的值为有符号整数，而 u 则表示被设置的值为无符号整数。比如 i8 表示被设置的值为有符号 8 位整数，而 u16 则表示被设置的值为无符号 16 位整数，诸如此类。BITFIELD 的各个子命令目前最大能够对 64 位长的有符号整数（i64）和 63 位长的无符号整数（u63）进行操作。
- value 参数用于指定被设置的整数值，这个值的类型应该和 type 参数指定的类型一致。如果给定值的长度超过了 type 参数指定的类型，那么 SET 命令将根据 type 参数指定的类型截断给定值。比如，如果用户尝试将整数 123（二进制表示为 0111 1011）存储到一个 u4 类型的区域中，那么命令会先将该值截断为 4 位长的二进制数字 1011（即十进制数字 11），然后再进行设置。

SET 子命令会返回指定区域被设置之前的旧值作为执行结果。

举个例子，通过执行以下命令，我们可以从偏移量 0 开始，设置一个 8 位长的无符号整数值 198（二进制表示为 11000110）：

```
redis> BITFIELD bitmap SET u8 0 198
1) (integer) 0
```

从子命令返回的结果可以看出，该区域被设置之前存储的整数值为0。图8-13展示了执行设置命令之后的位图。

位移偏量	0	1	2	3	4	5	6	7
二进制位	1	1	0	0	0	1	1	0

图8-13　执行设置命令之后的位图

BITFIELD命令允许用户在一次调用中执行多个子命令，比如，通过在一次BITFIELD调用中使用多个SET子命令，我们可以同时对位图的多个区域进行设置：

```
redis> BITFIELD bitmap SET u8 0 123 SET i32 20 10086 SET i64 188 123456789
1) (integer) 198
2) (integer) 0
3) (integer) 0
```

上面这条BITFIELD命令使用3个SET子命令，分别对位图的3个区域进行了设置，其中：

- 第1个子命令SET u8 0 123从偏移量0开始，设置一个8位长无符号整数值123。
- 第2个子命令SET i32 20 10086从偏移量20开始，设置一个32位长有符号整数值10086。
- 第3个子命令SET i64 188 123456789从偏移量188开始，设置一个64位长有符号整数值123456789。

对于这3个子命令，BITFIELD命令返回了一个包含3个元素的数组作为命令的执行结果，这3个元素分别代表3个指定区域被设置之前存储的整数值，比如第一个子命令返回的结果就是我们之前为该区域设置的值198。图8-14展示了这个BITFIELD命令创建出的位图以及被设置的3个整数值在位图中所处的位偏移量。

位偏移量	0～7		20～51		188～251
整数值	123	…	10086	…	123456789

图8-14　各个整数在位图中所处的位偏移量

图8-14也展示了SET子命令的两个特点：

- 设置可以在位图的任意偏移量上进行，被设置区域之间不必是连续的，也不需要进行对齐（align）。各个区域之间可以有空洞，即未被设置的二进制位，这些二进制位会自动被初始化为0。
- 在同一个位图中可以存储多个不同类型和不同长度的整数。

虽然这两个特点可以带来很大的灵活性，但是从节约内存、避免发生错误等情况考虑，我们一般还是应该：

- 以对齐的方式使用位图，并且让位图尽可能地紧凑，避免包含过多空洞。
- 每个位图只存储同一种类型的整数，并使用int-8bit、unsigned-16bit这样的键名前缀来标识位图中存储的整数类型。

8.6.2 根据索引对区域进行设置

除了根据偏移量对位图进行设置之外，SET 子命令还允许用户根据给定类型的位长度，对位图在指定索引上存储的整数值进行设置：

```
BITFIELD bitmap SET type #index value
```

当位图中存储的都是相同类型的整数值时，使用这种设置方法将给用户带来非常大的便利，因为这种方法允许用户直接对位图指定索引上的整数值进行设置，而不必知道这个整数值具体存储在位图的哪个偏移量上。

假设现在有一个位图，它存储着多个 8 位长的无符号整数，而我们想要把它的第 133 个 8 位无符号整数的值设置为 22。如果使用 SET 子命令的偏移量设置格式，就需要先使用算式 (133 – 1)*8 计算出第 133 个 8 位无符号整数在位图中的起始偏移量 1056，然后再执行以下命令：

```
BITFIELD bitmap SET u8 1056 22
```

很明显，这种手动计算偏移量然后进行设置的做法非常麻烦也很容易出错。与此相反，如果我们使用的是 SET 子命令的索引设置格式，那么只需要执行以下命令就可以对位图的第 133 个 8 位无符号整数进行设置了：

```
BITFIELD bitmap SET u8 #132 22
```

注意，因为 SET 子命令接受的索引是从 0 开始计算的，所以上面的子命令使用的索引是 132 而不是 133。

以下是其他使用索引格式对位图进行设置的例子：

```
# 对位图的第 676 个 4 位无符号整数进行设置
BITFIELD bitmap SET u4 #675 7

# 对位图的第 2530 个 16 位有符号整数进行设置
BITFIELD bitmap SET i16 #2529 123

# 对位图的第 10086 个 32 位有符号整数进行设置
BITFIELD bitmap SET i32 #10085 7892
```

8.6.3 获取区域存储的值

通过使用 BITFIELD 命令的 GET 子命令，用户可以从给定的偏移量或者索引中取出指定类型的整数值：

```
BITFIELD bitmap GET type offset
BITFIELD bitmap GET type #index
```

GET 子命令各个参数的意义与 SET 子命令中同名参数的意义完全一样。

以下是一些使用 GET 子命令获取被存储整数值的例子：

```
redis> BITFIELD bitmap SET u8 0 123 SET i32 20 10086 SET i64 188 123456789
```

```
1) (integer) 0
2) (integer) 0
3) (integer) 0

redis> BITFIELD bitmap GET u8 0 GET i32 20 GET i64 188
1) (integer) 123
2) (integer) 10086
3) (integer) 123456789

redis> BITFIELD unsigned-8bits SET u8 #0 13 SET u8 #1 100 SET u8 #7 73
1) (integer) 0
2) (integer) 0
3) (integer) 0

redis> BITFIELD unsigned-8bits GET u8 #0 GET u8 #1 GET u8 #7
1) (integer) 13
2) (integer) 100
3) (integer) 73
```

如果用户给定的偏移量或者索引超出了位图的边界，或者给定的位图并不存在，那么 GET 子命令将返回 0 作为结果：

```
redis> BITFIELD unsigned-8bits GET u8 #999
1) (integer) 0

redis> BITFIELD not-exists-bitmap GET u8 #0
1) (integer) 0
```

8.6.4 执行加法操作或减法操作

除了设置和获取整数值之外，BITFIELD 命令还可以对位图存储的整数值执行加法操作或者减法操作，这两个操作都可以通过 INCRBY 子命令实现：

```
BITFIELD bitmap INCRBY type offset increment

BITFIELD bitmap INCRBY type #index increment
```

BITFIELD 命令并没有提供与 INCRBY 子命令相对应的 DECRBY 子命令，但是用户可以通过向 INCRBY 子命令传入负数增量来达到执行减法操作的效果。INCRBY 子命令在执行完相应的操作之后会返回整数的当前值作为结果。

以下代码演示了如何对一个存储着整数值 10 的区域执行加法操作：

```
redis> BITFIELD numbers SET u8 #0 10        -- 将区域的值设置为整数 10
1) (integer) 0

redis> BITFIELD numbers GET u8 #0
1) (integer) 10

redis> BITFIELD numbers INCRBY u8 #0 15     -- 将整数的值加上 15
1) (integer) 25

redis> BITFIELD numbers INCRBY u8 #0 30     -- 将整数的值加上 30
1) (integer) 55
```

以下代码则演示了如何对区域存储的整数值执行减法操作：

```
redis> BITFIELD numbers INCRBY u8 #0 -25     -- 将整数的值减去25
1) (integer) 30

redis> BITFIELD numbers INCRBY u8 #0 -10     -- 将整数的值减去10
1) (integer) 20
```

8.6.5 处理溢出

BITFIELD 命令除了可以使用 INCRBY 子命令来执行加法操作和减法操作之外，还可以使用 OVERFLOW 子命令去控制 INCRBY 子命令在发生计算溢出时的行为：

```
BITFIELD bitmap [...] OVERFLOW WRAP|SAT|FAIL [...]
```

OVERFLOW 子命令的参数可以是 WRAP、SAT 或者 FAIL 中的一个：

- WRAP 表示使用回绕（wrap around）方式处理溢出，这也是 C 语言默认的溢出处理方式。在这一模式下，向上溢出的整数值将从类型的最小值开始重新计算，而向下溢出的整数值则会从类型的最大值开始重新计算。
- SAT 表示使用饱和运算（saturation arithmetic）方式处理溢出，在这一模式下，向上溢出的整数值将被设置为类型的最大值，而向下溢出的整数值则会被设置为类型的最小值。
- FAIL 表示让 INCRBY 子命令在检测到计算会引发溢出时拒绝执行计算，并返回空值表示计算失败。

与之前介绍的 SET、GET 和 INCRBY 子命令不同，OVERFLOW 子命令在执行时将不产生任何回复。此外，如果用户在执行 BITFIELD 命令时没有指定具体的溢出处理方式，那么 INCRBY 子命令默认使用 WRAP 方式处理计算溢出。

需要注意的是，因为 OVERFLOW 子命令只会对同一个 BITFIELD 调用中排在它之后的那些 INCRBY 子命令产生效果，所以用户必须把 OVERFLOW 子命令放到它想要影响的 INCRBY 子命令之前。比如对于以下 BITFIELD 调用来说，最开始的两个 INCRBY 子命令将使用默认的 WRAP 方式处理溢出，而之后的两个 INCRBY 子命令才会使用用户指定的 SAT 方式处理溢出。

```
BITFIELD bitmap INCRBY ... INCRBY ... OVERFLOW SAT INCRBY ... INCRBY ...
```

此外，因为 Redis 允许在同一个 BITFIELD 调用中使用多个 OVERFLOW 子命令，所以用户可以在有需要的情况下，通过使用多个 OVERFLOW 子命令来灵活地设置计算的溢出处理方式。比如在以下调用中，第一个 INCRBY 子命令将使用 SAT 方式处理溢出，第二个 INCRBY 子命令将使用 WRAP 方式处理溢出，而最后的 INCRBY 子命令则会使用 FAIL 方式处理溢出：

```
BITFIELD bitmap OVERFLOW SAT INCRBY ... OVERFLOW WRAP INCRBY ... OVERFLOW FAIL INCRBY ...
```

现在，让我们来看一个使用 OVERFLOW 子命令处理计算溢出的例子。在 unsigned-4bits 这个位图中，存储了 3 个 4 位长无符号整数，并且它们的值都被设置成了该类型的最大值 15：

```
redis> BITFIELD unsigned-4bits GET u4 #0 GET u4 #1 GET u4 #2
1) (integer) 15
2) (integer) 15
3) (integer) 15
```

如果我们使用 INCRBY 命令对这 3 个整数值执行加 1 计算，那么这 3 个加 1 计算都将发生溢出，但是通过为这些计算设置不同的溢出处理方式，这些计算最终将产生不同的结果：

```
redis> BITFIELD unsigned-4bits OVERFLOW WRAP INCRBY u4 #0 1 OVERFLOW SAT INCRBY u4 #1 1 OVERFLOW FAIL INCRBY u4 #2 1
1) (integer) 0
2) (integer) 15
3) (nil)
```

在上面这个 BITFIELD 调用中：

- 第 1 个 INCRBY 子命令以回绕的方式处理溢出，因此整数的值在执行加 1 操作之后，从原来的类型最大值 15 回绕到了类型最小值 0。因为 INCRBY 子命令默认就使用 WRAP 方式处理溢出，所以这里的第一个 OVERFLOW 子命令实际上是可以省略的。
- 第 2 个 INCRBY 子命令以饱和运算的方式处理溢出，因此整数的值在执行加 1 操作之后，仍然是类型的最大值 15。
- 第 3 个 INCRBY 子命令以 FAIL 方式处理溢出，因此 INCRBY 子命令在检测到计算会引发溢出之后就放弃了执行这次计算，并返回一个空值表示计算失败。因为此次 INCRBY 命令未能成功执行，所以这个整数的值仍然是 15。

8.6.6 使用位图存储整数的原因

在一般情况下，当用户使用字符串或者散列去存储整数的时候，Redis 都会为被存储的整数分配一个 long 类型的值（通常为 32 位长或者 64 位长），并使用对象去包裹这个值，然后再把对象关联到数据库或者散列中。

与此相反，BITFIELD 命令允许用户自行指定被存储整数的类型，并且不会使用对象去包裹这些整数，因此当我们想要存储长度比 long 类型短的整数，并且希望尽可能地减少对象包裹带来的内存消耗时，就可以考虑使用位图来存储整数。

8.6.7 其他信息

复杂度：$O(N)$，其中 N 为用户给定的子命令数量。

版本要求：BITFIELD 命令从 Redis 3.2.0 版本开始可用。

示例：紧凑计数器

代码清单 8-3 展示了一个使用 BITFIELD 命令实现的计数器程序，这个程序提供的 API 与我们之前在第 2 章、第 3 章介绍过的计数器程序的 API 非常相似，但它也有一些与众不同的地方：

- 这个计数器允许用户自行指定计数器值的位长以及类型（有符号整数或无符号整数），

而不是使用 Redis 默认的 long 类型来存储计数器值，如果用户想要在计数器中存储比 long 类型要短的整数，那么使用这个计数器将比使用其他计数器更节约内存。

- 与字符串或者散列实现的计数器不同，这个计数器只能使用整数作为索引（键），因此它只适合存储一些与数字 ID 相关联的计数数据。

代码清单 8-3 使用 BITFIELD 命令实现的紧凑计数器：/bitmap/compact_counter.py

```
def get_bitmap_index(index):
  return "#"+str(index)

class CompactCounter:

    def __init__(self, client, key, bit_length, signed=True):
        """
        初始化紧凑计数器，
        其中 client 参数用于指定客户端，
        key 参数用于指定计数器的键名，
        bit_length 参数用于指定计数器存储的整数位长，
        signed 参数用于指定计数器存储的是有符号整数还是无符号整数
        """
        self.client = client
        self.key = key
        if signed:
            self.type = "i" + str(bit_length)
        else:
            self.type = "u" + str(bit_length)

    def increase(self, index, n=1):
        """
        对索引 index 上的计数器执行加法操作，然后返回计数器的当前值
        """
        bitmap_index = get_bitmap_index(index)
        result = self.client.execute_command("BITFIELD", self.key, "OVERFLOW",
        "SAT", "INCRBY", self.type, bitmap_index, n)
        return result[0]

    def decrease(self, index, n=1):
        """
        对索引 index 上的计数器执行减法操作，然后返回计数器的当前值
        """
        bitmap_index = get_bitmap_index(index)
        decrement = -n
        result = self.client.execute_command("BITFIELD", self.key, "OVERFLOW",
        "SAT", "INCRBY", self.type, bitmap_index, decrement)
        return result[0]

    def get(self, index):
        """
        获取索引 index 上的计数器的当前值
        """
        bitmap_index = get_bitmap_index(index)
        result = self.client.execute_command("BITFIELD", self.key, "GET", self.
        type, bitmap_index)
        return result[0]
```

作为例子，假设我们现在是一间游戏公司的程序员，并且打算为每个玩家创建一个计数器，用于记录玩家一个月登录游戏的次数。按照一个月 30 天，一天登录 2 ～ 3 次的频率来计算，一个普通玩家一个月的登录次数通常不会超过 100 次。对于这么小的数值，使用 long 类型进行存储将浪费大量的空间，考虑到这一点，我们可以使用上面展示的紧凑计数器来存储用户的登录次数：

- 因为每个玩家都有一个整数类型的用户 ID，所以我们可以使用这个 ID 作为计数器的索引（键）。
- 对于每位玩家，我们使用一个 16 位长的无符号整数来存储其一个月内的登录次数。
- 16 位无符号整数计数器能够存储的最大值为 65536，对于我们的应用来说，这个值已经非常大，不太可能达到。与此同时，因为紧凑计数器使用饱和运算方式处理计算溢出，所以即使玩家的登录次数超过了 65536 次，计数器的值也只会被设置为 65536，而不会真的造成溢出。这种处理方式非常安全，不会给程序带来 bug 或者其他奇怪的问题。

以下代码展示了如何使用紧凑计数器去存储用户 ID 为 10086 的玩家的登录次数：

```
>>> from redis import Redis
>>> from compact_counter import CompactCounter
>>> client = Redis()
>>> counter = CompactCounter(client, "login_counter", 16, False)  # 创建计数器
>>> counter.increase(10086)   # 记录第 1 次登录
1
>>> counter.increase(10086)   # 记录第 2 次登录
2
>>> counter.get(10086)        # 获取登录次数
2
```

8.7　使用字符串命令对位图进行操作

因为 Redis 的位图是在字符串的基础上实现的，所以它会把位图键看作一个字符串键：

```
redis> SETBIT bitmap 0 1
(integer) 0

redis> TYPE bitmap
string
```

因此用户除了可以使用前面介绍的位图命令对位图进行操作之外，还可以使用字符串命令对位图进行操作。

比如，我们可以通过执行 GET 命令来获取整个位图：

```
redis> GET 8bit-int
"\x04"

redis> GET 32bit-ints
"\x00\x00\x00{\x00\x00\x01\x00\x00\x00\x00\x00\x00\x00'f"
```

也可以使用 STRLEN 命令获取位图的字节长度：

```
redis> STRLEN 8bit-int              -- 这个位图长 1 字节
(integer) 1

redis> STRLEN 32bit-ints            -- 这个位图长 16 字节
(integer) 16
```

还可以使用 GETRANGE 命令去获取位图的其中一部分字节：

```
redis> GETRANGE 32bit-ints 0 3      -- 获取位图的前 4 个字节
"\x00\x00\x00{"
```

诸如此类。

正如上面的 GET 命令和 GETRANGE 命令所示，当我们使用字符串命令获取位图的值时，命令返回的是一个字符串，而不是一个二进制形式的位图：比如 GET 命令返回的就是字符串 "\x04" 而不是二进制位图 00000100。因此我们在使用字符串命令操作位图的时候，必须先将命令返回的字符串转换回二进制形式，然后再执行具体的二进制操作。

8.8 重点回顾

- Redis 的位图是由多个二进制位组成的数组，数组中的每个二进制位都有与之对应的偏移量（也称索引），用户通过这些偏移量可以对位图中指定的一个或多个二进制位进行操作。
- BITCOUNT 命令接受的是字节索引范围，而不是二进制位索引范围，忽略这一点很容易引发程序错误。
- BITFIELD 命令允许用户自行指定被存储整数的类型，并且不会使用对象去包裹这些整数，因此当我们想要存储长度比 long 类型短的整数，并且希望尽可能地减少对象包裹带来的内存消耗时，就可以考虑使用位图来存储整数。
- 因为位图是使用字符串实现的，所以字符串命令也可以用于处理位图命令。但是在使用字符串命令操作位图时，用户必须先把命令返回的字符串值转换成二进制值，然后再进行后续处理。

第9章 地理坐标

Redis GEO⊖是 Redis 在 3.2 版本中新添加的特性，通过这一特性，用户可以将经纬度格式的地理坐标存储到 Redis 中，并对这些坐标执行距离计算、范围查找等操作。

地理坐标通常用于与地图和位置相关的程序中，比如 Google 地图就使用经纬度格式的地理坐标来表示地球上的每个位置，例如图 9-1 所示，而微博、微信、Twitter 等社交应用都内置了与用户位置相关的功能，通过这些功能，用户可以在应用中标明自己所处的位置，查找位于自己附近的其他用户，或者查找位于指定区域内的其他用户，诸如此类。

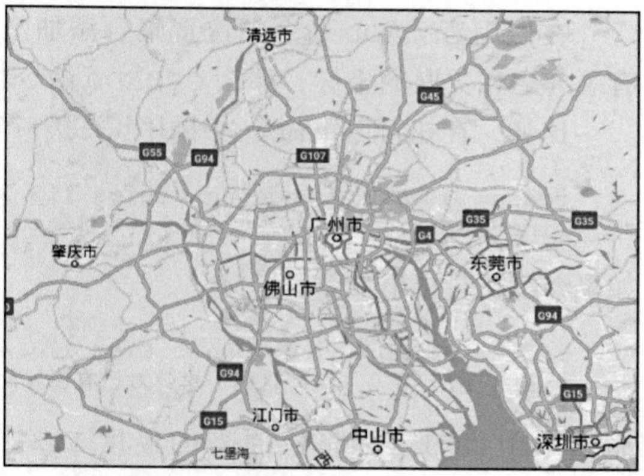

图 9-1 Google 地图的截图，地图中的每个位置都可以使用经纬度来定位

Redis 为 GEO 特性提供了一系列命令，通过使用这些命令，用户可以：

- 将位置的名字以及它的经纬度存储到位置集合中。
- 根据给定的位置名字，从位置集合中取出与之相对应的经纬度。
- 计算两个位置之间的直线距离。
- 根据给定的经纬度或位置，找出该位置指定半径范围内的其他位置。
- 获取指定位置的 Geohash 编码值。

本章接下来将对 Redis GEO 特性的各个相关命令进行介绍，并展示如何使用这些命令

⊖ GEO 即地理坐标。

去构建社交网站的用户地理位置程序。

9.1 GEOADD：存储坐标

通过使用 GEOADD 命令，用户可以将给定的一个或多个经纬度坐标存储到位置集合中，并为这些坐标设置相应的名字：

```
GEOADD location_set longitude latitude name [longitude latitude name ...]
```

GEOADD 命令会返回新添加至位置集合的坐标数量作为返回值。

以下代码展示了如何使用 GEOADD 命令，将广东省的多个城市以及它们的经纬度坐标存储到一个名为 Guangdong-cities 的位置集合中：

```
redis> GEOADD Guangdong-cities 113.2099647 23.593675 Qingyuan
1     -- 添加清远市的坐标

redis> GEOADD Guangdong-cities 113.2278442 23.1255978 Guangzhou 113.106308 23.0088312
Foshan 113.7943267 22.9761989 Dongguan 114.0538788 22.5551603 Shenzhen
4     -- 添加广州、佛山、东莞和深圳市的坐标
```

9.1.1 更新已有位置的坐标

在使用 GEOADD 命令向位置集合添加坐标的时候，如果用户给定的位置在集合中已经有了与之相关联的坐标，那么 GEOADD 命令将使用用户给定的新坐标去代替已有的旧坐标。

比如，在执行以下命令为中山市关联一个坐标之后：

```
redis> GEOADD Guangdong-cities 113 22 Zhongshan
(integer) 1     -- 添加了一个新的位置
```

如果继续执行以下命令：

```
redis> GEOADD Guangdong-cities 113.4060288 22.5111574 Zhongshan
(integer) 0     -- 这是一次针对已有位置的更新操作，没有新添加任何位置，所以命令返回 0
```

那么中山市的坐标将从原来的经度 113、纬度 22，更新为经度 113.4060288、纬度 22.5111574。

9.1.2 其他信息

复杂度：$O(\log(N)*M)$，其中 N 为位置集合目前包含的位置数量，M 为用户给定的位置数量。

版本要求：GEOADD 命令从 Redis 3.2.0 版本开始可用。

9.2 GEOPOS：获取指定位置的坐标

在使用 GEOADD 命令将位置及其坐标存储到位置集合之后，用户可以使用 GEOPOS 命令去获取给定位置的坐标：

```
GEOPOS location_set name [name ...]
```

GEOPOS 命令会返回一个数组作为执行结果，数组中的每个项都与用户给定的位置相对应：第一个数组项记录的就是用户给定的第一个位置的坐标，而第二个数组项记录的则是用户给定的第二个位置的坐标，以此类推。数组中的每个项都包含两个元素，第一个元素是位置的经度，而第二个元素则是位置的纬度。

比如，通过执行以下命令，我们可以从位置集合 Guangdong-cities 中取得清远、广州以及中山这 3 个城市的坐标：

```
redis> GEOPOS Guangdong-cities Qingyuan Guangzhou Zhongshan
1) 1) "113.20996731519699"     -- 清远市的经度
   2) "23.593675019671288"     -- 清远市的纬度
2) 1) "113.22784155607224"     -- 广州市的经度
   2) "23.125598202060807"     -- 广州市的纬度
3) 1) "113.40603142976761"     -- 中山市的经度
   2) "22.511156445825442"     -- 中山市的纬度
```

如果用户给定的位置并不存在于位置集合当中，那么 GEOPOS 命令将返回一个空值：

```
redis> GEOPOS Guangdong-cities Zhaoqing
1) (nil)     -- 这个位置集合并未存储肇庆市的坐标
```

其他信息

复杂度：$O(\log(N)*M)$，其中 N 为位置集合目前包含的位置数量，而 M 则为用户给定的位置数量。

版本要求：GEOPOS 命令从 Redis 3.2.0 版本开始可用。

9.3 GEODIST：计算两个位置之间的直线距离

在使用 GEOADD 命令将位置及其坐标存储到位置集合中之后，可以使用 GEODIST 命令计算两个给定位置之间的直线距离：

```
GEODIST location_set name1 name2
```

在默认情况下，GEODIST 命令将以米为单位，返回两个给定位置之间的直线距离。

举个例子，通过执行以下代码，我们可以计算出清远和广州这两座城市之间的直线距离：

```
redis> GEODIST Guangdong-cities Qingyuan Guangzhou
"52094.433840356309"     -- 清远和广州之间的直线距离约为 52094m
```

而通过执行以下命令，我们可以计算出清远和深圳之间的直线距离：

```
redis> GEODIST Guangdong-cities Qingyuan Shenzhen
"144220.75758239598"     -- 清远和深圳之间的直线距离约为 144220m
```

9.3.1 指定距离的单位

GEODIST 命令在默认情况下将以米为单位返回两个给定位置之间的直线距离，用户也可以在有需要的情况下，通过可选的 unit 参数来指定自己想要使用的单位：

```
GEODIST location_set name1 name2 [unit]
```

unit 参数的值可以是以下单位中的任意一个：

- m——以米为单位，为默认单位。
- km——以千米为单位。
- mi——以英里㊀为单位。
- ft——以英尺㊁为单位。

前面在计算两座城市之间的距离时，使用了默认的米作为单位，因为两座城市之间的距离较远，所以 GEODIST 命令给出的计算结果看上去不够简洁。为此，我们可以改用千米为单位，再次调用 GEODIST 命令计算清远和广州以及清远和深圳之间的直线距离：

```
redis> GEODIST Guangdong-cities Qingyuan Guangzhou km
"52.094433840356309"      -- 清远和广州之间直线距离约为 52km

redis> GEODIST Guangdong-cities Qingyuan Shenzhen km
"144.22075758239598"      -- 清远和深圳之间直线距离约为 144km
```

改用千米为单位之后，GEODIST 命令给出的计算结果就简洁多了。

9.3.2 处理不存在的位置

在调用 GEODIST 命令时，如果用户给定的某个位置并不存在于位置集合中，那么命令将返回空值，表示计算失败。

比如在以下示例中，因为 Guangdong-cities 位置集合中并未存储肇庆市的坐标，所以尝试使用 GEODIST 命令去计算清远和肇庆之间的直线距离将得到一个空值：

```
redis> GEODIST Guangdong-cities Qingyuan Zhaoqing
(nil)
```

9.3.3 其他信息

复杂度：$O(\log(N))$，其中 N 为位置集合目前包含的位置数量。

版本要求：GEODIST 命令从 Redis 3.2.0 版本开始可用。

示例：具有基本功能的用户地理位置程序

很多社交网站都提供了与地理位置相关的功能，比如记录用户的位置、获取指定用户的位置，或者查找指定范围内的其他用户等。

在学习了 GEOADD、GEOPOS 和 GEODIST 这 3 个命令之后，我们同样可以构建出一个

㊀ 1 英里≈ 1.61 千米。——编辑注

㊁ 1 英尺≈ 0.30 米。——编辑注

具有基本功能的用户地理位置程序，该程序能够记录用户所在的位置、获取指定用户所在的位置以及计算两个用户之间的直线距离，具体实现如代码清单 9-1 所示。

代码清单 9-1 具有基本功能的用户地理位置程序：/geo/location.py

```
import random

USER_LOCATION_KEY = "user_locations"

class Location:

    def __init__(self, client):
        self.client = client
        self.key = USER_LOCATION_KEY

    def pin(self, user, longitude, latitude):
        """
        记录指定用户的坐标
        """
        self.client.geoadd(self.key, longitude, latitude, user)

    def get(self, user):
        """
        获取指定用户的坐标
        """
        position_list = self.client.geopos(self.key, user)
        # geopos() 允许用户输入多个位置，然后以列表形式返回各个位置的坐标。
        # 因为我们这里只传入了一个位置，所以只需要取出列表的第一个元素即可
        if len(position_list) != 0:
            return position_list[0]

    def calculate_distance(self, user_a, user_b):
        """
        以千米为单位，计算两个用户之间的直线距离
        """
        return self.client.geodist(self.key, user_a, user_b, unit="km")
```

这个程序所做的就是使用 GEOADD 命令把用户的 ID 以及用户所在的经纬度关联起来，然后使用 GEOPOS 命令去获取用户所在的经纬度，或者使用 GEODIST 命令去计算两个用户之间的直线距离。

通过执行以下代码，我们可以创建出相应的用户位置对象，并使用它记录 peter、jack 和 tom 这 3 个用户的地理位置：

```
>>> from redis import Redis
>>> from location import Location
>>> client = Redis(decode_responses=True)
>>> location = Location(client)
>>> location.pin("peter", 113.20996731519699, 23.593675019671288)
>>> location.pin("jack", 113.22784155607224, 23.125598202060807)
>>> location.pin("tom", 113.40603142976761, 22.511156445825442)
```

然后通过执行以下代码，获取 peter 和 jack 的坐标：

```
>>> location.get("peter")
(113.20996731519699, 23.593675019671288)
>>> location.get("jack")
(113.22784155607224, 23.125598202060807)
```

最后通过执行以下代码，计算 peter 和 jack 之间的直线距离以及 peter 和 tom 之间的直线距离：

```
>>> location.calculate_distance("peter", "jack")
52.0944

>>> location.calculate_distance("peter", "tom")
122.0651
```

9.4 GEORADIUS：查找指定坐标半径范围内的其他位置

通过使用 GEORADIUS 命令，用户可以指定一个经纬度作为中心点，并从位置集合中找出位于中心点指定半径范围内的其他位置：

```
GEORADIUS location_set longitude latitude radius unit
```

各个命令参数的意义分别如下：

- location_set 参数用于指定执行查找操作的位置集合。
- longitude 参数和 latitude 参数分别用于指定中心点的经度和纬度。
- radius 参数用于指定查找半径。
- unit 参数用于指定查找半径的单位，与 GEODIST 命令中的 unit 参数一样，这个参数的值可以是 m（米）、km（千米）、mi（英里）或者 ft（英尺）中的任意一个。

作为例子，以下代码展示了如何实现以经度为 112.3351942、纬度为 23.0586893 的肇庆市作为中心点，查找位于其半径 50km、100km、150km 以及 200km 内的所有城市，其中各个城市的位置可以在图 9-2 中看到：

```
-- 向位置集合中添加清远、广州、佛山、东莞、深圳、中山这 6 座城市的坐标
redis> GEOADD Guangdong-cities 113.2099647 23.593675 Qingyuan 113.2278442 23.1255978
Guangzhou 113.106308 23.0088312 Foshan 113.7943267 22.9761989 Dongguan 114.0538788 22.5551603
Shenzhen 113.4060288 22.5111574 Zhongshan

redis> GEORADIUS Guangdong-cities 112.3351942 23.0586893 50 km
(empty list or set)  -- 距离肇庆市 50km 范围内，没有其他城市

redis> GEORADIUS Guangdong-cities 112.3351942 23.0586893 100 km
1) "Foshan"   -- 佛山和广州都位于距肇庆 100km 范围之内
2) "Guangzhou"

redis> GEORADIUS Guangdong-cities 112.3351942 23.0586893 150 km
1) "Foshan"   -- 佛山、广州、东莞等 5 座城市都位于距肇庆 150km 之内
2) "Guangzhou"
3) "Dongguan"
4) "Qingyuan"
5) "Zhongshan"
```

```
redis> GEORADIUS Guangdong-cities 112.3351942 23.0586893 200 km
1) "Zhongshan"   -- 上面添加的 6 座城市全部位于距肇庆 200km 之内
2) "Shenzhen"
3) "Foshan"
4) "Guangzhou"
5) "Dongguan"
6) "Qingyuan"
```

9.4.1 返回被匹配位置与中心点之间的距离

GEORADIUS 命令具有可选的 WITHDIST 选项，如果用户在执行 GEORADIUS 命令时给定了这个选项，那么 GEORADIUS 命令不仅会返回位于指定半径范围内的位置，还会返回这些位置与中心点之间的距离：

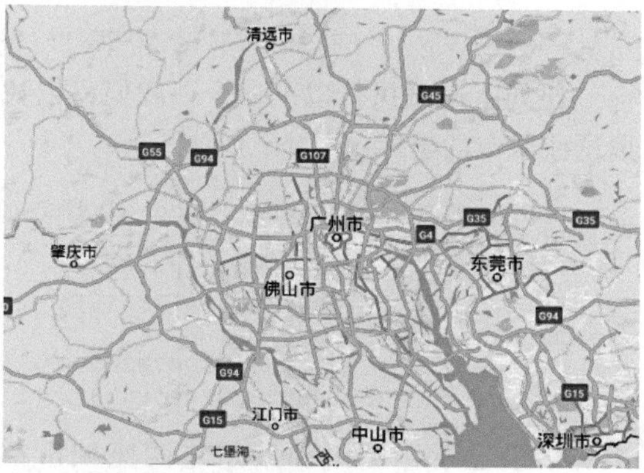

图 9-2 肇庆及其周边城市

```
GEORADIUS location_set longitude latitude radius unit [WITHDIST]
```

GEORADIUS 命令在返回距离时所使用的单位与进行范围查找时所使用的单位一致：

- 如果命令在进行范围查找时使用米作为单位，那么它就以米为单位返回各个位置的距离。
- 如果命令在进行范围查找时使用千米作为单位，那么它就以千米为单位返回各个位置的距离。

诸如此类。

作为例子，我们可以通过执行以下命令，找出距肇庆市 200km 范围内的所有城市，并计算出这些城市与肇庆市之间的距离：

```
redis> GEORADIUS Guangdong-cities 112.3351942 23.0586893 200 km WITHDIST
1) 1) "Zhongshan"  -- 被匹配的位置
   2) "125.5669"   -- 位置与中心点之间的距离
2) 1) "Shenzhen"
   2) "184.9015"
3) 1) "Foshan"
   2) "79.1250"
4) 1) "Guangzhou"
   2) "91.6332"
5) 1) "Dongguan"
   2) "149.6536"
6) 1) "Qingyuan"
   2) "107.3463"
```

从返回的结果可以看到，中山距离肇庆约 125km，深圳距离肇庆约 184km，佛山距离肇庆约 79km，而广州、东莞和清远则分别距离肇庆约 91km、149km 和 107km。

9.4.2 返回被匹配位置的坐标

除了 WITHDIST 之外，GEORADIUS 命令还提供了另一个可选项 WITHCOORD，通过使用这个选项，用户可以让 GEORADIUS 命令在返回被匹配位置的同时，将这些位置的坐标也一并返回：

```
GEORADIUS location_set longitude latitude radius unit [WITHCOORD]
```

比如，通过执行以下命令，我们可以找出距离肇庆市 100km 范围内的所有城市，并获取这些城市的坐标：

```
redis> GEORADIUS Guangdong-cities 112.3351942 23.0586893 100 km WITHCOORD
1) 1) "Foshan"                               -- 被匹配的位置
   2) 1) "113.1063106656074523 9"            -- 位置的经度
      2) "23.00883120241353907"              -- 位置的纬度
2) 1) "Guangzhou"
   2) 1) "113.22784155607223511"
      2) "23.1255982020608073"
```

结果显示，佛山和广州这两座城市都位于距肇庆市 100km 范围之内，其中佛山市的经度为 113.10631066560745239，纬度为 23.00883120241353907，而广州市的经度为 113.22784155607223511，纬度为 23.1255982020608073。

9.4.3 排序查找结果

GEORADIUS 命令在默认情况下会以无序方式返回被匹配的位置，但是通过使用可选的 ASC 选项或 DESC 选项，用户可以改变这一行为，让 GEORADIUS 命令以有序方式返回结果：

```
GEORADIUS location_set longitude latitude radius unit [ASC|DESC]
```

如果用户使用了 ASC 选项，那么 GEORADIUS 将根据中心点与被匹配位置之间的距离，按照由近到远的顺序返回被匹配的位置；相反，如果用户使用的是 DESC 选项，那么 GEORADIUS 将按照由远到近的顺序返回被匹配的位置。

比如，以下代码就展示了如何按照由近到远的顺序返回距离肇庆市 150km 范围内的其他城市：

```
redis> GEORADIUS Guangdong-cities 112.3351942 23.0586893 150 km ASC
1) "Foshan"
2) "Guangzhou"
3) "Qingyuan"
4) "Zhongshan"
5) "Dongguan"
```

命令的结果显示，在半径 150km 之内，距离肇庆最近的城市是佛山，之后是广州、清远和中山，而距离肇庆最远的城市则是东莞。

如果我们在使用 ASC 选项或者 DESC 选项的同时也使用 WITHDIST 选项，那么被匹配位置的有序性质将变得更为明显。比如，以下命令在按照由近到远的顺序返回肇庆市指定半径范围内的其他城市时，还会返回这些城市与肇庆市之间的距离：

```
redis> GEORADIUS Guangdong-cities 112.3351942 23.0586893 150 km ASC WITHDIST
```

```
1) 1) "Foshan"
   2) "79.1250"
2) 1) "Guangzhou"
   2) "91.6332"
3) 1) "Qingyuan"
   2) "107.3463"
4) 1) "Zhongshan"
   2) "125.5669"
5) 1) "Dongguan"
   2) "149.6536"
```

通过命令给出的距离，我们可以清晰地看出命令返回的各个城市的确是按照距离由近到远地进行排列的。

9.4.4 限制命令获取的位置数量

默认情况下，GEORADIUS 命令将返回指定半径范围内的所有其他位置，但是通过可选的 COUNT 选项，我们可以限制命令返回的最大位置数量：

```
GEORADIUS location_set longitude latitude radius unit [COUNT n]
```

举个例子，如果我们在不使用 COUNT 选项的情况下，查找距离肇庆市 200km 范围内的城市，那么命令将返回 6 个城市作为结果：

```
redis> GEORADIUS Guangdong-cities 112.3351942 23.0586893 200 km
1) "Zhongshan"
2) "Shenzhen"
3) "Foshan"
4) "Guangzhou"
5) "Dongguan"
6) "Qingyuan"
```

但是通过使用 COUNT 选项，我们可以让 GEORADIUS 命令只返回 3 个城市作为结果：

```
redis> GEORADIUS Guangdong-cities 112.3351942 23.0586893 200 km COUNT 3
1) "Foshan"
2) "Guangzhou"
3) "Qingyuan"
```

9.4.5 同时使用多个可选项

用户可以通过同时使用 GEORADIUS 命令的多个可选项来实现更为细致和复杂的查找操作。

比如，通过同时使用 WITHDIST、WITHCOORD 和 ASC 这 3 个选项，我们可以在查找肇庆市指定半径范围内的其他城市时，按照由近到远的顺序对这些城市进行排序，并返回这些城市的坐标以及它们与肇庆市的距离：

```
redis> GEORADIUS Guangdong-cities 112.3351942 23.0586893 200 km WITHDIST WITHCOORD ASC
1) 1) "Foshan"                    -- 匹配的位置
   2) "79.1250"                   -- 与中心点的距离
```

```
      3) 1) "113.1063106656074523 9"     -- 匹配位置的经度
         2) "23.00883120241353907"     -- 匹配位置的纬度
2) 1) "Guangzhou"
   2) "91.6332"
   3) 1) "113.22784155607223511"
      2) "23.1255982020608073"
3) 1) "Qingyuan"
   2) "107.3463"
   3) 1) "113.20996731519699097"
      2) "23.59367501967128788"
4) 1) "Zhongshan"
   2) "125.5669"
   3) 1) "113.40603142976760864"
      2) "22.51115644582544206"
5) 1) "Dongguan"
   2) "149.6536"
   3) 1) "113.79432410001754761"
      2) "22.97619920220819978"
6) 1) "Shenzhen"
   2) "184.9015"
   3) 1) "114.05388146638870239"
      2) "22.55515920515157546"
```

或者通过同时使用 ASC 选项和 COUNT 选项，获取距离肇庆市最近的 3 个城市：

```
redis> GEORADIUS Guangdong-cities 112.3351942 23.0586893 200 km ASC COUNT 3
1) "Foshan"
2) "Guangzhou"
3) "Qingyuan"
```

诸如此类。

9.4.6 其他信息

复杂度：$O(N)$，其中 N 为命令实施范围查找时检查的位置数量。

版本要求：GEORADIUS 命令从 Redis 3.2.0 版本开始可用。

9.5 GEORADIUSBYMEMBER：查找指定位置半径范围内的其他位置

GEORADIUSBYMEMBER 命令的作用和 GEORADIUS 命令的作用一样，都是找出中心点指定半径范围内的其他位置，这两个命令的主要区别在于 GEORADIUS 命令通过给定经纬度来指定中心点，而 GEORADIUSBYMEMBER 命令则通过选择位置集合中的一个位置作为中心点：

```
GEORADIUSBYMEMBER location_set name radius unit [WITHDIST] [WITHCOORD] [ASC|DESC]
[COUNT n]
```

除了指定中心点时使用的参数不一样之外，GEORADIUSBYMEMBER 命令中的其他参数和选项的意义都与 GEORADIUS 命令一样。

作为例子，以下代码展示了如何使用 Guangdong-cities 位置集合中的 "Guangzhou"

作为中心点，查找位于它半径 150km 内的所有城市：

```
redis> GEORADIUSBYMEMBER Guangdong-cities Guangzhou 150 km WITHDIST ASC
1) 1) "Guangzhou"
   2) "0.0000"
2) 1) "Foshan"
   2) "17.9819"
3) 1) "Qingyuan"
   2) "52.0944"
4) 1) "Dongguan"
   2) "60.3114"
5) 1) "Zhongshan"
   2) "70.7415"
6) 1) "Shenzhen"
   2) "105.8068"
```

注意，GEORADIUSBYMEMBER 命令在返回结果的时候，会把作为中心点的位置也一并返回。比如在上面展示的命令调用中，作为中心点的 "Guangzhou" 就出现在了命令的结果里面。

其他信息

复杂度：$O(N)$，其中 N 为命令实施范围查找时检查的位置数量。

版本要求：GEORADIUSBYMEMBER 命令从 Redis 3.2.0 版本开始可用。

示例：查找附近用户

在前面的内容中，我们学习了如何使用 GEOADD、GEOPOS 等命令去构建一个具有基本功能的用户地理位置程序。在了解了 GEORADIUS 命令和 GEORADIUSBYMEMBER 命令之后，我们可以为这个用户地理位置程序添加一个“寻找附近用户”的功能，用户可以通过这个功能来找到所有位于指定半径范围内的其他用户。

除此之外，我们还可以在“寻找附近用户”功能的基础上做一些修改，让程序不仅可以返回所有附近用户，还可以在所有附近用户中随机选择一个用户进行返回，类似于微信上的“摇一摇”功能。

代码清单 9-2 展示了添加新功能之后的用户地理位置程序，其中 find_nearby() 和 find_random_nearby() 方法分别实现了“寻找附近用户”和“随机返回一个附近用户”的功能。

代码清单 9-2 添加新功能之后的用户地理位置程序：/geo/location.py

```
import random

USER_LOCATION_KEY = "user_locations"

class Location:

    def __init__(self, client):
        self.client = client
        self.key = USER_LOCATION_KEY
```

```
    def pin(self, user, longitude, latitude):
        """
        记录指定用户的坐标
        """
        self.client.geoadd(self.key, longitude, latitude, user)

    def get(self, user):
        """
        获取指定用户的坐标
        """
        position_list = self.client.geopos(self.key, user)
        # geopos() 允许用户输入多个位置，然后以列表形式返回各个位置的坐标。
        # 因为这里只传入了一个位置，所以只需要取出列表的第一个元素即可
        if len(position_list) != 0:
            return position_list[0]

    def calculate_distance(self, user_a, user_b):
        """
        以千米为单位，计算两个用户之间的直线距离
        """
        return self.client.geodist(self.key, user_a, user_b, unit="km")

    def find_nearby(self, user, radius=1):
        """
        以千米为单位，寻找并返回 user 指定半径范围内的所有其他用户
        """
        all_nearby_users = self.client.georadiusbymember(self.key, user, radius,
        unit="km")
        # 因为 georadiusbymember() 方法会把 user 本身也包含在结果中，
        # 但由于我们并不需要这个用户，所以使用 remove() 方法将其移除
        all_nearby_users.remove(user)
        return all_nearby_users

    def find_random_nearby(self, user, radius=1):
        """
        以千米为单位，随机地返回一个位于 user 指定半径范围内的其他用户
        """
        # random.choice() 方法用于从列表中随机地选择并返回一个项
        return random.choice(self.find_nearby(user, radius))
```

以下代码简单地展示了 find_nearby() 和 find_random_nearby() 这两个方法的用法：

```
>>> from redis import Redis
>>> from location import Location
>>> client = Redis(decode_responses=True)
>>> location = Location(client)
>>> location.pin("peter", 113.0419413, 23.6936457)  # 添加 5 个用户的位置
>>> location.pin("jack", 113.0399136, 23.6951166)
>>> location.pin("tom", 113.0398344, 23.6945014)
>>> location.pin("mary", 113.0398344, 23.6945014)
>>> location.pin("david", 113.0398861, 23.6933749)
>>> location.find_nearby("peter")                    # 寻找 peter 附近的所有用户
['david', 'mary', 'tom', 'jack']
```

```
>>> location.find_random_nearby("peter")       # 随机地返回 peter 附近的一位用户
'mary'
>>> location.find_random_nearby("peter")
'jack'
>>> location.find_random_nearby("peter")
'david'
```

9.6 GEOHASH：获取指定位置的 Geohash 值

用户可以通过向 GEOHASH 命令传入一个或多个位置来获得这些位置对应的经纬度坐标的 Geohash 表示：

```
redis> GEOHASH Guangdong-cities Qingyuan Guangzhou Shenzhen
1) "ws0w0phgp70"  -- 清远市经纬度坐标的 Geohash 值
2) "ws0e89curg0"  -- 广州市经纬度坐标的 Geohash 值
3) "ws107659240"  -- 深圳市经纬度坐标的 Geohash 值
```

Geohash 是一种编码格式，这种格式可以将用户给定的经度和纬度转换成单个 Geohash 值，也可以根据给定的 Geohash 值还原出被转换的经度和纬度。比如，通过使用 Geohash 编码程序，我们可以将清远市的经纬度（113.20996731519699097,23.59367501967128788）编码为 Geohash 值 "ws0w0phgp70"，也可以根据这个 Geohash 值还原出清远市的经纬度。

当应用程序因为某些原因只能使用单个值去表示位置的经纬度时，我们就可以考虑使用 GEOHASH 命令去获取位置坐标的 Geohash 值，而不是直接使用 GEOPOS 命令去获取位置的经纬度。

9.6.1 在进行范围查找时获取 Geohash 值

GEORADIUS 命令和 GEORADIUSBYMEMBER 命令都支持 WITHHASH 选项，使用了这个选项的命令将会在结果中包含被匹配位置的 Geohash 值：

```
GEORADIUS location_set longitude latitude radius unit [WITHHASH]

GEORADIUSBYMEMBER location_set name radius unit [WITHHASH]
```

作为例子，以下代码展示了如何在查找广州市附近城市的同时，获取这些城市的 Geohash 值：

```
redis> GEORADIUSBYMEMBER Guangdong-cities "Guangzhou" 200 km WITHHASH
1) 1) "Zhongshan"                       -- 被匹配的位置
   2) (integer) 4046330600091985        -- 该位置经纬度坐标的 Geohash 值
2) 1) "Shenzhen"
   2) (integer) 4046432447218769
3) 1) "Foshan"
   2) (integer) 4046506835759376
4) 1) "Guangzhou"
   2) (integer) 4046533621643967
5) 1) "Dongguan"
   2) (integer) 4046540375616238
6) 1) "Qingyuan"
   2) (integer) 4046597933543051
```

需要注意的是，与 GEOHASH 命令不一样，GEORADIUS 命令和 GEORADIUSBYMEMBER 命令返回的是被解释为数字的 Geohash 值。而 GEOHASH 命令返回的则是被解释为字符串的 Geohash 值。比如 GEOHASH 命令在获取清远市的 Geohash 值时返回的是字符串 "ws0w0phgp70"，而 GEORADIUS 命令获取的 Geohash 值却是数字 4046597933543051，不过这两个值底层的二进制位是完全相同的。

9.6.2 其他信息

复杂度：$O(N)$，其中 N 为用户给定的位置数量。

版本要求：GEOHASH 命令从 Redis 3.2.0 版本开始可用。

9.7 使用有序集合命令操作 GEO 数据

Redis 使用有序集合存储 GEO 数据，一个位置集合实际上就是一个有序集合：当用户调用 GEO 命令对位置集合进行操作时，这些命令实际上是在操作一个有序集合。

举个例子，当我们调用以下命令，将清远市的经纬度添加到 Guangdong-cities 位置集合时：

```
GEOADD Guangdong-cities 113.2099647 23.593675 Qingyuan
```

Redis 会把给定的经纬度转换成数字形式的 Geohash 值 4046597933543051，然后调用 ZADD 命令，将位置名及其 Geohash 值添加到有序集合中：

```
ZADD Guangdong-cities 4046597933543051 Qingyuan
```

除了 GEOADD 之外，包括 GEOPOS、GEODIST、GEORADIUS、GEORADIUSBYMEMBER 和 GEOHASH 在内的所有 GEO 命令都是在有序集合的基础上实现的，这也使得我们可以直接使用有序集合命令对位置集合进行操作。

比如，可以使用 ZRANGE 命令查看位置集合存储的所有位置，以及这些位置的 Geohash 值：

```
redis> ZRANGE Guangdong-cities 0 -1 WITHSCORES
1) "Zhongshan"           -- 位置
2) "4046330600091985"    -- Geohash 值
3) "Shenzhen"
4) "4046432447218769"
5) "Foshan"
6) "4046506835759376"
7) "Guangzhou"
8) "4046533621643967"
9) "Dongguan"
10) "4046540375616238"
11) "Qingyuan"
12) "4046597933543051"
```

或者使用 ZCARD 命令获取位置集合目前存储的位置数量：

```
redis> ZCARD Guangdong-cities
(integer) 6
```

还可以使用 ZSCORE 命令获取指定位置的数字 Geohash 值：

```
redis> ZSCORE Guangdong-cities Qingyuan
"4046597933543051"
```

此外，虽然 Redis 没有直接提供删除位置集合中指定位置的命令，但是我们可以使用 ZREM 命令达到相同的效果：

```
redis> GEOPOS Guangdong-cities Qingyuan
1) 1) "113.20996731519699097"
   2) "23.59367501967128788"

redis> ZREM Guangdong-cities Qingyuan  -- 删除位置集合中的 Qingyuan 位置
(integer) 1

redis> GEOPOS Guangdong-cities Qingyuan
1) (nil)
```

9.8 重点回顾

- Redis 的 GEO 特性允许用户将经纬度格式的地理位置存储到 Redis 中，并对这些位置执行距离计算、范围查找等操作。
- GEORADIUSBYMEMBER 命令的作用和 GEORADIUS 命令的作用一样，都是找出中心点指定半径范围内的其他位置，它们之间的主要区别在于 GEORADIUS 命令通过给定经纬度来指定中心点，而 GEORADIUSBYMEMBER 命令则通过选择位置集合中的一个位置来作为中心点。
- Geohash 是一种编码格式，这种格式可以将用户给定的经度和纬度转换成单个 Geohash 值，也可以根据给定的 Geohash 值还原出被转换的经度和纬度。执行 GEOHASH 命令即可取得给定位置的 Geohash 值。
- Redis 使用有序集合存储 GEO 数据，一个位置集合实际上就是一个有序集合，因此用户也可以使用有序集合命令处理位置集合。

第10章 流

流（stream）是 Redis 5.0 版本中新增加的数据结构，也是该版本最重要的更新。在以往的版本中，为了实现消息队列这一常见应用，用户往往会使用列表、有序集合和发布与订阅这 3 种功能，但这些不同的实现都有各自的缺陷：

- 列表实现的消息队列虽然可以快速地将新消息追加到列表的末尾，但因为列表为线性结构，所以程序如果想要查找包含指定数据的元素，或者进行范围查找，就需要遍历整个列表。
- 有序集合虽然可以有效地进行范围查找，但缺少列表和发布与订阅提供的阻塞弹出原语，这使得程序无法使用有序集合去实现可阻塞的消息弹出操作。
- 发布与订阅虽然拥有将消息传递给多个客户端的能力，并且也拥有相应的阻塞弹出原语，但发布与订阅的“发送即忘（fire and forget）”策略会导致离线的客户端丢失消息，所以它是无法实现可靠的消息队列的。

除了以上 3 种数据结构各自具有的问题之外，还有一个问题是 3 种数据结构共有的：无论是列表、有序集合还是发布与订阅，它们的元素都只能是单个值。换句话说，如果用户想要用这些数据结构实现的消息队列传递多项信息，那么必须使用 JSON 之类的序列化格式来将多项信息打包存储到单个元素中，然后再在取出元素之后进行相应的反序列化操作。

Redis 流的出现解决了上述提到的所有问题，它是上述 3 种数据结构的综合体，具备它们各自的所有优点以及特点，是使用 Redis 实现消息队列应用的最佳选择。流是一个包含零个或任意多个流元素的有序队列，队列中的每个元素都包含一个 ID 和任意多个键值对，这些元素会根据 ID 的大小在流中有序地进行排列。

作为例子，图 10-1 展示了一个记录用户访问轨迹的流 `visits`，这个流包含了 ID 为 `1100000000000-0`、`1200000000000-0` 和 `1300000000000-0` 的 3 个元素，它们每个

都包含有 3 个键值对，这些键值对分别用于记录网站的访客、被访问的位置以及访客停留的时长。比如，根据 ID 为 `1100000000000-0` 的流元素的显示，名为 `peter` 的用户访问了位置 `/book/10086`，并在该位置停留了 150s。

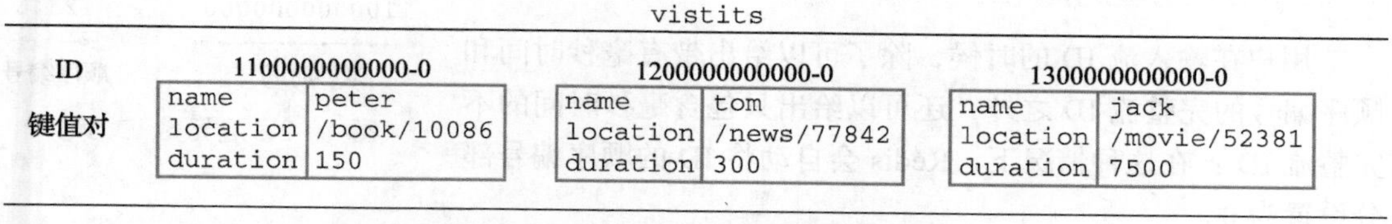
vistits
ID
键值对
1100000000000-0
name peter
location /book/10086
duration 150
1200000000000-0
name tom
location /news/77842
duration 300
1300000000000-0
name jack
location /movie/52381
duration 7500

图 10-1 一个记录用户访问轨迹的流

与之前介绍过的其他数据结构一样，Redis 也为流提供了非常丰富的操作 API，本章接下来将对这些 API 做进一步的介绍。

10.1 XADD：追加新元素到流的末尾

用户可以通过执行 `XADD` 命令，将一个带有指定 ID 以及包含指定键值对的元素追加到流的末尾：

```
XADD stream id field value [field value ...]
```

如果给定的流不存在，那么 Redis 会先创建一个空白的流，然后将给定的元素追加到流中。

流中的每个元素可以包含一个或任意多个键值对，并且同一个流中的不同元素可以包含不同数量的键值对，比如其中一个元素可以包含 3 个键值对，而另一个元素则可以包含 5 个键值对，诸如此类。需要注意的是，与散列以无序方式存储键值对的做法不同，流元素会以有序方式存储用户给定的键值对：用户在创建元素时以什么顺序给定键值对，它们在被取出的时候就是什么顺序。

10.1.1 流元素的 ID

流元素的 ID 由毫秒时间（millisecond）和顺序编号（sequcen number）两部分组成，其中使用 UNIX 时间戳表示的毫秒时间用于标识与元素相关联的时间，而以 0 为起始值的顺序编号则用于区分同一时间内产生的多个不同元素。因为毫秒时间和顺序编号都使用 64 位的非负整数表示，所以整个流 ID 的总长为 128 位，而 Redis 在接受流 ID 输入以及展示流 ID 的时候都会使用连字符 - 分割这两个部分。

图 10-2 展示了一个流元素 ID 示例。在这个示例中，元素 ID 的毫秒时间部分为 `1100000000000`，而顺序编号部分则为 `12345`。如果我们使用这个 ID 作为输入调用以下 `XADD` 命令，那么 Redis 将把包含键值对 `k1` 和 `v1` 的新元素追加到流 `s1` 的末尾：

```
redis> XADD s1 1100000000000-12345 k1 v1
1100000000000-12345
```

XADD 命令在成功执行时将返回新元素的 ID 作为结果。在这个例子中，被返回的 ID 就是我们刚刚输入的 ID。

10.1.2 不完整的流 ID

用户在输入流 ID 的时候，除了可以给出带有毫秒时间和顺序编号的完整流 ID 之外，还可以给出只包含毫秒时间的不完整流 ID：在这种情况下，Redis 会自动将 ID 的顺序编号部分设置为 0。

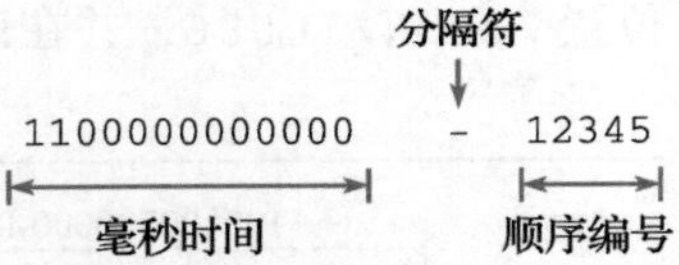

图 10-2 流元素 ID 示例

举个例子，Redis 命令在执行以下两个 XADD 命令的时候，就会将用户给定的不完整 ID 1000000000000 和 2000000000000 分别补全为 1000000000000-0 和 2000000000000-0，然后再执行相应的追加操作，以下命令返回的流元素 ID 证明了这一点。

```
redis> XADD temp-stream 1000000000000 k1 v1
1000000000000-0

redis> XADD temp-stream 2000000000000 k2 v2
2000000000000-0
```

10.1.3 流元素 ID 的限制

因为同一个流中的每个元素 ID 都用于指定特定的一个元素，所以这些 ID 必须是各不相同的，换句话说，同一个流中的不同元素是不允许使用相同 ID 的。

比如，如果我们尝试使用流 s1 中已有的 ID 1100000000000-12345 向流中添加新元素，那么 Redis 将返回一个错误：

```
redis> XADD s1 1100000000000-12345 k2 v2
(error) ERR The ID specified in XADD is equal or smaller than the target stream top item
```

除了不允许使用相同的 ID 之外，Redis 还要求新元素的 ID 必须比流中所有已有元素的 ID 都要大。具体来说，Redis 会记住每个流已有元素的最大 ID，并在用户尝试向流里面添加新元素的时候，使用新元素的 ID 与流目前最大的 ID 进行对比：

- 如果新 ID 的毫秒时间部分比最大 ID 的毫秒时间部分要大，那么允许添加新元素。
- 如果新 ID 的毫秒时间部分与最大 ID 的毫秒时间部分相同，那么对比两个 ID 的顺序编号部分，如果新 ID 的顺序编号部分比最大 ID 的顺序编号部分要大，那么允许添加新元素。

相反，不符合上述两种情况的添加操作将会被拒绝，并返回一个错误。

举个例子，如果我们在流 s1 已经拥有 ID 为 1100000000000-12345 的元素的情况下，尝试添加 ID 为 1000000000000-12345 的元素或者 ID 为 1100000000000-100 的元素，那么 Redis 将返回一个错误：

```
redis> XADD s1 1000000000000-12345 k2 v2  -- 毫秒时间部分太小
(error) ERR The ID specified in XADD is equal or smaller than the target stream
```

```
top item

    redis> XADD s1 1100000000000-100 k2 v2  -- 毫秒时间相同，但顺序编号部分太小
    (error) ERR The ID specified in XADD is equal or smaller than the target stream
top item
```

与此相反，如果我们向流中添加 ID 为 1200000000000-0 的新元素，那么 Redis 将正确执行命令，因为新给定的 ID 比之前的最大 ID 1100000000000-12345 要大：

```
redis> XADD s1 1200000000000-0 k2 v2
1200000000000-0
```

在成功执行 XADD 命令之后，流的最大元素 ID 也会随之更新。比如，在执行上述命令之后，流 s1 的最大元素 ID 就从原来的 1100000000000-12345 更新到了 1200000000000-0。

> **只执行追加操作的流**
>
> 通过将元素 ID 与时间进行关联，并强制要求新元素的 ID 必须大于旧元素的 ID，Redis 从逻辑上将流变成了一种只执行追加操作（append only）的数据结构，这种特性对于使用流实现消息队列和事件系统的用户来说是非常重要的：用户可以确信，新的消息和事件只会出现在已有消息和事件之后，就像现实世界里新事件总是发生在已有事件之后一样，一切都是有序进行的。
>
> 此外，只能将新元素添加到末尾而不允许在数据结构的“中间”添加新元素，这也是流与列表以及有序集合之间的一个显著区别。

10.1.4 自动生成元素 ID

正如 10.1.3 节所介绍的那样，Redis 流对元素 ID 的要求非常严格，并且还会拒绝不符合规则的 ID。为了方便用户执行添加操作，Redis 为 XADD 命令的 id 参数设定了一个特殊值 *：当用户将符号 * 用作 id 参数的值时，Redis 将自动为新添加的元素生成一个可用的新 ID。

具体来说，自动生成的新 ID 会将 Redis 所在宿主机器当前毫秒格式的 UNIX 时间戳用作 ID 的毫秒时间，并根据当前已有 ID 的最大顺序编号来设置新 ID 的顺序编号部分：

- 如果在当前毫秒之内还没有出现过任何 ID，那么新 ID 的顺序编号将被设置为 0。比如，如果当前时间为 1530200000000ms，并且在这一毫秒之内没有任何现存的 ID，那么新元素的 ID 将被设置为 1530200000000-0。
- 如果在当前毫秒内已经存在其他 ID，那么这些 ID 中顺序编号最大的那个加上 1 就是新 ID 的顺序编号。比如，如果在 1530200000000ms 内，现存最大的顺序编号为 10086，那么新 ID 的顺序编号将是 10086 加 1 的结果 10087，而完整的新 ID 则是 1530200000000-10087。

以下是一个使用特殊值 * 的 XADD 命令执行示例：

```
redis> XADD s1 * k1 v1
1530513983956-0
```

注意，此处命令返回的 1530513983956-0 就是 Redis 为新元素自动生成的新 ID。如前所述，如果我们在同一毫秒内同时执行多个 XADD 命令，那么新 ID 还会带有相同的毫秒时间以及不同的顺序编号：

```
redis> XADD s1 * k2 v2
1530514186159-0

redis> XADD s1 * k3 v3
1530514186159-1

redis> XADD s1 * k4 v4
1530514186159-2
```

> **防止时钟错误**
>
> 如果用户使用了 * 作为 ID 参数的值，但是宿主机器的当前时间比流中已有最大 ID 的毫秒时间要小，那么 Redis 将使用该 ID 的毫秒时间来作为新 ID 的毫秒时间，以此来避免机器时间倒流产生错误。

10.1.5 限制流的长度

除了上面提到的各项参数之外，XADD 命令还提供了 MAXLEN 选项，让用户可以在添加新元素的同时删除旧元素，以此来限制流的长度：

```
XADD stream [MAXLEN len] id field value [field value ...]
```

在将新元素追加到流的末尾之后，XADD 命令就会按照 MAXLEN 选项指定的长度，按照先进先出规则移除超出长度限制的元素。

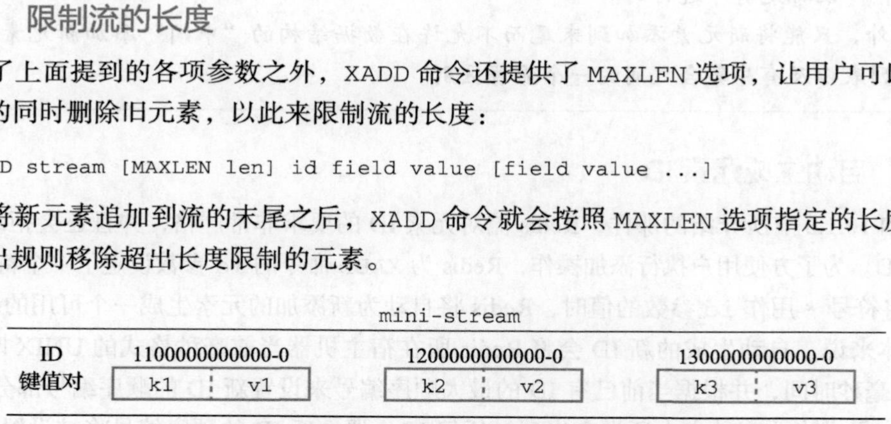

图 10-3 执行 XADD 命令之前的 mini-stream

举个例子，对于图 10-3 所示的流，如果我们执行以下命令：

```
redis> XADD mini-stream MAXLEN 3 * k4 v4
1400000000000-0
```

那么 XADD 命令将把包含键值对 k4 和 v4 的新元素添加到流 mini-stream 的末尾，并从流中移除一个旧元素，以此来保证流的长度不超过 MAXLEN 选项指定的长度 3。对于这个命令来说，ID 为 1100000000000-0 的元素将被移除，因为这个元素位于流的最开始位置，并且它也是存在于流中时间最长的元素，所以它会首先被移除。图10-4展示了执行XADD命令之后的mini-stream。

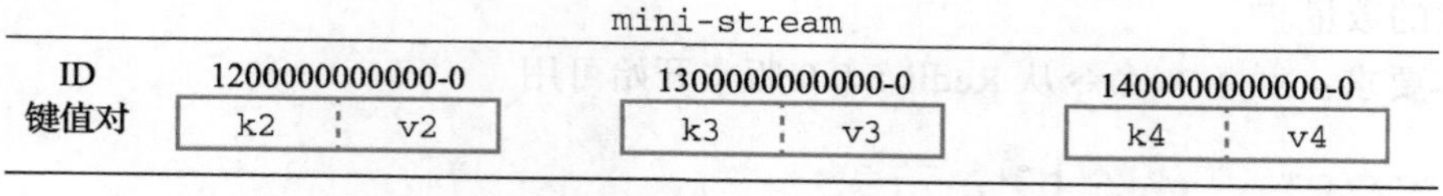

图 10-4 执行 XADD 命令之后的 mini-stream

10.1.6 其他信息

复杂度：$O(\log(N))$，其中 N 为流目前包含的元素数量。

版本要求：XADD 命令从 Redis 5.0.0 版本开始可用。

10.2 XTRIM：对流进行修剪

用户除了可以在执行 XADD 命令的同时使用 MAXLEN 命令对流进行修剪之外，还可以通过执行 XTRIM 命令直接将流修剪至指定长度：

```
XTRIM stream MAXLEN len
```

XTRIM 命令在执行之后会返回被移除元素的数量作为结果。

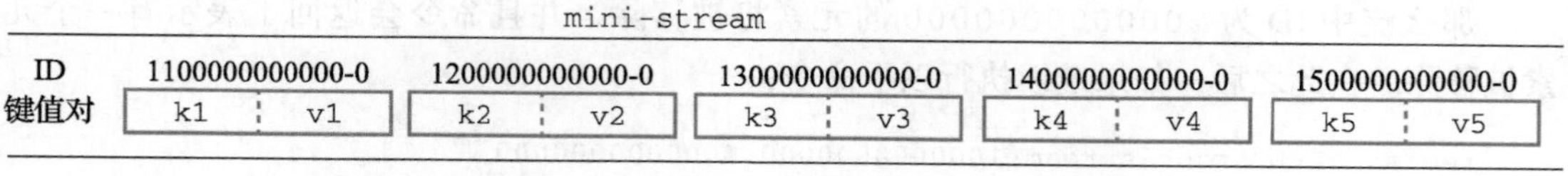

图 10-5 执行 XTRIM 命令前的 mini-stream 流

举个例子，对于图10-5所示的流来说，如果我们执行以下命令：

```
redis> XTRIM mini-stream MAXLEN 3
(integer) 2
```

那么流 mini-stream 最开头的两个元素将被移除，如图10-6所示。因为在这次修剪操作中有两个元素被移除了，所以命令返回了2作为结果。

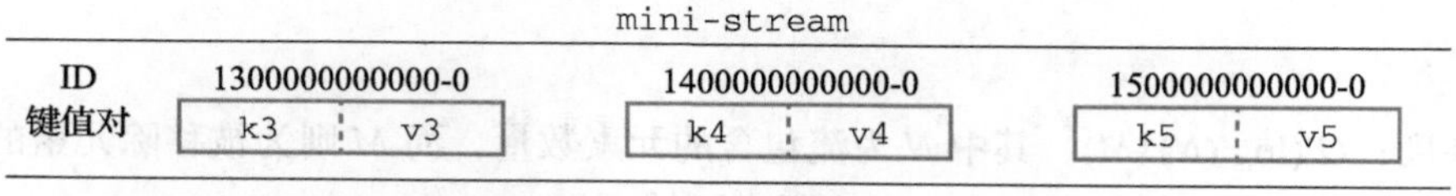

图 10-6 执行 XTRIM 命令后的 mini-stream 流

目前来说，XTRIM 命令与带有 MAXLEN 选项的 XADD 命令一样，都是根据先进先出规则来淘汰旧元素的，但 Redis 将来会支持更多不同的淘汰规则可供用户选择。

其他信息

复杂度：$O(\log(N) + M)$，其中 N 为执行修剪操作前流包含的元素数量，而 M 则为被移除元素的数量。

版本要求：XTRIM 命令从 Redis 5.0.0 版本开始可用。

10.3 XDEL：移除指定元素

XDEL 命令接受一个流以及任意多个元素 ID 作为输入，并从流中移除 ID 对应的元素：

```
XDEL stream [id id ... id]
```

XDEL 命令在成功执行之后将返回被移除元素的数量作为结果。

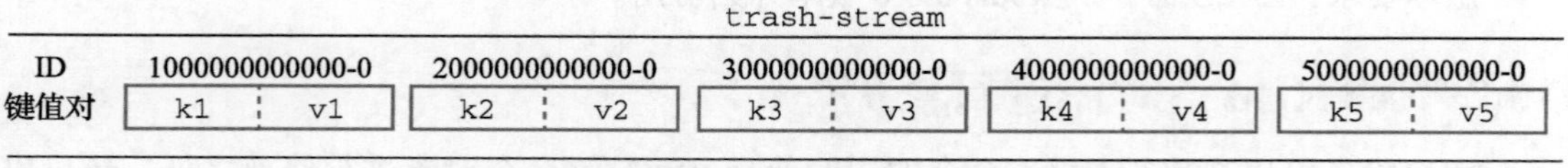

图 10-7 执行移除操作之前的 trash-stream 流

举个例子，对于图 10-7 所示的流 trash-stream 来说，如果我们执行以下命令：

```
redis> XDEL trash-stream 2000000000000
(integer) 1
```

那么流中 ID 为 2000000000000 的元素将被移除，并且命令会返回 1 表示有一个元素被移除。在此之后，如果继续执行以下命令：

```
redis> XDEL trash-stream 1000000000000 4000000000000
(integer) 2
```

那么命令将移除流中 ID 为 1000000000000 和 4000000000000 的元素，并返回数字 2 表示成功移除了两个元素。图 10-8 展示了执行两次 XDEL 命令之后的 trash-stream 流。

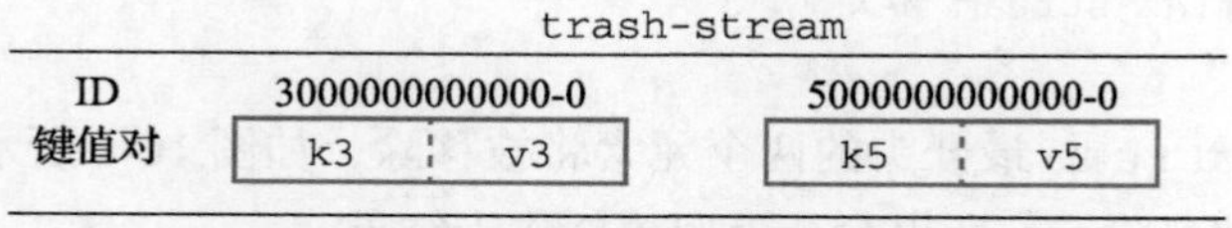

图 10-8 执行移除操作之后的 trash-stream 流

其他信息

复杂度：$O(\log(N)*M)$，其中 N 为流包含的元素数量，而 M 则为被移除元素的数量。

版本要求：XDEL 命令从 Redis 5.0.0 版本开始可用。

10.4 XLEN：获取流包含的元素数量

用户可以通过对流执行 XLEN 命令，获取流目前包含的元素数量：

```
XLEN stream
```

如果给定的流没有包含任何元素，或者流并不存在，那么 XLEN 命令将返回 0 作为结果。以下是一些 XLEN 命令的使用示例：

```
redis> XLEN stream-1
(integer) 3  -- 流包含 3 个元素

redis> XLEN stream-2
(integer) 2  -- 流包含 2 个元素

redis> XLEN empty-stream
(integer) 0  -- 空流

redis> XLEN not-exists-stream
(integer) 0  -- 不存在的流
```

其他信息

复杂度：$O(1)$。

版本要求：XLEN 命令从 Redis 5.0.0 版本开始可用。

10.5 XRANGE、XREVRANGE：访问流中元素

正如前面所说，流本质上是一个有序序列，对于这种序列，使用有序方式获取序列中的各项元素是一种非常常见的操作。正如 Redis 为另一种有序序列数据结构列表提供了 LRANGE 命令一样，Redis 也为流提供了 XRANGE 命令，这个命令可以以遍历或者迭代的方式，访问流中的单个或者任意多个元素。

XRANGE 命令接受一个流、一个起始 ID、一个结束 ID 以及一个可选的 COUNT 选项作为参数：

```
XRANGE stream start-id end-id [COUNT n]
```

根据用户给定的参数不同，XRANGE 命令可以实现的功能也会有所不同，接下来的几个小节将分别介绍 XRANGE 命令的各种使用方法，其中包括如何获取单个元素、如何获取指定范围内的多个元素、如何获取所有元素以及如何迭代整个流等。

10.5.1 获取 ID 指定的单个元素

XRANGE 命令最简单的用法就是将命令的起始 ID 和结束 ID 设置为同一个流元素 ID，这样 XRANGE 命令就会从流中获取并返回 ID 指定的元素。

比如，如果我们想要从图 10-9 所示的流 temp-stream 中获取 ID 为 3000000000000 的元素，那么只需要执行以下命令即可：

```
redis> XRANGE temp-stream 3000000000000 3000000000000
1) 1) 3000000000000-0  -- 流元素的 ID
   2) 1) "k3"          -- 流元素包含的键
      2) "v3"          -- 流元素包含的值
```

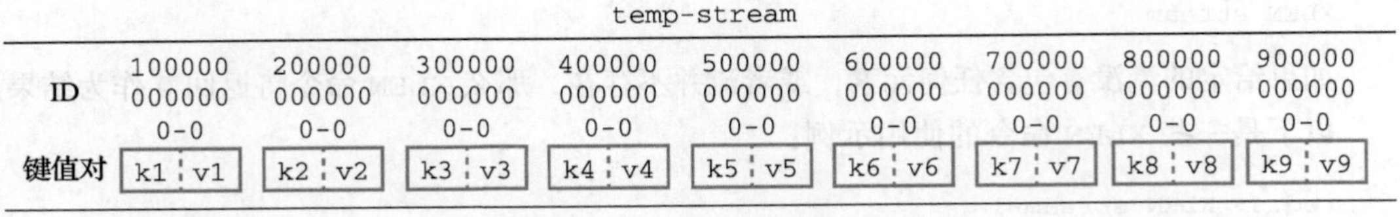

图 10-9 流 temp-stream

XRANGE 命令在执行之后会返回一个列表作为结果。对于上面执行的 XRANGE 命令来说，命令返回了一个只包含单个项的列表，而这个项又包含了两个子项，它们分别是流元素的 ID 以及流元素包含的键值对。

另一方面，如果用户给定的 ID 不存在，那么 XRANGE 命令将返回一个空列表作为结果：

```
redis> XRANGE temp-stream 1234567891234 1234567891234
(empty list or set)
```

10.5.2 获取指定 ID 范围内的多个元素

XRANGE 命令除了可以用于获取单个元素之外，还可以用于获取多个元素：用户只需要将一个较小的元素 ID 设置为命令的起始 ID，并将一个较大的元素 ID 设置为命令的结束 ID，那么 XRANGE 命令就会从流中获取从起始 ID 到结束 ID 区间范围内的所有元素。

举个例子，对于之前提到的流 temp-stream 来说，我们可以通过执行以下命令，获取流中 ID 从 1000000000000 开始到 4000000000000 在内的所有元素：

```
redis> XRANGE temp-stream 1000000000000 4000000000000
1) 1) 1000000000000-0  -- 符合给定 ID 区间范围的第 1 个元素
   2) 1) "k1"
      2) "v1"
2) 1) 2000000000000-0  -- 第 2 个元素
   2) 1) "k2"
      2) "v2"
3) 1) 3000000000000-0  -- 第 3 个元素
   2) 1) "k3"
      2) "v3"
4) 1) 4000000000000-0  -- 第 4 个元素
   2) 1) "k4"
      2) "v4"
```

这个 XRANGE 命令调用返回了一个包含 4 个项的列表，其中每一个项都是一个流元素，图 10-10 展示了这个命令的取值范围。

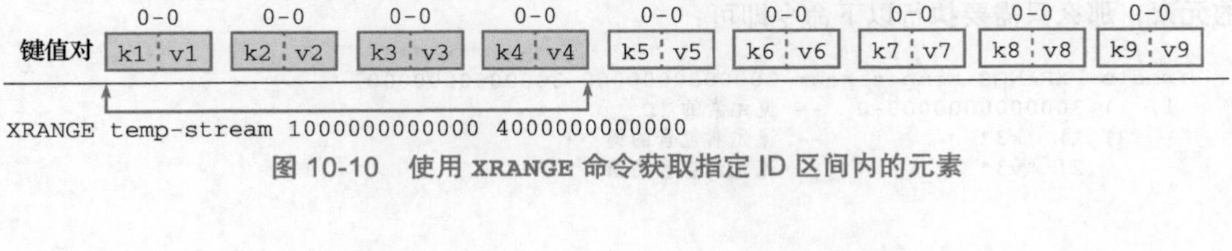

图 10-10 使用 XRANGE 命令获取指定 ID 区间内的元素

10.5.3　获取所有元素

XRANGE 命令的起始 ID 和结束 ID 除了可以是流元素的 ID 之外，还可以是特殊值减号 - 和加号 +，其中前者用于表示流中的最小 ID，而后者则用于表示流中的最大 ID。在这两个特殊值的帮助下，用户可以通过 XRANGE 命令获取流包含的所有元素，或者 ID 大于等于或小于等于指定 ID 的所有元素。

举个例子，通过执行以下命令，我们可以获取流 temp-stream 包含的所有元素：

```
redis> XRANGE temp-stream - +
1) 1) 1000000000000-0
   2) 1) "k1"
      2) "v1"
2) 1) 2000000000000-0
   2) 1) "k2"
      2) "v2"
3) 1) 3000000000000-0
   2) 1) "k3"
      2) "v3"
-- 省略中间元素 --
9) 1) 9000000000000-0
   2) 1) "k9"
      2) "v9"
```

或者通过执行以下命令，获取流 temp-stream 中 ID 大于等于 4000000000000 的所有元素：

```
redis> XRANGE temp-stream 4000000000000 +
1) 1) 4000000000000-0
   2) 1) "k4"
      2) "v4"
2) 1) 5000000000000-0
   2) 1) "k5"
      2) "v5"
3) 1) 6000000000000-0
   2) 1) "k6"
      2) "v6"
4) 1) 7000000000000-0
   2) 1) "k7"
      2) "v7"
5) 1) 8000000000000-0
   2) 1) "k8"
      2) "v8"
6) 1) 9000000000000-0
   2) 1) "k9"
      2) "v9"
```

还可以通过执行以下命令，获取流 temp-stream 中 ID 小于等于 4000000000000 的所有元素：

```
redis> XRANGE temp-stream - 4000000000000
1) 1) 1000000000000-0
```

```
   2) 1) "k1"
      2) "v1"
2) 1) 2000000000000-0
   2) 1) "k2"
      2) "v2"
3) 1) 3000000000000-0
   2) 1) "k3"
      2) "v3"
4) 1) 4000000000000-0
   2) 1) "k4"
      2) "v4"
```

图 10-11 展示了以上 3 个命令不同的取值范围。

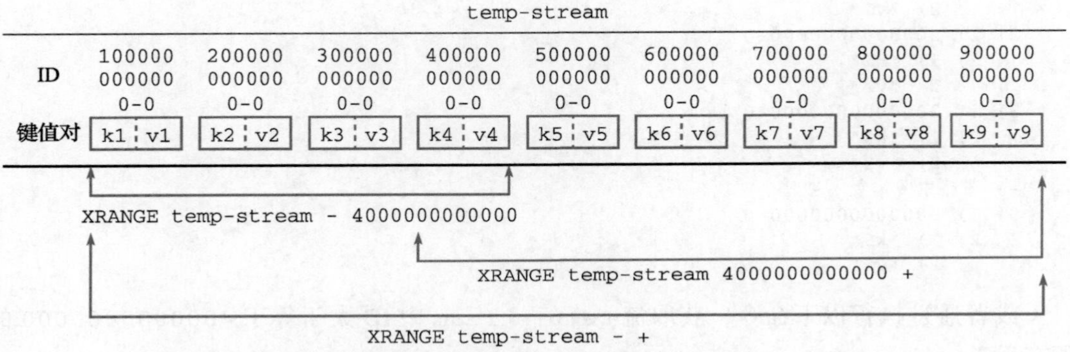

图 10-11 使用特殊值获取 temp-stream 的全部或边界元素

10.5.4 获取指定数量的元素

虽然使用 XRANGE 命令可以很简单地获取多个元素，但是对于一些长度非常大的流来说，一次返回数量众多的元素可能会导致客户端因为体积庞大的回复而被阻塞，这并不是一件好事。

为此，用户可以通过 XRANGE 命令的 COUNT 选项去限制一次命令调用能够返回的最大元素数量：

```
XRANGE stream start-id end-id [COUNT n]
```

比如，通过执行以下命令，我们可以只获取 temp-stream 流中 ID 最小的 3 个元素：

```
redis> XRANGE temp-stream - + COUNT 3
1) 1) 1000000000000-0
   2) 1) "k1"
      2) "v1"
2) 1) 2000000000000-0
   2) 1) "k2"
      2) "v2"
3) 1) 3000000000000-0
   2) 1) "k3"
      2) "v3"
```

又或者只获取 ID 大于等于 4000000000000 的前两个元素：

```
redis> XRANGE temp-stream 4000000000000 + COUNT 2
1) 1) 4000000000000-0
   2) 1) "k4"
      2) "v4"
2) 1) 5000000000000-0
   2) 1) "k5"
      2) "v5"
```

10.5.5 对流进行迭代

用户可以通过 XRANGE 命令对流进行迭代，具体步骤如下：

1）使用 - 作为起始 ID，+ 作为结束 ID，调用带有 COUNT 选项的 XRANGE 命令，获取流的前 *N* 个元素。

2）对于命令返回的最后一个元素，将该元素 ID 的顺序部分加 1，得到一个新 ID。

3）使用新 ID 作为起始 ID，+ 作为结束 ID，继续调用带有 COUNT 选项的 XRANGE 命令。

4）重复步骤 2 和 3，直到 XRANGE 命令返回空列表为止，返回空列表表示整个流已经被迭代完毕。

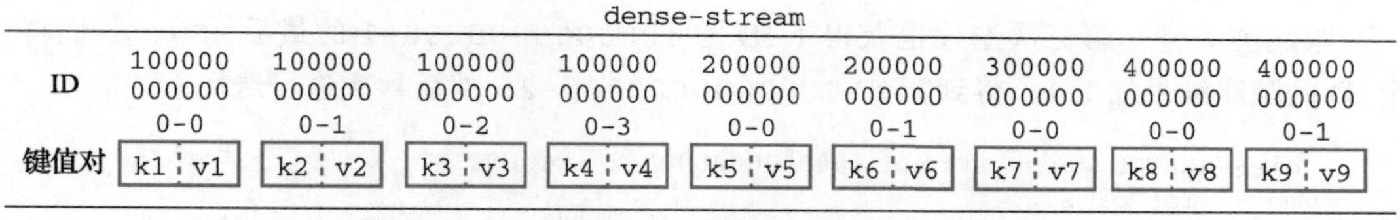

图 10-12　一个 ID 稠密排列的流 dense-stream

让我们来看一个详细的迭代例子。对于图 10-12 所示的流来说，我们可以通过执行以下命令，以 - 为起始 ID，+ 为结束 ID，并将 COUNT 选项的值设置为 3，以此来获取 dense-stream 流最开始的 3 个元素：

```
redis> XRANGE dense-stream - + COUNT 3
1) 1) 1000000000000-0
   2) 1) "k1"
      2) "v1"
2) 1) 1000000000000-1
   2) 1) "k2"
      2) "v2"
3) 1) 1000000000000-2
   2) 1) "k3"
      2) "v3"
```

因为这次迭代获得的最后一个元素 ID 为 1000000000000-2，所以我们只需要将这个 ID 的顺序编号加上 1，就可以得到下一次迭代的起始 ID 1000000000000-3 了。与上一次迭代一样，命令接受的结束 ID 也是特殊值 +：

```
redis> XRANGE dense-stream 1000000000000-3 + COUNT 3
```

```
1) 1) 1000000000000-3
   2) 1) "k4"
      2) "v4"
2) 1) 2000000000000-0
   2) 1) "k5"
      2) "v5"
3) 1) 2000000000000-1
   2) 1) "k6"
      2) "v6"
```

第二次迭代返回的最后一个元素的 ID 为 2000000000000-1，我们再次将这个 ID 的顺序编号加上 1，然后将这个新 ID 2000000000000-2 用作起始 ID，再次执行迭代操作：

```
redis> XRANGE dense-stream 2000000000000-2 + COUNT 3
1) 1) 3000000000000-0
   2) 1) "k7"
      2) "v7"
2) 1) 4000000000000-0
   2) 1) "k8"
      2) "v8"
3) 1) 4000000000000-1
   2) 1) "k9"
      2) "v9"
```

跟之前一样，第三次迭代也获得了 ID 为 4000000000000-1 的最后元素，我们将这个 ID 的顺序编号加上 1，得到新 ID 4000000000000-2，然后再次进行迭代：

```
redis> XRANGE dense-stream 4000000000000-2 + COUNT 3
(empty list or set)
```

与之前 3 次不一样，XRANGE 命令这次返回了一个空列表，这表明整个流已经被迭代完毕，迭代到此结束。图 10-13 展示了上述整个迭代流程。

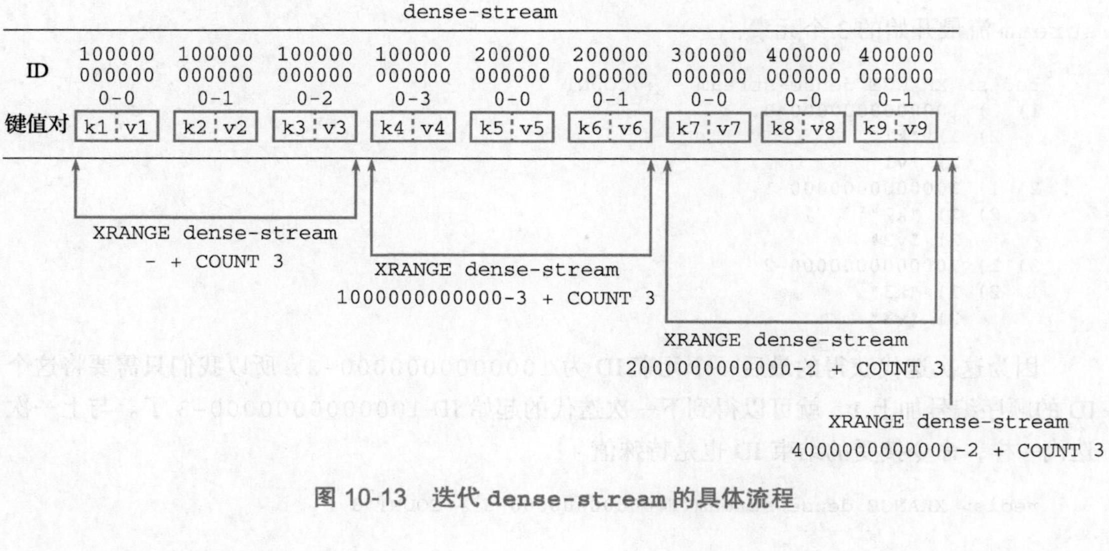

图 10-13 迭代 dense-stream 的具体流程

10.5.6 以逆序访问流中元素

XREVRANGE 命令是 XRANGE 命令的逆序版本，前者除了会按照 ID 从大到小而不是从小到大的顺序访问流元素之外，其他作用后者是相同的：

```
XREVRANGE stream end-id start-id [COUNT n]
```

另外需要注意的是，XREVRANGE 命令先接受结束 ID，后接受起始 ID，这种做法跟 XRANGE 命令正好相同。

以下是一个 XREVRANGE 命令的使用示例：

```
-- 获取 temp-stream 中 ID 最大的 3 个元素
redis> XREVRANGE temp-stream + - COUNT 3
1) 1) 9000000000000-0
   2) 1) "k9"
      2) "v9"
2) 1) 8000000000000-0
   2) 1) "k8"
      2) "v8"
3) 1) 7000000000000-0
   2) 1) "k7"
      2) "v7"
```

10.5.7 其他信息

复杂度：$O(\log(N)+M)$，其中 N 为流包含的元素数量，而 M 则为命令返回的元素数量。

版本要求：XRANGE 命令和 XREVRANGE 命令从 Redis 5.0.0 版本开始可用。

10.6 XREAD：以阻塞或非阻塞方式获取流元素

除了 XRANGE 命令和 XREVRANGE 命令之外，Redis 还提供了 XREAD 命令用于获取流中元素：

```
XREAD [BLOCK ms] [COUNT n] STREAMS stream1 stream2 stream3 ... id1 id2 id3 ...
```

与 XRANGE 命令和 XREVRANGE 命令可以从两个方向对流进行迭代不同，XREAD 命令只能从一个方向对流进行迭代，但是它提供了更简单的迭代 API，支持同时对多个流进行迭代，并且能够以阻塞和非阻塞两种方式执行，本节接下来将对这个命令做更详细的介绍。

10.6.1 从多个流中获取大于指定 ID 的元素

XREAD 命令最基础的用法就是从多个给定流中取出大于指定 ID 的多个元素，其中紧跟在 STREAMS 选项之后的就是流的名字以及与之相对应的元素 ID：

```
XREAD STREAMS stream1 stream2 stream3 ... id1 id2 id3 ...
```

在调用 XREAD 命令时，用户需要先给定所有想要从中获取元素的流，然后再给出与各个流相对应的 ID。除此之外，用户还可以通过可选的 COUNT 选项限制命令对于每个流最多可以返回多少个元素：

```
XREAD [COUNT n] STREAMS stream1 stream2 stream3 ... id1 id2 id3 ...
```

注意，我们把 COUNT 选项放在了 STREAMS 选项的前面，这是因为 STREAMS 选项是一个可变参数选项，它接受的参数数量是不固定的，所以它必须是 XREAD 命令的最后一个选项。

作为例子，以下代码展示了如何从流 s1 中取出最多三个 ID 大于 100000000000 的元素：

```
redis> XREAD COUNT 3 STREAMS s1 100000000000
1) 1) "s1"                          -- 元素的来源流
   2) 1) 1) 1100000000000-0         -- 第一个元素及其 ID
         2) 1) "k1"                 -- 第一个元素包含的键值对
            2) "v1"
      2) 1) 1200000000000-0         -- 第二个元素
         2) 1) "k2"
            2) "v2"
      3) 1) 1300000000000-0         -- 第三个元素
         2) 1) "k3"
            2) "v3"
```

这个命令调用返回了一个只包含单个项的列表，而这个列表项又包含了两个子项，其中：

- 第一个子项 "s1" 表明了这个列表项中的元素都是从流 s1 里面获取的。
- 第二个子项包含了三个列表项，其中每一个列表项都是一个流元素。

与此类似，以下代码展示了如何从流 s1、s2 和 s3 中各取出一个 ID 大于 100000000000 的元素：

```
redis> XREAD COUNT 1 STREAMS s1 s2 s3 100000000000 100000000000 100000000000
1) 1) "s1"                          -- 这个元素来源于流 s1
   2) 1) 1) 1100000000000-0
         2) 1) "k1"
            2) "v1"
2) 1) "s2"                          -- 这个元素来源于流 s2
   2) 1) 1) 1531743117644-0
         2) 1) "k1"
            2) "v1"
3) 1) "s3"                          -- 这个元素来源于流 s3
   2) 1) 1) 1531748220373-0
         2) 1) "k1"
            2) "v1"
```

这次的 XREAD 命令调用返回了三个列表项，其中每个列表项包含的元素都来自于不同的流。

最后，如果用户尝试使用 XREAD 命令去获取一个不存在的流，或者给定的 ID 超过了流中已有元素的最大 ID，那么命令将返回一个空值作为结果：

```
redis> XREAD STREAMS not-exists-stream 100000000000     -- 流不存在
(nil)

redis> XREAD STREAMS s1 2000000000000    -- 给定 ID 过大
(nil)
```

10.6.2 迭代流

在前面的内容中，我们学习了如何使用 XRANGE 命令和 XREVRANGE 命令去迭代一个流。与此类似，通过 XREAD 命令，我们同样可以对一个或多个流进行迭代，具体方法如下：

1）将表示流起点的特殊 ID 0-0（或者它的简写 0）作为 ID 传入 XREAD 命令，并通过 COUNT 选项读取流最开头的 *N* 个元素。

2）使用命令返回的最后一个元素的 ID 作为参数，再次调用带有 COUNT 选项的 XREAD 命令。

3）重复执行步骤 2，直到命令返回空值或者命令返回元素的数量少于指定数量为止。

举个例子，假设我们想要以两个元素为步进迭代流 s1，那么首先需要执行以下命令：

```
redis> XREAD COUNT 2 STREAMS s1 0-0
1) 1) "s1"
   2) 1) 1) 1100000000000-0
         2) 1) "k1"
            2) "v1"
      2) 1) 1200000000000-0
         2) 1) "k2"
            2) "v2"
```

这个命令会从流 s1 里面取出位于流最开始的两个元素，它们的 ID 分别为 1100000000000-0 和 1200000000000-0。为了进行下一次迭代，我们需要将后一个 ID 用作参数，继续调用 XREAD 命令：

```
redis> XREAD COUNT 2 STREAMS s1 1200000000000-0
1) 1) "s1"
   2) 1) 1) 1300000000000-0
         2) 1) "k3"
            2) "v3"
      2) 1) 1400000000000-0
         2) 1) "k4"
            2) "v4"
```

与之前一样，这次的调用也返回了两个流元素。为了继续进行第三次迭代，我们需要将 ID 1400000000000-0 用作参数继续调用 XREAD 命令：

```
redis> XREAD COUNT 2 STREAMS s1 1400000000000-0
1) 1) "s1"
   2) 1) 1) 150000000000-0
         2) 1) "k5"
            2) "v5"
```

注意，与之前两次迭代都返回了两个元素不一样，虽然这次迭代也请求获取两个元素，但命令却只返回了一个元素，这表明对整个流的迭代已经完成了。为了证实这一点，我们可以使用 ID 150000000000-0 作为输入，再次调用 XREAD 命令：

```
redis> XREAD COUNT 2 STREAMS s1 150000000000-0
(nil)
```

从命令返回的结果可以看出，流 s1 中不存在任何 ID 大于 15000000000-0 的元素。图 10-14 展示了上述整个迭代过程。

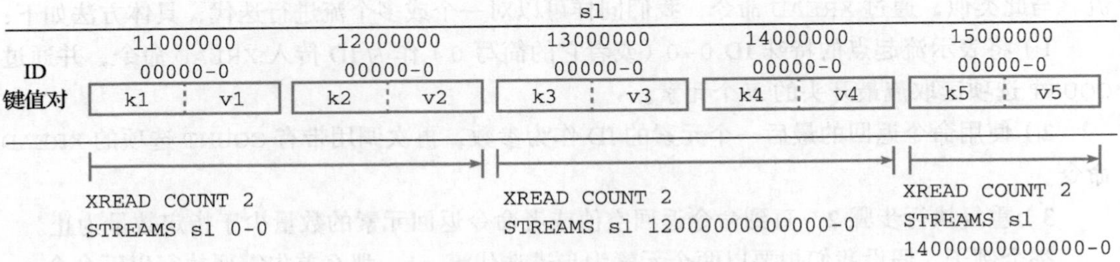

图 10-14 迭代流 s1 的整个过程

两种迭代方式的区别

使用 XREAD 命令对流进行迭代，与使用 XRANGE 命令、XREVRANGE 命令对流进行迭代，这两种迭代方式之间主要有 4 点区别。

首先，XRANGE 命令和 XREVRANGE 命令接受 ID 区间范围作为输入，而 XREAD 命令接受单个 ID 作为输入，并且前者在每次进行后续迭代时，都需要手动计算下一次迭代的起始 ID，而后者只需要将上一次迭代返回的最后元素的 ID 用作输入即可。两者比较起来，明显是 XREAD 命令更方便。

其次，用户使用 XRANGE 命令和 XREVRANGE 命令，可以按照从头到尾和从尾到头两个方向对流进行迭代，而 XREAD 命令只能从流的开头向结尾进行迭代。

然后，因为 XREAD 命令可以一次接受多个流作为输入，所以它可以同时迭代多个流，而 XRANGE 命令和 XREVRANGE 命令每次只能迭代一个流。

最后，因为 XREAD 命令具备阻塞功能，所以它既可以以同步方式执行，也可以以异步方式执行，而 XRANGE 命令和 XREVRANGE 命令只能以同步方式执行。

表 10-1 列举了这 3 个迭代命令各自的特点。

表 10-1 对比 3 个迭代命令

迭代方式	接受的输入	支持的迭代方向	可同时迭代的流数量	执行方式
XREAD	单个 ID	从头到尾	多个	既可以同步执行也可以异步执行
XRANGE	ID 区间范围	从头到尾	一个	只能同步执行
XREVRANGE	ID 区间范围	从尾到头	一个	只能同步执行

10.6.3 阻塞

通过使用 BLOCK 选项并给定一个毫秒精度的超时时间作为参数，用户能够以可阻塞的方式执行 XREAD 命令：

```
XREAD [BLOCK ms] [COUNT n] STREAMS stream1 stream2 stream3 ... id1 id2 id3 ...
```

BLOCK 选项的值可以是任何大于等于 0 的数值，给定 0 则表示阻塞直到出现可返回的元素为止。根据用户给定的流是否拥有符合条件的元素，带有 BLOCK 选项的 XREAD 命令的行为也会有所不同。

首先，如果在用户给定的流中，有一个或多个流拥有符合条件、可供读取的元素，那么 XREAD 命令将直接返回这些元素而不会进入阻塞状态。与不带 BLOCK 选项的 XREAD 命令一样，这种情况下的 XREAD 命令会根据用户给定的 COUNT 选项去限制每个流返回元素的数量。

比如在以下代码中，我们就调用 XREAD 命令尝试去读取流 s1、s2 和 bs1：

```
redis> XREAD BLOCK 10000000 COUNT 2 STREAMS s1 s2 bs1 0 0 0
1) 1) "s1"
   2) 1) 1) 1100000000000-0
         2) 1) "k1"
            2) "v1"
      2) 1) 1200000000000-0
         2) 1) "k2"
            2) "v2"
2) 1) "s2"
   2) 1) 1) 1531751993870-0
         2) 1) "k1"
            2) "v1"
      2) 1) 1531751997935-0
         2) 1) "k2"
            2) "v2"
```

虽然流 bs1 没有可供读取的元素，但是由于流 s1 和 s2 都拥有可供读取的元素，所以命令没有进入阻塞状态，而是直接返回了可供读取的元素，并且元素的数量没有超过 COUNT 选项的限制。

如果用户在执行带有 BLOCK 选项的 XREAD 命令时，给定的所有流都不存在可供读取的元素，那么命令将进入阻塞状态。如果在给定的阻塞时长之内有一个可供读取的元素出现，那么 Redis 将把这个元素分发给所有因为该元素而被阻塞的客户端，这种情况下的 XREAD 命令会无视用户给定的 COUNT 选项，只返回一个元素。

举个例子，假设现在有 c1、c2 两个客户端，它们都因为流 s1 和流 s2 没有可供读取的元素而被阻塞：

```
c1> XREAD BLOCK 10000000 COUNT 2 STREAMS bs1 bs2 0 0
c2> XREAD BLOCK 10000000 COUNT 2 STREAMS bs1 bs2 0 0
```

如果在这两个客户端被阻塞期间，客户端 c3 向流 s1 推入一个新元素：

```
c3> XADD bs1 * msg "hello from c3"
1531814693349-0
```

那么 c1 和 c2 的阻塞将被解除，并且它们都会得到以下回复：

```
1) 1) "bs1"                              -- 元素的来源流
```

```
2) 1) 1) 1531814693349-0          -- 元素的 ID
      2) 1) "msg"                 -- 元素的键值对
         2) "hello from c3"
(25.99s)                          -- 客户端被阻塞的时长（redis-cli 客户端专属）
```

图 10-15 展示了这两个客户端从被阻塞到解除阻塞的整个过程。

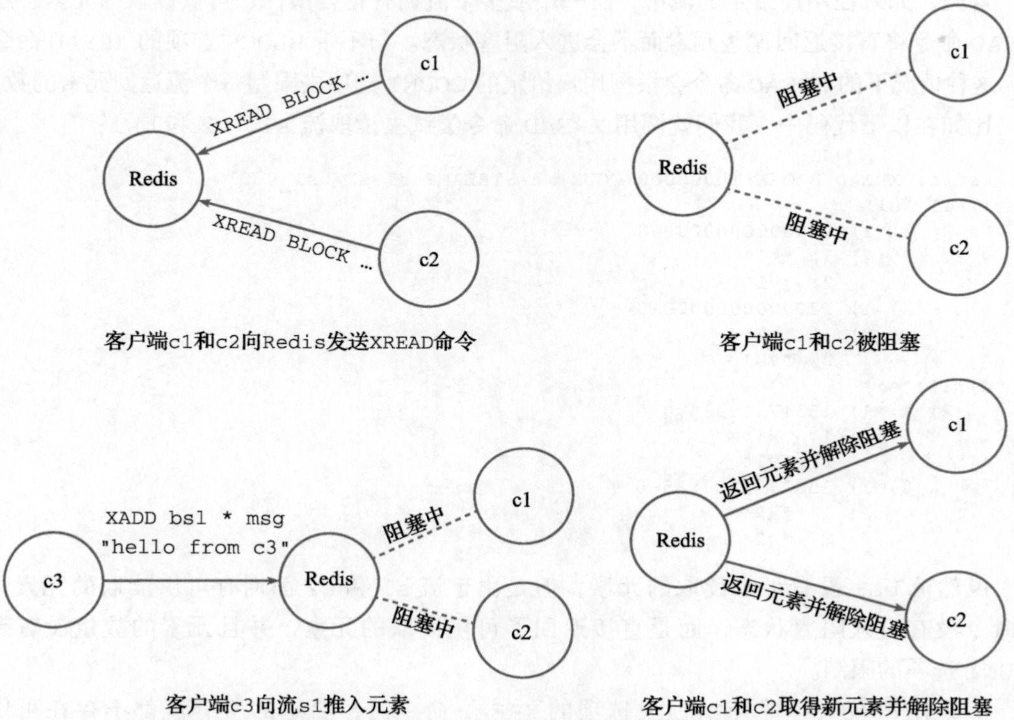

图 10-15 客户端从被阻塞到解除阻塞的整个过程

最后，如果客户端因为 XREAD 命令而被阻塞，并且它未能在指定的超时时限内读取到任何元素，那么客户端将返回一个空值：

```
redis> XREAD BLOCK 1000 COUNT 2 STREAMS not-exists-stream 0
(nil)
(1.05s)
```

10.6.4 只获取新出现的元素

在以阻塞方式获取流元素的时候，常常会出现这样一种场景，我们需要从当前时刻开始获取流中新出现的元素。换句话说，我们想要"监听"指定的流，并在这些流出现新元素时返回这些元素。虽然用户可以通过先使用 XREVRANGE 命令获取流当前的最后一个元素，然后再将该元素的 ID 作为输入，调用启用了阻塞功能的 XREAD 命令来达到"只获取新出现元素"的目的，但重复执行这种操作将变得非常麻烦，并且可能引发竞争条件。

为了解决上述问题，Redis 为 XREAD 命令提供了特殊 ID 参数 $ 符号，用户在执行阻塞式的 XREAD 命令时，只要将 $ 符号用作 ID 参数的值，XREAD 命令就会只获取给定流在命令执行之后新出现的元素：

```
XREAD BLOCK ms STREAMS stream1 stream2 stream3 ... $ $ $ ...
```

举个例子，假设我们现在想要获取流 bs1 接下来将要出现的第一个新元素，那么可以执行以下命令：

```
redis> XREAD BLOCK 10000000 STREAMS bs1 $
```

执行这个调用的客户端将进入阻塞状态。在此之后，如果在给定的时限内，有另一个客户端向流 s1 推入新元素，那么原客户端的阻塞状态就会被解除，并返回被推入的元素，就像这样：

```
1) 1) "bs1"                                  -- 元素的来源流
   2) 1) 1) 1300000000000-0                  -- 元素的 ID
         2) 1) "k3"                          -- 元素的键值对
            2) "v3"
(2.64s)                                      -- 客户端被阻塞的时长
```

图 10-16 展示了客户端从被阻塞到获取新元素并解除阻塞的整个过程。

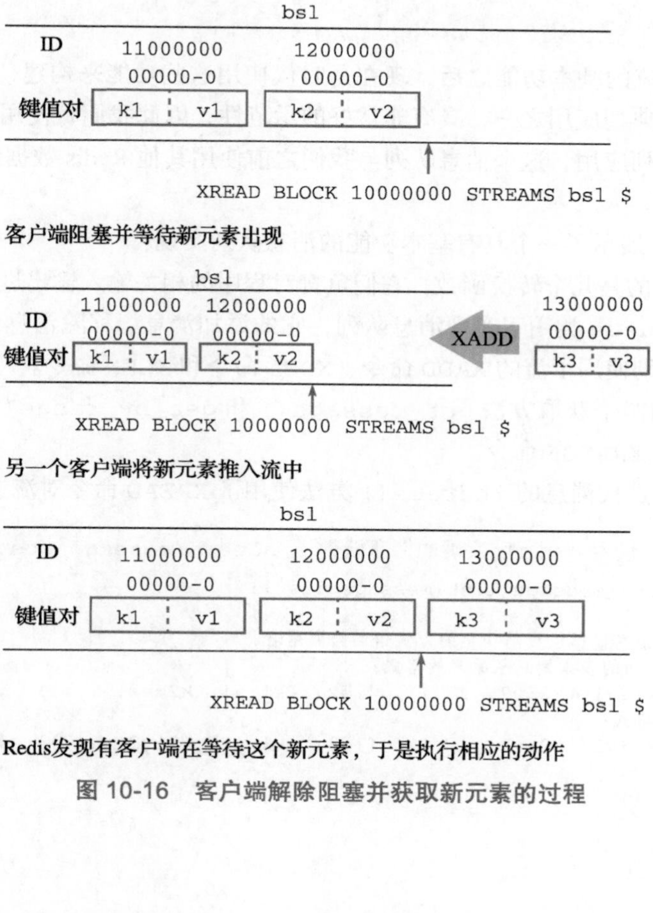

图 10-16　客户端解除阻塞并获取新元素的过程

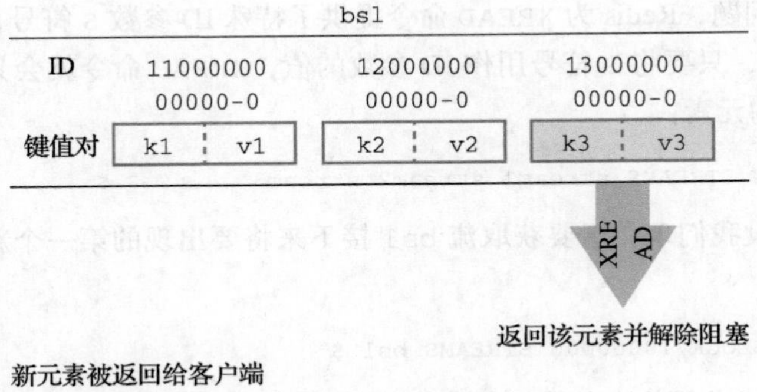

图 10-16 （续）

10.6.5 其他信息

复杂度：对于用户给定的每个流，获取流元素的复杂度为 $O(\log(N) + M)$，其中 N 为流包含的元素数量，M 为被获取的元素数量。因此对于用户给定的 I 个流，获取流元素的总复杂度为 $O((\log(N) + M)*I)$。

版本要求：XREAD 命令从 Redis 5.0.0 版本开始可用。

示例：消息队列

介绍了 Redis 流的基本功能之后，现在是时候使用这些功能来构建一些实际的应用了。消息队列作为流的典型应用之一，具有非常好的示范性，因此我们将使用 Redis 流的相关功能构建一个消息队列应用，这个消息队列与我们之前使用其他 Redis 数据结构构建的消息队列具有相似的功能。

代码清单 10-1 展示了一个具有基本功能的消息队列实现：

- 代码最开头的是几个转换函数，它们负责对程序的相关输入输出进行转换和格式化。
- MessageQueue 类用于实现消息队列，它的添加消息、移除消息以及返回消息数量 3 个方法分别使用了流的 XADD 命令、XDEL 命令和 XLEN 命令。
- 消息队列的两个获取方法 get_message() 和 get_by_range() 分别以两种形式调用了流的 XRANGE 命令。
- 最后，用于迭代消息的 iterate() 方法使用了 XREAD 命令对流进行迭代。

代码清单 10-1 使用 Redis 流实现的消息队列：/stream/message_queue.py

```
def reconstruct_message_list(message_list):
    """
    为了让多条消息能够以更结构化的方式返回给调用者，
    将 Redis 返回的多条消息从原来的格式：
    [(id1, {k1:v1, k2:v2, ...}), (id2, {k1:v1, k2:v2, ...}), ...]
    转换成以下格式：
    [{id1: {k1:v1, k2:v2, ...}}, {id2: {k1:v1, k2:v2, ...}}, ...]
    """
    result = []
```

```
    for id, kvs in message_list:
        result.append({id: kvs})
    return result

def get_message_from_nested_list(lst):
    """
    从嵌套列表中取出消息本体
    """
    return lst[0][1]

class MessageQueue:
    """
    使用Redis流实现的消息队列
    """

    def __init__(self, client, stream_key):
        self.client = client
        self.stream = stream_key

    def add_message(self, key_value_pairs):
        """
        将给定的键值对存入消息中，并返回相应的消息ID
        """
        return self.client.xadd(self.stream, key_value_pairs)

    def get_message(self, message_id):
        """
        根据给定的消息ID返回相应的消息，如果消息不存在则返回None
        """
        reply = self.client.xrange(self.stream, message_id, message_id)
        if len(reply) == 1:
            return get_message_from_nested_list(reply)

    def remove_message(self, message_id):
        """
        根据给定的消息ID删除相应的消息，如果消息不存在则忽略该动作
        """
        self.client.xdel(self.stream, message_id)

    def len(self):
        """
        返回消息队列的长度
        """
        return self.client.xlen(self.stream)

    def get_by_range(self, start_id, end_id, max_item=10):
        """
        根据给定的ID区间范围返回队列中的消息
        """
        reply = self.client.xrange(self.stream, start_id, end_id, max_item)
        return reconstruct_message_list(reply)

    def iterate(self, start_id=0, max_item=10):
        """
        对消息队列进行迭代，返回最多N条大于给定ID的消息
        """
```

```
        reply = self.client.xread({self.stream: start_id}, max_item)
        if len(reply) == 0:
            return list()
        else:
            messages = get_message_from_nested_list(reply)
            return reconstruct_message_list(messages)
```

对于这个消息队列实现，我们可以通过执行以下代码，创建出它的实例：

```
>>> from redis import Redis
>>> from message_queue import MessageQueue
>>> client = Redis(decode_responses=True)
>>> mq = MessageQueue(client, "mq")
```

然后通过执行以下代码，向队列中添加 10 条消息：

```
>>> for i in range(10):
...   key = "key{0}".format(i)
...   value = "value{0}".format(i)
...   msg = {key:value}
...   mq.add_message(msg)
...
'1554113926280-0'
'1554113926280-1'
'1554113926281-0'
'1554113926281-1'
'1554113926281-2'
'1554113926281-3'
'1554113926281-4'
'1554113926281-5'
'1554113926281-6'
'1554113926282-0'
```

还可以根据 ID 获取指定的消息，或者使用 `get_by_range()` 方法同时获取多条消息：

```
>>> mq.get_message('1554113926280-0')
{'key0': 'value0'}
>>> mq.get_message('1554113926280-1')
{'key1': 'value1'}
>>> mq.get_by_range("-", "+", 3)
[{'1554113926280-0': {'key0': 'value0'}}, {'1554113926280-1': {'key1': 'value1'}},
{'1554113926281-0': {'key2': 'value2'}}]
```

或者使用 `iterate()` 方法对消息队列进行迭代，等等：

```
>>> mq.iterate(0, 3)
[{'1554113926280-0': {'key0': 'value0'}}, {'1554113926280-1': {'key1': 'value1'}},
{'1554113926281-0': {'key2': 'value2'}}]
>>> mq.iterate('1554113926281-0', 3)
[{'1554113926281-1': {'key3': 'value3'}}, {'1554113926281-2': {'key4': 'value4'}},
{'1554113926281-3': {'key5': 'value5'}}]
```

10.7 消费者组

Redis 流的消费者组（consumer group）允许用户将一个流从逻辑上划分为多个不同的

流，并让消费者组属下的消费者去处理组中的消息。

10.7.1　创建消费者组

创建消费者组的操作可以通过执行 XGROUP CREATE 命令来完成，该命令是 XGROUP 命令的一个子命令：

```
XGROUP CREATE stream group start_id
```

命令中的 stream 参数用于指定流的名字，group 参数用于指定将要创建的消费者组的名字。此外，start_id 参数用于指定消费者组在流中的起始 ID，这个 ID 决定了消费者组要从流的哪个 ID 之后开始进行读取。举个例子，如果用户将 0 用作 start_id 参数的值，那么说明用户希望从流的开头进行读取；而如果用户将 10000000 用作 start_id 参数的值，那么说明用户希望读取流中 ID 大于 10000000 的消息。

作为例子，图 10-17 展示了一个拥有 3 个消费者组的流，其中：

- 消费者组 g1 以 ID 0 为起点，该组的消费者能够读取流中 ID 从 1 到 9 在内的所有消息。
- 消费者组 g2 以 ID 4 为起点，该组的消费者能够读取流中 ID 从 5 到 9 在内的所有消息。
- 消费者组 g3 以 ID $ 为起点，该组的消费者能够读取流中 ID 大于 9 的新消息。

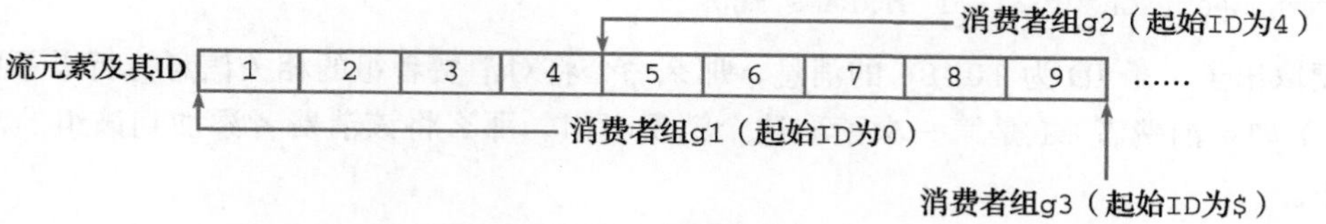

图 10-17　消费者组和流

通过为不同的消费者组设置不同的起点 ID，我们把一个流从逻辑上划分成了 3 个不同的流，它们包含各不相同的元素，如图 10-18 所示。

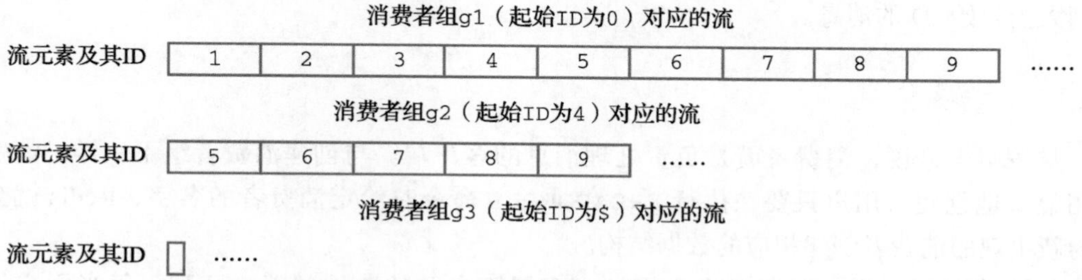

图 10-18　通过创建消费者组从逻辑上划分一个流

同一个流的消息在不同消费者组之间是共享而不是独占的，换句话说，流中的同一条消息可以被多个不同组的消费者读取，并且来自不同消费者组的读取操作不会对其他消费者组的读取操作产生任何影响。比如对于图 10-17 所示的 3 个消费者组来说，不仅 g1 的消费者可以读取到 ID 为 5 的消息，g2 的消费者同样也可以读取到 ID 为 5 的消息。

10.7.2 读取消费者组

客户端可以通过执行 XREADGROUP 命令来读取消费者组中的消息：

```
XREADGROUP GROUP group consumer [COUNT n] [BLOCK ms] STREAMS stream [stream ...]
id [id ...]
```

这个命令的基本参数及作用与 XREAD 命令大同小异，主要区别在于新增的 GROUP group consumer 选项，该选项的两个参数分别用于指定被读取的消费者组以及负责处理消息的消费者。

消费者组在创建之后就会跟踪并维护一系列信息和数据结构，其中包括：

- 该组属下的消费者名单。
- 一个队列，记录了该组目前处于“待处理”状态的所有消息，简称待处理消息队列。
- 该组最后递送的消息的 ID。

当用户调用 XREADGROUP 命令对消费者组进行读取之后，命令就会按需更新上述 3 项信息。比如，如果用户执行的是以下命令：

```
XREADGROUP GROUP g1 c1 STREAMS msgs 0
```

并且读取出了一条 ID 为 10086 的消息，那么命令将对消费者组的相关信息执行以下更新：

1）如果消费者 c1 是第一次读取这个消费者组，那么将该消费者添加到该组的消费者名单中。

2）将被读取的消息添加到该组的待处理消息队列中。

3）将 10086 设置为该组的最后递送消息 ID。

对于创建之后还未执行过任何读取操作的新消费者组来说，该组的最后递送消息 ID 就是用户创建消费者组时给定的起始 ID，这就是为什么用户在读取消费者组的时候只能够读取到大于起始 ID 的消息。

10.7.3 消费者

从逻辑上来说，消费者就是负责处理消息的客户端。与创建消费者组不一样，消费者不用显式地创建，用户只要在执行 XREADGROUP 命令时给定消费者的名字，Redis 就会自动为新出现的消费者创建相应的数据结构。

与消费者组一样，消费者也会维护一个属于自己的待处理消息队列：每当用户使用 XREADGROUP 命令读取出一条消息，并将这条消息指派给一个消费者处理时，该消费者就会把所指派的消息添加到自己的待处理消息队列中。

需要注意的是，与多个消费者组能够共享同一个流中的元素不一样，同一消费者组中的每条消息只能有一个消费者，换句话说，不同的消费者将独占组中的不同消息：当一个消费者读取了组中的一条消息之后，同组的其他消费者将无法读取这条消息。

10.7.4　消息的状态转换

当消费者处理完一条消息之后，它需要向 Redis 发送一条针对该消息的 XACK 命令：

```
XACK stream group id [id id ...]
```

当 Redis 接收到消费者发来的 XACK 命令之后，就会从消费者组的待处理消息队列以及消费者的待处理消息队列中移除指定的消息。这样一来，这些消息的状态就会从“待处理”转换为“已确认”，以此来表示消费者已经处理完这些消息了。

综合起来，一条消费者组消息从出现到处理完毕，需要经历以下阶段：

- 首先，当一个生产者通过 XADD 命令向流中添加一条消息时，该消息就从原来的“不存在”状态转换成了“未递送”状态。
- 然后，当一个消费者通过 XREADGROUP 命令从流中读取一条消息时，该消息就从原来的“未递送”状态转换成了“待处理”状态。
- 最后，当消费者完成了对消息的处理，并通过 XACK 命令向服务器进行确认时，该消息就从原来的“待处理”状态转换成了“已确认”状态。

图 10-19 展示了消费者组消息的状态转换过程。

图 10-19　消费者组消息的状态转换

10.7.5　实际示例

关于消费者组我们已经了解得足够多了，现在是时候来实际地创建一个消费者组并尝试执行相关的操作了。首先，通过执行 XGROUP CREATE 命令，并将流名 cgs、消费者组名 all-message 和起始 ID 0 用作参数，我们可以创建出相应的消费者组：

```
redis> XGROUP CREATE cgs all-message 0
OK
```

通过执行以下 XREADGROUP 命令，我们可以以消费者 worker1 的身份，从消费者组 all-message 中读取出相应的消息：

```
redis> XREADGROUP GROUP all-message worker1 STREAMS cgs 0
1) 1) "cgs"                          -- 来源流
   2) 1) 1) 1535875626221-0          -- 消息
         2) 1) "k1"
```

```
         2) "v1"
   2) 1) 1535875628970-0       -- 消息
      2) 1) "k2"
         2) "v2"
```

在执行读取操作之后，我们可以通过执行 XPENDING 命令以及 XINFO GROUPS 命令查看消费者组的相关信息，其中 XPENDING 命令用于列出消费者组目前待处理消息的相关信息，XINFO GROUPS 命令则用于列出与给定流相关联消费者组的相关信息：

```
redis> XPENDING cgs all-message
1) (integer) 2                    -- 消费者组目前处于待处理状态的消息数量
2) 1535875626221-0                -- 最小的待处理消息 ID
3) 1535875628970-0                -- 最大的待处理消息 ID
4) 1) 1) "worker1"                -- 消费者的名字
      2) "2"                      -- 该消费者正在处理的消息数量

redis> XINFO GROUPS cgs
1) 1) name                        -- 消费者组的名字
   2) "all-message"
   3) consumers                   -- 属下消费者的数量
   4) (integer) 1
   5) pending                     -- 该组目前的待处理消息数量
   6) (integer) 2
   7) last-delivered-id           -- 该组目前的最后递送消息 ID
   8) 1535875628970-0
```

在消费者处理完 ID 为 1535875626221 的消息之后，我们可以使用以下命令对其进行确认：

```
redis> XACK cgs all-message 1535875626221-0
(integer) 1
```

正如之前所说，被确认的消息将从消费者组的待处理消息队列中消失，这一点可以通过再次执行 XPENDING 命令来确认：

```
redis> XPENDING cgs all-message
1) (integer) 1
2) 1535875628970-0
3) 1535875628970-0
4) 1) 1) "worker1"
      2) "1"
```

从命令的执行结果可以看出，这个消费者组现在只有一条待处理消息了。

关于消费者组的基本介绍至此就结束了，本章后续的内容将对消费者组的相关命令做更详细的介绍。

10.8 XGROUP：管理消费者组

10.8.1 创建消费者组

通过执行 XGROUP CREATE 命令，用户可以为流创建一个具有指定名字的消费者组：

```
XGROUP CREATE stream group id
```

命令的 id 参数指定了消费者组的最后递送消息 ID，这个 ID 限定了消费者能够接收到的消息范围：消费者组属下的消费者只能接收到 ID 大于最后递送消息 ID 的消息，并且消费者组的最后递送消息 ID 还会随着消费者执行的读取操作而不断更新。

XGROUP CREATE 命令目前只能为已经存在的流创建消费者组，如果用户给定的流不存在，那么命令将返回一个错误：

```
redis> XGROUP CREATE not-exists-stream all-message
(error) ERR no such key
```

如果一切正常，那么 XGROUP CREATE 命令在成功执行之后将返回 OK。

作为例子，以下代码展示了如何为流 cgs 创建一个名为 all-message 的消费者组，并将该组的最后递送消息 ID 设置为 0：

```
redis> XGROUP CREATE cgs all-message 0-0
OK

redis> XINFO GROUPS cgs
1) 1) name
   2) "all-message"
   3) consumers
   4) (integer) 0
   5) pending
   6) (integer) 0
   7) last-delivered-id
   8) 0-0
```

这样，流 cgs 中的所有消息都会成为消费者组 all-message 属下消费者的消费对象。

其他信息

复杂度：$O(1)$。

版本要求：XGROUP CREATE 命令从 Redis 5.0.0 版本开始可用。

10.8.2 修改消费者组的最后递送消息 ID

对于一个已经存在的消费者组来说，用户可以通过执行 XGROUP SETID 命令来为消费者组设置新的最后递送消息 ID：

```
XGROUP SETID stream group id
```

命令给定的 ID 可以是任意合法的消息 ID，ID 对应的消息不必实际存在，并且新 ID 可以大于、小于甚至等于当前 ID。

举个例子，对于以下这个名为 all-message 的消费者组：

```
redis> XINFO GROUPS cgs
1) 1) name
   2) "all-message"
```

```
      3) consumers
      4) (integer) 0
      5) pending
      6) (integer) 0
      7) last-delivered-id
      8) 0-0
```

我们可以通过执行以下命令，将该组的最后递送消息 ID 设置为 10086：

```
redis> XGROUP SETID cgs all-message 10086
OK

redis> XINFO GROUPS cgs
1) 1) name
   2) "all-message"
   3) consumers
   4) (integer) 0
   5) pending
   6) (integer) 0
   7) last-delivered-id
   8) 10086-0              -- ID 已改变
```

除了合法的消息 ID 之外，特殊符号 $ 也可以用作 id 参数的值，这个符号可以把消费者组的最后递送消息 ID 设置为流最新消息的 ID：

```
redis> XADD cgs * k v                          -- 向流插入一条新消息
1534670632240-0

redis> XGROUP SETID cgs all-message $          -- 执行修改命令
OK

redis> XINFO GROUPS cgs                        -- 最后递送 ID 已被修改
1) 1) name
   2) "all-message"
   3) consumers
   4) (integer) 2
   5) pending
   6) (integer) 5
   7) last-delivered-id
   8) 1534670632240-0
```

需要注意的是，使用 XGROUP SETID 命令显式地修改最后递送消息 ID 将对后续执行的 XREADGROUP 命令的结果产生影响，简单来说：

- 如果新 ID 大于旧 ID，那么消费者可能会漏掉一些原本应该读取的消息。
- 如果新 ID 小于旧 ID，那么消费者可能会重新读取到一些之前已经被确认过的消息。

鉴于此，用户应该谨慎地使用 XGROUP SETID 命令，并且只在不会引发错误的情况下使用它。

其他信息

复杂度：$O(1)$。

版本要求：XGROUP SETID 命令从 Redis 5.0.0 版本开始可用。

10.8.3 删除消费者

当用户不再需要某个消费者的时候，可以通过执行以下命令将其删除：

```
XGROUP DELCONSUMER stream group consumer
```

命令在执行之后将返回一个数字作为结果，这个数字就是消费者被删除时，它仍在处理的消息数量。

举个例子，对于拥有 worker1 和 worker2 这两个消费者的消费者组 all-message 来说：

```
redis> XINFO CONSUMERS cgs all-message
1) 1) name                  -- 消费者的名字
   2) "worker1"
   3) pending               -- 消费者正在处理的消息数量
   4) (integer) 2
   5) idle                  -- 消费者闲置的时间
   6) (integer) 44481
2) 1) name
   2) "worker2"
   3) pending
   4) (integer) 3
   5) idle
   6) (integer) 24816
```

我们可以通过执行以下命令将消费者 worker1 删除：

```
redis> XGROUP DELCONSUMER cgs all-message worker1
(integer) 2  -- 这个消费者还有两条消息未确认
```

现在，worker1 将不再是 all-message 属下的消费者：

```
redis> XINFO CONSUMERS cgs all-message
1) 1) name
   2) "worker2"
   3) pending
   4) (integer) 3
   5) idle
   6) (integer) 72596
```

需要注意的是，当消费者被删除之后，它在被删除时处理的消息也会从消费者组的待处理消息队列中移除。换句话说，属于被删除消费者的待处理消息将不再处于“待处理”状态，这些消息可能已经被消费者处理掉了，但也可能尚未得到妥善的处理。

为了避免这个问题，用户在删除一个消费者之前应该确保递送给它的所有消息均已处理完毕，或者使用 XCLAIM 命令显式地转移待处理消息的归属权。换句话说，为了保证程序的正确性，用户应该保证每个 XGROUP DELCONSUMER 命令的返回值都为 0。

其他信息

复杂度：$O(N)$，其中 N 为被删除消费者正在处理的消息数量。

版本要求：XGROUP DELCONSUMER 命令从 Redis 5.0.0 版本开始可用。

10.8.4 删除消费者组

与上一个命令类似，当一个消费者组完成了它的任务之后，用户可以通过执行以下命令来删除它：

```
XGROUP DESTROY stream group
```

命令在成功执行时返回 1，因为组不存在等原因导致命令执行失败时返回 0。

以下是一个 XGROUP DESTROY 命令的执行示例：

```
-- 删除 cgs 流的 all-message 消费者组
redis> XGROUP DESTROY cgs all-message
(integer) 1

-- cgs 流现在已经不再拥有任何消费者组了
redis> XINFO GROUPS cgs
(empty list or set)
```

注意，与 10.8.4 节介绍 XGROUP DELCONSUMER 命令时提到的问题一样，为了保证程序的正确性，用户需要保证在删除消费者组的时候，组中已经没有任何待处理消息，否则这些待处理消息可能无法得到妥善的处理。

其他信息

复杂度：$O(N+M)$，其中 N 为消费者组被删除时，仍处于“待处理”状态的消息数量，而 M 则是该组属下消费者的数量。

版本要求：XGROUP DESTROY 命令从 Redis 5.0.0 版本开始可用。

10.9 XREADGROUP：读取消费者组中的消息

XREADGROUP 命令是消费者组版本的 XREAD 命令，用户可以使用这个命令读取消费者组中的消息：

```
XREADGROUP GROUP group consumer [COUNT n] [BLOCK ms] STREAMS stream [stream ...] id
[id ...]
```

XREADGROUP 命令的格式与 XREAD 命令的格式基本相同，主要的区别在于前者多了一个用于指定消费者组和消费者的 GROUP 选项：

```
GROUP group consumer
```

通过以上两个参数，用户可以在执行读取操作的同时，说明自己想要读取的消费者组以及执行该操作的消费者。

举个例子，如果我们想要以消费者 worker1 的身份，从流 cgs 的 all-message 消费者组中读取第一条 ID 大于 10086 的消息，那么可以执行以下命令：

```
redis> XREADGROUP GROUP all-message worker1 COUNT 1 STREAMS cgs 10086
1) 1) "cgs"
```

```
2) 1) 1) 1534752640195-0
      2) 1) "k1"
         2) "v1"
```

XREADGROUP 命令在读取消息的同时，还会将该消息分别添加到消费者组的待处理消息队列以及消费者的待处理消息队列中，从而使得被读取消息的状态从原来的“未递送”转变成“待处理”，这一点可以通过以下两条命令来确认：

```
-- 查看消费者组 all-message 的待处理消息队列
redis> XPENDING cgs all-message
1) (integer) 1
2) 1534752640195-0
3) 1534752640195-0
4) 1) 1) "worker1"
      2) "1"

-- 查看消费者 worker1 的待处理消息队列
redis> XPENDING cgs all-message - + 1 worker1
1) 1) 1534752640195-0
   2) "worker1"
   3) (integer) 1791952
   4) (integer) 1
```

XREADGROUP 命令除了会把被读取的消息添加到上述两个队列之外，还会将最后一条被读取的消息的 ID 设置成消费者组的最后递送消息 ID，这一点可以通过以下命令来确认：

```
redis> XINFO groups cgs
1) 1) name
   2) "all-message"
   3) consumers
   4) (integer) 1
   5) pending
   6) (integer) 1
   7) last-delivered-id
   8) 1534752640195-0
```

消费者组的待处理消息队列记录了所有已经被递送但是尚未被确认的待处理消息，而每个消费者各自专属的待处理消息队列则记录了各个消费者所属的待处理消息，这两个队列的存在使得 Redis 不会错误地将同一条消息递送给不同的消费者，也可以让用户在处理完一条消息之后，通过 XACK 命令对其进行确认。至于最后递送消息 ID 的存在则保证了消费者组只会向消费者递送新出现的消息，而不会重复地递送已经递送过的旧消息（除非用户显式地要求进行这一操作）。

10.9.1 读取未递送过的新消息

前面在介绍 XREAD 命令时曾经提到过，用户可以通过将 id 参数的值设置为 $，在不知道最后一条消息的 ID 的情况下，获取新出现的消息。XREADGROUP 命令同样可以执行类似的操作，只要将 id 参数的值设置为特殊符号 >，命令就会自动地向消费者返回尚未递送过的新消息。

举个例子，如果我们想要在不知道消费者组 all-message 最后递送消息 ID 的情况下，获取第一条尚未递送过的消息，那么只需要执行以下命令即可：

```
redis> XREADGROUP GROUP all-message worker1 COUNT 1 STREAMS cgs >
1) 1) "cgs"
   2) 1) 1) 1534752642829-0
         2) 1) "k2"
            2) "v2"
```

10.9.2 其他信息

复杂度：对于用户给定的每个流，从流中获取消息的复杂度为 $O(\log(N)+M)$，其中 N 为流包含的消息数量，而 M 则为被获取消息的数量。因此对于用户给定的 I 个流，获取这些流消息的总复杂度为 $O((\log(N)+M)*I)$。

版本要求：XREADGROUP 命令从 Redis 5.0.0 版本开始可用。

10.10 XPENDING：显示待处理消息的相关信息

用户可以通过 XPENDING 命令，获取指定流的指定消费者组目前的待处理消息的相关信息：

```
XPENDING stream group [start stop count] [consumer]
```

这些信息包括待处理消息的数量、待处理消息队列中的首条消息和最后一条消息的 ID（前者是队列中 ID 最小的消息，而后者则是队列中 ID 最大的消息），以及该组名下各个消费者正在处理的消息数量（没有在处理消息的消费者将被省略）。

举个例子，如果我们想要知道流 cgs 的 all-message 消费者组目前的待处理消息相关信息，那么可以执行以下命令：

```
redis> XPENDING cgs all-message
1) (integer) 2              -- 待处理消息的数量
2) 1534435172217-0          -- 首条消息的ID
3) 1534435256529-0          -- 最后一条消息的ID
4) 1) 1) "worker1"          -- 各个消费者目前正在处理的消息数量
      2) "1"
   2) 1) "worker2"
      2) "1"
```

从命令返回的结果可以看到，这个消费者组目前有两条待处理消息，其中首条消息的 ID 为 1534435172217-0，最后一条消息的 ID 为 1534435256529-0。至于消费者方面，这个消费者组目前有两个正在处理消息的消费者，分别为 worker1 和 worker2，这两个消费者各自都在处理一条消息。

为了进一步检阅待处理消息的相关细节，用户可以在执行 XPENDING 命令的时候，提供可选的 start、stop 和 count 这 3 个参数。其中 start 和 stop 两个参数用于指定消息的 ID 范围区间，而 count 参数则用于限制被检阅的消息数量。值得一提的是，XPENDING 命令的这 3 个参数与 XRANGE 命令的 3 个同名参数具有相同的作用，因此所有使用 XRANGE 命令能够执行的区间操作在 XPENDING 命令中都可以执行。

比如，通过执行以下命令，我们可以获取 ID 为 1534435172217-0 的待处理消息的更详细消息：

```
redis> XPENDING cgs all-message 1534435172217-0 1534435172217-0 1
1) 1) 1534435172217-0          -- 消息 ID
   2) "worker1"                -- 所属消费者
   3) (integer) 52490194       -- 消息最后一次递送给消费者之后，过去了多少毫秒
   4) (integer) 1              -- 消息被递送的次数
```

从命令返回的结果可以看到，这条 ID 为 1534435172217-0 的消息正在由消费者 worker1 进行处理，这条消息只递送了一次，并且从递送到现在已经过去了 52490194ms。

再举个例子，如果我们不想限制 ID 的范围，只想将命令返回消息的最大数量限制为 5 条，那么可以将起始 ID 设置为 -，结束 ID 设置为 +，并执行以下命令：

```
-- 取出最多 5 条待处理消息的相关信息，但不限制具体的消息 ID
redis> XPENDING cgs all-message - + 5
1) 1) 1534435172217-0
   2) "worker1"
   3) (integer) 52656386
   4) (integer) 1
2) 1) 1534435256529-0
   2) "worker2"
   3) (integer) 52572179
   4) (integer) 1
```

最后，在使用上述 3 个参数的时候，用户还可以再提供一个可选的 consumer 参数，这样命令就会只列出与给定消费者相关联的待处理消息。

比如，通过执行以下命令，我们可以只列出消费者 worker1 的待处理消息的相关信息：

```
redis> XPENDING cgs all-message - + 5 worker1
1) 1) 1534435172217-0
   2) "worker1"
   3) (integer) 52924618
   4) (integer) 1
```

其他信息

复杂度：执行 XPENDING stream group 格式的 XPENDING 的复杂度为 $O(N)$，其中 N 为消费者组目前拥有的消费者数量；执行带有 start、stop 和 count 参数的 XPENDING 命令的复杂度为 $O(\log(N)+M)$，其中 N 为消费者组目前拥有的待处理消息总数量，而 M 则是命令返回的消息数量；执行带有 consumer 参数的 XPENDING 命令的复杂度为 $O(\log(N)+M)$，其中 N 为该消费者目前拥有的待处理消息数量，而 M 则为命令返回的消息数量。

版本要求：XPENDING 命令从 Redis 5.0.0 版本开始可用。

10.11 XACK：将消息标记为“已处理”

通过执行 XACK 命令，用户可以将消费者组中的指定消息标记为“已处理”。被标记的消息将从当前消费者的待处理消息队列中移除，而之后执行的 XREADGROUP 命令也不会再读取这些消息：

```
XACK stream group id [id id ...]
```

XACK 命令在执行之后将返回被标记的消息数量作为结果。

举个例子，假设现在消费者 worker1 有一条 ID 为 1534498374797-0 的消息待处理：

```
redis> XPENDING cgs all-message - + 1 worker1
1) 1) 1534498374797-0
   2) "worker1"
   3) (integer) 19027
   4) (integer) 1
```

如果执行以下命令，那么该消息将被标记为“已处理”：

```
redis> XACK cgs all-message 1534498374797-0
(integer) 1  -- 有一条消息被标记了
```

被标记的这条消息将从消费者 worker1 的待处理消息队列中消失：

```
redis> XPENDING cgs all-message - + 1 worker1
(empty list or set)
```

其他信息

复杂度：$O(N)$，其中 N 为用户给定的消息 ID 数量。

版本要求：XACK 命令从 Redis 5.0.0 版本开始可用。

10.12 XCLAIM：转移消息的归属权

用户可以通过执行 XCLAIM 命令，将指定消息的归属权从一个消费者转向另一个消费者，这个命令的基本格式并不复杂：

```
XCLAIM stream group new_consumer max_pending_time id [id id ...]
```

命令中的 stream 参数和 group 参数指定了消息所在的流和消费者组，new_consumer 指定了消息的新消费者，而命令中的任意多个 id 参数则指明了需要转移归属权的消息。

除此之外，命令中毫秒格式的 max_pending_time 参数指定了执行归属权转移操作所需的最大消息处理时限，具体来说：

- 如果 XCLAIM 命令执行的时候，消息原来的消费者用在处理该消息上的时间已经超过了指定的时限，那么归属权转移操作就会被执行。
- 与此相反，如果原消费者处理该消息的时间并未超过给定的时限，或者该消息已经被原消费者确认，那么归属权转移操作将放弃执行。

这里的消息处理时间指的是从消费者组将消息递送给原消费者开始，直到 XCLAIM 命令执行为止，所用的时间总长。

举个例子，如果一个用户执行以下命令：

```
redis> XCLAIM cgs all-message worker2 60000 1535002039330-0
1) 1) 1535002039330-0    -- 被转移消息的 ID
   2) 1) "k1"            -- 被转移消息的内容
      2) "v1"
```

那么该用户的意思是，如果消息 1535002039330-0 现在的消费者处理该消息的时间超过了 60000ms，那么将该消息的归属权转移给消费者 worker2。

正如上述命令调用所示，XCLAIM 命令在成功执行之后将会返回被转移的消息作为结果；相反，如果转移操作因为处理时限未到等原因而未能顺利执行，那么命令将返回一个空列表：

```
redis> XCLAIM cgs all-message worker2 60000 1535002039330-0
(empty list or set)
```

10.12.1　只返回被转移消息的 ID

在默认情况下，XCLAIM 命令在成功执行之后会把被转移消息的 ID 及其内容全部返回给客户端，但如果有需要的话，用户也可以通过给定可选的 JUSTID 选项，让命令只返回被转移消息的 ID，这样处理起来就会更直观，并且能减少不必要的带宽消耗：

```
XCLAIM stream group new_consumer max_pending_time id [id id ...] [JUSTID]
```

以下是一个使用 JUSTID 选项的 XCLAIM 命令调用示例：

```
redis> XCLAIM cgs all-message worker3 60000 1535002039330-0 JUSTID
1) 1535002039330-0   -- 只返回被转移消息的 ID
```

10.12.2　其他信息

复杂度：$O(N)$，其中 N 为用户给定的消息 ID 数量。

版本要求：XCLAIM 命令从 Redis 5.0.0 版本开始可用。

10.13　XINFO：查看流和消费者组的相关信息

Redis 向用户提供了 XINFO 命令用于查看流及其消费者组的相关信息，该命令提供了多个具备不同功能的子命令，接下来将分别对这些子命令进行介绍。

10.13.1　打印消费者信息

XINFO CONSUMERS 命令用于打印指定消费者组的所有消费者，以及这些消费者的相关信息：

```
XINFO CONSUMERS stream group-name
```

命令打印的信息包括消费者的名字、它们正在处理的消息数量以及消费者的闲置时长。

以下是一个 XINFO CONSUMERS 命令的使用示例：

```
redis> XINFO CONSUMERS cgs all-message
1) 1) name                -- 消费者的名字
   2) "worker1"
   3) pending             -- 正在处理的消息数量
   4) (integer) 1
   5) idle                -- 毫秒格式的闲置时长
   6) (integer) 50899
```

```
2) 1) name
   2) "worker2"
   3) pending
   4) (integer) 0
   5) idle
   6) (integer) 7371
```

这个命令调用返回了两个消费者，分别是 worker1 和 worker2，其中 worker1 正在处理一条消息，并且它的闲置时长为 50899ms。

10.13.2 打印消费者组信息

XINFO GROUPS 命令用于打印与给定流相关联的所有消费者组，以及这些消费者组的相关信息：

```
XINFO GROUPS stream
```

命令打印的信息包括消费者组的名字、它拥有的消费者数量、组中正在处理消息的数量以及该组最后递送消息的 ID。

以下是一个 XINFO GROUPS 命令的使用示例：

```
redis> XINFO GROUPS cgs
1) 1) name                          -- 组名
   2) "all-message"
   3) consumers                     -- 消费者数量
   4) (integer) 2
   5) pending                       -- 组中正在处理的消息数量
   6) (integer) 1
   7) last-delivered-id             -- 最后递送消息的 ID
   8) 1532339991221-0
```

这个命令调用返回了流 cgs 目前唯一的一个消费者组 all-message 的相关信息，从这些信息可知，该组目前拥有两个消费者，组中正在处理的消息数量为 1 个，而该组最后递送的消息的 ID 为 1532339991221-0。

10.13.3 打印流消息

XINFO STREAM 命令用于打印给定流的相关信息：

```
XINFO STREAM stream
```

命令打印的信息包括流的长度（包含的消息数量）、流在底层的基数树表示的相关信息、流相关的消费者组数量、流最后生成的消息的 ID 以及流的第一个节点和最后一个节点。

以下是对 cgs 流执行 XINFO STREAM 命令的结果：

```
redis> XINFO STREAM cgs
 1) length                         -- 长度
 2) (integer) 1
 3) radix-tree-keys                -- 基数树的键数量
 4) (integer) 1
```

```
 5) radix-tree-nodes             -- 基数树的节点数量
 6) (integer) 2
 7) groups                       -- 与之相关联的消费者组数量
 8) (integer) 1
 9) last-generated-id            -- 最后生成的消息的 ID
10) 1532339991221-0
11) first-entry                  -- 流的第一个节点
12) 1) 1532339991221-0
    2) 1) "msg"
       2) "initial message"
13) last-entry                   -- 流的第二个节点
14) 1) 1532339991221-0
    2) 1) "msg"
       2) "initial message"
```

从命令打印出的信息可以看到，cgs 流目前的长度为 1，它的底层表示基数树包含一个键和两个节点，它有一个相关联的消费者组，它最后生成的消息的 ID 为 1532339991221-0，并且这个消息也是这个流的第一个和最后一个消息。

10.13.4 其他信息

复杂度：XINFO CONSUMERS 命令的复杂度为 $O(N)$，其中 N 为给定消费者组的消费者数量；XINFO GROUPS 命令的复杂度为 $O(M)$，其中 M 为给定流属下的消费者组数量；XINFO STREAM 命令的复杂度为 $O(1)$。

版本要求：XINFO CONSUMERS、XINFO GROUPS 和 XINFO STREAM 这 3 条命令从 Redis 5.0.0 版本开始可用。

示例：为消息队列提供消费者组功能

在稍早之前，我们使用 Redis 流的 XADD、XRANGE 等命令实现了一个具有基本功能的消息队列，在学习了流的消费者组相关功能之后，是时候使用这些功能对前面的消息队列程序进行扩展了。

代码清单 10-2 展示了一个为消息队列提供消费者组功能的类实现，这个类可以在消息队列类 MessageQueue 的基础上，为其提供基于消费者组的消息读取功能，用户只需要使用 MessageQueue 类向队列中添加消息，然后使用 Group 类创建出消费者组，就可以通过消费者组方式读取组的消息了。

代码清单 10-2 为消息队列提供消费者组功能的 Group 类：/stream/group.py

```
from message_queue import reconstruct_message_list, get_message_from_nested_list

class Group:
    """
    为消息队列提供消费者组功能
    """

    def __init__(self, client, stream, group):
        self.client = client
```

```
        self.stream = stream
        self.group = group

    def create(self, start_id):
        """
        创建消费者组
        """
        self.client.xgroup_create(self.stream, self.group, start_id)

    def destroy(self):
        """
        删除消费者组
        """
        self.client.xgroup_destroy(self.stream, self.group)

    def read_message(self, consumer, id, count=10):
        """
        从消费者组中读取消息
        """
        reply = self.client.xreadgroup(self.group, consumer, {self.stream:} count)
        if len(reply) == 0:
            return list()
        else:
            messages = get_message_from_nested_list(reply)
            return reconstruct_message_list(messages)

    def ack_message(self, id):
        """
        确认已处理完毕的消息
        """
        self.client.xack(self.stream, self.group, id)

    def info(self):
        """
        返回消费者组的相关信息
        """
        # 因为一个流可以拥有多个消费者组
        # 所以我们需要从命令返回的多个组信息中找到正确的信息
        for group_info in self.client.xinfo_groups(self.stream):
            if group_info['name'] == self.group:
                return group_info
        else:
            return dict()

    def consumer_info(self):
        """
        返回消费者组属下消费者的相关信息
        """
        return self.client.xinfo_consumers(self.stream, self.group)

    def delete_consumer(self, consumer):
        """
        删除指定消费者
        """
        self.client.xgroup_delconsumer(self.stream, self.group, consumer)
```

为了使用消费者组功能，我们需要同时导入消息队列类 MessageQueue 和消费者组类 Group，并创建出相应的实例：

```
>>> from redis import Redis
>>> from message_queue import MessageQueue
>>> from group import Group
>>> client = Redis(decode_responses=True)
>>> queue = MessageQueue(client, "test_stream")
>>> group = Group(client, "test_stream", "test_group")
```

之后，我们可以向消息队列中添加消息，并通过消费者组读取消息：

```
>>> queue.add_message({"k1":"v1"})
'1554181394926-0'
>>> group.create(0)
>>> group.read_message("worker1", ">")
[{'1554181394926-0': {'k1': 'v1'}}]
```

当处理完消息之后，可以通过 ack_message() 方法对其进行确认：

```
>>> group.ack_message('1554181394926-0')
```

或者使用 info() 方法和 consumer_info() 方法查看消费者组和消费者的相关信息：

```
>>> group.info()
{'name': 'test_group', 'consumers': 1, 'pending': 0, 'last-delivered-id':
'1554181394926-0'}
>>> group.consumer_info()
[{'name': 'worker1', 'pending': 0, 'idle': 37209}]
```

10.14 重点回顾

- 虽然使用列表、有序集合以及发布与订阅都可以实现消息队列，但这些实现都有它们各自的优缺点，流的出现解决了这一问题，它是实现消息队列的最佳选择。
- 流是一个包含零个或任意多个流元素的有序队列，队列中的每个元素都包含一个 ID 和任意多个键值对，这些元素会根据 ID 的大小在流中有序地进行排列。
- 流元素的 ID 由“毫秒时间”和“顺序编号”两个部分组成，其中使用 UNIX 时间戳表示的毫秒时间用于标识与元素相关联的时间，而以 0 为起始值的顺序编号则用于区分同一时间内产生的多个不同元素。
- 通过将元素 ID 与时间进行关联，并强制要求新元素的 ID 必须大于旧元素的 ID，Redis 从逻辑上将流变成了一种只执行追加操作的数据结构，这种特性对于使用流实现消息队列和事件系统的用户来说是非常重要的。
- Redis 流的消费者组允许用户将一个流从逻辑上划分为多个不同的流，并让消费者组属下的消费者去处理组中的消息。
- 一条消费者组消息从出现到处理完毕，需要经历以下阶段：不存在；未递送；待处理；已确认。

02

第二部分

附加功能

P A R T 2

CHAPTER 11

第11章 数 据 库

在前面的章节中，我们学习了如何使用不同的 Redis 命令去创建各种不同类型的键，比如使用 SET 命令创建字符串键，使用 HSET 命令创建散列键，或者使用 RPUSH 和 LPUSH 命令创建列表键，诸如此类。

但无论是字符串键、散列键还是列表键，都会被存储到一个名为数据库的容器中。因为 Redis 是一个键值对数据库服务器，所以它的数据库与之前介绍过的散列键一样，都可以根据键的名字对数据库中的键值对进行索引。比如，通过使用 Redis 提供的命令，我们可以从数据库中移除指定的键，或者将指定的键从一个数据库移动到另一个数据库，诸如此类。

作为例子，图 11-1 展示了一个包含 4 个键的数据库，其中 id 为字符串键，profile 为散列键，fruits 为集合键，numbers 为列表键。

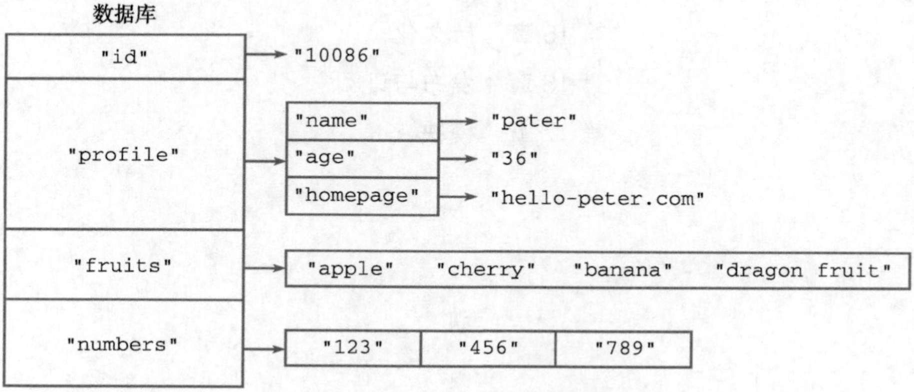

图 11-1 一个数据库示例

Redis 为数据库提供了非常丰富的操作命令，通过这些命令，用户可以：

- 指定自己想要使用的数据库。
- 一次性获取数据库包含的所有键，迭代地获取数据库包含的所有键，或者随机地获取数据库中的某个键。
- 根据给定键的值进行排序。
- 检查给定的一个或多个键，看它们是否存在于数据库当中。
- 查看给定键的类型。
- 对给定键进行重命名。
- 移除指定的键，或者将它从一个数据库移动到另一个数据库。
- 清空数据库包含的所有键。
- 交换给定的两个数据库。

本章接下来将对以上提到的各个命令进行介绍，并说明如何使用这些命令去实现诸如数据库迭代器和数据库取样器这样的实用程序。

11.1 SELECT：切换至指定的数据库

一个 Redis 服务器可以包含多个数据库。在默认情况下，Redis 服务器在启动时将会创建 16 个数据库：这些数据库都使用号码进行标识，其中第一个数据库为 0 号数据库，第二个数据库为 1 号数据库，而第三个数据库则为 2 号数据库，以此类推。

Redis 虽然不允许在同一个数据库中使用两个同名的键，但是由于不同数据库拥有不同的命名空间，因此在不同数据库中使用同名的键是完全没有问题的，而用户也可以通过使用不同数据库来存储不同的数据，以此来达到重用键名并且减少键冲突的目的。

比如，如果我们将用户的个人信息和会话信息都存放在同一个数据库中，那么为了区分这两种信息，程序就需要使用 `user::<id>::profile` 格式的键来存储用户信息，并使用 `user::<id>::session` 格式的键来存储用户会话；但如果将这两种信息分别存储在 0 号数据库和 1 号数据库中，那么程序就可以在 0 号数据库中使用 `user::<id>` 格式的键来存储用户信息，并在 1 号数据库中继续使用 `user::<id>` 格式的键来存储用户会话。

当用户使用客户端与 Redis 服务器进行连接时，客户端一般默认都会使用 0 号数据库，但是通过使用 SELECT 命令，用户可以从当前正在使用的数据库切换到自己想要使用的数据库：

```
SELECT db
```

SELECT 命令在切换成功之后将返回 OK。

举个例子，当我们以默认方式启动 redis-cli 客户端时，redis-cli 将连接至服务器的 0 号数据库：

```
$ redis-cli
redis>
```

这时，如果我们想要从 0 号数据库切换至 3 号数据库，那么只需要执行以下命令即可：

```
redis> SELECT 3
OK

redis[3]>
```

客户端提示符末尾的 [3] 表示客户端现在正在使用 3 号数据库。注意，redis-cli 在使用默认的 0 号数据库时不会打印出数据库号码。

在此之后，我们就可以通过执行命令，对 3 号数据库进行设置了：

```
redis[3]> SET msg "hello world"      -- 在 3 号数据库创建一个 msg 键
OK

redis[3]> SET counter 10086          -- 在 3 号数据库创建一个 counter 键
OK
```

其他信息

复杂度：$O(1)$。

版本要求：SELECT 命令从 Redis 1.0.0 版本开始可用。

11.2 KEYS：获取所有与给定匹配符相匹配的键

KEYS 命令接受一个全局匹配符作为参数，然后返回数据库中所有与这个匹配符相匹配的键作为结果：

```
KEYS pattern
```

举个例子，如果我们想要获取数据库包含的所有键，那么可以执行以下命令：

```
redis> KEYS *
1) "fruits"
2) "user::12312::profile"
3) "user::ip"
4) "user::id"
5) "cache::/user/peter"
6) "todo-list"
```

如果我们想要获取所有以 user:: 为前缀的键，那么可以执行以下命令：

```
redis> KEYS user::*
1) "user::12312::profile"
2) "user::ip"
3) "user::id"
```

如果数据库中没有任何键与给定的匹配符相匹配，那么 KEYS 命令将返回一个空值：

```
redis> KEYS article::*
(empty list or set)     -- 数据库中没有任何以 article:: 为前缀的键
```

11.2.1 全局匹配符

KEYS 命令允许使用多种不同的全局匹配符作为 pattern 参数的值，表 11-1 展示了一些常见的全局匹配符，并举例说明了这些匹配符的作用。

表 11-1 全局匹配符的作用及示例

匹配符	作用	例子
*	匹配零个或任意多个任意字符	user::* 可以匹配任何以 user:: 为前缀的字符串，比如 user::ip、user::12312::profile 以及 user:: 本身；*z 可以匹配任何以字母 z 结尾的字符串，比如 antirez、matz、huangz 以及字母 z 本身；*::* 可以匹配任何使用了 :: 作为间隔符的字符串，比如 user::ip 和 cache::/user/peter，但不能匹配 todo-list
?	匹配任意的单个字符	user::i? 可以匹配任何以 user::i 为前缀，后跟单个字符的字符串，比如 user::ip、user::id 等，但不能匹配 user::ime
[]	匹配给定字符串中的单个字符	user::i[abc] 可以匹配 user::ia、user::ib 和 user::ic，但不能匹配 user::id 或者 user::ime，诸如此类
[?-?]	匹配给定范围中的单个字符	user::i[a-d] 可以匹配 user::ia、user::ib、user::ic 和 user::id，但不能匹配除此以外的其他字符串，比如 user::ip 或者 user::ime

关于全局匹配符的更多信息可以参考维基百科 https://en.wikipedia.org/wiki/Glob_(programming) 或者 glob 程序的手册页面 http://man7.org/linux/man-pages/man7/glob.7.html。

11.2.2 其他信息

复杂度：$O(N)$，其中 N 为数据库包含的键数量。

版本要求：KEYS 命令从 Redis 1.0.0 版本开始可用。

11.3 SCAN：以渐进方式迭代数据库中的键

因为 KEYS 命令需要检查数据库包含的所有键，并一次性将符合条件的所有键全部返回给客户端，所以当数据库包含的键数量比较大时，使用 KEYS 命令可能会导致服务器被阻塞。

为了解决这个问题，Redis 从 2.8.0 版本开始提供 SCAN 命令，该命令是一个迭代器，它每次被调用的时候都会从数据库中获取一部分键，用户可以通过重复调用 SCAN 命令来迭代数据库包含的所有键：

```
SCAN cursor
```

SCAN 命令的 cursor 参数用于指定迭代时使用的游标，游标记录了迭代的轨迹和进度。在开始一次新的迭代时，用户需要将游标设置为 0：

```
SCAN 0
```

SCAN 命令的执行结果由两个元素组成：

- 第一个元素是进行下一次迭代所需的游标，如果这个游标为 0，那么说明客户端已经对数据库完成了一次完整的迭代。

- 第二个元素是一个列表，这个列表包含了本次迭代取得的数据库键；如果 SCAN 命令在某次迭代中没有获取到任何键，那么这个元素将是一个空列表。

关于 SCAN 命令返回的键列表，有两点需要注意：

- SCAN 命令可能会返回重复的键，用户如果不想在结果中包含重复的键，那么就需要自己在客户端中进行检测和过滤。
- SCAN 命令返回的键数量是不确定的，有时甚至会不返回任何键，但只要命令返回的游标不为 0，迭代就没有结束。

11.3.1 一次简单的迭代示例

在对 SCAN 命令有了基本的了解之后，让我们来试试使用 SCAN 命令去完整地迭代一个数据库。

为了开始一次新的迭代，我们将以 0 作为游标，调用 SCAN 命令：

```
redis> SCAN 0
1) "25"                  -- 进行下次迭代的游标
2)   1) "key::16"        -- 本次迭代获取到的键
     2) "key::2"
     3) "key::6"
     4) "key::8"
     5) "key::13"
     6) "key::22"
     7) "key::10"
     8) "key::24"
     9) "key::23"
     10) "key::21"
     11) "key::5"
```

这个 SCAN 调用告知我们下次迭代应该使用 25 作为游标，并返回了 11 个键的键名。

为了继续对数据库进行迭代，我们使用 25 作为游标，再次调用 SCAN 命令：

```
redis> SCAN 25
1) "31"
2)   1) "key::20"
     2) "key::18"
     3) "key::19"
     4) "key::7"
     5) "key::1"
     6) "key::9"
     7) "key::12"
     8) "key::11"
     9) "key::17"
     10) "key::15"
     11) "key::14"
     12) "key::3"
```

这次的 SCAN 调用返回了 12 个键，并告知我们下次迭代应该使用 31 作为游标。

与之前的情况类似，这次我们使用 31 作为游标，再次调用 SCAN 命令：

```
redis> SCAN 31
1) "0"
2) 1) "key::0"
   2) "key::4"
```

这次的 SCAN 调用只返回了两个键，并且它返回的下次迭代游标为 0，这说明本次迭代已经结束，整个数据库已经被迭代完毕。

11.3.2 SCAN 命令的迭代保证

针对数据库的一次完整迭代（full iteration）以用户给定游标 0 调用 SCAN 命令开始，直到 SCAN 命令返回游标 0 结束。SCAN 命令为完整迭代提供以下保证：

- 从迭代开始到迭代结束的整个过程中，一直存在于数据库中的键总会被返回。
- 如果一个键在迭代的过程中被添加到数据库中，那么这个键是否会被返回是不确定的。
- 如果一个键在迭代的过程中被移除了，那么 SCAN 命令在它被移除之后将不再返回这个键，但是这个键在被移除之前仍然有可能被 SCAN 命令返回。
- 无论数据库如何变化，迭代总是有始有终的，不会出现循环迭代或者其他无法终止迭代的情况。

11.3.3 游标的使用

在很多数据库中，使用游标都要显式地申请，并在迭代完成之后释放游标，否则就会造成内存泄漏。

与此相反，SCAN 命令的游标不需要申请，也不需要释放，它们不占用任何资源，每个客户端都可以使用自己的游标独立地对数据库进行迭代。

此外，用户可以随时在迭代的过程中停止迭代，或者随时开始一次新的迭代，这不会浪费任何资源，也不会引发任何问题。

11.3.4 迭代与给定匹配符相匹配的键

在默认情况下，SCAN 命令会向客户端返回数据库包含的所有键，它就像 KEYS* 命令调用的一个迭代版本。但是通过使用可选的 MATCH 选项，我们同样可以让 SCAN 命令只返回与给定全局匹配符相匹配的键：

```
SCAN cursor [MATCH pattern]
```

带有 MATCH 选项的 SCAN 命令就像是 KEYS pattern 命令调用的迭代版本。

举个例子，假设我们想要获取数据库中所有以 user:: 开头的键，但是因为这些键的数量比较多，直接使用 KEYS user::* 有可能会造成服务器阻塞，所以我们可以使用 SCAN 命令来代替 KEYS 命令，对符合 user::* 匹配符的键进行迭代：

```
redis> SCAN 0 MATCH user::*
```

```
1) "208"
2) 1) "user::1"
   2) "user::65"
   3) "user::99"
   4) "user::51"
redis> SCAN 208 MATCH user::*
1) "232"
2) 1) "user::13"
   2) "user::28"
   3) "user::83"
   4) "user::14"
   5) "user::61"
-- 省略后续的其他迭代……
```

11.3.5 指定返回键的期望数量

一般情况下，SCAN 命令返回的键数量是不确定的，但是我们可以通过使用可选的 COUNT 选项，向 SCAN 命令提供一个期望值，以此来说明我们希望得到多少个键：

```
SCAN cursor [COUNT number]
```

这里需要特别注意的是，COUNT 选项向命令提供的只是期望的键数量，但并不是精确的键数量。比如，执行 SCAN cursor COUNT 10 并不意味着 SCAN 命令最多只能返回 10 个键，或者一定要返回 10 个键：

- COUNT 选项只是提供了一个期望值，告诉 SCAN 命令我们希望返回多少个键，但每次迭代返回的键数量仍然是不确定的。
- 不过在通常情况下，设置一个较大的 COUNT 值将有助于获得更多键，这一点是可以肯定的。

以下代码展示了几个使用 COUNT 选项的例子：

```
redis> SCAN 0 COUNT 5
1) "160"
2) 1) "key::43"
   2) "key::s"
   3) "user::1"
   4) "key::83"
   5) "key::u"

redis> SCAN 0 MATCH user::* COUNT 10
1) "208"
2) 1) "user::1"
   2) "user::65"
   3) "user::99"
   4) "user::51"

redis> SCAN 0 MATCH key::* COUNT 100
1) "214"
2)  1) "key::43"
    2) "key::s"
```

```
3) "key::83"
-- 其他键……
50) "key::28"
51) "key::34"
```

在用户没有显式地使用 COUNT 选项的情况下，SCAN 命令将使用 10 作为 COUNT 选项的默认值，换句话说，以下两条命令的作用是相同的：

```
SCAN cursor

SCAN cursor COUNT 10
```

11.3.6 数据结构迭代命令

与获取数据库键的 KEYS 命令一样，Redis 的各个数据结构也存在一些可能导致服务器阻塞的命令：

- 散列的 HKEYS 命令、HVALS 命令和 HGETALL 命令在处理包含键值对较多的散列时，可能会导致服务器阻塞。
- 集合的 SMEMBERS 命令在处理包含元素较多的集合时，可能会导致服务器阻塞。
- 有序集合的一些范围型获取命令，比如 ZRANGE，也有阻塞服务器的可能。比如，为了获取有序集合包含的所有元素，用户可能会执行命令调用 ZRANGE key 0 -1，这时如果有序集合包含的成员数量较多，那么这个 ZRANGE 命令就可能会导致服务器阻塞。

为了解决以上问题，Redis 为散列、集合和有序集合也提供了与 SCAN 命令类似的游标迭代命令，分别是 HSCAN 命令、SSCAN 命令和 ZSCAN 命令，下面将分别介绍这 3 个命令的用法。

1. 散列迭代命令

HSCAN 命令可以以渐进的方式迭代给定散列包含的键值对：

```
HSCAN hash cursor [MATCH pattern] [COUNT number]
```

除了需要指定被迭代的散列之外，HSCAN 命令的其他参数与 SCAN 命令的参数保持一致，并且作用也一样。

作为例子，以下代码展示了如何使用 HSCAN 命令去迭代 user::10086::profile 散列：

```
redis> HSCAN user::10086::profile 0
1) "0"              -- 下次迭代的游标
2)  1) "name"       -- 键
    2) "peter"      -- 值
    3) "age"
    4) "32"
    5) "gender"
    6) "male"
    7) "blog"
```

```
8) "peter123.whatpress.com"
9) "email"
10) "peter123@example.com"
```

当散列包含较多键值对的时候，应该尽量使用 HSCAN 代替 HKEYS、HVALS 和 HGETALL，以免造成服务器阻塞。

2. 渐进式集合迭代命令

SSCAN 命令可以以渐进的方式迭代给定集合包含的元素：

```
SSCAN set cursor [MATCH pattern] [COUNT number]
```

除了需要指定被迭代的集合之外，SSCAN 命令的其他参数与 SCAN 命令的参数保持一致，并且作用也一样。

举个例子，假设我们想要对 fruits 集合进行迭代，那么可以执行以下命令：

```
redis> SSCAN fruits 0
1) "0"              -- 下次迭代的游标
2) 1) "apple"       -- 集合元素
   2) "watermelon"
   3) "mango"
   4) "cherry"
   5) "banana"
   6) "dragon fruit"
```

当集合包含较多元素的时候，我们应该尽量使用 SSCAN 代替 SMEMBERS，以免造成服务器阻塞。

3. 渐进式有序集合迭代命令

ZSCAN 命令可以以渐进的方式迭代给定有序集合包含的成员和分值：

```
ZSCAN sorted_set cursor [MATCH pattern] [COUNT number]
```

除了需要指定被迭代的有序集合之外，ZSCAN 命令的其他参数与 SCAN 命令的参数保持一致，并且作用也一样。

比如，通过执行以下命令，我们可以对 fruits-price 有序集合进行迭代：

```
redis> ZSCAN fruits-price 0
1) "0"                  -- 下次迭代的游标
2)  1) "watermelon"     -- 成员
    2) "3.5"            -- 分值
    3) "banana"
    4) "4.5"
    5) "mango"
    6) "5"
    7) "dragon fruit"
    8) "6"
    9) "cherry"
    10) "7"
    11) "apple"
    12) "8.5"
```

当有序集合包含较多成员的时候，我们应该尽量使用 ZSCAN 去代替 ZRANGE 以及其他可能会返回大量成员的范围型获取命令，以免造成服务器阻塞。

4. 迭代命令的共通性质

HSCAN、SSCAN、ZSCAN 这 3 个命令除了与 SCAN 命令拥有相同的游标参数以及可选项之外，还与 SCAN 命令拥有相同的迭代性质：

- SCAN 命令对于完整迭代所做的保证，其他 3 个迭代命令也能够提供。比如，使用 HSCAN 命令对散列进行一次完整迭代，在迭代过程中一直存在的键值对总会被返回，诸如此类。
- 与 SCAN 命令一样，其他 3 个迭代命令的游标也不耗费任何资源。用户可以在这 3 个命令中随意地使用游标，比如随时开始一次新的迭代，又或者随时放弃正在进行的迭代，这不会浪费任何资源，也不会引发任何问题。
- 与 SCAN 命令一样，其他 3 个迭代命令虽然也可以使用 COUNT 选项设置返回元素数量的期望值，但命令具体返回的元素数量仍然是不确定的。

11.3.7 其他信息

复杂度：SCAN 命令、HSCAN 命令、SSCAN 命令和 ZSCAN 命令单次执行的复杂度为 $O(1)$，而使用这些命令进行一次完整迭代的复杂度则为 $O(N)$，其中 N 为被迭代的元素数量。

版本要求：SCAN 命令、HSCAN 命令、SSCAN 命令和 ZSCAN 命令从 Redis 2.8.0 版本开始可用。

示例：构建数据库迭代器

SCAN 命令虽然可以以迭代的形式访问数据库，但它使用起来并不是很方便，比如：

- SCAN 命令每次迭代都会返回一个游标，而用户需要手动地将这个游标用作下次迭代时的输入参数，如果用户不小心丢失或者弄错了这个游标，那么就可能会给迭代带来错误或者麻烦。
- SCAN 命令每次都会返回一个包含两个元素的结果，其中第一个元素为游标，而第二个元素才是当前被迭代的键，如果迭代器能够直接返回被迭代的键，那么它使用起来就会更加方便。

为了解决以上这两个问题，我们可以在 SCAN 命令的基础上进行一些修改，实现代码清单 11-1 所示的迭代器：这个迭代器不仅会自动记录每次迭代的游标以防丢失，还可以直接返回被迭代的数据库键以供用户使用。

代码清单 11-1 数据库迭代器：/database/db_iterator.py

```
class DbIterator:

    def __init__(self, client, match=None, count=None):
        """
```

```
        创建一个新的迭代器。
        可选的 match 参数用于指定迭代的匹配模式，
        而可选的 count 参数则用于指定我们期待每次迭代能够返回的键数量
        """
        self.client = client
        self.match = match
        self.count = count
        # 当前迭代游标
        self.current_cursor = 0
        # 记录迭代是否已经完成的状态变量
        self.iteration_is_over = False

    def next(self):
        """
        以列表形式返回当前被迭代到的数据库键，
        返回 None 则表示本次迭代已经完成
        """
        if self.iteration_is_over:
            return None
        # 获取下次迭代的游标以及当前被迭代的数据库键
        next_cursor, keys = self.client.scan(self.current_cursor, self.match,
self.count)
        # 如果下次迭代的游标为 0，那么表示迭代已完成
        if next_cursor == 0:
            self.iteration_is_over = True
        # 更新游标
        self.current_cursor = next_cursor
        # 返回当前被迭代的数据库键
        return keys
```

作为例子，以下代码展示了如何使用这个迭代器去迭代一个数据库：

```
>>> from redis import Redis
>>> from db_iterator import DbIterator
>>> client = Redis(decode_responses=True)
>>> for i in range(50):  # 向数据库插入 50 个键
...   key = "key{0}".format(i)
...   value = i
...   client.set(key, value)
...
True
True
...
True
>>> iterator = DbIterator(client)
>>> iterator.next()        # 开始迭代
['key46', 'key1', 'key27', 'key39', 'key15', 'key0', 'key43', 'key12', 'key49',
'key41', 'key10']
>>> iterator.next()
['key23', 'key7', 'key9', 'key20', 'key18', 'key3', 'key5', 'key34', 'key32', 'key40']
>>> iterator.next()
['key4', 'key33', 'key30', 'key45', 'key38', 'key31', 'key6', 'key16', 'key25',
'key14', 'key13']
>>> iterator.next()
['key29', 'key2', 'key42', 'key11', 'key48', 'key28', 'key8', 'key44', 'key21',
```

```
'key26']
    >>> iterator.next()
    ['key22', 'key47', 'key36', 'key17', 'key19', 'key24', 'key35', 'key37']
    >>> iterator.next()        # 迭代结束
    >>>
```

redis-py 提供的迭代器

实际上，redis-py 客户端也为 SCAN 命令实现了一个迭代器——用户只需要调用 redis-py 的 scan_iter() 方法，就会得到一个 Python 迭代器，然后就可以通过这个迭代器对数据库中的键进行迭代：

```
scan_iter(self, match=None, count=None) unbound redis.client.Redis method
    Make an iterator using the SCAN command so that the client doesn't
    need to remember the cursor position.

    "match" allows for filtering the keys by pattern

    "count" allows for hint the minimum number of returns
```

redis-py 提供的迭代器跟 DbIterator 一样，都可以让用户免去手动输入游标的麻烦，但它们之间也有很多区别：

- redis-py 的迭代器每次迭代只返回一个元素。
- 因为 redis-py 的迭代器是通过 Python 的迭代器特性实现的，所以用户可以直接以 for key in redis.scan_iter() 的形式进行迭代（DbIterator 实际上也可以实现这样的特性，但是由于 Python 迭代器的相关知识并不在本书的介绍范围之内，所以我们这个自制的迭代器才没有配备这一特性。）
- redis-py 的迭代器也拥有 next() 方法，但这个方法每次被调用时只会返回单个元素，并且它在所有元素都被迭代完毕时将抛出一个 StopIteration 异常。

以下是一个 redis-py 迭代器的使用示例：

```
>>> from redis import Redis
>>> client = Redis(decode_responses=True)
>>> client.mset({"k1":"v1", "k2":"v2", "k3":"v3"})
True
>>> for key in client.scan_iter():
    ...     print(key)
    ...
    k1
    k3
    k2
```

因为 redis-py 为 scan_iter() 提供了直接支持，它比需要额外引入的 DbIterator 更方便，所以本书之后展示的所有迭代程序都将使用 scan_iter() 而不是 DbIterator。不过由于这两个迭代器的底层实现是相仿的，所以使用哪个差别并不大。

11.4 RANDOMKEY：随机返回一个键

RANDOMKEY 命令可以从数据库中随机地返回一个键：

```
RANDOMKEY
```

RANDOMKEY 命令不会移除被返回的键，它们会继续留在数据库中。

以下代码展示了如何通过 RANDOMKEY 命令，从数据库中随机地返回一些键：

```
redis> RANDOMKEY
"user::123::profile"

redis> RANDOMKEY
"cache::/user/peter"

redis> RANDOMKEY
"favorite-animal"

redis> RANDOMKEY
"fruit-price"
```

当数据库为空时，RANDOMKEY 命令将返回一个空值：

```
redis> RANDOMKEY
(nil)
```

其他信息

复杂度：$O(1)$。

版本要求：RANDOMKEY 命令从 Redis 1.0.0 版本开始可用。

11.5 SORT：对键的值进行排序

用户可以通过执行 SORT 命令对列表元素、集合元素或者有序集合成员进行排序。为了让用户能够以不同的方式进行排序，Redis 为 SORT 命令提供了非常多的可选项，如果我们以不给定任何可选项的方式直接调用 SORT 命令，那么命令将对指定键存储的元素执行数字值排序：

```
SORT key
```

在默认情况下，SORT 命令将按照从小到大的顺序依次返回排序后的各个值。

比如，以下例子就展示了如何对 lucky-numbers 集合存储的 6 个数字值进行排序：

```
redis> SMEMBERS lucky-numbers      -- 以乱序形式存储的集合元素
1) "1024"
2) "123456"
3) "10086"
4) "3.14"
5) "888"
6) "256"
```

```
redis> SORT lucky-numbers            -- 排序后的集合元素
1) "3.14"
2) "256"
3) "888"
4) "1024"
5) "10086"
6) "123456"
```

以下例子则展示了如何对 message-queue 列表中的数字值进行排序：

```
redis> LRANGE message-queue 0 -1     -- 根据插入顺序进行排列的列表元素
1) "1024"
2) "256"
3) "128"
4) "512"
5) "64"

redis> SORT message-queue            -- 排序后的列表元素
1) "64"
2) "128"
3) "256"
4) "512"
5) "1024"
```

11.5.1 指定排序方式

在默认情况下，SORT 命令执行的是升序排序操作：较小的值将被放到结果的较前位置，而较大的值则会被放到结果的较后位置。

通过使用可选的 ASC 选项或者 DESC 选项，用户可以指定 SORT 命令的排序方式，其中 ASC 表示执行升序排序操作，而 DESC 则表示执行降序排序操作：

```
SORT key [ASC|DESC]
```

降序排序操作的做法与升序排序操作的做法正好相反，它会把较大的值放到结果的较前位置，而较小的值则会被放到结果的较后位置。

举个例子，如果我们想要对 lucky-numbers 集合的元素实施降序排序，那么只需要执行以下代码即可：

```
redis> SORT lucky-numbers DESC
1) "123456"
2) "10086"
3) "1024"
4) "888"
5) "256"
6) "3.14"
```

因为 SORT 命令在默认情况下进行的就是升序排序，所以 SORT key 命令和 SORT key ASC 命令产生的效果是完全相同的，因此我们在一般情况下并不会用到 ASC 选项——除非在特殊情况下，需要告诉别人你正在进行的是升序排序。

11.5.2 对字符串值进行排序

SORT 命令在默认情况下进行的是数字值排序，如果我们尝试直接使用 SORT 命令去对字符串元素进行排序，那么命令将产生一个错误：

```
redis> SMEMBERS fruits
1) "cherry"
2) "banana"
3) "apple"
4) "mango"
5) "dragon fruit"
6) "watermelon"

redis> SORT fruits
(error) ERR One or more scores can't be converted into double
```

为了让 SORT 命令能够对字符串值进行排序，我们必须让 SORT 命令执行字符串排序操作而不是数字值排序操作，这一点可以通过使用 ALPHA 选项来实现：

```
SORT key [ALPHA]
```

作为例子，我们可以使用带 ALPHA 选项的 SORT 命令对 fruits 集合进行排序：

```
redis> SORT fruits ALPHA
1) "apple"
2) "banana"
3) "cherry"
4) "dragon fruit"
5) "mango"
6) "watermelon"
```

或者使用以下命令，对 test-record 有序集合的成员进行排序：

```
redis> ZRANGE test-record 0 -1 WITHSCORES     -- 在默认情况下，有序集合成员将根据分值进行排序
1) "ben"
2) "70"
3) "aimee"
4) "86"
5) "david"
6) "99"
7) "cario"
8) "100"

redis> SORT test-record ALPHA                  -- 但使用 SORT 命令可以对成员本身进行排序
1) "aimee"
2) "ben"
3) "cario"
4) "david"
```

11.5.3 只获取部分排序结果

在默认情况下，SORT 命令将返回所有被排序的元素，但如果我们只需要其中一部分排

序结果，那么可以使用可选的 LIMIT 选项：

```
SORT key [LIMIT offset count]
```

其中 offset 参数用于指定返回结果之前需要跳过的元素数量，而 count 参数则用于指定需要获取的元素数量。

举个例子，如果我们想要知道 fruits 集合在排序之后的第 3 个元素是什么，那么只需要执行以下调用就可以了：

```
redis> SORT fruits ALPHA LIMIT 2 1
1) "cherry"
```

注意，因为 offset 参数的值是从 0 开始计算的，所以这个命令在获取第 3 个被排序元素时使用了 2 而不是 3 来作为偏移量。

11.5.4　获取外部键的值作为结果

在默认情况下，SORT 命令将返回被排序的元素作为结果，但如果用户有需要，也可以使用 GET 选项去获取其他值作为排序结果：

```
SORT key [[GET pattern] [GET pattern] ...]
```

一个 SORT 命令可以使用任意多个 GET pattern 选项，其中 pattern 参数的值可以是：

- 包含 * 符号的字符串。
- 包含 * 符号和 -> 符号的字符串。
- 一个单独的 # 符号。

接下来将分别介绍这 3 种值的用法和用途。

1. 获取字符串键的值

当 pattern 参数的值是一个包含 * 符号的字符串时，SORT 命令将把被排序的元素与 * 符号进行替换，构建出一个键名，然后使用 GET 命令去获取该键的值。

举个例子，假设数据库中存储着表 11-2 所示的一些字符串键，那么我们可以通过执行以下命令对 fruits 集合的各个元素进行排序，然后根据排序后的元素获取各种水果的价格：

```
redis> SORT fruits ALPHA GET *-price
1) "8.5"
2) "4.5"
3) "7"
4) "6"
5) "5"
6) "3.5"
```

表 11-2　存储水果价格的各个字符串键以及它们的值

字符串键	值
"apple-price"	8.5
"banana-price"	4.5

（续）

字符串键	值
"cherry-price"	7
"dragon fruit-price"	6
"mango-price"	5
"watermelon-price"	3.5

这个 SORT 命令的执行过程可以分为以下 3 个步骤：

1）对 fruits 集合的各个元素进行排序，得出一个由 "apple"、"banana"、"cherry"、"dragon fruit"、"mango"、"watermelon" 组成的有序元素排列。

2）将排序后的各个元素与 *-price 模式进行匹配和替换，得出键名 "apple-price"、"banana-price"、"cherry-price"、"dragon fruit-price"、"mango-price" 和 "watermelon-price"。

3）使用 GET 命令获取以上各个键的值，并将这些值依次放入结果列表中，最后把结果列表返回给客户端。

图 11-2 以图形方式展示了整个 SORT 命令的执行过程。

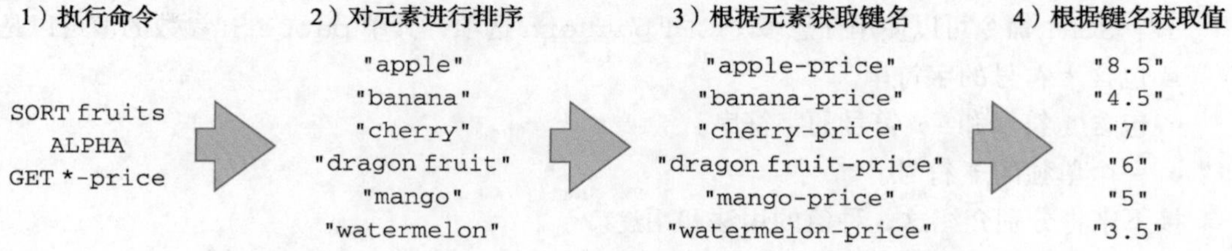

图 11-2 SORT fruits ALPHA GET *-price 命令的执行过程

2. 获取散列中的键值

当 pattern 参数的值是一个包含 * 符号和 -> 符号的字符串时，SORT 命令将使用 -> 左边的字符串为散列名，-> 右边的字符串为字段名，调用 HGET 命令，从散列中获取指定字段的值。此外，用户传入的散列名还需要包含 * 符号，这个 * 符号将被替换成被排序的元素。

举个例子，假设数据库中存储着表 11-3 所示的 apple-info、banana-info 等散列，而这些散列的 inventory 键则存储着相应水果的存货量，那么我们可以通过执行以下命令，对 fruits 集合的各个元素进行排序，然后根据排序后的元素获取各种水果的存货量：

```
redis> SORT fruits ALPHA GET *-info->inventory
1) "1000"
2) "300"
3) "50"
4) "500"
5) "250"
6) "324"
```

表 11-3 存储着水果信息的散列

散列名	散列中 inventory 字段的值
apple-info	"1000"
banana-info	"300"
cherry-info	"50"
dragon fruit-info	"500"
mango-info	"250"
watermelon-info	"324"

这个 SORT 命令的执行过程可以分为以下 3 个步骤：

1）对 fruits 集合的各个元素进行排序，得出一个由 "apple"、"banana"、"cherry"、"dragon fruit"、"mango"、"watermelon" 组成的有序元素排列。

2）将排序后的各个元素与 *-info 模式进行匹配和替换，得出散列名 "apple-info"、"banana-info"、"cherry-info"、"dragon fruit-info"、"mango-info" 和 "watermelon-info"。

3）使用 HGET 命令，从以上各个散列中取出 inventory 字段的值，并将这些值依次放入结果列表中，最后把结果列表返回给客户端。

图 11-3 以图形方式展示了整个 SORT 命令的执行过程。

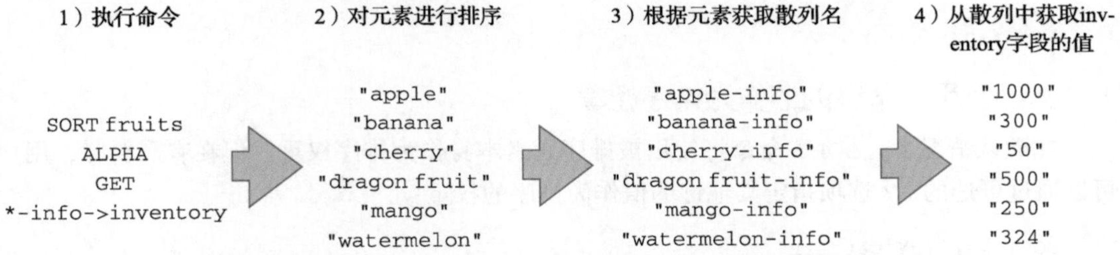

图 11-3 **SORT fruits ALPHA GET *-info->inventory** 命令的执行过程

3. 获取被排序元素本身

当 pattern 参数的值是一个 # 符号时，SORT 命令将返回被排序的元素本身。

因为 SORT key 命令和 SORT key GET # 命令返回的是完全相同的结果，所以单独使用 GET # 并没有任何实际作用：

```
redis> SORT fruits ALPHA
1) "apple"
2) "banana"
3) "cherry"
4) "dragon fruit"
5) "mango"
6) "watermelon"

redis> SORT fruits ALPHA GET #      -- 与上一个命令的结果完全相同
```

```
1) "apple"
2) "banana"
3) "cherry"
4) "dragon fruit"
5) "mango"
6) "watermelon"
```

因此，我们一般只会在同时使用多个 GET 选项时，才使用 GET # 获取被排序的元素。比如，以下代码就展示了如何在对水果进行排序的同时，获取水果的价格和库存量：

```
redis> SORT fruits ALPHA GET # GET *-price GET *-info->inventory
1) "apple"      -- 水果
2) "8.5"        -- 价格
3) "1000"       -- 库存量
4) "banana"
5) "4.5"
6) "300"
7) "cherry"
8) "7"
9) "50"
10) "dragon fruit"
11) "6"
12) "500"
13) "mango"
14) "5"
15) "250"
16) "watermelon"
17) "3.5"
18) "324"
```

11.5.5 使用外部键的值作为排序权重

在默认情况下，SORT 命令将使用被排序元素本身作为排序权重，但在有需要时，用户可以通过可选的 BY 选项指定其他键的值作为排序的权重：

```
SORT key [BY pattern]
```

pattern 参数的值既可以是包含 * 符号的字符串，也可以是包含 * 符号和 -> 符号的字符串，这两种值的作用和效果与使用 GET 选项的作用和效果一样：前者用于获取字符串键的值，而后者则用于从散列中获取指定字段的值。

举个例子，通过执行以下命令，我们可以使用存储在字符串键中的水果价格作为权重，对水果进行排序：

```
redis> SORT fruits BY *-price
1) "watermelon"
2) "banana"
3) "mango"
4) "dragon fruit"
5) "cherry"
6) "apple"
```

因为上面这个排序结果只展示了水果的名字，却没有展示水果的价格，所以这个排序结果并没有清楚地展示水果的名字和价格之间的关系。相反，如果我们在使用 BY 选项的同时，使用两个 GET 选项去获取水果的名字以及价格，那么就能够直观地看出水果是按照价格进行排序的了：

```
redis> SORT fruits BY *-price GET # GET *-price
1) "watermelon"  -- 水果的名字
2) "3.5"         -- 水果的价格
3) "banana"
4) "4.5"
5) "mango"
6) "5"
7) "dragon fruit"
8) "6"
9) "cherry"
10) "7"
11) "apple"
12) "8.5"
```

同样，我们还可以通过执行以下命令，使用散列中记录的库存量作为权重，对水果进行排序并获取它们的库存量：

```
redis> SORT fruits BY *-info->inventory GET # GET *-info->inventory
1) "cherry"  -- 水果的名字
2) "50"      -- 水果的库存量
3) "mango"
4) "250"
5) "banana"
6) "300"
7) "watermelon"
8) "324"
9) "dragon fruit"
10) "500"
11) "apple"
12) "1000"
```

11.5.6 保存排序结果

在默认情况下，SORT 命令会直接将排序结果返回给客户端，但如果用户有需要，也可以通过可选的 STORE 选项，以列表形式将排序结果存储到指定的键中：

```
SORT key [STORE destination]
```

如果用户给定的 destination 键已经存在，那么 SORT 命令会先移除该键，然后再存储排序结果。带有 STORE 选项的 SORT 命令在成功执行之后将返回被存储的元素数量作为结果。

作为例子，以下代码展示了如何将排序 fruits 集合所得的结果存储到 sorted-fruits 列表中：

```
redis> SORT fruits ALPHA STORE sorted-fruits
(integer) 6                               -- 有6个已排序元素被存储了
```

```
redis> LRANGE sorted-fruits 0 -1      -- 查看排序结果
1) "apple"
2) "banana"
3) "cherry"
4) "dragon fruit"
5) "mango"
6) "watermelon"
```

11.5.7 其他信息

平均复杂度：$O(N*\log(N)+M)$，其中 N 为被排序元素的数量，而 M 则为命令返回的元素数量。

版本要求：SORT 命令从 Redis 1.0.0 版本开始可用。

11.6 EXISTS：检查给定键是否存在

用户可以通过使用 EXISTS 命令，检查给定的一个或多个键是否存在于当前正在使用的数据库中：

```
EXISTS key [key ...]
```

EXISTS 命令将返回存在的给定键数量作为返回值。

通过将多个键传递给 EXISTS 命令，可以判断出在给定的键中，有多少个键是实际存在的。举个例子，通过执行以下命令，我们可以知道 k1、k2 和 k3 这 3 个给定键当中，只有 2 个键是存在的：

```
redis> EXISTS k1 k2 k3
(integer) 2
```

如果我们只想确认某个键是否存在，那么只需要将那个键传递给 EXISTS 命令即可：命令返回 0 表示该键不存在，返回 1 则表示该键存在。

比如，通过执行以下命令，我们可以知道键 k3 并不存在于数据库中：

```
redis> EXISTS k3
(integer) 0
```

11.6.1 只能接受单个键的 EXISTS 命令

EXISTS 命令从 Redis 3.0.3 版本开始接受多个键作为输入，在此前的版本中，EXISTS 命令只能接受单个键作为输入：

```
EXISTS key
```

旧版的 EXISTS 命令在键存在时返回 1，不存在时返回 0。

11.6.2 其他信息

复杂度：Redis 3.0.3 版本以前，只能接受单个键作为输入的 EXISTS 命令的复杂度为

$O(1)$；Redis 3.0.3 及以上版本，能够接受多个键作为输入的 EXISTS 命令的复杂度为 $O(N)$，其中 N 为用户给定的键数量。

版本要求：EXISTS 命令从 Redis 1.0.0 版本开始可用，但只有 Redis 3.0.3 及以上版本才能接受多个键作为输入，此前的版本只能接受单个键作为输入。

11.7 DBSIZE：获取数据库包含的键值对数量

用户可以通过执行 DBSIZE 命令来获知当前使用的数据库包含了多少个键值对：

```
DBSIZE
```

比如在以下这个例子中，我们就通过执行 DBSIZE 获知数据库目前包含了 6 个键值对：

```
redis> DBSIZE
(integer) 6
```

其他信息

复杂度：$O(1)$。

版本要求：DBSIZE 命令从 Redis 1.0.0 版本开始可用。

11.8 TYPE：查看键的类型

TYPE 命令允许我们查看给定键的类型：

```
TYPE key
```

举个例子，如果我们对一个字符串键执行 TYPE 命令，那么命令将告知我们，这个键是一个字符串键：

```
redis> GET msg
"hello world"

redis> TYPE msg
string
```

又比如，如果我们对一个集合键执行 TYPE 命令，那么命令将告知我们，这个键是一个集合键：

```
redis> SMEMBERS fruits
1) "banana"
2) "cherry"
3) "apple"

redis> TYPE fruits
set
```

表 11-4 列出了 TYPE 命令在面对不同类型的键时返回的各项结果。

表 11-4 TYPE 命令在面对不同类型的键时返回的各项结果

键类型	TYPE 命令的返回值
字符串键	string
散列键	hash
列表键	list
集合键	set
有序集合键	zset
HyperLogLog	string
位图	string
地理位置	zset
流	stream

在表 11-4 中，TYPE 命令对于字符串键、散列键、列表键、集合键和流键的返回结果都非常直观，不过它对于之后几种类型的键的返回结果则需要做进一步解释：

- 因为所有有序集合命令，比如 ZADD、ZREM、ZSCORE 等，都是以 z 为前缀命名的，所以有序集合也被称为 zset。因此 TYPE 命令在接收到有序集合键作为输入时，将返回 zset 作为结果。
- 因为 HyperLogLog 和位图这两种键在底层都是通过字符串键来实现的，所以 TYPE 命令对于这两种键将返回 string 作为结果。
- 与 HyperLogLog 和位图的情况类似，因为地理位置键使用了有序集合键作为底层实现，所以 TYPE 命令对于地理位置键将返回 zset 作为结果。

其他信息

复杂度：$O(1)$。

版本要求：TYPE 命令从 Redis 1.0.0 版本开始可用。

示例：数据库取样程序

在使用 Redis 的过程中，我们可能会想要知道 Redis 数据库中各种键的类型分布状况，比如，我们可能会想要知道数据库中有多少个字符串键、有多少个列表键、有多少个散列键，以及这些键在数据库键的总数量中占多少个百分比。

代码清单 11-2 展示了一个能够计算出以上信息的数据库取样程序。DbSampler 程序会对数据库进行迭代，使用 TYPE 命令获取被迭代键的类型并对不同类型的键实施计数，最终在迭代完整个数据库之后，打印出相应的取样结果。

代码清单 11-2 数据库取样程序：/database/db_sampler.py

```
def type_sample_result(type_name, type_counter, db_size):
    result = "{0}: {1} keys, {2}% of the total."
    return result.format(type_name, type_counter, type_counter*100.0/db_size)
```

```
class DbSampler:

    def __init__(self, client):
        self.client = client

    def sample(self):
        # 键类型计数器
        type_counter = {
            "string": 0,
            "list": 0,
            "hash": 0,
            "set": 0,
            "zset": 0,
            "stream": 0,
        }

        # 遍历整个数据库
        for key in self.client.scan_iter():
            # 获取键的类型
            type = self.client.type(key)
            # 对相应的类型计数器执行加 1 操作
            type_counter[type] += 1

        # 获取数据库的大小
        db_size = self.client.dbsize()

        # 打印结果
        print("Sampled {0} keys.".format(db_size))
        print(type_sample_result("String", type_counter["string"], db_size))
        print(type_sample_result("List", type_counter["list"], db_size))
        print(type_sample_result("Hash", type_counter["hash"], db_size))
        print(type_sample_result("Set", type_counter["set"], db_size))
        print(type_sample_result("SortedSet", type_counter["zset"], db_size)
        print(type_sample_result("Stream", type_counter["stream"], db_size))
```

以下代码展示了这个数据库取样程序的使用方法：

```
>>> from redis import Redis
>>> from create_random_type_keys import create_random_type_keys
>>> from db_sampler import DbSampler
>>> client = Redis(decode_responses=True)
>>> create_random_type_keys(client, 1000)  # 创建 1000 个类型随机的键
>>> sampler = DbSampler(client)
>>> sampler.sample()
Sampled 1000 keys.
String: 179 keys, 17.9% of the total.
List: 155 keys, 15.5% of the total.
Hash: 172 keys, 17.2% of the total.
Set: 165 keys, 16.5% of the total.
SortedSet: 161 keys, 16.1% of the total.
Stream: 168 keys, 16.8% of the total.
```

可以看到，取样程序遍历了数据库中的 1000 个键，然后打印出了不同类型键的具体数量以及它们在整个数据库中所占的百分比。

为了演示方便，上面的代码使用了 create_random_type_keys() 函数来创建出指定数量的类型随机键，代码清单 11-3 展示了这个函数的具体定义。

代码清单 11-3 随机键生成程序：/database/create_random_type_keys.py

```
import random

def create_random_type_keys(client, number):
    """
    在数据库中创建指定数量的类型随机键
    """
    for i in range(number):
        # 构建键名
        key = "key:{0}".format(i)
        # 从 6 个键创建函数中随机选择一个
        create_key_func = random.choice([
            create_string,
            create_hash,
            create_list,
            create_set,
            create_zset,
            create_stream
        ])
        # 实际地创建键
        create_key_func(client, key)

def create_string(client, key):
    client.set(key, "")

def create_hash(client, key):
    client.hset(key, "", "")

def create_list(client, key):
    client.rpush(key, "")

def create_set(client, key):
    client.sadd(key, "")

def create_zset(client, key):
    client.zadd(key, {"":0})

def create_stream(client, key):
    client.xadd(key, {"":""})
```

11.9 RENAME、RENAMENX：修改键名

Redis 提供了 RENAME 命令，用户可以使用这个命令修改键的名称：

```
RENAME origin new
```

RENAME 命令在执行成功时将返回 OK 作为结果。

作为例子，以下代码展示了如何将键 msg 改名为键 message：

```
redis> GET msg
"hello world"

redis> RENAME msg message
OK

redis> GET msg
(nil)              -- 原来的键在改名之后已经不复存在

redis> GET message
"hello world"   -- 访问改名之后的新键
```

11.9.1 覆盖已存在的键

如果用户指定的新键名已经被占用，那么 RENAME 命令会先移除占用了新键名的那个键，然后再执行改名操作。

在以下例子中，键 k1 和键 k2 都存在，如果我们使用 RENAME 命令将键 k1 改名为键 k2，那么原来的键 k2 将被移除：

```
redis> SET k1 v1
OK

redis> SET k2 v2
OK

redis> RENAME k1 k2
OK

redis> GET k2
"v1"
```

11.9.2 只在新键名尚未被占用的情况下进行改名

除了 RENAME 命令之外，Redis 还提供了 RENAMENX 命令。RENAMENX 命令和 RENAME 命令一样，都可以对键进行改名，但 RENAMENX 命令只会在新键名尚未被占用的情况下进行改名，如果用户指定的新键名已经被占用，那么 RENAMENX 将放弃执行改名操作：

```
RENAMENX origin new
```

RENAMENX 命令在改名成功时返回 1，失败时返回 0。

比如在以下例子中，因为键 k2 已经存在，所以尝试将键 k1 改名为 k2 将以失败告终：

```
redis> SET k1 v1
OK

redis> SET k2 v2
OK

redis> RENAMENX k1 k2
(integer) 0  -- 改名失败
```

与此相反，因为键 k3 尚未存在，所以将键 k1 改名为键 k3 的操作可以成功执行：

```
redis> GET k3
(nil)

redis> RENAMENX k1 k3
(integer) 1  -- 改名成功

redis> GET k3
"v1"

redis> GET k1
(nil)  -- 改名之后的 k1 已经不再存在
```

11.9.3 其他信息

复杂度：$O(1)$。

版本要求：RENAME 命令和 RENAMENX 命令都从 Redis 1.0.0 版本开始可用。

11.10 MOVE：将给定的键移动到另一个数据库

用户可以使用 MOVE 命令，将一个键从当前数据库移动至目标数据库：

```
MOVE key db
```

当 MOVE 命令成功将给定键从当前数据库移动至目标数据库时，命令返回 1；如果给定键并不存在于当前数据库，或者目标数据库中存在与给定键同名的键，那么 MOVE 命令将不做动作，只返回 0 表示移动失败。

作为例子，以下代码展示了如何将 0 号数据库中的 msg 键移动到 3 号数据库：

```
redis> GET msg             -- 位于 0 号数据库中的 msg 键
"This is a message from db 0."

redis> MOVE msg 3          -- 将 msg 键移动到 3 号数据库
(integer) 1

redis> SELECT 3            -- 切换至 3 号数据库
OK

redis[3]> GET msg          -- 获取被移动的 msg 键
"This is a message from db 0."
```

11.10.1 不覆盖同名键

当目标数据库存在与给定键同名的键时，MOVE 命令将放弃执行移动操作。

举个例子，如果我们在 0 号数据库和 5 号数据库中分别设置 lucky_number 键：

```
redis> SET lucky_number 123456     -- 在 0 号数据库设置 lucky_number 键
OK

redis> SELECT 5                    -- 切换至 5 号数据库
```

```
OK

redis[5]> SET lucky_number 777     -- 在 5 号数据库设置 lucky_number 键
OK
```

然后尝试将 5 号数据库的 lucky_number 键移动到 0 号数据库，那么这次移动操作将不会成功：

```
redis[5]> MOVE lucky_number 0
(integer) 0
```

11.10.2　其他信息

复杂度：$O(1)$。

版本要求：MOVE 命令从 Redis 1.0.0 版本开始可用。

11.11　DEL：移除指定的键

DEL 命令允许用户从当前正在使用的数据库中移除指定的一个或多个键，以及与这些键相关联的值：

```
DEL key [key ...]
```

DEL 命令将返回成功移除的键数量作为返回值。

举个例子，假设我们想要移除数据库中的键 k1 和键 k2，那么只需要执行以下命令即可：

```
redis> DEL k1 k2
(integer) 2      -- 有两个键被移除了
```

如果用户给定的键并不存在，那么 DEL 命令将不做动作：

```
redis> DEL k3
(integer) 0      -- 本次操作没有移除任何键
```

其他信息

复杂度：$O(N)$，其中 N 为被移除键的数量。

版本要求：DEL 命令从 Redis 1.0.0 版本开始可用。

11.12　UNLINK：以异步方式移除指定的键

在 11.11 节，我们介绍了如何使用 DEL 命令去移除指定的键，但这个命令实际上隐含着一个性能问题：因为 DEL 命令会以同步方式执行移除操作，所以如果待移除的键非常庞大或者数量众多，那么服务器在执行移除操作的过程中就有可能被阻塞。比如，移除一个包含上百万个元素的集合，移除一个包含数十万个键值对的散列，或者一次移除成千上万个键，都有可能引起服务器阻塞。

为了解决这个问题，Redis 从 4.0 版本开始新添加了一个 UNLINK 命令：

```
UNLINK key [key ...]
```

UNLINK 命令与 DEL 命令一样，都可以用于移除指定的键，但它与 DEL 命令的区别在于，当用户调用 UNLINK 命令去移除一个数据库键时，UNLINK 只会在数据库中移除对该键的引用（reference），而对键的实际移除操作则会交给后台线程执行，因此 UNLINK 命令将不会造成服务器阻塞。

与 DEL 命令一样，UNLINK 命令也会返回被移除键的数量作为结果。此外，基于兼容方面的原因，Redis 将在提供异步移除操作 UNLINK 命令的同时，继续提供同步移除操作 DEL 命令。

以下是一个使用 UNLINK 命令的例子：

```
redis> MGET k1 k2 k3
1) "v1"
2) "v2"
3) "v3"

redis> UNLINK k1 k2 k3
(integer) 3

redis> MGET k1 k2 k3
1) (nil)
2) (nil)
3) (nil)
```

其他信息

复杂度：$O(N)$，其中 N 为被移除键的数量。

版本要求：UNLINK 命令从 Redis 4.0 版本开始可用。

11.13 FLUSHDB：清空当前数据库

通过使用 FLUSHDB 命令，用户可以清空当前正在使用的数据库：

```
redis> FLUSHDB
OK
```

FLUSHDB 命令会遍历用户正在使用的数据库，移除其中包含的所有键值对，然后返回 OK 表示数据库已被清空。

11.13.1 async 选项

与 DEL 命令一样，FLUSHDB 命令也是一个同步移除命令，并且因为 FLUSHDB 移除的是整个数据库而不是单个键，所以它常常会引发比 DEL 命令更为严重的服务器阻塞现象。

为了解决这个问题，Redis 4.0 给 FLUSHDB 命令新添加了一个 async 选项：

```
redis> FLUSHDB async
OK
```

如果用户在调用 FLUSHDB 命令时使用了 async 选项，那么实际的数据库清空操作将放在后台线程中以异步方式进行，这样 FLUSHDB 命令就不会再阻塞服务器了。

11.13.2 其他信息

复杂度：$O(N)$，其中 N 为被清空数据库包含的键值对数量。

版本要求：不带任何选项的 FLUSHDB 命令从 Redis 1.0.0 版本开始可用，带有 async 选项的 FLUSHDB 命令从 Redis 4.0 版本开始可用。

11.14 FLUSHALL：清空所有数据库

过使用 FLUSHALL 命令，用户可以清空 Redis 服务器包含的所有数据库：

```
redis> FLUSHALL
OK
```

FLUSHALL 命令会遍历服务器包含的所有数据库，并移除其中包含的所有键值对，然后返回 OK 表示所有数据库均已被清空。

11.14.1 async 选项

与 FLUSHDB 命令一样，以同步方式执行的 FLUSHALL 命令也可能会导致服务器阻塞，因此 Redis 4.0 也给 FLUSHALL 命令添加了同样的 async 选项：

```
redis> FLUSHALL async
OK
```

通过指定 async 选项，FLUSHALL 命令将以异步方式在后台线程中执行所有实际的数据库清空操作，因此它将不会再阻塞服务器。

11.14.2 其他信息

复杂度：$O(N)$，其中 N 为被清空的所有数据库包含的键值对总数量。

版本要求：不带任何选项的 FLUSHALL 命令从 Redis 1.0.0 版本开始可用，带有 async 选项的 FLUSHALL 命令从 Redis 4.0 版本开始可用。

11.15 SWAPDB：互换数据库

SWAPDB 命令接受两个数据库号码作为输入，然后对指定的两个数据库进行互换，最后返回 OK 作为结果：

```
SWAPDB x y
```

在 SWAPDB 命令执行完毕之后，原本存储在数据库 x 中的键值对将出现在数据库 y 中，而原本存储在数据库 y 中的键值对将出现在数据库 x 中。

举个例子，对于以下这个包含键 k1、k2 和 k3 的 0 号数据库：

```
db0> KEYS *
1) "k3"
2) "k2"
3) "k1"
```

以及以下这个包含键 k4、k5 和 k6 的 1 号数据库来说：

```
db1> KEYS *
1) "k5"
2) "k4"
3) "k6"
```

如果我们执行以下命令，对 0 号数据库和 1 号数据库实行互换：

```
db0> SWAPDB 0 1
OK
```

那么在此之后，原本存储在 0 号数据库中的键 k1、k2 和 k3 将出现在 1 号数据库中：

```
db1> KEYS *
1) "k3"
2) "k2"
3) "k1"
```

而原本存储在 1 号数据库中的键 k4、k5 和 k6 将出现在 0 号数据库中：

```
db0> KEYS *
1) "k5"
2) "k4"
3) "k6"
```

提示 因为互换数据库这一操作可以通过调整指向数据库的指针来实现，这个过程不需要移动数据库中的任何键值对，所以 SWAPDB 命令的复杂度是 $O(1)$ 而不是 $O(N)$，并且执行这个命令也不会导致服务器阻塞。

其他信息

复杂度：$O(1)$。

版本要求：SWAPDB 命令从 Redis 4.0 版本开始可用。

示例：使用 SWAPDB 命令实行在线替换数据库

正如 11.15 节所介绍的，SWAPDB 命令可以以非阻塞方式互换给定的两个数据库。因为这个命令的执行速度是如此之快，并且完全不会阻塞服务器，所以用户实际上可以使用这个命令来实行在线的数据库替换操作。

举个例子，假设我们拥有一个 Redis 服务器，它的 0 号数据库存储了用户的邮件地址以及经过加密的用户密码，这些数据可以用于登录用户账号。不幸的是，因为一次漏洞事故，这个服务器遭到了黑客入侵，并且经过确认，这个服务器存储的所有用户密码均已泄露。为了保障用户的信息安全，我们决定立即重置所有用户密码，具体的做法是：遍历所有用户的个人档案，为每个用户生成一个新的随机密码，并使用这个新密码替换已经泄露的旧密码。

代码清单 11-4 展示了一个用于重置用户密码的脚本，它的 reset_user_password() 函数会迭代 origin 数据库中的所有用户数据，为其生成新密码，并将更新后的用户信息存储到 new 数据库中。在此之后，函数会使用 SWAPDB 命令互换新旧两个数据库，并以异步方式移除旧数据库。

代码清单 11-4　用于重置用户密码的脚本代码：/database/reset_user_password.py

```
import random

from redis import Redis
from hashlib import sha256

def generate_new_password():
    random_string = str(random.getrandbits(256)).encode('utf-8')
    return sha256(random_string).hexdigest()

def reset_user_password(origin, new):
    # 两个客户端，分别连接两个数据库
    origin_db = Redis(db=origin)
    new_db = Redis(db=new)

    for key in origin_db.scan_iter(match="user::*"):
        # 从源数据库获取现有用户信息
        user_data = origin_db.hgetall(key)
        # 重置用户密码
        user_data["password"] = generate_new_password()
        # 将新的用户信息存储到新数据库中
        new_db.hmset(key, user_data)

    # 互换新旧数据库
    origin_db.swapdb(origin, new)

    # 以异步方式移除旧数据库
    #（new_db 变量现在已经指向旧数据库）
    new_db.flushdb(asynchronous=True)
```

作为例子，表 11-5 和表 11-6 分别展示了设置新密码之前和之后的用户数据。注意，为了凸显新旧密码之间的区别，重置之前的用户密码是未经加密的。

表 11-5　重置之前的用户数据

散列键名	email 字段（邮箱地址）	password 字段（未加密密码）
"user::54209"	"peter@spam.mail"	"petergogo128"
"user::73914"	"jack@spam.mail"	"happyjack256"
"user::98321"	"tom@spam.mail"	"tomrocktheworld512"
"user::39281"	"mary@spam.mail"	"maryisthebest1024"

表 11-6 重置之后的用户数据

散列键名	email 字段（邮箱地址）	password 字段（已加密密码）
"user::54209"	"peter@spam.mail"	"669a533168e4da2fce34...4d2af"
"user::73914"	"jack@spam.mail"	"e0caf7fc1245fa13fb34...a18eb"
"user::98321"	"tom@spam.mail"	"1b9f3944bec47bed3527...388c1"
"user::39281"	"mary@spam.mail"	"b7f6e3cd4ca27ac67851...75ccf"

11.16 重点回顾

- 所有 Redis 键，无论它们是什么类型，都会被存储到数据库中。
- 一个 Redis 服务器可以同时拥有多个数据库，每个数据库都拥有一个独立的命名空间。也就是说，同名的键可以出现在不同数据库中。
- 在默认情况下，Redis 服务器在启动时将创建 16 个数据库，并使用数字 0 ～ 15 对其进行标识。
- 因为 KEYS 命令在数据库包含大量键的时候可能会阻塞服务器，所以我们应该使用 SCAN 命令来代替 KEYS 命令。
- 通过使用 SORT 命令，我们可以以多种不同的方式，对存储在列表、集合以及有序集合中的元素进行排序。
- 因为 DEL 命令在移除体积较大或者数量众多的键时可能会导致服务器阻塞，所以我们应该使用异步移除命令 UNLINK 来代替 DEL 命令。
- 用户在执行 FLUSHDB 命令和 FLUSHALL 命令时可以带上 async 选项，让这两个命令以异步方式执行，从而避免服务器阻塞。
- SWAPDB 命令可以在完全不阻塞服务器的情况下，对两个给定的数据库进行互换，因此这个命令可以用于实现在线的数据库替换操作。

第12章 自动过期

在构建应用时，我们常常会碰到一些在特定时间之后就不再有用的数据，比如：

- 随着内容的不断更新，一个网页的缓存可能在5min之后就没有阅读价值了，为了让用户能够及时地获取到最新的信息，程序必须定期移除旧缓存并设置新缓存。
- 为了保障用户的信息安全，应用通常会在用户登录一周或者一个月之后移除用户的会话信息，然后通过强制要求用户重新登录来创建新的会话。
- 程序在进行聚合计算的时候，常常会创建出大量临时数据，这些数据在计算完毕之后通常不再有用，而且存储这些数据还会花费大量内存空间和硬盘空间。

在遇到上述情况时，我们虽然可以自行编写程序来处理这些不再有用的数据，但如果数据库本身能够提供自动移除无用数据的功能，就会给我们带来很多便利。

为了解决这个问题，Redis提供了自动的键过期功能（key expiring）。通过这个功能，用户可以让特定的键在指定的时间之后自动被移除，从而避免了需要在指定时间内手动执行删除操作的麻烦。

本章将对Redis的键过期功能进行介绍，说明与该功能有关的各个命令的使用方法，并展示如何使用这一功能去构建一些非常实用的程序。

12.1 EXPIRE、PEXPIRE：设置生存时间

用户可以通过执行`EXPIRE`命令或者`PEXPIRE`命令为键设置一个生存时间（Time To Live，TTL）：键的生存时间在设置之后就会随着时间的流逝而不断地减少，当一个键的生存时间被消耗殆尽时，Redis就会移除这个键。

Redis提供了`EXPIRE`命令用于设置秒级精度的生存时间，它可以让键在指定的秒数之后自动被移除：

```
EXPIRE key seconds
```

而 PEXPIRE 命令则用于设置毫秒级精度的生存时间，它可以让键在指定的毫秒数之后自动被移除：

```
PEXPIRE key milliseconds
```

EXPIRE 命令和 PEXPIRE 命令在生存时间设置成功时返回 1；如果用户给定的键并不存在，那么命令返回 0 表示设置失败。

以下是一个使用 EXPIRE 命令的例子：

```
redis> SET msg "hello world"
OK

redis> EXPIRE msg 5
(integer) 1

redis> GET msg     -- 在 5s 之内访问，键存在
"hello world"

redis> GET msg     -- 在 5s 之后访问，键不再存在
(nil)
```

上面的代码通过执行 EXPIRE 命令为 msg 键设置了 5s 的生存时间：

- 如果我们在 5s 之内访问 msg 键，那么 Redis 将返回 msg 键的值 "hello world"。
- 如果我们在 5s 之后访问 msg 键，那么 Redis 将返回一个空值，因为 msg 键已经自动被移除了。

表 12-1 展示了 msg 键从设置生存时间到被移除的整个过程。

表 12-1 msg 键从设置生存时间到被移除的整个过程

时间（以秒为单位）	动 作
0000	执行 EXPIRE msg 5，将 msg 键的生存时间设置为 5s
0001	msg 键的生存时间变为 4s
0002	msg 键的生存时间变为 3s
0003	msg 键的生存时间变为 2s
0004	msg 键的生存时间变为 1s
0005	msg 键因为过期被移除

以下则是一个使用 PEXPIRE 命令的例子：

```
redis> SET number 10086
OK

redis> PEXPIRE number 6500
(integer) 1

redis> GET number      -- 在 6500ms（即 6.5s）之内访问，键存在
"10086"

redis> GET number      -- 在 6500ms 之后访问，键不再存在
(nil)
```

表 12-2 展示了 number 键从设置生存时间到被移除的整个过程。

表 12-2　number 键从设置生存时间到被移除的整个过程

时间（以毫秒为单位）	动作
0000	执行 PEXPIRE number 6500，将 number 键的生存时间设置为 6500ms
0001	number 键的生存时间变为 6499ms
0002	number 键的生存时间变为 6498ms
0003	number 键的生存时间变为 6497ms
……	……
6497	number 键的生存时间变为 3ms
6498	number 键的生存时间变为 2ms
6499	number 键的生存时间变为 1ms
6500	number 键因为过期而被移除

12.1.1　更新键的生存时间

当用户对一个已经带有生存时间的键执行 EXPIRE 命令或 PEXPIRE 命令时，键原有的生存时间将会被移除，并设置新的生存时间。

举个例子，如果我们执行以下命令，将 msg 键的生存时间设置为 10s：

```
redis> EXPIRE msg 10
(integer) 1
```

然后在 10s 之内执行以下命令：

```
redis> EXPIRE msg 50
(integer) 1
```

那么 msg 键的生存时间将被更新为 50s，并重新开始倒数，表 12-3 展示了这个更新过程。

表 12-3　msg 键生存时间的更新过程

时间（以秒为单位）	动作
0000	执行 EXPIRE msg 10 命令，将 msg 键的生存时间设置为 10s
0001	msg 键的生存时间变为 9s
0002	msg 键的生存时间变为 8s
0003	msg 键的生存时间变为 7s
0004	执行 EXPIRE msg 50 命令，将 msg 键的生存时间更新为 50s
0005	msg 键的生存时间变为 49s
0006	msg 键的生存时间变为 48s
0007	msg 键的生存时间变为 47s
……	……

12.1.2　其他信息

复杂度：EXPIRE 命令和 PEXPIRE 命令的复杂度都为 $O(1)$。

版本要求：EXPIRE 命令从 Redis 1.0.0 版本开始可用，PEXPIRE 命令从 Redis 2.6.0 版本开始可用。

示例：带有自动移除特性的缓存程序

用户在使用缓存程序的时候，必须考虑缓存的时效性：对于内容不断变换的应用来说，一份缓存存在的时间越长，它与实际内容之间的差异往往也就越大，因此为了让缓存能够及时地反映真实的内容，程序必须定期对缓存进行更新。

第 2 章曾展示过如何使用字符串键构建缓存程序，但那个缓存程序有一个明显的缺陷，那就是它无法自动移除过时的缓存。如果我们真的要在实际中使用那个程序，就必须再编写一个辅助程序来定期地删除旧缓存，这样一来使用缓存将会变得非常麻烦。

幸运的是，通过使用 Redis 的键过期功能，我们可以为缓存程序加上自动移除特性，并通过这个特性自动移除过期的、无效的缓存。

代码清单 12-1 展示了一个能够为缓存设置最大有效时间的缓存程序，这个程序与第 2 章展示的缓存程序的绝大部分代码都是相同的，主要区别在于，新程序除了会把指定的内容缓存起来之外，还会使用 EXPIRE 命令为缓存设置生存时间，从而使缓存可以在指定时间到达之后自动被移除。

代码清单 12-1 带有自动移除特性的缓存程序：/expire/unsafe_volatile_cache.py

```python
class VolatileCache:

    def __init__(self, client):
        self.client = client

    def set(self, key, value, timeout):
        """
        把数据缓存到键 key 里面，并为其设置过期时间。
        如果键 key 已经有值，那么使用新值去覆盖旧值
        """
        self.client.set(key, value)
        self.client.expire(key, timeout)

    def get(self, key):
        """
        获取键 key 存储的缓存数据。
        如果键不存在，或者缓存已经过期，那么返回 None
        """
        return self.client.get(key)
```

以下代码简单地展示了这个缓存程序的使用方法：

```
>>> from redis import Redis
>>> from unsafe_volatile_cache import VolatileCache
>>> client = Redis(decode_responses=True)
>>> cache = VolatileCache(client)
>>> cache.set("homepage", "<html><p>hello world</p></html>", 10)  # 设置缓存
```

```
>>> cache.get("homepage")  # 这个缓存在10s之内有效
'<html><p>hello world</p></html>'
>>> cache.get("homepage")  # 10s过后，缓存自动被移除
>>>
```

12.2 SET 命令的 EX 选项和 PX 选项

在使用键过期功能时，组合使用 SET 命令和 EXPIRE/PEXIRE 命令的做法非常常见，比如上面展示的带有自动移除特性的缓存程序就是这样做的。

因为 SET 命令和 EXPIRE/PEXPIRE 命令组合使用的情况如此常见，所以为了方便用户使用这两组命令，Redis 从 2.6.12 版本开始为 SET 命令提供 EX 选项和 PX 选项，用户可以通过使用这两个选项的其中一个来达到同时执行 SET 命令和 EXPIRE/PEXPIRE 命令的效果：

```
SET key value [EX seconds] [PX milliseconds]
```

也就是说，如果我们之前执行的是 SET 命令和 EXPIRE 命令：

```
SET key value
EXPIRE key seconds
```

那么现在只需要执行一条带有 EX 选项的 SET 命令就可以了：

```
SET key value EX seconds
```

与此类似，如果我们之前执行的是 SET 命令和 PEXPIRE 命令：

```
SET key value
PEXPIRE key milliseconds
```

那么现在只需要执行一条带有 PX 选项的 SET 命令就可以了：

```
SET key value PX milliseconds
```

12.2.1 组合命令的安全问题

使用带有 EX 选项或 PX 选项的 SET 命令除了可以减少命令的调用数量并提升程序的执行速度之外，更重要的是保证了操作的原子性，使得“为键设置值”和“为键设置生存时间”这两个操作可以一起执行。

比如，前面在实现带有自动移除特性的缓存程序时，我们首先使用了 SET 命令设置缓存，然后又使用了 EXPIRE 命令为缓存设置生存时间，这相当于让程序依次向 Redis 服务器发送以下两条命令：

```
SET key value

EXPIRE key timeout
```

因为这两条命令是完全独立的，所以服务器在执行它们的时候，可能出现 SET 命令被

执行了，但是 EXPIRE 命令却没有被执行的情况。比如，如果 Redis 服务器在成功执行 SET 命令之后因为故障下线，导致 EXPIRE 命令没有被执行，那么 SET 命令设置的缓存就会一直存在，而不会因为过期而自动被移除。

与此相反，使用带有 EX 选项或 PX 选项的 SET 命令就没有这个问题：当服务器成功执行了一条带有 EX 选项或 PX 选项的 SET 命令时，键的值和生存时间都会同时被设置好，因此程序就不会出现只设置了值但是却没有设置生存时间的情况。

基于上述原因，我们把前面展示的缓存程序实现称之为“不安全”（unsafe）实现。为了修复这个问题，我们可以使用带有 EX 选项的 SET 命令来重写缓存程序，重写之后的程序如代码清单 12-2 所示。

代码清单 12-2 重写之后的缓存程序：/expire/volatile_cache.py

```
class VolatileCache:

    def __init__(self, client):
        self.client = client

    def set(self, key, value, timeout):
        """
        把数据缓存到键 key 中，并为其设置过期时间。
        如果键 key 已经有值，那么使用新值去覆盖旧值
        """
        self.client.set(key, value, ex=timeout)

    def get(self, key):
        """
        获取键 key 存储的缓存数据。
        如果键不存在，或者缓存已经过期，那么返回 None
        """
        return self.client.get(key)
```

重写之后的缓存程序实现是“安全的”：设置缓存和设置生存时间这两个操作要么一起成功，要么一起失败，“设置缓存成功了，但是设置生存时间却失败了”这样的情况不会出现。后续的章节也会介绍如何通过 Redis 的事务功能来保证执行多条命令时的安全性。

12.2.2 其他信息

复杂度：$O(1)$。

版本要求：带有 EX 选项和 PX 选项的 SET 命令从 Redis 2.6.12 版本开始可用。

示例：带有自动释放特性的锁

在第 2 章，我们曾实现过一个锁程序，它的缺陷之一就是无法自行释放：如果锁的持有者因为故障下线，那么锁将一直处于持有状态，导致其他进程永远无法获得锁。

为了解决这个问题，我们可以在获取锁的同时，通过 Redis 的自动过期特性为锁设置一

个最大加锁时限，这样，即使锁的持有者由于故障下线，锁也会在时限到达之后自动释放。

代码清单 12-3 展示了使用上述原理实现的锁程序。

代码清单 12-3 带有自动释放特性的锁：/expire/timing_lock.py

```
VALUE_OF_LOCK = "locking"

class TimingLock:

    def __init__(self, client, key):
        self.client = client
        self.key = key

    def acquire(self, timeout):
        """
        尝试获取一个带有秒级最大使用时限的锁，
        成功时返回 True，失败时返回 False
        """
        result = self.client.set(self.key, VALUE_OF_LOCK, ex=timeout, nx=True)
        return result is not None

    def release(self):
        """
        尝试释放锁。
        成功时返回 True，失败时返回 False
        """
        return self.client.delete(self.key) == 1
```

以下代码演示了这个锁的自动释放特性：

```
>>> from redis import Redis
>>> from timing_lock import TimingLock
>>> client = Redis()
>>> lock = TimingLock(client, "test-lock")
>>> lock.acquire(5)  # 获取一个在 5s 之后自动释放的锁
True
>>> lock.acquire(5)  # 在 5s 之内尝试再次获取锁，但是由于锁未被释放而失败
False
>>> lock.acquire(5)  # 在 5s 之后尝试再次获取锁
True                 # 因为之前获取的锁已经自动被释放，所以这次将成功取得新的锁
```

12.3 EXPIREAT、PEXPIREAT：设置过期时间

Redis 用户不仅可以通过设置生存时间来让键在指定的秒数或毫秒数之后自动被移除，还可以通过设置过期时间（expire time），让 Redis 在指定 UNIX 时间来临之后自动移除给定的键。

设置过期时间这一操作可以通过 EXPIREAT 命令或者 PEXPIREAT 命令来完成。其中，EXPIREAT 命令接受一个键和一个秒级精度的 UNIX 时间戳为参数，当系统的当前 UNIX 时间超过命令指定的 UNIX 时间时，给定的键就会被移除：

```
EXPIREAT key seconds_timestamp
```

与此类似，PEXPIREAT 命令接受一个键和一个毫秒级精度的 UNIX 时间戳为参数，当系统的当前 UNIX 时间超过命令指定的 UNIX 时间时，给定的键就会被移除：

```
PEXPIREAT key milliseconds_timestamp
```

12.3.1 EXPIREAT 使用示例

如果我们想要让 msg 键在 UNIX 时间 1450005000s 之后不再存在，那么可以执行以下命令：

```
redis> EXPIREAT msg 1450005000
(integer) 1
```

在执行这个 EXPIREAT 命令之后，如果我们在 UNIX 时间 1450005000s 或之前访问 msg 键，那么 Redis 将返回 msg 键的值：

```
redis> GET msg
"hello world"
```

如果我们在 UNIX 时间 1450005000s 之后访问 msg 键，那么 Redis 将返回一个空值，因为这时 msg 键已经因为过期而自动被移除了：

```
redis> GET msg
(nil)
```

表 12-4 展示了 msg 键从设置过期时间到被移除的整个过程。

表 12-4 msg 键从设置过期时间到被移除的整个过程

UNIX 时间（以秒为单位）	动作
1450004000	执行 EXPIREAT msg 1450005000 命令，将 msg 键的过期时间设置为 1450005000s
1450004001	msg 键未过期，不做动作
1450004002	msg 键未过期，不做动作
1450004003	msg 键未过期，不做动作
……	……
1450004999	msg 键未过期，不做动作
1450005000	msg 键未过期，不做动作
1450005001	系统当前的 UNIX 时间已经超过 1450005000s，移除 msg 键

12.3.2 PEXPIREAT 使用示例

以下是一个使用 PEXPIREAT 命令设置过期时间的例子，这个命令可以将 number 键的过期时间设置为 UNIX 时间 1450005000000ms：

```
redis> PEXPIREAT number 1450005000000
(integer) 1
```

在 UNIX 时间 1450005000000ms 或之前访问 number 键可以得到它的值：

```
redis> GET number
"10086"
```

而在 UNIX 时间 1450005000000ms 之后访问 number 键则只会得到一个空值，因为这时 number 键已经因为过期而自动被移除了：

```
redis> GET number
(nil)
```

表 12-5 展示了 number 键从设置过期时间到被移除的整个过程。

表 12-5 number 键从设置过期时间到被移除的整个过程

UNIX 时间（以毫秒为单位）	动作
1450003000000	执行 PEXPIREAT number 1450005000000 命令，将 number 键的过期时间设置为 1450005000000ms
1450003000001	number 键未过期，不做动作
1450003000002	number 键未过期，不做动作
1450003000003	number 键未过期，不做动作
……	……
1450004999999	number 键未过期，不做动作
1450005000000	number 键未过期，不做动作
1450005000001	系统当前的 UNIX 时间已经超过 1450005000000ms，移除 number 键

12.3.3 更新键的过期时间

与 EXPIRE/PEXPIRE 命令会更新键的生存时间一样，EXPIREAT/PEXPIREAT 命令也会更新键的过期时间：如果用户在执行 EXPIREAT 命令或 PEXPIREAT 命令的时候，给定键已经带有过期时间，那么命令首先会移除键已有的过期时间，然后再为其设置新的过期时间。

比如在以下调用中，第二条 EXPIREAT 命令就将 msg 键的过期时间从原来的 1500000000 修改成了 1600000000：

```
redis> EXPIREAT msg 1500000000
(integer) 1

redis> EXPIREAT msg 1600000000
(integer) 1
```

12.3.4 自动过期特性的不足之处

无论是本节介绍的 EXPIREAT/PEXPIREAT，还是前面介绍的 EXPIRE/PEXIRE，它们都只能对整个键进行设置，而无法对键中的某个元素进行设置，比如，用户只能对整个集合或者整个散列设置生存时间 / 过期时间，但是却无法为集合中的某个元素或者散列中的某个字段单独设置生存时间 / 过期时间，这也是目前 Redis 的自动过期功能的一个缺陷。

12.3.5 其他信息

复杂度：EXPIREAT 命令和 PEXPIREAT 命令的复杂度都为 $O(1)$。

版本要求：EXPIREAT 命令从 Redis 1.2.0 版本开始可用，PEXPIREAT 命令从 Redis 2.6.0 版本开始可用。

12.4 TTL、PTTL：获取键的剩余生存时间

在为键设置了生存时间或者过期时间之后，用户可以使用 TTL 命令或者 PTTL 命令查看键的剩余生存时间，即键还有多久才会因为过期而被移除。

其中，TTL 命令将以秒为单位返回键的剩余生存时间：

```
TTL key
```

而 PTTL 命令则会以毫秒为单位返回键的剩余生存时间：

```
PTTL key
```

作为例子，以下代码展示了如何使用 TTL 命令和 PTTL 命令获取 msg 键的剩余生存时间：

```
redis> TTL msg
(integer) 297          -- msg 键距离被移除还有 297s

redis> PTTL msg
(integer) 295561       -- msg 键距离被移除还有 295561ms
```

12.4.1 没有剩余生存时间的键和不存在的键

如果给定的键存在，但是并没有设置生存时间或者过期时间，那么 TTL 命令和 PTTL 命令将返回 –1：

```
redis> SET song_title "Rise up, Rhythmetal"
OK

redis> TTL song_title
(integer) -1

redis> PTTL song_title
(integer) -1
```

如果给定的键并不存在，那么 TTL 命令和 PTTL 命令将返回 –2：

```
redis> TTL not_exists_key
(integer) -2

redis> PTTL not_exists_key
(integer) -2
```

12.4.2 TTL 命令的精度问题

在使用 TTL 命令时，有时候会遇到命令返回 0 的情况：

```
redis> TTL msg
(integer) 0
```

出现这种情况的原因在于 TTL 命令只能返回秒级精度的生存时间，所以当给定键的剩余生存时间不足 1s 时，TTL 命令只能返回 0 作为结果。这时，如果使用精度更高的 PTTL 命令去检查这些键，就会看到它们实际的剩余生存时间，表 12-6 非常详细地描述了这一情景。

表 12-6　PTTL 命令在 TTL 命令返回 0 时仍然可以检测到键的剩余生存时间

键的剩余生存时间（以毫秒为单位）	TTL 命令的返回值	PTTL 命令的返回值
1001	1	1001
1000	1	1000
999	0	999
998	0	998
997	0	997
……	……	……
2	0	2
1	0	1
0	0	0
–2（键已被移除）	–2	–2

12.4.3　其他信息

复杂度：TTL 命令和 PTTL 命令的复杂度都为 $O(1)$。

版本要求：TTL 命令从 Redis 1.0.0 版本开始可用，PTTL 命令从 Redis 2.6.0 版本开始可用。

示例：自动过期的登录会话

在第 3 章，我们了解到了如何使用散列去构建一个会话程序。正如图 12-1 所示，当时的会话程序会使用两个散列分别存储会话的令牌以及过期时间戳。这种做法虽然可行，但是存储过期时间戳需要消耗额外的内存，并且判断会话是否过期也需要用到额外的代码。

在学习了 Redis 的自动过期特性之后，我们可以对会话程序进行修改，通过给会话令牌设置过期时间来让它在指定的时间之后自动被移除。这样一来，程序只需要检查会话令牌是否存在，就能够知道是否应该让用户重新登录了。

代码清单 12-4 展示了修改之后的会话程序。因为 Redis 的自动过期特性只能对整个键使用，所以这个程序使用了字符串而不是散列来存储会话令牌，但总的来说，这个程序的逻辑与之前的会话程序的逻辑基本相同。不过由于新程序无须手动检查会话是否过期，所以它的逻辑简洁了不少。

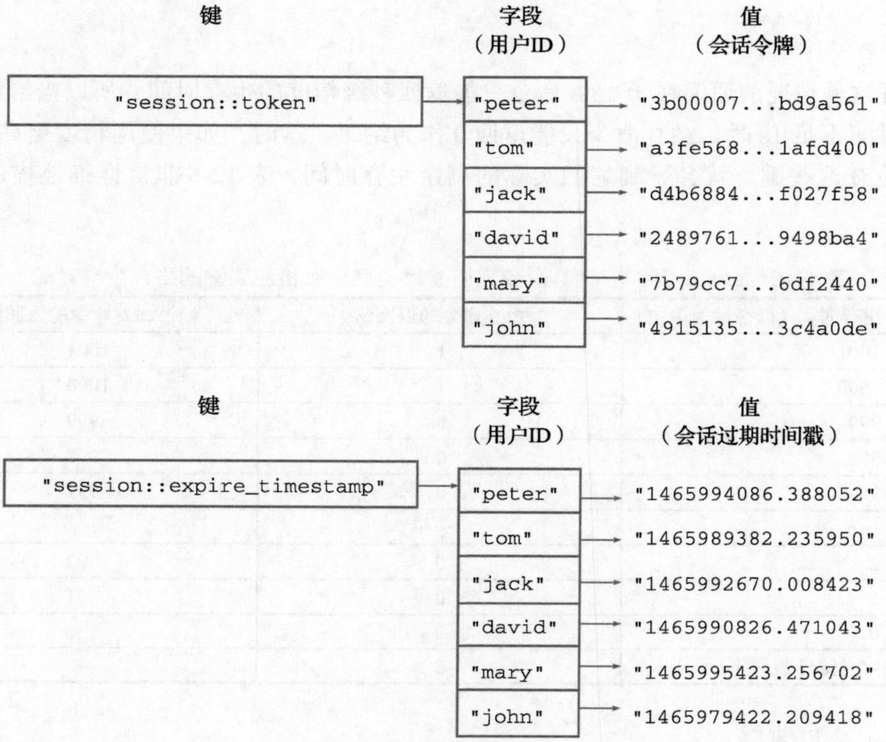

图 12-1 会话程序创建的散列数据结构

代码清单 12-4 带有自动过期特性的会话程序：/expire/login_session.py

```
import random
from hashlib import sha256

# 会话的默认过期时间
DEFAULT_TIMEOUT = 3600*24*30 # 一个月

# 会话状态
SESSION_NOT_LOGIN_OR_EXPIRED = "SESSION_NOT_LOGIN_OR_EXPIRED"
SESSION_TOKEN_CORRECT = "SESSION_TOKEN_CORRECT"
SESSION_TOKEN_INCORRECT = "SESSION_TOKEN_INCORRECT"

def generate_token():
    """
    生成一个随机的会话令牌
    """
    random_string = str(random.getrandbits(256)).encode('utf-8')
    return sha256(random_string).hexdigest()

class LoginSession:

    def __init__(self, client, user_id):
        self.client = client
```

```
        self.user_id = user_id
        self.key = "user::{0}::token".format(user_id)

    def create(self, timeout=DEFAULT_TIMEOUT):
        """
        创建新的登录会话并返回会话令牌,
        可选的 timeout 参数用于指定会话的过期时间(以秒为单位)
        """
        # 生成会话令牌
        token = generate_token()
        # 存储令牌,并为其设置过期时间
        self.client.set(self.key, token, ex=timeout)
        # 返回令牌
        return token

    def validate(self, input_token):
        """
        根据给定的令牌验证用户身份。
        这个方法有 3 个可能的返回值,分别对应 3 种不同情况:
        • SESSION_NOT_LOGIN_OR_EXPIRED —— 用户尚未登录或者令牌已过期
        • SESSION_TOKEN_CORRECT —— 用户已登录,并且给定令牌与用户令牌相匹配
        • SESSION_TOKEN_INCORRECT —— 用户已登录,但给定令牌与用户令牌不匹配
        """
        # 获取用户令牌
        user_token = self.client.get(self.key)
        # 令牌不存在
        if user_token is None:
            return SESSION_NOT_LOGIN_OR_EXPIRED
        # 令牌存在并且未过期,那么检查它与给定令牌是否一致
        if input_token == user_token:
            return SESSION_TOKEN_CORRECT
        else:
            return SESSION_TOKEN_INCORRECT

    def destroy(self):
        """
        销毁会话
        """
        self.client.delete(self.key)
```

以下代码展示了这个会话程序的基本使用方法:

```
>>> from redis import Redis
>>> from login_session import LoginSession
>>> client = Redis(decode_responses=True)
>>> uid = "peter"
>>> session = LoginSession(client, uid)  # 创建会话
>>> token = session.create()             # 创建令牌
>>> token
'89e77eb856a3383bb8718286802d32f6d40e135c08dedcccd143a5e8ba335d44'
>>> session.validate("wrong token")      # 验证令牌
'SESSION_TOKEN_INCORRECT'
>>> session.validate(token)
'SESSION_TOKEN_CORRECT'
>>> session.destroy()                    # 销毁令牌
```

```
>>> session.validate(token)                      # 令牌已不存在
'SESSION_NOT_LOGIN_OR_EXPIRED'
```

为了演示这个会话程序的自动过期特性，我们可以创建一个有效期非常短的令牌，并在指定的时间后再次尝试验证该令牌：

```
>>> token = session.create(timeout=3)   # 创建有效期为 3s 的令牌
>>> session.validate(token)             # 3s 内访问
'SESSION_TOKEN_CORRECT'
>>> session.validate(token)             # 超过 3s 之后，令牌已被自动销毁
'SESSION_NOT_LOGIN_OR_EXPIRED'
```

示例：自动淘汰冷门数据

本章开头在介绍 EXPIRE 命令和 PEXPIRE 命令的时候曾经提到过，当用户对一个已经带有生存时间的键执行 EXPIRE 命令或 PEXPIRE 命令时，键原有的生存时间将被新的生存时间取代。值得一提的是，这个特性可以用于淘汰冷门数据并保留热门数据。

举个例子，第 6 章曾经介绍过如何使用有序集合来实现自动补全功能，但是如果仔细分析这个自动补全程序，就会发现它有一个潜在的问题：为了实现自动补全功能，程序需要创建大量自动补全结果，而补全结果的数量越多、体积越大，需要耗费的内存也会越多。

为了尽可能地节约内存，一个高效的自动补全程序应该只存储热门关键字的自动补全结果，并移除无人访问的冷门关键字的自动补全结果。要做到这一点，其中一种方法就是使用第 6 章介绍过的排行榜程序，为用户输入的关键字构建一个排行榜，然后定期地删除排名靠后的关键字的自动补全结果。

排行榜的方法虽然可行，但是却需要用程序定期删除自动补全结果，使用起来相当麻烦。一个更方便也更优雅的方法，就是使用 EXPIRE 命令和 PEXPIRE 命令的更新特性去实现自动的冷门数据淘汰机制。为此，我们可以修改自动补全程序，让它在每次处理用户输入的时候，为相应关键字的自动补全结果设置生存时间。这样一来，对于用户经常输入的那些关键字，它们的自动补全结果的生存时间将会不断得到更新，从而产生出一种“续期”效果，使得热门关键字的自动补全结果可以不断地存在下去，而冷门关键字的自动补全结果则会由于生存时间得不到更新而自动被移除。

经过上述修改，自动补全程序就可以在无须手动删除冷门数据的情况下，通过自动的数据淘汰机制达到节约内存的目的，代码清单 12-5 展示了修改后的自动补全程序。

代码清单 12-5　能够自动淘汰冷门数据的自动补全程序：/expire/auto_complete.py

```
class AutoComplete:

    def __init__(self, client):
        self.client = client

    def feed(self, content, weight=1, timeout=None):
        """
        根据用户输入的内容构建自动补全结果，
```

```
        其中 content 参数为内容本身，而可选的 weight 参数则用于指定内容的权重值，
        可选的 timeout 参数用于指定自动补全结果的保存时长（单位为秒）
        """
        for i in range(1, len(content)):
            key = "auto_complete::" + content[:i]
            self.client.zincrby(key, weight, content)
            if timeout is not None:
                self.client.expire(key, timeout) # 设置 / 更新键的生存时间

    def hint(self, prefix, count):
        """
        根据给定的前缀 prefix，获取 count 个自动补全结果
        """
        key = "auto_complete::" + prefix
        return self.client.zrevrange(key, 0, count-1)
```

在以下代码中，我们同时向自动补全程序输入了 "Redis" 和 "Coffee" 这两个关键字，并分别为它们的自动补全结果设置了 10s 的生存时间：

```
>>> from redis import Redis
>>> from auto_complete import AutoComplete
>>> client = Redis(decode_responses=True)
>>> ac = AutoComplete(client)
>>> ac.feed("Redis", timeout=10); ac.feed("Coffee", timeout=10)  # 同时执行两个调用
```

然后在 10s 之内，我们再次输入 "Redis" 关键字，并同样为它的自动补全结果设置 10s 的生存时间：

```
>>> ac.feed("Redis", timeout=10)
```

现在，在距离最初的 feed() 调用执行十多秒之后，如果我们执行 hint() 方法，并尝试获取 "Re" 前缀和 "Co" 前缀的自动补全结果，那么就会发现，只有 "Redis" 关键字的自动补全结果还保留着，而 "Coffee" 关键字的自动补全结果已经因为过期而被移除了：

```
>>> ac.hint("Re", 10)
['Redis']

>>> ac.hint("Co", 10)
[]
```

表 12-7 完整地展示了在执行以上代码时，"Redis" 关键字的自动补全结果是如何进行续期的，而 "Coffee" 关键字的自动补全结果又是如何被移除的。在这个表格中，"Redis" 关键字代表的就是热门数据，而 "Coffee" 关键字代表的就是冷门数据：一直有用户访问的热门数据将持续地存在下去，而无人问津的冷门数据则会因为过期而被移除。

表 12-7 冷门数据淘汰示例

时间（以秒为单位）	"Redis" 关键字的自动补全结果	"Coffee" 关键字的自动补全结果
0000	执行 ac.feed("Redis", timeout=10)，将自动补全结果的生存时间设置为 10s	执行 ac.feed("Coffee", timeout = 10)，将自动补全结果的生存时间设置为 10s

（续）

时间（以秒为单位）	"Redis" 关键字的自动补全结果	"Coffee" 关键字的自动补全结果
0001	自动补全结果的生存时间变为 9s	自动补全结果的生存时间变为 9s
0002	自动补全结果的生存时间变为 8s	自动补全结果的生存时间变为 8s
……	……	……
0007	执行 `ac.feed("Redis", timeout=10)`，将自动补全结果的生存时间更新为 10s	自动补全结果的生存时间变为 3s
0008	自动补全结果的生存时间变为 9s	自动补全结果的生存时间变为 2s
0009	自动补全结果的生存时间变为 8s	自动补全结果的生存时间变为 1s
0010	自动补全结果的生存时间变为 7s	"Coffee" 关键字的自动补全结果因为过期而被移除
0011	自动补全结果的生存时间变为 6s	自动补全结果已不存在
0012	自动补全结果的生存时间变为 5s	自动补全结果已不存在
0013	执行 `ac.hint("Re", 10)`，返回结果 `['Redis']`	执行 `ac.hint("Co", 10)`，返回空列表 `[]` 为结果

除了自动补全程序之外，我们还可以把这一机制应用到其他需要淘汰冷门数据的程序中。为了做到这一点，我们必须理解上面所说的“不断更新键的生存时间，使得它一直存在”这一原理。

12.5 重点回顾

- EXPIRE 命令和 PEXPIRE 命令可以为键设置生存时间，当键的生存时间随着时间的流逝而消耗殆尽时，键就会被移除。
- 对已经带有生存时间的键执行 EXPIRE 命令或 PEXPIRE 命令，将导致键已有的生存时间被新的生存时间替代。
- 为了方便用户，Redis 给 SET 命令增加了 EX 和 PX 两个选项，它们可以让用户在执行 SET 命令的同时，执行 EXPIRE 命令或 PEXPIRE 命令。
- EXPIREAT 命令和 PEXPIREAT 命令可以为键设置 UNIX 时间戳格式的过期时间，当系统时间超过这个过期时间时，键就会被移除。
- Redis 的自动过期特性只能应用于整个键，它无法对键中的某个元素单独执行过期操作。
- TTL 命令和 PTTL 命令可以分别以秒级和毫秒级这两种精度来获取键的剩余生存时间。
- 通过重复对键执行 EXPIRE 命令或 PEXPIRE 命令，程序可以构建出一种自动淘汰冷数据并保留热数据的机制。

13 CHAPTER

第 13 章 流水线与事务

在前面的内容中，我们学习了如何使用不同的命令去操作 Redis 提供的各种数据结构，如何使用数据库命令去对数据库中的各个键进行操作，以及如何使用自动过期特性的相关命令去为键设置过期时间或者生存时间。

在执行这些命令的时候，我们总是单独地执行每个命令，也就是说，先将一个命令发送到服务器，等服务器执行完这个命令并将结果返回给客户端之后，再执行下一个命令，以此类推，直到所有命令都执行完毕为止。

这种执行命令的方式虽然可行，但在性能方面却不是最优的，并且在执行时可能还会出现一些非常隐蔽的错误。为了解决这些问题，本章将会介绍 Redis 的流水线特性以及事务特性，前者可以有效地提升 Redis 程序的性能，而后者则可以避免单独执行命令时可能会出现的一些错误。

13.1 流水线

在一般情况下，用户每执行一个 Redis 命令，Redis 客户端和 Redis 服务器就需要执行以下步骤：

1）客户端向服务器发送命令请求。

2）服务器接收命令请求，并执行用户指定的命令调用，然后产生相应的命令执行结果。

3）服务器向客户端返回命令的执行结果。

4）客户端接收命令的执行结果，并向用户进行展示。

与大多数网络程序一样，执行 Redis 命令所消耗的大部分时间都用在了发送命令请求和接收命令结果上面：Redis 服务器处理一个命令请求通常只需要很短的时间，但客户端将命令请求发送给服务器以及服务器向客户端返回命令结果的过程却需要花费不少时间。通常情况下，程序需要执行的 Redis 命令越多，它需要进行的网络通信操作也会越多，程序的执行速度也会因此而变慢。

为了解决这个问题，我们可以使用 Redis 提供的流水线特性：这个特性允许客户端把任意多条 Redis 命令请求打包在一起，然后一次性地将它们全部发送给服务器，而服务器则会在流水线包含的所有命令请求都处理完毕之后，一次性地将它们的执行结果全部返回给客户端。

通过使用流水线特性，我们可以将执行多个命令所需的网络通信次数从原来的 *N* 次降低为 1 次，这可以大幅度地减少程序在网络通信方面耗费的时间，使得程序的执行效率得到显著的提升。

作为例子，图 13-1 展示了在没有使用流水线的情况下，执行 3 个 Redis 命令产生的网络通信示意图，而图 13-2 则展示了在使用流水线的情况下，执行相同 Redis 命令产生的网络通信示意图。可以看到，在使用了流水线之后，程序进行网络通信的次数从原来的 3 次降低到了 1 次。

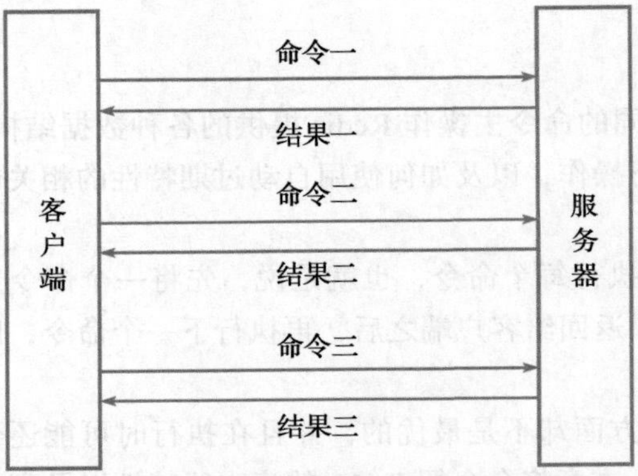

图 13-1 在不使用流水线的情况下执行 3 个 Redis 命令产生的网络通信操作

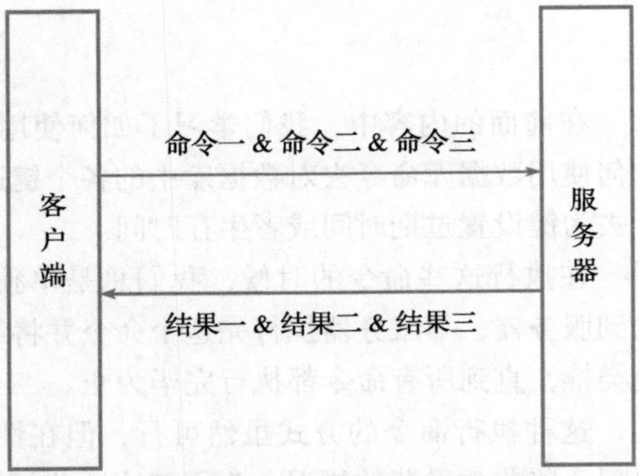

图 13-2 在使用流水线的情况下执行 3 个 Redis 命令产生的网络通信操作

虽然 Redis 服务器提供了流水线特性，但这个特性还需要客户端支持才能使用。幸运的是，包括 redis-py 在内的绝大部分 Redis 客户端都提供了对流水线特性的支持，因此 Redis 用户在绝大部分情况下都能够享受到流水线特性带来的好处。

为了在 redis-py 客户端中使用流水线特性，我们需要用到 `pipeline()` 方法，调用这个方法会返回一个流水线对象，用户只需要像平时执行 Redis 命令那样，使用流水线对象调用相应的命令方法，就可以把想要执行的 Redis 命令放入流水线中。

作为例子，以下代码展示了如何以流水线方式执行 `SET`、`INCRBY` 和 `SADD` 命令：

```
>>> from  redis import Redis
>>> client = Redis(decode_responses=True)
>>> pipe = client.pipeline(transaction=False)
>>> pipe.set("msg", "hello world")
Pipeline<ConnectionPool<Connection<host=localhost,port=6379,db=0>>>
>>> pipe.incrby("pv_counter::12345", 100)
Pipeline<ConnectionPool<Connection<host=localhost,port=6379,db=0>>>
```

```
>>> pipe.sadd("fruits", "apple", "banana", "cherry")
Pipeline<ConnectionPool<Connection<host=localhost,port=6379,db=0>>>
>>> pipe.execute()
[True, 100, 3]
```

这段代码先使用 pipeline() 方法创建了一个流水线对象，并将这个对象存储到了 pipe 变量中（pipeline() 方法中的 transaction=False 参数表示不在流水线中使用事务，这个参数的具体意义将在本章后续内容中说明）。在此之后，程序通过流水线对象分别调用了 set() 方法、incrby() 方法和 sadd() 方法，将这 3 个方法对应的命令调用放入了流水线队列中。最后，程序调用流水线对象的 execute() 方法，将队列中的 3 个命令调用打包发送给服务器，而服务器会在执行完这些命令之后，把各个命令的执行结果依次放入一个列表中，然后将这个列表返回给客户端。

图 13-3 展示了以上代码在执行期间，redis-py 客户端与 Redis 服务器之间的网络通信情况。

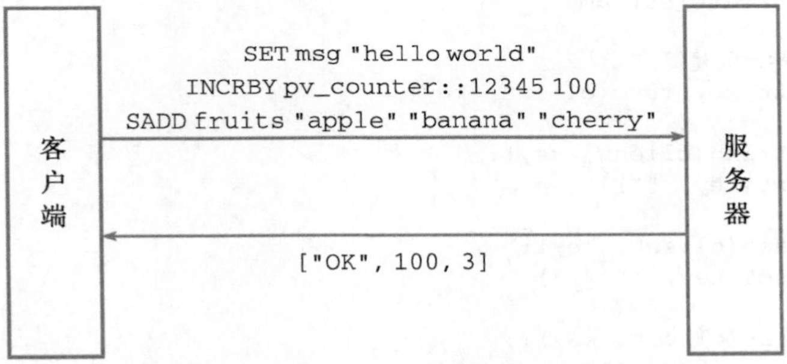

图 13-3　使用流水线发送 Redis 命令

> **流水线使用注意事项**
>
> 虽然 Redis 服务器并不会限制客户端在流水线中包含的命令数量，但是却会为客户端的输入缓冲区设置默认值为 1GB 的体积上限：当客户端发送的数据量超过这一限制时，Redis 服务器将强制关闭该客户端。因此用户在使用流水线特性时，最好不要一下把大量命令或者一些体积非常庞大的命令放到同一个流水线中执行，以免触碰到 Redis 的这一限制。
>
> 除此之外，很多客户端本身也带有隐含的缓冲区大小限制，如果你在使用流水线特性的过程中，发现某些流水线命令没有被执行，或者流水线返回的结果不完整，那么很可能就是你的程序触碰到了客户端内置的缓冲区大小限制。在遇到这种情况时，请缩减流水线命令的数量及其体积，然后再进行尝试。

示例：使用流水线优化随机键创建程序

在第 11 章中的数据库取样程序示例中，曾经展示过代码清单 13-1 所示的程序，它可以根据用户给定的数量创建多个类型随机的数据库键。

代码清单 13-1 原版的随机键创建程序：/database/create_random_type_keys.py

```
import random

def create_random_type_keys(client, number):
    """
    在数据库中创建指定数量的类型随机键
    """
    for i in range(number):
        # 构建键名
        key = "key:{0}".format(i)
        # 从 6 个键创建函数中随机选择一个
        create_key_func = random.choice([
            create_string,
            create_hash,
            create_list,
            create_set,
            create_zset,
            create_stream
        ])
        # 实际地创建键
        create_key_func(client, key)

def create_string(client, key):
    client.set(key, "")

def create_hash(client, key):
    client.hset(key, "", "")

def create_list(client, key):
    client.rpush(key, "")

def create_set(client, key):
    client.sadd(key, "")

def create_zset(client, key):
    client.zadd(key, {"":0})

def create_stream(client, key):
    client.xadd(key, {"":""})
```

通过分析代码可知，这个程序每创建一个键，redis-py 客户端就需要与 Redis 服务器进行一次网络通信：考虑到这个程序执行的都是一些非常简单的命令，每次网络通信只执行一个命令的做法无疑是非常低效的。为了解决这个问题，我们可以使用流水线把程序生成的所有命令都包裹起来，这样的话，创建多个随机键所需要的网络通信次数就会从原来的 N 次降低为 1 次。代码清单 13-2 展示了修改之后的流水线版本随机键创建程序。

代码清单 13-2 流水线版本的随机键创建程序：/pipeline-and-transaction/create_random_type_keys.py

```
import random

def create_random_type_keys(client, number):
```

```
    """
    在数据库中创建指定数量的类型随机键
    """
    # 创建流水线对象
    pipe = client.pipeline(transaction=False)
    for i in range(number):
        # 构建键名
        key = "key:{0}".format(i)
        # 从 6 个键创建函数中随机选择一个
        create_key_func = random.choice([
            create_string,
            create_hash,
            create_list,
            create_set,
            create_zset,
            create_stream
        ])
        # 把待执行的 Redis 命令放入流水线队列中
        create_key_func(pipe, key)
    # 执行流水线包裹的所有命令
    pipe.execute()

def create_string(client, key):
    client.set(key, "")

def create_hash(client, key):
    client.hset(key, "", "")

def create_list(client, key):
    client.rpush(key, "")

def create_set(client, key):
    client.sadd(key, "")

def create_zset(client, key):
    client.zadd(key, {"":0})

def create_stream(client, key):
    client.xadd(key, {"":""})
```

即使只在本地网络中进行测试，新版的随机键创建程序也有 5 倍的性能提升。当客户端与服务器处于不同的网络之中，特别是它们之间的连接速度较慢时，流水线版本的性能提升还会更多。

13.2 事务

虽然 Redis 的 LPUSH 命令和 RPUSH 命令允许用户一次向列表推入多个元素，但是列表的弹出命令 LPOP 和 RPOP 每次却只能弹出一个元素：

```
redis> RPUSH lst 1 2 3 4 5 6      -- 一次推入 5 个元素
(integer) 6

redis> LPOP lst                   -- 弹出一个元素
```

```
"1"

redis> LPOP lst
"2"

redis> LPOP lst
"3"
```

因为 Redis 并没有提供能够一次弹出多个列表元素的命令，所以为了方便地执行这一任务，用户可能会写出代码清单 13-3 所示的代码。

代码清单 13-3 不安全的 mlpop() 实现：/pipeline-and-transaction/unsafe_mlpop.py

```
def mlpop(client, list_key, number):
    # 用于存储被弹出元素的结果列表
    items = []
    for i in range(number):
        # 执行 LPOP 命令，弹出一个元素
        poped_item = client.lpop(list_key)
        # 将被弹出的元素追加到结果列表末尾
        items.append(poped_item)
    # 返回结果列表
    return items
```

mlpop() 函数通过将多条 LPOP 命令发送至服务器来达到弹出多个元素的目的。遗憾的是，这个函数并不能保证它发送的所有 LPOP 命令都会被服务器执行：如果服务器在执行多个 LPOP 命令的过程中下线了，那么 mlpop() 发送的这些 LPOP 命令将只有一部分会被执行。

举个例子，如果我们调用 mlpop(client, "lst", 3)，尝试从 "lst" 列表中弹出 3 个元素，那么 mlpop() 将向服务器连续发送 3 个 LPOP 命令，但如果服务器在顺利执行前两个 LPOP 命令之后因为故障下线了，那么 "lst" 列表将只有 2 个元素会被弹出。

需要注意的是，即使我们使用流水线特性，把多条 LPOP 命令打包在一起发送，也不能保证所有命令都会被服务器执行：这是因为流水线只能保证多条命令会一起被发送至服务器，但它并不保证这些命令都会被服务器执行。

为了实现一个正确且安全的 mlpop() 函数，我们需要一种能够让服务器将多个命令打包起来一并执行的技术，而这正是本节将要介绍的事务特性：

- 事务可以将多个命令打包成一个命令来执行，当事务成功执行时，事务中包含的所有命令都会被执行。
- 相反，如果事务没有成功执行，那么它包含的所有命令都不会被执行。

通过使用事务，用户可以保证自己想要执行的多个命令要么全部被执行，要么一个都不执行。以 mlpop() 函数为例，通过使用事务，我们可以保证被调用的多个 LPOP 命令要么全部执行，要么一个也不执行，从而杜绝只有其中一部分 LPOP 命令被执行的情况出现。

接下来将会介绍 Redis 事务特性的使用方法以及相关事项，至于事务版本 mlpop() 函数的具体实现则会留到“实现 mlpop() 函数”示例中再行介绍。

13.2.1 MULTI：开启事务

用户可以通过执行 MULTI 命令来开启一个新的事务，这个命令在成功执行之后将返回 OK：

```
MULTI
```

在一般情况下，除了少数阻塞命令之外，用户输入客户端中的数据操作命令总是会立即执行：

```
redis> SET title "Hand in Hand"
OK

redis> SADD fruits "apple" "banana" "cherry"
(integer) 3

redis> RPUSH numbers 123 456 789
(integer) 3
```

但是当一个客户端执行 MULTI 命令之后，它就进入了事务模式，这时用户输入的所有数据操作命令都不会立即执行，而是会按顺序放入一个事务队列中，等待事务执行时再统一执行。

比如，以下代码就展示了在 MULTI 命令执行之后，将 SET 命令、SADD 命令和 RPUSH 命令放入事务队列中的例子：

```
redis> MULTI
OK

redis> SET title "Hand in Hand"
QUEUED

redis> SADD fruits "apple" "banana" "cherry"
QUEUED

redis> RPUSH numbers 123 456 789
QUEUED
```

正如代码所示，服务器在把客户端发送的命令放入事务队列之后，会向客户端返回一个 QUEUED 作为结果。

其他信息

复杂度：$O(1)$。

版本要求：MULTI 命令从 Redis 1.2.0 版本开始可用。

13.2.2 EXEC：执行事务

在使用 MULTI 命令开启事务并将任意多个命令放入事务队列之后，用户就可以通过执行 EXEC 命令来执行事务了：

```
EXEC
```

当事务成功执行时，EXEC 命令将返回一个列表作为结果，这个列表会按照命令的入队顺序依次包含各个命令的执行结果。

作为例子，以下代码展示了一个事务从开始到执行的整个过程：

```
redis> MULTI                          -- 1) 开启事务
OK

redis> SET title "Hand in Hand"       -- 2) 命令入队
QUEUED

redis> SADD fruits "apple" "banana" "cherry"
QUEUED

redis> RPUSH numbers 123 456 789
QUEUED

redis> EXEC              -- 3) 执行事务
1) OK                    -- SET 命令的执行结果
2) (integer) 3           -- SADD 命令的执行结果
3) (integer) 3           -- RPUSH 命令的执行结果
```

其他信息

复杂度：事务包含的所有命令的复杂度之和。

版本要求：EXEC 命令从 Redis 1.2.0 版本开始可用。

13.2.3 DISCARD：放弃事务

如果用户在开启事务之后，不想执行事务而是想放弃事务，那么只需要执行以下命令即可：

```
DISCARD
```

DISCARD 命令会清空事务队列中已有的所有命令，并让客户端退出事务模式，最后返回 OK 表示事务已被取消。

以下代码展示了一个使用 DISCARD 命令放弃事务的例子：

```
redis> MULTI
OK

redis> SET page_counter 10086
QUEUED

redis> SET download_counter 12345
QUEUED

redis> DISCARD
OK
```

其他信息

复杂度：$O(N)$，其中 N 为事务队列包含的命令数量。

版本要求：DISCARD 命令从 Redis 2.0.0 版本开始可用。

13.2.4 事务的安全性

在对数据库的事务特性进行介绍时，人们一般都会根据数据库对 ACID 性质的支持程度去判断数据库的事务是否安全。

具体来说，Redis 的事务总是具有 ACID 性质中的 A、C、I 性质：

- 原子性（Atomic）：如果事务成功执行，那么事务中包含的所有命令都会被执行；相反，如果事务执行失败，那么事务中包含的所有命令都不会被执行。
- 一致性（Consistent）：Redis 服务器会对事务及其包含的命令进行检查，确保无论事务是否执行成功，事务本身都不会对数据库造成破坏。
- 隔离性（Isolate）：每个 Redis 客户端都拥有自己独立的事务队列，并且每个 Redis 事务都是独立执行的，不同事务之间不会互相干扰。

除此之外，当 Redis 服务器运行在特定的持久化模式之下时，Redis 的事务也具有 ACID 性质中的 D 性质：

- 耐久性（Durable）：当事务执行完毕时，它的结果将被存储在硬盘中，即使服务器在此之后停机，事务对数据库所做的修改也不会丢失。

第 15 章中将对事务的耐久性做补充说明。

13.2.5 事务对服务器的影响

因为事务在执行时会独占服务器，所以用户应该避免在事务中执行过多命令，更不要将一些需要进行大量计算的命令放入事务中，以免造成服务器阻塞。

13.2.6 流水线与事务

正如前面所言，流水线与事务虽然在概念上有些相似，但是在作用上却并不相同：流水线的作用是将多个命令打包，然后一并发送至服务器，而事务的作用则是将多个命令打包，然后让服务器一并执行它们。

因为 Redis 的事务在 EXEC 命令执行之前并不会产生实际效果，所以很多 Redis 客户端都会使用流水线去包裹事务命令，并将入队的命令缓存在本地，等到用户输入 EXEC 命令之后，再将所有事务命令通过流水线一并发送至服务器，这样客户端在执行事务时就可以达到“打包发送，打包执行”的最优效果。

本书使用的 redis-py 客户端就是这样处理事务命令的客户端之一，当我们使用 pipeline() 方法开启一个事务时，redis-py 默认将使用流水线包裹事务队列中的所有命令。

举个例子，对于以下代码来说：

```
>>> from redis import Redis
>>> client = Redis(decode_responses=True)
>>> transaction = client.pipeline()              # 开启事务
>>> transaction.set("title", "Hand in Hand")     # 将命令放入事务队列
Pipeline<ConnectionPool<Connection<host=localhost,port=6379,db=0>>>
```

```
>>> transaction.sadd("fruits", "apple", "banana", "cherry")
Pipeline<ConnectionPool<Connection<host=localhost,port=6379,db=0>>>
>>> transaction.rpush("numbers", "123", "456", "789")
Pipeline<ConnectionPool<Connection<host=localhost,port=6379,db=0>>>
>>> transaction.execute()                                    # 执行事务
[True, 3, 3L]
```

在执行 transaction.execute() 调用时，redis-py 将通过流水线向服务器发送以下命令：

```
MULTI
SET title "Hand in Hand"
SADD fruits "apple" "banana" "cherry"
RPUSH numbers "123" "456" "789"
EXEC
```

这样，无论事务包含了多少个命令，redis-py 也只需要与服务器进行一次网络通信。

如果用户只需要用到流水线特性而不是事务特性，那么可以在调用 pipeline() 方法时通过 transaction=False 参数显式地关闭事务特性，就像这样：

```
>>> pipe = client.pipeline(transaction=False)    # 开启流水线
>>> pipe.set("download_counter", 10086)          # 将命令放入流水线队列
Pipeline<ConnectionPool<Connection<host=localhost,port=6379,db=0>>>
>>> pipe.get("download_counter")
Pipeline<ConnectionPool<Connection<host=localhost,port=6379,db=0>>>
>>> pipe.hset("user::123::profile", "name", "peter")
Pipeline<ConnectionPool<Connection<host=localhost,port=6379,db=0>>>
>>> pipe.execute()                               # 将流水线队列中的命令打包发送至服务器
[True, '10086', 1L]
```

在执行 pipe.execute() 调用时，redis-py 将通过流水线向服务器发送以下命令：

```
SET download_counter 10086
GET download_counter
HSET user::123::profile "name" "peter"
```

因为这 3 个命令并没有被事务包裹，所以客户端只保证它们会一并被发送至服务器，至于这些命令会在何时以何种方式执行，则由服务器本身决定。

示例：实现 mlpop() 函数

在了解了事务的使用方法之后，现在是时候用它来重新实现一个安全且正确的 mlpop() 函数了，为此，我们需要使用事务包裹被执行的所有 LPOP 命令，就像代码清单 13-4 所示的那样。

代码清单 13-4 事务版本的 mlpop() 函数：/pipeline-and-transaction/mlpop.py

```
def mlpop(client, list_key, number):
    # 开启事务
    transaction = client.pipeline()
    # 将多个 LPOP 命令放入事务队列
```

```
    for i in range(number):
        transaction.lpop(list_key)
    # 执行事务
    return transaction.execute()
```

新版的 mlpop() 函数通过事务确保自己发送的多个 LPOP 命令要么全部执行，要么全部不执行，以此来避免只有一部分 LPOP 命令被执行的情况出现。

举个例子，如果我们执行函数调用：

```
mlpop(client, "lst", 3)
```

那么 mlpop() 函数将向服务器发送以下命令序列：

```
MULTI
LPOP "lst"
LPOP "lst"
LPOP "lst"
EXEC
```

如果这个事务能够成功执行，那么它包含的 3 个 LPOP 命令也将成功执行；相反，如果这个事务执行失败，那么它包含的 3 个 LPOP 命令也不会被执行。

以下是新版 mlpop() 函数的实际运行示例：

```
>>> from redis import Redis
>>> from mlpop import mlpop
>>> client = Redis(decode_responses=True)
>>> client.rpush("lst", "123", "456", "789")        # 向列表右端推入 3 个元素
3L
>>> mlpop(client, "lst", 3)                          # 从列表左端弹出 3 个元素
['123', '456', '789']
```

13.3　带有乐观锁的事务

本书在第 2 章实现了具有基本获取和释放功能的锁程序，并在第 12 章为该程序加上了自动释放功能，但是这两个锁程序都有一个问题，那就是它们的释放操作都是不安全的：

- 无论某个客户端是否是锁的持有者，只要它调用 release() 方法，锁就会被释放。
- 在锁被占用期间，如果某个不是持有者的客户端错误地调用了 release() 方法，那么锁将在持有者不知情的情况下释放，并导致系统中同时存在多个锁。

为了解决这个问题，我们需要修改锁实现，给它加上身份验证功能：

- 客户端在尝试获取锁的时候，除了需要输入锁的最大使用时限之外，还需要输入一个代表身份的标识符，当客户端成功取得锁时，程序将把这个标识符存储在代表锁的字符串键中。
- 当客户端调用 release() 方法时，它需要将自己的标识符传给 release() 方法，而 release() 方法则需要验证客户端传入的标识符与锁键存储的标识符是否相同，以此来判断调用 release() 方法的客户端是否就是锁的持有者，从而决定是否释

放锁。

根据以上描述，我们可能会写出代码清单 13-5 所示的代码。

代码清单 13-5 不安全的锁实现：/pipeline-and-transaction/unsafe_identity_lock.py

```
class IdentityLock:

    def __init__(self, client, key):
        self.client = client
        self.key = key

    def acquire(self, identity, timeout):
        """
        尝试获取一个带有身份标识符和最大使用时限的锁，
        成功时返回 True，失败时返回 False
        """
        result = self.client.set(self.key, identity, ex=timeout, nx=True)
        return result is not None

    def release(self, input_identity):
        """
        根据给定的标识符，尝试释放锁。
        返回 True 表示释放成功；
        返回 False 则表示给定的标识符与锁持有者的标识符并不相同，释放请求被拒绝
        """
        # 获取锁键存储的标识符
        lock_identity = self.client.get(self.key)
        if lock_identity is None:
            # 如果锁键的标识符为空，那么说明锁已经被释放
            return True
        elif input_identity == lock_identity:
            # 如果给定的标识符与锁键的标识符相同，那么释放这个锁
            self.client.delete(self.key)
            return True
        else:
            # 如果给定的标识符与锁键的标识符并不相同
            # 那么说明当前客户端不是锁的持有者
            # 拒绝本次释放请求
            return False
```

这个锁实现在绝大部分情况下都能够正常运行，但它的 release() 方法包含了一个非常隐蔽的错误：在程序使用 GET 命令获取锁键的值以后，直到程序调用 DEL 命令删除锁键的这段时间里面，锁键的值有可能已经发生了变化，因此程序执行的 DEL 命令有可能会导致当前持有者的锁被错误地释放。

举个例子，表 13-1 就展示了一个锁被错误释放的例子：客户端 A 是锁原来的持有者，它调用 release() 方法尝试释放自己的锁，但是当客户端 A 执行完 GET 命令并确认自己就是锁的持有者之后，锁键却因为过期而自动被移除了，紧接着客户端 B 又通过执行 acquire() 方法成功取得了锁，然而客户端 A 并未察觉这一变化，它以为自己还是锁的持有者，并调用 DEL 命令把属于客户端 B 的锁给释放了。

表 13-1　一个错误地释放锁的例子

时间	客户端 A	客户端 B	服务器
0000	调用 release() 方法		
0001	执行 GET 命令，获取锁键的值		
0002	检查锁键的值，确认自己就是持有者		
0003			移除过期的锁键
0004		执行 acquire() 方法并取得锁	
0005	执行 DEL 命令，删除锁键	（在不知情的状况下失去了锁）	

为了正确地实现 release() 方法，我们需要一种机制，它可以保证如果锁键的值在 GET 命令执行之后发生了变化，那么 DEL 命令将不会被执行。在 Redis 中，这种机制被称为乐观锁。

本节接下来的内容将对 Redis 的乐观锁机制进行介绍，并在之后给出一个使用乐观锁实现的正确的、具有身份验证功能的锁。

13.3.1　WATCH：对键进行监视

客户端可以通过执行 WATCH 命令，要求服务器对一个或多个数据库键进行监视，如果在客户端尝试执行事务之前，这些键的值发生了变化，那么服务器将拒绝执行客户端发送的事务，并向它返回一个空值：

```
WATCH key [key ...]
```

与此相反，如果所有被监视的键都没有发生任何变化，那么服务器将会如常地执行客户端发送的事务。

通过同时使用 WATCH 命令和 Redis 事务，我们可以构建出一种针对被监视键的乐观锁机制，确保事务只会在被监视键没有发生任何变化的情况下执行，从而保证事务对被监视键的所有修改都是安全、正确和有效的。

以下代码展示了一个因为乐观锁机制而导致事务执行失败的例子：

```
redis> WATCH user_id_counter
OK

redis> GET user_id_counter                              -- 获取当前最新的用户 ID
"256"

redis> MULTI
OK

redis> SET user::256::email "peter@spamer.com"  -- 尝试使用这个 ID 来存储用户信息
QUEUED

redis> SET user::256::password "topsecret"
QUEUED

redis> INCR user_id_counter                             -- 创建新的用户 ID
```

```
QUEUED

redis> EXEC
(nil)                                           -- user_id_counter 键已被修改
```

表 13-2 展示了这个事务执行失败的具体原因：因为客户端 A 监视了 user_id_counter 键，而客户端 B 却在客户端 A 执行事务之前对该键进行了修改，所以服务器最终拒绝了客户端 A 的事务执行请求。

表 13-2 事务被拒绝执行的完整过程

时间	客户端 A	客户端 B
0000	WATCH user_id_counter	
0001	GET user_id_counter	
0002	MULTI	
0003	SET user::256::email "peter@spamer.com"	
0004	SET user::256::password "topsecret"	
0005		SET user_id_counter 10000
0006	INCR user_id_counter	
0007	EXEC	

其他信息

时间复杂度：$O(N)$，其中 N 为被监视键的数量。

版本要求：WATCH 命令从 Redis 2.2.0 版本开始可用。

13.3.2 UNWATCH：取消对键的监视

客户端可以通过执行 UNWATCH 命令，取消对所有键的监视：

```
UNWATCH
```

服务器在接收到客户端发送的 UNWATCH 命令之后，将不会再对之前 WATCH 命令指定的键实施监视，这些键也不会再对客户端发送的事务造成任何影响。

以下代码展示了一个 UNWATCH 命令的执行示例：

```
redis> WATCH "lock_key" "user_id_counter" "msg"
OK

redis> UNWATCH      -- 取消对以上 3 个键的监视
OK
```

除了显式地执行 UNWATCH 命令之外，使用 EXEC 命令执行事务和使用 DISCARD 命令取消事务，同样会导致客户端撤销对所有键的监视，这是因为这两个命令在执行之后都会隐式地调用 UNWATCH 命令。

其他信息

复杂度：$O(N)$，其中 N 为被取消监视的键数量。

版本要求：UNWATCH 命令从 Redis 2.2.0 版本开始可用。

示例：带有身份验证功能的锁

在了解了乐观锁机制的使用方法之后，现在是时候使用它来实现一个正确的带身份验证功能的锁了。

之前展示的锁实现的问题在于，在 GET 命令执行之后，直到 DEL 命令执行之前的这段时间里，锁键的值有可能会发生变化，并出现误删锁键的情况。为了解决这个问题，我们需要使用乐观锁去保证 DEL 命令只会在锁键的值没有发生任何变化的情况下执行，代码清单 13-6 展示了修改之后的锁实现。

代码清单 13-6　带有身份验证功能的锁实现：/pipeline-and-transaction/identity_lock.py

```python
from redis import WatchError

class IdentityLock:

    def __init__(self, client, key):
        self.client = client
        self.key = key

    def acquire(self, identity, timeout):
        """
        尝试获取一个带有身份标识符和最大使用时限的锁，
        成功时返回 True，失败时返回 False
        """
        result = self.client.set(self.key, identity, ex=timeout, nx=True)
        return result is not None

    def release(self, input_identity):
        """
        根据给定的标识符，尝试释放锁。
        返回 True 表示释放成功；
        返回 False 则表示给定的标识符与锁持有者的标识符并不相同，释放请求被拒绝
        """
        # 开启流水线
        pipe = self.client.pipeline()
        try:
            # 监视锁键
            pipe.watch(self.key)
            # 获取锁键存储的标识符
            lock_identity = pipe.get(self.key)
            if lock_identity is None:
                # 如果锁键的标识符为空，那么说明锁已经被释放
                return True
            elif input_identity == lock_identity:
                # 如果给定的标识符与锁键存储的标识符相同，那么释放这个锁
                # 为了确保 DEL 命令在执行时的安全性，我们需要使用事务去包裹它
                pipe.multi()
                pipe.delete(self.key)
                pipe.execute()
                return True
            else:
                # 如果给定的标识符与锁键存储的标识符并不相同
```

```
                # 那么说明当前客户端不是锁的持有者
                # 拒绝本次释放请求
                return False
        except WatchError:
                # 抛出异常说明在 DEL 命令执行之前，已经有其他客户端修改了锁键
                return False
        finally:
                # 取消对键的监视
                pipe.unwatch()
                # 因为 redis-py 在执行 WATCH 命令期间，会将流水线与单个连接进行绑定
                # 所以在执行完 WATCH 命令之后，必须调用 reset() 方法将连接归还给连接池
                pipe.reset()
```

注意，因为乐观锁的效果只会在同时使用 WATCH 命令以及事务的情况下产生，所以程序除了需要使用 WATCH 命令对锁键实施监视之外，还需要将 DEL 命令包裹在事务中，这样才能确保 DEL 命令只会在锁键的值没有发生任何变化的情况下执行。

以下代码展示了这个锁实现的使用方法：

```
>>> from redis import Redis
>>> from identity_lock import IdentityLock
>>> client = Redis(decode_responses=True)
>>> lock = IdentityLock(client, "test-lock")
>>> lock.acquire("peter", 3600)  # 使用 "peter" 作为标识符，获取一个使用时限为 3600s 的锁
True
>>> lock.release("tom")          # 尝试使用错误的标识符去释放锁，失败
False
>>> lock.release("peter")        # 使用正确的标识符去释放锁，成功
True
```

示例：带有身份验证功能的计数信号量

本书前面介绍了如何使用锁去获得一项资源的独占使用权，并给出了几个不同的锁实现，但是除了独占一项资源之外，有时候我们也会想让多个用户共享一项资源，只要共享者的数量不超过我们限制的数量即可。

举个例子，假设我们的系统有一项需要进行大量计算的操作，如果很多用户同时执行这项操作，那么系统的计算资源将会被耗尽。为了保证系统的正常运作，我们可以使用计数信号量来限制在同一时间内能够执行该操作的最大用户数量。

计数信号量（counter semaphore）与锁非常相似，它们都可以限制资源的使用权，但是与锁只允许单个客户端使用资源的做法不同，计数信号量允许多个客户端同时使用资源，只要这些客户端的数量不超过指定的限制即可。

代码清单 13-7 展示了一个带有身份验证功能的计数信号量实现：

- 这个程序会把所有成功取得信号量的客户端的标识符存储在格式为 semaphore::<name>::holders 的集合键中，至于信号量的最大可获取数量则存储在格式为 semaphore::<name>::max_size 的字符串键中。

- 在使用计数信号量之前，用户需要先通过 set_max_size() 方法设置计数信号量的最大可获取数量。
- get_max_size() 方法和 get_current_size() 方法可以分别获取计数信号量的最大可获取数量以及当前已获取数量。
- 获取信号量的 acquire() 方法是程序的核心：在获取信号量之前，程序会先使用两个 GET 命令分别获取信号量的当前已获取数量以及最大可获取数量，如果信号量的当前已获取数量并未超过最大可获取数量，那么程序将执行 SADD 命令，将客户端给定的标识符添加到 holders 集合中。
- 由于 GET 命令执行之后直到 SADD 命令执行之前的这段时间里，可能会有其他客户端抢先取得了信号量，并导致可用信号量数量发生变化，因此程序需要使用 WATCH 命令监视 holders 键，并使用事务包裹 SADD 命令，以此通过乐观锁机制确保信号量获取操作的安全性。
- 因为 max_size 键的值也会影响信号量获取操作的执行结果，并且这个键的值在 SADD 命令执行之前也可能会被其他客户端修改，所以程序在监视 holders 键的同时，也需要监视 max_size 键。
- 当客户端想要释放自己持有的信号量时，只需要把自己的标识符传给 release() 方法即可，release() 方法将调用 SREM 命令，从 holders 集合中查找并移除客户端给定的标识符。

代码清单 13-7　计数信号量实现：**/pipeline-and-transaction/semaphore.py**

```
from redis import WatchError

class Semaphore:

    def __init__(self, client, name):
        self.client = client
        self.name = name
        # 用于存储信号量持有者标识符的集合
        self.holder_key = "semaphore::{0}::holders".format(name)
        # 用于记录信号量最大可获取数量的字符串
        self.size_key = "semaphore::{0}::max_size".format(name)

    def set_max_size(self, size):
        """
        设置信号量的最大可获取数量
        """
        self.client.set(self.size_key, size)

    def get_max_size(self):
        """
        返回信号量的最大可获取数量
        """
        result = self.client.get(self.size_key)
        if result is None:
```

```
            return 0
        else:
            return int(result)

    def get_current_size(self):
        """
        返回目前已被获取的信号量数量
        """
        return self.client.scard(self.holder_key)

    def acquire(self, identity):
        """
        尝试获取一个信号量，成功时返回 True ，失败时返回 False 。
        传入的 identity 参数将被用于标识客户端的身份。
        如果调用该方法时信号量的最大可获取数量尚未被设置，那么将引发一个 TypeError
        """
        # 开启流水线
        pipe = self.client.pipeline()
        try:
            # 监视与信号量有关的两个键
            pipe.watch(self.size_key, self.holder_key)

            # 取得当前已被获取的信号量数量，以及最大可获取的信号量数量
            current_size = pipe.scard(self.holder_key)
            max_size_in_str = pipe.get(self.size_key)
            if max_size_in_str is None:
                raise TypeError("Semaphore max size not set")
            else:
                max_size = int(max_size_in_str)

            if current_size < max_size:
                # 如果还有剩余的信号量可用
                # 那么将给定的标识符放入持有者集合中
                pipe.multi()
                pipe.sadd(self.holder_key, identity)
                pipe.execute()
                return True
            else:
                # 没有信号量可用，获取失败
                return False
        except WatchError:
            # 获取过程中有其他客户端修改了 size_key 或者 holder_key ，获取失败
            return False
        finally:
            # 取消监视
            pipe.unwatch()
            # 将连接归还给连接池
            pipe.reset()

    def release(self, identity):
        """
        根据给定的标识符，尝试释放当前客户端持有的信号量。
        返回 True 表示释放成功，返回 False 表示由于标识符不匹配而导致释放失败
        """
        # 尝试从持有者集合中移除给定的标识符
```

```
        result = self.client.srem(self.holder_key, identity)
        # 移除成功则说明信号量释放成功
        return result == 1
```

以下代码简单地展示了这个计数信号量的使用方法：

```
>>> from redis import Redis
>>> from semaphore import Semaphore
>>> client = Redis(decode_responses=True)
>>> semaphore = Semaphore(client, "test-semaphore")  # 创建计数信号量
>>> semaphore.set_max_size(3)       # 设置信号量的最大可获取数量
>>> semaphore.acquire("peter")      # 获取信号量
True
>>> semaphore.acquire("jack")
True
>>> semaphore.acquire("tom")
True
>>> semaphore.acquire("mary")       # 可用的 3 个信号量都已被获取，无法取得更多信号量
False
>>> semaphore.release("jack")       # 释放一个信号量
True
>>> semaphore.get_current_size()    # 目前有两个信号量已被获取
2
>>> semaphore.get_max_size()        # 信号量的最大可获取数量为 3 个
3
```

13.4 重点回顾

- 在通常情况下，程序需要执行的 Redis 命令越多，需要进行的网络通信次数也会越多，程序的执行速度也会变得越慢。通过使用 Redis 的流水线特性，程序可以一次把多个命令发送给 Redis 服务器，这可以将执行多个命令所需的网络通信次数从原来的 *N* 次降低为 1 次，从而使得程序的执行效率得到显著提升。
- 通过使用 Redis 的事务特性，用户可能将多个命令打包成一个命令执行：当事务成功执行时，事务中包含的所有命令都会被执行；相反，如果事务执行失败，那么它包含的所有命令都不会被执行。
- Redis 事务总是具有 ACID 性质中的原子性、一致性和隔离性，至于是否具有耐久性则取决于 Redis 使用的持久化模式。
- 流水线与事务虽然在概念上有相似之处，但它们并不相等：流水线的作用是打包发送多条命令，而事务的作用则是打包执行多条命令。
- 为了优化事务的执行效率，很多 Redis 客户端都会把待执行的事务命令缓存在本地，然后在用户执行 EXEC 命令时，通过流水线一次把所有事务命令发送至 Redis 服务器。
- 通过同时使用 WATCH 命令和事务，用户可以构建一种乐观锁机制，这种机制可以确保事务只会在指定键没有发生任何变化的情况下执行。

第 14 章
Lua 脚本

Redis 对 Lua 脚本的支持是从 Redis 2.6.0 版本开始引入的，它可以让用户在 Redis 服务器内置的 Lua 解释器中执行指定的 Lua 脚本。被执行的 Lua 脚本可以直接调用 Redis 命令，并使用 Lua 语言及其内置的函数库处理命令结果。

Lua 脚本特性的出现给 Redis 带来了很大的变化，其中最重要的就是使得用户可以按需对 Redis 服务器的功能进行扩展：在 Lua 脚本特性出现之前，用户如果想要给 Redis 服务器增加新功能，那么只能自行修改 Redis 服务器源码，这样做不仅麻烦，还会给 Redis 服务器带来升级困难、无法与标准 Redis 服务器兼容等问题，而 Lua 脚本的出现则为用户提供了一种标准的、无后顾之忧的方法来扩展 Redis 服务器的功能。

Lua 脚本带来的第二个变化与它的执行机制有关：Redis 服务器以原子方式执行 Lua 脚本，在执行完整个 Lua 脚本及其包含的 Redis 命令之前，Redis 服务器不会执行其他客户端发送的命令或脚本，因此被执行的 Lua 脚本天生就具有原子性。在第 13 章中，为了让带有身份验证功能的锁能够以原子方式执行，我们使用了 Redis 的乐观锁事务来保证程序的安全，但乐观锁事务使用起来并不容易，一不小心就会导致程序出错或者加锁失效，如果我们使用天生具有原子性的 Lua 脚本来编写相同的程序，那么实现代码将会变得简单很多。

除了以上提到的两点之外，Lua 脚本的另一个好处是它能够在保证原子性的同时，一次在脚本中执行多个 Redis 命令：对于需要在客户端和服务器之间往返通信多次的程序来说，使用 Lua 脚本可以有效地提升程序的执行效率。虽然使用流水线加上事务同样可以达到一次执行多个 Redis 命令的目的，但 Redis 提供的 Lua 脚本缓存特性能够更为有效地减少带宽占用。

最后，Redis 在 Lua 环境中内置了一些非常有用的包，通过使用这些包，用户可以直接在服务器端对数据进行处理，然后把它们存储到数据库中，这可以有效地减少不必要的网络传输。举个例子，用户可以通过 Lua 环境内置的 cjson 包，在服务器端直接将执行命令所得的结果序列化为 JSON 数据，并将其存储到数据库中，这比“先将命令的执行结果返回给客户端，接着由客户端将结果序列化为 JSON，最后再通过写入命令将序列化后的 JSON 数据存储到数据库中”的做法要简单、方便得多。

在接下来的内容中，我们将要学习如何使用 Redis 的 Lua 脚本特性，包括如何管理脚本、如何使用 Lua 环境内置的函数库以及如何调试脚本。

因为本章介绍的内容涉及 Lua 语言，所以有需要的读者可以先到 Lua 的官方网站上了解如何使用这门语言，网址为 http://www.lua.org/docs.html。

14.1 EVAL：执行脚本

用户可以使用 EVAL 命令来执行给定的 Lua 脚本：

```
EVAL script numkeys key [key ...] arg [arg ...]
```

其中：

- script 参数用于传递脚本本身。因为 Redis 目前内置的是 Lua 5.1 版本的解释器，所以用户在脚本中也只能使用 Lua 5.1 版本的语法。
- numkeys 参数用于指定脚本需要处理的键数量，而之后的任意多个 key 参数则用于指定被处理的键。通过 key 参数传递的键可以在脚本中通过 KEYS 数组进行访问。根据 Lua 的惯例，KEYS 数组的索引将以 1 为开始：访问 KEYS[1] 可以取得第一个传入的 key 参数，访问 KEYS[2] 可以取得第二个传入的 key 参数，以此类推。
- 任意多个 arg 参数用于指定传递给脚本的附加参数，这些参数可以在脚本中通过 ARGV 数组进行访问。与 KEYS 参数一样，ARGV 数组的索引也是以 1 为开始的。

作为例子，以下代码展示了如何执行一个只会返回字符串 "hello world" 的脚本：

```
redis> EVAL "return 'hello world'" 0
"hello world"
```

这个命令将脚本 "return 'hello world'" 传递给了 Lua 环境执行，其中 Lua 关键字 return 用于将给定值返回给脚本调用者，而 'hello world' 则是被返回的字符串值。跟在脚本后面的是 numkeys 参数的值 0，说明这个脚本不需要对 Redis 的数据库键进行处理。除此之外，这个命令也没有给定任何 arg 参数，说明这个脚本也不需要任何附加参数。

14.1.1 使用脚本执行 Redis 命令

Lua 脚本的强大之处在于它可以让用户直接在脚本中执行 Redis 命令，这一点可以通过在脚本中调用 redis.call() 函数或者 redis.pcall() 函数来完成：

```
redis.call(command, ...)

redis.pcall(command, ...)
```

这两个函数接受的第一个参数都是被执行的 Redis 命令的名字，而后面跟着的则是任意多个命令参数。在 Lua 脚本中执行 Redis 命令所使用的格式与在 redis-cli 客户端中执行 Redis 命令所使用的格式是完全一样的。

作为例子，以下代码展示了如何在脚本中执行 Redis 的 SET 命令，并将 "message" 键的值设置为 "hello world"：

```
redis> EVAL "return redis.call('SET', KEYS[1], ARGV[1])" 1 "message" "hello world"
OK

redis> GET "message"
"hello world"
```

脚本中的 redis.call('SET', KEYS[1], ARGV[1]) 表示被执行的是 Redis 的 SET 命令，而传给命令的两个参数则分别是 KEYS[1] 和 ARGV[1]，其中 KEYS[1] 为 "message"，而 ARGV[1] 则为 "hello world"。

以下是另一个使用脚本执行 ZADD 命令的例子：

```
redis> EVAL "return redis.call('ZADD', KEYS[1], ARGV[1], ARGV[2])" 1 "fruit-price"
8.5 "apple"
(integer) 1

redis> ZRANGE "fruit-price" 0 -1 WITHSCORES
1) "apple"
2) "8.5"
```

redis.call() 函数和 redis.pcall() 函数都可以用于执行 Redis 命令，它们之间唯一不同的就是处理错误的方式。前者在执行命令出错时会引发一个 Lua 错误，迫使 EVAL 命令向调用者返回一个错误；而后者则会将错误包裹起来，并返回一个表示错误的 Lua 表格：

```
-- Lua 的 type() 函数用于查看给定值的类型
redis> EVAL "return type(redis.call('WRONG_COMMAND'))" 0
(error) ERR Error running script (call to f_2c59998e8c4eb7f9fdb467ba67ba43dfaf
8a6592): @user_script:1: @user_script: 1: Unknown Redis command called from Lua script

redis> EVAL "return type(redis.pcall('WRONG_COMMAND'))" 0
"table"
```

在第一个 EVAL 命令调用中，redis.call() 无视 type() 函数引发了一个错误；而在第二个 EVAL 命令调用中，redis.pcall() 向 type() 函数返回了一个包含出错信息的表格，因此脚本返回的结果为 "table"。

14.1.2 值转换

在 EVAL 命令出现之前，Redis 服务器中只有一种环境，那就是 Redis 命令执行器所处的环境，这一环境接受 Redis 协议值作为输入，然后返回 Redis 协议值作为输出。

但是随着 EVAL 命令以及 Lua 解释器的出现，使得 Redis 服务器中同时出现了两种不同的环境：一种是 Redis 命令执行器所处的环境，而另一种则是 Lua 解释器所处的环境。因为这两种环境使用的是不同的输入和输出，所以在这两种环境之间传递值将引发相应的转换操作：

1）当 Lua 脚本通过 `redis.call()` 函数或者 `redis.pcall()` 函数执行 Redis 命令时，传入的 Lua 值将被转换成 Redis 协议值；比如，当脚本调用 `redis.call('SET', KEYS[1], ARGV[1])` 的时候，`'SET'`、`KEYS[1]` 以及 `ARGV[1]` 都会从 Lua 值转换为 Redis 协议值。

2）当 `redis.call()` 函数或者 `redis.pcall()` 函数执行完 Redis 命令时，命令返回的 Redis 协议值将被转换成 Lua 值。比如，当 `redis.call('SET', KEYS[1], ARGV[1])` 执行完毕的时候，执行 `SET` 命令所得的结果 `OK` 将从 Redis 协议值转换为 Lua 值。

3）当 Lua 脚本执行完毕并向 `EVAL` 命令的调用者返回结果时，Lua 值将被转换为 Redis 协议值。比如，当脚本 `"return 'hello world'"` 执行完毕的时候，Lua 值 `'hello world'` 将转换为相应的 Redis 协议值。

虽然引发转换的情况有 3 种，但转换操作说到底只有“将 Redis 协议值转换成 Lua 值”以及“将 Lua 值转换成 Redis 协议值”这 2 种，表 14-1 和表 14-2 分别展示了这 2 种情况的具体转换规则。

表 14-1 将 Redis 协议值转换成 Lua 值的规则

转换规则	转换前（Redis 协议值）	转换后（Lua 值）
Redis 整数回复将被转换为 Lua 数字	(integer) 10086	10086
Redis 字符串回复将被转换为 Lua 字符串	"hello world"	"hello world"
Redis 多行字符串回复将被转换为 Lua 表格，嵌套在多行回复里面的各个元素也会进行相应的转换	1) "cherry" 2) "durian" 3) "apple" 4) "banana"	{"apple", "banana", "cherry", "durian"}
Redis 状态回复将被转换为一个只包含 ok 字段的表格，而 ok 字段的值则是状态信息本身	OK	{ok="OK"}
Redis 错误回复将被转换为一个只包含 err 字段的表格，而 err 字段的值则是错误信息本身	(error) ERR wrong number of arguments for 'set' command	{err="ERR wrong number of arguments for 'set' command"}
Redis 空回复（nil）将被转换为 Lua 的布尔值 false	(nil)	false

表 14-2 将 Lua 值转换为 Redis 协议值的规则

转换规则	转换前（Lua 值）	转换后（Redis 协议值）
Lua 数字将被转换为 Redis 整数回复（数字的整数部分将被保留，而小数部分则被丢弃）	10086, 3.14, 2.37e5	(integer) 10086, (integer) 3, (integer) 237000
Lua 字符串将被转换为 Redis 字符串回复	"hello world"	"hello world"
Lua 表格将被转换为 Redis 多行字符串回复；如果表格里面包含了 nil，那么回复只会包含第一个 nil 之前的元素	{"apple", "banana", "cherry"}	1) "apple" 2) "banana" 3) "cherry"

（续）

转换规则	转换前（Lua 值）	转换后（Redis 协议值）
Lua 表格将被转换为 Redis 多行字符串回复；如果表格里面包含了 nil，那么回复只会包含第一个 nil 之前的元素	{"a", "b", nil, "c", "d"}	1) "a" 2) "b"
	{128, 256, {3.14, "hello world"}}	1) (integer) 128 2) (integer) 256 3) 1) (integer) 3 2) "hello world"
只包含 ok 字段的 Lua 表格将被转换为 Redis 状态回复	{ok="all is well"}	all is well
只包含 err 字段的 Lua 表格将被转换为 Redis 错误回复	{err="something wrong"}	(error) something wrong
Lua 的布尔值 false 将被转换为 Redis 空回复	false	(nil)
Lua 的布尔值 true 将被转换为值为 1 的 Redis 整数回复	true	1

正如上述转换规则所示，因为带有小数部分的 Lua 数字将被转换为 Redis 整数回复：

```
redis> EVAL "return 3.14" 0
(integer) 3
```

所以如果你想要向 Redis 返回一个小数，那么可以先使用 Lua 内置的 tostring() 函数将它转换为字符串，然后再将其返回：

```
redis> EVAL "return tostring(3.14)" 0
"3.14"
```

调用者在接收到这个值之后，只需要再将它转换为小数即可。

14.1.3 全局变量保护

为了防止预定义的 Lua 环境被污染，Redis 只允许用户在 Lua 脚本中创建局部变量而不允许创建全局变量，尝试在脚本中创建全局变量将引发一个错误。

作为例子，以下代码通过 Lua 的 local 关键字，在脚本中定义了一个临时变量 database：

```
redis> EVAL "local database='redis';return database" 0
"redis"
```

如果我们尝试在脚本中定义一个全局变量 number，那么 Redis 将返回一个错误：

```
redis> EVAL "number=10" 0
(error) ERR Error running script (call to f_a2754fa2d614ad76ecfd143acc06993bedf1f691):
@enable_strict_lua:8: user_script:1: Script attempted to create global variable 'number'
```

14.1.4 在脚本中切换数据库

与普通 Redis 客户端一样，Lua 脚本也允许用户通过执行 SELECT 命令来切换数据库，但需要注意的是，不同版本的 Redis 在脚本中执行 SELECT 命令的效果并不相同：

- 在 Redis 2.8.12 版本之前，用户在脚本中切换数据库之后，客户端使用的数据库也会进行相应的切换。
- 在 Redis 2.8.12 以及之后的版本中，脚本执行的 SELECT 命令只会对脚本自身产生影响，客户端的当前数据库不会发生变化。

以下是一段在最新版本 Redis 中执行的代码，它证明了脚本执行的 SELECT 命令并不会对客户端的当前数据库产生影响：

```
redis> SET dbnumber 0      -- 将 0 号数据库的 dbnumber 键的值设置为 0
OK

redis> SELECT 1            -- 切换至 1 号数据库
OK

redis[1]> SET dbnumber 1   -- 将 1 号数据库的 dbnumber 键的值设置为 1
OK

redis[1]> SELECT 0         -- 切换回 0 号数据库
OK

redis> EVAL "redis.call('SELECT', ARGV[1]); return redis.call('GET', KEYS[1])"
1 "dbnumber" 1
"1"    -- 在脚本中切换至 1 号数据库，并获取 dbnumber 键的值

redis> GET dbnumber
"0"    -- dbnumber 键的值为 0，这表示客户端的当前数据库仍然是 0 号数据库
```

如果我们在 Redis 2.8.12 之前的版本中执行以上代码，那么在 EVAL 命令执行之后，客户端的当前数据库将切换至 1 号数据库，而 GET dbnumber 命令则会返回 "1" 作为结果。

14.1.5 脚本的原子性

Redis 的 Lua 脚本与 Redis 的事务一样，都是以原子方式执行的：在 Redis 服务器开始执行 EVAL 命令之后，直到 EVAL 命令执行完毕并向调用者返回结果之前，Redis 服务器只会执行 EVAL 命令给定的脚本及其包含的 Redis 命令调用，至于其他客户端发送的命令请求则会被阻塞，直到 EVAL 命令执行完毕为止。

基于上述原因，用户在使用 Lua 脚本的时候，必须尽可能地保证脚本能够高效、快速地执行，从而避免因为独占服务器而给其他客户端造成影响。

14.1.6 以命令行方式执行脚本

用户除了可以在 redis-cli 客户端中使用 EVAL 命令执行给定的脚本之外，还可以通过

redis-cli 客户端的 eval 选项，以命令行方式执行给定的脚本文件。在使用 eval 选项执行 Lua 脚本时，用户不需要像执行 EVAL 命令那样指定传入键的数量，只需要在传入键和附加参数之间使用逗号进行分割即可。

举个例子，如果我们要执行代码清单 14-1 所示的 set_and_get.lua 脚本：

代码清单 14-1 简单的脚本文件：/script/set_and_get.lua

```
redis.call("SET", KEYS[1], ARGV[1])
return redis.call("GET", KEYS[1])
```

那么只需要在命令行中执行以下命令即可：

```
$ redis-cli --eval set_and_get.lua 'msg' , 'Ciao!'
"Ciao!"
```

14.1.7 其他信息

复杂度：EVAL 命令的复杂度由被执行的脚本决定。

版本要求：EVAL 命令从 Redis 2.6.0 版本开始可用。

示例：使用脚本重新实现带有身份验证功能的锁

第 13 章中，我们使用乐观锁事务实现了一个安全的、带有身份验证功能的锁程序，代码清单 14-2 展示了如何使用 Lua 脚本来实现相同的程序。

代码清单 14-2 使用 Lua 脚本实现带身份验证功能的锁：/script/identity_lock.py

```
class IdentityLock:

    def __init__(self, client, key):
        self.client = client
        self.key = key

    def acquire(self, identity, timeout):
        """
        尝试获取一个带有身份标识符和最大使用时限的锁，
        成功时返回 True，失败时返回 False
        """
        result = self.client.set(self.key, identity, ex=timeout, nx=True)
        return result is not None

    def release(self, input_identity):
        """
        根据给定的标识符，尝试释放锁。
        返回 True 表示释放成功；
        返回 False 则表示给定的标识符与锁持有者的标识符不相同，释放请求被拒绝
        """
        script = """
        -- 使用局部变量存储锁键键名以及标识符，提高脚本的可读性
        local key = KEYS[1]
        local input_identity = ARGV[1]
```

```
    -- 获取锁键存储的标识符
    -- 当标识符为空时，Lua 会将 GET 返回的 nil 转换为 false
    local lock_identity = redis.call("GET", key)
    if lock_identity == false then
        -- 如果锁键存储的标识符为空，那么说明锁已经被释放
        return true
    elseif input_identity == lock_identity then
        -- 如果给定的标识符与锁键存储的标识符相同，那么释放这个锁
        redis.call("DEL", key)
        return true
    else
        -- 如果给定的标识符与锁键存储的标识符并不相同
        -- 那么说明当前客户端不是锁的持有者，拒绝本次释放请求
        return false
    end
    """
    # 因为 Redis 会将脚本返回的 true 转换为数字 1
    # 所以这里通过检查脚本返回值是否为 1 来判断解锁操作是否成功
    result = self.client.eval(script, 1, self.key, input_identity)
    return result == 1
```

这个锁程序的 acquire() 方法没有做任何修改，与之前完全一样，修改后的 release() 方法的核心原理与之前也是相同的：它首先获取锁键存储的标识符，然后根据标识符是否为空以及它与用户给定的标识符是否相同来决定是否释放锁。

与乐观锁事务实现的锁程序相比，使用 Lua 脚本实现的锁程序不需要对键实施监视，并且与乐观锁实现需要两次网络通信相比，Lua 脚本实现只需要一次网络通信，因此 Lua 脚本实现在编程复杂度以及执行速度方面都有优势。

Lua 脚本实现唯一的缺点在于，值在 Lua 环境和 Redis 环境之间传递时可能会发生变化。因此我们在编写 Lua 脚本时必须熟悉相应的转换规则，否则脚本很容易会出现错误。

示例：实现 LPOPRPUSH 命令

14.2 节展示了如何使用 Lua 脚本重新实现使用乐观锁事务实现过的锁程序，但是在某些情况下，有些程序是无法使用乐观锁事务来实现的，或者无法高效直接地使用乐观锁来实现，这时我们只能选择使用 Lua 脚本。

举个例子，Redis 虽然提供了 RPOPLPUSH 命令，但并没有提供相对应的 LPOPRPUSH 命令：

```
LPOPRPUSH source target
```

为了实现一个安全的 LPOPRPUSH 命令，程序必须以原子的方式执行以下两个操作：

```
item = LPOP source
RPUSH target item
```

初看上去，要做到这一点似乎并不困难，但如果仔细地思考一下，就会发现使用乐观

锁事务是无法做到这一点的。首先，因为 LPOP 命令会对源列表执行弹出操作，并将被弹出的元素返回给客户端，然后客户端再使用 RPUSH 命令将这个元素推入目标列表中，这个过程必然会引起两次单独的写入操作，而这样的操作是无法使用乐观锁事务来保证安全性的。换句话说，用户是无法执行以下代码的，尝试执行类似的代码将会引发错误：

```
WATCH source target
MULTI
item = LPOP source
RPUSH target item
EXEC
```

另一方面，虽然我们可以只使用乐观锁来保护 LPOP 命令：

```
WATCH source
MULTI
item = LPOP source
EXEC
RPUSH target item
```

或者只使用乐观锁来保护 RPUSH 命令：

```
item = LPOP source
WATCH target
MULTI
RPUSH target item
EXEC
```

或者使用两个乐观锁分别保护 LPOP 命令和 RPUSH 命令：

```
WATCH source
MULTI
item = LPOP source
EXEC
WATCH target
MULTI
RPUSH target item
EXEC
```

但整个操作的安全性仍然无法保证。

退一步说，虽然我们可以通过以下方法，使用乐观锁事务实现一个安全的 LPOPRPUSH 命令，但这个实现并不如直接使用 LPOP 命令和 RPUSH 命令那么直观：

```
WATCH source target
item = LRANGE source 0 0   -- 获取源列表的左端元素
MULTI
LPOP source                -- 弹出源列表的左端元素
RPUSH target item          -- 向目标列表右端推入之前获取的左端元素
EXEC
```

作为例子，代码清单 14-3 展示了一个使用 Lua 脚本实现的 LPOPRPUSH 命令，这个实现不仅安全，而且相当直观。

代码清单 14-3 使用 Lua 脚本实现的 LPOPRPUSH：/script/lpoprpush.py

```
def lpoprpush(client, source, target):
    script = """
    local source = KEYS[1]
    local target = KEYS[2]

    -- 从源列表左端弹出一个元素
    -- 当源列表为空时，LPOP 返回的 nil 将被 Lua 转换为 false
    local item = redis.call("LPOP", source)

    -- 如果被弹出元素不为空，那么将它推入目标列表的右端
    -- 并向调用者返回该元素
    if item ~= false then
        redis.call("RPUSH", target, item)
        return item
    end
    """
    return client.eval(script, 2, source, target)
```

这个实现只使用了必需的 LPOP 命令和 RPUSH 命令，我们可以很容易就理解它想要做的事情。与前一个脚本程序一样，编写这个脚本程序也需要注意 Lua 环境与 Redis 环境之间的值转换问题。

以下是这个 lpoprpush 函数的使用方法：

```
>>> from redis import Redis
>>> from lpoprpush import lpoprpush
>>> client = Redis(decode_responses=True)
>>> client.rpush("source", "a", "b", "c")   # 创建源列表和目标列表
3L
>>> client.rpush("target", "d", "e", "f")
3L
>>> lpoprpush(client, "source", "target")   # 弹出源列表的左端元素
'a'                                          # 并将其推入目标列表的右端
>>> client.lrange("source", 0, -1)
['b', 'c']
>>> client.lrange("target", 0, -1)
['d', 'e', 'f', 'a']
```

14.2 SCRIPT LOAD 和 EVALSHA：缓存并执行脚本

在定义脚本之后，程序通常会重复地执行脚本。一个简单的脚本可能只有几十到上百字节，而一个复杂的脚本可能会有数百字节甚至数千字节，如果客户端每次执行脚本都需要将相同的脚本重新发送一次，这对于宝贵的网络带宽来说无疑是一种浪费。

为了解决上述问题，Redis 提供了 Lua 脚本缓存功能，这一功能允许用户将给定的 Lua 脚本缓存在服务器中，然后根据 Lua 脚本的 SHA1 校验和直接调用脚本，从而避免了需要重复发送相同脚本的麻烦。

命令 SCRIPT LOAD 可以将用户给定的脚本缓存在服务器中，并返回脚本对应的 SHA1 校验和作为结果：

```
SCRIPT LOAD script
```

作为例子，以下代码将两个脚本载入了脚本缓存中：

```
redis> SCRIPT LOAD "return 'hello world'"
"5332031c6b470dc5a0dd9b4bf2030dea6d65de91"

redis> SCRIPT LOAD "redis.call('SET', KEYS[1], ARGV[1]); return redis.call
('GET', KEYS[1])"
"18d788194860a281b19910d462b1e96dabf3c984"
```

在此之后，用户就可以通过 EVALSHA 命令来执行已被缓存的脚本了：

```
EVALSHA sha1 numkeys key [key ...] arg [arg ...]
```

除了第一个参数接受的是 Lua 脚本对应的 SHA1 校验和而不是脚本本身之外，EVALSHA 命令的其他参数与 EVAL 命令的参数都是相同的。

作为例子，以下代码展示了如何使用 EVALSHA 执行之前缓存的两个脚本：

```
redis> EVALSHA "5332031c6b470dc5a0dd9b4bf2030dea6d65de91" 0
"hello world"

redis> EVALSHA "18d788194860a281b19910d462b1e96dabf3c984" 1 "msg" "Ciao!"
"Ciao!"
```

除了 SCRIPT LOAD 之外，EVAL 命令在执行完脚本之后也会把被执行的脚本缓存起来，以供之后使用。

比如在执行完以下 EVAL 命令之后，脚本 "return 10086" 就会被缓存起来：

```
redis> EVAL "return 10086" 0
(integer) 10086
```

在此之后，我们同样可以通过脚本的 SHA1 校验和来再次执行该脚本：

```
redis> EVALSHA "a9b6689bf0d2962188a5fb8f2502e8de5a19fc26" 0
(integer) 10086
```

不过由于 EVAL 命令并不会返回给定脚本的 SHA1 校验和，所以用户在调用 EVALSHA 命令之前，必须事先通过其他方法计算出脚本的 SHA1 校验和。在一般情况下，直接使用 SCRIPT LOAD 和 EVALSHA 会更方便一些。

通过 Lua 脚本缓存，我们可以将需要重复执行的 Lua 脚本缓存在服务器中，然后通过 EVALSHA 命令来执行已缓存的脚本，从而将执行 Lua 脚本所需耗费的网络带宽降至最低。

其他信息

复杂度：SCRIPT LOAD 命令的复杂度为 $O(1)$。EVALSHA 命令的复杂度由被执行的脚本决定。

版本要求：SCRIPT LOAD 命令和 EVALSHA 命令都从 Redis 2.6.0 版本开始可用。

14.3 脚本管理

除了 SCRIPT LOAD 命令之外，Redis 还提供了 SCRIPT EXISTS、SCRIPT FLUSH 和 SCRIPT KILL 这 3 个命令来管理脚本以及脚本缓存，本节接下来将分别对这 3 个命令进行介绍。

14.3.1 SCRIPT EXISTS：检查脚本是否已被缓存

SCRIPT EXISTS 命令接受一个或多个 SHA1 校验和作为参数，检查这些校验和对应的脚本是否已经被缓存到了服务器中：

```
SCRIPT EXISTS sha1 [sha1 ...]
```

当某个校验和对应的脚本已经被缓存时，命令返回 1；相反，如果校验和对应的脚本尚未被缓存，那么命令返回 0。

以下代码展示了 SCRIPT EXISTS 命令的使用方法：

```
redis> SCRIPT LOAD "return 10086"   -- 载入两个脚本
"a9b6689bf0d2962188a5fb8f2502e8de5a19fc26"

redis> SCRIPT LOAD "return 'hello world'"
"5332031c6b470dc5a0dd9b4bf2030dea6d65de91"

redis> SCRIPT EXISTS "a9b6689bf0d2962188a5fb8f2502e8de5a19fc26" "5332031c6b470
dc5a0dd9b4bf2030dea6d65de91" "not-exists-sha1-123456789abcdefghijklmno"
1) (integer) 1     -- 脚本存在
2) (integer) 1     -- 脚本存在
3) (integer) 0     -- 脚本不存在
```

其他信息

复杂度：$O(N)$，其中 N 为用户输入的校验和数量。

版本要求：SCRIPT EXISTS 命令从 Redis 2.6.0 版本开始可用。

14.3.2 SCRIPT FLUSH：移除所有已缓存脚本

执行 SCRIPT FLUSH 命令将移除服务器已缓存的所有脚本，这个命令一般只会在调试时使用：

```
SCRIPT FLUSH
```

命令在成功移除所有已缓存脚本之后会返回 OK 作为回复。

以下是一个使用 SCRIPT FLUSH 命令的例子：

```
redis> SCRIPT LOAD "return 10086"   -- 载入两个脚本
"a9b6689bf0d2962188a5fb8f2502e8de5a19fc26"

redis> SCRIPT LOAD "return 'hello world'"
"5332031c6b470dc5a0dd9b4bf2030dea6d65de91"

redis> SCRIPT EXISTS "a9b6689bf0d2962188a5fb8f2502e8de5a19fc26" "5332031c6b470
```

```
dc5a0dd9b4bf2030dea6d65de91"
    1) (integer) 1                              -- 脚本存在
    2) (integer) 1

    redis> SCRIPT FLUSH                         -- 移除所有已载入的脚本
    OK

    redis> SCRIPT EXISTS "a9b6689bf0d2962188a5fb8f2502e8de5a19fc26" "5332031c6b470
dc5a0dd9b4bf2030dea6d65de91"
    1) (integer) 0                              -- 脚本不再存在
    2) (integer) 0
```

其他信息

复杂度：$O(N)$，其中 N 为被移除脚本的数量。

版本要求：SCRIPT FLUSH 命令从 Redis 2.6.0 版本开始可用。

14.3.3 SCRIPT KILL：强制停止正在运行的脚本

因为 Lua 脚本在执行时会独占整个服务器，所以如果 Lua 脚本的运行时间过长，又或者因为编程错误而导致脚本无法退出，那么就会导致其他客户端一直无法执行命令。

配置选项 lua-time-limit 的值定义了 Lua 脚本可以不受限制运行的时长，这个选项的默认值为 5000：

```
lua-time-limit <milliseconds>
```

当脚本的运行时间低于 lua-time-limit 指定的时长时，其他客户端发送的命令请求将被阻塞；相反，当脚本的运行时间超过 lua-time-limit 指定的时长时，向服务器发送请求的客户端将得到一个错误回复，提示用户可以使用 SCRIPT KILL 或者 SHUTDOWN NOSAVE 命令来终止脚本或者直接关闭服务器。

举个例子，如果我们使用客户端 client-1，在 Lua 脚本中执行以下这个无限循环：

```
client-1> EVAL "repeat until false" 0
```

然后在脚本运行超过 lua-time-limit 指定的时长之后，使用另一个客户端 client-2 向服务器发送命令请求，那么服务器将向客户端返回以下错误信息，表示自己正忙于执行 Lua 脚本，无法执行其他命令请求：

```
client-2> SET msg "hello, Redis?"
(error) BUSY Redis is busy running a script. You can only call SCRIPT KILL or
SHUTDOWN NOSAVE.
```

为了让用户可以在有需要时手动终止正在运行的 Lua 脚本，并让服务器回归正常状态，Redis 提供了以下命令：

```
SCRIPT KILL
```

当 Lua 脚本的运行时间超过了 lua-time-limit 指定的时限时，用户就可以使用客户端向服务器发送 SCRIPT KILL 命令，尝试终止正在运行的 Lua 脚本。

用户在执行 SCRIPT KILL 命令之后，服务器可能会有以下两种反应：

- 如果正在运行的 Lua 脚本尚未执行过任何写命令，那么服务器将终止该脚本，然后回到正常状态，继续处理客户端的命令请求。
- 如果正在运行的 Lua 脚本已经执行过写命令，并且因为该脚本尚未执行完毕，所以它写入的数据可能是不完整或者错误的，为了防止这些脏数据被保存到数据库中，服务器是不会直接终止脚本并回到正常状态的。在这种情况下，用户只能使用 SHUTDOWN nosave 命令，在不执行持久化操作的情况下关闭服务器，然后通过手动重启服务器来让它回到正常状态。

作为例子，以下代码展示了 SCRIPT KILL 命令成功终止 Lua 脚本的情形：

```
redis> SET msg "hello, Redis?"      -- 有脚本仍在运行
(error) BUSY Redis is busy running a script. You can only call SCRIPT KILL or
SHUTDOWN NOSAVE.

redis> SCRIPT KILL
OK    -- 返回 OK 表示已经成功终止脚本

redis> SET msg "hello, Redis?"
OK    -- 现在服务器可以如常执行命令请求了
```

而以下代码则展示了 SCRIPT KILL 命令无法终止 Lua 脚本，只能通过 SHUTDOWN nosave 命令来关闭服务器的情形：

```
redis> SCRIPT KILL
(error) UNKILLABLE Sorry the script already executed write commands against the
dataset. You can either wait the script termination or kill the server in a hard
way using the SHUTDOWN NOSAVE command.

redis> SHUTDOWN nosave
not connected>      -- 服务器已被关闭
```

其他信息

复杂度：$O(1)$。

版本要求：SCRIPT KILL 命令从 Redis 2.6.0 版本开始可用。

14.4 内置函数库

Redis 在 Lua 环境中内置了一些函数库，用户可以通过这些函数库对 Redis 服务器进行操作，或者对给定的数据进行处理，这些函数库分别是：

- base 包
- table 包
- string 包
- math 包

- redis 包
- bit 包
- struct 包
- cjson 包
- cmsgpack 包

其中 base 包、table 包、string 包以及 math 包均为 Lua 标准库，它们的详细信息可以在 Lua 参考手册中找到，网址为 http://www.lua.org/manual/5.1/ ；在其余的 5 个包中，redis 包为调用 Redis 功能专用的定制包，而 bit 包、struct 包、cjson 包以及 cmsgpack 包则是从外部引入的数据处理包，本节将分别对这些包进行介绍。

14.4.1 redis 包

除了前面已经介绍过的 redis.call() 函数和 redis.pcall() 函数之外，redis 包还包含了以下函数：

- redis.log()
- redis.sha1hex()
- redis.error_reply()
- redis.status_reply()
- redis.breakpoint()
- redis.debug()
- redis.replicate_commands()
- redis.set_repl()

本节将对以上列出的前 4 个函数进行介绍，与脚本调试有关的 redis.breakpoint() 函数和 redis.debug() 函数将会在 14.5 节中进行介绍，而与脚本复制有关的 redis.replicate_commands() 函数以及 redis.set_repl() 函数则会在第 18 章中进行介绍。

1. redis.log() 函数

redis.log() 函数用于在脚本中向 Redis 服务器写入日志，它接受一个日志等级和一条消息作为参数：

```
redis.log(loglevel, message)
```

其中 loglevel 的值可以是以下 4 个日志等级的其中一个，这些日志等级与 Redis 服务器本身的日志等级完全一致：

- redis.LOG_DEBUG
- redis.LOG_VERBOSE
- redis.LOG_NOTICE
- redis.LOG_WARNING

当给定的日志等级超过或等同于 Redis 服务器当前设置的日志等级时，Redis 服务器就会把给定的消息写入日志中。

比如对于一个日志等级被设置为 notice 的 Redis 服务器来说，在脚本中执行以下语句：

```
redis> EVAL "redis.log(redis.LOG_WARNING, 'Something wrong!')" 0
(nil)
```

将导致服务器向日志写入以下消息：

```
1124:M 22 Mar 06:21:38.376 # Something wrong!
```

2. redis.sha1hex() 函数

redis.sha1hex() 函数可以计算出给定字符串输入的 SHA1 校验和：

```
redis.sha1hex(string)
```

作为例子，以下代码展示了如何在脚本中计算字符串 'show me your sha1' 的 SHA1 校验和：

```
redis> EVAL "return redis.sha1hex('show me your sha1')" 0
"e00ecdbe6ea77b31972c28dccad6aceba9822a12"
```

3. redis.error_reply() 函数和 redis.status_reply() 函数

redis.error_reply() 和 redis.status_reply() 是两个辅助函数，分别用于返回 Redis 的错误回复以及状态回复：

```
redis.error_reply(error_message)

redis.status_reply(status_message)
```

redis.error_reply() 函数会返回一个只包含 err 字段的 Lua 表格，而 err 字段的值则是给定的错误消息；同样，redis.status_reply() 函数将返回一个只包含 ok 字段的 Lua 表格，而 ok 字段的值则是给定的状态消息。

换句话说，调用：

```
redis.error_reply('something wrong')
```

将返回表格：

```
{err='something wrong'}
```

这个表格在 redis-cli 客户端中将被打印为以下输出：

```
redis> EVAL "return redis.error_reply('something wrong')" 0
(error) something wrong
```

而调用：

```
redis.status_reply('all is well')
```

将返回表格：

```
{ok='all is well'}
```

这个表格在 redis-cli 客户端中将被打印为以下输出：

```
redis> EVAL "return redis.status_reply('all is well')" 0
all is well
```

14.4.2 bit 包

bit 包可以对 Lua 脚本中的数字执行二进制按位操作，这个包从 Redis 2.8.18 版本开始可用。

bit 包提供了将数字转换为十六进制字符串的 `tohex()` 函数，以及对给定的数字执行按位反、按位或、按位并以及按位异或的 `bnot()`、`bor()`、`band()`、`bxor()` 等函数：

```
bit.tohex(x [,n])

bit.bnot(x)

bit.bor(x1 [,x2...])

bit.band(x1 [,x2...])

bit.bxor(x1 [,x2...])
```

以下是一些 bit 包函数的使用示例：

```
redis> EVAL "return bit.tohex(65535)" 0
"0000ffff"

redis> EVAL "return bit.tohex(65535, 4)" 0
"ffff"

redis> EVAL "return bit.tohex(bit.bnot(0xFFFF))" 0
"ffff0000"

redis> EVAL "return bit.tohex(bit.bor(0xF00F, 0x0F00))" 0
"0000ff0f"
```

除了以上提到的函数之外，bit 包还提供了其他按位操作函数，这些函数以及它们的详细用法可以在 bit 包的文档上找到，网址为 http://bitop.luajit.org/api.html。

14.4.3 struct 包

struct 包提供了能够在 Lua 值以及 C 结构之间进行转换的基本设施，这个包提供了 `pack()`、`unpack()` 以及 `size()` 这 3 个函数：

```
struct.pack (fmt, v1, v2, ...)

struct.unpack (fmt, s, [i])

struct.size (fmt)
```

其中 `struct.pack()` 用于将给定的一个或多个 Lua 值打包为一个类结构字符串（structlike string)，struct.unpack() 用于从给定的类结构字符串中解包出多个 Lua 值，而 struct.size() 则用于计算按照给定格式进行打包需要耗费的字节数量。

以下是一个 struct 包的使用示例：

```
-- 打包一个浮点数、一个无符号长整数以及一个 11 字节长的字符串
redis> EVAL "return struct.pack('fLc11', 3.14, 10086, 'hello world')" 0
"\xc3\xf5H@f'\x00\x00\x00\x00\x00\x00hello world"

-- 计算打包需要耗费的字节数
redis> EVAL "return struct.size('fLc11')" 0
(integer) 23

-- 对给定的类结构字符串进行解包
redis> EVAL "return {struct.unpack('fLc11', ARGV[1])}" 0 "\xc3\xf5H@f'\x00\
x00\x00\x00\x00\x00hello world"
1) (integer) 3    -- 根据 Lua 和 Redis 的转换规则，浮点数 3.14 被转换成了整数 3
2) (integer) 10086
3) "hello world"
4) (integer) 24  -- 解包完成之后，程序在给定字符串中所处的索引
```

struct 包的文档详细地列出了打包以及解包的具体语法，网址为 http://www.inf.pucrio.br/~roberto/struct/。

14.4.4 cjson 包

cjson 包能够为 Lua 脚本提供快速的 JSON 编码和解码操作，这个包中最常用的就是将 Lua 值编码为 JSON 数据的编码函数 encode()，以及将 JSON 数据解码为 Lua 值的解码函数 decode()：

```
cjson.encode(value)

cjson.decode(json_text)
```

以下是一个使用 cjson 包进行编码和解码的示例：

```
redis> EVAL "return cjson.encode({true, 128, 'hello world'})" 0
"[true,128,\"hello world\"]"

redis> EVAL "return cjson.decode(ARGV[1])" 0 "[true,128,\"hello world\"]"
1) (integer) 1       -- 根据转换规则，Lua 布尔值 true 被转换成了数字 1
2) (integer) 128
3) "hello world"
```

除了 encode() 函数以及 decode() 函数之外，cjson 包还提供了其他函数，这些函数及其详细用法可以在 cjson 包的文档上找到，网址为 https://www.kyne.com.au/~mark/software/lua-cjson-manual.html。

14.4.5 cmsgpack 包

cmsgpack 包能够为 Lua 脚本提供快速的 MessagePack 打包和解包操作，这个包中最

常用的就是打包函数 pack() 以及解包函数 unpack()，前者可以将给定的任意多个 Lua 值打包为 msgpack 包，而后者则可以将给定的 msgpack 包解包为任意多个 Lua 值：

```
cmsgpack.pack(arg1, arg2, ..., argn)

cmsgpack.unpack(msgpack)
```

以下是一个使用这两个函数进行打包以及解包的示例：

```
redis> EVAL "return cmsgpack.pack({true, 128, 'hello world'})" 0
"\x93\xc3\xcc\x80\xabhello world"

redis> EVAL "return cmsgpack.unpack(ARGV[1])" 0 "\x93\xc3\xcc\x80\xabhello world"
1) (integer) 1       -- 根据转换规则，Lua 布尔值 true 被转换成了数字 1
2) (integer) 128
3) "hello world"
```

除了 pack() 函数以及 unpack() 函数之外，cmsgpack 包还提供了其他函数，这些函数及其详细用法可以在 cmsgpack 包的文档上找到，网址为 https://github.com/antirez/lua-cmsgpack。

14.5 脚本调试

在早期支持 Lua 脚本功能的 Redis 版本中，用户为了对脚本进行调试，通常需要重复执行同一个脚本多次，并通过查看返回值的方式来验证计算结果，这给脚本的编写带来了很大的麻烦，也制约了用户使用 Lua 脚本功能编写大型脚本的能力。

为了解决上述问题，Redis 从 3.2 版本开始新引入了一个 Lua 调试器，这个调试器被称为 Redis Lua 调试器，简称 LDB，用户可以通过 LDB 实现单步调试、添加断点、返回日志、打印调用链、重载脚本等多种功能，本节接下来的内容就会对这些功能进行详细的介绍。

14.5.1 一个简单的调试示例

让我们来看一个具体的脚本调试示例。首先，假设现在我们要调试一个名为 debug.lua 的脚本，代码清单 14-4 展示了它的具体定义。

代码清单 14-4 待调试的脚本：**/script/debug.lua**

```
local ping_result = redis.call("PING")
local set_result = redis.call("SET", KEYS[1], ARGV[1])
return {ping_result, set_result}
```

为了创建一个新的调试会话，我们需要将 --ldb 选项、--eval 选项、脚本文件名 debug.lua、键名 "msg" 以及附加参数 "hello world" 全部传递给 redis-cli 客户端：

```
$ redis-cli --ldb --eval debug.lua "msg" , "hello world"
Lua debugging session started, please use:
quit -- End the session.
```

```
restart -- Restart the script in debug mode again.
help    -- Show Lua script debugging commands.

* Stopped at 1, stop reason = step over
-> 1   local ping_result = redis.call("PING")
```

注意，在键名和附加参数之间需要使用一个逗号进行分隔。

客户端首先向我们展示了 3 个可用的调试器操作命令，分别是：

- quit——退出调试会话并关闭客户端。
- restart——重新启动调试会话。
- help——列出可用的调试命令。

在此之后，调试器向我们展示了当前的调试状态：

```
* Stopped at 1, stop reason = step over
-> 1   local ping_result = redis.call("PING")
```

因为调试器目前正处于单步调试模式，所以它在程序的第一行（同时也是程序第一个有实际作用的代码行）前面停了下来，等待我们的调试命令。

这时，可以通过输入调试命令 step 或者 next，让调试器运行当前的代码行：

```
lua debugger> next
<redis> PING
<reply> "+PONG"
* Stopped at 2, stop reason = step over
-> 2   local set_result = redis.call("SET", KEYS[1], ARGV[1])
```

next 命令返回了 4 行结果：

- 第 1 行 <redis> PING 展示了 Redis 服务器执行的命令。
- 第 2 行 <reply> "+PONG" 是服务器在执行命令之后返回的结果。
- 第 3 行 * Stopped at 2, stop reason = step over 说明调试器因为处于单步调试模式，所以停在了程序第 2 行的前面，等待用户的下一个指示。
- 第 4 行 -> 2 local set_result = redis.call("SET", KEYS[1], ARGV[1]) 打印出了程序第 2 行的具体代码，即调试器下一次单步执行将要执行的代码。

这时，我们可以通过输入调试命令 print 来查看程序当前已有的局部变量以及它们的值：

```
lua debugger> print
<value> ping_result = {["ok"]="PONG"}
```

从这个结果可知，局部变量 ping_result 当前的值是一个包含 ok 字段的 Lua 表格，该字段的值为 "PONG"。

现在，再次执行 next 命令，调试器将执行程序的第 2 行代码：

```
lua debugger> next
<redis> SET msg hello world
```

```
<reply> "+OK"
* Stopped at 3, stop reason = step over
-> 3    return {ping_result, set_result}
```

根据结果可知，服务器这次执行了一个 SET 命令，返回了结果 "+OK"，并且单步调试也执行到了程序的第 3 行代码。

这时如果我们再次执行 print 命令，可以看到新增的局部变量 set_result 以及它的值：

```
lua debugger> print
<value> ping_result = {["ok"]="PONG"}
<value> set_result = {["ok"]="OK"}
```

现在，再次执行 next 命令，将看到以下结果：

```
lua debugger> next

1) PONG
2) OK

(Lua debugging session ended -- dataset changes rolled back)

redis>
```

其中 PONG 以及 OK 为脚本语句 return {ping_result, set_result} 返回的值，而之后显示的（Lua debugging session ended -- dataset changes rolled back）则是调试器打印的提示信息，它告诉我们 Lua 调试会话已经结束。此外，因为在调试完成之后，客户端将退出调试模式并重新回到普通的 Redis 客户端模式，所以我们在最后看到了熟悉的 redis> 提示符。

14.5.2 调试命令

除了前面展示过的 next 命令和 print 命令之外，Lua 脚本调试器还支持很多不同的调试命令，这些命令可以通过在调试客户端中执行 help 命令打印出来，表 14-3 展示了这些命令的用法以及作用。

表 14-3 调试器命令

命令及其参数	命令缩写	作用
help	h	打印这个调试命令菜单
step	s	执行当前行，然后再度暂停执行过程
next	n	step 命令的别名
continue	c	执行代码，直到遇到下一个断点为止
list	l	列出当前行附近的源代码
list <line>	l	列出指定行附近的源代码
list <line> <n>	l	列出位于指定行之前以及之后的 n 行代码
whole	w	列出脚本的完整源代码，相当于执行 list 1 1000000

（续）

命令及其参数	命令缩写	作用
print	p	打印当前存在的所有局部变量
print <var>	p	打印指定的局部变量，也可以用于打印 KEYS 全局变量以及 ARGV 全局变量
break	b	列出当前存在的所有断点
break <line>	b	在给定行添加一个断点
break -<line>	b	移除给定行上的断点
break 0	b	移除所有断点
trace	t	列出回溯信息
eval <code>	e	在另一个调用帧中执行给定的 Lua 代码
redis <cmd>	r	执行给定的 Redis 命令
maxlen <len>	m	将给定的 Redis 回复以及 Lua 变量转储信息截断至指定长度。将 len 设置为 0 表示不限制信息的长度
abort	a	停止脚本的执行过程。在同步模式下，数据库的修改将会被保留

因为调试程序通常需要重复执行多次相同的调试命令，为了让枯燥的调试过程变得稍微愉快和容易一些，Redis 为每个调试命令都设置了一个缩写，即执行命令的快捷方式，这些缩写就是命令开头的首个字母，用户只需要输入这些缩写，就可以执行相应的调试命令。比如，输入 n 即可执行 next 命令，输入 p 即可执行 print 命令，诸如此类。

接下来将会对主要的调试命令进行介绍。

14.5.3　断点

在一般情况下，我们将以单步执行的方式对脚本进行调试，也就是说，使用 next 命令执行一个代码行，观察一下执行的结果，在确认没有问题之后，继续使用 next 命令执行下一个代码行，以此类推，直到整个脚本都被执行完毕为止。

但是在有需要的情况下，也可以通过 break 命令给脚本增加断点，然后使用 continue 命令执行代码，直到遇见下一个断点为止。

比如，对于代码清单 14-5 所示的程序：

代码清单 14-5　等待添加断点的脚本：/script/breakpoint.lua

```
1 redis.call("echo", "line 1")
2 redis.call("echo", "line 2")
3 redis.call("echo", "line 3")
4 redis.call("echo", "line 4")
5 redis.call("echo", "line 5")
```

我们可以通过执行命令 break 3 5，分别在脚本的第 3 行和第 5 行添加断点：

```
lua debugger> break 3 5
-> 1   redis.call("echo", "line 1")
```

```
   2   redis.call("echo", "line 2")
  #3   redis.call("echo", "line 3")
   4   redis.call("echo", "line 4")
  #5   redis.call("echo", "line 5")
```

在 break 命令返回的结果中，符号 -> 用于标识当前行，而符号 # 则用于标识添加了断点的行。

如果我们现在执行命令 continue，那么调试器将执行脚本的第 1 行和第 2 行，然后在脚本的第 1 个断点（第 3 个代码行）前面暂停：

```
lua debugger> continue
* Stopped at 3, stop reason = break point
->#3   redis.call("echo", "line 3")
```

之后，再次执行命令 continue，这次调试器将执行脚本的第 3 行和第 4 行，然后在脚本的第 2 个断点（第 5 个代码行）前面暂停：

```
lua debugger> continue
* Stopped at 5, stop reason = break point
->#5   redis.call("echo", "line 5")
```

最后，再次执行 continue 命令，这次调试器将执行至脚本的末尾并退出：

```
lua debugger> continue

(nil)

(Lua debugging session ended -- dataset changes rolled back)
```

break 命令除了可以用于添加断点之外，还可用于显示已有断点以及移除断点，以下是一个简单的示例：

```
$ redis-cli --ldb --eval breakpoint.lua

* Stopped at 1, stop reason = step over
-> 1   redis.call("echo", "line 1")

lua debugger> break 3 5          -- 添加断点
-> 1   redis.call("echo", "line 1")
   2   redis.call("echo", "line 2")
  #3   redis.call("echo", "line 3")
   4   redis.call("echo", "line 4")
  #5   redis.call("echo", "line 5")

lua debugger> break              -- 显示已有断点
2 breakpoints set:
  #3   redis.call("echo", "line 3")
  #5   redis.call("echo", "line 5")

lua debugger> break -3           -- 移除第 3 个代码行的断点
Breakpoint removed.

lua debugger> break              -- 结果显示第 3 个代码行的断点已被移除
```

```
1 breakpoints set:
  #5   redis.call("echo", "line 5")

lua debugger> break 0        -- 移除所有断点
All breakpoints removed.

lua debugger> break          -- 目前没有设置任何断点
No breakpoints set. Use 'b <line>' to add one.
```

14.5.4 动态断点

除了可以使用 break 命令在调试脚本时手动添加断点之外，Redis 还允许用户在脚本中通过调用 redis.breakpoint() 函数来添加动态断点，当调试器执行至 redis.breakpoint() 调用所在的行时，调试器就会暂停执行过程并等待用户的指示。

动态断点对于调试条件语句以及循环语句非常有用，比如，我们可以在变量只为真的情况下添加断点：

```
if condition == true then
  redis.breakpoint()
  -- ...
end
```

或者在计数器达到某个指定值时添加断点：

```
if counter > n then
  redis.breakpoint()
  -- ...
end
```

比如，代码清单 14-6 所示的脚本将在计数器的值大于 ARGV[1] 的值时添加断点。

代码清单 14-6 等待添加动态断点的脚本：**/script/dynamic_breakpoint.lua**

```
local i = 1
local target = tonumber(ARGV[1])
while true do
    if i > target then
        redis.breakpoint()
        return "bye bye"
    end
    i = i+1
end
```

以下是一个将 ARGV[1] 设置为 50 并使用调试器调试该脚本的例子：

```
$ redis-cli --ldb --eval dynamic_breakpoint.lua , 50

* Stopped at 1, stop reason = step over
-> 1   local i = 1

lua debugger> continue
* Stopped at 6, stop reason = redis.breakpoint() called
```

```
-> 6            return "bye bye"

lua debugger> print
<value> i = 51
<value> target = 50
```

由 print 命令的执行结果可知，在第一次执行 continue 命令之后，调试器将在 i 的值为 51 时添加断点。

需要注意的是，redis.breakpoint() 调用只会在调试模式下产生效果，处于普通模式下的 Lua 解释器将自动忽略该调用。比如，如果我们直接使用 EVAL 命令去执行 dynamic_breakpoint.lua 脚本，那么脚本将不会产生任何断点，而是会直接返回脚本的执行结果：

```
$ redis-cli --eval dynamic_breakpoint.lua , 50
"bye bye"
```

14.5.5 输出调试日志

虽然我们可以通过添加动态断点并使用 print 命令打印出脚本在某个特定时期的状态，但这种做法有时还是不够动态，如果能够直接在脚本中把特定时期的状态打印出来，那么调试高度动态的程序时就会非常方便。

为了做到这一点，我们可以使用 Lua 环境内置的 redis.debug() 函数，这个函数能够直接把给定的值输出到调试客户端，使得用户可以方便地得知给定变量或者表达式的值。

作为例子，代码清单 14-7 展示了一个计算斐波那契数的 Lua 脚本，这个脚本在每次计算出新的斐波那契数时，都会使用 redis.debug() 函数将这个值输出到调试客户端，使得我们可以直观地看到整个斐波那契数的计算过程。这种做法比在每个循环中动态添加断点，然后使用 print 命令打印斐波那契数的做法要方便得多。

代码清单 14-7 计算斐波那契数的 Lua 脚本：/script/fibonacci.lua

```lua
local n = tonumber(ARGV[1])

-- F(0) = 0 , F(1) = 1
local i = 0
local j = 1


-- F(n) = F(n-1)+F(n-2)
while n ~= 0 do
    i, j = j, i+j
    n = n-1
    redis.debug(i)
end

return i
```

以下是使用调试器调试斐波那契数计算脚本的过程，可以看到，在每次循环时，redis.

debug() 函数都会把斐波那契数的当前值打印出来：

```
$ redis-cli --ldb --eval fibonacci.lua , 10

* Stopped at 1, stop reason = step over
-> 1   local n = tonumber(ARGV[1])
lua debugger> continue
<debug> line 11: 1
<debug> line 11: 1
<debug> line 11: 2
<debug> line 11: 3
<debug> line 11: 5
<debug> line 11: 8
<debug> line 11: 13
<debug> line 11: 21
<debug> line 11: 34
<debug> line 11: 55

(integer) 55

(Lua debugging session ended -- dataset changes rolled back)
```

14.5.6　执行指定的代码或命令

Lua 调试器提供了 eval 和 redis 这两个调试命令，用户可以使用前者来执行指定的 Lua 代码，并使用后者来执行指定的 Redis 命令，也可以通过这两个调试命令来快速地验证一些想法以及结果，这会给程序的调试带来很多好处。

比如，如果我们在调试某个脚本时，需要知道某个字符串对应的 SHA1 校验和，那么只需要使用 eval 命令调用 Lua 环境内置的 redis.sha1hex() 函数即可：

```
lua debugger> eval redis.sha1hex('hello world')
<retval> "2aae6c35c94fcfb415dbe95f408b9ce91ee846ed"
```

又比如，如果我们在调试某个会对数据库进行操作的脚本时，想要知道某个键的当前值，那么只需要使用 redis 命令执行相应的数据获取命令即可：

```
lua debugger> redis GET msg
<redis> GET msg
<reply> "hello world"
```

14.5.7　显示调用链

trace 调试命令可以打印出脚本的调用链信息，这些信息在研究脚本的调用路径时会非常有帮助。

比如，对于代码清单 14-8 所示的脚本：

代码清单 14-8　带有复杂调用链的 Lua 脚本：/script/trace.lua

```lua
local f1 = function()
    local f2 = function()
        local f3 = function()
```

```
 4              redis.breakpoint()
 5          end
 6          f3()
 7      end
 8      f2()
 9  end
10
11 f1()
```

trace 命令将产生以下信息：

```
$ redis-cli --ldb --eval trace.lua

* Stopped at 9, stop reason = step over
-> 9   end

lua debugger> continue
* Stopped at 5, stop reason = redis.breakpoint() called
-> 5           end

lua debugger> list
   1   local f1 = function()
   2       local f2 = function()
   3           local f3 = function()
   4               redis.breakpoint()
-> 5           end
   6           f3()
   7       end
   8       f2()
   9   end
  10

lua debugger> trace
In f3:
-> 5           end
From f2:
   6           f3()
From f1:
   8       f2()
From top level:
  11   f1()
```

在 trace 命令返回的结果中：

```
In f3:
-> 5          end
```

表示调试器停在了脚本第 5 行，该行位于函数 f3() 当中；而：

```
From f2:
6            f3()
```

则说明了函数 f3() 位于脚本的第 6 行，由函数 f2() 调用；与此类似，之后的：

```
From f1:
8       f2()
```

则说明了函数 f2() 位于脚本的第 8 行，由函数 f1() 调用；至于最后的：

```
From top level:
11   f1()
```

则说明了函数 f1() 位于脚本的第 11 行，由解释器顶层（top level）调用。

14.5.8 重载脚本

restart 是一个非常重要的调试器操作命令，它可以让调试客户端重新载入被调试的脚本，并开启一个新的调试会话。

一般来说，用户在调试脚本的时候，通常需要重复执行以下几个步骤，直至排除所有问题为止：

1）调试脚本。

2）根据调试结果修改脚本。

3）使用 restart 命令重新载入修改后的脚本，然后继续调试。

作为例子，假设我们现在需要对代码清单 14-9 所示的脚本进行调试，这个脚本的第 3 行和第 5 行分别将 PING 错写成了 P1NG（数字 1）和 PONG。

代码清单 14-9 一个包含错别字的脚本：/script/typo.lua

```
1 redis.call('PING')
2 redis.call('PING')
3 redis.call('P1NG') -- 错别字
4 redis.call('PING')
5 redis.call('PONG') -- 错别字
```

在将这个脚本载入调试器并运行至第 3 行时，脚本出现了错误，而客户端也由于这个错误从调试状态退回到了普通的客户端状态：

```
$ redis-cli --ldb --eval typo.lua

* Stopped at 1, stop reason = step over
-> 1   redis.call('PING')
lua debugger> continue

(error) ERR Error running script (call to f_cb3ff5da49083d9b7765f3c62b6bfce3b07c
bdcb): @user_script:3: @user_script: 3: Unknown Redis command called from Lua script

(Lua debugging session ended -- dataset changes rolled back)

redis>
```

根据调试结果可知，脚本第 3 行的命令调用出现了错误。于是我们修改文件，将调用中的 P1NG 修改为 PING，然后在客户端中输入 restart，重新开始调试：

```
redis> restart

* Stopped at 1, stop reason = step over
```

```
-> 1    redis.call('PING')
lua debugger>
```

之后，调试器继续执行脚本，并在脚本的第 5 行停了下来：

```
lua debugger> continue

(error) ERR Error running script (call to f_6f077220cdd710a5592c23dd0eedab9d-
ee363854): @user_script:5: @user_script: 5: Unknown Redis command called from Lua script

(Lua debugging session ended -- dataset changes rolled back)
```

根据这次的调试结果，我们得知脚本第 5 行调用的命令出错了，于是修改文件，将调用中的 PONG 修改为 PING，然后再次在客户端中输入 restart 并重新开始调试：

```
redis> restart

* Stopped at 1, stop reason = step over
-> 1    redis.call('PING')
lua debugger>
```

经历了两次修改之后，脚本终于可以顺利地执行了：

```
lua debugger> continue

(nil)

(Lua debugging session ended -- dataset changes rolled back)

redis>
```

14.5.9 调试模式

Redis 的 Lua 调试器支持两种不同的调试模式，一种是异步调试，另一种则是同步调试。当用户以 ldb 选项启动调试会话时，Redis 服务器将以异步方式调试脚本：

```
redis-cli --ldb --eval script.lua
```

运行在异步调试模式下的 Redis 服务器会为每个调试会话分别创建新的子进程，并将其用作调试进程：

- 因为 Redis 服务器可以创建出任意多个子进程作为调试进程，所以异步调试允许多个调试会话同时存在，换句话说，异步调试模式允许多个用户同时进行调试。
- 因为异步调试是在子进程而不是服务器进程上进行，它不会阻塞服务器进程，所以在异步调试的过程中，其他客户端可以继续访问 Redis 服务器。
- 因为异步调试期间执行的所有 Lua 代码以及 Redis 命令都是在子进程上完成的，所以在调试完成之后，调试期间产生的所有数据修改也会随着子进程的终结而消失，它们不会对 Redis 服务器的数据库产生任何影响。

当用户以 ldb-sync-mode 选项启动调试会话时，Redis 服务器将以同步方式调试脚本：

```
redis-cli --ldb-sync-mode --eval script.lua
```

运行在同步调试模式下的 Redis 服务器将直接使用服务器进程作为调试进程：

- 因为同步调试不会创建任何子进程，而是直接使用服务器进程作为调试进程，所以同一时间内只能有一个调试会话存在。换句话说，同步调试模式只允许单个用户进行调试。
- 因为同步调试直接在服务器进程上进行，它需要独占整个服务器，所以在整个同步调试过程中，其他客户端对服务器的访问都会被阻塞。
- 因为在同步调试期间，所有 Lua 代码以及 Redis 命令都是直接在服务器进程上执行的，所以调试期间产生的数据修改将保留在服务器的数据库中。

简单来说，虽然异步调试和同步调试都能够调试 Lua 脚本，但它们完成调试工作的方式却是完全相反的。

举个例子，如果我们在一个拥有空白数据库的 Redis 服务器上进行异步调试，并使用 redis 调试命令执行一个设置操作：

```
$ redis-cli --ldb --eval typo.lua

* Stopped at 1, stop reason = step over
-> 1   redis.call('PING')

lua debugger> redis SET msg 'hello world'
<redis> SET msg hello world
<reply> "+OK"

lua debugger> quit
```

那么在调试完毕之后，msg 键将不会在数据库中出现：

```
$ redis-cli
redis> KEYS *
(empty list or set)
```

与此相反，如果我们在相同的 Redis 服务器上进行同步调试，并执行相同的设置操作：

```
$ redis-cli --ldb-sync-mode --eval typo.lua

* Stopped at 1, stop reason = step over
-> 1   redis.call('PING')

lua debugger> redis SET msg 'hello world'
<redis> SET msg hello world
<reply> "+OK"

lua debugger> quit
```

那么在调试完毕之后，msg 键将继续保留在服务器的数据库中：

```
$ redis-cli
redis> KEYS *
1) "msg"
```

14.5.10 终止调试会话

在调试 Lua 脚本时，用户有 3 种方法可以退出调试会话：

- 当脚本执行完毕时，调试会话将自然终止，客户端也会从调试状态退回到普通状态。
- 当用户在调试器中按下 Ctrl + C 键时，调试器将在执行完整个脚本之后终止调试会话。
- 当用户在调试器中执行 abort 命令时，调试器将不再执行任何代码，直接终止调试会话。

我们需要特别注意方法 2 和方法 3 之间的区别，因为对于一些脚本来说，使用这两种退出方法可能会产生不一样的结果。

举个例子，对于代码清单 14-10 所示的脚本：

代码清单 14-10 对数据库进行设置的脚本：/script/set_strings.lua

```
redis.call("SET", "msg", "hello world")
redis.call("SET", "database", "redis")
redis.call("SET", "number", 10086)
```

如果我们使用同步模式调试这个脚本，并在执行脚本的第一行代码之后按 Ctrl + C 键退出调试，那么调试器将在执行完整个脚本之后退出调试会话：

```
$ redis-cli --ldb-sync-mode --eval set_strings.lua

* Stopped at 1, stop reason = step over
-> 1   redis.call("SET", "msg", "hello world")

lua debugger> next
<redis> SET msg hello world
<reply> "+OK"
* Stopped at 2, stop reason = step over
-> 2   redis.call("SET", "database", "redis")

lua debugger>
$
```

通过访问数据库可以看到，脚本设置的 3 个键都出现在了数据库中，这说明脚本包含的 3 个 SET 命令都被执行了：

```
redis> KEYS *
1) "number"
2) "database"
3) "msg"
```

此外，如果我们使用相同的模式调试相同的脚本，但是在执行脚本的第 1 行之后使用 abort 命令退出调试：

```
$ redis-cli --ldb-sync-mode --eval set_strings.lua

* Stopped at 1, stop reason = step over
```

```
    -> 1    redis.call("SET", "msg", "hello world")

    lua debugger> next
    <redis> SET msg hello world
    <reply> "+OK"
    * Stopped at 2, stop reason = step over
    -> 2    redis.call("SET", "database", "redis")

    lua debugger> abort

    (error) ERR Error running script (call to f_4a3b211335f38c87bc0465bb0b6b0c9780-
f4be41): @user_script:2: script aborted for user request

    (Lua debugging session ended)
```

那么数据库将只会包含脚本第 1 行代码设置的 msg 键：

```
redis> KEYS *
1) "msg"
```

为了避免出现类似问题，我们在进行调试，特别是在同步模式下进行调试时，如果要中途停止调试，最好还是使用 abort 命令退出调试会话，从而尽可能地避免意料之外的情况发生。

14.6 重点回顾

- Lua 脚本特性的出现使得 Redis 用户能够按需扩展 Redis 服务器功能。
- 数据在传入和传出 Lua 脚本环境时可能会被转换成不同类型的值，用户在使用脚本时必须注意这一点。
- Lua 脚本与事务一样，都可以以原子方式执行多个 Redis 命令，并且由于 Lua 脚本是在服务器端执行的，所以它可以实现一些使用事务无法完成的操作。
- 使用 Lua 脚本缓存特性可以有效减少重复执行脚本时所需的带宽。
- Redis 为 Lua 脚本提供了非常强大的调试器，它对于调试程序和发现错误非常有帮助。

CHAPTER 15

第 15 章
持　久　化

正如之前所说，Redis 与传统数据库的一个主要区别在于，Redis 把所有数据都存储在内存中，而传统数据库通常只会把数据的索引存储在内存中，并将实际的数据存储在硬盘中。

虽然 Redis 的数据存储方式使得用户可以以极快的速度读写服务器中的数据，但由于内存属于易失存储器（volatile storage），它记录的所有数据在系统断电之后就会丢失，这对于想把 Redis 用作数据库而不仅仅是缓存的用户来说是不愿意看到的。

为了解决上述问题，Redis 向用户提供了持久化功能，这一功能可以把内存中存储的数据以文件形式存储到硬盘上，而服务器也可以根据这些文件在系统停机之后实施数据恢复，让服务器的数据库重新回到停机之前的状态。

为了满足不同的持久化需求，Redis 提供了 RDB 持久化、AOF 持久化和 RDB-AOF 混合持久化等多种持久化方式以供用户选择。如果用户有需要，也可以完全关闭持久化功能，让服务器处于无持久化状态。

本章将对上述提到的这些持久化方式做详细的介绍。

15.1　RDB 持久化

RDB 持久化是 Redis 默认使用的持久化功能，该功能可以创建出一个经过压缩的二进制文件，其中包含了服务器在各个数据库中存储的键值对数据等信息。RDB 持久化产生的文件都以 .rdb 后缀结尾，其中 rdb 代表 Redis DataBase（Redis 数据库）。

Redis 提供了多种创建 RDB 文件的方法，用户既可以使用 SAVE 命令或者 BGSAVE 命令手动创建 RDB 文件，也可以通过设置 save 配置选项让服务器在满足指定条件时自动执行 BGSAVE 命令。本节接下来将分别介绍这 3 种 RDB 文件的创建方法。

15.1.1 SAVE：阻塞服务器并创建 RDB 文件

用户可以通过执行 SAVE 命令，要求 Redis 服务器以同步方式创建出一个记录了服务器当前所有数据库数据的 RDB 文件。SAVE 命令是一个无参数命令，它在创建 RDB 文件成功时将返回 OK 作为结果：

```
redis> SAVE
OK
```

接收到 SAVE 命令的 Redis 服务器将遍历数据库包含的所有数据库，并将各个数据库包含的键值对全部记录到 RDB 文件中。在 SAVE 命令执行期间，Redis 服务器将阻塞，直到 RDB 文件创建完毕为止。如果 Redis 服务器在执行 SAVE 命令时已经拥有了相应的 RDB 文件，那么服务器将使用新创建的 RDB 文件代替已有的 RDB 文件，这个过程如图 15-1 所示。

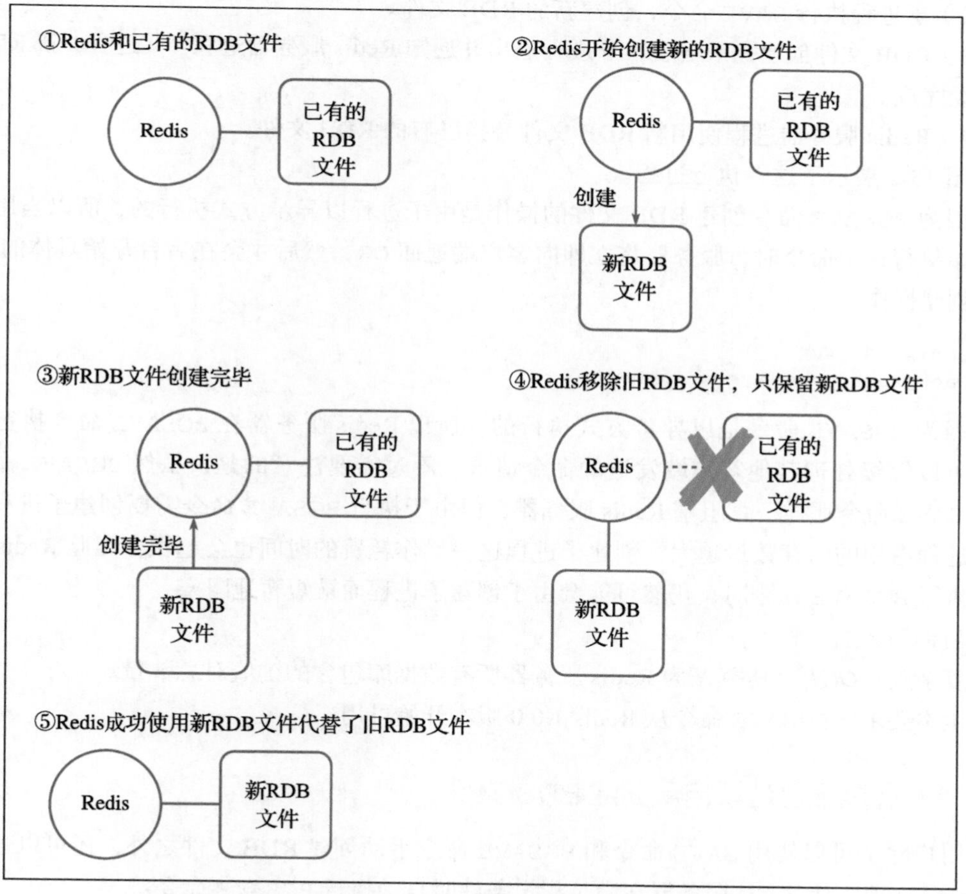

图 15-1 创建新的 RDB 文件，并替换已有的 RDB 文件

其他信息

复杂度：$O(N)$，其中 N 为 Redis 服务器所有数据库包含的键值对总数量。

版本要求：SAVE 命令从 Redis 1.0.0 版本开始可用。

15.1.2 BGSAVE：以非阻塞方式创建 RDB 文件

因为 SAVE 命令在执行时会阻塞整个服务器，所以用户在使用该命令创建 RDB 文件期间将无法为其他客户端提供服务。为了解决这个问题，Redis 提供了 SAVE 命令的异步版本 BGSAVE 命令：这个命令与 SAVE 命令一样都是无参数命令，它与 SAVE 命令的不同之处在于，BGSAVE 不会直接使用 Redis 服务器进程创建 RDB 文件，而是使用子进程创建 RDB 文件。

当 Redis 服务器接收到用户发送的 BGSAVE 命令时，将执行以下操作：

1）创建一个子进程。

2）子进程执行 SAVE 命令，创建新的 RDB 文件。

3）RDB 文件创建完毕之后，子进程退出并通知 Redis 服务器进程（父进程）新 RDB 文件已经完成。

4）Redis 服务器进程使用新 RDB 文件替换已有的 RDB 文件。

图 15-2 展示了这一执行过程。

因为 BGSAVE 命令创建 RDB 文件的操作是由子进程以异步方式执行的，所以当用户在客户端执行这个命令时，服务器将立即向客户端返回 OK，然后才会在后台开始具体的 RDB 文件创建操作：

```
redis> BGSAVE
Background saving started
```

因为 BGSAVE 命令是以异步方式执行的，所以 Redis 服务器在 BGSAVE 命令执行期间仍然可以继续处理其他客户端发送的命令请求。不过需要注意的是，虽然 BGSAVE 命令不会像 SAVE 命令那样一直阻塞 Redis 服务器，但由于执行 BGSAVE 命令需要创建子进程，所以父进程占用的内存数量越大，创建子进程这一操作耗费的时间也会越长，因此 Redis 服务器在执行 BGSAVE 命令时，仍然可能会由于创建子进程而被短暂地阻塞。

其他信息

复杂度：$O(N)$，其中 N 为 Redis 服务器所有数据库包含的键值对总数量。

版本要求：BGSAVE 命令从 Redis 1.0.0 版本开始可用。

15.1.3 通过配置选项自动创建 RDB 文件

用户除了可以使用 SAVE 命令和 BGSAVE 命令手动创建 RDB 文件之外，还可以通过设置 save 选项，让 Redis 服务器在满足指定条件时自动执行 BGSAVE 命令：

```
save <seconds> <changes>
```

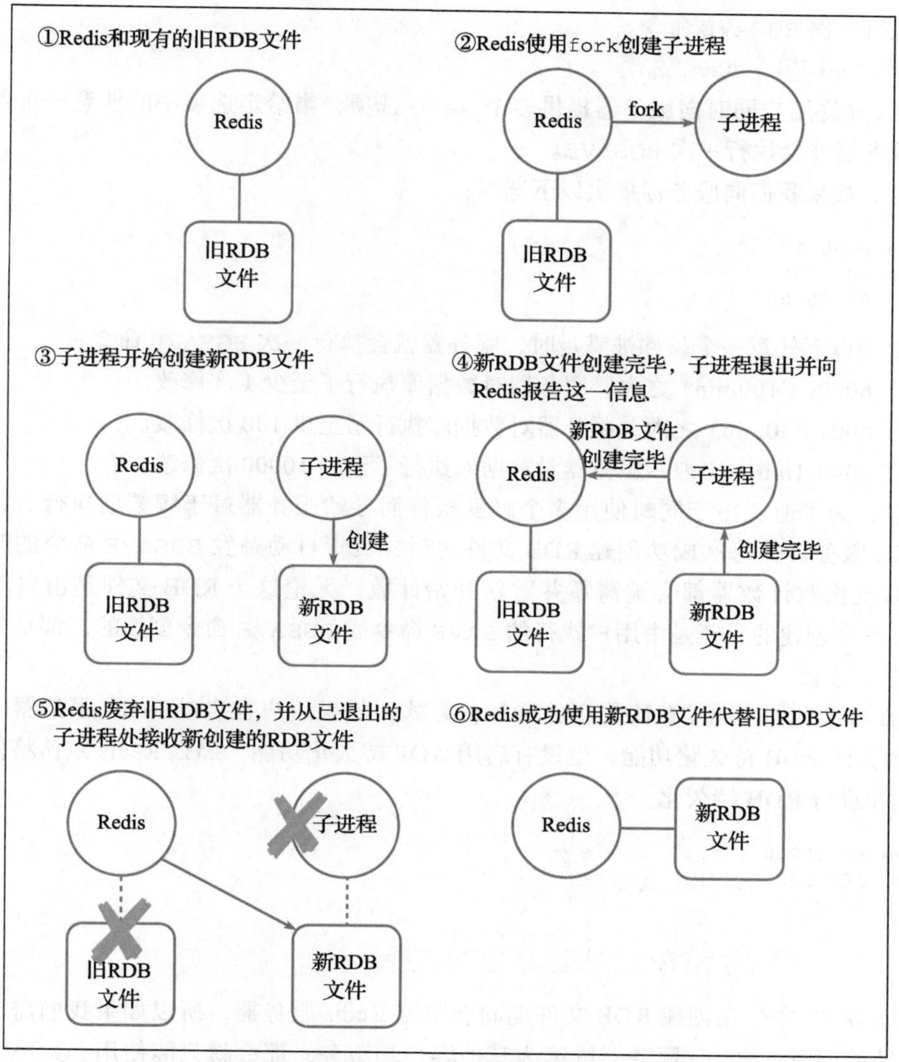

图 15-2 使用子进程创建新 RDB 文件

save 选项接受 seconds 和 changes 两个参数，前者用于指定触发持久化操作所需的时长，而后者则用于指定触发持久化操作所需的修改次数。简单来说，如果服务器在 seconds 秒之内，对其包含的各个数据库总共执行了至少 changes 次修改，那么服务器将自动执行一次 BGSAVE 命令。

比如，如果我们向服务器提供以下选项：

```
save 60 10000
```

那么当“服务器在 60s 秒之内至少执行了 10000 次修改”这一条件被满足时，服务器就会自动执行一次 BGSAVE 命令。

1. 同时使用多个 save 选项

Redis 允许用户同时向服务器提供多个 save 选项，当给定选项中的任意一个条件被满足时，服务器就会执行一次 BGSAVE。

比如，如果我们向服务器提供以下选项：

```
save 6000 1
save 600 100
save 60 10000
```

那么当以下任意一个条件被满足时，服务器就会执行一次 BGSAVE 命令：

- 在 6000s（100min）之内，服务器对数据库执行了至少 1 次修改。
- 在 600s（10min）之内，服务器对数据库执行了至少 100 次修改。
- 在 60s（1min）之内，服务器对数据库执行了至少 10000 次修改。

注意，为了避免由于同时使用多个触发条件而导致服务器过于频繁地执行 BGSAVE 命令，Redis 服务器在每次成功创建 RDB 文件之后，负责自动触发 BGSAVE 命令的时间计数器以及修改次数计数器都会被清零并重新开始计数：无论这个 RDB 文件是由自动触发的 BGSAVE 命令创建的，还是由用户执行的 SAVE 命令或 BGSAVE 命令创建的，都是如此。

2. 默认设置

RDB 持久化是 Redis 默认使用的持久化方式，如果用户在启动 Redis 服务器时，既没有显式地关闭 RDB 持久化功能，也没有启用 AOF 持久化功能，那么 Redis 默认将使用以下 save 选项进行 RDB 持久化：

```
save 60 10000
save 300 100
save 3600 1
```

15.1.4 SAVE 命令和 BGSAVE 命令的选择

因为 SAVE 命令在创建 RDB 文件期间会阻塞 Redis 服务器，所以如果我们需要在创建 RDB 文件的同时让 Redis 服务器继续为其他客户端服务，那么就只能使用 BGSAVE 命令来创建 RDB 文件。

因为 SAVE 命令无须创建子进程，它不会因为创建子进程而消耗额外的内存，所以在维护离线的 Redis 服务器时，使用 SAVE 命令能够比使用 BGSAVE 命令更快地完成创建 RDB 文件的工作。

15.1.5 RDB 文件结构

在了解了如何创建 RDB 文件之后，接下来了解一下 RDB 文件的具体结构。

1. 总体结构

图 15-3 展示了 RDB 文件的总体结构，整个文件共分为 7 个部分。

- RDB 文件标识符

文件最开头的部分为 RDB 文件标识符，这个标识符的内容为 "REDIS" 这 5 个字符。Redis 服务器在尝试载入 RDB 文件的时候，可以通过这个标识符快速地判断该文件是否为真正的 RDB 文件。

图 15-3 RDB 文件的总体结构

- 版本号

跟在 RDB 文件标识符之后的是 RDB 文件的版本号，这个版本号是一个字符串格式的数字，长度为 4 个字符。目前最新的 RDB 文件版本为第 9 版，因此 RDB 文件的版本号将为字符串 "0009"。不同版本的 RDB 文件在结构上都会有一些不同，总的来说，新版 RDB 文件都会在旧版 RDB 文件的基础上添加更多信息，因此 RDB 文件的版本越新，RDB 文件的结构就越复杂。

关于 RDB 文件，需要说明的另外一点是新版 Redis 服务器总是能够向下兼容旧版 Redis 服务器生成的 RDB 文件。比如，生成第 9 版 RDB 文件的 Redis 5.0 既能够正常读入由 Redis 4.0 生成的第 8 版 RDB 文件，也能够读入由 Redis 3.2 生成的第 7 版 RDB 文件，甚至更旧版本的 RDB 文件也是可以的。与此相反，如果 Redis 服务器生成的是较旧版本的 RDB 文件，那么它是无法读入更新版本的 RDB 文件的。比如，生成第 8 版 RDB 文件的 Redis 4.0 就不能读入由 Redis 5.0 生成的第 9 版 RDB 文件。

- 设备附加信息

RDB 文件的设备附加信息部分记录了生成 RDB 文件的 Redis 服务器及其所在平台的信息，比如服务器的版本号、宿主机器的架构、创建 RDB 文件时的时间戳、服务器占用的内存数量等。

- 数据库数据

RDB 文件的数据库数据部分记录了 Redis 服务器存储的 0 个或任意多个数据库的数据，当这个部分包含多数个数据库的数据时，各个数据库的数据将按照数据库号码从小到大进行排列，比如，0 号数据库的数据将排在最前面，紧接着是 1 号数据库的数据，然后是 2 号数据库的数据，以此类推，图 15-4 展示了这一排列顺序。

- Lua 脚本缓存

如果 Redis 服务器启用了复制功能，那么服务器将在 RDB 文件的 Lua 脚本缓存部分保存所有已被缓存的 Lua 脚本。这样一来，从服务器在载入 RDB 文件完成数据同步之后，就可以继续执行主服务器发来的 EVALSHA 命令了。

- EOF

RDB 文件的 EOF 部分用于标识 RDB 正文内容的末尾，它的实际值为二进制值 0xFF。当 Redis 服务器读取到 EOF 的时候，它知道 RDB 文件的正文部分已经全部读取完毕了。

- CRC64 校验和

RDB 文件的末尾是一个以无符号 64 位整数表示的 CRC64 校验和，比如 5097628732947693614。Redis 服务器在读入 RDB 文件时会通过这个校验和来快速地检查 RDB 文件是否有出错或者损坏的情况出现。

2. 数据库信息结构

前面提到过，RDB 文件的数据库数据部分包含了任意多个数据库的数据，其中每个数据库都由图 15-5 所示的 4 个部分组成。

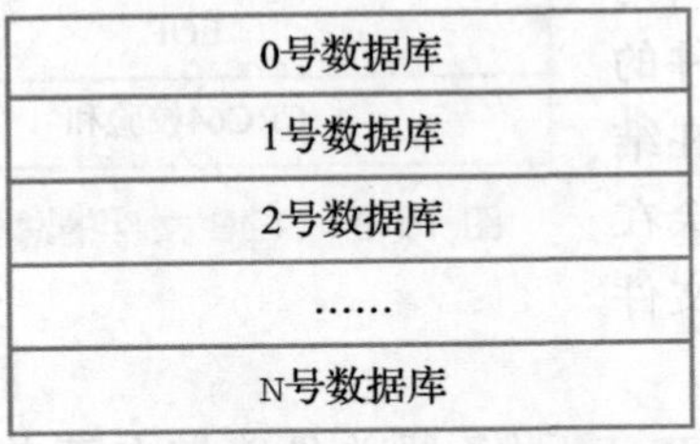

图 15-4 多个数据库在 RDB 文件中的排列

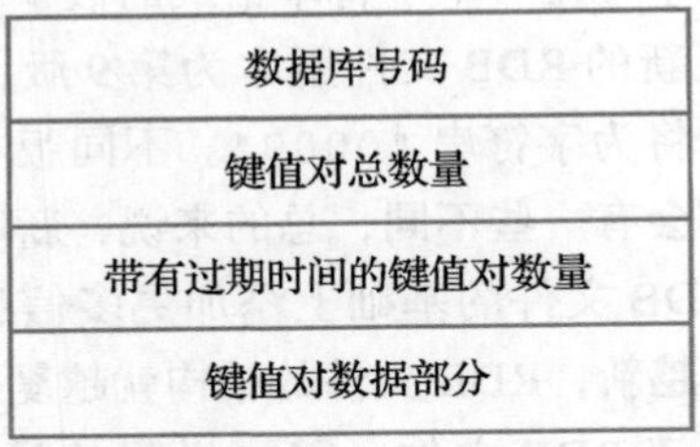

图 15-5 单个数据库的信息结构

首先，第一部分以数字形式记录了数据库的号码，比如 0。Redis 服务器在读入 RDB 文件数据时，会根据这个号码切换至相应的数据库，从而确保键值对会被载入正确的数据库中。

在之后的两个部分，RDB 文件会使用两个数字，分别记录数据库包含的键值对总数量以及数据库中带有过期时间的键值对数量。Redis 服务器将根据这两个数字，以尽可能优化的方式创建数据库的内部数据结构。

在最后一个部分，RDB 文件将以无序方式记录数据库包含的所有键值对。具体来说，数据库中的每个键值对都会被划分为最多 5 个部分，如图 15-6 所示。

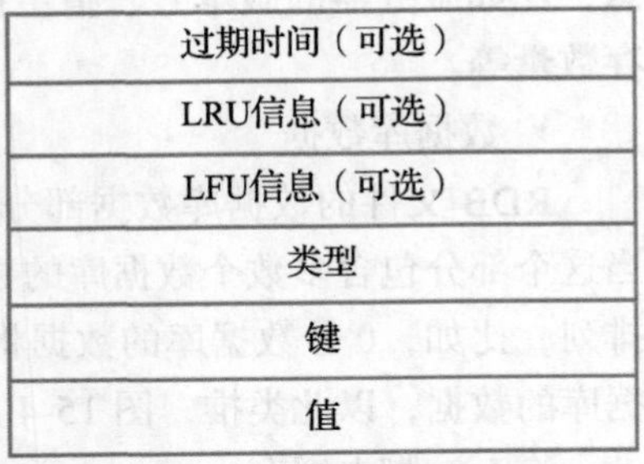

图 15-6 RDB 文件中单个键值对的信息结构

正如图 15-6 所示，每个键值对开头的第一部分记录的是可能存在的过期时间，这是一个毫秒级精度的 UNIX 时间戳。

之后的 LRU 信息或者 LFU 信息分别用于实现可选的 LRU 算法或者 LFU 算法，并且因为 Redis 只能选择一种键淘汰算法，所以这两项信息将不会同时出现，最多只会出现其中一种。

至于最后三个部分则分别记录了键值对的类型（比如字符串、列表、散列等）以及键和值。

15.1.6 载入 RDB 文件

在介绍完 RDB 文件的组成结构之后，接下就让我们了解一下 Redis 服务器载入 RDB 文件的具体步骤。

首先，当 Redis 服务器启动时，它会在工作目录中查找是否有 RDB 文件出现，如果有就打开它，然后读取文件的内容并执行以下载入操作：

1）检查文件开头的标识符是否为 "REDIS"，如果是则继续执行后续的载入操作，不是则抛出错误并终止载入操作。

2）检查文件的 RDB 版本号，以此来判断当前 Redis 服务器能否读取这一版本的 RDB 文件。

3）根据文件中记录的设备附加信息，执行相应的操作和设置。

4）检查文件的数据库数据部分是否为空，如果不为空就执行以下子操作：

①根据文件记录的数据库号码，切换至正确的数据库。

②根据文件记录的键值对总数量以及带有过期时间的键值对数量，设置数据库底层数据结构。

③一个接一个地载入文件记录的所有键值对数据，并在数据库中重建这些键值对。

5）如果服务器启用了复制功能，那么将之前缓存的 Lua 脚本重新载入缓存中。

6）遇到 EOF 标识，确认 RDB 正文已经全部读取完毕。

7）载入 RDB 文件末尾记录的 CRC64 校验和，把它与载入数据期间计算出的 CRC64 校验和进行对比，以此来判断被载入的数据是否完好无损。

8）RDB 文件载入完毕，服务器开始接受客户端请求。

图 15-7 展示了这一数据载入流程。

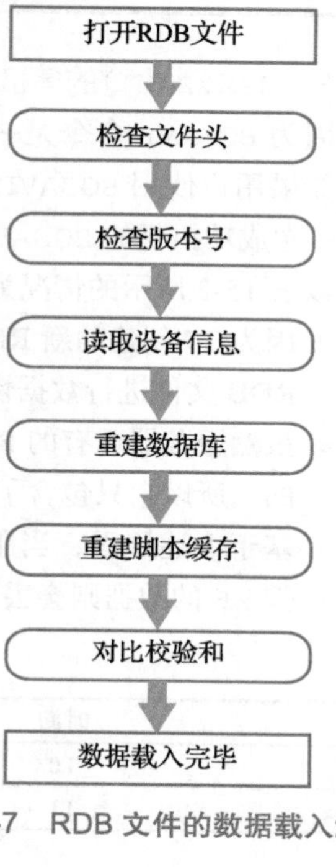

图 15-7 RDB 文件的数据载入流程

15.1.7 数据丢失

RDB 文件记录的是服务器在开始创建文件的那一刻，服务器中包含的所有键值对数据，这种数据持久化方式通常被称为时间点快照（point-in-time snapshot）。时间点快照持久化的一个特点是，系统在停机时将丢失最后一次成功实施持久化之后的所有数据。对于一个只使用 RDB 持久化的 Redis 服务器来说，服务器停机时丢失的数据量将取决于最后一次成功执行的 RDB 持久化操作，以及该操作开始执行的时间。

因为 Redis 允许使用 SAVE 和 BGSAVE 这两种命令来执行 RDB 持久化操作，所以接下来将分别分析这两个命令在遭遇故障停机时的表现。

1. SAVE 命令的停机情况

因为 SAVE 命令是一个同步操作，它的开始和结束都位于同一个原子时间之内，所以如果用户使用 SAVE

命令进行持久化，那么服务器在停机时将丢失最后一次成功执行 SAVE 命令之后产生的所有数据。

以表 15-1 所示的情况为例，我们需要了解以下两点：

- 因为服务器最后一次成功执行 SAVE 命令是在 T7，所以服务器创建出的 RDB 文件将包含键 k1 至键 k4 在内的数据，服务器在重启时将使用这个 RDB 文件进行数据恢复。
- 因为服务器在 T7 之后创建了键 k5 和键 k6，并在之后出现停机，所以当服务器重启时，键 k5、k6 的数据将丢失，而键 k1 至键 k4 的数据将被恢复。

表 15-1 SAVE 命令停机示例

时间	事件
T0	服务器开始运行
T1	服务器执行 SET k1 v1
T2	服务器执行 SET k2 v2
T3	服务器执行 SAVE 命令，成功创建 RDB 文件
T4	服务器执行 SET k3 v3
T6	服务器执行 SET k4 v4
T7	服务器执行 SAVE 命令，成功创建 RDB 文件
T8	服务器执行 SET k5 v5
T9	服务器执行 SET k6 v6
T10	服务器停机

2. BGSAVE 命令的停机情况

因为 BGSAVE 命令是一个异步命令，它的开始和结束并不位于同一个原子时间之内，所以如果用户使用 BGSAVE 命令进行持久化，那么服务器在停机时丢失的数据量将取决于最后一次成功执行的 BGSAVE 命令的开始时间。

以表 15-2 所示的情况为例，我们需要了解以下三点：

- 因为 T7 创建的新 RDB 文件尚未完成，所以服务器在停机之后将使用 T5 成功创建的 RDB 文件进行数据恢复。
- 虽然服务器现有的 RDB 文件是在 T5 成功创建的，但由于这个文件是在 T3 开始创建的，所以它只包含了 T3 之前的数据，即键 k1 和键 k2 的数据。
- 基于上述原因，当服务器重启时，只有键 k1 和键 k2 的数据会被恢复，而键 k3 至键 k6 的数据则会丢失。

表 15-2 BGSAVE 停机示例

时间	事件
T0	服务器开始运行
T1	服务器执行 SET k1 v1

（续）

时间	事件
T2	服务器执行 SET k2 v2
T3	服务器执行 BGSAVE 命令，开始创建 RDB 文件
T4	服务器执行 SET k3 v3
T5	RDB 文件创建完毕
T6	服务器执行 SET k4 v4
T7	服务器执行 BGSAVE 命令，开始创建 RDB 文件
T8	服务器执行 SET k5 v5
T9	服务器执行 SET k6 v6
T10	服务器停机

3. RDB 持久化的缺陷

总的来说，无论用户使用的是 SAVE 命令还是 BGSAVE 命令，停机时服务器丢失的数据量将取决于创建 RDB 文件的时间间隔：间隔越长，停机时丢失的数据也就越多。

然而矛盾之处在于，RDB 持久化是一种全量持久化操作，它在创建 RDB 文件时需要存储整个服务器包含的所有数据，并因此消耗大量计算资源和内存资源，所以用户是不太可能通过增大 RDB 文件的生成频率来保证数据安全的。

举个例子，虽然从技术上来说，用户可以在每次执行写命令之后都执行一次 SAVE 命令，以此来保证数据处于绝对安全的状态，但这样一来 Redis 服务器的性能将下降至无法正常使用的水平。相反，用户如果想要保证服务器的性能处于合理水平，就不能过于频繁地创建 RDB 文件，这样一来，也就不可避免地会出现因为停机而丢失大量数据的情况。

从 RDB 持久化的特征来看，它更像是一种数据备份手段而非一种普通的数据持久化手段。为了解决 RDB 持久化在停机时可能会丢失大量数据这一问题，并提供一种真正符合用户预期的持久化功能，Redis 推出了 15.2 节将要介绍的 AOF 持久化模式。

15.2 AOF 持久化

与全量式的 RDB 持久化功能不同，AOF 提供的是增量式的持久化功能，这种持久化的核心原理在于：服务器每次执行完写命令之后，都会以协议文本的方式将被执行的命令追加到 AOF 文件的末尾。这样一来，服务器在停机之后，只要重新执行 AOF 文件中保存的 Redis 命令，就可以将数据库恢复至停机之前的状态。

作为例子，表 15-3 展示了一个 Redis 服务器生成 AOF 文件的过程。

表 15-3 AOF 文件的生成过程

时间	事件	AOF 文件记录的命令
T0	服务器启动	（空白）
T1	服务器执行命令 SET k1 v1	SELECT 0 SET k1 v1

（续）

时间	事件	AOF 文件记录的命令
T2	服务器执行命令 SET k2 v2	SELECT 0 SET k1 v1 SET k2 v2
T3	服务器执行命令 RPUSH lst a b c	SELECT 0 SET k1 v1 SET k2 v2 RPUSH lst a b c
T4	服务器停机	SELECT 0 SET k1 v1 SET k2 v2 RPUSH lst a b c

从表 15-3 中可以看到，随着服务器不断地执行命令，被执行的命令也会不断地被保存到 AOF 文件中（文件中唯一不是用户执行的命令 SELECT 0 是服务器根据用户正在使用的数据库号码自动加上的）。这样一来，即使服务器在 T4 停机，它也可以在重启时通过重新执行 AOF 文件包含的命令来恢复数据。对于表 15-3 中展示的例子来说，服务器只要重新执行 AOF 文件中包含的 4 个命令，就可以让数据库重新回到停机之前的状态。

为了方便展示，本书在介绍 AOF 相关内容时，通常会直接写出被执行的命令，但是在实际的 AOF 文件中，命令都是以 Redis 网络协议的方式保存的。比如，对于表 15-3 所示的情况，服务器将创建一个包含代码清单 15-1 所示内容的 AOF 文件（为了能够清晰地辨别各个命令，清单将每个命令都单独列为一行）。

代码清单 15-1 被执行的命令将以协议格式存储在 AOF 文件中

```
*2\r\n$6\r\nSELECT\r\n$1\r\n0\r\n
*3\r\n$3\r\nSET\r\n$2\r\nk1\r\n$2\r\nv1\r\n
*3\r\n$3\r\nSET\r\n$2\r\nk2\r\n$2\r\nv2\r\n
*5\r\n$5\r\nRPUSH\r\n$3\r\nlst\r\n$1\r\na\r\n$1\r\nb\r\n$1\r\nc\r\n
```

15.2.1 打开 AOF 持久化功能

用户可以通过服务器的 appendonly 选项来决定是否打开 AOF 持久化功能：

```
appendonly <value>
```

如果用户想要开启 AOF 持久化功能，那么只需要将这个值设置为 yes 即可：

```
appendonly yes
```

反之，如果用户想要关闭 AOF 持久化功能，那么只需要将这个值设置为 no 即可：

```
appendonly no
```

当AOF持久化功能处于打开状态时，Redis服务器在默认情况下将创建一个名为appendonly.aof的文件作为AOF文件。

15.2.2 设置AOF文件的冲洗频率

为了提高程序的写入性能，现代化的操作系统通常会把针对硬盘的多次写操作优化为一次写操作。具体的做法是，当程序调用write系统调用对文件进行写入时，系统并不会直接把数据写入硬盘，而是会先将数据写入位于内存的缓冲区中，等到指定的时限到达或者满足某些写入条件时，系统才会执行flush系统调用，将缓冲区中的数据冲洗至硬盘。

这种优化机制虽然提高了程序的性能，但是也给程序的写入操作带来了不确定性，特别是对于AOF这样的持久化功能来说，AOF文件的冲洗机制将直接影响AOF持久化的安全性。为了消除上述机制带来的不确定性，Redis向用户提供了appendfsync选项，以此来控制系统冲洗AOF文件的频率：

```
appendfsync <value>
```

appendfsync选项拥有always、everysec和no 3个值可选，它们代表的意义分别为：

- always——每执行一个写命令，就对AOF文件执行一次冲洗操作。
- everysec——每隔1s，就对AOF文件执行一次冲洗操作。
- no——不主动对AOF文件执行冲洗操作，由操作系统决定何时对AOF进行冲洗。

这3种不同的冲洗策略不仅会直接影响服务器在停机时丢失的数据量，还会影响服务器在运行时的性能：

- 在使用always值的情况下，服务器在停机时最多只会丢失一个命令的数据，但使用这种冲洗方式将使Redis服务器的性能降低至传统关系数据库的水平。
- 在使用everysec值的情况下，服务器在停机时最多只会丢失1s之内产生的命令数据，这是一种兼顾性能和安全性的折中方案。
- 在使用no值的情况下，服务器在停机时将丢失系统最后一次冲洗AOF文件之后产生的所有命令数据，至于数据量的具体大小则取决于系统冲洗AOF文件的频率。

因为no策略给可能丢失的数据量带来了不确定性，而always策略对于安全性的追求又牺牲了服务器的性能，所以Redis使用everysec作为appendfsync选项的默认值。除非有明确的需求，否则用户不应该随意修改appendfsync选项的值。

15.2.3 AOF重写

随着服务器不断运行，被执行的命令将变得越来越多，而负责记录这些命令的AOF文件也会变得越来越大。与此同时，如果服务器曾经对相同的键执行过多次修改操作，那么

AOF文件中还会出现多个冗余命令。

举个例子，对于代码清单15-2所示的AOF文件：

代码清单 15-2 包含冗余内容的 AOF 文件

```
SELECT 0
SET msg "hello world!"
SET msg "good morning!"
SET msg "happy birthday!"
SADD fruits "apple"
SADD fruits "banana"
SADD fruits "cherry"
SADD fruits "dragon fruit"
SREM fruits "dragon fruit"
SADD fruits "durian"
RPUSH job-queue 10086
RPUSH job-queue 12345
RPUSH job-queue 256512
```

文件中的3组命令分别对msg、fruits和job-queue 3个键进行了多次修改，但是这些命令对数据库的最终修改效果实际上可以简化为以下4条命令：

- SELECT 0
- SET msg "happy birthday!"
- SADD fruits "apple" "banana" "cherry" "durian"
- RPUSH job-queue 10086 12345 256512

冗余命令的存在不仅增加了AOF文件的体积，并且因为Redis服务器在停机之后需要通过重新执行AOF文件中保存的命令来恢复数据，所以AOF文件中的冗余命令越多，恢复数据时耗费的时间也会越多。为了减少冗余命令，让AOF文件保持“苗条”，并提供数据恢复操作的执行速度，Redis提供了AOF重写功能，该功能能够生成一个全新的AOF文件，并且文件中只包含恢复当前数据库所需的尽可能少的命令。

举个例子，如果我们对代码清单15-2所示的AOF文件执行AOF重写操作，那么Redis将生成代码清单15-3所示的AOF文件，该文件只包含了上述提到的4个命令：

代码清单 15-3 重写之后的 AOF 文件

```
SELECT 0
SET msg "happy birthday!"
SADD fruits "apple" "banana" "cherry" "durian"
RPUSH job-queue 10086 12345 256512
```

用户可以通过执行BGREWRITEAOF命令或者设置相关的配置选项来触发AOF重写操作，接下来将分别介绍这两种触发方法。

1. **BGREWRITEAOF** 命令

用户可以通过执行BGREWRITEAOF命令显式地触发AOF重写操作，该命令是一个无参数命令：

```
redis> BGREWRITEAOF
Background append only file rewriting started
```

BGREWRITEAOF 命令是一个异步命令，Redis 服务器在接收到该命令之后会创建出一个子进程，由它扫描整个数据库并生成新的 AOF 文件。当新的 AOF 文件生成完毕，子进程就会退出并通知 Redis 服务器（父进程），然后 Redis 服务器就会使用新的 AOF 文件代替已有的 AOF 文件，借此完成整个重写操作。

关于 BGREWRITEAOF 还有两点需要注意：首先，如果用户发送 BGREWRITEAOF 命令请求时，服务器正在创建 RDB 文件，那么服务器将把 AOF 重写操作延后到 RDB 文件创建完毕之后再执行，从而避免两个写硬盘操作同时执行导致机器性能下降；其次，如果服务器在执行重写操作的过程中，又接收到了新的 BGREWRITEAOF 命令请求，那么服务器将返回以下错误：

```
redis> BGREWRITEAOF
(error) ERR Background append only file rewriting already in progress
```

其他信息

复杂度：$O(N)$，其中 N 为 Redis 服务器所有数据库包含的键值对总数量。

版本要求：BGREWRITEAOF 命令从 Redis 1.0.0 版本开始可用。

2. AOF 重写配置选项

用户除了可以手动执行 BGREWRITEAOF 命令创建新的 AOF 文件之外，还可以通过设置以下两个配置选项让 Redis 自动触发 BGREWRITEAOF 命令：

```
auto-aof-rewrite-min-size <value>
auto-aof-rewrite-percentage <value>
```

其中 auto-aof-rewrite-min-size 选项用于设置触发自动 AOF 文件重写所需的最小 AOF 文件体积，当 AOF 文件的体积小于给定值时，服务器将不会自动执行 BGREWRITEAOF 命令。在默认情况下，该选项的值为：

```
auto-aof-rewrite-min-size 64mb
```

也就是说，如果 AOF 文件的体积小于 64MB，那么 Redis 将不会自动执行 BGREWRITEAOF 命令。

至于另一个选项，它控制的是触发自动 AOF 文件重写所需的文件体积增大比例。举个例子，对于该选项的默认值：

```
auto-aof-rewrite-percentage 100
```

表示如果当前 AOF 文件的体积比最后一次 AOF 文件重写之后的体积增大了一倍（100%），那么将自动执行一次 BGREWRITEAOF 命令。如果 Redis 服务器刚刚启动，还没有执行过 AOF 文件重写操作，那么启动服务器时使用的 AOF 文件的体积将被用作最后一次 AOF 文件重写的体积。

举个例子，如果服务器启动时 AOF 文件的体积为 200MB，而 auto-aof-rewrite-percentage 选项的值为 100，那么当 AOF 文件的体积增大至超过 400MB 时，服务器就会自动进行一次 AOF 重写。与此类似，在同样设置下，如果 AOF 文件的体积从最后一次重写之后的 300MB 增大至超过 600MB，那么服务器将再次执行 AOF 重写操作。

15.2.4 AOF 持久化的优缺点

与 RDB 持久化可能会丢失大量数据相比，AOF 持久化的安全性要高得多：通过使用 everysec 选项，用户可以将数据丢失的时间窗口限制在 1s 之内。

但是与 RDB 持久化相比，AOF 持久化也有相应的缺点：

- 首先，因为 AOF 文件存储的是协议文本，所以它的体积会比包含相同数据、二进制格式的 RDB 文件要大得多，并且生成 AOF 文件所需的时间也会比生成 RDB 文件所需的时间更长。
- 其次，因为 RDB 持久化可以直接通过 RDB 文件恢复数据库数据，而 AOF 持久化则需要通过执行 AOF 文件中保存的命令来恢复数据库（前者是直接的数据恢复操作，而后者则是间接的数据恢复操作），所以 RDB 持久化的数据恢复速度将比 AOF 持久化的数据恢复速度快得多，并且数据库体积越大，这两者之间的差距就会越明显。
- 最后，因为 AOF 重写使用的 BGREWRITEAOF 命令与 RDB 持久化使用的 BGSAVE 命令一样都需要创建子进程，所以在数据库体积较大的情况下，进行 AOF 文件重写将占用大量资源，并导致服务器被短暂地阻塞。

15.3 RDB-AOF 混合持久化

在前面的内容中，我们考察了 Redis 的两种持久化方式，它们都有各自的优点和缺点：

- RDB 持久化可以生成紧凑的 RDB 文件，并且使用 RDB 文件进行数据恢复的速度也非常快，但是 RDB 的全量持久化模式可能会让服务器在停机时丢失大量数据。
- 与 RDB 持久化相比，AOF 持久化可以将丢失数据的时间窗口限制在 1s 之内，但是协议文本格式的 AOF 文件的体积将比 RDB 文件要大得多，并且数据恢复过程也会相对较慢。

由于 RDB 持久化和 AOF 持久化都有各自的优缺点，因此在很长一段时间里，如何选择合适的持久化方式成了很多 Redis 用户面临的一个难题。为了解决这个问题，Redis 从 4.0 版本开始引入 RDB-AOF 混合持久化模式，这种模式是基于 AOF 持久化模式构建而来的——如果用户打开了服务器的 AOF 持久化功能，并且将

```
aof-use-rdb-preamble <value>
```

选项的值设置成了 yes，那么 Redis 服务器在执行 AOF 重写操作时，就会像执行 BGSAVE

命令那样，根据数据库当前的状态生成出相应的 RDB 数据，并将这些数据写入新建的 AOF 文件中，至于那些在 AOF 重写开始之后执行的 Redis 命令，则会继续以协议文本的方式追加到新 AOF 文件的末尾，即已有的 RDB 数据的后面。

换句话说，在开启了 RDB-AOF 混合持久化功能之后，服务器生成的 AOF 文件将由两个部分组成，其中位于 AOF 文件开头的是 RDB 格式的数据，而跟在 RDB 数据后面的则是 AOF 格式的数据，如图 15-8 所示。

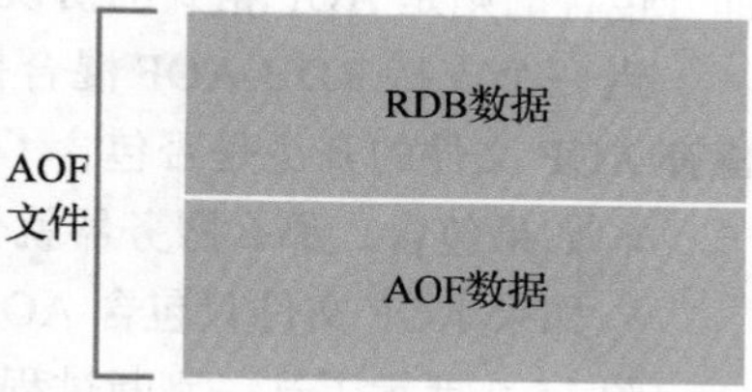

图 15-8 RDB-AOF 混合持久化功能生成的 AOF 文件

举个例子，通过执行以下 Redis 命令：

```
redis> SET MSG "HELLO WORLD"
OK

redis> SET NUMBER "10086"
OK

redis> SET URL "REDIS.IO"
OK

redis> BGREWRITEAOF   -- 触发重写，将之前的键值对存储为 RDB 格式
Background append only file rewriting started

redis> SADD FRUITS "APPLE" "BANANA" "CHERRY"
(integer) 3

redis> ZADD NUM-LIST 3.14 "PI" 1.28 "X" 2.56 "Y"
(integer) 3
```

服务器将生成包含以下内容的 AOF 文件：

```
$ od -c appendonly.aof
0000000    R   E   D   I   S   0   0   0   9 372  \t   r   e   d   i   s
0000020    -   v   e   r  \v   9   9   9   .   9   9   9   .   9   9   9
0000040  372  \n   r   e   d   i   s   -   b   i   t   s 300   @ 372 005
0000060    c   t   i   m   e 302   O 325 374   \ 372  \b   u   s   e   d
0000100    -   m   e   m   °  **   4 020  \0 372  \f   a   o   f   -   p
0000120    r   e   a   m   b   l   e 300 001 376  \0 373 003  \0  \0 003
0000140    M   S   G  \v   H   E   L   L   O       W   O   R   L   D  \0
0000160  003   U   R   L  \b   R   E   D   I   S   .   I   O  \0 006   N
0000200    U   M   B   E   R 301   f   ' 377 240   : 235   h   榄  **  **
0000220  304   *   2  \r  \n   $   6  \r  \n   S   E   L   E   C   T  \r
0000240   \n   $   1  \r  \n   0  \r  \n   *   5  \r  \n   $   4  \r  \n
0000260    S   A   D   D  \r  \n   $   6  \r  \n   F   R   U   I   T   S
0000300   \r  \n   $   5  \r  \n   A   P   P   L   E  \r  \n   $   6  \r
0000320   \n   B   A   N   A   N   A  \r  \n   $   6  \r  \n   C   H   E
0000340    R   R   Y  \r  \n   *   8  \r  \n   $   4  \r  \n   Z   A   D
0000360    D  \r  \n   $   8  \r  \n   N   U   M   -   L   I   S   T  \r
0000400   \n   $   4  \r  \n   3   .   1   4  \r  \n   $   2  \r  \n   P
0000420    I  \r  \n   $   4  \r  \n   1   .   2   8  \r  \n   $   1  \r
0000440   \n   X  \r  \n   $   4  \r  \n   2   .   5   6  \r  \n   $   1
0000460   \r  \n   Y  \r  \n
```

从 od 程序的输出可以看到，文件上半部分包含的是 RDB 格式的二进制数据，而后半部分包含的则是 AOF 格式的协议文本数据。

当一个支持 RDB-AOF 混合持久化模式的 Redis 服务器启动并载入 AOF 文件时，它会检查 AOF 文件的开头是否包含了 RDB 格式的内容：

- 如果包含，那么服务器就会先载入开头的 RDB 数据，然后再载入之后的 AOF 数据。
- 如果 AOF 文件只包含 AOF 数据，那么服务器将直接载入 AOF 数据。

图 15-9 展示了这一判断过程。

通过使用 RDB-AOF 混合持久化功能，用户可以同时获得 RDB 持久化和 AOF 持久化的优点：服务器既可以通过 AOF 文件包含的 RDB 数据来实现快速的数据恢复操作，又可以通过 AOF 文件包含的 AOF 数据来将丢失数据的时间窗口限制在 1s 之内。

需要注意的是，因为 RDB-AOF 混合持久化生成的 AOF 文件会同时包含 RDB 格式的数据和 AOF 格式的数据，而传统的 AOF 持久化只会生成包含 AOF 格式的数据，所以为了避免全新的 RDB-AOF 混合持久化功能给传统的 AOF 持久化功能使用者带来困惑，Redis 目前默认是没有打开 RDB-AOF 混合持久化功能的：

```
aof-use-rdb-preamble no
```

但是 Redis 的作者声称，RDB-AOF 混合持久化将在未来取代传统的 RDB 持久化成为 Redis 默认的持久化模式。

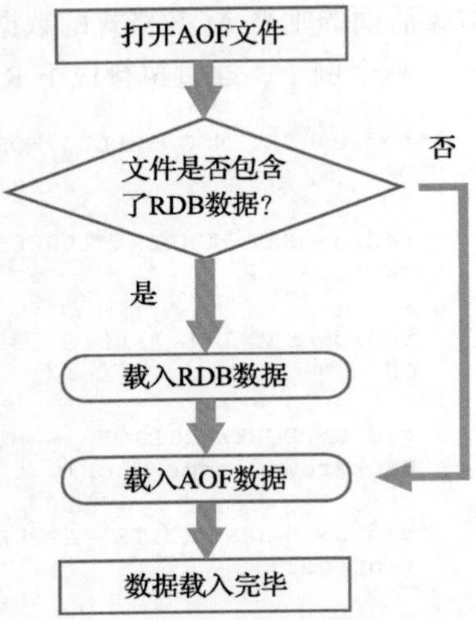

图 15-9 Redis 服务器在载入 AOF 文件时执行的判断流程

15.4 同时使用 RDB 持久化和 AOF 持久化

在 Redis 4.0 的 RDB-AOF 混合持久化功能出现之前，不少追求安全性的 Redis 使用者都会同时使用 RDB 持久化和 AOF 持久化，但随着 RDB-AOF 混合持久化功能的推出，同时使用两种持久化功能已经不再必要。

如果用户使用的是 Redis 4.0 之前的版本，那么同时使用 RDB 持久化和 AOF 持久化仍然是可行的，只要注意以下问题即可：

- 同时使用两种持久化功能需要耗费大量系统资源，系统的硬件必须能够支撑运行这两种功能所需的资源消耗，否则会给系统性能带来影响。
- Redis 服务器在启动时，会优先使用 AOF 文件进行数据恢复，只有在没有检测到 AOF 文件时，才会考虑寻找并使用 RDB 文件进行数据恢复。
- 当 Redis 服务器正在后台生成新的 RDB 文件时，如果有用户向服务器发送 BGREWRITEAOF 命令，或者配置选项中设置的 AOF 重写条件被满足了，那么服务器将把 AOF

重写操作推延到 RDB 文件创建完毕之后再执行，以此来避免两种持久化操作同时执行并争抢系统资源。

- 同样，当服务器正在执行 BGREWRITEAOF 命令时，用户发送或者被触发的 BGSAVE 命令也会推延到 BGREWRITEAOF 命令执行完毕之后再执行。

总的来说，在数据持久化这个问题上，Redis 4.0 及之后版本的使用者都应该优先使用 RDB-AOF 混合持久化；对于 Redis 4.0 之前版本的使用者，因为 RDB 持久化更接近传统意义上的数据备份功能，而 AOF 持久化则更接近于传统意义上的数据持久化功能，所以如果用户不知道自己具体应该使用哪种持久化功能，那么可以优先选用 AOF 持久化作为数据持久化手段，并将 RDB 持久化用作辅助的数据备份手段。

15.5 无持久化

本章前面曾经提到过，即使用户没有显式地开启 RDB 持久化功能和 AOF 持久化功能，Redis 服务器也会默认使用以下配置进行 RDB 持久化：

```
save 60 10000
save 300 100
save 3600 1
```

如果用户想要彻底关闭这一默认的 RDB 持久化行为，让 Redis 服务器处于完全的无持久化状态，那么可以在服务器启动时向它提供以下配置选项：

```
save ""
```

这样一来，服务器将不会再进行默认的 RDB 持久化，从而使得服务器处于完全的无持久化状态中。处于这一状态的服务器在关机之后将丢失关机之前存储的所有数据，这种服务器可以用作单纯的内存缓存服务器。

15.6 SHUTDOWN：关闭服务器

用户可以通过执行 SHUTDOWN 命令来关闭 Redis 服务器：

```
SHUTDOWN
```

在默认情况下，当 Redis 服务器接收到 SHUTDOWN 命令时，它将执行以下动作：

1）停止处理客户端发送的命令请求。

2）根据服务器的持久化配置选项，决定是否执行数据保存操作：

- 如果服务器启用了 RDB 持久化功能，并且数据库距离最后一次成功创建 RDB 文件之后已经发生了改变，那么服务器将执行 SAVE 命令，创建一个新的 RDB 文件。
- 如果服务器启用了 AOF 持久化功能或者 RDB-AOF 混合持久化功能，那么它将冲洗 AOF 文件，确保所有已执行的命令都被记录到了 AOF 文件中。

- 如果服务器既没有启用 RDB 持久化功能，也没有启用 AOF 持久化功能，那么服务器将略过这一步。

3）服务器进程退出。

因为 Redis 服务器在接收到 SHUTDOWN 命令并关闭自身的过程中，会根据配置选项来决定是否执行数据保存操作，所以只要服务器启用了持久化功能，那么使用 SHUTDOWN 命令来关闭服务器就不会造成任何数据丢失。

以下代码展示了客户端在执行 SHUTDOWN 命令时的行为：

```
redis> SHUTDOWN
not connected>     -- 因为服务器已被关闭，所以客户端与服务器之间的连接断开了
```

而以下则是服务器在接收到 SHUTDOWN 命令之后输出的日志：

```
28747:M 26 Jun 2019 15:28:41.474 # User requested shutdown...
28747:M 26 Jun 2019 15:28:41.474 * Saving the final RDB snapshot before exiting.
28747:M 26 Jun 2019 15:28:41.474 * DB saved on disk
28747:M 26 Jun 2019 15:28:41.474 # Redis is now ready to exit, bye bye...
```

因为被关闭的服务器启用了 RDB 持久化功能，所以它在关闭之前执行了一次 RDB 文件保存操作。

15.6.1 通过可选项指示持久化操作

正如之前所言，在默认情况下，服务器在执行 SHUTDOWN 命令时，是否执行持久化操作是由服务器的配置选项决定的。

但是在有需要时，用户也可以使用 SHUTDOWN 命令提供的 save 选项或者 nosave 选项，显式地指示服务器在关闭之前是否需要执行持久化操作：

```
SHUTDOWN [save|nosave]
```

如果用户给定的是 save 选项，那么无论服务器是否启用了持久化功能，服务器都会在关闭之前执行一次持久化操作。表 15-4 展示了服务器在不同持久化配置下，执行 SHUTDOWN save 命令时的行为。

表 15-4 SHUTDOWN save 命令在不同持久化配置下引发的行为

持久化配置	执行 SHUTDOWN save 时服务器的行为
没有启用任何持久化功能	执行 SAVE 命令
只启用了 RDB 持久化	执行 SAVE 命令
只启用了 AOF 持久化	冲洗 AOF 文件，确保所有已执行命令都被记录到 AOF 文件中
启用了 RDB-AOF 混合持久化	冲洗 AOF 文件，确保所有已执行命令都被记录到 AOF 文件中
同时启用了 RDB 持久化和 AOF 持久化	冲洗 AOF 文件，确保所有已执行命令都被记录到 AOF 文件中，然后执行 SAVE 命令

如果用户给定的是 nosave 选项，那么服务器将不执行持久化操作，直接关闭服务器。

在这种情况下，如果服务器在关闭之前曾经修改过数据库，那么它将丢失那些尚未保存的数据。

因为使用 SHUTDOWN nosave 命令关闭服务器时丢失的数据量和服务器在遭遇故障停机时丢失的数据量是相同的，所以如果想要知道 SHUTDOWN nosave 命令在不同的持久化配置下可能会丢失多少数据，那么可以参考本章之前对于故障停机引发数据丢失的讨论。

15.6.2 其他信息

复杂度：$O(N)$，其中 N 为关闭服务器时需要持久化的键值对数量。

版本要求：SHUTDOWN 命令从 Redis 1.0.0 版本开始可用。

15.7 重点回顾

- Redis 的持久化功能可以将存储在内存中的数据库数据以文件形式存储到硬盘，并在有需要时根据这些文件的内容实施数据恢复。
- RDB 持久化是一种全量持久化方式，可以创建出经过压缩的时间点二进制快照文件，并通过载入文件中的二进制数据来实施数据恢复。这种持久化的优点是可以高效地生成文件并且快速地实施数据恢复，缺点则是文件生成间隔较长以及停机时数据丢失量较大。
- AOF 持久化是一种增量式持久化功能，可以创建出协议文本格式的文件，文件中以协议形式记录了服务器执行过的所有命令，服务器可以通过重新执行文件中保存的命令来实施数据恢复。
- 在通常情况下，使用 AOF 持久化可以将停机时丢失数据的时间窗口控制在 1s 之内，但也需要定期对 AOF 文件执行重写操作，使得 AOF 文件的体积可以维持在合理的范围之内。除此之外，使用 AOF 文件实施数据恢复的耗时要比使用 RDB 文件实施数据恢复的耗时更久。
- 通过使用 Redis 4.0 新增的 RDB-AOF 混合持久化功能，用户可以同时获得 RDB 持久化和 AOF 持久化各自的优点：服务器既可以通过 RDB 数据实现快速的数据恢复，又可以通过 AOF 数据来有效地限制丢失数据的时间窗口。
- Redis 4.0 及以上版本的使用者应该优先选用 RDB-AOF 混合持久化作为数据持久化手段，而旧版 Redis 的使用者则应该优先选用 AOF 持久化作为数据持久化手段，并将 RDB 持久化用作辅助的数据备份手段。
- 处于无持久化状态的 Redis 服务器在关机之后将丢失关机之前存储的所有数据。

CHAPTER 16

第 16 章

发布与订阅

Redis 的发布与订阅功能可以让客户端通过广播方式，将消息（message）同时发送给可能存在的多个客户端，并且发送消息的客户端不需要知道接收消息的客户端的具体信息。换句话说，发布消息的客户端与接收消息的客户端两者之间没有直接联系。

在 Redis 中，客户端可以通过订阅特定的频道（channel）来接收发送至该频道的消息，我们把这些订阅频道的客户端称为订阅者（subscriber）。一个频道可以有任意多个订阅者，而一个订阅者也可以同时订阅任意多个频道。除此之外，客户端还可以通过向频道发送消息的方式，将消息发送给频道的所有订阅者，我们把这些发送消息的客户端称为发送者（publisher）。

图 16-1 展示了一个订阅频道的例子，在这个例子中，客户端 `client-2`、`client-3` 和 `client-4` 都订阅了频道 `"news.it"`。

如果这时客户端 `client-1` 向频道 `"news.it"` 发送消息 `"hello world"`，那么 `client-2`、`client-3` 和 `client-4` 都将接收到这条消息，如图 16-2 所示。

除了订阅频道之外，客户端还可以通过订阅模式（pattern）来接收消息：每当发布者向某个频道发送消息的时候，不仅频道的订阅者会收到消息，与频道匹配的所有模式的订阅者也会收到消息。

图 16-3 展示了一个订阅模式的例子，在这个例子中，频道 `"news.it"` 和频道 `"news.sport"` 都有它们各自的订阅者，而客户端 `client-7`、`client-8` 和 `client-9` 则订阅了模式 `"news.*"`，这个模式与 `"news.it"` 频道以及 `"news.sport"` 频道相匹配。

这时，如果客户端 `client-1` 向 `"news.it"` 频道发送消息 `"hello it"`，那么不仅 `"news.it"` 频道的订阅者 `client-2`、`client-3` 和 `client-4` 会收到消息，`"news.*"` 模式的订阅者 `client-7`、`client-8` 和 `client-9` 也会收到消息，如图 16-4 所示。

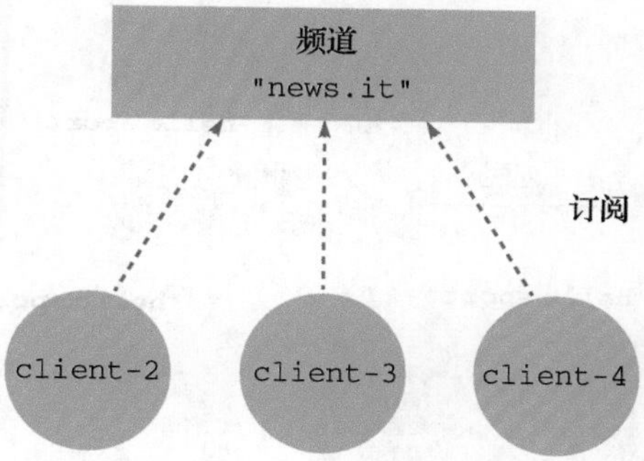

图 16-1 **"news.it"** 频道和它的 3 个订阅者

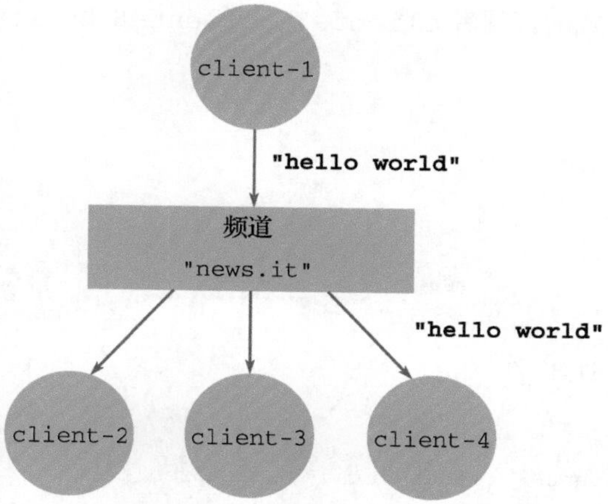

图 16-2 **"news.it"** 频道的 3 个订阅者收到消息

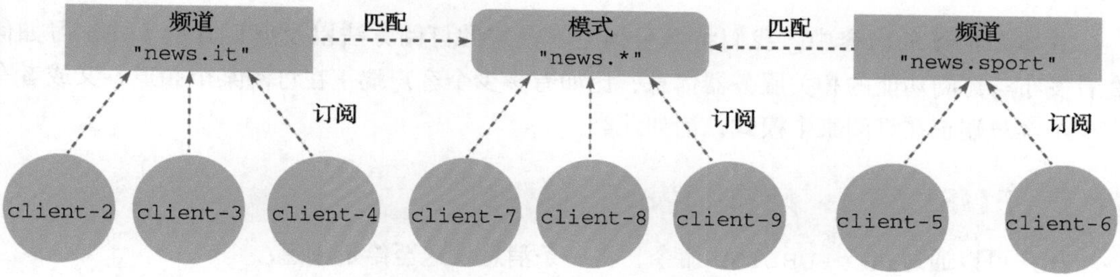

图 16-3 两个频道和一个模式

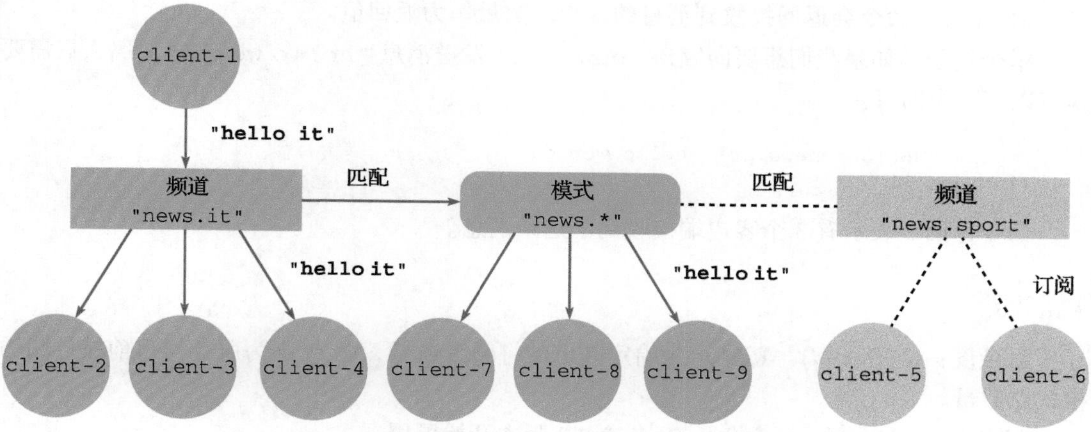

图 16-4 消息被发送至频道订阅者以及匹配模式的订阅者

与此类似，如果客户端 client-1 向 "news.sport" 频道发送消息 "hello sport"，那么不仅 "news.sport" 频道的订阅者 client-5 和 client-6 会收到消息，"news.*"

模式的订阅者 client-7、client-8 和 client-9 也会收到消息，如图 16-5 所示。

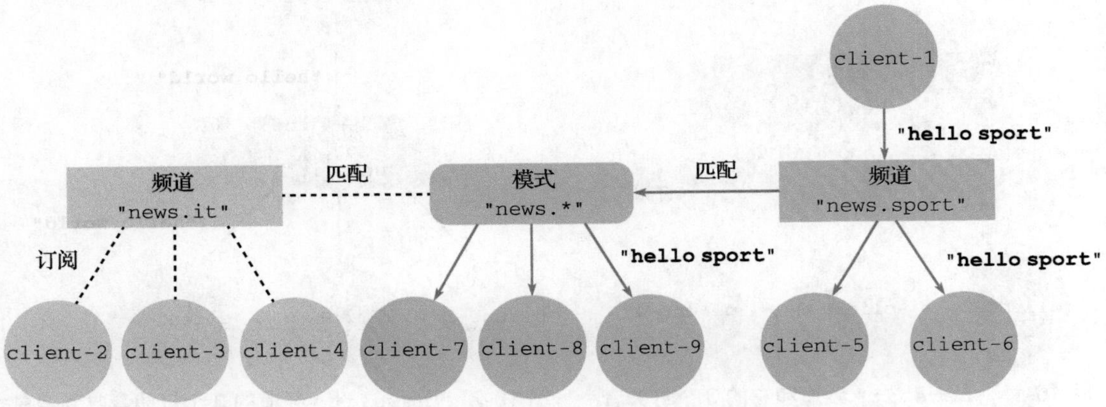

图 16-5 消息被发送至频道订阅者以及匹配模式的订阅者

在本章后续的内容中，我们将学习频道和模式的订阅方法以及退订方法，并学习如何查看发布与订阅功能的相关服务器信息，比如有多少个客户端正在订阅某个频道，又或者有多少个客户端正在订阅某个模式，诸如此类。

16.1 PUBLISH：向频道发送消息

用户可以通过执行 PUBLISH 命令，将一条消息发送至给定频道：

```
PUBLISH channel message
```

PUBLISH 命令会返回接收到消息的客户端数量作为返回值。

举个例子，如果我们想要向频道 "news.it" 发送消息 "hello world"，那么只需要执行以下命令即可：

```
redis> PUBLISH "news.it" "hello world"
(integer) 3
```

命令返回 3 表示有 3 个客户端接收到了这条消息。

其他信息

复杂度：$O(N + M)$，其中 N 为给定频道的订阅者数量，而 M 则为服务器目前被订阅的模式总数量。

版本要求：PUBLISH 命令从 Redis 2.0.0 版本开始可用。

16.2 SUBSCRIBE：订阅频道

用户可以通过执行 SUBSCRIBE 命令，让客户端订阅给定的一个或多个频道：

```
SUBSCRIBE channel [channel channel ...]
```

SUBSCRIBE 命令在每次成功订阅一个频道之后，都会向执行命令的客户端返回一条订阅消息，消息包含了被成功订阅的频道以及客户端目前已订阅的频道数量。

举个例子，如果我们想要订阅 "news.it" 频道，那么可以执行以下命令：

```
redis> SUBSCRIBE "news.it"
Reading messages... (press Ctrl-C to quit)
1) "subscribe"
2) "news.it"
3) (integer) 1
```

SUBSCRIBE 命令在订阅 "news.it" 频道之后向客户端返回了一条订阅消息：

- 消息的第一个元素是 "subscribe"，它表示这条消息是由 SUBSCRIBE 命令引发的订阅消息而不是普通客户端发送的频道消息。
- 消息的第二个元素记录了被订阅频道的名字 "news.it"。
- 消息的最后一个元素是数字 1，这表示客户端目前只订阅了一个频道。

如果我们使用 SUBSCRIBE 命令同时订阅多个频道，那么命令将返回多条订阅消息，就像这样：

```
redis> SUBSCRIBE "news.it" "news.sport" "news.movie"
Reading messages... (press Ctrl-C to quit)
1) "subscribe"      -- 第 1 条订阅消息
2) "news.it"
3) (integer) 1
1) "subscribe"      -- 第 2 条订阅消息
2) "news.sport"
3) (integer) 2
1) "subscribe"      -- 第 3 条订阅消息
2) "news.movie"
3) (integer) 3
```

16.2.1 接收频道消息

当客户端成为频道的订阅者之后，就会接收到来自被订阅频道的消息，我们把这些消息称为频道消息。与订阅消息一样，频道消息也是由 3 个元素组成的：

- 消息的第 1 个元素为 "message"，用于表明该消息是一条频道消息而非订阅消息。
- 消息的第 2 个元素为消息的来源频道，用于表明消息来自于哪个频道。
- 消息的第 3 个元素为消息的正文，也就是消息的真正内容。

作为例子，以下代码展示了订阅者收到的两条频道消息，它们分别来自两个不同的频道，并且消息的内容也各不相同：

```
redis> SUBSCRIBE "news.it" "news.sport" "news.movie"
Reading messages... (press Ctrl-C to quit)
...                          -- 省略订阅频道时返回的订阅消息
1) "message"                 -- 这是一条频道消息
2) "news.it"                 -- 来源是 "news.it" 频道
```

```
3) "hello it"          -- 内容为 "hello it"
1) "message"           -- 这是一条频道消息
2) "news.sport"        -- 来源是 "news.sport" 频道
3) "hello sport"       -- 内容为 "hello sport"
```

16.2.2 其他信息

复杂度：$O(N)$，其中 N 为用户输入的频道数量。

版本要求：SUBSCRIBE 命令从 Redis 2.0.0 版本开始可用。

16.3 UNSUBSCRIBE：退订频道

用户在使用 SUBSCRIBE 命令订阅一个或多个频道之后，如果不想再收到某个频道的消息，那么可以使用 UNSUBSCRIBE 命令退订指定的频道：

```
UNSUBSCRIBE [channel channel ...]
```

UNSUBSCRIBE 命令允许用户给定任意多个频道。如果用户没有给定任何频道，直接以无参数方式执行 UNSUBSCRIBE 命令，那么命令将退订当前客户端已经订阅的所有频道。

举个例子，如果我们想要让客户端退订 "news.it" 频道和 "news.sport" 频道，那么可以执行以下命令：

```
UNSUBSCRIBE "news.it" "news.sport"
```

与此类似，如果我们想要让客户端退订目前已订阅的所有频道，那么只需要以无参数方式直接执行 UNSUBSCRIBE 命令即可：

```
UNSUBSCRIBE
```

客户端在每次退订频道之后，都会收到服务器发来的退订消息，这条消息由 3 个元素组成：

- 第 1 个元素是 "unsubscribe"，表明该消息是一条由退订操作产生的消息。
- 第 2 个元素是被退订频道的名字。
- 第 3 个元素是客户端在执行退订操作之后，目前仍在订阅的频道数量。

16.3.1 UNSUBSCRIBE 命令在不同客户端中的应用

虽然 Redis 提供了用于退订频道的 UNSUBSCRIBE 命令，但由于各个客户端对于发布与订阅功能的支持方式不尽相同，所以并非所有客户端都可以使用 UNSUBSCRIBE 命令执行退订操作。

比如，Redis 自带的命令行客户端 redis-cli 在执行 SUBSCRIBE 命令之后就会进入阻塞状态，无法再执行任何其他命令，用户只能通过同时按下 Ctrl 键和 C 键强制退出 redis-cli 程序，所以这个客户端实际上并不会用到 UNSUBSCRIBE 命令：

```
redis> SUBSCRIBE "news.it"
```

```
Reading messages... (press Ctrl-C to quit)
1) "subscribe"
2) "news.it"
3) (integer) 1
^C     -- 同时按下 Ctrl 键和 C 键

$    -- 已退出 redis-cli
```

一些编程语言为发布与订阅提供了更好的支持，在这些语言的客户端中，用户是可以使用 UNSUBSCRIBE 命令的。比如 Python 语言的 Redis 客户端 redis-py 就允许用户在尝试获取消息的时候给定一个最大阻塞时限，并在阻塞时限到达之后自动取消阻塞：

```
>>> from redis import Redis
>>> # 创建客户端对象和发布与订阅对象
>>> client = Redis(decode_responses=True)
>>> pubsub = client.pubsub()
>>> # 订阅 "news.it" 频道
>>> pubsub.subscribe("news.it")
>>> # 尝试获取消息，最大阻塞时限为 5s
>>> pubsub.get_message(timeout=5)
{'pattern': None, 'type': 'subscribe', 'channel': 'news.sport', 'data': 1L}
>>> # 再次尝试获取消息，但是什么都没收到，函数在阻塞 5s 之后自动取消阻塞
>>> pubsub.get_message(timeout=5)
>>>
```

当我们以这种非阻塞方式使用发布与订阅功能时，就可以调用 UNSUBSCRIBE 命令退订不想要的频道。比如以下代码就展示了退订 "news.it" 频道的方法：

```
>>> pubsub.unsubscribe("news.it")
```

在此之后，客户端将不会再接收到来自 "news.it" 频道的消息。

16.3.2　其他信息

复杂度：$O(N)$，其中 N 为服务器目前拥有的订阅者总数量。

版本要求：UNSUBSCRIBE 命令从 Redis 2.0.0 版本开始可用。

16.4　PSUBSCRIBE：订阅模式

用户可以通过执行 PSUBSCRIBE 命令，让客户端订阅给定的一个或多个模式：

```
PSUBSCRIBE pattern [pattern pattern ...]
```

传入 PSUBSCRIBE 命令的每个 pattern 参数都可以是一个全局风格的匹配符，比如 "news.*" 模式可以匹配所有以 "news." 为前缀的频道，而 "news.[ie]t" 模式则可以匹配 "news.it" 频道和 "news.et" 频道，诸如此类。

举个例子，如果我们想要订阅所有带有 "news." 前缀的频道的消息，那么可以执行以下命令：

```
redis> PSUBSCRIBE "news.*"
Reading messages... (press Ctrl-C to quit)
1) "psubscribe"
2) "news.*"
3) (integer) 1
```

与 SUBSCRIBE 命令一样，PSUBSCRIBE 命令在成功订阅一个模式之后也会返回相应的订阅消息，这条消息由 3 个元素组成：

- 第 1 个元素是 "psubscribe"，它表明这条消息是由 PSUBSCRIBE 命令引发的订阅消息。
- 第 2 个元素是被订阅的模式。
- 第 3 个元素是客户端目前订阅的模式数量。

比如在上面执行的 PSUBSCRIBE 命令中，订阅消息的第 2 个元素为 "news.*"，第 3 个元素为数字 1，这表明客户端目前只订阅了 "news.*" 这一个模式。

如果我们使用 PSUBSCRIBE 命令同时订阅多个模式，那么客户端将会收到多条模式订阅消息，就像这样：

```
redis> PSUBSCRIBE "news.*" "notification.*" "chat.*"
Reading messages... (press Ctrl-C to quit)
1) "psubscribe"      -- 第 1 条模式订阅消息
2) "news.*"
3) (integer) 1
1) "psubscribe"      -- 第 2 条模式订阅消息
2) "notification.*"
3) (integer) 2
1) "psubscribe"      -- 第 3 条模式订阅消息
2) "chat.*"
3) (integer) 3
```

16.4.1 接收模式消息

客户端在订阅模式之后，就会收到所有与模式相匹配的频道的消息，我们把这些消息称为模式消息。模式消息与之前展示的订阅消息以及频道消息稍微有些不同，它由 4 个元素组成：

- 消息的第 1 个元素为 "pmessage"，它表示这是一条模式消息而不是订阅消息或者频道消息。
- 消息的第 2 个元素为被匹配的模式，而第 3 个元素则是与模式相匹配的频道。
- 消息的第 4 个元素为消息的正文，也就是消息的真正内容。

比如，以下展示的就是一条来自 "news.it" 频道的模式消息，该频道与客户端订阅的 "news.*" 模式相匹配，而消息的正文则是 "hello it"：

```
redis> PSUBSCRIBE "news.*" "notification.*" "chat.*"
Reading messages... (press Ctrl-C to quit)
...                    -- 省略订阅消息
1) "pmessage"          -- 这是一条模式消息
```

```
2) "news.*"              -- 匹配的模式
3) "news.it"             -- 被匹配的频道
4) "hello it"            -- 消息正文
```

16.4.2 其他信息

复杂度：$O(N)$，其中 N 为用户给定的模式数量。

版本要求：PSUBSCRIBE 命令从 Redis 2.0.0 版本开始可用。

16.5 PUNSUBSCRIBE：退订模式

与退订频道的 UNSUBSCRIBE 命令类似，Redis 也提供了用于退订模式的 PUNSUBSCRIBE 命令：

```
PUNSUBSCRIBE [pattern pattern pattern ...]
```

这个命令允许用户输入任意多个想要退订的模式，如果用户没有给定任何模式，那么命令将退订当前客户端已订阅的所有模式。

举个例子，如果我们想要退订 "news.*" 模式，那么可以执行以下命令：

```
PUNSUBSCRIBE "news.*"
```

又或者说，如果我们想要退订客户端目前已订阅的所有模式，那么可以不给定任何参数直接调用 PUNSUBSCRIBE 命令：

```
PUNSUBSCRIBE
```

PUNSUBSCRIBE 命令每次退订一个模式之后，都会向客户端返回一条退订消息，该消息由 3 个元素组成：

- 第 1 个元素是 "punsubscribe"，用于表明该消息是一条由 PUNSUBSCRIBE 命令引起的退订消息。
- 第 2 个元素是被退订的模式。
- 第 3 个元素是客户端在执行当前这个退订操作之后，仍在订阅的模式数量。

16.5.1 PUNSUBSCRIBE 命令在不同客户端中的应用

与 UNSUBSCRIBE 命令一样，各个客户端对于 PUNSUBSCRIBE 命令的需求也是不同的，有些客户端需要用到 PUNSUBSCRIBE 命令，而有些客户端则不需要。

举个例子，Redis 自带的命令行客户端 redis-cli 在执行 PSUBSCRIBE 命令之后就会进入阻塞状态，只能通过同时按下 Ctrl 键和 C 键来退出程序，因此它并不需要用到 PUNSUBSCRIBE 命令：

```
redis> PSUBSCRIBE "news.*"
Reading messages... (press Ctrl-C to quit)
1) "psubscribe"
```

```
2) "news.*"
3) (integer) 1
^C
$
```

如果我们使用的是 redis-py 客户端，那么就可以通过客户端提供的超时特性，在执行 PSUBSCRIBE 命令之后继续保持非阻塞状态，并在有需要时退订不想要的模式：

```
>>> from redis import Redis
>>> # 创建客户端对象和 pubsub 对象
>>> client = Redis(decode_responses=True)
>>> pubsub = client.pubsub()
>>> # 订阅模式
>>> pubsub.psubscribe("news.*")
>>> # 获取订阅消息
>>> pubsub.get_message(timeout=5)
{'type': 'psubscribe', 'pattern': None, 'channel': b'news.*', 'data': 1}
>>> # 尝试获取消息，并在阻塞 5s 之后自动返回
>>> pubsub.get_message(timeout=5)
>>>
>>> # 退订模式
>>> pubsub.punsubscribe("news.*")
```

16.5.2 其他信息

复杂度：$O(N*M)$，其中 N 为用户给定的模式数量，而 M 则是服务器目前被订阅的模式总数量。

版本要求：PUNSUBSCRIBE 命令从 Redis 2.0.0 版本开始可用。

16.6 PUBSUB：查看发布与订阅的相关信息

通过使用 PUBSUB 命令，用户可以查看与发布、订阅有关的各种信息。PUBSUB 命令目前共有 3 个子命令可用，这 3 个子命令可以分别用于查看不同的信息，接下来将分别介绍这 3 个子命令。

16.6.1 查看被订阅的频道

用户可以通过执行 PUBSUB CHANNELS 命令来列出目前被订阅的所有频道，如果给定了可选的 pattern 参数，那么命令只会列出与给定模式相匹配的频道：

```
PUBSUB CHANNELS [pattern]
```

作为例子，以下代码展示了该如何列出目前被订阅的所有频道：

```
redis> PUBSUB CHANNELS
1) "news.sport"
2) "news.it"
3) "notification.new_email"
4) "chat.python"
```

而以下代码则展示了如何列出所有以 "news." 开头的被订阅频道：

```
redis> PUBSUB CHANNELS "news.*"
1) "news.sport"
2) "news.it"
```

16.6.2　查看频道的订阅者数量

用户可以通过执行 PUBSUB NUMSUB 命令，查看任意多个给定频道的订阅者数量：

```
PUBSUB NUMSUB [channel channel ...]
```

举个例子，如果我们要查看 "news.it"、"news.sport" 和 "notification.new_email" 这 3 个频道的订阅者数量，那么可以执行以下命令：

```
redis> PUBSUB NUMSUB "news.it" "news.sport" "notification.new_email"
1) "news.it"
2) (integer) 2     -- "news.it" 频道有 2 个订阅者
3) "news.sport"
4) (integer) 1     -- "news.sport" 频道有 1 个订阅者
5) "notification.new_email"
6) (integer) 2     -- "notification.new_email" 频道有 2 个订阅者
```

16.6.3　查看被订阅模式的总数量

通过执行 PUBSUB NUMPAT 命令，用户可以看到目前被订阅模式的总数量：

```
PUBSUB NUMPAT
```

比如以下代码就显示了服务器目前共有 3 个模式被订阅：

```
redis> PUBSUB NUMPAT
(integer) 3
```

16.6.4　其他信息

复杂度：PUBSUB CHANNELS 命令的复杂度为 $O(N)$，其中 N 为服务器目前被订阅的频道总数量；PUBSUB NUMSUB 命令的复杂度为 $O(N)$，其中 N 为用户给定的频道数量；PUBSUB NUMPAT 命令的复杂度为 $O(1)$。

版本要求：PUBSUB 命令的 3 个子命令都从 Redis 2.8.0 版本开始可用。

示例：广播系统

Redis 发布与订阅功能的其中一种应用，也是最常见的应用之一，就是构建广播系统。这种系统能够将发布者发布的消息发送给任意多个订阅者，这些订阅者通过监听的方式等待并获取消息。

通过使用广播系统，我们可以实现当前在即时聊天软件中非常常见的多客户端消息收发功能：用户可以在计算机、手机、电视或者其他终端上登录自己的账号，每当有人向用户发送消息的时候，消息就会在多个终端上面显示。

代码清单 16-1 展示了一个使用发布与订阅功能实现的广播系统 Boardcast 类，这个类在实例化的时候要求用户给定一个 Redis 客户端以及一个用户关心的主题（topic），然后用户就可以通过类的实例来向主题发布或接收消息。

代码清单 16-1 使用发布与订阅功能实现的广播系统：/pubsub/boardcast.py

```
class Boardcast:

    def __init__(self, client, topic):
        self.client = client
        self.topic = topic
        self.pubsub = self.client.pubsub()
        self.pubsub.subscribe(self.topic)
        # 丢弃频道的订阅消息
        # 为了确保程序能收到订阅消息，故设置 1s 的超时时限
        self.pubsub.get_message(timeout=1)

    def publish(self, content):
        """
        针对主题发布给定的内容
        """
        self.client.publish(self.topic, content)

    def listen(self, timeout=0):
        """
        在给定的时限内监听与主题有关的内容
        """
        result = self.pubsub.get_message(timeout=timeout)
        if result is not None:
            return result["data"]        # 只返回消息正文

    def status(self):
        """
        查看主题当前的订阅量
        """
        result = self.client.pubsub_numsub(self.topic)
        return result[0][1]              # 只返回订阅量，丢弃频道的名字

    def close(self):
        """
        停止广播
        """
        self.pubsub.unsubscribe(self.topic)
```

在下面的代码中，我们将使用几个不同的订阅者对象来模拟不同的终端，当发布者 jack 向主题 chat::peter 发送问候消息时，所有订阅者都会收到相同的消息：

```
>>> from redis import Redis
>>> from boardcast import Boardcast
>>> # 创建客户端
>>> client = Redis(decode_responses=True)
>>> # 创建订阅者对象
>>> pc = Boardcast(client, "chat::peter")
>>> mac = Boardcast(client, "chat::peter")
>>> phone = Boardcast(client, "chat::peter")
```

```
>>> # 创建发布者对象
>>> jack = Boardcast(client, "chat::peter")
>>> # 发布消息
>>> jack.publish("Good morning, peter!")
>>> # 各个订阅者分别接收消息
>>> pc.listen()
'Good morning, peter!'
>>> mac.listen()
'Good morning, peter!'
>>> phone.listen()
'Good morning, peter!'
```

16.7 重点回顾

- Redis 的发布与订阅功能可以让客户端通过广播方式，将消息同时发送给可能存在的多个客户端，并且发送消息的客户端不需要知道接收消息的客户端的具体信息。
- 在 Redis 中，客户端可以通过订阅特定的频道来接收发送至该频道的消息，我们把这些订阅频道的客户端称为订阅者。一个频道可以有任意多个订阅者，而一个订阅者也可以同时订阅任意多个频道。
- 除此之外，客户端还可以通过向频道发送消息的方式，将消息发送给频道的所有订阅者，我们把这些发送消息的客户端称为发送者。
- 除了订阅频道之外，客户端还可以通过订阅模式来接收消息：每当发布者向某个频道发送消息的时候，不仅频道的订阅者会收到消息，与频道匹配的所有模式的订阅者也会收到消息。

CHAPTER 17

第17章 模块

正如之前所说，Redis 为用户提供了流水线、事务和 Lua 脚本用于扩展 Redis 服务器的功能。但无论是上述扩展方式中的哪一种，都具有几个明显的缺陷：

- 这些扩展方式要求新功能必须基于 Redis 现有的数据结构或功能来实现，但是有时候用户想要的数据结构和功能是无法简单地基于 Redis 提供的数据结构和功能来实现的，即使勉强实现了效率也不会太高。
- 目前提供的所有扩展方式在编程方面都过于复杂，比如涉及 WATCH 命令的事务就非常容易出错，而 Lua 脚本又需要用户熟悉 Lua 语言的语法并且熟练地在 Redis 数据结构和 Lua 数据结构之间进行转换。
- 无论是事务还是 Lua 脚本，在性能方面都多多少少有一些损耗。这些损耗对于普通用户来说不是什么问题，但对于那些对性能敏感的用户来说却并非如此。

为了解决上述问题，并进一步提升 Redis 的可扩展性，Redis 在 4.0 版本添加了一个重要的新功能：模块（module）。

Redis 的模块功能允许开发者通过 Redis 开放的一簇 API，将 Redis 用作网络服务和数据存储平台，通过 C 语言在 Redis 之上构建任意复杂的、全新的数据结构、功能和应用。对于开发者来说，Redis 模块为他们提供了一个可以按需扩展和定制 Redis 的机会，而对于普通 Redis 用户来说，Redis 模块为了他们一个将 Redis 用在更多领域的机会：很多曾经需要在客户端通过函数库实现的功能，甚至一些需要更换数据库才能实现的功能，现在只需要加载一个 Redis 模块就可以实现了！

Redis 在官方网站（https://redis.io/modules）上罗列了目前可用的模块，这些模块通常是由 C 语言又或者其他能够与 C 语言进行交互的语言实现的。用户只需要下载模块的源码，编译它们，并在 Redis 里面载入编译好的模块（动态链接库文件），然后就可以像使用普通

Redis 命令一样使用模块实现的功能了。

本章将对 ReJSON、RediSQL、RediSearch 这 3 个非常热门的 Redis 模块进行介绍，展示它们的使用方法，罗列它们常见的 API，并说明管理、载入和卸载 Redis 模块的具体方法。

17.1 模块的管理

在了解模块之前，我们必须学习如何编译模块、载入模块以及卸载模块，本节将会对这些内容进行介绍。

17.1.1 编译模块

虽然不同模块的编译方法各有不同，但绝大多数模块都会在文档中详细地说明自身的编译方法，用户只需要按照文档里提示的方法进行编译即可。

比如，为了方便用户尝试模块功能，Redis 在自身的源码中附带了几个测试用途的模块，这些模块位于源码的 `/src/modules` 文件夹中：

```
$ pwd
    /Users/huangz/redis/src/modules

    $ ls
Makefile          helloblock.c    helloblock.xo    hellotimer.c     hellotype.so
helloworld.c   helloworld.xo  testmodule.so
gendoc.rb         helloblock.so   hellocluster.c  hellotype.c      hellotype.xo
helloworld.so  testmodule.c   testmodule.xo
```

其中以 `.c` 结尾的 C 程序文件就是模块的源码，而以 `.so` 结尾的就是已经编译完毕的模块，也就是常见的 C 共享库文件。一般来说，这些测试模块都会随着 Redis 服务器一并被编译，但如果情况不是这样的，用户也可以随时通过执行 `make` 命令来编译这些模块，就像这样：

```
$ make
    cc -I.  -W -Wall -dynamic -fno-common -g -ggdb -std=c99 -O2 -fPIC -c helloworld.c
-o helloworld.xo
    ld -o helloworld.so helloworld.xo -bundle -undefined dynamic_lookup  -lc
    ld: warning: -macosx_version_min not specified, assuming 10.11
    ld: warning: object file (helloworld.xo) was built for newer OSX version (10.13)
than being linked (10.11)
    # 省略部分编译信息
    cc -I.  -W -Wall -dynamic -fno-common -g -ggdb -std=c99 -O2 -fPIC -c hellotimer.c
-o hellotimer.xo
    ld -o hellotimer.so hellotimer.xo -bundle -undefined dynamic_lookup  -lc
    ld: warning: -macosx_version_min not specified, assuming 10.11
    ld: warning: object file (hellotimer.xo) was built for newer OSX version (10.13)
than being linked (10.11)
```

17.1.2 载入模块

为了使用指定的模块，用户可以在服务器启动时，通过给定 `loadmodule` 选项来指定想要载入的模块：

```
loadmodule &lt;module_path&gt;
```

loadmodule 选项接受模块的具体文件路径作为参数。

举个例子，如果用户想要载入位于文件路径 /Users/huangz/redis/src/modules/helloworld.so 的模块，就需要使用以下选项：

```
loadmodule /Users/huangz/redis/src/modules/helloworld.so
```

用户除了可以在服务器启动时使用 loadmodule 选项载入模块之外，还可以在 Redis 服务器运行期间，执行 MODULE LOAD 命令来在线载入模块，被载入的模块将立即生效并可用：

```
MODULE LOAD module_path
```

与 loadmodule 配置选项一样，MODULE LOAD 命令也接受模块的文件路径作为参数。作为例子，用户可以通过执行以下 MODULE LOAD 命令来载入上述 helloworld.so 文件中的模块：

```
redis> MODULE LOAD /Users/huangz/redis/src/modules/helloworld.so
OK
```

服务器在成功载入模块之后会返回 OK 作为结果，这时用户就可以执行模块中的各项功能了。如果模块载入失败，那么 MODULE LOAD 命令将返回一个错误：

```
redis> MODULE LOAD /not/exists/module.so
(error) ERR Error loading the extension. Please check the server logs.
```

一条 loadmodule 指令或者一条 MODULE LOAD 命令只能载入一个模块，如果用户想要载入多个模块，就需要使用多条 loadmodule 指令或者执行多个 MODULE LOAD 命令，就像这样：

```
MODULE LOAD /path/to/module_a.so
MODULE LOAD /path/to/module_b.so
MODULE LOAD /path/to/module_c.so
```

其他信息

复杂度：$O(1)$。

版本要求：MODULE LOAD 命令从 Redis 4.0 版本开始可用。

17.1.3 列出已载入的模块

用户可以通过执行 MODULE LIST 命令来查看服务器目前已载入的所有模块：

```
redis> MODULE LIST
1) 1) "name"           --"name" 字段的值记录了模块的名字
   2) "test"           -- 这个模块名为 "test"
   3) "ver"            --"ver" 字段的值记录了模块的版本号
   4) (integer) 1      -- 这个模块的版本号为1
```

```
2) 1) "name"
   2) "helloworld"   -- 这个模块名为 "helloworld"
   3) "ver"
   4) (integer) 1    -- 这个模块的版本号为 1
```

多个模块的信息将以嵌套数组的形式给出，顶层数组中的每个数组项都记录了一个模块的信息，而子数组中的各个数组项则以“字段 - 值”的形式记录了模块的各项具体信息。

其他信息

复杂度：$O(N)$，其中 N 为服务器已载入的模块数量。

版本要求：MODULE LIST 命令从 Redis 4.0 版本开始可用。

17.1.4　卸载模块

当用户不再需要使用某个模块的时候，可以执行 MODULE UNLOAD 命令来卸载指定的模块，被卸载的模块将立即失效并不再可用（除非用户再次载入该模块）：

```
MODULE UNLOAD module_name
```

注意，与 MODULE LOAD 命令不一样，MODULE UNLOAD 命令接受的参数是模块的名字，而不是模块的文件路径或者模块的文件名。

比如，如果用户曾经使用以下命令来载入名为 HELLOWORLD 的模块：

```
redis> MODULE LOAD /Users/huangz/redis/src/modules/helloworld.so
OK
```

那么它就需要使用模块的名字 HELLOWORLD 来调用 MODULE UNLOAD 命令，以此来卸载该模块：

```
redis> MODULE UNLOAD HELLOWORLD
OK
```

尝试使用模块的文件路径或者模块的文件名去调用 MODULE UNLOAD 命令，都会得到一个错误：

```
redis> MODULE UNLOAD /Users/huangz/redis/src/modules/helloworld.so
(error) ERR Error unloading module: no such module with that name

redis> MODULE UNLOAD helloworld.so
(error) ERR Error unloading module: no such module with that name
```

一般来说，模块文件的前缀名都会和模块的名字保持一致，比如上文中的 helloworld.so 模块文件注册的就是名为 HELLOWORLD 的模块。如果用户不确定模块名，可以使用 17.1.3 节介绍的 MODULE LIST 命令查看。

其他信息

复杂度：$O(1)$。

版本要求：MODULE UNLOAD 命令从 Redis 4.0 版本开始可用。

17.2 ReJSON 模块

JSON（http://json.org/）作为一种非常常见的数据交换格式，在 Web 领域得到了广泛的应用。Redis 虽然可以存储文本和二进制数据，但它并没有提供对 JSON 数据的原生支持，无法直接通过命令操作存储在数据库中的 JSON 数据。用户只能先将数据取出，在客户端进行处理，然后将处理后的数据重新传入数据库。这种做法不仅增加了编程的复杂性，还在一定程度上带来了额外的性能损耗。

为了解决这个问题，RedisLabs 公司开发出了 ReJSON 模块（https://github.com/RedisLabsModules/ReJSON）。这个模块通过 Redis 的模块机制，在 Redis 之上实现了对 JSON 数据结构的原生支持：有了这个模块，用户就可以直接在 Redis 数据库中存储、更新和获取 JSON 数据，就像操作其他原生 Redis 数据类型一样。

本节将对 ReJSON 模块进行介绍，说明它的编译和载入方式、基本使用方法，并在最后进一步介绍它的常用 API。

17.2.1 编译和载入

ReJSON 的官方文档（https://oss.redislabs.com/redisjson/#building-and-loading-the-module）。详细地说明了在各个不同平台上编译和载入 ReJSON 的方法。

具体来说，为了在 MacOS 上载入 ReJSON 模块，首先需要通过 git clone 命令获取模块的源码：

```
$ git clone https://github.com/RedisLabsModules/rejson.git
正复制到 'rejson'...
remote: Enumerating objects: 86, done.
remote: Counting objects: 100% (86/86), done.
remote: Compressing objects: 100% (85/85), done.
remote: Total 2397 (delta 40), reused 4 (delta 1), pack-reused 2311
接收对象中 : 100% (2397/2397), 3.78 MiB | 1.13 MiB/s, 完成 .
处理 delta 中 : 100% (1314/1314), 完成 .
```

接着进入 rejson 的文件夹，并输入 Make 命令编译源码：

```
$ cd rejson
$ make
```

最后通过 MODULE LOAD 命令载入编译完毕的模块即可：

```
redis> MODULE LOAD /Users/huangz/rejson/src/rejson.so
OK
```

Redis 服务器在成功载入 ReJSON 模块之后，将在日志中打印以下输出：

```
48440:M 21 Apr 15:25:03.490 # <ReJSON> JSON data type for Redis v1.0.1 [encver 0]
48440:M 21 Apr 15:25:03.490 * Module 'ReJSON' loaded from /Users/huangz/rejson.so
```

17.2.2　使用示例

在详细地学习 ReJSON 的 API 之前，让我们先来看一些简单的 ReJSON 使用示例。首先，以下代码展示了如何使用 ReJSON 去设置和获取 JSON 字符串以及数字值：

```
# 创建 JSON 字符串
redis> JSON.SET module_name . '"ReJSON"'
OK

# 取值
redis> JSON.GET module_name
"\"ReJSON\""

# 查看该字符串的长度
redis> JSON.STRLEN module_name
(integer) 6

# 查看该 JSON 键的类型
redis> JSON.TYPE module_name
string

# 设置 JSON 数字值
redis> JSON.SET num . 10086
OK

# 取值
redis> JSON.GET num
"10086"

# 执行加法操作
redis> JSON.NUMINCRBY num . 1
"10087"
```

以下代码则展示了如何设置和获取 JSON 数组：

```
# 创建 JSON 数组
redis> JSON.SET arr . '["abc", "def", 123, 456, true, null]'
OK

# 取值
redis> JSON.GET arr
"[\"abc\",\"def\",123,456,true,null]"

# 获取数组在索引 0 上的元素
redis> JSON.GET arr [0]
"\"abc\""

# 获取数组在索引 1 上的元素
redis> JSON.GET arr [1]
"\"def\""

# 获取数组在索引 -1 上的元素
redis> JSON.GET arr [-1]
"null"
```

以下代码则展示了如何设置和获取 JSON 对象：

```
# 创建 JSON 对象
redis> JSON.SET doc . '{"name":"peter", "age": 35, "fav_foods": ["cake", "rice",
"noodles"]}'
OK

# 获取对象包含的键
redis> JSON.OBJKEYS doc
1) "name"
2) "age"
3) "fav_foods"
# 取出整个对象
redis> JSON.GET doc
"{\"name\":\"peter\",\"age\":35,\"fav_foods\":[\"cake\",\"rice\",\"noodles\"]}"

# 获取指定键的值
redis> JSON.GET doc name
"\"peter\""

redis> JSON.GET doc age
"35"

redis> JSON.GET doc fav_foods
"[\"cake\",\"rice\",\"noodles\"]"
```

17.2.3 ReJSON 路径

ReJSON 使用树状结构存储 JSON 数据，并允许用户通过 ReJSON 自行定义的路径（path）语法来获取 JSON 数据的指定部分。为此，我们需要在学习如何使用 ReJSON 的 API 处理 JSON 数据之前，先学习 ReJSON 路径的具体语法。

一个 ReJSON 值总是从树根（root）开始，而 ReJSON 值包含的各个元素则是这棵树上的子节点（child）。ReJSON 值的树根可以用点号 . 来表示，除此之外，子节点中的对象元素可以通过诸如 `foo.bar` 或者 `foo["bar"]` 这样的语法进行访问，而子节点中的数组元素则可以通过诸如 `arr[0]`、`matrix[2][5]` 这样的语法进行访问。

举个例子，对于单个字符串值或者数字值，比如 `"hello"` 和 `10086`，我们只需要向 ReJSON 提供树根作为路径，就可以取得整个值：

```
redis> JSON.SET word . '"hello"'   -- 将 ReJSON 键 word 的值的树根设置为字符串 "hello"
OK

redis> JSON.GET word .             -- 获取树根（整个值）
"\"hello\""

redis> JSON.SET number . 10086     -- 将 ReJSON 键 number 的值的树根设置为数字值 10086
OK

redis> JSON.GET number .           -- 获取树根（整个值）
"10086"
```

对于更为复杂的、包含多个层次的 ReJSON 值，我们就需要用到对象访问语法和数组访问语法。比如，对于以下数组：

```
redis> JSON.SET arr . '[1, 2, [3, [4]]]'
OK
```

我们可以通过将树根 . 设置为路径来获取整个数组：

```
redis> JSON.GET arr .
"[1,2,[3,[4]]]"
```

但如果我们想要分别获取数组中的单个元素，就需要向 ReJSON 提供相应数组元素的下标作为路径：

```
redis> JSON.GET arr [0]
"1"

redis> JSON.GET arr [1]
"2"

redis> JSON.GET arr [2]
"[3,[4]]"

redis> JSON.GET arr [2][0]
"3"

redis> JSON.GET arr [2][1][0]
"4"
```

与此类似，在访问以下对象的时候：

```
redis> JSON.SET doc . '{"name": "peter", "age": 35, "fav_fruits": ["apple", "banana", "cherry"]}'
OK
```

我们可以通过将树根设置为路径来获取整个对象：

```
redis> JSON.GET doc .
"{\"name\":\"peter\",\"age\":35,\"fav_fruits\":[\"apple\",\"banana\",\"cherry\"]}"
```

也可以通过给定对象中的某个键来获取该键的值：

```
redis> JSON.GET doc "name"              -- 获取 name 键的值
"\"peter\""

redis> JSON.GET doc "age"               -- 获取 age 键的值
"35"

redis> JSON.GET doc "fav_fruits"        -- 获取 fav_fruits 键的值（一个数组）
"[\"apple\",\"banana\",\"cherry\"]"
```

或者通过键加下标的复合语法来获取指定数组中的某个元素：

```
redis> JSON.GET doc fav_fruits[0]     -- 获取 fav_fruits 数组中下标为 0 的元素
"\"apple\""
```

17.2.4 API 简介

本节将会详细地介绍 ReJSON 中最常见的 JSON.SET、JSON.GET、JSON.DEL、JSON.TYPE 等命令，至于 ReJSON 的完整 API 信息则可以在 ReJSON 官方文档页面 https://oss.redislabs.com/rejson/commands/ 查看到。

1. JSON.SET

JSON.SET 命令接受一个 Redis 键、一个路径以及一个 JSON 值作为参数，并将指定路径上的 JSON 数据设置为给定的值：

```
JSON.SET <key> <path> <json>
```

在使用 JSON.SET 命令创建新的 Redis 键时，路径必须设置为树根。当路径指定的元素已经存在时，JSON.SET 命令将使用用户给定的新值去代替已有的旧值。

在以下代码示例中，我们先使用一条 JSON.SET 命令创建了数组 arr，然后使用第二条 JSON.SET 命令，将数组的第一个元素从 1 修改成了 10086：

```
redis> JSON.SET arr . '[1, 2, 3, 4]'      -- 使用树根作为路径，创建新数组
OK

redis> JSON.GET arr
"[1,2,3,4]"

redis> JSON.SET arr [0] 10086             -- 使用下标 [0] 为路径，对元素进行更新
OK

redis> JSON.GET arr
"[10086,2,3,4]"
```

与 Redis 内置的 SET 命令一样，JSON.SET 命令也支持可选的 NX 选项和 XX 选项：

```
JSON.SET <key> <path> <json> [NX | XX]
```

前者只会在给定 Redis 键不存在的情况下进行设置，而后者则只会在给定 Redis 键已经存在的情况下进行设置。

JSON.SET 命令在设置成功时返回 OK 作为结果，并在命令因为 NX、XX 选项而导致设置失败时返回 nil 作为结果。

JSON.SET 命令从 ReJSON 1.0.0 版本开始可用，它的时间复杂度为 $O(M + N)$，其中 M 为已有值的体积，而 N 则是新值的体积。

2. JSON.GET

JSON.GET 命令接受一个 Redis 键以及任意多个路径作为参数，然后从键中获取指定路径存储的 JSON 数据：

```
JSON.GET <key> [path path ...]
```

如果用户在执行命令时没有给定任何路径，那么命令将使用树根作为默认路径并返回

键中存储的所有 JSON 数据。换句话说，以下两条命令是完全等价的：

```
JSON.GET <key> .
```

```
JSON.GET <key>
```

以下是一些简单的 JSON.GET 命令执行示例：

```
redis> JSON.SET doc . '{"name": "peter", "age": 35}'
OK

redis> JSON.GET doc
"{\"name\":\"peter\",\"age\":35}"

redis> JSON.GET doc "name"
"\"peter\""

redis> JSON.GET not_exists_key
(nil)
```

JSON.GET 命令在执行之后将返回经过序列化格式的 JSON 字符串作为结果。

JSON.GET 命令从 ReJSON 1.0.0 版本开始可用，其时间复杂度为 $O(N)$，其中 N 为命令返回的值数量。

3. JSON.DEL

JSON.DEL 命令接受一个或两个参数作为输入。当用户只给定 Redis 键作为参数时，ReJSON 将直接删除该键及其包含的所有 JSON 数据：

```
JSON.DEL <key>
```

以这种形式调用的 JSON.DEL 命令总是会返回 0 作为结果。

如果用户在执行 JSON.DEL 命令时给定了可选的路径参数，那么 ReJSON 将只删除 JSON 数据中路径指定的部分：

```
JSON.DEL <key> [path]
```

接收了两个参数的 JSON.DEL 命令在执行之后将返回被删除值的数量作为结果。

以下是一些简单的 JSON.DEL 命令执行示例：

```
redis> JSON.SET arr . '["a", "b", "c"]'
OK

redis> JSON.GET arr
"[\"a\",\"b\",\"c\"]"

redis> JSON.DEL arr [-1]     -- 删除数组的最后一个元素
(integer) 1

redis> JSON.GET arr
"[\"a\",\"b\"]"

redis> JSON.DEL arr          -- 删除整个数组
```

```
(integer) 0

redis> JSON.GET arr
(nil)
```

JSON.DEL 命令将自动忽略不存在的 Redis 键或路径。

JSON.DEL 命令从 ReJSON 1.0.0 版本开始可用，它的时间复杂度为 *O* (*N*)，其中 *N* 为被删除值的数量。

4. JSON.MGET

JSON.MGET 命令接受任意多个 Redis 键以及一个路径作为参数，然后从给定键中获取位于指定路径上的 JSON 数据：

```
JSON.MGET <key> [key ...] <path>
```

JSON.MGET 命令在执行之后将返回多个值作为结果。如果给定的 Redis 键或者路径不存在，那么 JSON.MGET 将在结果对应的位置返回 nil。

以下是一些简单的 JSON.MGET 命令执行示例：

```
redis> JSON.SET k1 . '"hello"'
OK

redis> JSON.SET k2 . 123
OK

redis> JSON.SET k3 . '["a", "b", "c"]'
OK

redis> JSON.MGET k1 k2 k3 not_exists_key .
1) "\"hello\""
2) "123"
3) "[\"a\",\"b\",\"c\"]"
4) (nil)
```

JSON.MGET 命令从 ReJSON 1.0.0 版本开始可用，它的时间复杂度为 *O* (*M*N*)，其中 *M* 为给定键的数量，而 *N* 则是被返回值的体积。

5. JSON.TYPE

JSON.TYPE 命令接受一个键以及一个可选的路径作为参数，然后返回给定路径上的值的类型作为结果：

```
JSON.TYPE <key> [path]
```

如果用户没有显式地指定路径，那么命令默认将使用树根作为路径。

以下是一些简单的 JSON.TYPE 命令执行示例：

```
redis> JSON.TYPE message
string

redis> JSON.TYPE arr
array
```

```
redis> JSON.TYPE doc
object
```

JSON.TYPE 命令从 ReJSON 1.0.0 版本开始可用，它的时间复杂度为 $O(1)$。

17.3 RediSQL 模块

在享受 Redis 简单、快捷的扁平式数据存储的同时，我们有时也会想要使用传统的关系式数据库来存储复杂的、多层级的结构化数据，但这样一来似乎就必须放弃 Redis 这种内存数据库带来的快速存取优势，为了解决这种“鱼和熊掌不可兼得”的问题，有开发者创建了一个将关系式数据库嵌入 Redis 服务器中的项目，它就是 RediSQL（https://github.com/RedBeardLab/rediSQL）。RediSQL 通过 Redis 的模块机制嵌入了一个完整的 SQLite 实现，用户可以通过这个实现在 Redis 服务器中使用 SQLite 的全部功能。

更令人兴奋的是，通过将数据库文件存放在 Redis 数据库中而不是硬盘文件当中，RediSQL 获得了内存级别的数据读写速度，这对于传统关系式数据库受限于硬盘读写速度的缺陷来说，无疑是一次巨大的提升。换句话说，通过使用 RediSQL，用户将能够同时享受到关系式数据库的强大功能以及内存数据库的快速存取优势。

17.3.1 编译模块

为了使用 RediSQL，我们需要先使用以下命令，从 RediSQL 的项目页面下载其源码：

```
$ git clone http://github.com/RedBeardLab/rediSQL/
Cloning into 'rediSQL'...
remote: Counting objects: 1404, done.
remote: Total 1404 (delta 0), reused 0 (delta 0), pack-reused 1404
Receiving objects: 100% (1404/1404), 7.28 MiB | 487.00 KiB/s, done.
Resolving deltas: 100% (513/513), done.
Checking connectivity... done.
```

在获得源码之后，我们需要进入源码目录，并使用以下命令编译 RediSQL 模块的源码：

```
$ cargo build --release
    Updating crates.io index
  Downloaded log v0.4.6
  Downloaded fnv v1.0.6
  ...
  Downloaded rustc-demangle v0.1.13
  Downloaded autocfg v0.1.1
    Compiling arrayvec v0.4.10
    Compiling libc v0.2.46
    ...
    Compiling redisql_lib v0.3.1 (/Users/huangz/rediSQL/redisql_lib)
    Compiling rediSQL v0.7.1 (/Users/huangz/rediSQL)
      Finished release [optimized] target(s) in 4m 41s
```

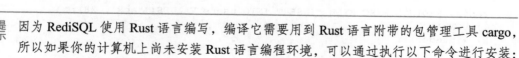

提示　因为 RediSQL 使用 Rust 语言编写，编译它需要用到 Rust 语言附带的包管理工具 cargo，所以如果你的计算机上尚未安装 Rust 语言编程环境，可以通过执行以下命令进行安装：

```
curl https://sh.rustup.rs -sSf | sh
```

关于 Rust 语言的更多信息可以访问它们的官方网站 www.rust-lang.org 来获得。

编译完成的 RediSQL 模块将存放在源码文件夹的 /target/release 文件夹当中，我们可以通过访问该文件夹来验证这一点：

```
$ cd target/release/
$ ls
build          deps          examples          incremental
```

文件夹中的 libredis_sql.dylib 就是编译完成的模块文件，我们只要将其载入 Redis 服务器中，就可以正式开始使用 RediSQL 了：

```
redis> MODULE LOAD /Users/huangz/rediSQL/target/release/libredis_sql.dylib
OK
```

17.3.2 使用示例

要在关系式数据库中存储数据，需要先创建出相应的数据库。在 RediSQL 中，这一步可以通过执行 CREATE_DB 命令来完成：

```
# 创建一个名为 MYDB 的数据库

redis> REDISQL.CREATE_DB MYDB
OK
```

在此之后，我们还需要在数据库中创建出相应的表用于存储数据，这一步可以通过 RediSQL 的 EXEC 命令配合 SQLite 的 CREATE TABLE 命令来完成，前者用于在 RediSQL 中执行 SQL 命令，而后者则用于在关系式数据库中创建表格：

```
# 创建一个名为 users 的表，其中包含 Name 和 Age 两个字段

redis> REDISQL.EXEC MYDB "CREATE TABLE users (Name TEXT, Age INT);"
1) DONE
2) (integer) 0
```

之后，通过再次执行 EXEC 命令和 SQLite 的 INSERT 命令，可以将相应的数据行插入表格当中：

```
# 向 users 表格插入行

redis> REDISQL.EXEC MYDB "INSERT INTO users VALUES('peter', 32);"
1) DONE
2) (integer) 1

redis> REDISQL.EXEC MYDB "INSERT INTO users VALUES('jack', 28);"
1) DONE
2) (integer) 1
```

```
redis> REDISQL.EXEC MYDB "INSERT INTO users VALUES('mary', 25);"
1) DONE
2) (integer) 1
```

然后，我们可以通过执行 EXEC 命令和 SELECT 命令来获取刚刚插入的数据行：

```
# 获取users表格中的所有数据行

redis> REDISQL.EXEC MYDB "SELECT * FROM users"
1) 1) "peter"
   2) (integer) 32
2) 1) "jack"
   2) (integer) 28
3) 1) "mary"
   2) (integer) 25
```

因为 RediSQL 嵌入的是具有完整功能的 SQLite 实现，所以包括关联查询在内的更为复杂的功能也是可用的：

```
# 创建books表并插入与users表相关联的数据

redis> REDISQL.EXEC MYDB "CREATE TABLE books (Reader TEXT, Title TEXT);"
1) DONE
2) (integer) 0

redis> REDISQL.EXEC MYDB "INSERT INTO books VALUES('peter', 'Redis in Action');"
1) DONE
2) (integer) 1

redis> REDISQL.EXEC MYDB "INSERT INTO books VALUES('peter', 'Redis Guide');"
1) DONE
2) (integer) 1

# 执行关联查询

redis> REDISQL.EXEC MYDB "SELECT Title FROM users, books WHERE users.Name = books.
Reader;"
1) 1) "Redis Guide"
2) 1) "Redis in Action"
```

最后，每个 RediSQL 数据库都存储在单独的 Redis 数据库键中，比如上面创建的 MYDB 数据库对应的就是 MYDB 键：

```
redis> TYPE MYDB
rediSQLDB
```

17.3.3 API 简介

本节中我们将会看到 RediSQL 中最常见的一组 API，并学习如何创建数据库、删除数据库、执行语句、执行查询以及复制数据库等，至于项目的完整 API 则可以通过访问以下页面查看：https://redisql.redbeardlab.com/rediSQL/references/。

1. 创建数据库

CREATE_DB 命令用于创建数据库，它接受一个数据库名字和一个可选的路径作为参数：

```
REDISQL.CREATE_DB name [path]
```

比如，通过执行以下命令可以创建一个名为 BLOG 的数据库：

```
REDISQL.CREATE_DB BLOG
```

而执行以下命令则会创建一个名为 CMS 的数据库：

```
REDISQL.CREATE_DB CMS
```

如果用户在执行 CREATE_DB 命令时没有给定 path 参数，那么 RediSQL 将使用特殊字符串：memory：作为 path 参数的值，这意味着数据库中的数据将被存储在 Redis 中（也就是内存中）；如果用户想要把数据存储到硬盘文件中，那么只需要在 path 参数中指定数据库文件的具体路径即可。

举个例子，如果用户想要把数据库存储在当前文件夹的 weather.db 文件中，那么可以执行以下命令：

```
redis> REDISQL.CREATE_DB WEATHER "weather.db"
OK
```

CREATE_DB 命令的复杂度为 $O(1)$。

2. 删除数据库

RediSQL 没有直接提供用于删除数据库的命令，不过由于 RediSQL 创建的每个数据库都对应一个 Redis 键，所以我们可以直接使用 Redis 内置的 DEL 命令来移除 RediSQL 创建的数据库：

```
DEL db [db ...]
```

存储在内存中的 RediSQL 数据库在 DEL 命令执行之后将被移除，而存储在文件中的 RediSQL 数据库文件则会被关闭。

举个例子，如果我们想要删除之前创建的 WEATHER 数据库，那么只需要执行以下命令即可：

```
redis> DEL WEATHER
(integer) 1
```

DEL 命令的复杂度为 $O(N)$，其中 N 为被移除数据库包含的行数量。

3. 执行语句

RediSQL 的 EXEC 命令接受一个数据库和一个 SQLite 语句作为参数，然后在数据库中执行指定的语句：

```
REDISQL.EXEC db "statement"
```

举个例子，通过执行以下命令，我们可以向 MYDB 数据库的 users 表插入一个新的行：

```
redis> REDISQL.EXEC MYDB "INSERT INTO users VALUES('peter', 32);"
```

```
1) DONE
2) (integer) 1
```

与此类似，通过执行以下命令，我们可以从 MYDB 数据库的 users 表中获取所有数据：

```
redis> REDISQL.EXEC MYDB "SELECT * FROM users"
1) 1) "peter"
   2) (integer) 32
2) 1) "jack"
   2) (integer) 28
3) 1) "mary"
   2) (integer) 25
```

EXEC 命令的复杂度由被执行的 SQLite 语句决定。

4. 执行查询

如果用户想要执行的 SQLite 语句是不需要修改数据库的只读语句，那么可以使用 RediSQL 的 QUERY 命令代替 EXEC 命令，以此来获得更为安全的语句执行环境以及潜在的性能优化：

```
REDISQL.QUERY db "statement"
```

比如，我们可以使用以下语句去代替之前使用 EXEC 命令执行 SELECT 语句的做法：

```
redis> REDISQL.QUERY MYDB "SELECT * FROM users"
1) 1) "peter"
   2) (integer) 32
2) 1) "jack"
   2) (integer) 28
3) 1) "mary"
   2) (integer) 25
```

尝试使用 QUERY 命令去执行一条写入语句将引发错误：

```
redis> REDISQL.QUERY MYDB "INSERT INTO users VALUES('tom', 33);"
(error) ERR - Error Code: 0 => Statement is not read only but it may modify
the database, use `EXEC_STATEMENT` instead. | Not read only statement
```

与 EXEC 命令一样，QUERY 命令的复杂度也由被执行的语句决定。

5. 复制数据库

用户可以通过执行 COPY 命令，将源数据库的所有数据复制至目标数据库：

```
REDISQL.COPY source destination
```

比如，通过执行以下命令，我们可以将 MYDB 数据库中的所有数据都复制到 NEWDB：

```
# 创建目标数据库
redis> REDISQL.CREATE_DB NEWDB
OK

# 执行复制操作
redis> REDISQL.COPY MYDB NEWDB
OK
```

```
# 从目标数据库中获取数据
redis> REDISQL.QUERY NEWDB "SELECT * FROM users"
1) 1) "peter"
   2) (integer) 32
2) 1) "jack"
   2) (integer) 28
3) 1) "mary"
   2) (integer) 25
```

无论源数据库存储在文件中还是内存中，COPY 命令都会顺利执行。除此之外，如果用户给定的目标数据库非空，那么命令在执行复制操作之前将先清空目标数据库，然后再执行具体的复制操作。

COPY 命令的复杂度为 $O(N)$，其中 N 为源数据库包含的行数量。

17.4 RediSearch 模块

人们在使用 Redis 的时候，通常只会使用 Redis 构建一些功能较为单一的应用，比如稍早之前介绍过的锁、自动补全、排行榜、社交关系等；但有些人也会使用 Redis 构建非常复杂的应用，比如全文搜索引擎。因为全文搜索引擎的复杂性及其底层数据结构的特殊性，仅使用 Redis 提供的现成数据结构是很难实现一个功能完备的全文搜索引擎的，即使勉强实现了效率也不会太高。

为了解决上述问题，RedisLabs 基于 Redis 的模块机制，在 Redis 顶层实现了全文搜索引擎 RediSearch（https://github.com/RedisLabsModules/RediSearch）。这个全文搜索引擎的功能非常强大，它能够为多种语言的文档建立索引，并通过高效的反向索引数据结构快速地进行检索操作。

本节我们将会学习 RediSearch 的基本使用方法，其中包括：

- 如何下载、编译和载入 RediSearch 模块。
- 如何使用 RediSearch 建立索引。
- 如何将文档添加至索引。
- 如何在索引中实施检索。

在本节的最后，我们还会更详细地了解到 RediSearch 最常见的一系列 API。

17.4.1 下载与编译

与之前介绍过的两个模块一样，下载 RediSearch 模块源码的操作也可以通过执行以下命令来完成：

```
$ git clone https://github.com/RedisLabsModules/RediSearch.git
正复制到 'RediSearch'...
remote: Enumerating objects: 268, done.
remote: Counting objects: 100% (268/268), done.
remote: Compressing objects: 100% (170/170), done.
remote: Total 19951 (delta 162), reused 158 (delta 97), pack-reused 19683
```

```
接收对象中 : 100% (19951/19951), 15.20 MiB | 5.33 MiB/s, 完成 .
处理 delta 中 : 100% (14181/14181), 完成 .
```

在取得 RediSearch 模块的源码之后，我们只需要进入源码目录，然后执行 make 命令即可开始编译：

```
$ cd RediSearch/
$ make
*** Raw Makefile build uses CMake. Use CMake directly!
*** e.g.
    mkdir build && cd build
    cmake .. && make && redis-server --loadmodule ./redisearch.so
***
...
Scanning dependencies of target metaphone
[  1%] Building C object src/dep/phonetics/CMakeFiles/metaphone.dir/double_
metaphone.c.o
[  1%] Built target metaphone
...
[100%] Linking C executable test_priority_queue
[100%] Built target test_priority_queue
cp build-compat/redisearch.so src
cp build-compat/redisearch.so src/redisearch.so
```

> 提示 编译 RediSearch 需要用到 CMake，如果你的计算机尚未安装 CMake，那么请先安装 CMake，然后再执行编译操作。

编译完成的模块文件 redisearch.so 将被放到源码文件夹的 /src 文件夹当中，我们只需要在 Redis 客户端中载入这个模块文件即可：

```
redis> MODULE LOAD /Users/huangz/RediSearch/src/redisearch.so
OK
```

17.4.2 使用示例

RediSearch 支持非常丰富的功能，但它最重要的功能还是实施全文检索。本节将会介绍使用 RediSearch 构建全文索引并执行检索操作的具体方法。

首先，构建索引的工作可以通过执行 FT.CREATE 命令来完成：

```
redis> FT.CREATE databases SCHEMA title TEXT description TEXT
OK
```

在上述命令中，我们创建了一个名为 databases 的索引，该索引可以存储包含 title 和 description 两个字段的文档。

在建立起索引之后，可以通过 FT.ADD 命令将文档添加至索引。比如在以下代码中，我们就将 3 个不同的文档添加到了 databases 索引中：

```
redis> FT.ADD databases doc1 1.0 LANGUAGE "chinese" FIELDS title "Redis"
```

```
description "Redis是一个使用ANSI C编写的开源、支持网络、基于内存、可选持久性的键值对存储数据库。"
    OK

    redis> FT.ADD databases doc2 1.0 LANGUAGE "chinese" FIELDS title "MySQL" descri
ption "MySQL是一个开放源代码的关系数据库管理系统。"
    OK

    redis> FT.ADD databases doc3 1.0 LANGUAGE "chinese" FIELDS title "PostgreSQL" descri
ption "PostgreSQL是自由的对象-关系数据库服务器。"
    OK
```

以上面执行的第一条FT.ADD命令为例，databases、doc1和1.0分别为文档所属的索引、文档的ID以及文档的分值，而紧接着的LANGUAGE "chinese"则指明了该文档使用的语言，至于之后的FIELDS选项则分别提供了文档title字段的值以及description字段的值。

在将文档添加到索引之后，我们就可以检索索引中的文档了。在以下两次命令调用中，我们分别在索引中查找了与"Redis"相关的文档以及与"关系数据库"相关的文档：

```
redis> FT.SEARCH databases "Redis" LANGUAGE "chinese"
1
doc1
title
Redis
description
Redis是一个使用ANSI C编写的开源、支持网络、基于内存、可选持久性的键值对存储数据库。

redis> FT.SEARCH databases "关系数据库" LANGUAGE "chinese"
2
doc3
title
PostgreSQL
description
PostgreSQL是自由的对象-关系数据库服务器。
doc2
title
MySQL
description
MySQL是一个开放源代码的关系数据库管理系统。
```

根据命令的执行结果可知，第一次检索返回了一个文档，而第二次检索则返回了两个文档。

17.4.3 API简介

在了解了RediSearch的基本用法之后，现在是时候学习更多RediSearch的常见API使用方法了。因为RediSearch具有非常强大的功能，所以它的API非常多，也非常复杂。本节只会对RediSearch最常用的API做基本介绍，完整的API参考信息可以查看RediSearch的命令文档（https://oss.redislabs.com/redisearch/Commands.html）。

1. 创建索引

用户可以通过FT.CREATE命令创建具有指定名字的索引。每个索引可以包含任意多个字段，字段的类型可以是文本、数字、地理位置或者标签：

```
FT.CREATE name SCHEMA [field [WEIGHT n] [TEXT | NUMERIC | GEO | TAG] [SORTABLE]]
[field ...]
```

通过可选的 WEIGHT 选项，用户可以为每个字段设置相应的权重，如果不设置则默认使用 1.0 作为权重。

举个例子，通过执行以下命令，我们可以创建出名为 locations 的索引，该索引带有文本字段 user 和地理位置字段 location：

```
redis> FT.CREATE locations SCHEMA user TEXT location GEO
OK
```

又比如，通过执行以下命令，我们可以创建出名为 categories 的索引，它带有文本字段 item、数字字段 price 和标签字段 tags：

```
redis> FT.CREATE categories SCHEMA item TEXT price NUMERIC tags TAG
OK
```

字段的另一个可选项 SORTABLE 可以将字段设置为可排序字段，带有该属性的字段可以在实施检索时通过 SORTBY 选项进行排序。

FT.CREATE 命令的复杂度为 *O* (1)，它在执行成功时返回 OK，执行失败时返回相应的错误。

2. 添加文档至索引

在创建索引之后，用户可以通过执行 FT.ADD 命令将给定的文档添加到索引中：

```
FT.ADD index docId score FIELDS field value [field value]
```

最基本的 FT.ADD 命令接受 index、docId、score 以及任意多个 field-value 键值对作为参数，其中：

- index 用于指定文档所属的索引，docId 用于指定文档 ID，score 用于指定文档分值。文档的分值可以介于 0.0 至 1.0 之间，如果没有特殊要求则一般设置为 1.0。
- FIELDS 选项之后的任意多个 field-value 键值对则用于指定文档包含的键值对。

举个例子，通过执行以下命令，我们可以将物品 MI8SE 添加到索引中：

```
redis> FT.ADD categories item10086 1.0 FIELDS item MI8SE price 1999 tags "phone,MI,4G"
OK
```

其中 categories 为索引的名字，item10086 为文档 ID，1.0 为分值，而文档包含的 3 个键值对分别为 item-MI8SE、price-1999 和 tags-"phone,MI,4G"。

（1）设置文档的语言

用户在将文档添加至索引的时候，可以通过可选的 LANGUAGE 选项为文档设置相应的语言，以便 RediSearch 根据语言对文档做相应的处理：

```
FT.ADD index docId score [LANGUAGE lang] FIELDS field value [field value]
```

LANGUAGE 选项的值可以是以下任意一个，它们分别对应阿拉伯语、中文、丹麦语、荷兰语、英语、芬兰语等多种语言：

- "arabic"
- "chinese"
- "danish"
- "dutch"
- "english"
- "finnish"
- "french"
- "german"
- "hungarian"
- "italian"
- "norwegian"
- "portuguese"
- "romanian"
- "russian"
- "spanish"
- "swedish"
- "tamil"
- "turkish"

注意，必须根据文档内容设置正确的语言，因为不正确的语言设置将导致文档无法被检索。比如，如果我们在添加中文文档的时候不将语言设置为中文，那么之后的搜索结果将会出现错误：

```
# 创建索引
redis> FT.CREATE memo SCHEMA content TEXT
OK

# 添加中文文档
redis> FT.ADD memo m1 1.0 LANGUAGE "chinese" FIELDS content "我爱吃鸡蛋"
OK

# 添加非中文文档（默认做英文处理）
redis> FT.ADD memo m2 1.0 FIELDS content "别忘了买鸡蛋"
OK

# 搜索“鸡蛋”只能检索到一个文档
redis> FT.SEARCH memo "鸡蛋"
1
m1
```

```
content
我爱吃鸡蛋
```

（2）只索引而不存储文档

如果用户在执行 FT.ADD 命令时给定了可选的 NOSAVE 选项，那么命令只会为文档建立索引，并不会存储文档本身：

```
FT.ADD index docId score [NOSAVE] FIELDS field value [field value]
```

单纯被索引而未被存储的文档在被检索的时候只会返回文档的 ID 而不会返回文档本身。

举个例子，如果我们在索引 memo 中添加一个与西红柿相关的文档，但是并不存储它：

```
redis> FT.ADD memo m3 1.0 NOSAVE LANGUAGE "chinese" FIELDS content "西红柿炒鸡蛋是我最喜欢的菜式之一"
OK
```

那么当我们尝试检索这个文档的时候，命令只会返回被匹配文档的 ID——m3，而不是文档本身：

```
# 找到一条结果，它的 ID 为 m3
redis> FT.SEARCH memo "西红柿" LANGUAGE "chinese"
1
m3
```

（3）使用新文档代替旧文档

如果用户在执行 FT.ADD 命令时给定了可选的 REPLACE 选项，并且索引中存在与给定 ID 相同的文档，那么命令将使用新文档代替旧文档，效果与先移除旧文档然后再添加新文档一样：

```
FT.ADD index docId score [REPLACE] FIELDS field value [field value]
```

举个例子，假设我们建立了 date-memo 索引用于存储带有日期的备忘录，它的定义如下：

```
redis> FT.CREATE date-memo SCHEMA date TEXT content TEXT
OK
```

在建立这个索引之后，我们向它添加了 ID 为 m1 的文档：

```
redis> FT.ADD date-memo m1 1.0 LANGUAGE "chinese" FIELDS date "2020.5.6" content "去张三家吃饭"
OK

redis> FT.GET date-memo m1
date
2020.5.6
content
去张三家吃饭
```

之后，如果我们再次向该索引添加 ID 为 m1 的文档，并给定可选项 REPLACE，那么旧的 m1 文档将被替换成新的 m1 文档：

```
redis> FT.ADD date-memo m1 1.0 REPLACE LANGUAGE "chinese" FIELDS date
```

```
"2022.1.1" content "去时代广场庆祝元旦"
    OK

    redis> FT.GET date-memo m1
    date
    2022.1.1
    content
    去时代广场庆祝元旦
```

与此相反，如果我们尝试向索引添加 ID 重复的文档，但是并不使用 REPLACE 选项，那么命令将拒绝执行这个添加操作：

```
    redis> FT.ADD date-memo m1 1.0 LANGUAGE "chinese" FIELDS date "2021.6.1"
content "儿童节快乐！"
    Document already exists
```

（4）部分更新文档

在一些情况下，我们可能只是想要更新已有文档中的某些字段，而不是要替换整个文档，这时就需要用到 PARTIAL 可选项了：

```
FT.ADD index docId score [REPLACE PARTIAL] FIELDS field value [field value]
```

因为部分更新是文档更新的一种特殊情形，所以 PARTIAL 可选项必须与 REPLACE 可选项同时使用。在默认情况下，用户在定义索引的时候设定文档有多少个字段，我们在添加文档的时候就需要提供多少个字段，但是在启用了 PARTIAL 可选项并且旧文档已经存在的情况下，用户只需要给定想要更新的字段及其新值就可以了，至于那些未给定新值的字段将继续沿用已有的旧值。

举个例子，对于以下这个备忘：

```
redis> FT.GET date-memo m1
date
2022.1.1
content
去时代广场庆祝元旦
```

如果我们不想修改备忘的时间而只想修改备忘的内容，那么只需要执行以下命令即可：

```
    redis> FT.ADD date-memo m1 1.0 REPLACE PARTIAL LANGUAGE "chinese" FIELDS
content "去江滨公园参加元旦倒数活动"
    OK

    redis> FT.GET date-memo m1
    date
    2022.1.1
    content
    去江滨公园参加元旦倒数活动
```

FT.ADD 命令的复杂度为 $O(N)$，其中 N 为文档包含的字段总数。这个命令在成功执行时返回 OK，出错时返回相应的错误信息。

3. 添加散列至索引

为了让用户可以快速地将存储在 Redis 散列中的文档添加至散列，RediSearch 提供了

FT.ADDHASH 命令：

```
FT.ADDHASH index hash score [LANGUAGE lang] [REPLACE]
```

这个命令接受的参数与 FT.ADD 命令基本相同，唯一的不同之处在于，用户只需要在 hash 参数中提供散列的键名，命令就会把散列中包含的字段和值作为文档添加到索引中。

比如，假设有以下散列：

```
redis> HGETALL m2
date
2021.8.1
content
庆祝建军节
```

那么我们可以通过执行以下命令，将这个散列（文档）添加到索引中：

```
redis> FT.ADDHASH date-memo m2 1.0 LANGUAGE "chinese"
OK
```

之后我们就可以基于这个文档进行检索和执行取值操作了：

```
redis> FT.GET date-memo m2
date
2021.8.1
content
庆祝建军节

redis> FT.SEARCH date-memo "建军节" LANGUAGE "chinese"
1
m2
date
2021.8.1
content
庆祝建军节
```

FT.ADDHASH 命令的复杂度为 $O(N)$，其中 N 为散列包含的字段数量。这个命令在成功执行时返回 OK，出错时返回相应的错误信息。

4. 查看索引信息

在创建索引之后，用户可以通过执行 FT.INFO 命令查看索引的相关信息，比如索引包含的文档数量、索引包含的唯一字段数量、索引在内存中的分布信息等：

```
FT.INFO index
```

以下是对索引 date-memo 执行 FT.INFO 命令的结果：

```
redis> FT.INFO date-memo
index_name
date-memo
index_options

fields
date
type
```

```
TEXT
WEIGHT
1
content
type
TEXT
WEIGHT
1
num_docs
2
max_doc_id
7
num_terms
23
num_records
10
inverted_sz_mb
5.7220458984375e-05
total_inverted_index_blocks
96
offset_vectors_sz_mb
2.6702880859375e-05
doc_table_size_mb
0.00057220458984375
sortable_values_size_mb
0
key_table_size_mb
6.389617919921875e-05
records_per_doc_avg
5
bytes_per_record_avg
6
offsets_per_term_avg
2.7999999999999998
offset_bits_per_record_avg
8
gc_stats
current_hz
1
bytes_collected
108
effectiv_cycles_rate
0.0023544800523217788
cursor_stats
global_idle
0
global_total
0
index_capacity
128
index_total
0
```

FT.INFO 命令的复杂度为 $O(1)$，它在成功执行时将返回一个嵌套数组作为结果。

5. 检索文档

通过执行 FT.SEARCH 命令，用户可以根据给定的文本在索引中查找与之匹配的文档：

```
FT.SEARCH index query [LANGUAGE lang]
```

最基本的 FT.SEARCH 命令只需要给定两个参数，其中 index 用于指定被检索索引的名字，而 query 则用于指定被查找的文本，如果该文本使用的不是默认的英语，那么用户还需要通过 LANGUAGE 选项指定检索时使用的语言。

比如，通过执行以下命令，我们可以从索引 databases 中检索与中文文本 " 数据库 " 有关的文档：

```
redis> FT.SEARCH databases " 数据库 " LANGUAGE "chinese"
3
doc3
title
PostgreSQL
description
PostgreSQL 是自由的对象 - 关系数据库服务器。
doc2
title
MySQL
description
MySQL 是一个开放源代码的关系数据库管理系统。
doc1
title
Redis
description
Redis 是一个使用 ANSI C 编写的开源、支持网络、基于内存、可选持久性的键值对存储数据库。
```

FT.SEARCH 命令的复杂度为 $O(N*M)$，其中 N 为被检索文档的数量，而 M 则是文本包含的单词数量。这个命令在执行成功时将返回一个数组作为结果，数组的第一个元素为被匹配文档的总数量，而后续元素则为被匹配的文档或文档 ID。

（1）只返回匹配文档的 ID

如果用户在检索时只想获取被匹配文档的 ID 而不是文档本身，那么只需要在执行命令的时候提供 NOCONTENT 可选项即可：

```
FT.SEARCH index query [NOCONTENT]
```

以下是一个使用 NOCONTENT 可选项的例子：

```
redis> FT.SEARCH databases " 数据库 " LANGUAGE "chinese" NOCONTENT
3
doc3
doc2
doc1
```

可以看到，FT.SEARCH 命令只返回了被匹配文档的 ID 而没有返回文档本身。

（2）只返回指定的字段

在默认情况下，FT.SEARCH 命令将返回文档包含的所有字段，但用户也可以通过 RETURN 可选项让命令只返回指定的字段：

```
FT.SEARCH index query [RETURN num field ...]
```

用户需要通过 num 参数指定自己想要返回的字段数量，并在之后给出具体字段的名字。

举个例子，假设我们现在想要在databases索引中检索与关键字"数据库"有关的文档，并且只想获取文档中的title字段，那么只需要执行以下命令即可：

```
redis> FT.SEARCH databases "数据库" LANGUAGE "chinese" RETURN 1 "title"
3
doc3
title
PostgreSQL
doc2
title
MySQL
doc1
title
Redis
```

可以看到，除了必须返回的文档ID之外，检索结果现在只会返回文档的title字段。

（3）只返回指定数值区间内的文档

通过使用可选的FILTER选项，用户可以让FT.SEARCH命令只返回结果文档中，指定数值字段符合给定区间的文档：

```
FT.SEARCH index query [FILTER numeric_field min max]
```

FILTER字段接受numeric_field、min和max这3个参数作为输入，其中numeric_field参数用于指定文档中的数值字段，而min和max参数则用于指定具体的数值区间。这个数值区间可以像ZRANGE之类的命令一样，使用-inf和+inf来指定无限值，或者使用左括号(表示开区间。

举个例子，假设现在有一个日志索引logs，它的定义及包含的文档如下：

```
# 使用 SORTABLE 选项将 time 字段设置为可排序字段，以便之后进行排序
redis> FT.CREATE logs 1.0 SCHEMA time NUMERIC SORTABLE content TEXT
OK

redis> FT.ADD logs log1 1.0 FIELDS time 1500000000 content "log1: blah blah"
OK

redis> FT.ADD logs log2 1.0 FIELDS time 1600000000 content "log2: blah blah"
OK

redis> FT.ADD logs log3 1.0 FIELDS time 1700000000 content "log3: blah blah"
OK

redis> FT.ADD logs log4 1.0 FIELDS time 1800000000 content "log4: blah blah"
OK

redis> FT.ADD logs log5 1.0 FIELDS time 1900000000 content "log5: blah blah"
OK
```

如果我们尝试在索引中查找所有包含单词"blah"的文档，那么命令将返回5个文档：

```
redis> FT.SEARCH logs "blah" NOCONTENT
5
```

```
log5
log4
log3
log2
log1
```

但如果我们使用 FILTER 选项，让命令只返回结果文档中 time 字段小于等于 1700000000 的文档，那么命令将只返回 3 个文档：

```
redis> FT.SEARCH logs "blah" FILTER "time" -inf 1700000000 NOCONTENT
3
log3
log2
log1
```

（4）根据指定规则排序

通过 SORTBY 可选项，用户可以让 FT.SEARCH 命令根据指定字段的大小按顺序或者逆序返回结果：

```
FT.SEARCH index query [SORTBY field [ASC|DESC]]
```

比如，通过执行以下命令，我们可以根据 time 字段的大小排序搜索结果：

```
# 根据time的大小顺序排序（从小到大）
redis> FT.SEARCH logs "blah" SORTBY time ASC NOCONTENT
5
log1
log2
log3
log4
log5

# 根据time的大小逆序排序（从大到小）
redis> FT.SEARCH logs "blah" SORTBY time DESC NOCONTENT
5
log5
log4
log3
log2
log1
```

ASC 参数或 DESC 参数是可选的，如果省略，那么 SORTBY 默认使用 ASC 作为参数，因此以下两条命令是完全等效的：

```
FT.SEARCH logs "blah" SORTBY time ASC NOCONTENT

FT.SEARCH logs "blah" SORTBY time NOCONTENT
```

提示 使用 SORTBY 排序的字段必须在创建索引时使用 SORTABLE 可选项进行声明，否则 SORTBY 将得出错误的结果。

（5）限制命令返回的结果数量

通过 LIMIT 选项，用户可以让 FT.SEARCH 命令只返回指定数量的文档：

```
FT.SEARCH index query [LIMIT offset num]
```

选项中的 offset 参数用于指定在返回结果前需要跳过的文档数量，而 num 参数则用于指定需要返回的最大文档数量。

比如，假设我们想要让命令返回排在结果最前面的 3 个文档，那么可以执行以下命令：

```
redis> FT.SEARCH logs "blah" LIMIT 0 3 NOCONTENT
5
log5
log4
log3
```

又比如，如果我们想要让命令跳过结果中的第一个文档，并返回之后跟着的两个文档，那么可以执行以下命令：

```
redis> FT.SEARCH logs "blah" LIMIT 1 2 NOCONTENT
5
log4
log3
```

6. 从索引中获取文档

用户可以通过 FT.GET 命令或者 FT.MGET 命令，从指定的索引中获取一个或多个文档：

```
FT.GET index docId

FT.MGET index docId [docId ...]
```

比如，通过执行以下命令，我们可以从 logs 索引中取出 ID 为 log1 的文档：

```
redis> FT.GET logs log1
time
1500000000
content
log1: blah blah
```

或者通过执行以下命令，从 logs 索引中取出 ID 为 log1、log2 和 log3 的这 3 个文档：

```
redis> FT.MGET logs log1 log2 log3
time
1500000000
content
log1: blah blah
time
1600000000
content
log2: blah blah
time
1700000000
content
log3: blah blah
```

如果用户给定的索引或文档 ID 不存在，那么命令将返回相应的空值或错误：

```
# 文档不存在
redis> FT.GET logs log10086


# 索引不存在
redis> FT.GET not_exists_index doc1
Unknown Index name
```

FT.GET 命令的复杂度为 $O(1)$，而 FT.MGET 命令的复杂度则为 $O(N)$，其中 N 为用户给定的文档数量。

7. 从索引中移除文档

当用户不再需要索引中的某个文档时，可以通过执行以下命令将其移除出索引：

```
FT.DEL index docID
```

比如，通过执行以下命令，我们可以从索引 logs 中移除 ID 为 log5 的文档：

```
redis> FT.DEL logs log5
1
```

注意，单纯地执行 FT.DEL 只会将文档移除出索引，但是并不会删除被移除的文档。因此我们仍然可以像之前一样，使用 FT.GET 命令获取被移除的 log5 文档：

```
redis> FT.GET logs log5
time
1900000000
content
log5: blah blah
```

不过由于 log5 文档已经被移除出索引 logs 了，所以它不会再出现在检索结果中：

```
redis> FT.SEARCH "logs" "blah" NOCONTENT
4
log4
log3
log2
log1
```

如果用户想要在移除索引文档的同时将文档一并删除，就需要在执行命令的同时使用可选项 DD（Delete Document，删除文档）：

```
FT.DEL index docID [DD]
```

作为例子，以下代码演示了从索引中移除并删除 log4 文档的方法：

```
redis> FT.DEL logs log4 DD
1
```

在此之后，我们将无法再获取 log4 文档：

```
redis> FT.GET logs log4
```

也无法再在检索操作中查找这个文档：

```
redis> FT.SEARCH "logs" "blah" NOCONTENT
3
log3
log2
log1
```

FT.DEL 命令的复杂度为 $O(1)$，它在成功移除文档时返回 1，因为文档不存在等原因而导致移除失败时返回 0。

8. 移除索引

当用户不再需要某个索引的时候，可以通过执行以下命令将其移除：

```
FT.DROP index [KEEPDOCS]
```

在默认情况下，FT.DROP 命令在移除索引的同时也会删除索引中的所有文档，如果用户想要保留被索引的文档，那么只需要在执行命令的时候使用 KEEPDOCS 可选项即可。

比如，通过执行以下命令，我们可以移除 logs 索引并删除其属下的所有文档：

```
redis> FT.DROP logs
OK
```

执行以下命令将移除 date-memo 索引，但是索引中的所有文档都会被保留：

```
redis> FT.DROP date-memo KEEPDOCS
OK
```

FT.DROP 命令的复杂度为 $O(N)$，其中 N 为命令执行时被删除的文档数量。这个命令在执行成功时返回 OK，出错时返回相应的错误。

17.5 重点回顾

- Redis 的模块功能允许开发者通过 Redis 开放的一簇 API，把 Redis 用作网络服务和数据存储平台，通过 C 语言在 Redis 之上构建任意复杂的、全新的数据结构、功能和应用。
- ReJSON 模块通过 Redis 的模块机制，在 Redis 之上实现了对 JSON 数据结构的原生支持：有了这个模块，用户就可以直接在 Redis 数据库中存储、更新和获取 JSON 数据，就像操作其他原生 Redis 数据类型一样。
- RediSQL 通过 Redis 的模块机制嵌入了一个完整的 SQLite 实现，用户可以通过这个实现在 Redis 服务器中使用 SQLite 的全部功能。
- RediSearch 全文搜索引擎的功能非常强大，它能够为多种语言的文档建立索引，并通过高效的反向索引数据结构快速地进行检索操作。

03

第三部分

多机功能

P A R T 3

CHAPTER 18

第18章 复　制

复制功能是 Redis 提供的多机功能中最基础的一个，这个功能是通过主从复制（master-slave replication）模式实现的，它允许用户为存储着目标数据库的服务器创建出多个拥有相同数据库副本的服务器，其中存储目标数据库的服务器被称为主服务器（master server），而存储数据库副本的服务器则被称为从服务器（slave server，或者称为 replica），如图 18-1 所示。

对于 Redis 来说，一个主服务器可以拥有任意多个从服务器，而从服务器本身也可以用作其他服务器的主服务器，并以此构建出一个树状的服务器结构，如图 18-2 所示。需要注意的是，虽然一个主服务器可以拥有多个从服务器，但一个从服务器只能拥有一个主服务器。换句话说，Redis 提供的是单主复制功能，而不是多主复制功能。

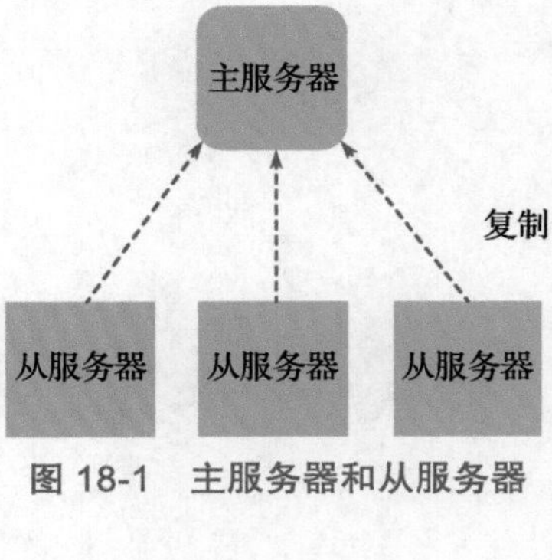

图 18-1　主服务器和从服务器

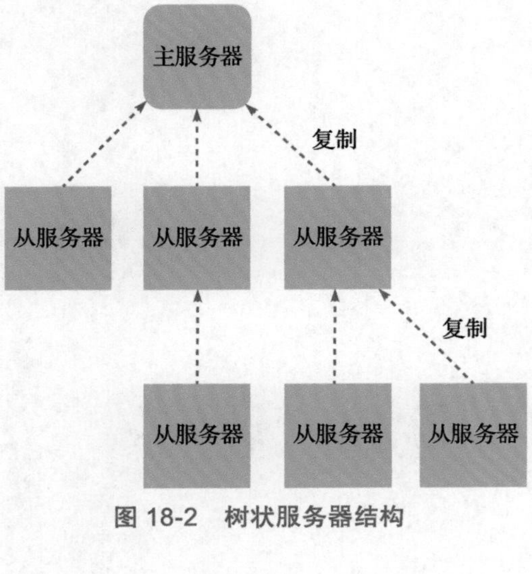

图 18-2　树状服务器结构

在默认情况下，处于复制模式的主服务器既可以执行写操作也可以执行读操作，而从服务器则只能执行读操作，图 18-3 和图 18-4 分别展示了 Redis 服务器在无复制和有复制两种状态下的客户端访问模式。

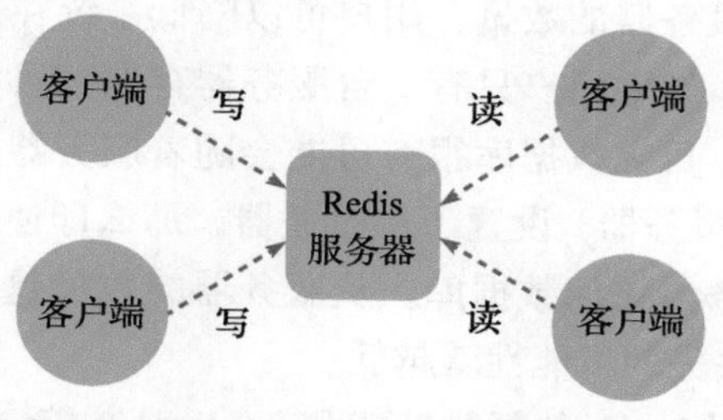

图 18-3　没有启用复制功能的 Redis 服务器可以执行读写操作

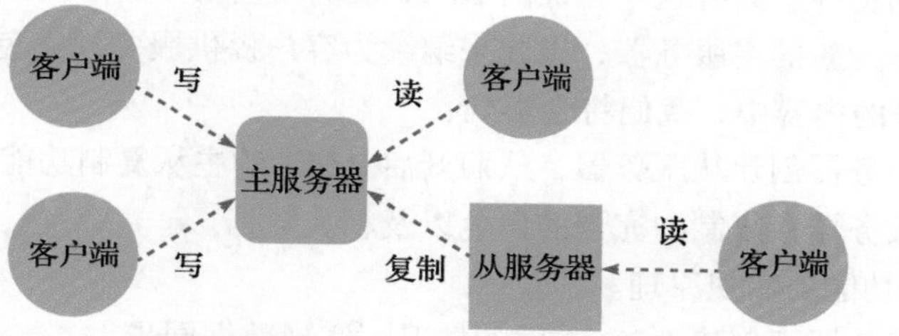

图 18-4　启用了复制功能的主服务器可以执行读写操作，但从服务器默认只能执行读操作

对于开启了复制功能的主从服务器，主服务器在每次执行写操作之后，都会与所有从服务器进行数据同步，以此来将写操作产生的改动反映到各个从服务器之上。举个例子，在主服务器执行了客户端发来的写命令 W 之后，主服务器会将相同的写命令 W 发送至所有从服务器执行，以此来保持主从服务器之间的数据一致性，如图 18-5 所示。

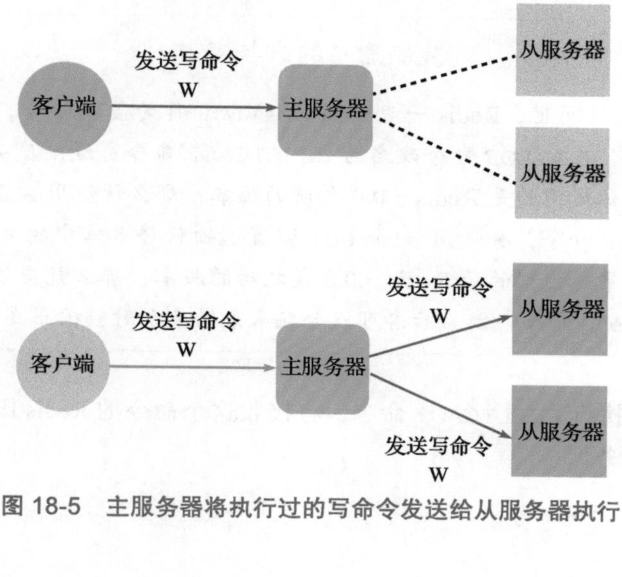

图 18-5　主服务器将执行过的写命令发送给从服务器执行

Redis 的复制功能可以从性能、安全性和可用性 3 个方面提升整个 Redis 系统：

- 首先，在性能方面，Redis 的复制功能可以给系统的读性能带来线性级别的提升。从理论上来说，用户每增加一倍数量的从服务器，整个系统的读性能就会提升一倍。
- 其次，通过增加从服务器的数量，用户可以降低系统在遭遇灾难故障时丢失数据的可能性。具体来说，如果用户只有一台服务器存储着目标数据库，那么当这个服务器遭遇灾难故障时，目标数据库很有可能会随着服务器故障而丢失。但如果用户为 Redis 服务器（即主服务器）设置了从服务器，那么即使主服务器遭遇灾难故障，用户也可以通过从服务器访问数据库。从服务器的数量越多，因为主服务器遭遇灾难故障而出现数据库丢失的可能性就越低。
- 最后，通过同时使用 Redis 的复制功能和 Sentinel 功能，用户可以为整个 Redis 系统提供高可用特性。具有这一特性的 Redis 系统在主服务器停机时，将会自动挑选一个从服务器作为新的主服务器，以此来继续为客户提供服务，避免造成整个系统停机。

在本章接下来的内容中，我们将会学到：

- 如何为主服务器创建从服务器，从而开启 Redis 的主从复制功能。
- 如何查看服务器在复制中充当的角色以及相关数据。
- Redis 复制功能的实现原理。
- 如何在主服务器不创建 RDB 文件的情况下实现数据同步。
- 如何通过复制功能提升不同类型 Redis 命令的执行效率。

在本章的最后，我们还会看到 Redis 服务器通过复制传播 Lua 脚本的方法，至于 Sentinel 相关的内容将在第 19 章再行介绍。

18.1 REPLICAOF：将服务器设置为从服务器

复制命令的命名变化

在很长的一段时间里，Redis 一直使用 SLAVEOF 作为复制命令，但是从 5.0.0 版本开始，Redis 正式将 SLAVEOF 命令改名为 REPLICAOF 命令并逐渐废弃原来的 SLAVEOF 命令。因此，如果你使用的是 Redis 5.0.0 之前的版本，那么请使用 SLAVEOF 命令代替本章中的 REPLICAOF 命令，并使用 slaveof 配置选项代替本章中的 replicaof 配置选项。与此相反，如果你使用的是 Redis 5.0.0 或之后的版本，那么就应该使用 REPLICAOF 命令而不是 SLAVEOF 命令，因为后者可能会在未来的某个时候被正式废弃。

用户可以通过执行 REPLICAOF 命令，将接收这个命令的 Redis 服务器设置为另一个 Redis 服务器的从服务器：

```
REPLICAOF host port
```

命令的 host 参数用于指定主服务器的地址，而 port 参数则用于指定主服务器的端口号。因为 Redis 的复制操作是以异步方式进行的，所以收到 REPLICAOF 命令的服务器在记录主服务器的地址和端口之后就会向客户端返回 OK，至于实际的复制操作则会在后台开始执行。

现在，假设我们的客户端正连接着服务器 127.0.0.1:12345，如果我们想让这个服务器成为 127.0.0.1:6379 的从服务器，那么只需要执行以下命令即可：

```
127.0.0.1:12345> REPLICAOF 127.0.0.1 6379
OK
```

在接收到 REPLICAOF 命令之后，主从服务器将执行数据同步操作：从服务器原有的数据将被清空，取而代之的是主服务器传送过来的数据副本。数据同步完成之后，主从服务器将拥有相同的数据。

在将 127.0.0.1:12345 设置为 127.0.0.1:6379 的从服务器之后，如果我们在主服务器 127.0.0.1:6379 中执行以下命令，创建出一个 msg 键：

```
127.0.0.1:6379> SET msg "hello world"
OK

127.0.0.1:6379> GET msg
"hello world"
```

那么这个 msg 键在从服务器 127.0.0.1:12345 上应该也能够访问到：

```
127.0.0.1:12345> GET msg
"hello world"
```

18.1.1　通过配置选项设置从服务器

用户除了可以使用 REPLICAOF 命令将运行中的 Redis 服务器设置为从服务器之外，还可以通过设置 replicaof 配置选项，在启动 Redis 服务器的同时将它设置为从服务器：

```
replicaof <host> <port>
```

比如，通过执行以下命令，我们可以在启动服务器 127.0.0.1:10086 的同时，将它设置为 127.0.0.1:6379 的从服务器：

```
$ redis-server --port 10086 --replicaof 127.0.0.1 6379
```

18.1.2　取消复制

在使用 REPLICAOF 命令或者 replicaof 配置选项将一个服务器设置为从服务器之后，我们可以通过执行以下命令，让从服务器停止复制，重新变回主服务器：

```
REPLICAOF no one
```

服务器在停止复制之后不会清空数据库，而是会继续保留复制产生的所有数据。

比如，对于之前设置的从服务器 127.0.0.1:12345，我们可以通过执行以下命令，让它停止复制，重新变回主服务器：

```
127.0.0.1:12345> REPLICAOF no one
OK
```

命令返回 OK 表示复制已经停止。因为服务器在停止复制之后仍然会保留复制时产生的数据，所以我们可以继续访问之前设置的 msg 键：

```
127.0.0.1:12345> GET msg
"hello world"
```

18.1.3 其他信息

复杂度：REPLICAOF 命令本身的复杂度为 $O(1)$，但它引起的异步复制操作的复杂度为 $O(N)$，其中 N 为主服务器包含的键值对总数量。REPLICAOF no one 命令的复杂度为 $O(1)$。

版本要求：REPLICAOF 命令从 Redis 5.0.0 版本开始可用。SLAVEOF 命令从 1.0.0 版本开始可用，但从 5.0.0 版本开始逐渐废弃。

18.2 ROLE：查看服务器的角色

用户可以通过执行 ROLE 命令来查看服务器当前担任的角色：

```
ROLE
```

ROLE 命令在主服务器或者从服务器上执行将产生不同的结果，以下将分别介绍这两种情况。

18.2.1 主服务器执行 ROLE 命令

如果执行 ROLE 命令的是主服务器，那么命令将返回一个由 3 个元素组成的数组作为结果：

- 数组的第 1 个元素是字符串 "master"，它表示这个服务器的角色为主服务器。
- 数组的第 2 个元素是这个主服务器的复制偏移量（replication offset），它是一个整数，记录了主服务器目前向复制数据流发送的数据数量。
- 数组的第 3 个元素是一个数组，它记录了这个主服务器属下的所有从服务器。这个数组的每个元素都由 3 个子元素组成，第 1 个子元素为从服务器的 IP 地址，第 2 个子元素为从服务器的端口号，而第 3 个子元素则为从服务器的复制偏移量。从服务器的复制偏移量记录了从服务器通过复制数据流接收到的复制数据数量，当从服务器的复制偏移量与主服务器的复制偏移量保持一致时，它们的数据就是一致的。

以下是一个主服务器执行 ROLE 命令的例子：

```
127.0.0.1:6379> ROLE
1) "master"                -- 这是一个主服务器
2) (integer) 155           -- 它的复制偏移量为155
```

```
3) 1) 1) "127.0.0.1"      -- 第 1 个从服务器的 IP 地址为 127.0.0.1
      2) "12345"          -- 这个从服务器的端口号为 12345
      3) "155"            -- 它的复制偏移量为 155
   2) 1) "127.0.0.1"      -- 第 2 个从服务器的 IP 地址为 127.0.0.1
      2) "10086"          -- 端口号为 10086
      3) "155"            -- 复制偏移量为 155
```

18.2.2 从服务器执行 ROLE 命令

如果执行 ROLE 命令的是从服务器，那么命令将返回一个由 5 个元素组成的数组作为结果：

- 数组的第 1 个元素是字符串 "slave"，它表示这个服务器的角色是从服务器。
- 数组的第 2 个元素和第 3 个元素记录了这个从服务器正在复制的主服务器的 IP 地址和端口号。
- 数组的第 4 个元素是主服务器与从服务器当前的连接状态，这个状态的值及其表示的意义如下：
  - "none"：主从服务器尚未建立连接。
  - "connect"：主从服务器正在握手。
  - "connecting"：主从服务器成功建立了连接。
  - "sync"：主从服务器正在进行数据同步。
  - "connected"：主从服务器已经进入在线更新状态。
  - "unknown"：主从服务器连接状态未知。
- 数组的第 5 个元素是从服务器当前的复制偏移量。

以下是一个从服务器执行 ROLE 命令的例子：

```
127.0.0.1:12345> ROLE
1) "slave"             -- 这是一个从服务器
2) "127.0.0.1"         -- 主服务器的 IP 地址
3) (integer) 6379      -- 主服务器的端口号
4) "connected"         -- 主从服务器已经进入在线更新状态
5) (integer) 1765      -- 这个从服务器的复制偏移量为 1765
```

18.2.3 其他信息

复杂度：$O(1)$。

版本要求：ROLE 命令从 Redis 2.8.12 版本开始可用。

18.3 数据同步

当用户将一个服务器设置为从服务器，让它去复制另一个服务器的时候，主从服务器需要通过数据同步机制来让两个服务器的数据库状态保持一致。

本节将对 Redis 主从服务器的数据同步机制进行介绍，理解同步机制的运作原理是阅读本章后续内容的基础。

18.3.1 完整同步

当一个 Redis 服务器接收到 REPLICAOF 命令，开始对另一个服务器进行复制的时候，主从服务器会执行以下操作：

1）主服务器执行 BGSAVE 命令，生成一个 RDB 文件，并使用缓冲区存储起在 BGSAVE 命令之后执行的所有写命令。

2）当 RDB 文件创建完毕，主服务器会通过套接字将 RDB 文件传送给从服务器。

3）从服务器在接收完主服务器传送过来的 RDB 文件之后，就会载入这个 RDB 文件，从而获得主服务器在执行 BGSAVE 命令时的所有数据。

4）当从服务器完成 RDB 文件载入操作，并开始上线接受命令请求时，主服务器就会把之前存储在缓存区中的所有写命令发送给从服务器执行。

因为主服务器存储的写命令都是在执行 BGSAVE 命令之后执行的，所以当从服务器载入完 RDB 文件，并执行完主服务器存储在缓冲区中的所有写命令之后，主从服务器包含的数据库数据将完全相同。

这个通过创建、传送并载入 RDB 文件来达成数据一致的步骤，我们称之为完整同步操作。每个从服务器在刚开始进行复制的时候，都需要与主服务器进行一次完整同步。

在进行数据同步时重用 RDB 文件

为了提高数据同步操作的执行效率，如果主服务器在接收到 REPLICAOF 命令之前已经完成了一次 RDB 创建操作，并且它的数据库在创建 RDB 文件之后没有发生过任何变化，那么主服务器将直接向从服务器发送已有的 RDB 文件，以此来避免无谓的 RDB 文件生成操作。

此外，如果在主服务器创建 RDB 文件期间，有多个从服务器向主服务器发送数据同步请求，那么主服务器将把发送请求的从服务器全部放入队列中，等到 RDB 文件创建完毕之后，再把它发送给队列中的所有从服务器，以此来复用 RDB 文件并避免多余的 RDB 文件创建操作。

18.3.2 在线更新

主从服务器在执行完完整同步操作之后，它们的数据就达到了一致状态，但这种一致并不是永久的：每当主服务器执行了新的写命令之后，它的数据库就会被改变，这时主从服务器的数据一致性就会被破坏。

为了让主从服务器的数据一致性可以保持下去，让它们一直拥有相同的数据，Redis 会对从服务器进行在线更新：

- 每当主服务器执行完一个写命令之后，它就会将相同的写命令或者具有相同效果的写命令发送给从服务器执行。

- 因为完整同步之后的主从服务器在执行最新出现的写命令之前，两者的数据库是完全相同的，而导致两者数据库出现不一致的正是最新被执行的写命令，因此从服务器只要接收并执行主服务器发来的写命令，就可以让自己的数据库重新与主服务器数据库保持一致。

只要从服务器一直与主服务器保持连接，在线更新操作就会不断进行，使得从服务器的数据库可以一直被更新，并与主服务器的数据库保持一致。

> **异步更新引起的数据不一致**
>
> 需要注意的是，因为在线更新是异步进行的，所以在主服务器执行完写命令之后，直到从服务器也执行完相同写命令的这段时间里，主从服务器的数据库将出现短暂的不一致，因此要求强一致性的程序可能需要直接读取主服务器而不是读取从服务器。
>
> 此外，因为主服务器可能在执行完写命令并向从服务器发送相同写命令的过程中因故障而下线，所以从服务器在主服务器下线之后可能会丢失主服务器已经执行的一部分写命令，导致从服务器的数据库与下线之前的主服务器数据库处于不一致状态。
>
> 因为在线更新的异步本质，Redis 的复制功能是无法杜绝不一致的。不过本章之后会介绍一种方法，它可以尽量减少出现不一致情况的可能性。

18.3.3 部分同步

当因故障下线的从服务器重新上线时，主从服务器的数据通常已经不再一致，因此它们必须重新进行同步，让两者的数据库再次回到一致状态。

在 Redis 2.8 版本以前，重同步操作是通过直接进行完整同步来实现的，但是这种重同步方法在从服务器只是短暂下线的情况下是非常浪费资源的：主从服务器的数据库在连接断开之前一直都是相同的，造成数据不一致的原因可能仅仅是主服务器比从服务器多执行了几个写命令，而为了补上这部分写命令所产生的数据，却要大费周章地重新进行一次完整同步，这毫无疑问是非常低效的。

为了解决这个问题，Redis 从 2.8 版本开始使用新的重同步功能去代替原来的重同步功能：

- 当一个 Redis 服务器成为另一个服务器的主服务器时，它会把每个被执行的写命令都记录到一个特定长度的先进先出队列中。
- 当断线的从服务器尝试重新连接主服务器的时候，主服务器将检查从服务器断线期间，被执行的那些写命令是否仍然保存在队列里面。如果是，那么主服务器就会直接把从服务器缺失的那些写命令发送给从服务器执行，从服务器通过执行这些写命令就可以重新与主服务器保持一致，这样就避免了重新进行完整同步的麻烦。

- 如果从服务器缺失的那些写命令已经不存在于队列当中，那么主从服务器将进行一次完整同步。

因为新的重同步功能需要使用先进先出队列来记录主服务器执行过的写命令，所以这个队列的体积越大，它能够记录的写命令就越多，从服务器断线之后能够快速地重新回到一致状态的机会也就越大。Redis 为这个队列设置的默认大小为 1MB，用户也可以根据自己的需要，通过配置选项 repl-backlog-size 来修改这个队列的大小。

18.4 无须硬盘的复制

正如之前所说，主服务器在进行完整同步的时候，需要在本地创建 RDB 文件，然后通过套接字将这个 RDB 文件传送给从服务器。

但是，如果主服务器所在宿主机器的硬盘负载非常大或者性能不佳，那么创建 RDB 文件引起的大量硬盘写入将对主服务器的性能造成影响，并导致复制进程变慢。

为了解决这个问题，Redis 从 2.8.18 版本开始引入无须硬盘的复制特性（diskless replication）：启用了这个特性的主服务器在接收到 REPLICAOF 命令时将不会再在本地创建 RDB 文件，而是会派生出一个子进程，然后由子进程通过套接字直接将 RDB 文件写入从服务器。这样主服务器就可以在不创建 RDB 文件的情况下，完成与从服务器的数据同步。

要使用无须硬盘的复制特性，我们只需要将 repl-diskless-sync 配置选项的值设置为 yes 即可：

```
repl-diskless-sync <yes|no>
```

比如以下代码就展示了如何在启动 Redis 服务器的同时，启用服务器的无须硬盘复制特性：

```
$ redis-server --repl-diskless-sync yes
```

最后要注意的是，无须硬盘的复制特性只是避免了在主服务器上创建 RDB 文件，但仍然需要在从服务器上创建 RDB 文件。Redis 目前还无法在完全不使用硬盘的情况下完成完整数据同步，但不排除将来会出现这样的功能。

18.5 降低数据不一致情况出现的概率

本章前面在介绍复制原理时曾经提到过，因为复制的在线更新操作以异步方式进行，所以当主从服务器之间的连接不稳定，或者从服务器未能收到主服务器发送的更新命令时，主从服务器就会出现数据不一致的情况。

为了尽可能地降低数据不一致的出现概率，Redis 从 2.8 版本开始引入了两个以 min-replicas 开头的配置选项：

```
min-replicas-max-lag <seconds>

min-replicas-to-write <numbers>
```

用户设置了这两个配置选项之后，主服务器只会在从服务器的数量大于等于min-replicas-to-write选项的值，并且这些从服务器与主服务器最后一次成功通信的间隔不超过 min-replicas-max-lag 选项的值时才会执行写命令。

举个例子，假设我们想要让主服务器只在拥有至少 3 个从服务器，并且这些从服务器与主服务器最后一次成功通信的间隔不超过 10s 的情况下才执行写命令，那么可以使用配置选项：

```
min-replicas-max-lag 10

min-replicas-to-write 3
```

通过使用这两个配置选项，我们可以让主服务器只在主从服务器连接良好的情况下执行写命令。因为在线更新的异步性质，min-replicas-max-lag和min-replicas-to-write并没有办法完全地杜绝数据不一致的情况出现，但它们可以有效地减少因为主从服务器连接不稳定而导致的数据不一致，并降低因为没有从服务器可用而导致数据丢失的可能性。

18.6 可写的从服务器

从 Redis 2.6 版本开始，Redis 的从服务器在默认状态下只允许执行读命令。如果用户尝试对一个只读从服务器执行写命令，那么从服务器将返回以下错误信息：

```
127.0.0.1:12345> REPLICAOF 127.0.0.1 6379
OK

127.0.0.1:12345> SET msg "hello world"
(error) READONLY You can't write against a read only replica.
```

Redis 之所以将从服务器默认设置为只读服务器，是为了确保从服务器只能通过与主服务器进行数据同步来得到更新，从而保证主从服务器之间的数据一致性。

但在某些情况下，我们可能想要将一些不太重要或者临时性的数据存储在从服务器中，或者不得不在从服务器中执行一些带有写性质的命令（比如 ZINTERSTORE 命令，它只能将计算结果存储在数据库中，不能直接返回计算结果）。这时我们可以通过将 replica-read-only 配置选项的值设置为 no 来打开从服务器的写功能：

```
replica-read-only <yes|no>
```

比如，如果我们在启动服务器 127.0.0.1:12345 的时候，将 replica-read-only 配置选项的值设置为 no：

```
$ redis-server --port 12345 --replica-read-only no
```

那么即使它变成了一个从服务器，也能够正常地执行客户端发送的写命令：

```
127.0.0.1:12345> REPLICAOF 127.0.0.1 6379
```

```
OK

127.0.0.1:12345> SET msg "hello world again!"
OK

127.0.0.1:12345> GET msg
"hello world again!"
```

使用可写从服务器的注意事项

在使用可写的从服务器时，用户需要注意以下几个方面：

- 在主从服务器都可写的情况下，程序必须将写命令发送到正确的服务器上，不能把需要在主服务器执行的写命令发送给从服务器执行，也不能把需要在从服务器执行的写命令发送给主服务器执行，否则就会出现数据错误。
- 从服务器执行写命令得到的数据，可能会被主服务器发送的写命令覆盖。比如，如果从服务器在执行了客户端发送的 SET msg "hello from client" 命令之后，又接收到了主服务器发送的 SET msg "hello from master" 命令，那么客户端写入的 msg 键将被主服务器写入的 msg 键覆盖。基于这个原因，客户端在从服务器上面执行写命令时，应该尽量避免与主服务器发生键冲突，换句话说，用户应该让客户端和主服务器分别对从服务器数据库中不同的键进行写入，而不要让客户端和主服务器都去写相同的键。
- 当从服务器与主服务器进行完整同步时，从服务器数据库包含的所有数据都将被清空，其中包括客户端写入的数据。
- 为了减少内存占用，降低键冲突发生的可能性，并确保主从服务器的数据同步操作可以顺利进行，客户端写入从服务器的数据应该在使用完毕之后尽快删除。一个比较简单的方法是在客户端向从服务器写入数据的同时，为数据设置一个比较短的过期时间，使得这些数据可以在使用完毕之后自动被删除。

示例：使用从服务器处理复杂计算操作

Redis 的数据相关命令基本上可以划分为两个种类：

- 第 1 种是简单的读写操作，比如 GET 命令、SET 命令、ZADD 命令等，这种命令只需要对数据库进行简单的读写，它们的执行速度一般都非常快。
- 第 2 种是比较复杂的计算操作，比如 SUNION 命令、ZINTERSTORE 命令、BITOP 命令等，这种命令需要对数据库中的元素进行聚合计算，并且随着元素数量的增加，计算耗费的时间也会增加，因此这种命令的执行速度一般都比较慢。

从效率的角度考虑，如果我们在同一个 Redis 服务器中同时处理以上两种命令，那么执行第 2 种命令产生的阻塞时间将导致第 1 种命令执行时的延迟值显著增加。

为此，我们可以通过复制功能创建出当前服务器的从服务器，然后让主服务器只处理第 1 种命令，而第 2 种命令则交给从服务器处理，如图 18-6 所示。

为了能够在从服务器执行诸如 ZINTERSTORE 这样的写命令，我们需要把从服务器的可写特性打开，并且在将计算结果存储到从服务器之后，为它设置一个比较短的过期时间，使得结果可以自动过期。或者在客户端获得结果之后，由客户端将结果写入主服务器进行保存。

如果只使用一个从服务器处理第 2 种命令的速度还不够快，我们可以继续增加从服务器，直到从服务器处理第 2 种命令的速度和延迟值达到我们的要求为止。

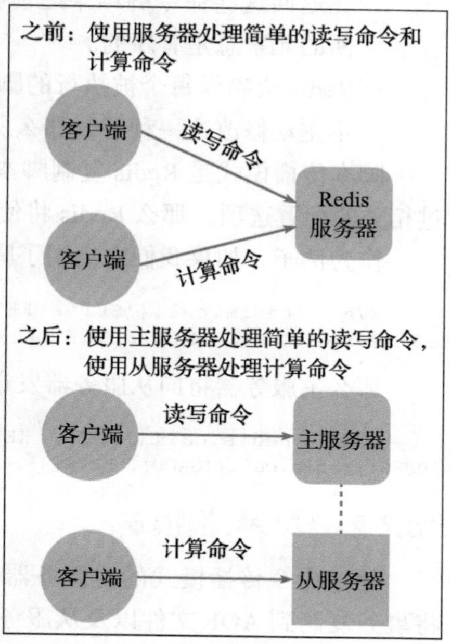

图 18-6　使用从服务器执行计算命令

18.7　脚本复制

在了解了 Redis 服务器传播普通 Redis 命令的方法之后，我们接下来要了解的将是 Redis 传播 Lua 脚本的具体方法。

Redis 服务器拥有两种不同的脚本复制模式，第一种是从 Redis 2.6 版本开始支持的脚本传播模式（whole script replication），而另一种则是从 Redis 3.2 版本开始支持的命令传播模式（script effect replication），接下来将分别介绍这两种模式。

18.7.1　脚本传播模式

处于脚本传播模式的主服务器会将被执行的脚本及其参数（也就是 EVAL 命令本身）复制到 AOF 文件以及从服务器中。因为带有副作用的函数在不同服务器上运行时可能会产生不同的结果，从而导致主从服务器不一致，所以在这一模式下执行的脚本必须是纯函数，换句话说，对于相同的数据集，相同的脚本以及参数必须产生相同的效果。

为了保证脚本的纯函数性质，Redis 对处于脚本传播模式的 Lua 脚本设置了以下限制：

- 脚本不能访问 Lua 的时间模块、内部状态或者除给定参数之外的其他外部信息。
- 在 Redis 的命令当中，存在着一部分带有随机性质的命令，这些命令对于相同的数据集以及相同的参数可能会返回不同的结果。如果脚本在执行这类带有随机性质的命令之后，尝试继续执行写命令，那么 Redis 将拒接执行该命令并返回一个错误。带有随机性质的 Redis 命令分别为：SPOP、SRANDMEMBER、SCAN、SSCAN、ZSCAN、HSCAN、RANDOMKEY、LASTSAVE、PUBSUB、TIME。
- 当用户在脚本中调用 SINTER、SUNION、SDIFF、SMEMBERS、HKEYS、HVALS、

KEYS 这 7 个会以随机顺序返回结果元素的命令时，为了消除其随机性质，Lua 环境在返回这些命令的结果之前会先对结果中包含的元素进行排序，以此来确保命令返回的元素总是有序的。

- Redis 会确保每个被执行的脚本都拥有相同的随机数生成器种子，这意味着如果用户不主动修改这一种子，那么所有脚本在默认情况下产生的伪随机数列都将是相同的。

脚本传播模式是 Redis 复制脚本时默认使用的模式。如果用户在执行脚本之前没有修改过相关的配置选项，那么 Redis 将使用脚本传播模式来复制脚本。

作为例子，如果我们在启用了脚本传播模式的主服务器执行以下命令：

```
EVAL "redis.call('SET', KEYS[1], 'hello world');redis.call('SET', KEYS[2],
10086);redis.call('SADD', KEYS[3], 'apple', 'banana', 'cherry')" 3 'msg' 'number' 'fruits'
```

那么主服务器将向从服务器发送完全相同的 EVAL 命令：

```
EVAL "redis.call('SET', KEYS[1], 'hello world');redis.call('SET', KEYS[2],
10086);redis.call('SADD', KEYS[3], 'apple', 'banana', 'cherry')" 3 'msg' 'number' 'fruits'
```

18.7.2 命令传播模式

处于命令传播模式的主服务器会将执行脚本产生的所有写命令用事务包裹起来，然后将事务复制到 AOF 文件以及从服务器中。因为命令传播模式复制的是写命令而不是脚本本身，所以即使脚本本身包含副作用，主服务器给所有从服务器复制的写命令仍然是相同的，因此处于命令传播模式的主服务器能够执行带有副作用的非纯函数脚本。

除了脚本可以不是纯函数之外，与脚本传播模式相比，命令传播模式对 Lua 环境还有以下放松：

- 用户可以在执行 RANDOMKEY、SRANDMEMBER 等带有随机性质的命令之后继续执行写命令。
- 脚本的伪随机数生成器在每次调用之前，都会随机地设置种子。换句话说，被执行的每个脚本在默认情况下产生的伪随机数列都是不一样的。

除了以上两点之外，命令传播模式与脚本传播模式的 Lua 环境限制是一样的，比如，即使在命令传播模式下，脚本还是无法访问 Lua 的时间模块以及内部状态。

为了开启命令传播模式，用户在使用脚本执行任何写操作之前，需要先在脚本中调用以下函数：

```
redis.replicate_commands()
```

redis.replicate_commands() 只对调用该函数的脚本有效：在使用命令传播模式执行完当前脚本之后，服务器将自动切换回默认的脚本传播模式。

作为例子，如果我们在主服务器执行以下命令：

```
EVAL "redis.replicate_commands();redis.call('SET', KEYS[1], 'hello world');redis.
call('SET', KEYS[2], 10086);redis.call('SADD', KEYS[3], 'apple', 'banana', 'cherry')"
3 'msg' 'number' 'fruits'
```

那么主服务器将向从服务器复制以下命令：

```
MULTI
SET "msg" "hello world"
SET "number" "10086"
SADD "fruits" "apple" "banana" "cherry"
EXEC
```

18.7.3 选择性命令传播

为了进一步提升命令传播模式的作用，Redis 允许用户在脚本中选择性地打开或者关闭命令传播功能，这一点可以通过在脚本中调用 redis.set_repl() 函数并向它传入以下 4 个值来完成：

- redis.REPL_ALL——默认值，将写命令传播至 AOF 文件以及所有从服务器。
- redis.REPL_AOF——只将写命令传播至 AOF 文件。
- redis.REPL_SLAVE——只将写命令传播至所有从服务器。
- redis.REPL_NONE——不传播写命令。

与 redis.replicate_commands() 函数一样，redis.set_repl() 函数也只对执行该函数的脚本有效。用户可以通过这一功能来定制被传播的命令序列，以此来确保只有真正需要的命令才会被传播至 AOF 文件以及从服务器。

举个例子，代码清单 18-1 所示的脚本会将给定的两个集合的并集计算结果存储到一个集合中，接着使用 SRANDMEMBER 命令从结果集合中随机选出指定数量的元素，然后删除结果集合并向调用者返回被选中的随机元素。

代码清单 18-1　存储并集计算结果的脚本

```
-- 打开目录传播模式
-- 以便在执行 SRANDMEMBER 之后继续执行 DEL
redis.replicate_commands()

-- 集合键
local set_a = KEYS[1]
local set_b = KEYS[2]
local result_key = KEYS[3]

-- 随机元素的数量
local count = tonumber(ARGV[1])
-- 计算并集，随机选出指定数量的并集元素，然后删除并集
redis.call('SUNIONSTORE', result_key, set_a, set_b)
local elements = redis.call('SRANDMEMBER', result_key, count)
redis.call('DEL', result_key)

-- 返回随机选出的并集元素
return elements
```

如果我们使用以下方式执行这个脚本：

```
redis-cli --eval union_random.lua set_a set_b union_random , 3
```

那么主服务器将向从服务器复制以下写命令：

```
MULTI
SUNIONSTORE "union_random" "set_a" "set_b"
DEL "union_random"
EXEC
```

但仔细地思考一下就会发现，SUNIONSTORE 命令创建的 union_random 实际上只是一个临时集合，脚本在取出并集元素之后就会使用 DEL 命令将其删除，因此主服务器即使不将 SUNIONSTORE 命令和 DEL 命令复制给从服务器，主从服务器包含的数据也是相同的。

代码清单 18-2 展示了根据上述想法对脚本进行修改之后得出的新脚本，新旧两个脚本在执行时将得到相同的结果，但主服务器在执行新脚本时将不会向从服务器复制任何命令。

代码清单 18-2　带有选择性命令传播特性的脚本

```
-- 打开目录传播模式
-- 以便在执行 SRANDMEMBER 之后继续执行 DEL
redis.replicate_commands()

-- 因为这个脚本即使不向从服务器传播 SUNIONSTORE 命令和 DEL 命令
-- 也不会导致主从服务器数据不一致，所以我们可以把命令传播功能关掉
redis.set_repl(redis.REPL_NONE)

-- 集合键
local set_a = KEYS[1]
local set_b = KEYS[2]
local result_key = KEYS[3]

-- 随机元素的数量
local count = tonumber(ARGV[1])

-- 计算并集，随机选出指定数量的并集元素，然后删除并集
redis.call('SUNIONSTORE', result_key, set_a, set_b)
local elements = redis.call('SRANDMEMBER', result_key, count)
redis.call('DEL', result_key)

-- 返回随机选出的并集元素
return elements
```

需要注意的是，虽然选择性复制功能非常强大，但用户如果没有正确地使用这个功能，就可能导致主从服务器的数据出现不一致，因此用户在使用这个功能的时候必须慎之又慎。

18.7.4　模式的选择

既然存在着两种不同的脚本复制模式，那么如何选择正确的模式来复制脚本就显得至关重要了。一般来说，用户可以根据以下情况来判断应该使用哪种复制模式：

- 如果脚本的体积不大，执行的计算也不多，但却会产生大量命令调用，那么使用脚本传播模式可以有效地节约网络资源。
- 相反，如果一个脚本的体积非常大，执行的计算非常多，但是只会产生少量命令调

用，那么使用命令传播模式可以通过重用已有的计算结果来节约计算资源以及网络资源。

举个例子，假设我们正在开发一个游戏系统，该系统的其中一项功能就是在节日给符合条件的一批用户增加指定数量的金币。为此，我们可能会写出包含以下代码的脚本，并在执行这个脚本的时候，通过 KEYS 变量将数量庞大的用户余额键名传递给脚本：

```
local user_balance_keys = KEYS
local increment = ARGV[1]

-- 遍历所有给定的用户余额键，对它们执行 INCRBY 操作
for i = 1, #user_balance_keys do
    redis.call('INCRBY', user_balance_keys[i], increment)
end
```

很明显，这个脚本将产生相当于传入键数量的 INCRBY 命令：在用户数量极其庞大的情况下，使用命令传播模式对这个脚本进行复制将耗费大量网络资源，但使用脚本传播模式复制这个脚本则会是一件非常容易的事。

现在，考虑另一种情况，假设我们正在开发一个数据聚合脚本，它包含了一个需要进行大量聚合计算以及大量数据库读写操作的 aggregate_work() 函数：

```
local result_key = KEYS[1]
local aggregate_work =
function()
    -- 省略大量代码
end
redis.call('SET', result_key, aggregate_work())
```

因为执行 aggregate_work() 函数需要耗费大量计算资源，所以如果我们直接复制整个脚本，那么相同的操作就要在每个从服务器上面都执行一遍，这对于宝贵的计算资源来说无疑是一种巨大的浪费；相反，如果我们使用命令传播模式来复制这个脚本，那么主服务器在执行完这个脚本之后，就可以通过 SET 命令直接将函数的计算结果复制给各个从服务器。

18.8 重点回顾

- Redis 的复制功能允许用户为一个服务器创建出多个副本，其中被复制的服务器为主服务器，而复制产生的副本则是从服务器。
- Redis 提供的复制功能是通过主从复制模式实现的，一个主服务器可以有多个从服务器，但每个从服务器只能有一个主服务器。
- Redis 的复制功能可以从性能、安全性和可用性 3 个方面提升整个 Redis 系统。
- Redis 主从服务器的数据同步涉及 3 个操作：完整同步；在线更新；部分同步。
- Redis 的复制功能提供了脚本传播模式和命令传播模式两种脚本复制模式，前者传播的是 Lua 脚本本身，而后者传播的则是 Redis 命令。这两种传播模式各有特色，用户应该根据自己的需求选择合适的模式。

CHAPTER 19

第 19 章 Sentinel

在第 18 章，我们学习了如何通过复制功能创建多个与主服务器具有相同数据库的从服务器。因为主从服务器拥有相同的数据，所以它们在理论上是可以互相替换的：如果我们把主服务器的某个从服务器转换为主服务器，让它代替原来的主服务器处理命令请求，那么它得出的结果应该与原来的主服务器处理相同请求时得出的结果一致。基于这个原理，我们可以在主服务器因故下线时，将它的其中一个从服务器转换为主服务器，并使用新的主服务器继续处理命令请求，这样整个系统就可以继续运转，不必仅因为主服务器的下线而停机。这种使用正常服务器替换下线服务器以维持系统正常运转的操作，一般被称为故障转移（failover）。

因为 Redis 支持主从复制特性，所以我们同样可以对下线的 Redis 主服务器实施故障转移。举个例子，假设现在有一个主服务器 `127.0.0.1:6379`（简称 `6379`），它有两个从服务器 `127.0.0.1:6380`（简称 `6380`）和 `127.0.0.1:6381`（简称 `6381`），这 3 个服务器分别处理一些客户端的命令请求。如果在某一时刻，主服务器 `6379` 因为故障而下线，那么我们可以向 `6380` 发送命令 `REPLICAOF no one`，将它转换为主服务器，然后向另一个从服务器 `6381` 发送命令 `REPLICAOF 127.0.0.1 6380`，让它去复制新的主服务器 `6380`，这样就可以重新建立起一个能够正常运作的主从服务器连接，并继续处理客户端发送的命令请求。图 19-1 展示了这个故障转移操作的整个执行过程。

监视多台 Redis 服务器，并在有需要的时候对下线的主服务器实施故障转移，这并不是一件容易的事情，在主从服务器数量众多的情况下更是如此。为了给 Redis 服务器提供自动化的故障转移功能，提高主从服务器的可用性（availability），Redis 为用户提供了 RedisSentinel 工具。Redis Sentinel 可以通过心跳检测的方式监视多个主服务器以及它们属下的所有从服务器，并在某个主服务器下线时自动对其实施故障转移。

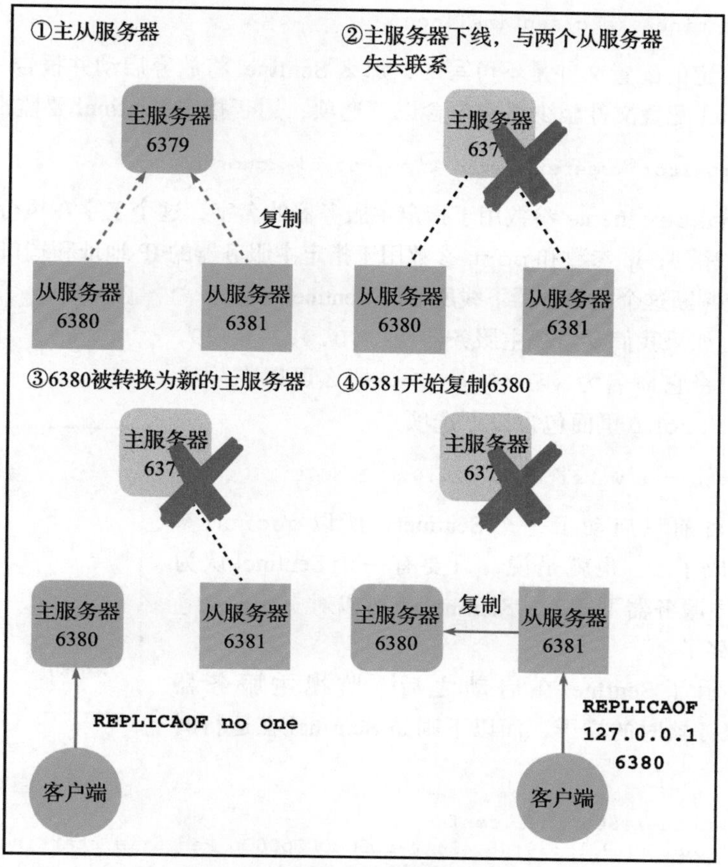

图 19-1　故障转移示例

简单来说，如果我们在前面的例子中，使用了 Redis Sentinel 来监视主服务器 6379 以及它的两个从服务器 6380、6381，那么在 6379 因为故障而下线时，Redis Sentinel 就会把 6380 和 6381 的其中一个转换为主服务器，并让另一个从服务器去复制新的主服务器，这个过程完全不需要人工介入。

19.1　启动 Sentinel

在了解了 Redis Sentinel 的基本作用之后，现在让我们来学习一下如何启动 Redis Sentinel 并让它去监视指定的主服务器。

Redis Sentinel 的程序文件名为 redis-sentinel，它通常和普通 Redis 服务器 redis-server 位于同一个文件夹。因为用户需要在配置文件中指定想要被 Sentinel 监视的主服务器，并且 Sentinel 也需要在配置文件中写入信息以记录主从服务器的状态，所以用户在启动 Sentinel 的时候必须传入一个可写的配置文件作为参数，就像这样：

```
$ redis-sentinel /etc/sentinel.conf
```

如果用户给定的配置文件是不可写的，那么 Sentinel 将放弃启动并报告一个错误。

一个 Sentinel 配置文件至少需要包含以下选项，用于指定 Sentinel 要监视的主服务器：

```
sentinel monitor <master-name> <ip> <port> <quorum>
```

选项中的 master-name 参数用于指定主服务器的名字，这个名字在执行各种 Sentinel 操作的时候会经常用到；ip 参数和 port 参数用于指定主服务器的 IP 地址和端口号；而 quorum 参数则用于指定判断这个主服务器下线所需的 Sentinel 数量。

举个例子，如果我们要监视主服务器 127.0.0.1:6379，并在 Sentinel 中将它命名为 website_db，那么可以在配置文件 sentinel.conf 里面包含以下选项：

```
sentinel monitor website_db 127.0.0.1 6379 1
```

因为我们目前只启动了一个 Sentinel，所以 quorum 参数的值被设置成了 1。也就是说，只要有一个 Sentinel 认为 website_db 主服务器下线了，Sentinel 就可以对 website_db 实施故障转移了。

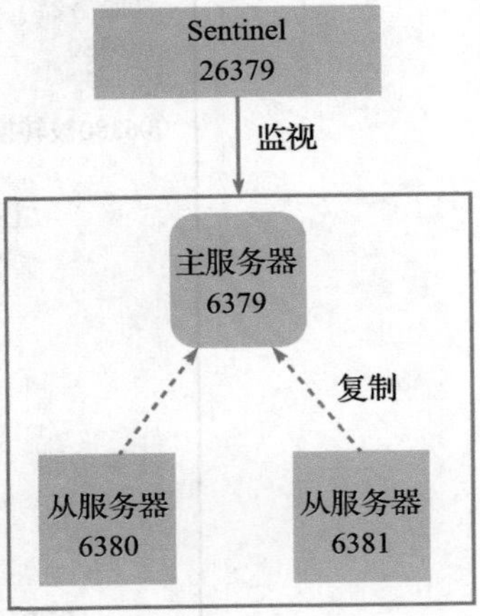

图 19-2 Sentinel 监视主从服务器的示例

图 19-2 展示了 Sentinel 在启动之后，监视主服务器 6379 及其从服务器时的样子，而以下则是 Sentinel 在运行时打印出的日志：

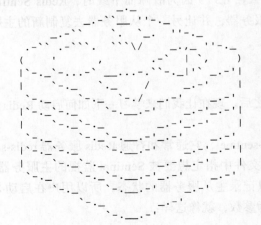

```
$ redis-sentinel sentinel.conf
17866:X 21 Jun 2019 15:30:08.424 # oO0OoO0OoO0Oo Redis is starting oO0OoO0OoO0Oo
17866:X 21 Jun 2019 15:30:08.424 # Redis version=999.999.999, bits=64, commit=0cabe0cf, modified=0, pid=17866, just started
17866:X 21 Jun 2019 15:30:08.424 # Configuration loaded
17866:X 21 Jun 2019 15:30:08.426 * Increased maximum number of open files to 10032 (it was originally set to 256).
                _._
           _.-``__ ''-._
      _.-``    `.  `_.  ''-._           Redis 999.999.999 (0cabe0cf/0) 64 bit
  .-`` .-```.  ```\/    _.,_ ''-._
 (    '      ,       .-`  | `,    )     Running in sentinel mode
 |`-._`-...-` __...-.``-._|'` _.-'|     Port: 26379
 |    `-._   `._    /     _.-'    |     PID: 17866
  `-._    `-._  `-./  _.-'    _.-'
 |`-._`-._    `-.__.-'    _.-'_.-'|
 |    `-._`-._        _.-'_.-'    |           http://redis.io
  `-._    `-._`-.__.-'_.-'    _.-'
 |`-._`-._    `-.__.-'    _.-'_.-'|
 |    `-._`-._        _.-'_.-'    |
  `-._    `-._`-.__.-'_.-'    _.-'
      `-._    `-.__.-'    _.-'
          `-._        _.-'
              `-.__.-'
```

```
    17866:X 21 Jun 2019 15:30:08.429 # Sentinel ID is 9bba1b7b335d24d8a27f146e1
fc3022911244892
    17866:X 21 Jun 2019 15:30:08.429 # +monitor master website_db 127.0.0.1 6379
quorum 1
    17866:X 21 Jun 2019 15:30:08.430 * +slave slave 127.0.0.1:6380 127.0.0.1 6380
@ website_db 127.0.0.1 6379
    17866:X 21 Jun 2019 15:30:08.431 * +slave slave 127.0.0.1:6381 127.0.0.1 6381
@ website_db 127.0.0.1 6379
```

从日志可以看到，Sentinel 首先监视了我们指定的主服务器 127.0.0.1:6379，然后又自动发现并监视了它的两个从服务器 127.0.0.1:6380 和 127.0.0.1:6381。

因为 Sentinel 开始监视一个主服务器之后，就会去获取被监视主服务器的从服务器名单，并根据名单对各个从服务器实施监视，整个过程是完全自动的，所以用户只需要输入待监视主服务器的地址就可以了，并不需要输入从服务器的地址。除此之外，Sentinel 还会对每个被监视的主从服务器实施心跳检测，并记录各个服务器的在线状态、响应速度等信息，当 Sentinel 发现被监视的主服务器进入下线状态时，它就会开始对下线的主服务器实施故障转移。

举个例子，如果我们故意杀死主服务器 6379，那么 Sentinel 将检测到 6379 已下线，并从 6380 和 6381 这两个从服务器之间选出一个新的主服务器，然后重新构建一个主从服务器连接。

redis-sentinel 和 redis-server 之间的关系

因为 Redis Sentinel 实际上就是一个运行在特殊模式下的 Redis 服务器，所以用户也可以使用命令 redis-server sentinel.conf --sentinel 去启动一个 Sentinel：这里的 --sentinel 参数用于指示 Redis 服务器进入 Sentinel 模式，从而变成一个 Redis Sentinel 而不是普通的 Redis 服务器。

同时监视多个主服务器

一个 Sentinel 可以监视任意数量的主服务器，而不是仅仅监视一个主服务器。如果用户想要使用 Sentinel 去监视多个主服务器，那么只需要在配置文件中指定多个 sentinel monitor 选项，并为每个被监视的主服务器设置不同的名字即可，例如：

```
sentinel monitor website_db 127.0.0.1 6379 1

sentinel monitor api_db 192.168.0.5 6379 1

sentinel monitor background_job_db 192.168.0.101 6379 1
```

处理重新上线的旧主服务器

Sentinel 在对下线的主服务器实施故障转移之后，仍然会继续对它进行心跳检测，当这个服务器重新上线的时候，Sentinel 将把它转换为当前主服务器的从服务器。

设置从服务器优先级

用户可以通过 `replica-priority` 配置选项来设置各个从服务器的优先级，优先级较高的从服务器在 Sentinel 选择新主服务器的时候会优先被选择。

`replica-priority` 的默认值为 100，这个值越小，从服务器的优先级就越高。举个例子，如果现在有 3 个从服务器，它们的优先级分别为 100、50 和 10，那么 Sentinel 将优先选用优先级为 10 的从服务器作为新的主服务器。

通过这个配置选项，用户可以给性能较高的从服务器设置较高的优先级来尽可能地保证新主服务器的性能。因为主服务器在下线并重新上线之后也会变成从服务器，所以用户也应该为主服务器设置相应的优先级。

`replica-priority` 值为 0 的从服务器永远不会被选为主服务器，用户可以通过这一设置将不适合用作主服务器的从服务器排除在新主服务器的候选名单之外。

新主服务器的挑选规则

当 Sentinel 需要在多个从服务器中选择一个作为新的主服务器时，首先会根据以下规则从候选名单中剔除不符合条件的从服务器：

1）否决所有已经下线以及长时间没有回复心跳检测的疑似已下线从服务器。

2）否决所有长时间没有与主服务器通信，数据状态过时的从服务器。

3）否决所有优先级为 0 的从服务器。

然后根据以下规则，在剩余的候选从服务器中选出新的主服务器：

1）优先级最高的从服务器获胜。

2）如果优先级最高的从服务器有两个或以上，那么复制偏移量最大的那个从服务器获胜。

3）如果符合上述两个条件的从服务器有两个或以上，那么选出它们当中运行 ID（运行 ID 是服务器启动时自动生成的随机 ID，这条规则可以确保条件完全相同的多个从服务器最终得到一个有序的比较结果）最小的那一个。

19.2 Sentinel 网络

为了演示方便，19.1 节只使用了单个 Sentinel 监视主服务器和它属下的从服务器，但是在实际应用中，只使用单个 Sentinel 监视主从服务器并不合适，因为：

- 单个 Sentinel 可能会形成单点故障，当唯一的 Sentinel 出现故障时，针对主从服务器的自动故障转移将无法实施。如果同时有多个 Sentinel 对主服务器进行监视，那么即使有一部分 Sentinel 下线了，其他 Sentinel 仍然可以继续进行故障转移工作。
- 单个 Sentinel 可能会因为网络故障而无法获得主服务器的相关信息，并因此错误地将主服务器判断为下线，继而执行实际上并无必要的故障转移操作。如果同时有多个 Sentinel 对主服务器进行监视，那么即使有一部分 Sentinel 与主服务器的连接中断了，其他 Sentinel 仍然可以根据自己对主服务器的检测结果做出正确的判断，以免执行不必要的故障转移操作。

为了避免单点故障，并让 Sentinel 能够给出真实有效的判断结果，我们可以使用多个 Sentinel 组建一个分布式 Sentinel 网络，网络中的各个 Sentinel 可以通过互通消息来更加准确地判断服务器的状态。在一般情况下，只要 Sentinel 网络中有半数以上的 Sentinel 在线，故障转移操作就可以继续进行。

当 Sentinel 网络中的其中一个 Sentinel 认为某个主服务器已经下线时，它会将这个主服务器标记为主观下线（Subjectively Down，SDOWN），然后询问网络中的其他 Sentinel，是否也认为该服务器已下线（换句话说，也就是其他 Sentinel 是否也将这个主服务器标记成了主观下线）。当同意主服务器已下线的 Sentinel 数量达到 `sentinel monitor` 配置选项中 `quorum` 参数所指定的数量时，Sentinel 就会将相应的主服务器标记为客观下线（objectively down，ODOWN），然后开始对其进行故障转移。

因为 Sentinel 网络使用客观下线机制来判断一个主服务器是否真的已经下线了，所以为了让这种机制能够有效地运作，用户需要将 `quorum` 参数的值设置为 Sentinel 数量的半数以上，从而形成一种少数服从多数的投票机制。举个例子，在一个拥有 3 个 Sentinel 的网络中，`quorum` 参数的值至少需要设置成 2；而在一个拥有 5 个 Sentinel 的网络中，`quorum` 参数的值至少需要设置成 3；诸如此类。因为构成少数服从多数机制至少需要 3 个成员进行投票，所以用户至少需要使用 3 个 Sentinel 才能构建一个可信的 Sentinel 网络。

组建 Sentinel 网络

在了解了 Sentinel 网络的基本原理和作用之后，现在让我们来了解一下组建 Sentinel 网络的方法。

组建 Sentinel 网络的方法非常简单，与启动单个 Sentinel 时的方法一样：用户只需要启动多个 Sentinel，并使用 `sentinel monitor` 配置选项指定 Sentinel 要监视的主服务器，那些监视相同主服务器的 Sentinel 就会自动发现对方，并组成相应的 Sentinel 网络。

举个例子，如果我们想要构建一个由 3 个 Sentinel 组成的 Sentinel 网络，并让这些

Sentinel 去监视主服务器 website_db，那么可以启动 3 个 Sentinel，并让它们分别载入以下 3 个 Sentinel 文件：

```
# 文件 sentinel26379.conf
port 26379
sentinel monitor website_db 127.0.0.1 6379 2

# 文件 sentinel26380.conf
port 26380
sentinel monitor website_db 127.0.0.1 6379 2

# 文件 sentinel26381.conf
port 26381
sentinel monitor website_db 127.0.0.1 6379 2
```

因为在这个例子中，我们需要在同一台机器上启动 3 个 Sentinel，而 Sentinel 在默认情况下将使用 26379 作为自己的端口号，所以我们在配置文件中通过 port 配置选项为 3 个 Sentinel 分别指定了各自的端口号，以免造成端口冲突。

与各不相同的端口号相反，我们为 3 个 Sentinel 设置了相同的 sentinel monitor 配置选项，并将 quorum 参数的值设置成了 2。这样一来，当 Sentinel 网络中有两个 Sentinel 都认为主服务器 website_db 已经下线时，针对该服务器的故障转移操作就会开始实施。

图 19-3 展示了这个 Sentinel 网络。

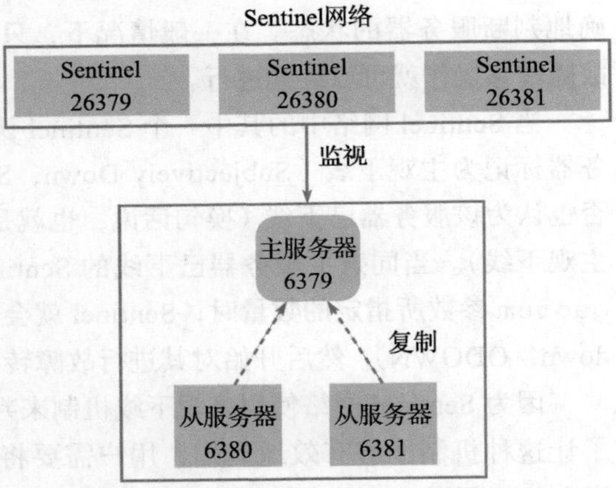

图 19-3 Sentinel 网络以及被监视的主从服务器

将 Sentinel 和被监视的服务器放到不同机器上运行

为了让书中的例子可以尽可能地简单，本章在介绍 Sentinel 的时候，会将 Sentinel 及其监视的 Redis 服务器放在同一台机器上，并且会在同一台机器上运行多个 Sentinel。但是在实际应用中，用户应该将 Sentinel 和被监视的 Redis 服务器放到不同的机器上运行，并且各个 Sentinel 也应该放到不同的机器上运行，这样 Sentinel 网络才能够更准确、有效地判断出服务器的实际状态。

19.3 Sentinel 管理命令

正如用户可以使用命令操纵数据库一样，Redis 也为用户提供了相应的 Sentinel 管理命令，用于对 Sentinel 执行各式各样的管理操作，下面将分别对这些 Sentinel 管理命令进行介绍。

19.3.1 SENTINEL masters：获取所有被监视主服务器的信息

通过向 Sentinel 发送以下命令，用户可以获得 Sentinel 正在监视的所有主服务器的相关信息：

```
SENTINEL masters
```

作为例子，以下是向 Sentinel 26379 发送 SENTINEL masters 命令的结果：

```
127.0.0.1:26379> SENTINEL masters
1)  1) "name"
    2) "website_db"
    3) "ip"
    4) "127.0.0.1"
    5) "port"
    6) "6379"
    7) "runid"
    8) "bdde01381c8d403877a143f627b24615a5f03394"
    9) "flags"
   10) "master"
   11) "link-pending-commands"
   12) "0"
   13) "link-refcount"
   14) "1"
   15) "last-ping-sent"
   16) "0"
   17) "last-ok-ping-reply"
   18) "143"
   19) "last-ping-reply"
   20) "143"
   21) "down-after-milliseconds"
   22) "30000"
   23) "info-refresh"
   24) "2849"
   25) "role-reported"
   26) "master"
   27) "role-reported-time"
   28) "163505"
   29) "config-epoch"
   30) "0"
   31) "num-slaves"
   32) "2"
   33) "num-other-sentinels"
   34) "2"
   35) "quorum"
   36) "2"
   37) "failover-timeout"
   38) "180000"
   39) "parallel-syncs"
   40) "1"
```

因为这个 Sentinel 目前只监视了 127.0.0.1:26379 一个主服务器，所以 SENTINEL masters

命令只返回了一个主服务器的信息。表 19-1 列出了命令返回的各个字段的意义。

表 19-1 **SENTINEL masters** 命令返回的各个字段及其意义

字段	意义
name	服务器的名字
ip	服务器的 IP 地址
port	服务器的端口号
runid	服务器的运行 ID
flags	服务器的角色以及状态
link-pending-commands	Sentinel 向服务器发送了命令之后，仍在等待回复的命令数量
link-refcount	Redis 实例的拥有者数量，用于内部实现
last-ping-sent	距离 Sentinel 最后一次向服务器发送 PING 命令之后消逝的毫秒数
last-ok-ping-reply	服务器最后一次向 Sentinel 返回有效 PING 命令回复之后消逝的毫秒数
last-ping-reply	服务器最后一次向 Sentinel 返回 PING 命令回复之后消逝的毫秒数
down-after-milliseconds	Sentinel 的 down-after-milliseconds 配置选项的值
info-refresh	服务器最后一次向 Sentinel 返回 INFO 命令回复之后消逝的毫秒数
role-reported	服务器向 Sentinel 汇报它自身的角色
role-reported-time	服务器最后一次向 Sentinel 汇报它自身角色之后消逝的毫秒数
config-epoch	当前 Sentinel 网络所处的配置纪元，用于实现投票机制
num-slaves	主服务器属下的从服务器数量
num-other-sentinels	其他正在监视这一服务器的 Sentinel 数量
quorum	判断服务器下线所需的 Sentinel 数量
failover-timeout	Sentinel 的 failover-timeout 配置选项的值
parallel-syncs	Sentinel 的 parallel-syncs 配置选项的值

其他信息

复杂度：$O(N)$，其中 N 为 Sentinel 正在监视的主服务器数量。

版本要求：SENTINEL masters 命令从 Redis 2.8.0 版本开始可用。

19.3.2 SENTINEL master：获取指定被监视主服务器的信息

如果你只想获取特定主服务器的信息而不是全部主服务器的信息，可以使用以下命令代替 SENTINEL masters 命令：

```
SENTINEL master <master-name>
```

这个命令只会返回用户指定主服务器的相关信息。

以下代码展示了使用 SENTINEL master 命令获取 website_db 主服务器信息的例子：

```
127.0.0.1:26379> SENTINEL master website_db
 1) "name"
 2) "website_db"
 3) "ip"
```

```
 4) "127.0.0.1"
 5) "port"
 6) "6379"
 7) "runid"
 8) "bdde01381c8d403877a143f627b24615a5f03394"
 9) "flags"
10) "master"
11) "link-pending-commands"
12) "0"
13) "link-refcount"
14) "1"
15) "last-ping-sent"
16) "0"
17) "last-ok-ping-reply"
18) "57"
19) "last-ping-reply"
20) "57"
21) "down-after-milliseconds"
22) "30000"
23) "info-refresh"
24) "1611"
25) "role-reported"
26) "master"
27) "role-reported-time"
28) "212401"
29) "config-epoch"
30) "0"
31) "num-slaves"
32) "2"
33) "num-other-sentinels"
34) "2"
35) "quorum"
36) "2"
37) "failover-timeout"
38) "180000"
39) "parallel-syncs"
40) "1"
```

SENTINEL master 命令返回的所有字段及其意义都与 SENTINEL masters 命令返回的字段一样。

其他信息

复杂度：$O(1)$。

版本要求：SENTINEL master 命令从 Redis 2.8.0 版本开始可用。

19.3.3 SENTINEL slaves：获取被监视主服务器的从服务器信息

通过使用以下命令，用户可以让 Sentinel 返回指定主服务器属下所有从服务器的相关信息：

```
SENTINEL slaves <master-name>
```

举个例子，如果我们想要获取 website_db 主服务器属下所有从服务器的相关信息，那么可以执行以下命令：

```
127.0.0.1:26379> SENTINEL slaves website_db
1)   1) "name"
     2) "127.0.0.1:6380"
     3) "ip"
     4) "127.0.0.1"
     5) "port"
     6) "6380"
     7) "runid"
     8) "17f715be931c61f33a52459b20f3577de3bee7e0"
     9) "flags"
    10) "slave"
    11) "link-pending-commands"
    12) "0"
    13) "link-refcount"
    14) "1"
    15) "last-ping-sent"
    16) "0"
    17) "last-ok-ping-reply"
    18) "93"
    19) "last-ping-reply"
    20) "93"
    21) "down-after-milliseconds"
    22) "30000"
    23) "info-refresh"
    24) "8563"
    25) "role-reported"
    26) "slave"
    27) "role-reported-time"
    28) "88988"
    29) "master-link-down-time"
    30) "0"
    31) "master-link-status"
    32) "ok"
    33) "master-host"
    34) "127.0.0.1"
    35) "master-port"
    36) "6379"
    37) "slave-priority"
    38) "100"
    39) "slave-repl-offset"
    40) "16209"
2)   1) "name"
     2) "127.0.0.1:6381"
     3) "ip"
     4) "127.0.0.1"
     5) "port"
     6) "6381"
     7) "runid"
     8) "a8f6a69a5107521606bbd3e40a201303def56daf"
    ...
    37) "slave-priority"
    38) "100"
    39) "slave-repl-offset"
    40) "16209"
```

在 SENTINEL slaves 命令返回的字段当中，大部分字段都与 SENTINEL masters

命令返回的字段相同，表 19-2 介绍了一些之前尚未介绍过的从服务器专有字段。

表 19-2 SENTINEL slaves 命令返回的各个字段及其意义

字段	意义
master-link-down-time	主从服务器连接断开的时长，格式为毫秒
master-link-status	主从服务器的连接状态
master-host	主服务器的地址
master-port	主服务器的端口号
slave-priority	从服务器的优先级
slave-repl-offset	从服务器的复制偏移量

其他信息

复杂度：$O(N)$，其中 N 为指定主服务器属下的从服务器数量。

版本要求：SENTINEL slaves 命令从 Redis 2.8.0 版本开始可用。

19.3.4 SENTINEL sentinels：获取其他 Sentinel 的相关信息

用户可以通过执行以下命令，获取监视同一主服务器的其他所有 Sentinel 的相关信息：

```
SENTINEL sentinels <master-name>
```

以下是我们对 Sentinel 26379 发送 SENTINEL sentinels 命令，让它列出正在监视主服务器 website_db 的其他 Sentinel 时的结果：

```
127.0.0.1:26379> SENTINEL sentinels website_db
1)  1) "name"
    2) "939a82925c42ce3b8dd84fc62e840bea04167483"
    3) "ip"
    4) "127.0.0.1"
    5) "port"
    6) "26380"
    7) "runid"
    8) "939a82925c42ce3b8dd84fc62e840bea04167483"
    9) "flags"
   10) "sentinel"
   11) "link-pending-commands"
   12) "0"
   13) "link-refcount"
   14) "1"
   15) "last-ping-sent"
   16) "0"
   17) "last-ok-ping-reply"
   18) "1028"
   19) "last-ping-reply"
   20) "1028"
   21) "down-after-milliseconds"
   22) "30000"
   23) "last-hello-message"
```

```
    24) "1462"
    25) "voted-leader"
    26) "?"
    27) "voted-leader-epoch"
    28) "0"
2)  1) "name"
    2) "dc6369084b94ac1bf7dcafc4aa9741d520898de6"
    3) "ip"
    4) "127.0.0.1"
    5) "port"
    6) "26381"
    ...
    27) "voted-leader-epoch"
    28) "0"
```

SENTINEL sentinels 命令返回的大部分信息项都与 SENTINEL masters 命令以及 SENTINEL slaves 命令相同，表 19-3 列出了其中尚未介绍过的 Sentinel 专有信息项。

表 19-3 **SENTINEL sentinels** 命令返回的各个字段及其意义

字段	意义
last-hello-message	距离当前 Sentinel 最后一次从这个 Sentinel 那里收到问候信息之后，逝去的毫秒数
voted-leader	Sentinel 网络当前票选出来的 Sentinel 首领（leader），? 表示目前无首领
voted-leader-epoch	Sentinel 首领当前所处的配置纪元

其他信息

复杂度：$O(N)$，其中 N 为正在监视给定主服务器的 Sentinel 数量。

版本要求：SENTINEL sentinels 命令从 Redis 2.8.0 版本开始可用。

19.3.5 SENTINEL get-master-addr-by-name：获取给定主服务器的 IP 地址和端口号

用户可以通过执行以下命令，通过给定主服务器的名字来获取该服务器的 IP 地址以及端口号：

```
SENTINEL get-master-addr-by-name <master-name>
```

举个例子，如果我们想要获取 website_db 主服务器的 IP 地址和端口号，那么可以执行以下命令：

```
127.0.0.1:26379> SENTINEL get-master-addr-by-name website_db
1) "127.0.0.1"
2) "6379"
```

需要注意的是，如果 Sentinel 正在对给定主服务器执行故障转移操作，或者原本的主服务器已经因为故障转移而被新的主服务器替换掉了，那么这个命令将返回新主服务器的 IP 地址和端口号。

其他信息

复杂度：$O(1)$。

版本要求：SENTINEL get-master-addr-by-name 命令从 Redis 2.8.0 版本开始可用。

19.3.6 SENTINEL reset：重置主服务器状态

SENTINEL reset 命令接受一个 glob 风格的模式作为参数，接收到该命令的 Sentinel 将重置所有与给定模式相匹配的主服务器：

```
SENTINEL reset <pattern>
```

命令将返回被重置主服务器的数量作为返回值。

接收到 SENTINEL reset 命令的 Sentinel 除了会清理被匹配主服务器的相关信息之外，还会遗忘被匹配主服务器目前已有的所有从服务器，以及正在监视被匹配主服务器的所有其他 Sentinel。在此之后，这个 Sentinel 将会重新搜索正在监视被匹配主服务器的其他 Sentinel，以及该服务器属下的各个从服务器，并与它们重新建立连接。

作为例子，以下代码展示了重置 website_db 主服务器的方法：

```
127.0.0.1:26379> SENTINEL reset website_db
(integer) 1     -- 有一个主服务器被重置了
```

而以下代码则展示了对所有带有 website_ 前缀的主服务器进行重置的方法：

```
127.0.0.1:26379> SENTINEL reset website_*
(integer) 1
```

因为 SENTINEL reset 命令可以让 Sentinel 忘掉主服务器之前的记录，并重新开始对主服务器进行监视，所以它通常只会在 Sentinel 网络或者被监视主从服务器的结构出现重大变化时使用。

其他信息

复杂度：$O(N)$，其中 N 为被重置的主服务器数量。

版本要求：SENTINEL reset 命令从 Redis 2.8.0 版本开始可用。

19.3.7 SENTINEL failover：强制执行故障转移

通过执行以下命令，用户可以强制对指定的主服务器实施故障转移，就好像它已经下线了一样：

```
SENTINEL failover <master-name>
```

接收到这一命令的 Sentinel 会直接对主服务器执行故障转移操作，而不会像平时那样，先在 Sentinel 网络中进行投票，然后再根据投票结果决定是否执行故障转移操作。

举个例子，如果我们想要让 Sentinel 26379 对 website_db 主服务器强制执行故障转移操作，那么可以执行以下命令：

```
127.0.0.1:26379> SENTINEL failover website_db
OK
```

其他信息

复杂度：$O(1)$。

版本要求：SENTINEL failover 命令从 Redis 2.8.0 版本开始可用。

19.3.8 SENTINEL ckquorum：检查可用 Sentinel 的数量

用户可以通过执行以下命令，检查 Sentinel 网络当前可用的 Sentinel 数量是否达到了判断主服务器客观下线并实施故障转移所需的数量：

```
SENTINEL ckquorum <master-name>
```

以下是我们对 Sentinel26379 执行 SENTINEL ckquorum 命令的一个例子：

```
127.0.0.1:26379> SENTINEL ckquorum website_db
OK 3 usable Sentinels. Quorum and failover authorization can be reached
```

从结果可以看到，Sentinel 网络目前有 3 个 Sentinel 可用，这已经满足了判断 website_db 客观下线所需的 Sentinel 数量。

SENTINEL ckquorum 命令一般用于检查 Sentinel 网络的部署是否成功。比如，如果我们在部署了 3 个 Sentinel 之后，却发现 SENTINEL ckquorum 只能识别到 2 个可用的 Sentinel，那就说明有什么地方出错了。

其他信息

复杂度：$O(1)$。

版本要求：SENTINEL ckquorum 命令从 Redis 2.8.0 版本开始可用。

19.3.9 SENTINEL flushconfig：强制写入配置文件

用户可以通过向 Sentinel 发送以下命令，让 Sentinel 将它的配置文件重新写入硬盘中：

```
SENTINEL flushconfig
```

因为 Sentinel 在被监视服务器的状态发生变化时就会自动重写配置文件，所以这个命令的作用就是在配置文件基于某些原因或错误而丢失时，立即生成一个新的配置文件。此外，当 Sentinel 的配置选项发生变化时，Sentinel 内部也会使用这个命令创建新的配置文件来替换原有的配置文件。

举个例子，我们可以访问 Sentinel 配置文件所在的文件夹，并将该文件删除：

```
$ ls -l
total 8
-rw-r--r--  1 huangz  staff  550  1 21 21:30 sentinel.conf
$ rm sentinel.conf
$ ls -l
$
```

然后在客户端中执行重写命令：

```
127.0.0.1:26379> SENTINEL flushconfig
OK
```

这样 Sentinel 将重新生成一个配置文件：

```
$ ls -l
total 8
-rw-r--r--  1 huangz  staff  549  1 21 21:44 sentinel.conf
```

最后要注意的是，只有接收到 SENTINEL flushconfig 命令的 Sentinel 才会重写配置文件，Sentinel 网络中的其他 Sentinel 并不会受到这个命令的影响。

其他信息

复杂度：$O(1)$。

版本要求：SENTINEL flushconfig 命令从 Redis 2.8.0 版本开始可用。

19.4 在线配置 Sentinel

在 Redis 2.8.4 版本以前，Redis Sentinel 只能通过载入配置文件来修改配置选项。如果用户想要修改针对主服务器的某个配置选项，那么就只能先停止 Sentinel，接着修改配置文件，然后再重启 Sentinel 并载入修改后的配置文件。

手动修改配置文件并重启的做法不仅麻烦、容易出错，而且在运行过程中停止 Sentinel 还可能导致主服务器失去有效的监控。为此，Redis 从 2.8.4 版本开始为 SENTINEL 命令新添加了一组子命令，这些子命令可以在线地修改 Sentinel 对于被监视主服务器的配置选项，并把修改之后的配置选项保存到配置文件中，整个过程完全不需要停止 Sentinel，也不需要手动修改配置文件，非常方便。

接下来就将对这些在线配置命令进行介绍。

19.4.1 SENTINEL monitor：监视给定主服务器

通过执行以下命令，用户可以让 Sentinel 开始监视一个新的主服务器：

```
SENTINEL monitor <master-name> <ip> <port> <quorum>
```

SENTINEL monitor 命令本质上就是 SENTINEL monitor 配置选项的命令版本，当我们想要让 Sentinel 监视一个新的主服务器，但是又不想重启 Sentinel 并手动修改 Sentinel 配置文件时就可以使用这个命令。

比如，我们可以通过执行以下命令，让 Sentinel 26379 开始监视名为 message_queue_db 的主服务器，这个主服务器目前的 IP 地址为 127.0.0.1，端口号为 10086：

```
127.0.0.1:26379> SENTINEL monitor message_queue_db 127.0.0.1 10086 2
OK
```

在此之后，如果我们执行 SENTINEL masters 命令，就会看到 Sentinel 现在除了监视着 website_db 主服务器之外，还监视着 message_queue_db 主服务器：

```
127.0.0.1:26379> SENTINEL masters
1)  1) "name"
    2) "message_queue_db"
    3) "ip"
    4) "127.0.0.1"
    5) "port"
    6) "10086"
   ...
   39) "parallel-syncs"
   40) "1"
2)  1) "name"
    2) "website_db"
    3) "ip"
    4) "127.0.0.1"
    5) "port"
    6) "6379"
   ...
   39) "parallel-syncs"
   40) "1"
```

其他信息

复杂度：$O(1)$。

版本要求：SENTINEL monitor 命令从 Redis 2.8.4 版本开始可用。

19.4.2 SENTINEL remove：取消对给定主服务器的监视

当用户想要在线取消 Sentinel 对某个主服务器的监视时，可以使用以下命令：

```
SENTINEL remove <masters-name>
```

接收到这个命令的 Sentinel 会停止对给定主服务器的监视，并删除 Sentinel 内部以及 Sentinel 配置文件中与给定主服务器有关的所有信息，然后返回 OK 表示操作执行成功。

在 19.4.1 节中，我们通过使用 SENTINEL monitor 命令，让 Sentinel 开始监视 message_queue_db 主服务器。现在，我们也可以通过执行以下命令，让 Sentinel 取消对 message_queue_db 主服务器的监视：

```
127.0.0.1:26379> SENTINEL remove message_queue_db
OK
```

在执行了这个命令之后，message_queue_db 主服务器就会从 Sentinel 的监视名单中消失，现在 Sentinel 只会继续监视 website_db 主服务器：

```
127.0.0.1:26379> SENTINEL masters
1)  1) "name"
    2) "website_db"
    3) "ip"
    4) "127.0.0.1"
    5) "port"
    6) "6379"
```

```
...
39) "parallel-syncs"
40) "1"
```

其他信息

复杂度：$O(1)$。

版本要求：SENTINEL remove 命令从 Redis 2.8.4 版本开始可用。

19.4.3　SENTINEL set：修改 Sentinel 配置选项的值

通过使用以下命令，用户可以在线修改 Sentinel 配置文件中与主服务器相关的配置选项值：

```
SENTINEL set <master-name> <option> <value>
```

只要是 Sentinel 配置文件中与主服务器有关的配置选项，都可以使用 SENTINEL set 命令在线进行配置。命令在成功修改给定的配置选项值之后将返回 OK 作为结果。

举个例子，在 Sentinel 26379 的配置选项中，website_db 主服务器的 quorum 选项的值为 2：

```
127.0.0.1:26379> SENTINEL masters
1)  1) "name"
    2) "website_db"
   ...
   35) "quorum"
   36) "2"
   ...
   39) "parallel-syncs"
   40) "1"
```

现在，如果我们想要将这个选项的值修改为 3，那么可以执行以下命令：

```
127.0.0.1:26379> SENTINEL set website_db quorum 3
OK
```

在执行以上命令之后，我们可以通过再次查看 website_db 的配置选项来确认修改已经发生：

```
127.0.0.1:26379> SENTINEL masters
1)  1) "name"
    2) "website_db"
   ...
   35) "quorum"
   36) "3"
   ...
   39) "parallel-syncs"
   40) "1"
```

其他信息

复杂度：$O(1)$。

版本要求：SENTINEL set 命令从 Redis 2.8.4 版本开始可用。

19.4.4 使用在线配置命令的注意事项

需要注意的是，以上介绍的各个在线配置命令只会对接收到命令的单个 Sentinel 生效，但并不会对同一个 Sentinel 网络的其他 Sentinel 产生影响。为了将新的配置选项传播给整个 Sentinel 网络，用户需要对同一个 Sentinel 网络中的所有 Sentinel 都执行相同的命令。

举个例子，在 19.4.3 节中，我们通过向 Sentinel 26379 发送 SENTINEL set website_db quorum 3 命令，把该 Sentinel 对于 website_db 主服务器的 quorum 值修改成了 3，但这个修改只对 Sentinel 26379 有效，Sentinel 网络中的其他两个 Sentinel——Sentinel 26380 和 Sentinel 26381 的 quorum 值仍然是 2。为了让整个 Sentinel 网络的所有 Sentinel 都拥有相同的 quorum 值，我们必须向剩下的两个 Sentinel 发送相同的 SENTINEL set 命令：

```
127.0.0.1:26380> SENTINEL set website_db quorum 3
OK

127.0.0.1:26381> SENTINEL set website_db quorum 3
OK
```

现在，Sentinel 网络中的 3 个 Sentinel 都把自身对于 website_db 主服务器的 quorum 值设置成了 3。

Sentinel 网络中的各个 Sentinel 可以拥有不同的 quorum 值

Redis Sentinel 允许用户为 Sentinel 网络中的每个 Sentinel 分别设置主服务器的 quorum 值，而不是让所有 Sentinel 都共享同一个 quorum 值，这种做法使得用户可以在有需要时，灵活地根据各个 Sentinel 所处的环境来调整自己的 quorum 值。

举个例子，如果一部分 Sentinel 与被监视主服务器的网络连接情况较好，或者两者在网络上的距离较近，那么这些 Sentinel 对于主服务器的下线判断就会更为准确，用户就可以把它们的 quorum 值调得小一些，使得这些 Sentinel 可以快速地对下线的主服务器进行故障转移。

相反，如果一部分 Sentinel 与被监视主服务器的网络连接情况较差，或者两者在网络上的距离较远，那么这些 Sentinel 对于主服务器的下线判断的准确性就会差一些，如果把它们的 quorum 值设置得太小，可能会错误地触发故障转移操作。为此，用户可以把这些 Sentinel 的 quorum 值调大一些，确保只有在多个 Sentinel 都认为主服务器已下线时，才执行故障转移操作。

示例：使用 redis-py 管理 Sentinel

在学习了如何通过命令控制 Sentinel 之后，现在让我们来了解一下如何使用 redis-py 客户端连接 Sentinel 并执行相应的操作。

redis-py 把相应的 Sentinel 支持代码放到了 redis.sentinel 包中，为了使用 Sentinel 相关功能，我们必须先在 Python 中导入这个包：

```
>>> from redis.sentinel import Sentinel
```

然后根据 Sentinel 的 IP 地址和端口号创建出相应的 Sentinel 实例：

```
>>> sentinel = Sentinel([('localhost', 26379)])
```

在拥有 Sentinel 实例之后，就可以调用它的 discover_master() 方法以及 discover_slaves() 方法，查看给定主服务器的地址以及其从服务器的地址：

```
>>> sentinel.discover_master('website_db')
('127.0.0.1', 6379)
>>> sentinel.discover_slaves('website_db')
[('127.0.0.1', 6380), ('127.0.0.1', 6381)]
```

在有需要的情况下，我们也可以通过 Sentinel 直接获得主服务器或者从服务器的客户端实例，这样就可以直接对被监视的主从服务器执行命令操作了。其中，获取主服务器实例的操作可以通过 master_for() 方法完成：

```
>>> master = sentinel.master_for('website_db', decode_responses=True)
>>> master.set("msg", "hello world!")
True
```

而获取从服务器实例的操作则可以通过 slave_for() 方法完成：

```
>>> slave = sentinel.slave_for('website_db', decode_responses=True)
>>> slave.get('msg')
'hello world!'
```

除了上述方法之外，redis-py 的 Sentinel 实例还提供了 check_master_state()、discover_master() 和 filter_slaves() 等其他方法，它们的具体用法在内嵌的文档中都有详细的说明，此处不一一赘述。

19.5 重点回顾

- 使用正常服务器替换下线服务器以维持系统正常运转的操作，一般被称为故障转移。
- 为了给 Redis 服务器提供自动化的故障转移功能，从而提高主从服务器的可用性，Redis 为用户提供了 Redis Sentinel 这一工具。Redis Sentinel 可以通过心跳检测的方式监视多个主服务器以及它们属下的所有从服务器，并在某个主服务器下线时自动对其实施故障转移。

- 为了避免单点故障，并让 Sentinel 能够给出真实有效的判断结果，我们可以使用多个 Sentinel 组建一个分布式 Sentinel 网络，网络中的各个 Sentinel 可以通过互通消息来更加准确地判断服务器的状态。
- 因为 Sentinel 网络使用客观下线机制来判断一个主服务器是否真的已经下线了，所以为了让这种机制能够有效地运作，用户需要将 quorum 参数的值设置为 Sentinel 数量的半数以上，从而形成一种少数服从多数的投票机制。
- 在实际应用中，用户应该将 Sentinel 和被监视的 Redis 服务器放到不同的机器上运行，并且各个 Sentinel 也应该放到不同的机器上运行，这样 Sentinel 网络才能够更准确、有效地判断出服务器的实际状态。

第20章 集　群

Redis集群是Redis 3.0版本开始正式引入的功能，它给用户带来了在线扩展Redis系统读写性能的能力，而Redis 5.0更是在集群原有功能的基础上，进一步添加了更多新功能，并且对原有功能做了相当多的优化，使得整个集群系统更简单、易用和高效。

本章首先会介绍搭建Redis集群的方法，包括如何快速搭建测试用集群以及如何搭建可供生产环境使用的集群；之后，介绍散列标签和可读从节点等集群特性；最后，将介绍Redis集群管理程序和集群命令的用法，通过这些程序和命令，用户可以进一步调整集群的部署方式。

20.1 基本特性

Redis集群提供了非常丰富的特性供用户使用，本节将对这些特性做进一步的介绍。

20.1.1 复制与高可用

Redis集群与单机版Redis服务器一样，也提供了主从复制功能。在Redis集群中，各个Redis服务器被称为节点（node），其中主节点（master node）负责处理客户端发送的读写命令请求，而从节点（replica/slave node）则负责对主节点进行复制。

除了复制功能之外，Redis集群还提供了类似于单机版Redis Sentinel的功能，以此来为集群提供高可用特性。简单来说，集群中的各个节点将互相监视各自的运行状况，并在某个主节点下线时，通过提升该节点的从节点为新主节点来继续提供服务。

图20-1展示了一个包含3个节点的Redis集群。

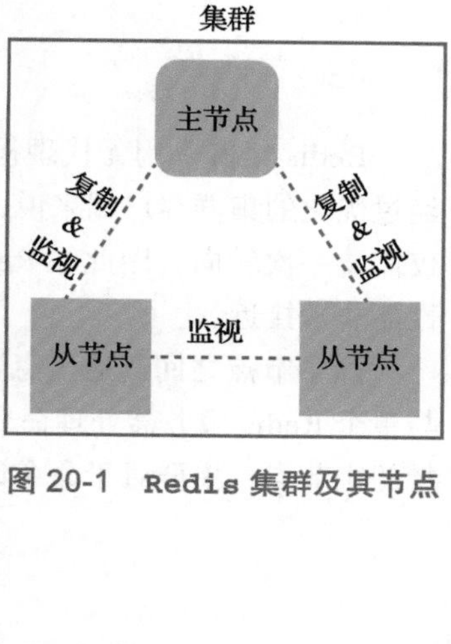

图 20-1　Redis 集群及其节点

20.1.2 分片与重分片

与单机版 Redis 将整个数据库放在同一台服务器上的做法不同，Redis 集群通过将数据库分散存储到多个节点上来平衡各个节点的负载压力。

具体来说，Redis 集群会将整个数据库空间划分为 16384 个槽（slot）来实现数据分片（sharding），而集群中的各个主节点则会分别负责处理其中的一部分槽。当用户尝试将一个键存储到集群中时，客户端会先计算出键所属的槽，接着在记录集群节点槽分布的映射表中找出处理该槽的节点，最后再将键存储到相应的节点中，如图 20-2 所示。

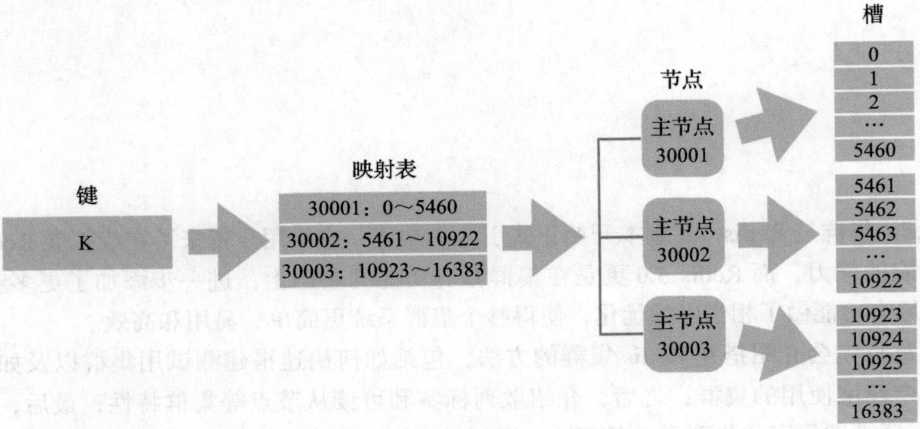

图 20-2 Redis 集群的分片实现

当用户想要向集群添加新节点时，只需要向 Redis 集群发送几条简单的命令，集群就会将相应的槽以及槽中存储的数据迁移至新节点。与此类似，当用户想要从集群中移除已存在的节点时，被移除的节点也会将自己负责处理的槽以及槽中数据转交给集群中的其他节点负责。最重要的是，无论是向集群添加新节点还是从集群中移除已有节点，整个重分片（reshard）过程都可以在线进行，Redis 集群无须因此而停机。

20.1.3 高性能

Redis 集群采用无代理模式，客户端发送的所有命令都会直接交由节点执行，并且对于经过优化的集群客户端来说，客户端发送的命令在绝大部分情况下都不需要实施转向，或者仅需要一次转向，因此在 Redis 集群中执行命令的性能与在单机 Redis 服务器上执行命令的性能非常接近。

除了节点之间互通信息带来的性能损耗之外，单个 Redis 集群节点处理命令请求的性能与单个 Redis 服务器处理命令请求的性能几乎别无二致。从理论上来讲，集群每增加一倍数量的主节点，集群对于命令请求的处理性能就会提高一倍。

20.1.4 简单易用

Redis为集群提供了丰富的工具和命令，用户可以通过工具快速创建测试用集群，并在之后通过命令行命令或者Redis内置的集群命令管理和控制集群。与此同时，因为Redis集群只需要非常少的配置信息，所以即使你打算手动构建自己的集群，实施起来应该也不会遇到什么困难。

20.2 搭建集群

要使用Redis集群，首先要做的就是搭建一个完整的集群，Redis为此提供了两种方法：一种是使用源码附带的集群自动搭建程序，另一种则是使用配置文件手动搭建集群，接下来将对这两种搭建方式做详细的介绍。

20.2.1 快速搭建集群

Redis在它的源码中附带了集群自动搭建程序create-cluster，这个程序可以快速构建起一个完整可用的集群以供用户测试。

create-cluster程序位于源码的utils/create-cluster/create-cluster位置，通过不给定任何参数来执行它，我们可以看到该程序的具体用法：

```
$ ./create-cluster
Usage: ./create-cluster [start|create|stop|watch|tail|clean]
start       -- Launch Redis Cluster instances.
create      -- Create a cluster using redis-cli --cluster create.
stop        -- Stop Redis Cluster instances.
watch       -- Show CLUSTER NODES output (first 30 lines) of first node.
tail <id>   -- Run tail -f of instance at base port + ID.
clean       -- Remove all instances data, logs, configs.
clean-logs  -- Remove just instances logs.
```

首先，我们可以通过执行start命令来创建出6个节点，这6个节点的IP地址都为本机，而端口号则为30001～30006：

```
$ ./create-cluster start
Starting 30001
Starting 30002
Starting 30003
Starting 30004
Starting 30005
Starting 30006
```

接着，我们需要使用create命令，把上述6个节点组合成一个集群，其中包含3个主节点和3个从节点：

```
$ ./create-cluster create
>>> Performing hash slots allocation on 6 nodes...
Master[0] -> Slots 0 - 5460
Master[1] -> Slots 5461 - 10922
```

```
Master[2] -> Slots 10923 - 16383
Adding replica 127.0.0.1:30004 to 127.0.0.1:30001
Adding replica 127.0.0.1:30005 to 127.0.0.1:30002
Adding replica 127.0.0.1:30006 to 127.0.0.1:30003
>>> Trying to optimize slaves allocation for anti-affinity
[WARNING] Some slaves are in the same host as their master
M: 9e2ee45f2a78b0d5ab65cbc0c97d40262b47159f 127.0.0.1:30001
   slots:[0-5460] (5461 slots) master
M: b2c7a5ca5fa6de72ac2842a2196ab2f4a5c82a6a 127.0.0.1:30002
   slots:[5461-10922] (5462 slots) master
M: a80b64eedcd15329bc0dc7b71652ecddccf6afe8 127.0.0.1:30003
   slots:[10923-16383] (5461 slots) master
S: ab0b79f233efa0afa467d9ef1700fe5b24154992 127.0.0.1:30004
   replicates a80b64eedcd15329bc0dc7b71652ecddccf6afe8
S: f584b888fcc0e7648bd838cb3b0e2d1915ac0ad7 127.0.0.1:30005
   replicates 9e2ee45f2a78b0d5ab65cbc0c97d40262b47159f
S: 262acdf22f4adb6a20b8116982f2940890693d0b 127.0.0.1:30006
   replicates b2c7a5ca5fa6de72ac2842a2196ab2f4a5c82a6a
Can I set the above configuration? (type 'yes' to accept):
```

create 命令会根据现有的节点制定出一个相应的角色和槽分配计划，然后询问你的意见。以上面打印出的计划为例：

- 节点 30001、30002 和 30003 将被设置为主节点，并且分别负责槽 0 ～ 5460、槽 5461 ～ 10922 和槽 10923 ～ 16383。
- 节点 30004、30005 和 30006 分别被设置为以上 3 个主节点的从节点。

如果你同意程序给出的这个分配计划，那么只需要输入 yes 并按下 Enter 键，程序就会按计划组建集群了：

```
Can I set the above configuration? (type 'yes' to accept): yes
>>> Nodes configuration updated
>>> Assign a different config epoch to each node
>>> Sending CLUSTER MEET messages to join the cluster
Waiting for the cluster to join
.
>>> Performing Cluster Check (using node 127.0.0.1:30001)
M: 9e2ee45f2a78b0d5ab65cbc0c97d40262b47159f 127.0.0.1:30001
   slots:[0-5460] (5461 slots) master
   1 additional replica(s)
S: 262acdf22f4adb6a20b8116982f2940890693d0b 127.0.0.1:30006
   slots: (0 slots) slave
   replicates b2c7a5ca5fa6de72ac2842a2196ab2f4a5c82a6a
M: a80b64eedcd15329bc0dc7b71652ecddccf6afe8 127.0.0.1:30003
   slots:[10923-16383] (5461 slots) master
   1 additional replica(s)
M: b2c7a5ca5fa6de72ac2842a2196ab2f4a5c82a6a 127.0.0.1:30002
   slots:[5461-10922] (5462 slots) master
   1 additional replica(s)
S: f584b888fcc0e7648bd838cb3b0e2d1915ac0ad7 127.0.0.1:30005
   slots: (0 slots) slave
   replicates 9e2ee45f2a78b0d5ab65cbc0c97d40262b47159f
S: ab0b79f233efa0afa467d9ef1700fe5b24154992 127.0.0.1:30004
   slots: (0 slots) slave
```

```
    replicates a80b64eedcd15329bc0dc7b71652ecddccf6afe8
[OK] All nodes agree about slots configuration.
>>> Check for open slots...
>>> Check slots coverage...
[OK] All 16384 slots covered.
```

图 20-3 展示了搭建完成后的集群。

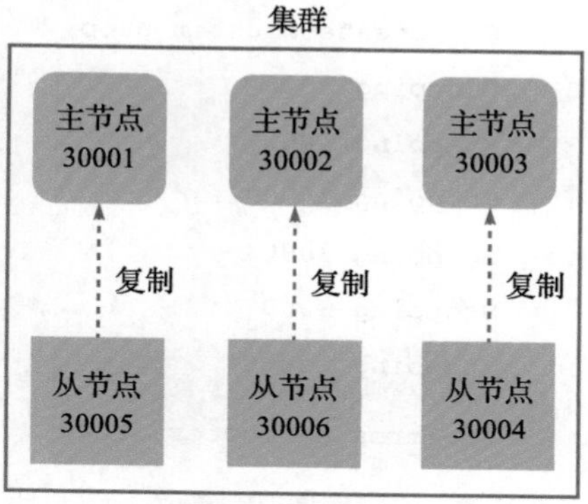

图 20-3　自动搭建的集群

在成功构建起集群之后，我们就可以使用客户端来连接并使用集群了，要做到这一点，最简单的就是使用 Redis 附带的 redis-cli 客户端。在连接集群节点而不是单机 Redis 服务器时，我们需要向 redis-cli 提供 c（cluster，集群）参数以指示客户端进入集群模式，并通过 h（host，主机地址）参数或 p（port，端口号）参数指定集群中的某个节点作为入口：

```
-- 连接本机端口 30001 上的集群节点，并向它发送 PING 命令
$ redis-cli -c -p 30001
127.0.0.1:30001> PING
PONG
```

如果接收到命令请求的节点并非负责处理命令所指键的节点，那么客户端将根据节点提示的转向信息再次向正确的节点发送命令请求，Redis 集群把这个动作称为“转向”（redirect）。举个例子，如果我们向节点 30001 发送一个指向键 msg 的命令请求，但是由于该键所属的槽 6257 并不是由节点 30001 负责处理，而是由节点 30002 负责处理，所以节点 30001 将向客户端返回一个转向提示，而收到提示的客户端将向节点 30002 重新发送命令请求，最终使命令得到正确的处理：

```
-- 发送至节点 30001 的命令请求被转向节点 30002
127.0.0.1:30001> SET msg "hi"
-> Redirected to slot [6257] located at 127.0.0.1:30002
OK
```

图 20-4 展示了这一转向过程。

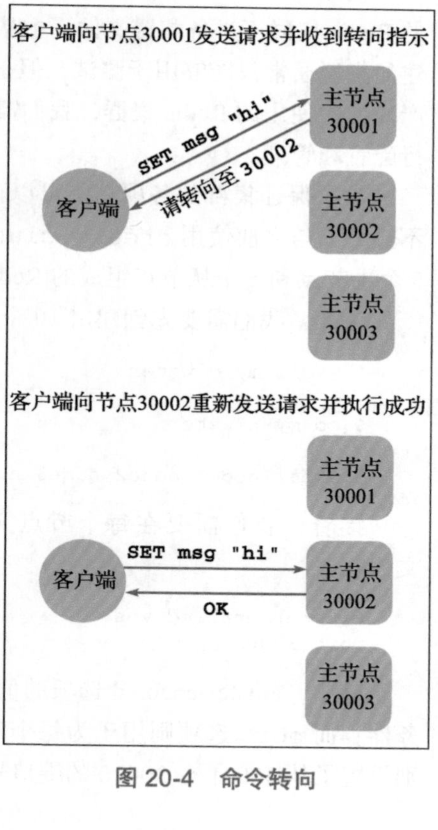

图 20-4　命令转向

如果客户端发送的命令请求正好是由接收命令请求的节点负责处理，那么节点将直接向客户端返回命令执行结果，就像平时向单机服务器发送命令请求一样：

```
-- 因为键 number 所属的槽 7743 正好是由节点 30002 负责
-- 所以命令请求可以在不转向的情况下直接执行
127.0.0.1:30002> SET number 10086
OK
```

最后，在使用完这个测试集群之后，我们可以通过以下命令关闭集群并清理各个集群节点的相关信息：

```
$ ./create-cluster stop
Stopping 30001
Stopping 30002
Stopping 30003
Stopping 30004
Stopping 30005
Stopping 30006
$ ./create-cluster clean
```

20.2.2 手动搭建集群

使用 create-cluster 程序快速搭建 Redis 集群虽然非常方便，但是由于该程序搭建的 Redis 集群不具备配置文件、主从节点数量固定以及槽分配模式固定等原因，这些快速搭建的集群通常只能够用于测试，但是无法应用在实际的生产环境中。为了搭建真正能够在生产环境中使用的 Redis 集群，我们需要创建相应的配置文件，并使用集群管理命令对集群进行配置和管理。

为了保证集群的各项功能可以正常运转，一个集群至少需要 3 个主节点和 3 个从节点。不过为了与之前使用 create-cluster 程序搭建的集群区别开来，这次我们将搭建一个由 5 个主节点和 5 个从节点组成的 Redis 集群。

为此，我们需要先创建出 10 个文件夹，用于存放相应节点的数据以及配置文件：

```
$ mkdir my-cluster
$ cd my-cluster/
$ mkdir node1 node2 node3 node4 node5 node6 node7 node8 node9 node10
```

接着，我们需要在每个节点文件夹中创建一个包含以下内容的 redis.conf 配置文件：

```
cluster-enabled yes
port 30001
```

其中，cluster-enabled 选项的值为 yes 表示将 Redis 实例设置成集群节点而不是单机服务器，而 port 选项则用于为每个节点设置不同的端口号。在本例中，我们为 10 个节点分别设置了从 30001 ～ 30010 的端口号。

在为每个节点都设置好相应的配置文件之后，我们需要通过以下命令，陆续启动各个文件夹中的集群节点：

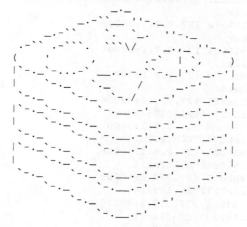

```
$ redis-server redis.conf
22055:C 23 Jun 2019 15:20:31.866 # oO0OoO0OoO0Oo Redis is starting oO0OoO0OoO0Oo
22055:C 23 Jun 2019 15:20:31.867 # Redis version=999.999.999, bits=64, commit=0cabe0cf, modified=0, pid=22055, just started
22055:C 23 Jun 2019 15:20:31.867 # Configuration loaded
22055:M 23 Jun 2019 15:20:31.868 * Increased maximum number of open files to 10032 (it was originally set to 256).
22055:M 23 Jun 2019 15:20:31.869 * No cluster configuration found, I'm 5b0eccca191012674fd32e1604854dff9bc3d88b
                _._
           _.-``__ ''-._
      _.-``    `.  `_.  ''-._           Redis 999.999.999 (0cabe0cf/0) 64 bit
  .-`` .-```.  ```\/    _.,_ ''-._
 (    '      ,       .-`  | `,    )     Running in cluster mode
 |`-._`-...-` __...-.``-._|'` _.-'|     Port: 30001
 |    `-._   `._    /     _.-'    |     PID: 22055
  `-._    `-._  `-./  _.-'    _.-'
 |`-._`-._    `-.__.-'    _.-'_.-'|
 |    `-._`-._        _.-'_.-'    |           http://redis.io
  `-._    `-._`-.__.-'_.-'    _.-'
 |`-._`-._    `-.__.-'    _.-'_.-'|
 |    `-._`-._        _.-'_.-'    |
  `-._    `-._`-.__.-'_.-'    _.-'
      `-._    `-.__.-'    _.-'
          `-._        _.-'
              `-.__.-'

22055:M 23 Jun 2019 15:20:31.871 # Server initialized
22055:M 23 Jun 2019 15:20:31.872 * Ready to accept connections
```

虽然我们已经启动了10个集群节点，但由于这些集群并未互联互通，所以它们都只在它们各自的集群之内。因此，我们接下来要做的就是连接这10个集群节点并为它们分配槽，这可以通过执行以下命令来完成：

```
$ redis-cli --cluster create 127.0.0.1:30001 127.0.0.1:30002 127.0.0.1:30003 127.0.0.1:30004 127.0.0.1:30005 127.0.0.1:30006 127.0.0.1:30007 127.0.0.1:30008 127.0.0.1:30009 127.0.0.1:30010 --cluster-replicas 1
```

`redis-cli --cluster` 是 Redis 客户端附带的集群管理工具，它的 `create` 子命令接受任意多个节点的IP地址和端口号作为参数，然后使用这些节点组建起一个Redis集群。create子命令允许使用多个可选参数，其中可选参数 `cluster-replicas` 用于指定集群中每个主节点的从节点数量。在上面的命令调用中，该参数的值为1，这表示我们想要为每个主节点设置一个从节点。

在执行上述命令之后，create子命令将制定出以下节点角色和槽分配计划：

```
>>> Performing hash slots allocation on 10 nodes...
Master[0] -> Slots 0 - 3276
```

```
Master[1] -> Slots 3277 - 6553
Master[2] -> Slots 6554 - 9829
Master[3] -> Slots 9830 - 13106
Master[4] -> Slots 13107 - 16383
Adding replica 127.0.0.1:30006 to 127.0.0.1:30001
Adding replica 127.0.0.1:30007 to 127.0.0.1:30002
Adding replica 127.0.0.1:30008 to 127.0.0.1:30003
Adding replica 127.0.0.1:30009 to 127.0.0.1:30004
Adding replica 127.0.0.1:30010 to 127.0.0.1:30005
>>> Trying to optimize slaves allocation for anti-affinity
[WARNING] Some slaves are in the same host as their master
M: 768c4b1b7ef79ae6ed1ae44a1e122222e64899f4 127.0.0.1:30001
   slots:[0-3276] (3277 slots) master
M: b3b5b9cffba161ac73fb5e521a12d31d9e53ac11 127.0.0.1:30002
   slots:[3277-6553] (3277 slots) master
M: c0023cb598fa76f061a9db90df53f68643159e7e 127.0.0.1:30003
   slots:[6554-9829] (3276 slots) master
M: af11cdc9693fe6a0fb626beeebfd91760bb100e4 127.0.0.1:30004
   slots:[9830-13106] (3277 slots) master
M: ab061fd6060e6757a5dba9f9956ec8cb35dfa1ff 127.0.0.1:30005
   slots:[13107-16383] (3277 slots) master
S: a3adaef948d51cd8854ea89da0f03decdda3a869 127.0.0.1:30006
   replicates c0023cb598fa76f061a9db90df53f68643159e7e
S: 4aaf1e050ff2fc309dafbc94e3ae8a73693585ad 127.0.0.1:30007
   replicates af11cdc9693fe6a0fb626beeebfd91760bb100e4
S: bac09ae0266fe14a0b36a3ddcd0823be5c33abc1 127.0.0.1:30008
   replicates ab061fd6060e6757a5dba9f9956ec8cb35dfa1ff
S: 6b6573a43302b528ff700e7c3ace1244384bbe10 127.0.0.1:30009
   replicates 768c4b1b7ef79ae6ed1ae44a1e122222e64899f4
S: 306ef381aff91ef77897614b9db20ef2c62d71e1 127.0.0.1:30010
   replicates b3b5b9cffba161ac73fb5e521a12d31d9e53ac11
Can I set the above configuration? (type 'yes' to accept):
```

从这份计划可以看出，命令打算把节点 30001 ～ 30005 设置为主节点，并把 16384 个槽平均分配给这 5 个节点负责，至于节点 30006 ～ 30010 则分别指派给了 5 个主节点作为从节点。在输入 yes 并按下 Enter 键之后，create 命令就会执行实际的分配和指派工作：

```
Can I set the above configuration? (type 'yes' to accept): yes
>>> Nodes configuration updated
>>> Assign a different config epoch to each node
>>> Sending CLUSTER MEET messages to join the cluster
Waiting for the cluster to join
........
>>> Performing Cluster Check (using node 127.0.0.1:30001)
M: 768c4b1b7ef79ae6ed1ae44a1e122222e64899f4 127.0.0.1:30001
   slots:[0-3276] (3277 slots) master
   1 additional replica(s)
M: b3b5b9cffba161ac73fb5e521a12d31d9e53ac11 127.0.0.1:30002
   slots:[3277-6553] (3277 slots) master
   1 additional replica(s)
S: a3adaef948d51cd8854ea89da0f03decdda3a869 127.0.0.1:30006
   slots: (0 slots) slave
   replicates c0023cb598fa76f061a9db90df53f68643159e7e
S: 306ef381aff91ef77897614b9db20ef2c62d71e1 127.0.0.1:30010
   slots: (0 slots) slave
```

```
        replicates b3b5b9cffba161ac73fb5e521a12d31d9e53ac11
    M: ab061fd6060e6757a5dba9f9956ec8cb35dfa1ff 127.0.0.1:30005
        slots:[13107-16383] (3277 slots) master
        1 additional replica(s)
    S: 4aaf1e050ff2fc309dafbc94e3ae8a73693585ad 127.0.0.1:30007
        slots: (0 slots) slave
        replicates af11cdc9693fe6a0fb626beeebfd91760bb100e4
    M: af11cdc9693fe6a0fb626beeebfd91760bb100e4 127.0.0.1:30004
        slots:[9830-13106] (3277 slots) master
        1 additional replica(s)
    S: bac09ae0266fe14a0b36a3ddcd0823be5c33abc1 127.0.0.1:30008
        slots: (0 slots) slave
        replicates ab061fd6060e6757a5dba9f9956ec8cb35dfa1ff
    S: 6b6573a43302b528ff700e7c3ace1244384bbe10 127.0.0.1:30009
        slots: (0 slots) slave
        replicates 768c4b1b7ef79ae6ed1ae44a1e122222e64899f4
    M: c0023cb598fa76f061a9db90df53f68643159e7e 127.0.0.1:30003
        slots:[6554-9829] (3276 slots) master
        1 additional replica(s)
    [OK] All nodes agree about
slots configuration.
    >>> Check for open slots...
    >>> Check slots coverage...
    [OK] All 16384 slots covered.
```

大功告成！根据提示可知，现在整个集群已经设置完毕，并且 16384 个槽也已经全部分配给了各个节点，我们可以对这个集群执行任何想要做的操作了。图 20-5 展示了这个手动搭建的集群。

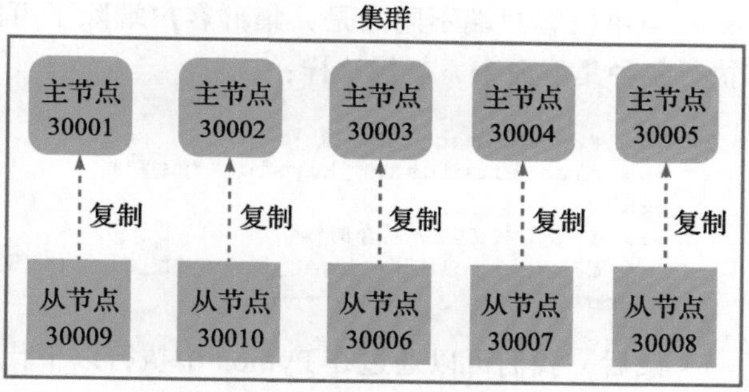

图 20-5 手动搭建的集群

> 提示 为了方便演示手动搭建集群的方法，我们把集群的所有节点都放在了同一台主机上面，但是在实际的生产环境中，多个节点通常会分布在多台主机之上，而不是集中在同一台主机中。

示例：使用客户端连接集群

用户除了可以通过 redis-cli 的集群模式连接 Redis 集群，还可以使用其他语言为 Redis 集群专门开发的客户端连接 Redis 集群。比如对于 Python 语言来说，我们就可以通过 redis-py-cluster 客户端来连接 Redis 集群。

首先，我们需要在 redis-py-cluster 的主页 https://github.com/Grokzen/redis-py-cluster 下载这个包，并在 Python 中导入它：

```
>>> from rediscluster import RedisCluster
```

之后，为了连接集群，我们需要向客户端提供集群的节点地址。因为节点与节点之间一般都可以自动发现，所以我们通常只需要给定一个节点作为入口即可：

```
>>> nodes = [{"host":"127.0.0.1","port":"30001"}]
```

有了节点地址之后，我们就可以连接集群了：

```
>>> cluster = RedisCluster(startup_nodes=nodes, decode_responses=True)
```

连接集群之后，我们就可以像往常一样，向集群（节点）发送命令请求。如果收到请求的节点并不是负责处理该请求的节点，那么客户端将自动转向至正确的节点并重新发送命令请求，这一切对于客户端使用者来说都是透明的，就像平时使用单机客户端一样：

```
>>> cluster.set("msg", "hello world!")
True
>>> cluster.get("msg")
'hello world!'
```

与单机客户端不同的是，集群客户端除了可以执行单机模式的各种命令之外，还可以执行各种集群命令，就像这样：

```
>>> # 查看键 msg 所在的槽
>>> cluster.cluster_keyslot("msg")
6257
>>> # 查看槽 6257 包含的键
>>> cluster.cluster_get_keys_in_slot(6257, 10)
['msg']
```

最后，我们可以通过在 Python 中执行以下代码，将 redis-py-cluster 支持的所有集群命令打印出来：

```
>>> for cmd in dir(cluster):
...   if cmd.startswith("cluster"):
...     print(cmd)
...
cluster
cluster_addslots
cluster_count_failure_report
cluster_countkeysinslot
cluster_delslots
cluster_failover
cluster_get_keys_in_slot
cluster_info
cluster_keyslot
cluster_meet
cluster_nodes
cluster_replicate
cluster_reset
cluster_reset_all_nodes
cluster_save_config
cluster_set_config_epoch
cluster_setslot
```

```
cluster_slaves
cluster_slots
```

20.3 散列标签

在默认情况下，Redis将根据用户输入的整个键计算出该键所属的槽，然后将键存储到相应的槽中。但是在某些情况下，出于性能方面的考虑，或者为了在同一个节点上对多个相关联的键执行批量操作，我们也会想要将一些原本不属于同一个槽的键放到相同的槽里面。

为了满足这一需求，Redis为用户提供了散列标签（hash tag）功能，该功能会找出键中第一个被大括号 {} 包围并且非空的字符串子串（sub string），然后根据子串计算出该键所属的槽。这样一来，即使两个键原本不属于同一个槽，但只要它们拥有相同的被包围子串，那么程序计算出的散列值就是一样的，因此Redis集群就会把它们存储到同一个槽中。

比如，假设我们现在有一批用户数据，它们全部以 `user::` 为前缀，后跟用户ID，其中键 `user::10086` 和 `user::10087` 原本应该分别属于两个不同的槽：

```
-- 使用 CLUSTER KEYSLOT 命令查看给定键所属的槽

127.0.0.1:30002> CLUSTER KEYSLOT user::10086
(integer) 14982   -- 该键属于 14982 槽

127.0.0.1:30002> CLUSTER KEYSLOT user::10087
(integer) 10919   -- 该键属于 10919 槽
```

但如果我们对这两个键使用散列标签功能，即使用大括号去包围它们的 `user` 子串，让Redis集群只根据这一子串计算键的散列值，那么这两个键将被分配至同一个槽：

```
127.0.0.1:30002> CLUSTER KEYSLOT {user}::10086
(integer) 5474

127.0.0.1:30002> CLUSTER KEYSLOT {user}::10087
(integer) 5474
```

为了验证这一点，我们可以实际地对这两个键执行设置操作。在未使用散列标签功能时，对 `user::10086` 键的设置将被转向至节点30003所属的槽14982中，而对 `user::10087` 键的设置将被转向至节点30002所属的槽10919中：

```
127.0.0.1:30001> HMSET user::10086 name peter age 28 job programmer
-> Redirected to slot [14982] located at 127.0.0.1:30003
OK

127.0.0.1:30003> HMSET user::10087 name jack age 34 job writer
-> Redirected to slot [10919] located at 127.0.0.1:30002
OK
```

但是在使用散列标签功能的情况下，针对 `{user}::10086` 和 `{user}::10087` 两个键的设置操作将不会引发转向，这是因为它们都被放置到了节点30002所属的槽5474中：

```
127.0.0.1:30002> HMSET {user}::10086 name peter age 28 job programmer
```

```
OK

127.0.0.1:30002> HMSET {user}::10087 name jack age 34 job writer
OK
```

提示 关于散列标签的使用，有以下两点需要注意。

首先，虽然从逻辑上来讲，我们把user::10086和{user}::10086看作同一个键，但由于散列标签只是Redis集群对键名的一种特殊解释，因此这两个键在实际中并不相同，它们可以同时存在于数据库，并且不会引发任何键冲突。比如，如果我们对节点30002执行KEYS* 命令，就会看到user::10086和{user}::10086同时存在于数据库中：

```
127.0.0.1:30002> KEYS *
1) "{user}::10086"
2) "{user}::10087"
3) "user::10087"
```

其次，散列标签只会根据键名中第一个被大括号包围的非空子串来计算散列值，而键名中其他被包围子串或者被包围空串则会被忽略。比如，虽然以下3个键都包含多个被包围子串，但Redis集群只会根据它们的user子串来计算它们的散列值，因为这是它们第一个被包围的非空子串：

- {user}::{10086}
- {user}::10086::{profile}
- {user}::{10086}::{profile}

而以下这两个键则不会触发散列标签功能，因为它们的被包围子串都为空：

- -{}user::10086
- -user{}::10086

20.4 打开/关闭从节点的读命令执行权限

前面的章节曾经提到过，在使用单机Redis服务器时，用户可以为主服务器创建从服务器，然后通过让从服务器处理读请求来提升整个系统处理读请求的能力。

与这种做法不一样的是，集群的从节点在默认情况下只会对主节点进行复制，但是不会处理客户端发送的任何命令请求：每当从节点接收到命令请求的时候，它只会向客户端发送转向消息，引导客户端向某个主节点重新发送命令请求。

举个例子，对于主节点30001和它的从节点30005来说，如果我们向从节点发送以下命令，那么从节点将把客户端转向至主节点，然后再执行命令：

```
127.0.0.1:30005> GET num
-> Redirected to slot [2765] located at 127.0.0.1:30001
```

```
"10086"
127.0.0.1:30001>
```

但是在某些情况下，用户可能想要让从节点也能处理读请求，从而提高整个集群处理读请求的能力。为此，Redis 向用户提供了 READONLY 和 READWRITE 两个命令，它们可以临时打开或关闭客户端在从节点上执行读命令的权限。

20.4.1 READONLY：打开读命令执行权限

用户可以通过执行以下命令，让客户端临时获得在从服务器上执行读命令的权限：

```
READONLY
```

这个命令在成功执行之后将返回 OK 作为结果。

在前面的例子中，当我们直接向从节点 30005 发送读请求 GET num 命令时，该命令将被转向至主节点 30001 执行。但是通过执行 READONLY 命令，我们可以让客户端临时获得在 30005 上执行读命令的权限，这样一来，针对 num 键的 GET 命令请求就不会被转向至节点 30001，而是直接在节点 30005 上执行：

```
127.0.0.1:30005> READONLY
OK

127.0.0.1:30005> GET num
"10086"
```

READONLY 命令只对执行了该命令的客户端有效，它并不影响正在访问相同从节点的其他客户端。

20.4.2 READWRITE：关闭读命令执行权限

在使用 READONLY 命令打开客户端对从节点的读命令执行权限之后，我们可以通过执行以下命令重新关闭该权限：

```
READWRITE
```

这个命令在执行完毕之后将返回 OK 作为结果。这样一来，执行了该命令的客户端将不能再对从服务器执行读命令。

作为例子，以下代码展示了客户端在执行 READWRITE 命令之后，读请求再次被转向至主节点的过程：

```
127.0.0.1:30005> READWRITE
OK

127.0.0.1:30005> GET num
-> Redirected to slot [2765] located at 127.0.0.1:30001
"10086"

127.0.0.1:30001>
```

20.4.3 其他信息

复杂度：$O(1)$。

版本要求：READONLY 命令和 READWRITE 命令从 Redis 3.0.0 版本开始可用。

20.5 集群管理工具 redis-cli

在介绍完 Redis 集群的搭建方法以及基本功能的使用方法之后，我们接下来要学习的就是如何管理 Redis 集群了。Redis 官方为管理集群提供了两种工具，一种是 redis-cli 客户端附带的集群管理程序，而另一种则是 Redis 内置的集群管理命令。

本节中我们将对 redis-cli 客户端附带的集群管理程序做详细的介绍。这个程序可以通过在执行 redis-cli 的时候给定 cluster 选项来启动，输入 help 子命令可以看到该程序支持的各个子命令及其格式：

```
$ redis-cli --cluster help
Cluster Manager Commands:
  create         host1:port1 ... hostN:portN
                 --cluster-replicas <arg>
  check          host:port
  info           host:port
  fix            host:port
  reshard        host:port
                 --cluster-from <arg>
                 --cluster-to <arg>
                 --cluster-slots <arg>
                 --cluster-yes
                 --cluster-timeout <arg>
                 --cluster-pipeline <arg>
  rebalance      host:port
                 --cluster-weight <node1=w1...nodeN=wN>
                 --cluster-use-empty-masters
                 --cluster-timeout <arg>
                 --cluster-simulate
                 --cluster-pipeline <arg>
                 --cluster-threshold <arg>
  add-node       new_host:new_port existing_host:existing_port
                 --cluster-slave
                 --cluster-master-id <arg>
  del-node       host:port node_id
  call           host:port command arg arg .. arg
  set-timeout    host:port milliseconds
  import         host:port
                 --cluster-from <arg>
                 --cluster-copy
                 --cluster-replace
  help

For check, fix, reshard, del-node, set-timeout you can specify the host and
port of any working node in the cluster.
```

接下来将对上述列出的各个子命令做详细介绍。

20.5.1 创建集群

cluster 选项的 create 子命令允许用户根据已有的节点创建出一个集群。用户只需要在命令中依次给出各个节点的 IP 地址和端口号，命令就会将它们聚合到同一个集群中，并根据节点的数量将槽平均地指派给它们负责：

```
create <ip1>:<port1> ... <ipN>:<portN>
```

举个例子，如果用户想要创建出一个包含 3 个节点的集群，可以执行以下命令：

```
redis-cli --cluster create 127.0.0.1:7001 127.0.0.1:7002 127.0.0.1:7003
```

通过以下可选项，用户还可以在创建集群的同时，决定要为每个主节点配备多少个从节点：

```
--cluster-replicas <num>
```

作为例子，在以下这个 create 命令的运行实例中，我们将向它提供 6 个节点，并将 --cluster-replicas 的值设置为 1，以此来创建一个包含 3 个主节点和 3 个从节点的集群：

```
$ redis-cli --cluster create 127.0.0.1:30001 127.0.0.1:30002 127.0.0.1:30003
127.0.0.1:30004 127.0.0.1:30005 127.0.0.1:30006 --cluster-replicas 1
>>> Performing hash slots allocation on 6 nodes...
Master[0] -> Slots 0 - 5460
Master[1] -> Slots 5461 - 10922
Master[2] -> Slots 10923 - 16383
Adding replica 127.0.0.1:30004 to 127.0.0.1:30001
Adding replica 127.0.0.1:30005 to 127.0.0.1:30002
Adding replica 127.0.0.1:30006 to 127.0.0.1:30003
>>> Trying to optimize slaves allocation for anti-affinity
[WARNING] Some slaves are in the same host as their master
M: 4979f8583676c46039672fb7319e917e4b303707 127.0.0.1:30001
   slots:[0-5460] (5461 slots) master
M: 4ff303d96f5c7436ce8ce2fa6e306272e82cd454 127.0.0.1:30002
   slots:[5461-10922] (5462 slots) master
M: 07e230805903e4e1657743a2e4d8811a59e2f32f 127.0.0.1:30003
   slots:[10923-16383] (5461 slots) master
S: 4788fd4d92387fc5d38a2cd12f0c0d80fc0f6609 127.0.0.1:30004
   replicates 4979f8583676c46039672fb7319e917e4b303707
S: b45a7f4355ea733a3177b89654c10f9c31092e92 127.0.0.1:30005
   replicates 4ff303d96f5c7436ce8ce2fa6e306272e82cd454
S: 7c56ffba63e3758bc4c2e9b6a55caf294bb21650 127.0.0.1:30006
   replicates 07e230805903e4e1657743a2e4d8811a59e2f32f
Can I set the above configuration? (type 'yes' to accept):
```

create 命令首先会检查给定的所有节点，然后根据节点的数量以及我们指定的从节点数量划归出一个集群配置并将其打印出来。如果我们觉得这个集群配置没问题，就可以在命令行中输入 yes 来接受它，这样命令就会根据该配置构建出集群：

```
Can I set the above configuration? (type 'yes' to accept): yes
```

```
>>> Nodes configuration updated
>>> Assign a different config epoch to each node
>>> Sending CLUSTER MEET messages to join the cluster
Waiting for the cluster to join
..
>>> Performing Cluster Check (using node 127.0.0.1:30001)
M: 4979f8583676c46039672fb7319e917e4b303707 127.0.0.1:30001
   slots:[0-5460] (5461 slots) master
   1 additional replica(s)
S: 4788fd4d92387fc5d38a2cd12f0c0d80fc0f6609 127.0.0.1:30004
   slots: (0 slots) slave
   replicates 4979f8583676c46039672fb7319e917e4b303707
S: b45a7f4355ea733a3177b89654c10f9c31092e92 127.0.0.1:30005
   slots: (0 slots) slave
   replicates 4ff303d96f5c7436ce8ce2fa6e306272e82cd454
S: 7c56ffba63e3758bc4c2e9b6a55caf294bb21650 127.0.0.1:30006
   slots: (0 slots) slave
   replicates 07e230805903e4e1657743a2e4d8811a59e2f32f
M: 4ff303d96f5c7436ce8ce2fa6e306272e82cd454 127.0.0.1:30002
   slots:[5461-10922] (5462 slots) master
   1 additional replica(s)
M: 07e230805903e4e1657743a2e4d8811a59e2f32f 127.0.0.1:30003
   slots:[10923-16383] (5461 slots) master
   1 additional replica(s)
[OK] All nodes agree about slots configuration.
>>> Check for open slots...
>>> Check slots coverage...
[OK] All 16384 slots covered.
```

20.5.2 查看集群信息

拥有集群之后，用户就可以通过 cluster 选项的 info 子命令查看集群的相关信息。为了找到指定的节点，用户需要向命令提供集群中任意一个节点的地址作为参数：

```
info <ip>:<port>
```

命令返回的信息包括：

- 主节点的地址以及运行 ID，它们存储的键数量以及负责的槽数量，以及它们拥有的从节点数量。
- 集群包含的数据库键数量以及主节点数量，以及每个槽平均存储的键数量。

以下是一个 info 子命令执行的示例：

```
$ redis-cli --cluster info 127.0.0.1:30001
127.0.0.1:30001 (4979f858...) -> 1 keys | 5461 slots | 1 slaves.
127.0.0.1:30002 (4ff303d9...) -> 4 keys | 5462 slots | 1 slaves.
127.0.0.1:30003 (07e23080...) -> 3 keys | 5461 slots | 1 slaves.
[OK] 8 keys in 3 masters.
0.00 keys per slot on average.
```

从命令返回的结果可以看到，节点 30001 所在的集群包含了 3 个主节点，以主节点 127.0.0.1:30001 为例：

- 它的运行 ID 前缀为 4979f858。
- 它被指派了 5461 个槽，但是目前只存储了 1 个数据库键。
- 这个节点拥有 1 个从节点。

命令结果的最后两行记录了集群的总体存储情况：整个集群总共拥有 3 个主节点，这些主节点一共存储了 8 个键，平均每个槽只存储了 0 个键。

20.5.3 检查集群

通过 cluster 选项的 check 子命令，用户可以检查集群的配置是否正确，以及全部 16384 个槽是否已经全部指派给了主节点。与 info 子命令一样，check 子命令也接受集群其中一个节点的地址作为参数：

```
check <ip>:<port>
```

对于一个正常运行的集群，对其执行 check 子命令将得到一切正常的结果：

```
$ redis-cli --cluster check 127.0.0.1:30001
127.0.0.1:30001 (4979f858...) -> 0 keys | 5461 slots | 1 slaves.
127.0.0.1:30002 (4ff303d9...) -> 0 keys | 5462 slots | 1 slaves.
127.0.0.1:30003 (07e23080...) -> 0 keys | 5461 slots | 1 slaves.
[OK] 0 keys in 3 masters.
0.00 keys per slot on average.
>>> Performing Cluster Check (using node 127.0.0.1:30001)
M: 4979f8583676c46039672fb7319e917e4b303707 127.0.0.1:30001
   slots:[0-5460] (5461 slots) master
   1 additional replica(s)
S: 4788fd4d92387fc5d38a2cd12f0c0d80fc0f6609 127.0.0.1:30004
   slots: (0 slots) slave
   replicates 4979f8583676c46039672fb7319e917e4b303707
S: b45a7f4355ea733a3177b89654c10f9c31092e92 127.0.0.1:30005
   slots: (0 slots) slave
   replicates 4ff303d96f5c7436ce8ce2fa6e306272e82cd454
S: 7c56ffba63e3758bc4c2e9b6a55caf294bb21650 127.0.0.1:30006
   slots: (0 slots) slave
   replicates 07e230805903e4e1657743a2e4d8811a59e2f32f
M: 4ff303d96f5c7436ce8ce2fa6e306272e82cd454 127.0.0.1:30002
   slots:[5461-10922] (5462 slots) master
   1 additional replica(s)
M: 07e230805903e4e1657743a2e4d8811a59e2f32f 127.0.0.1:30003
   slots:[10923-16383] (5461 slots) master
   1 additional replica(s)
[OK] All nodes agree about slots configuration.
>>> Check for open slots...
>>> Check slots coverage...
[OK] All 16384 slots covered.
```

现在，如果我们撤销节点 30001 对槽 5460 的指派，然后再次执行检查，那么命令将报告集群中的 16384 个槽并未完全指派：

```
$ redis-cli --cluster check 127.0.0.1:30001
```

```
127.0.0.1:30001 (4979f858...) -> 1 keys | 5460 slots | 1 slaves.
127.0.0.1:30002 (4ff303d9...) -> 4 keys | 5462 slots | 1 slaves.
127.0.0.1:30003 (07e23080...) -> 3 keys | 5461 slots | 1 slaves.
[OK] 8 keys in 3 masters.
0.00 keys per slot on average.
>>> Performing Cluster Check (using node 127.0.0.1:30001)
M: 4979f8583676c46039672fb7319e917e4b303707 127.0.0.1:30001
   slots:[0-5459] (5460 slots) master
   1 additional replica(s)
S: 4788fd4d92387fc5d38a2cd12f0c0d80fc0f6609 127.0.0.1:30004
   slots: (0 slots) slave
   replicates 4979f8583676c46039672fb7319e917e4b303707
S: b45a7f4355ea733a3177b89654c10f9c31092e92 127.0.0.1:30005
   slots: (0 slots) slave
   replicates 4ff303d96f5c7436ce8ce2fa6e306272e82cd454
S: 7c56ffba63e3758bc4c2e9b6a55caf294bb21650 127.0.0.1:30006
   slots: (0 slots) slave
   replicates 07e230805903e4e1657743a2e4d8811a59e2f32f
M: 4ff303d96f5c7436ce8ce2fa6e306272e82cd454 127.0.0.1:30002
   slots:[5461-10922] (5462 slots) master
   1 additional replica(s)
M: 07e230805903e4e1657743a2e4d8811a59e2f32f 127.0.0.1:30003
   slots:[10923-16383] (5461 slots) master
   1 additional replica(s)
[ERR] Nodes don't agree about configuration!
>>> Check for open slots...
>>> Check slots coverage...
[ERR] Not all 16384 slots are covered by nodes.
```

20.5.4 修复槽错误

当集群在重分片、负载均衡或者槽迁移的过程中出现错误时，执行 cluster 选项的 fix 子命令，可以让操作涉及的槽重新回到正常状态：

```
fix <ip>:<port>
```

fix 命令会检查各个节点中处于“导入中”和“迁移中”状态的槽，并根据情况，将槽迁移至更合理的一方。

举个例子，假设我们现在正在将节点 30001 的 5460 槽迁移至节点 30002，并且为了模拟迁移中断导致出错的情况，我们在迁移完成之后并没有清理相应节点的“导入中”和“迁移中”状态。现在，如果我们执行 fix 命令，那么它将发现并修复这一问题：

```
$ redis-cli --cluster fix 127.0.0.1:30001
127.0.0.1:30001 (4979f858...) -> 1 keys | 5461 slots | 1 slaves.
127.0.0.1:30002 (4ff303d9...) -> 4 keys | 5462 slots | 1 slaves.
127.0.0.1:30003 (07e23080...) -> 3 keys | 5461 slots | 1 slaves.
[OK] 8 keys in 3 masters.
0.00 keys per slot on average.
>>> Performing Cluster Check (using node 127.0.0.1:30001)
M: 4979f8583676c46039672fb7319e917e4b303707 127.0.0.1:30001
   slots:[0-5460] (5461 slots) master
   1 additional replica(s)
```

```
S: 4788fd4d92387fc5d38a2cd12f0c0d80fc0f6609 127.0.0.1:30004
   slots: (0 slots) slave
   replicates 4979f8583676c46039672fb7319e917e4b303707
S: b45a7f4355ea733a3177b89654c10f9c31092e92 127.0.0.1:30005
   slots: (0 slots) slave
   replicates 4ff303d96f5c7436ce8ce2fa6e306272e82cd454
S: 7c56ffba63e3758bc4c2e9b6a55caf294bb21650 127.0.0.1:30006
   slots: (0 slots) slave
   replicates 07e230805903e4e1657743a2e4d8811a59e2f32f
M: 4ff303d96f5c7436ce8ce2fa6e306272e82cd454 127.0.0.1:30002
   slots:[5461-10922] (5462 slots) master
   1 additional replica(s)
M: 07e230805903e4e1657743a2e4d8811a59e2f32f 127.0.0.1:30003
   slots:[10923-16383] (5461 slots) master
   1 additional replica(s)
[ERR] Nodes don't agree about configuration!
>>> Check for open slots...
[WARNING] Node 127.0.0.1:30001 has slots in migrating state 5460.
[WARNING] Node 127.0.0.1:30002 has slots in importing state 5460.
[WARNING] The following slots are open: 5460.
>>> Fixing open slot 5460
Set as migrating in: :30001
Set as importing in: 127.0.0.1:30002
Moving slot 5460 from 127.0.0.1:30001 to 127.0.0.1:30002:
>>> Check slots coverage...
[OK] All 16384 slots covered.
```

如果 fix 命令在检查集群之后没有发现任何异常，那么它将不做其他动作，直接退出。

20.5.5 重分片

通过 cluster 选项的 reshard 子命令，用户可以将指定数量的槽从原节点迁移至目标节点，被迁移的槽将交由后者负责，并且槽中已有的数据也会陆续从原节点转移至目标节点：

```
reshard <ip>:<port>
        --cluster-from <id>             # 源节点的ID
        --cluster-to <id>               # 目标节点的ID
        --cluster-slots <num>           # 需要迁移的槽数量
        --cluster-yes                   # 直接确认
        --cluster-timeout <time>        # 迁移的最大时限
        --cluster-pipeline <yes/no>     # 是否使用流水线
```

假设现在节点 30001 正在负责从槽 0 到槽 5460 的 5461 个槽，而我们又想将其中的 10 个槽迁移至节点 30007，那么可以执行以下命令：

```
$ redis-cli --cluster reshard 127.0.0.1:30001 --cluster-from 4979f8583676c4
6039672fb7319e917e4b303707 --cluster-to 1cd87d132101893b7aa2b81cf333b2f7be9e1b75
--cluster-slots 10
>>> Performing Cluster Check (using node 127.0.0.1:30001)
M: 4979f8583676c46039672fb7319e917e4b303707 127.0.0.1:30001
   slots:[0-5460] (5461 slots) master
   1 additional replica(s)
S: 4788fd4d92387fc5d38a2cd12f0c0d80fc0f6609 127.0.0.1:30004
   slots: (0 slots) slave
```

```
   replicates 4979f8583676c46039672fb7319e917e4b303707
S: b45a7f4355ea733a3177b89654c10f9c31092e92 127.0.0.1:30005
   slots: (0 slots) slave
   replicates 4ff303d96f5c7436ce8ce2fa6e306272e82cd454
M: 1cd87d132101893b7aa2b81cf333b2f7be9e1b75 127.0.0.1:30007
   slots: (0 slots) master
S: 7c56ffba63e3758bc4c2e9b6a55caf294bb21650 127.0.0.1:30006
   slots: (0 slots) slave
   replicates 07e230805903e4e1657743a2e4d8811a59e2f32f
M: 4ff303d96f5c7436ce8ce2fa6e306272e82cd454 127.0.0.1:30002
   slots:[5461-10922] (5462 slots) master
   1 additional replica(s)
M: 07e230805903e4e1657743a2e4d8811a59e2f32f 127.0.0.1:30003
   slots:[10923-16383] (5461 slots) master
   1 additional replica(s)
[OK] All nodes agree about slots configuration.
>>> Check for open slots...
>>> Check slots coverage...
[OK] All 16384 slots covered.

Ready to move 10 slots.
  Source nodes:
    M: 4979f8583676c46039672fb7319e917e4b303707 127.0.0.1:30001
       slots:[0-5460] (5461 slots) master
       1 additional replica(s)
  Destination node:
    M: 1cd87d132101893b7aa2b81cf333b2f7be9e1b75 127.0.0.1:30007
       slots: (0 slots) master
  Resharding plan:
    Moving slot 0 from 4979f8583676c46039672fb7319e917e4b303707
    Moving slot 1 from 4979f8583676c46039672fb7319e917e4b303707
    Moving slot 2 from 4979f8583676c46039672fb7319e917e4b303707
    Moving slot 3 from 4979f8583676c46039672fb7319e917e4b303707
    Moving slot 4 from 4979f8583676c46039672fb7319e917e4b303707
    Moving slot 5 from 4979f8583676c46039672fb7319e917e4b303707
    Moving slot 6 from 4979f8583676c46039672fb7319e917e4b303707
    Moving slot 7 from 4979f8583676c46039672fb7319e917e4b303707
    Moving slot 8 from 4979f8583676c46039672fb7319e917e4b303707
    Moving slot 9 from 4979f8583676c46039672fb7319e917e4b303707
Do you want to proceed with the proposed reshard plan (yes/no)?
```

可以看到，reshard命令会先用check子命令检查一次集群，确保集群和槽都处于正常状态，然后再给出一个重分片计划，并询问我们的意见。在输入yes并按下Enter键之后，命令就会实施预定好的重分片计划：

```
Do you want to proceed with the proposed reshard plan (yes/no)? yes
Moving slot 0 from 127.0.0.1:30001 to 127.0.0.1:30007:
Moving slot 1 from 127.0.0.1:30001 to 127.0.0.1:30007:
Moving slot 2 from 127.0.0.1:30001 to 127.0.0.1:30007:
Moving slot 3 from 127.0.0.1:30001 to 127.0.0.1:30007:
Moving slot 4 from 127.0.0.1:30001 to 127.0.0.1:30007:
Moving slot 5 from 127.0.0.1:30001 to 127.0.0.1:30007:
Moving slot 6 from 127.0.0.1:30001 to 127.0.0.1:30007:
Moving slot 7 from 127.0.0.1:30001 to 127.0.0.1:30007:
```

```
Moving slot 8 from 127.0.0.1:30001 to 127.0.0.1:30007:
Moving slot 9 from 127.0.0.1:30001 to 127.0.0.1:30007:
```

通过执行 info 子命令，我们可以确认，之前指定的10个槽已经被迁移并指派给了节点30007负责：

```
$ redis-cli --cluster info 127.0.0.1:30001
127.0.0.1:30001 (4979f858...) -> 1 keys | 5451 slots | 1 slaves.
127.0.0.1:30007 (1cd87d13...) -> 0 keys | 10 slots | 0 slaves.
127.0.0.1:30002 (4ff303d9...) -> 4 keys | 5462 slots | 1 slaves.
127.0.0.1:30003 (07e23080...) -> 3 keys | 5461 slots | 1 slaves.
```

20.5.6 负载均衡

cluster 选项的 rebalance 子命令允许用户在有需要时重新分配各个节点负责的槽数量，从而使得各个节点的负载压力趋于平衡：

```
rebalance <ip>:<port>
```

举个例子，假设我们现在的集群有30001、30002和30003这3个主节点，它们分别被分配了2000、11384和3000个槽：

```
$ redis-cli --cluster info 127.0.0.1:30001
127.0.0.1:30001 (61d1f17b...) -> 0 keys | 2000 slots | 1 slaves.
127.0.0.1:30002 (101fbae9...) -> 0 keys | 11384 slots | 1 slaves.
127.0.0.1:30003 (31822e0a...) -> 0 keys | 3000 slots | 1 slaves.
[OK] 0 keys in 3 masters.
0.00 keys per slot on average.
```

因为节点30002负责的槽数量明显比其他两个节点要多，所以它的负载将比其他两个节点要重。为了解决这个问题，我们需要执行以下这个命令，对3个节点的槽数量进行平衡：

```
$ redis-cli --cluster rebalance 127.0.0.1:30001
>>> Performing Cluster Check (using node 127.0.0.1:30001)
[OK] All nodes agree about slots configuration.
>>> Check for open slots...
>>> Check slots coverage...
[OK] All 16384 slots covered.
>>> Rebalancing across 3 nodes. Total weight = 3.00
Moving 3462 slots from 127.0.0.1:30002 to 127.0.0.1:30001
#####...#####
Moving 2461 slots from 127.0.0.1:30002 to 127.0.0.1:30003
#####...#####
```

在 rebalance 命令执行之后，3个节点的槽数量将趋于平均：

```
$ redis-cli --cluster info 127.0.0.1:30001
127.0.0.1:30001 (61d1f17b...) -> 0 keys | 5462 slots | 1 slaves.
127.0.0.1:30002 (101fbae9...) -> 0 keys | 5461 slots | 1 slaves.
127.0.0.1:30003 (31822e0a...) -> 0 keys | 5461 slots | 1 slaves.
[OK] 0 keys in 3 masters.
0.00 keys per slot on average.
```

rebalance 命令提供了很多可选项，它们可以让用户更精确地控制负载均衡操作的具体行为。比如，通过以下可选项，用户可以为不同的节点设置不同的权重，而权重较大的节点将被指派更多槽。这样一来，用户就可以通过这个选项，让性能更强的节点负担更多负载：

```
--cluster-weight <node_id1>=<weight1> <node_id2>=<weight2> ...
```

在没有显式地指定权重的情况下，每个节点的默认权重为 1.0。将一个节点的权重设置为 0 将导致它被撤销所有槽指派，成为一个空节点。

如果用户在执行负载均衡操作时，想要为尚未被指派槽的空节点也分配相应的槽，那么可以使用以下可选项：

```
--cluster-use-empty-masters
```

rebalance 命令在执行时会根据各个节点目前负责的槽数量以及用户给定的权重计算出每个节点应该负责的槽数量（期望槽数量），如果这个槽数量与节点目前负责的槽数量之间的比率超过了指定的阈值，那么就会触发槽的重分配操作。触发重分配操作的阈值默认为 2.0，也就是期望槽数量与实际槽数量之间不能相差超过两倍，用户也可以通过以下可选项来指定自己想要的阈值：

```
--cluster-threshold <value>
```

除了上述可选项之外，用户还可以通过以下可选项来设置负载均衡操作是否使用流水线：

```
--cluster-pipeline <yes/no>
```

或者通过以下可选项设置负载均衡操作的最大可执行时限：

```
--cluster-timeout <time>
```

最后，rebalance 命令在执行负载均衡操作的时候，通常会一个接一个地对节点的槽数量进行调整，但如果用户想要同时对多个节点实施调整，那么只需要给定以下可选项即可：

```
--cluster-simulate
```

如果 rebalance 命令在执行时发现集群并没有平衡的必要，那么它将不执行任何其他操作，直接退出：

```
$ redis-cli --cluster rebalance 127.0.0.1:30001
>>> Performing Cluster Check (using node 127.0.0.1:30001)
[OK] All nodes agree about slots configuration.
>>> Check for open slots...
>>> Check slots coverage...
[OK] All 16384 slots covered.
*** No rebalancing needed! All nodes are within the 2.00% threshold.
```

20.5.7 添加节点

cluster 选项的 add-node 子命令允许用户将给定的新节点添加到已有的集群当中，用户只需要依次给定新节点的地址以及集群中某个节点的地址即可：

```
add-node <new_host>:<port> <existing_host>:<port>
```

在默认情况下，add-node 命令添加的新节点将作为主节点存在。如果用户想要添加的新节点为从节点，那么可以在执行命令的同时，通过给定以下两个可选项来将新节点设置为从节点：

```
--cluster-slave
--cluster-master-id <id>
```

其中可选项 cluster-master-id 的 id 参数用于设置从节点将要复制的主节点。

作为例子，以下代码演示了如何将节点 30007 添加到节点 30001 所在的集群当中：

```
$ redis-cli --cluster add-node 127.0.0.1:30007 127.0.0.1:30001
>>> Adding node 127.0.0.1:30007 to cluster 127.0.0.1:30001
>>> Performing Cluster Check (using node 127.0.0.1:30001)
M: 4979f8583676c46039672fb7319e917e4b303707 127.0.0.1:30001
   slots:[0-5460] (5461 slots) master
   1 additional replica(s)
S: 4788fd4d92387fc5d38a2cd12f0c0d80fc0f6609 127.0.0.1:30004
   slots: (0 slots) slave
   replicates 4979f8583676c46039672fb7319e917e4b303707
S: b45a7f4355ea733a3177b89654c10f9c31092e92 127.0.0.1:30005
   slots: (0 slots) slave
   replicates 4ff303d96f5c7436ce8ce2fa6e306272e82cd454
S: 7c56ffba63e3758bc4c2e9b6a55caf294bb21650 127.0.0.1:30006
   slots: (0 slots) slave
   replicates 07e230805903e4e1657743a2e4d8811a59e2f32f
M: 4ff303d96f5c7436ce8ce2fa6e306272e82cd454 127.0.0.1:30002
   slots:[5461-10922] (5462 slots) master
   1 additional replica(s)
M: 07e230805903e4e1657743a2e4d8811a59e2f32f 127.0.0.1:30003
   slots:[10923-16383] (5461 slots) master
   1 additional replica(s)
[OK] All nodes agree about slots configuration.
>>> Check for open slots...
>>> Check slots coverage...
[OK] All 16384 slots covered.
>>> Send CLUSTER MEET to node 127.0.0.1:30007 to make it join the cluster.
[OK] New node added correctly.
```

从命令打印的最后一行结果来看，节点 30007 已经被成功地添加到了集群中。

20.5.8 移除节点

当用户不再需要集群中的某个节点时，可以通过 cluster 选项的 del-node 子命令来移除该节点：

```
del-node <ip>:<port> <node_id>
```

其中命令的 ip 和 port 参数用于指定集群中的某个节点作为入口，而 node_id 则用于指定用户想要移除的节点的 ID。

作为例子，以下代码演示了如何从节点 30001 所在的集群中，移除 ID 为 e1971eef02

709cf4698a6fcb09935a910982ab3b的节点30007：

```
$ redis-cli --cluster del-node 127.0.0.1:30001 e1971eef02709cf4698a6fcb09935a9
10892ab3b
>>> Removing node e1971eef02709cf4698a6fcb09935a910982ab3b from cluster
127.0.0.1:30001
>>> Sending CLUSTER FORGET messages to the cluster...
>>> SHUTDOWN the node.
```

20.5.9 执行命令

通过cluster选项的call子命令，用户可以在整个集群的所有节点上执行给定的命令：

```
call host:port command arg arg .. arg
```

比如，通过执行以下命令，我们可以在集群的所有节点上执行PING命令并获得相应的反馈：

```
$ redis-cli --cluster call 127.0.0.1:30001 PING
>>> Calling PING
127.0.0.1:30001: PONG

127.0.0.1:30004: PONG

127.0.0.1:30005: PONG

127.0.0.1:30006: PONG

127.0.0.1:30002: PONG

127.0.0.1:30003: PONG
```

又比如，通过执行以下命令，我们可以快速地查看各个节点存储的键值对数量：

```
$ redis-cli --cluster call 127.0.0.1:30001 DBSIZE
>>> Calling DBSIZE
127.0.0.1:30001: (integer) 0

127.0.0.1:30004: (integer) 0

127.0.0.1:30005: (integer) 3

127.0.0.1:30006: (integer) 0

127.0.0.1:30002: (integer) 3

127.0.0.1:30003: (integer) 0
```

20.5.10 设置超时时间

通过cluster选项的set-timeout子命令，用户可以为集群的所有节点重新设置cluster-node-timeout选项的值：

```
set-timeout <host>:<port> <milliseconds>
```

作为例子，以下代码演示了如何将集群内所有节点的 cluster-node-timeout 选项的值设置为 50000：

```
$ redis-cli --cluster set-timeout 127.0.0.1:7000 50000
>>> Reconfiguring node timeout in every cluster node...
*** New timeout set for 127.0.0.1:7000
*** New timeout set for 127.0.0.1:7001
*** New timeout set for 127.0.0.1:7005
*** New timeout set for 127.0.0.1:7004
*** New timeout set for 127.0.0.1:7003
*** New timeout set for 127.0.0.1:7002
>>> New node timeout set. 6 OK, 0 ERR.
```

20.5.11 导入数据

用户可以通过 cluster 选项的 import 子命令，将给定单机 Redis 服务器的数据导入集群中：

```
import <node-host>:<port>                      # 集群入口节点的 IP 地址和端口号
       --cluster-from <server-host>:<port>     # 单机服务器的 IP 地址和端口号
       --cluster-copy                          # 使用复制导入
       --cluster-replace                       # 覆盖同名键
```

在默认情况下，import 命令在向集群导入数据的同时，还会删除单机服务器中的源数据。如果用户想要保留单机服务器中的数据，那么可以在执行命令的同时给定 --cluster-copy 选项。

此外，在导入数据的过程中，如果命令发现将要导入的键在集群数据库中已经存在（同名键冲突），那么命令在默认情况下将中断导入操作。如果用户想要使用导入的键去覆盖集群中已有的同名键，那么可以在执行命令的同时给定 --cluster-replace 选项。

作为例子，以下代码展示了一个 import 子命令的执行示例：

```
$ redis-cli --cluster import 127.0.0.1:30001 --cluster-from 127.0.0.1:6379
--cluster-copy --cluster-replace
>>> Importing data from 127.0.0.1:6379 to cluster 127.0.0.1:30001
>>> Performing Cluster Check (using node 127.0.0.1:30001)
M: 4979f8583676c46039672fb7319e917e4b303707 127.0.0.1:30001
   slots:[0-5460] (5461 slots) master
   1 additional replica(s)
S: 4788fd4d92387fc5d38a2cd12f0c0d80fc0f6609 127.0.0.1:30004
   slots: (0 slots) slave
   replicates 4979f8583676c46039672fb7319e917e4b303707
S: b45a7f4355ea733a3177b89654c10f9c31092e92 127.0.0.1:30005
   slots: (0 slots) slave
   replicates 4ff303d96f5c7436ce8ce2fa6e306272e82cd454
S: 7c56ffba63e3758bc4c2e9b6a55caf294bb21650 127.0.0.1:30006
   slots: (0 slots) slave
   replicates 07e230805903e4e1657743a2e4d8811a59e2f32f
M: 4ff303d96f5c7436ce8ce2fa6e306272e82cd454 127.0.0.1:30002
   slots:[5461-10922] (5462 slots) master
   1 additional replica(s)
```

```
M: 07e230805903e4e1657743a2e4d8811a59e2f32f 127.0.0.1:30003
   slots:[10923-16383] (5461 slots) master
   1 additional replica(s)
[OK] All nodes agree about slots configuration.
>>> Check for open slots...
>>> Check slots coverage...
[OK] All 16384 slots covered.
*** Importing 3 keys from DB 0
Migrating alphabets to 127.0.0.1:30002: OK
Migrating number to 127.0.0.1:30002: OK
Migrating msg to 127.0.0.1:30002: OK
```

在这个例子中，程序将从单机服务器 127.0.0.1:6379 向节点 127.0.0.1:30001 所在的集群导入数据。在这个过程中，集群中的同名键会被覆盖，而单机服务器原有的数据库则会被保留。

20.6 集群管理命令

除了集群管理程序之外，Redis 还提供了一簇以 CLUSTER 开头的集群命令，这些命令可以根据它们的作用分为集群管理命令和槽管理命令，前者管理的是集群及其节点，而后者管理的则是节点的槽分配情况。

需要注意的是，因为 Redis 的集群管理程序 redis-cli--cluster 实际上就是由 CLUSTER 命令实现的，所以这两者之间存在着千丝万缕的关系，某些 redis-cli--cluster 子命令甚至直接与某个 CLUSTER 子命令对应。

我们之所以在了解了 Redis 集群管理程序之后仍然需要了解 CLUSTER 命令，是因为在某些情况下，Redis 提供的集群管理程序可能无法满足我们的需求，这时我们就需要使用 CLUSTER 命令去构建自己的集群管理程序了。

本节接下来的内容将介绍 CLUSTER 命令中集群管理方面的子命令，而 CLUSTER 命令中槽管理方面的子命令则会在 20.7 介绍。

20.6.1 CLUSTER MEET：将节点添加至集群

用户可以通过执行以下命令，将给定的节点添加至当前节点所在的集群中：

```
CLUSTER MEET ip port
```

CLUSTER MEET 命令在向给定节点发送完握手信息之后将返回 OK。

举个例子，假设我们现在启动了 30001、30002 和 30003 这 3 个节点，并且打算使用这 3 个节点组成一个集群，那么可以首先执行以下命令，将节点 30001 和 30002 放到同一个集群中：

```
127.0.0.1:30001> CLUSTER MEET 127.0.0.1 30002
OK
```

然后执行以下命令，将节点 30003 也添加到集群中：

```
127.0.0.1:30001> CLUSTER MEET 127.0.0.1 30003
OK
```

图 20-6 展示了 30001、30002 和 30003 这 3 个节点组成集群的整个过程。

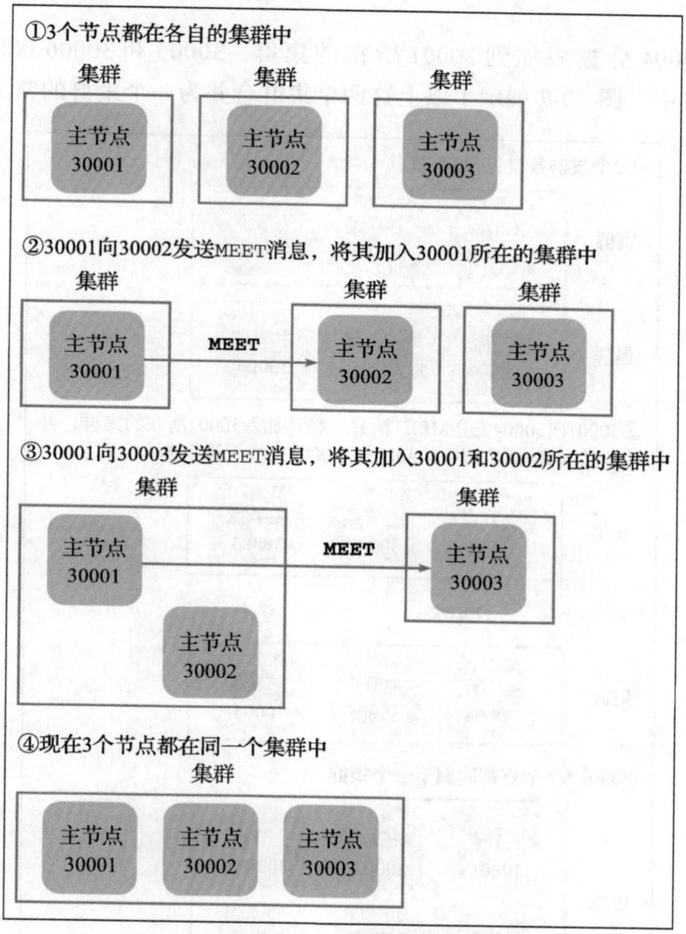

图 20-6 集群组成的过程

Redis 集群中的节点使用消息（message）进行通信。图 20-6 中出现的 MEET 消息由接收到 CLUSTER MEET 命令的节点发送，它会尝试将接收到该消息的节点（以及该节点所在集群的其他节点）加入发送者节点所在的集群中。

1. 添加多个节点

当用户执行 CLUSTER MEET 命令，尝试将一个给定的节点添加到当前节点所在的集群时，如果给定节点已经位于一个包含多个节点的集群当中，那么不仅给定节点会被添加到当前节点所在的集群，给定节点原集群内的其他节点也会自动合并到当前集群中。

举个例子，假设现在有两个集群，一个由 30001、30002 和 30003 这 3 个节点组成，而另一个则由 30004、30005 和 30006 这 3 个节点组成。这时，如果我们向 30001 发送以下命令，尝试将 30004 添加到 30001 所在的集群当中：

```
127.0.0.1:30001> CLUSTER MEET 127.0.0.1 30004
OK
```

那么不仅 30004 会被添加到 30001 所在的集群，30005 和 30006 也同样会被添加到 30001 所在的集群中。图 20-7 展示了以上这两个集群合并为一个集群的整个过程。

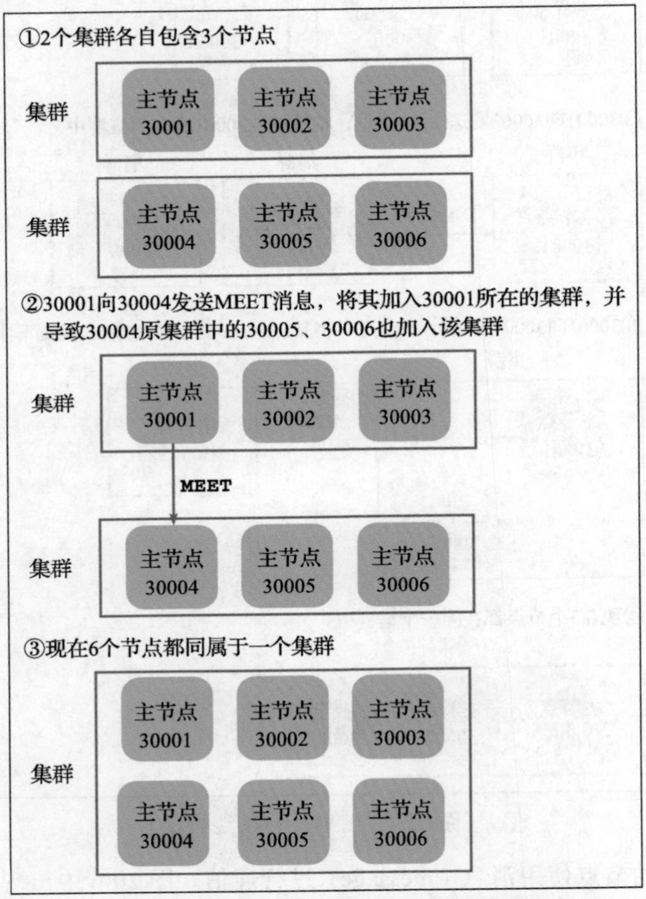

图 20-7 两个集群合并为一个集群的过程

2. 其他信息

复杂度：$O(1)$。

版本要求：CLUSTER MEET 命令从 Redis 3.0.0 版本开始可用。

20.6.2 CLUSTER NODES：查看集群内所有节点的相关信息

用户可以通过执行以下命令，查看集群内所有节点的相关信息：

```
CLUSTER NODES
```

以下是一个执行该命令的例子：

```
127.0.0.1:30001> CLUSTER NODES
5f99406c27403564f34f4b5e39410714881ad98e 127.0.0.1:30005@40005 slave 9cd23534b
f654a47a2d4d8a4b2717c495ee31b40 0 1541751161088 5 connected
309871e77eaccc0a4e260cf393547bf51ba11983 127.0.0.1:30002@40002 master - 0
1541751161088 2 connected 5461-10922
db3a54cfe722264bd91caef4d4af9701bf02223f 127.0.0.1:30006@40006 slave 309871e77
eaccc0a4e260cf393547bf51ba11983 0 1541751161694 6 connected
27493691b04fccc230c7ac4e20836c081a6f33aa 127.0.0.1:30003@40003 master - 0
1541751161088 3 connected 10923-16383
bf0d4857c921750b9d149241255a7ae777b93539 127.0.0.1:30004@40004 slave 27493691b
04fccc230c7ac4e20836c081a6f33aa 0 1541751161694 4 connected
9cd23534bf654a47a2d4d8a4b2717c495ee31b40 127.0.0.1:30001@40001 myself,master -
0 1541751161000 1 connected 0-5460
```

CLUSTER NODES 命令的结果通常由多个行组成，每个行都记录了一个节点的相关信息，行中的各项信息则由空格分隔，表 20-1 详细地解释了这些信息项的具体意义。

表 20-1 CLUSTER NODES 输出行中各项信息的意义

信息项	意义
节点 ID	记录节点的运行 ID。每个节点的运行 ID 在集群中都是唯一的，用户可以在执行集群操作时将其用作节点的标识符
地址和端口	记录节点的 IP 地址以及端口号。位于 @ 符号左边的是节点的客户端端口，而位于 @ 符号右边的则是节点的集群端口，前者用于与客户端通信，而后者则用于与集群中的其他节点通信
角色和状态	记录节点当前担任的角色以及节点目前所处的状态。表 20-2 记录了这个项可能出现的值，以及各个值代表的意思。当节点的角色和状态同时出现时，这个项会使用逗号去分隔多个值，比如显示 myself,master 表示这个节点是客户端目前正在连接的节点，并且它是一个主节点，而显示 slave,fail? 则表示这个节点是一个从节点，并且它正处于疑似下线状态
主节点 ID	如果节点是一个从节点，那么这里显示的就是它正在复制的主节点的 ID；如果节点本身就是一个主节点，那么它在这个项中只会显示一个 - 符号
发送 PING 消息的时间	节点最近一次向其他节点发送 PING 消息时的 UNIX 时间戳，格式为毫秒。如果该节点与其他节点的连接正常，并且它发送的 PING 消息也没有被阻塞，那么这个值将被设置为 0
收到 PONG 消息的时间	节点最近一次接收到其他节点发送的 PONG 消息时的 UNIX 时间戳，格式为毫秒。对于客户端正在连接的节点来说，这个项的值总是为 0
配置纪元	节点所处的配置纪元
连接状态	节点集群总线的连接状态。connected 表示连接正常，disconnected 表示连接已断开
负责的槽	显示节点目前负责处理的槽以及这些槽所处的状态。表 20-3 记录了这个项可能出现的值以及各个值代表的含义。如果节点是一个从节点，或者是一个没有负责任何槽的主节点，那么这一项的值将为空

表 20-2 节点的角色和状态

值	说明
myself	这是客户端目前正在连接的节点
master	这是一个主节点
slave	这是一个从节点
fail?	这个节点正处于疑似下线状态
fail	这个节点已经下线
nofailover	这个节点开启了 cluster-replica-no-failover 配置选项，带有这个标志的从节点即使在主服务器下线的情况下，也不会主动执行故障转移操作
handshake	集群正在与这个节点握手，尚未确认它的状态
noaddr	目前尚不清楚这个节点的具体地址
noflags	目前尚不清楚这个节点担任的角色以及它所处的状态

表 20-3 槽的数字以及状态

槽的类型	打印方式
连续的槽	每当 CLUSTER NODES 命令遇到连续的槽号时，它就会以 start_slot-end_slot 格式打印节点负责的槽。比如，打印 0-5460 代表节点负责从槽 0 直到槽 5460 在内的连续多个槽
不连续的槽	每当 CLUSTER NODES 命令遇到不连续的槽号时，就会单独地打印出不连续的槽号。比如，如果一个节点只负责了 1、3、5 这 3 个槽，那么命令在这个节点的槽号部分将打印出 1 3 5。因为 CLUSTER NODES 总是会将节点负责的每一个不连续槽号都打印出来，所以如果一个节点负责了大量不连续的槽，那么它的槽号部分可能会非常庞大
正在导入的槽	如果节点正在从另一个节点导入某个槽，那么 CLUSTER NODES 命令将以 [slot_number-<-node_id] 的格式打印出被导入的槽以及该槽原来所在的节点。比如，打印 [123-<-47b7ea54965875c3bf1316071584e842342c6fa3] 就代表节点正在从 ID 为 47b7ea54965875c3bf1316071584e842342c6fa3 的节点中导入槽 123
正在迁移的槽	如果节点正在将自己的某个槽迁移至另一个节点，那么 CLUSTER NODES 命令将以 [slot_number->-node_id] 格式打印出被迁移的槽以及该槽正在迁移的目标节点。比如，如果节点正在将自己的槽 255 迁移至 ID 为 47b7ea54965875c3bf1316071584e842342c6fa3 的节点，那么命令将打印出 [255->-47b7ea54965875c3bf1316071584e842342c6fa3]

作为例子，对于以下这个输出行：

```
9cd23534bf654a47a2d4d8a4b2717c495ee31b40 127.0.0.1:30001@40001 myself,master -
0 1541751161000 1 connected 0-5460
```

我们可以从中看出以下信息：

- 这个节点的运行 ID 为 9cd23534bf654a47a2d4d8a4b2717c495ee31b40。
- 它的 IP 地址为 127.0.0.1，客户端端口号为 30001，集群端口号为 40001。
- 角色和状态部分的 myself 表示它是客户端正在连接的节点，而 master 则表示它是一个主节点。
- 因为这个节点本身就是一个主节点，它没有正在复制的节点，所以它的主节点 ID 部

分为 -。

- 节点最近一次发送 PING 消息的时间戳为 0，这表示该节点与其他节点连接正常，并且没有待发送的 PING 消息；该节点最后一次收到 PONG 消息的时间戳为 1541751161000。
- 这个节点所处的配置纪元为 1。
- connected 表示这个节点的集群总线连接状态正常。
- 0-5460 表示这个节点负责处理槽 0 至槽 5460。

又比如，对于以下这个输出行：

```
db3a54cfe722264bd91caef4d4af9701bf02223f 127.0.0.1:30006@40006 slave 309871e77
eaccc0a4e260cf393547bf51ba11983 0 1541751161694 6 connected
```

它包含了以下信息：

- 这个节点的 ID 为 db3a54cfe722264bd91caef4d4af9701bf02223f，它是一个从节点，它的 IP 地址为 127.0.0.1，客户端端口号为 30006，集群端口号为 40006。
- 这个节点正在复制的主节点的运行 ID 为 309871e77eaccc0a4e260cf393547bf51ba11983。
- 这个节点最后一次发送 PING 消息的时间戳为 0，这表示该节点与其他节点的连接正常，并且没有待发送的 PING 消息；而它最后一次接收到 PONG 消息的时间戳为 1541751161694。
- 这个节点所处的配置纪元为 6。
- connected 表示这个节点的集群总线的连接状态正常。
- 这个节点是一个从节点，它没有被指派任何槽，所以槽信息部分为空。

其他信息

复杂度：$O(N)$，其中 N 为集群包含的节点数量。

版本要求：CLUSTER NODES 命令从 Redis 3.0.0 版本开始可用。

20.6.3 CLUSTER MYID：查看当前节点的运行 ID

当用户想要知道客户端正在连接的节点的运行 ID 时，可以执行以下命令：

```
CLUSTER MYID
```

因为不少集群命令都需要使用节点的运行 ID 作为参数，所以当我们需要对正在连接的节点执行某个使用运行 ID 作为参数的操作时，就可以使用 CLUSTER MYID 命令快速地获得节点的 ID。

以下是一个 CLUSTER MYID 命令的执行示例：

```
127.0.0.1:30001> CLUSTER MYID
"9cd23534bf654a47a2d4d8a4b2717c495ee31b40"
```

从命令返回的结果可以知道，客户端正在连接 ID 为 9cd23534bf654a47a2d4d8a4

b2717c495ee31b40 的节点。

其他信息

复杂度：$O(1)$。

版本要求：CLUSTER MYID 命令从 Redis 3.0.0 版本开始可用。

20.6.4 CLUSTER INFO：查看集群信息

用户可以通过执行 CLUSTER INFO 命令，查看与集群以及当前节点有关的状态信息：

```
CLUSTER INFO
```

以下是一个对节点 30001 执行 CLUSTER INFO 命令的示例：

```
127.0.0.1:30001> CLUSTER INFO
cluster_state:ok                                   -- 集群目前处于在线状态
cluster_slots_assigned:16384                       -- 有 16384 个槽已经被指派
cluster_slots_ok:16384                             -- 有 16384 个槽处于在线状态
cluster_slots_pfail:0                              -- 没有槽处于疑似下线状态
cluster_slots_fail:0                               -- 没有槽处于已下线状态
cluster_known_nodes:6                              -- 集群包含 6 个节点
cluster_size:3                                     -- 集群中有 3 个节点被指派了槽
cluster_current_epoch:6                            -- 集群当前所处的纪元为 6
cluster_my_epoch:1                                 -- 节点当前所处的配置纪元为 1
cluster_stats_messages_ping_sent:774301            -- 节点发送 PING 消息的数量
cluster_stats_messages_pong_sent:774642            -- 节点发送 PONG 消息的数量
cluster_stats_messages_sent:1548943                -- 节点目前总共发送了 1548943 条消息
cluster_stats_messages_ping_received:774637        -- 节点接收 PING 消息的数量
cluster_stats_messages_pong_received:774301        -- 节点接收 PONG 消息的数量
cluster_stats_messages_meet_received:5             -- 节点接收 MEET 消息的数量
cluster_stats_messages_received:1548943            -- 节点目前总共接收了 1548943 条消息
```

表 20-4 详细地说明了 CLUSTER INFO 命令返回的各个信息项的值及其意义。

表 20-4 CLUSTER INFO 命令返回的各个信息项的值及其意义

信息项	信息项的值及其意义
cluster_state	集群目前的状态。值为 ok 表示集群在线，所有槽均已被指派至在线节点，集群可以处理客户端发送的数据命令请求。值为 fail 表示集群已下线，无法处理客户端发送的数据命令请求，原因可能是某个槽没有指派给节点，或者某个被指派了槽的节点正处于已下线状态
cluster_slots_assigned	已被指派的槽数量。在集群在线的情况下，这个项的值应该为 16384，这表示所有槽都已经被指派给了集群中的某个节点
cluster_slots_ok	处于在线状态的槽数量。当一个主节点处于在线状态时，指派给它的所有槽都会处于在线状态
cluster_slots_pfail	处于疑似下线状态的槽数量。当一个主节点处于疑似下线状态时，指派给它的所有槽都会处于疑似下线状态
cluster_slots_fail	处于已下线状态的槽数量。当一个主节点处于已下线状态时，指派给它的所有槽都会处于已下线状态

（续）

信息项	信息项的值及其意义
cluster_known_nodes	集群目前包含的节点数量。这一数量包含集群中的主节点数量、从节点数量以及已经发送了 CLUSTER MEET 命令但尚未得到回应的新节点数量
cluster_size	集群中被指派了槽的节点数量
cluster_current_epoch	集群目前所处的纪元
cluster_my_epoch	当前节点所处的配置纪元（config epoch），也就是集群赋予这个节点的配置信息版本号
cluster_stats_messages_<type>_sent	当前节点发送某一类型消息的数量，比如 cluster_stats_messages_ping_sent 记录的就是节点发送 PING 消息的数量
cluster_stats_messages_sent	当前节点通过集群总线发送的消息总数量
cluster_stats_messages_<type>_received	当前节点接收某一类消息的数量，比如 cluster_stats_messages_ping_received 记录的就是节点接收 PING 消息的数量
cluster_stats_messages_received	当前节点通过集群总线接收到的消息总数量

其他信息

复杂度：$O(1)$。

版本要求：CLUSTER INFO 从 Redis 3.0.0 版本开始可用。

20.6.5　CLUSTER FORGET：从集群中移除节点

当用户不再需要集群中的某个节点时，可以通过执行以下命令将其移除：

```
CLUSTER FORGET node-id
```

这个命令接受节点的运行 ID 作为参数，并在成功执行之后返回 OK 作为结果。

与 CLUSTER MEET 命令引发的节点添加消息不一样，CLUSTER FORGET 命令引发的节点移除消息并不会通过 Gossip 协议传播至集群中的其他节点：当用户向一个节点发送 CLUSTER FORGET 命令，让它去移除集群中的另一个节点时，接收到命令的节点只是暂时屏蔽了用户指定的节点，但这个被屏蔽的节点对于集群中的其他节点仍然是可见的。为此，要让集群真正地移除一个节点，用户必须向集群中的所有节点都发送相同的 CLUSTER FORGET 命令，并且这一动作必须在 60s 之内完成，否则被暂时屏蔽的节点就会因为 Gossip 协议的作用而被重新添加到集群中。

举个例子，在一个由 30001 ～ 30006 这 6 个节点组成的集群中，如果我们想要移除节点 30005，就需要分别向集群中的其他 5 个节点发送针对节点 30005 的 CLUSTER FORGET 命令，就像这样：

```
127.0.0.1:30001> CLUSTER FORGET 5f99406c27403564f34f4b5e39410714881ad98e  -- 节点
30005 的运行 ID
OK
```

```
127.0.0.1:30002> CLUSTER FORGET 5f99406c27403564f34f4b5e39410714881ad98e
OK

127.0.0.1:30003> CLUSTER FORGET 5f99406c27403564f34f4b5e39410714881ad98e
OK

127.0.0.1:30004> CLUSTER FORGET 5f99406c27403564f34f4b5e39410714881ad98e
OK

127.0.0.1:30006> CLUSTER FORGET 5f99406c27403564f34f4b5e39410714881ad98e
OK
```

如果觉得重复发送 5 个 CLUSTER FORGET 命令太麻烦，那么可以使用之前介绍的 Redis 集群管理程序的 call 子命令，一次在整个集群的所有节点中执行 CLUSTER FORGET 命令：

```
$ redis-cli --cluster call 127.0.0.1:30001 CLUSTER FORGET 5f99406c27403564f34f
4b5e39410714881ad98e
>>> Calling CLUSTER FORGET 5f99406c27403564f34f4b5e39410714881ad98e
127.0.0.1:30001: OK
127.0.0.1:30003: OK
127.0.0.1:30004: OK
127.0.0.1:30002: OK
127.0.0.1:30005: ERR I tried hard but I can't forget myself...

127.0.0.1:30006: OK
```

虽然 30005 因为不能对本身执行 CLUSTER FORGET 而出错了，但这个错误并不会妨碍整个移除操作。

其他信息

复杂度：$O(1)$。

版本要求：CLUSTER FORGET 命令从 Redis 3.0.0 版本开始可用。

20.6.6 CLUSTER REPLICATE：将节点变为从节点

CLUSTER REPLICATE 命令接受一个主节点 ID 作为参数，并将执行该命令的节点变成给定主节点的从节点：

```
CLUSTER REPLICATE master-id
```

用户给定的主节点必须与当前节点位于相同的集群当中。此外，根据当前节点角色的不同，CLUSTER REPLICATE 命令在执行时的情况也会有所不同：

- 如果当前节点是一个主节点，那么它必须是一个没有被指派任何槽的主节点，并且它的数据库中也不能有任何数据，这样它才可以转换成一个从节点。
- 如果当前节点已经是一个从节点，那么它将清空数据库中已有的数据，并开始复制用户给定的节点。

CLUSTER REPLICATE 命令在成功执行时将返回 OK 作为结果。与单机版本的 REPLICAOF

命令一样，CLUSTER REPLICATE 命令引发的复制操作也是异步执行的。

举个例子，通过执行以下命令，我们可以把节点 30005 设置成主节点 30001 的从节点，其中节点 30001 的 ID 为 9cd23534bf654a47a2d4d8a4b2717c495ee31b40：

```
127.0.0.1:30005> CLUSTER REPLICATE 9cd23534bf654a47a2d4d8a4b2717c495ee31b40
OK
```

只能对主节点进行复制

在使用单机版本的 Redis 时，用户可以让一个从服务器去复制另一个从服务器，以此来构建一系列链式复制的服务器。

与这种做法不同，Redis 集群只允许节点对主节点而不是从节点进行复制，如果用户尝试使用 CLUSTER REPLICATE 命令让一个节点去复制一个从节点，那么命令将返回一个错误：

```
127.0.0.1:30001> CLUSTER REPLICATE db3a54cfe722264bd91caef4d4af9701bf02223f
-- 向命令传入一个从节点 ID
(error) ERR I can only replicate a master, not a replica.
```

其他信息

复杂度：CLUSTER REPLICATE 命令本身的复杂度为 $O(1)$，但它引起的异步复制操作的复杂度为 $O(N)$，其中 N 为主节点数据库包含的键值对总数量。

版本要求：CLUSTER REPLICATE 命令从 Redis 3.0.0 版本开始可用。

20.6.7 CLUSTER REPLICAS：查看给定节点的所有从节点

CLUSTER REPLICAS 命令接受一个节点 ID 作为参数，然后返回该节点属下所有从节点的相关信息：

```
CLUSTER REPLICAS node-id
```

作为例子，以下代码展示了如何获取节点 30001 属下所有从节点的相关信息：

```
-- 首先获取本节点的 ID
127.0.0.1:30001> CLUSTER MYID
"9cd23534bf654a47a2d4d8a4b2717c495ee31b40"

-- 然后再使用这个 ID 查看该节点属下从节点的信息
127.0.0.1:30001> CLUSTER REPLICAS 9cd23534bf654a47a2d4d8a4b2717c495ee31b40
1) "5f99406c27403564f34f4b5e39410714881ad98e 127.0.0.1:30005@40005 slave 9cd23
534bf654a47a2d4d8a4b2717c495ee31b40 0 1541931897080 1 connected"
```

因为节点 30001 目前只有一个从节点，所以命令只打印了一个节点的信息。CLUSTER REPLICAS 命令输出的节点信息和 CLUSTER NODES 命令输出的节点信息的格式完全相同。根据上述节点信息显示，节点 30001 的从节点的运行 ID 为 5f99406c27403564f34f4b

5e39410714881ad98e，它的 IP 地址、客户端端口号和集群端口号分别为 127.0.0.1、30005 和 40005，它所处的配置纪元为 1，诸如此类。

如果给定的节点并不存在于集群当中，或者它是一个从节点，那么命令将返回相应的错误：

```
-- 节点不存在
127.0.0.1:30001> CLUSTER REPLICAS not-exists-node-abcdefghijklmnopqrstuvwx
(error) ERR Unknown node not-exists-node-abcdefghijklmnopqrstuvwx

-- 节点是一个从节点
127.0.0.1:30001> CLUSTER REPLICAS db3a54cfe722264bd91caef4d4af9701bf02223f
(error) ERR The specified node is not a master
```

旧版 Redis 中的 CLUSTER REPLICAS 命令

CLUSTER REPLICAS 命令是从 Redis 5.0.0 版本开始启用的，在较旧的 Redis 版本中（不低于 3.0.0 版本），同样的工作可以通过执行 CLUSTER SLAVES 命令来完成。因为 CLUSTER SLAVES 在未来可能会被废弃，所以如果你使用的是 Redis 5.0.0 或以上版本，那么你应该使用 CLUSTER REPLICAS 而不是 CLUSTER SLAVES。

其他信息

复杂度：$O(N)$，其中 N 为给定节点拥有的从节点数量。

版本要求：CLUSTER SLAVES 命令从 Redis 3.0.0 版本开始可用，CLUSTER REPLICAS 命令从 Redis 5.0.0 版本开始可用。

20.6.8 CLUSTER FAILOVER：强制执行故障转移

用户可以通过向从节点发送以下命令，让它发起一次对自身主节点的故障转移操作：

```
CLUSTER FAILOVER
```

因为接收到该命令的从节点会先将自身的数据库更新至与主节点完全一致，然后再执行后续的故障转移操作，所以这个过程不会丢失任何数据。

作为例子，我们可以对主节点 30001 的从节点 30005 发送 CLUSTER FAILOVER 命令，让后者代替前者成为新的主节点：

```
-- 执行 CLUSTER FAILOVER 命令前的节点配置
-- 节点 30005 为 30001 从节点
127.0.0.1:30005> CLUSTER NODES
...
5f99406c27403564f34f4b5e39410714881ad98e 127.0.0.1:30005@40005 myself,slave
9cd23534bf654a47a2d4d8a4b2717c495ee31b40 0 1542078342000 5 connected
...
9cd23534bf654a47a2d4d8a4b2717c495ee31b40 127.0.0.1:30001@40001 master - 0
```

```
1542078342138 1 connected 0-5460

    -- 执行故障转移操作
    127.0.0.1:30005> CLUSTER FAILOVER
    OK

    -- 故障转移实施之后的节点配置
    -- 节点 30005 已经成为了新的主节点，而 30001 则变成了该节点的从节点
    127.0.0.1:30005> CLUSTER NODES
    ...
    5f99406c27403564f34f4b5e39410714881ad98e 127.0.0.1:30005@40005 myself,master -
0 1542078351000 7 connected 0-5460
    ...
    9cd23534bf654a47a2d4d8a4b2717c495ee31b40 127.0.0.1:30001@40001 slave 5f99406c2
7403564f34f4b5e39410714881ad98e 0 1542078351095 7 connected
```

CLUSTER FAILOVER 命令在执行成功时将返回 OK 作为结果。如果用户尝试向主节点发送该命令，那么命令将返回一个错误：

```
-- 尝试再次向已经成为主节点的 30005 发送 CLUSTER FAILOVER 命令
127.0.0.1:30005> CLUSTER FAILOVER
(error) ERR You should send CLUSTER FAILOVER to a replica
```

1. FORCE 选项和 TAKEOVER 选项

用户可以通过可选的 FORCE 选项和 TAKEOVER 选项来改变 CLUSTER FAILOVER 命令的行为：

```
CLUSTER FAILOVER [FORCE|TAKEOVER]
```

在给定了 FORCE 选项时，从节点将在不尝试与主节点进行握手的情况下，直接实施故障转移。这种做法可以让用户在主节点已经下线的情况下立即开始故障转移。

需要注意的是，即使用户给定了 FORCE 选项，从节点对主节点的故障转移操作仍然要经过集群中大多数主节点的同意才能够真正执行。但如果用户给定了 TAKEOVER 选项，那么从节点将在不询问集群中其他节点意见的情况下，直接对主节点实施故障转移。

2. 其他信息

复杂度：$O(1)$。

版本要求：CLUSTER FAILOVER 命令从 Redis 3.0.0 版本开始可用。

20.6.9 CLUSTER RESET：重置节点

用户可以通过在节点上执行 CLUSTER RESET 命令来重置该节点，以便在集群中复用该节点：

```
CLUSTER RESET [SOFT|HARD]
```

这个命令接受 SOFT 和 HARD 两个可选项作为参数，用于指定重置操作的具体行为（软

重置和硬重置)。如果用户在执行 CLUSTER RESET 命令的时候没有显式地指定重置方式，那么命令默认将使用 SOFT 选项。

CLUSTER RESET 命令在执行时，将对节点执行以下操作：

1）遗忘该节点已知的其他所有节点。

2）撤销指派给该节点的所有槽，并清空节点内部的槽 - 节点映射表。

3）如果执行该命令的节点是一个从节点，那么将它转换成一个主节点。

4）如果执行的是硬重置，那么为节点创建一个新的运行 ID。

5）如果执行的是硬重置，那么将节点的纪元和配置纪元都设置为 0。

6）通过集群节点配置文件的方式，将新的配置持久化到硬盘上。

需要注意的是，CLUSTER RESET 命令只能在数据库为空的节点上执行，如果节点的数据库非空，那么命令将返回一个错误：

```
127.0.0.1:30002> CLUSTER RESET
(error) ERR CLUSTER RESET can't be called with master nodes containing keys
```

在正常情况下，CLUSTER RESET 命令在正确执行之后将返回 OK 作为结果：

```
-- 清空数据库
127.0.0.1:30002> FLUSHALL
OK
-- 执行（软）重置
127.0.0.1:30002> CLUSTER RESET
OK

-- 节点在重置之后将遗忘之前发现过的所有节点
127.0.0.1:30002> CLUSTER NODES
309871e77eaccc0a4e260cf393547bf51ba11983 127.0.0.1:30002@40002 myself,master -
0 1542090339000 2 connected

-- 执行硬重置
127.0.0.1:30002> CLUSTER RESET HARD
OK

-- 节点在硬重置之后获得了新的运行 ID
127.0.0.1:30002> CLUSTER NODES
b24d4a41c6a9c5633eb93caca15faed75398dd54 127.0.0.1:30002@40002 myself,master -
0 1542090339000 0 connected
```

其他信息

复杂度：$O(N)$，其中 N 为节点所在集群包含的节点数量。

版本要求：CLUSTER RESET 命令从 Redis 3.0.0 版本开始可用。

20.7 槽管理命令

本节将对 CLUSTER 命令中与槽管理有关的命令，如 CLUSTER SLOTS、CLUSTER ADDSLOTS、CLUSTER FLUSHSLOTS 等进行介绍。

20.7.1 CLUSTER SLOTS：查看槽与节点之间的关联信息

用户可以通过执行以下命令，获知各个槽与集群节点之间的关联信息：

```
CLUSTER SLOTS
```

命令会返回一个嵌套数组，数组中的每个项记录了一个槽范围（slot range）及其处理者的相关信息，其中包括：

- 槽范围的起始槽。
- 槽范围的结束槽。
- 负责处理这些槽的主节点信息。
- 零个或任意多个主节点属下从节点的信息。

其中，每一项节点信息都由以下 3 项信息组成：

- 节点的 IP 地址。
- 节点的端口号。
- 节点的运行 ID。

以下是一个 CLUSTER SLOTS 命令的执行示例：

```
127.0.0.1:30001> CLUSTER SLOTS
1) 1) (integer) 0          -- 起始槽
   2) (integer) 5460       -- 结束槽
   3) 1) "127.0.0.1"       -- 主节点信息
      2) (integer) 30001
      3) "9e2ee45f2a78b0d5ab65cbc0c97d40262b47159f"
   4) 1) "127.0.0.1"       -- 从节点信息
      2) (integer) 30005
      3) "f584b888fcc0e7648bd838cb3b0e2d1915ac0ad7"
2) 1) (integer) 10923
   2) (integer) 16383
   3) 1) "127.0.0.1"
      2) (integer) 30003
      3) "a80b64eedcd15329bc0dc7b71652ecddccf6afe8"
   4) 1) "127.0.0.1"
      2) (integer) 30004
      3) "ab0b79f233efa0afa467d9ef1700fe5b24154992"
3) 1) (integer) 5461
   2) (integer) 10922
   3) 1) "127.0.0.1"
      2) (integer) 30002
      3) "b2c7a5ca5fa6de72ac2842a2196ab2f4a5c82a6a"
   4) 1) "127.0.0.1"
      2) (integer) 30006
      3) "262acdf22f4adb6a20b8116982f2940890693d0b"
```

从命令的结果可以看出：

- 集群的所有槽被划分成了 3 个槽范围，分别是 0 ～ 5460、5461 ～ 10922 和 10923 ～ 16383。
- 负责处理槽范围 0 ～ 5460 的主节点为 127.0.0.1:30001，它的运行 ID 为 "9e2

ee45f2a78b0d5ab65cbc0c97d40262b47159f"。

- 主节点 30001 还有一个从节点 127.0.0.1:30005，它的运行 ID 为 "f584b888fcc0e7648bd838cb3b0e2d1915ac0ad7"。

除了槽范围 0 ～ 5460 之外，其余的两个槽范围也可以做类似的解读，此处不一一赘述。

> 提示 版本较旧的 Redis 集群在执行 CLUSTER SLOTS 命令时只会返回节点的 IP 地址和端口号，不会返回节点的运行 ID。

其他信息

复杂度：$O(N)$，其中 N 为集群中包括主节点和从节点在内的节点总数量。

版本要求：CLUSTER SLOTS 命令从 Redis 3.0.0 版本开始可用。

20.7.2 CLUSTER ADDSLOTS：把槽指派给节点

通过在节点上执行以下命令，我们可以将给定的一个或任意多个槽指派给当前节点进行处理：

```
CLUSTER ADDSLOTS slot [slot ...]
```

命令在成功执行指派操作之后将返回 OK 作为结果。

作为例子，以下代码演示了如何将尚未被指派的槽 0 ～ 5 指派给节点 30001 负责：

```
127.0.0.1:30001> CLUSTER ADDSLOTS 0 1 2 3 4 5
OK
```

我们可以通过执行 CLUSTER SLOTS 命令来确认这些槽已经被成功指派给了节点 30001：

```
127.0.0.1:30001> CLUSTER SLOTS
1) 1) (integer) 0
   2) (integer) 5
   3) 1) "127.0.0.1"
      2) (integer) 30001
      3) "9e2ee45f2a78b0d5ab65cbc0c97d40262b47159f"
...
```

需要注意的是，CLUSTER ADDSLOTS 只能对尚未被指派的槽执行指派操作，如果用户给定的槽已经被指派，那么命令将返回一个错误：

```
-- 尝试指派已被指派的槽，命令报错

127.0.0.1:30001> CLUSTER ADDSLOTS 0 1 2 3 4 5
(error) ERR Slot 0 is already busy
```

其他信息

复杂度：$O(N)$，其中 N 为用户给定的槽数量。

版本要求：CLUSTER ADDSLOTS 命令从 Redis 3.0.0 版本开始可用。

20.7.3 CLUSTER DELSLOTS：撤销对节点的槽指派

在使用 CLUSTER ADDSLOTS 命令将槽指派给节点负责之后，用户可以在有需要的情况下，通过执行以下命令撤销对节点的槽指派：

```
CLUSTER DELSLOTS slot [slot ...]
```

命令在执行成功之后将返回 OK 作为结果。

作为例子，假设现在有槽配置如下：

```
-- 槽 0~5 由节点 30001 负责
-- 槽 6~5460 未指派
-- 槽 5461~10922 由节点 30002 负责
-- 槽 10923~16383 由节点 30003 负责

127.0.0.1:30001> CLUSTER SLOTS
1) 1) (integer) 0
   2) (integer) 5
   3) 1) "127.0.0.1"
      2) (integer) 30001
      3) "9e2ee45f2a78b0d5ab65cbc0c97d40262b47159f"
2) 1) (integer) 10923
   2) (integer) 16383
   3) 1) "127.0.0.1"
      2) (integer) 30003
      3) "a80b64eedcd15329bc0dc7b71652ecddccf6afe8"
3) 1) (integer) 5461
   2) (integer) 10922
   3) 1) "127.0.0.1"
      2) (integer) 30002
      3) "b2c7a5ca5fa6de72ac2842a2196ab2f4a5c82a6a"
```

那么我们可以通过对节点 30001 执行以下命令，撤销对该节点的槽 0 ～ 5 的指派：

```
127.0.0.1:30001> CLUSTER DELSLOTS 0 1 2 3 4 5
OK
```

通过再次执行 CLUSTER SLOTS 命令，我们可以确认槽 0 ～ 5 已经不再由节点 30001 负责，并且已经重新回到未指派状态：

```
-- 只有槽 5461~16383 被指派了，其他槽都处于未指派状态
127.0.0.1:30001> CLUSTER SLOTS
1) 1) (integer) 10923
   2) (integer) 16383
   3) 1) "127.0.0.1"
      2) (integer) 30003
      3) "a80b64eedcd15329bc0dc7b71652ecddccf6afe8"
2) 1) (integer) 5461
```

```
    2) (integer) 10922
    3) 1) "127.0.0.1"
       2) (integer) 30002
       3) "b2c7a5ca5fa6de72ac2842a2196ab2f4a5c82a6a"
```

需要注意的是，在执行 CLUSTER DELSLOTS 命令时，用户给定的必须是已经指派给当前节点的槽，尝试撤销一个未指派的槽将引发一个错误：

```
127.0.0.1:30001> CLUSTER DELSLOTS 0 1 2 3 4 5
(error) ERR Slot 0 is already unassigned
```

其他信息

复杂度：$O(N)$，其中 N 为用户给定的槽数量。

版本要求：CLUSTER DELSLOTS 命令从 Redis 3.0.0 版本开始可用。

20.7.4 CLUSTER FLUSHSLOTS：撤销对节点的所有槽指派

通过在一个节点上执行以下命令，我们可以撤销对该节点的所有槽指派，让它不再负责处理任何槽：

```
CLUSTER FLUSHSLOTS
```

CLUSTER FLUSHSLOTS 命令在执行成功之后将返回 OK 作为结果，执行这个命令相当于对该节点负责的所有槽执行 CLUSTER DELSLOTS 命令。

举个例子，对于具有以下槽配置的集群来说：

```
-- 节点 30001 负责槽 0~5460 ，节点 30002 负责槽 5461~10922 ，节点 30003 负责槽 10923~16383

127.0.0.1:30001> CLUSTER SLOTS
1) 1) (integer) 0
   2) (integer) 5460
   3) 1) "127.0.0.1"
      2) (integer) 30001
      3) "9e2ee45f2a78b0d5ab65cbc0c97d40262b47159f"
2) 1) (integer) 10923
   2) (integer) 16383
   3) 1) "127.0.0.1"
      2) (integer) 30003
      3) "a80b64eedcd15329bc0dc7b71652ecddccf6afe8"
3) 1) (integer) 5461
   2) (integer) 10922
   3) 1) "127.0.0.1"
      2) (integer) 30002
      3) "b2c7a5ca5fa6de72ac2842a2196ab2f4a5c82a6a"
```

如果我们对节点 30001 执行以下命令，那么该节点对于槽 0 ～ 5460 的指派将会被撤销：

```
127.0.0.1:30001> CLUSTER FLUSHSLOTS
OK
```

再次执行 CLUSTER SLOTS 命令可以看到，集群现在只有两个节点被指派了槽，而节点 30001 并不在此列：

```
-- 槽 0~5460 尚未被指派，节点 30002 负责槽 5461~10922 ，节点 30003 负责槽 10923~16383

127.0.0.1:30001> CLUSTER SLOTS
1) 1) (integer) 10923
   2) (integer) 16383
   3) 1) "127.0.0.1"
      2) (integer) 30003
      3) "a80b64eedcd15329bc0dc7b71652ecddccf6afe8"
2) 1) (integer) 5461
   2) (integer) 10922
   3) 1) "127.0.0.1"
      2) (integer) 30002
      3) "b2c7a5ca5fa6de72ac2842a2196ab2f4a5c82a6a"
```

需要注意的是，用户在执行 CLUSTER FLUSHSLOTS 命令之前，必须确保节点的数据库为空，否则节点将拒绝执行命令并返回一个错误：

```
-- 尝试对非空节点 30002 执行 CLUSTER FLUSHSLOTS

127.0.0.1:30002> DBSIZE
(integer) 3

127.0.0.1:30002> CLUSTER FLUSHSLOTS
(error) ERR DB must be empty to perform CLUSTER FLUSHSLOTS.
```

其他信息

复杂度：$O(N)$，其中 N 为节点被撤销指派的槽数量。

版本要求：CLUSTER FLUSHSLOTS 命令从 Redis 3.0.0 版本开始可用。

20.7.5 CLUSTER KEYSLOT：查看键所属的槽

通过对给定键执行以下命令，我们可以知道该键所属的槽：

```
CLUSTER KEYSLOT key
```

比如，如果我们想要知道 message 键以及 counter::12345 键属于哪个槽，那么可以执行以下命令：

```
127.0.0.1:30001> CLUSTER KEYSLOT message
(integer) 11537   -- message 键属于槽 11537

127.0.0.1:30001> CLUSTER KEYSLOT counter::12345
(integer) 12075   -- counter::12345 键属于槽 12075
```

最后，正如前文所说，带有相同散列标签的键将被分配到相同的槽中：

```
-- 两个带有相同散列标签 {user} 的键

127.0.0.1:30001> CLUSTER KEYSLOT {user}::256
(integer) 5474
```

```
127.0.0.1:30001> CLUSTER KEYSLOT {user}::10086
(integer) 5474
```

其他信息

复杂度：$O(N)$，其中 N 为给定键的字节长度。

版本要求：CLUSTER KEYSLOT 命令从 Redis 3.0.0 版本开始可用。

20.7.6 CLUSTER COUNTKEYSINSLOT：查看槽包含的键数量

通过执行以下命令，用户可以查看给定槽包含的键数量：

```
CLUSTER COUNTKEYSINSLOT slot
```

举个例子，假如我们想要知道槽 523 包含了多少个键，那么只需要执行以下命令即可：

```
127.0.0.1:30001> CLUSTER COUNTKEYSINSLOT 523
(integer) 2
```

1. 只对当前节点进行计数

用户在使用 CLUSTER COUNTKEYSINSLOT 命令时需要特别注意一点，即 CLUSTER COUNTKEYSINSLOT 命令只会在执行该命令的节点中进行计数：如果执行命令的节点并不是负责处理给定槽的节点，那么命令将找不到任何属于给定槽的键。在这种情况下，命令只会单纯地返回 0 作为执行结果。

举个例子，如果我们对负责处理槽 0 ～ 5460 的节点 30001 执行以下命令，让它去计算槽 10087 包含的键数量，那么命令将返回 0 作为结果：

```
127.0.0.1:30001> CLUSTER COUNTKEYSINSLOT 10087
(integer) 0
```

如果我们与负责处理槽 10087 的节点 30002 进行连接，并执行 CLUSTER COUNTKEYSINSLOT 命令，那么命令将正确地返回槽 10087 包含的键数量：

```
127.0.0.1:30002> CLUSTER COUNTKEYSINSLOT 10087
(integer) 42
```

2. 其他信息

复杂度：$O(\log(N))$，其中 N 为执行命令的节点包含的键数量。

版本要求：CLUSTER COUNTKEYSINSLOT 命令从 Redis 3.0.0 版本开始可用。

20.7.7 CLUSTER GETKEYSINSLOT：获取槽包含的键

用户可以通过执行以下命令，获取指定槽包含的键：

```
CLUSTER GETKEYSINSLOT slot count
```

命令的 slot 参数用于指定槽，而 count 参数则用于指定命令允许返回的最大键数量。

举个例子，如果我们想要从槽 523 中获取最多 10 个键，那么可以执行以下命令：

```
127.0.0.1:30001> CLUSTER GETKEYSINSLOT 523 10
1) "article::1750"
2) "article::4022"
```

因为槽 523 只包含了 "article::1750" 和 "article::4022" 这两个键，所以命令只返回了这两个键。

1. 只获取当前节点包含的键

与 CLUSTER COUNTKEYSINSLOT 命令一样，CLUSTER GETKEYSINSLOT 命令在尝试获取槽包含的键时也只会在执行该命令的节点中进行查找：如果执行命令的节点并不是负责处理给定槽的节点，那么命令将无法找到任何可以返回的键。因此，为了正确地获取槽包含的键，用户必须向正确的节点发送 CLUSTER GETKEYSINSLOT 命令。

2. 其他信息

复杂度：$O(\log(N) + M)$，其中 N 为执行命令的节点包含的键数量，而 M 则为命令返回的键数量。

版本要求：CLUSTER GETKEYSINSLOT 命令从 Redis 3.0.0 版本开始可用。

20.7.8 CLUSTER SETSLOT：改变槽的状态

CLUSTER SETSLOT 命令拥有 4 个子命令，它们可以改变给定槽在节点中的状态，从而实现节点之间的槽迁移以及集群重分片：

```
CLUSTER SETSLOT slot IMPORTING source-node-id

CLUSTER SETSLOT slot MIGRATING destination-node-id

CLUSTER SETSLOT slot NODE node-id

CLUSTER SETSLOT slot STABLE
```

接下来将分别介绍这 4 个子命令。

1. 导入槽

通过在节点上执行 IMPORTING 子命令，用户可以让节点的指定槽进入“导入中”（importing）状态，处于该状态的槽允许从源节点中导入槽数据：

```
CLUSTER SETSLOT slot IMPORTING source-node-id
```

该命令在成功执行之后将返回 OK 作为结果。

举个例子，如果我们想要让节点 30002 的槽 5460 进入“导入中”状态，并允许它从 ID 为 3f2b7eea74079afe6b57ce1d2627228990582d04 的节点 30001 中导入槽数据，那么可以执行以下命令：

```
127.0.0.1:30002> CLUSTER SETSLOT 5460 IMPORTING 3f2b7eea74079afe6b57ce1d2627228990582d04
OK
```

2. 迁移槽

通过在节点上执行 MIGRATING 子命令，用户可以让节点的指定槽进入“迁移中”（migrating）状态，处于该状态的槽允许向目标节点转移槽数据：

```
CLUSTER SETSLOT slot MIGRATING destination-node-id
```

举个例子，如果我们想要让节点 30001 的槽 5460 进入“迁移中”状态，并允许它向 ID 为 1e8f55652d95a05d21b2afc5243a438b848f5966 的节点 30002 迁移数据，那么可以执行以下命令：

```
127.0.0.1:30001> CLUSTER SETSLOT 5460 MIGRATING 1e8f55652d95a05d21b2afc5243a43
8b848f5966
OK
```

3. 将槽指派给节点

在将槽数据从源节点迁移至目标节点之后，用户可以在集群的任一节点执行以下命令，正式将槽指派给目标节点负责：

```
CLUSTER SETSLOT slot NODE node-id
```

比如，在将槽 5460 的数据从节点 30001 迁移至节点 30002 之后，我们可以执行以下命令，将槽 5460 正式指派给节点 30002 负责：

```
-- 1e8f5...f5966 为节点 30002 的 ID
127.0.0.1:30002> CLUSTER SETSLOT 5460 NODE 1e8f55652d95a05d21b2afc5243a438b84
855966
OK
```

集群的其中一个节点在执行了 NODE 子命令之后，对给定槽的新指派信息将被传播至整个集群，目标节点在接收到这一信息之后将移除给定槽的“导入中”状态，而源节点在接收到这一信息之后将移除给定槽的“迁移中”状态。

4. 移除槽的导入 / 迁移状态

通过执行以下命令，用户可以清除节点指定槽的“导入中”或“迁移中”状态：

```
CLUSTER SETSLOT slot STABLE
```

该命令在成功执行之后将返回 OK 作为结果：

```
127.0.0.1:30001> CLUSTER SETSLOT 5460 STABLE
OK
```

正如之前所说，因为槽在成功迁移之后会由于 NODE 子命令的作用而自动移除相应节点的“导入中”和“迁移中”状态，所以在正常情况下，用户并不需要执行 STABLE 子命令。STABLE 子命令的唯一作用，就是在槽迁移出错或者重分片出错时，手动移除相应节点的槽状态。

5. 其他信息

复杂度：CLUSTER SETSLOT 命令的所有子命令的复杂度都为 $O(1)$。

版本要求：CLUSTER SETSLOT 命令的所有子命令从 Redis 3.0.0 版本开始可用。

20.8 重点回顾

- Redis 集群是 Redis 3.0 版本开始正式引入的功能，它给用户带来了在线扩展 Redis 系统读写性能的能力。
- Redis 集群与单机版 Redis 服务器一样，也提供了主从复制功能。在 Redis 集群中，各个 Redis 服务器被称为节点，其中主节点负责处理客户端发送的读写命令请求，而从节点则负责对主节点进行复制。
- 除了复制功能之外，Redis 集群还提供了类似于单机版 Redis Sentinel 的功能，以此来为集群提供高可用特性。
- Redis 集群会将整个数据库空间划分为 16384 个槽来实现数据分片，而集群中的各个主节点则会分别负责处理其中的一部分槽。
- Redis 集群采用无代理模式，客户端发送的所有命令都会直接交由节点执行，并且对于经过优化的集群客户端来说，客户端发送的命令在绝大部分情况下都不需要实施转向，或者仅需要一次转向，因此在 Redis 集群中执行命令的性能与在单机 Redis 服务器上执行命令的性能非常接近。
- 除了节点之间互通信息带来的性能损耗之外，单个 Redis 集群节点处理命令请求的性能与单个 Redis 服务器处理命令请求的性能几乎别无二致。从理论上来讲，集群每增加一倍数量的主节点，集群对于命令请求的处理性能就会提高一倍。

附录 A Redis 安装方法

本附录将介绍在不同操作系统上安装 Redis 服务器及其内置客户端的具体方法。

为了保证获得最新版本的 Redis 服务器，我们将通过编译方式安装 Redis。

A1. 免安装试运行

试用 Redis 最简单的方法就是访问 Try Redis 网站：https://try.redis.io/，如图 A-1 所示。

Try Redis 可以在线执行大部分 Redis 数据操作命令，并提供了一个简单的 Redis 教程可供阅读。

当你想要快速测试某个 Redis 数据操作命令，但是身边又没有安装了 Redis 的机器可供使用时，不妨尝试一下 Try Redis。

A2. 在 macOS 上安装

为了在 macOS 上编译并安装 Redis，我们需要先安装 make、GCC 和 Git 等一系列开发工具，这可以通过执行以下命令完成：

```
$ xcode-select --install
```

在安装完开发工具之后，我们需要通过执行以下命令，获取最新版本的 Redis 项目源码：

```
$ git clone https://github.com/antirez/redis.git
```

在复制完项目之后，我们需要进入项目目录并编译源码：

```
$ cd redis
$ make
```

为了保证编译完成的 Redis 程序运作正常，我们可以继续执行 Redis 附带的测试程序：

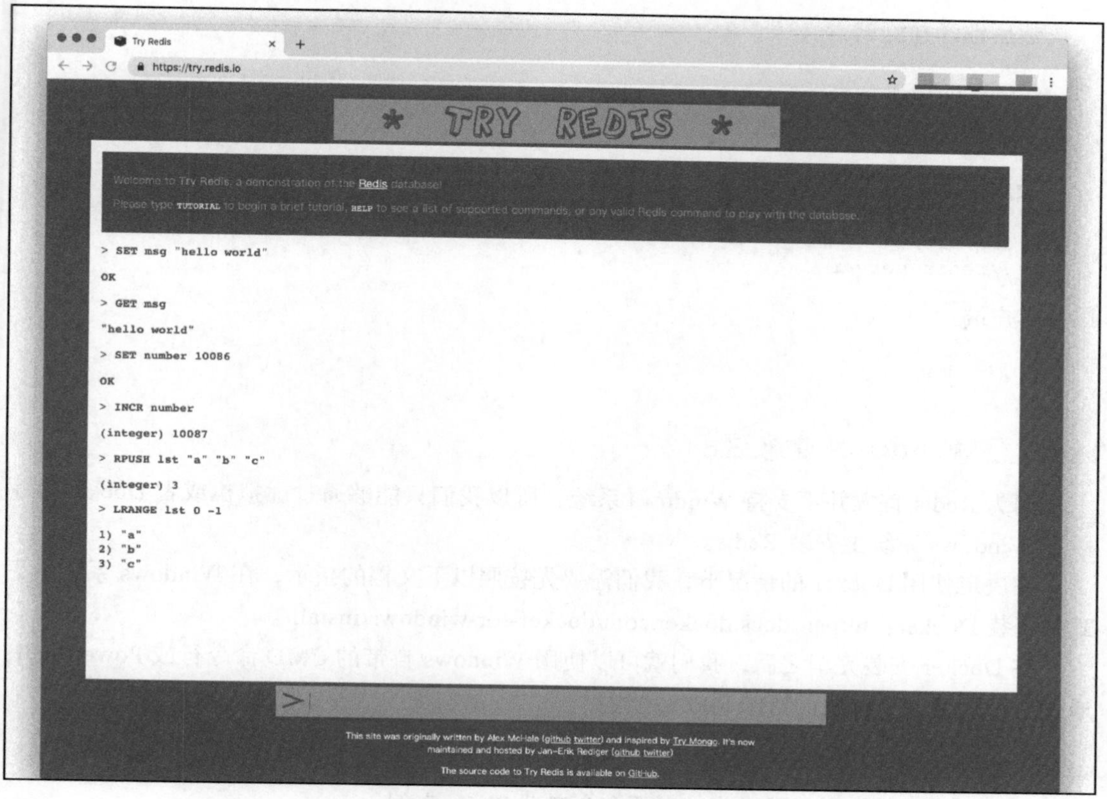

图 A-1　Try Redis 网站

```
$ make test
```

在测试顺利结束之后，我们就可以进入源码目录，并通过执行以下命令启动 Redis 服务器：

```
$ cd src/
$ ./redis-server
```

或者通过执行以下命令启动 Redis 客户端：

```
$ ./redis-cli
```

A3. 在 Linux 上安装

在 Ubuntu 等基于 Debian 的 Linux 系统上，我们可以通过执行以下命令安装编译 Redis 所需的工具：

```
$ sudo apt install gcc make git
```

接着复制项目：

```
$ git clone https://github.com/antirez/redis.git
```

然后编译并测试：

```
$ cd redis
$ make
$ make test
```

最后启动服务器：

```
$ cd /src
$ ./redis-server
```

以及客户端：

```
$ ./redis-cli
```

A4. 在 Windows 上安装

因为 Redis 官方并不支持 Windows 系统，所以我们只能够通过虚拟机或者 Docker 等手段在 Windows 系统上安装 Redis。

在决定使用 Docker 的情况下，我们需要先按照以下文档的指示，在 Windows 系统中下载并安装 Docker：https://docs.docker.com/docker-for-windows/install/。

在 Docker 安装完毕之后，我们就可以使用 Windows 自带的 CMD 命令行或 PowerShell，通过执行以下命令拉取最新的 Redis 镜像：

```
$ docker pull redis:latest
```

在此之后，我们可以通过执行以下命令启动 Redis 实例：

```
$ docker run --name docker_redis -d redis
f9442c418a0ae546ab76699e350bed68f56f53f68fe8c0562432e81e03e95809
```

最后，再执行以下命令，我们就可以启动 `redis-cli` 客户端并向 Redis 实例发送命令请求了：

```
$ docker exec -it f9442c418a0a redis-cli
127.0.0.1:6379> PING
PONG
```

关于 Redis Docker 镜像的更多信息，请参考该镜像的文档，网址为 https://hub.docker.com/_/redis/。

附录 B redis-py 安装方法

本书的大部分代码示例都使用 Python 语言编写，并且使用了 redis-py 客户端来连接服务器并发送命令请求。

如果你正在使用的计算机尚未安装 Python，那么请访问 Python 的官方网站并按照文档中介绍的方法下载并安装相应的编程环境：https://www.python.org/downloads/。

因为本书的程序都是使用 Python 3 编写的，所以在下载 Python 安装程序的时候，请确保你下载的是 Python 3 而不是 Python 2 的安装程序。

在安装 Python 之后，你应该可以通过输入以下命令来运行该语言的解释器：

```
$ python3
Python 3.7.3 (default, Mar 27 2019, 09:23:15)
[Clang 10.0.1 (clang-1001.0.46.3)] on darwin
Type "help", "copyright", "credits" or "license" for more information.
>>>
```

在安装完 Python 语言环境之后，我们就可以通过执行以下命令，使用其附带的 pip 程序来安装 redis-py 客户端了：

```
$ pip install redis
```

在成功安装 redis-py 之后，就能够在 Python 解释器中载入这个库了：

```
>>> from redis import Redis                    # 载入库
>>> client = Redis()                           # 创建客户端实例
>>> client.set("msg", "hello world")           # 执行 SET 命令
True
>>> client.get("msg")                          # 执行 GET 命令
b'hello world'                                 # 未解码的值
```

注意，正如这里展示的 GET 命令执行结果所示，redis-py 默认将返回编码后的值作为结

果。如果我们想让 redis-py 在操作字符串数据的时候自动对其实施解码，那么只需要在创建客户端实例的时候将 decode_responses 可选项的值设置为 True 即可，就像这样：

```
>>> client = Redis(decode_responses=True)
>>> client.get("msg")
'hello world'              # 字符串已解码
```

最后，如果你有兴趣，还可以通过执行以下命令查看 redis-py 目前支持的 Redis 命令：

```
>>> for i in dir(client):
...   print(i)
...
RESPONSE_CALLBACKS
__class__
# ...
_zaggregate
append
bgrewriteaof
bgsave
bitcount
bitfield
bitop
bitpos
# ...
zscan
zscan_iter
zscore
zunionstore
```

附录 C

Redis 命令索引表

Redis 命令	说明	章节
APPEND	追加新内容到值的末尾	2.11
BGSAVE	以非阻塞方式创建 RDB 文件	15.1.2
BITCOUNT	统计被设置的二进制位数量	8.3
BITFIELD	在位图中存储整数值	8.6
BITOP	执行二进制位运算	8.5
BITPOS	查找第一个指定的二进制位值	8.4
BLPOP	阻塞式左端弹出操作	4.14
BRPOP	阻塞式右端弹出操作	4.15
BRPOPLPUSH	阻塞式弹出并推入操作	4.16
BZPOPMAX	阻塞式最大元素弹出操作	6.17
BZPOPMIN	阻塞式最小元素弹出操作	6.17
CLUSTER ADDSLOTS	把槽指派给节点	20.7.2
CLUSTER COUNTKEYSINSLOT	查看槽包含的键数量	20.7.6
CLUSTER DELSLOTS	撤销对节点的槽指派	20.7.3
CLUSTER FAILOVER	强制执行故障转移	20.6.8
CLUSTER FLUSHSLOTS	撤销对节点的所有槽指派	20.7.4
CLUSTER FORGET	从集群中移除节点	20.6.5
CLUSTER GETKEYSINSLOT	获取槽包含的键	20.7.7
CLUSTER INFO	查看集群信息	20.6.4
CLUSTER KEYSLOT	查看键所属的槽	20.7.5
CLUSTER MEET	将节点添加至集群	20.6.1
CLUSTER MYID	查看当前节点的运行 ID	20.6.3
CLUSTER NODES	查看集群内所有节点的相关信息	20.6.2
CLUSTER REPLICAS	查看给定节点的所有从节点	20.6.7

（续）

Redis 命令	说明	章节
CLUSTER REPLICATE	将节点变为从节点	20.6.6
CLUSTER RESET	重置节点	20.6.9
CLUSTER SETSLOT	改变槽的状态	20.7.8
CLUSTER SLOTS	查看槽与节点之间的关联信息	20.7.1
DBSIZE	获取数据库包含的键值对数量	11.7
DECR	对整数值执行减 1 操作	2.14
DECRBY	对整数值执行减法操作	2.13
DEL	移除指定的键	11.11
DISCARD	放弃事务	13.2.3
EVAL	执行脚本	14.1
EXEC	执行事务	13.2.2
EXISTS	检查给定键是否存在	11.6
EXPIRE	设置生存时间（秒级）	12.1
EXPIREAT	设置过期时间（秒级）	12.3
FLUSHALL	清空所有数据库	11.14
FLUSHDB	清空当前数据库	11.13
GEOADD	存储坐标	9.1
GEODIST	计算两个位置之间的直线距离	9.3
GEOHASH	获取指定位置的 Geohash 值	9.6
GEOPOS	获取指定位置的坐标	9.2
GEORADIUS	查找指定坐标半径范围内的其他位置	9.4
GEORADIUSBYMEMBER	查找指定位置半径范围内的其他位置	9.5
GET	获取字符串键的值	2.2
GETBIT	获取二进制位的值	8.2
GETRANGE	获取字符串值指定索引范围中的内容	2.9
HDEL	删除字段	3.9
HEXISTS	检查字段是否存在	3.8
HGET	获取字段的值	3.4
HGETALL	获取散列所有字段和值	3.13
HINCRBY	对字段存储的整数值执行加法或减法操作	3.5
HINCRBYFLOAT	对字段存储的数字值执行浮点数加法或减法操作	3.6
HKEYS	获取散列所有字段	3.13
HLEN	获取散列包含的字段数量	3.10
HMGET	一次获取多个字段的值	3.12
HMSET	一次为多个字段设置值	3.11
HSET	为字段设置值	3.2
HSETNX	只在字段不存在的情况下为它设置值	3.3
HSTRLEN	获取字段值的字节长度	3.7

（续）

Redis 命令	说明	章节
HVALS	获取散列所有值	3.13
INCR	对整数值执行加 1 操作	2.14
INCRBY	对整数值执行加法操作	2.13
INCRBYFLOAT	对数字值执行浮点数加法操作	2.15
KEYS	获取所有与给定匹配符相匹配的键	11.2
LINDEX	获取指定索引上的元素	4.8
LINSERT	将元素插入列表	4.11
LLEN	获取列表的长度	4.7
LPOP	弹出列表最左端的元素	4.4
LPUSH	将元素推入列表左端	4.1
LPUSHX	只对已存在的列表，将元素推入列表左端	4.3
LRANGE	获取指定索引范围上的元素	4.9
LREM	从列表中移除指定元素	4.13
LSET	为指定索引设置新元素	4.10
LTRIM	修剪列表	4.12
MGET	一次获取多个字符串键的值	2.7
MOVE	将给定的键移动到另一个数据库	11.10
MSET	一次为多个字符串键设置值	2.4
MSETNX	只在键不存在的情况下，一次为多个字符串键设置值	2.6
MULTI	开启事务	13.2.1
PEXPIRE	设置生存时间（毫秒级）	12.1
PEXPIREAT	设置过期时间（毫秒级）	12.3
PFADD	对集合元素进行计数	7.2
PFMERGE	计算多个 HyperLogLog	7.4
PSUBSCRIBE	订阅模式	16.4
PUBLISH	向频道发送消息	16.1
PUBSUB	查看发布与订阅的相关信息	16.6
PUNSUBSCRIBE	退订模式	16.5
RANDOMKEY	随机返回一个键	11.4
READONLY	打开读命令执行权限	20.4.1
READWRITE	关闭读命令执行权限	20.4.2
RENAME	修改键名，覆盖原有键名	11.9
RENAMENX	修改键名，只在新键名尚未占用的情况下进行改名	11.9
REPLICAOF	将服务器设置为从服务器	18.1
ROLE	查看服务器的角色	18.2
RPOP	弹出列表最右端的元素	4.5
RPOPLPUSH	将右端弹出的元素推入左端	4.6
RPUSH	将元素推入列表右端	4.2

（续）

Redis 命令	说明	章节
RPUSHX	只对已存在的列表，将元素推入列表右端	4.3
SADD	将元素添加到集合	5.1
SAVE	阻塞服务器并创建 RDB 文件	15.1.1
SCAN	以渐进方式迭代数据库中的键	11.3
SCARD	获取集合包含的元素数量	5.5
SCRIPT EXISTS	检查脚本是否已被缓存	14.3.1
SCRIPT FLUSH	移除所有已缓存脚本	14.3.2
SCRIPT KILL	强制停止正在运行的脚本	14.3.3
SCRIPT LOAD 和 EVALSHA	缓存并执行脚本	14.2
SDIFF	对集合执行差集计算	5.11
SDIFFSTORE	对集合执行差集计算后把结果存储到指定键中	5.11
SELECT	切换至指定的数据库	11.1
SENTINEL ckquorum	检查可用 Sentinel 的数量	19.3.8
SENTINEL failover	强制执行故障转移	19.3.7
SENTINEL flushconfig	强制写入配置文件	19.3.9
SENTINEL get-master-addr-by-name	获取给定主服务器的 IP 地址和端口号	19.3.5
SENTINEL master	获取指定被监视主服务器的信息	19.3.2
SENTINEL masters	获取所有被监视主服务器的信息	19.3.1
SENTINEL monitor	监视给定主服务器	19.4.1
SENTINEL remove	取消对给定主服务器的监视	19.4.2
SENTINEL reset	重置主服务器状态	19.3.6
SENTINEL sentinels	获取其他 Sentinel 的相关信息	19.3.4
SENTINEL set	修改 Sentinel 配置选项的值	19.4.3
SENTINEL slaves	获取被监视主服务器的从服务器信息	19.3.3
SET	为字符串键设置值	2.1
SETBIT	设置二进制位的值的并集	8.1
SETRANGE	对字符串值的指定索引范围进行设置	2.10
SHUTDOWN	关闭服务器	15.6
SINTER	对集合执行交集计算	5.9
SINTERSTORE	对集合执行交集计算后把结果存储到指定键中	5.9
SISMEMBER	检查给定元素是否存在于集合	5.6
SMEMBERS	获取集合包含的所有元素	5.4
SMOVE	将元素从一个集合移动到另一个集合	5.3
SORT	对键的值进行排序	11.5
SPOP	随机从集合中移除指定数量的元素	5.8
SRANDMEMBER	随机获取集合中的元素	5.7
SREM	从集合中移除元素	5.2
STRLEN	获取字符串值的字节长度	2.7

（续）

Redis 命令	说明	章节
SUBSCRIBE	订阅频道	16.2
SUNION	对集合执行并集计算	5.10
SUNIONSTORE	对集合执行并集计算后把结果存储到指定键中	5.10
SWAPDB	互换数据库	11.15
TTL、PTTL	获取键的剩余生存时间	12.4
TYPE	查看键的类型	11.8
UNLINK	以异步方式移除指定的键	11.12
UNSUBSCRIBE	退订频道	16.3
UNWATCH	取消对键的监视	13.3.2
WATCH	对键进行监视	13.3.1
XACK	将消息标记为“已处理”	10.11
XADD	追加新元素到流的末尾	10.1
XCLAIM	转移消息的归属权	10.12
XDEL	移除指定元素	10.3
XGROUP	管理消费者组	10.8
XINFO	查看流和消费者组的相关信息	10.13
XLEN	获知流包含的元素数量	10.4
XPENDING	显示待处理消息的相关信息	10.10
XRANGE	访问流中元素，按照 ID 从小到大的顺序	10.5
XREAD	以阻塞或非阻塞方式获取流元素	10.6
XREADGROUP	读取消费者组中的消息	10.9
XREVRANGE	访问流中元素，按照 ID 从大到小的顺序	10.5
XTRIM	对流进行修剪	10.2
ZADD	添加或更新成员	6.1
ZCARD	获取有序集合的大小	6.5
ZCOUNT	统计指定分值范围内的成员数量	6.1
ZINCRBY	对成员的分值执行自增或自减操作	6.4
ZINTERSTORE	有序集合的交集运算	6.12
ZLEXCOUNT	统计位于字典序指定范围内的成员数量	6.14
ZPOPMAX	弹出分值最高的成员	6.16
ZPOPMIN	弹出分值最低的成员	6.16
ZRANGE	获取指定索引范围内的成员，以升序排列	6.7
ZRANGEBYLEX	返回指定字典序范围内的成员，按字典序	6.13
ZRANGEBYSCORE	获取指定分值范围内的成员，以升序排列	6.8
ZRANK	获取成员在有序集合中的排名，以升序排列	6.6
ZREM	移除指定的成员	6.2
ZREMRANGEBYLEX	移除位于字典序指定范围内的成员	6.15
ZREMRANGEBYRANK	移除指定排名范围内的成员	6.10

（续）

Redis 命令	说明	章节
ZREMRANGEBYSCORE	移除指定分值范围内的成员	6.11
ZREVRANGE	获取指定索引范围内的成员，以降序排列	6.7
ZREVRANGEBYLEX	返回指定字典序范围内的成员，逆字典序	6.13
ZREVRANGEBYSCORE	获取指定分值范围内的成员，以降序排列	6.8
ZREVRANK	获取成员在有序集合中的排名，以降序排列	6.6
ZSCORE	获取成员的分值	6.3
ZUNIONSTORE	有序集合的并集运算	6.12